高等学校"十二五"规划教材

WUJI JI FENXI HUAXUE

无机及分析化学

■ 刘 耘 周 磊 主编
■ 杜登学 谭学杰 副主编

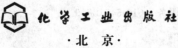

化学工业出版社

·北京·

本书在保证系统性和基础性的前提下，将无机化学和分析化学进行了充分融合，避免了简单重复。

全书共13章，包括绪论、误差与数据处理、化学热力学与化学动力学基础、酸碱平衡与酸碱滴定法、沉淀溶解平衡与沉淀分析法、氧化还原平衡与氧化还原滴定法、配位平衡与配位滴定法、原子结构、分子结构与晶体结构、主族元素、过渡元素、吸光光度法概述、常见混合离子的定性分析等内容。本书将四大平衡与滴定进行了有机整合，充分体现了理论与实际的结合，有利于学生理解与掌握；元素部分注重突出通性和规律性，并与分析化学中的离子鉴定相结合，可增加学生学习时的趣味性；每章后面的典型习题和答案有助于学生对所学知识的检验和巩固。

本书可作为高等院校化工、制药、应用化学、生工、食品、造纸、皮革、环工、材料、化学等各专业的教材，也可供相关专业的师生参考使用。

图书在版编目（CIP）数据

无机及分析化学/刘耘，周磊主编．—北京：化学工业出版社，2015.8（2024.8重印）
高等学校"十二五"规划教材
ISBN 978-7-122-24244-0

Ⅰ.①无… Ⅱ.①刘…②周… Ⅲ.①无机化学-高等学校-教材 ②分析化学-高等学校-教材 Ⅳ.①O61②O65

中国版本图书馆CIP数据核字（2015）第123883号

责任编辑：宋林青　　　　　　　　　　　　　装帧设计：史利平
责任校对：边　涛

出版发行：化学工业出版社（北京市东城区青年湖南街13号　邮政编码100011）
印　　刷：北京云浩印刷有限责任公司
装　　订：三河市振勇印装有限公司
787mm×1092mm　1/16　印张27　彩插1　字数675千字　2024年8月北京第1版第9次印刷

购书咨询：010-64518888　　　　　　　　　　售后服务：010-64518899
网　　址：http://www.cip.com.cn
凡购买本书，如有缺损质量问题，本社销售中心负责调换。

定　　价：45.00元　　　　　　　　　　　　　　　　　　　　版权所有　违者必究

《无机及分析化学》编写组

主　编：刘　耘　周　磊

副主编：杜登学　谭学杰

编　者（以姓氏笔画为序）：

　　　　王凤艳　王永刚　刘　耘　杜登学

　　　　李　艳　周　磊　姜海辉　夏翠丽

　　　　谭学杰　邢殿香　汤桂梅

前言
Preface

无机化学和分析化学是高等工科院校化工、制药、应用化学、生工、食品、造纸、皮革、环工、材工、材化、高分子、化学等有关专业必修的化学基础课。原课程体系中这两门基础课在部分内容上出现交叉式重复，还有部分内容与后续课程重复。因此我们对这两门课程进行了整合，新编教材以教育部化学类专业教学指导委员会"无机化学课程教学基本要求"和"分析化学课程教学基本要求"为依据，结合我们多年的教学经验，注重加强两门课程之间的有机联系，减少了不必要的课程重复。本教材综合起来有以下几个主要特点。

1. 将两门课程重复的内容进行适当合并，如：有效数字与误差，酸碱理论与酸碱平衡等，使重点更加突出。

2. 将两门课程相关的内容进行有机结合，如：酸碱平衡与酸碱滴定；沉淀溶解平衡与沉淀分析；氧化还原平衡与氧化还原滴定；配位平衡与配位滴定。使其充分体现理论与实际的结合，更利于学生理解和掌握。

3. 将两门课程中与其他后续课重复的内容进行适当删减，主要涉及化学热力学、氧化还原、分子结构等章节中的部分内容，更突出无机及分析化学的特点。

4. 将无机化学中的元素部分进行适当综合与归并，突出其通性和规律性，并与分析化学中的离子鉴定相联系，进一步增加学生学习的趣味性，突出元素化学在分析化学中的重要性。

5. 贯彻我国法定计量单位。

本书共分13章，由齐鲁工业大学刘耘、周磊主编，参加编写工作的还有杜登学、谭学杰、姜海辉、夏翠丽、王凤艳、邢殿香、汤桂梅、李艳、王永刚。全书由刘耘、周磊统稿、定稿。

本书简明扼要，可供一般工科院校大化工类各专业学生使用，也可供其他院校有关专业的师生参考使用。

本书的编写及出版得到了齐鲁工业大学和化学工业出版社的大力支持和帮助，在此谨表诚挚的谢意。

限于编者水平，在教材处理、编写方面难免有纰漏和不妥之处，敬请读者不吝批评指正。

编者
2015 年 5 月

目录 Contents

第1章 绪论 ... 1

1.1 无机及分析化学课程的地位和作用 ... 1
1.2 无机及分析化学课程的基本内容和教学基本要求 ... 2
  1.2.1 近代物质结构理论 ... 2
  1.2.2 化学平衡理论 ... 2
  1.2.3 元素化学 ... 2
  1.2.4 物质组成的化学分析法及有关理论 ... 3
  1.2.5 比色分析和分光光度分析 ... 3
1.3 定量分析方法简介 ... 3
  1.3.1 化学分析方法 ... 4
  1.3.2 仪器分析方法 ... 4

第2章 误差与数据处理 ... 6

2.1 基本概念和术语 ... 6
  2.1.1 准确度和误差 ... 6
  2.1.2 精密度和偏差 ... 8
  2.1.3 准确度与精密度的关系 ... 9
2.2 有限实验数据的数理统计 ... 10
  2.2.1 置信区间和置信度 ... 10
  2.2.2 平均值的置信区间 ... 11
  2.2.3 可疑数据的取舍 ... 12
2.3 提高分析结果准确度的方法 ... 13
  2.3.1 选择合适的分析方法 ... 13
  2.3.2 消除系统误差 ... 13
  2.3.3 减小测量误差 ... 14
  2.3.4 减小偶然误差 ... 15
2.4 有效数字及运算规则 ... 15
  2.4.1 有效数字 ... 15
  2.4.2 有效数字的修约规则 ... 16
  2.4.3 有效数字的运算规则 ... 16
习题 ... 17

第3章 化学热力学与化学动力学基础 ... 19

3.1 热力学第一定律 ... 19
  3.1.1 基本概念 ... 19
  3.1.2 热力学第一定律——能量守恒 ... 21
3.2 热化学 ... 21
  3.2.1 反应热与反应焓变 ... 22
  3.2.2 热化学方程式 ... 23
  3.2.3 反应热的求算 ... 24

3.3 化学平衡 …………………………… 26
　3.3.1 化学平衡状态 ………………… 26
　3.3.2 化学平衡常数 ………………… 27
　3.3.3 标准平衡常数 ………………… 29
　3.3.4 多重平衡规则 ………………… 30
　3.3.5 化学平衡的有关计算………… 31
3.4 化学反应方向和限度的判断 …… 33
　3.4.1 化学反应的自发性 …………… 33
　3.4.2 化学反应的熵变 ……………… 34
　3.4.3 化学反应方向的判据 ………… 35
　3.4.4 化学反应限度的判据 ………… 37

3.5 化学平衡的移动 …………………… 39
　3.5.1 浓度对化学平衡的影响……… 39
　3.5.2 压力对化学平衡的影响 …… 40
　3.5.3 温度对化学平衡的影响 …… 40
3.6 化学反应速率 ……………………… 44
　3.6.1 化学反应速率的概念和表示
　　　　方法 …………………………… 44
　3.6.2 化学反应速率理论 ………… 45
　3.6.3 影响化学反应速率的因素…… 47
习题 ………………………………………… 52

第4章　酸碱平衡与酸碱滴定法

4.1 酸碱平衡的理论基础……………… 57
　4.1.1 酸碱解离理论 ………………… 57
　4.1.2 酸碱质子理论 ………………… 62
4.2 酸碱溶液有关组分浓度和溶液
　　 pH 值的计算 ……………………… 66
　4.2.1 分布系数和分布曲线………… 66
　4.2.2 酸碱溶液 pH 值的计算 …… 68
4.3 缓冲溶液及酸碱指示剂 ………… 76
　4.3.1 缓冲溶液 ……………………… 76
　4.3.2 酸碱指示剂 …………………… 78
4.4 滴定分析法概述 ………………… 81
　4.4.1 滴定分析的基本过程………… 81

　4.4.2 滴定分析法分类及
　　　　滴定方式 …………………… 82
　4.4.3 基准物质和标准溶液 ……… 83
　4.4.4 滴定分析中的计算 ………… 85
4.5 酸碱滴定法 ……………………… 89
　4.5.1 酸碱滴定曲线和指示剂
　　　　的选择 ……………………… 89
　4.5.2 酸碱标准溶液的配制
　　　　和标定 ……………………… 97
　4.5.3 酸碱滴定法应用示例 ……… 98
　4.5.4 终点误差 …………………… 100
习题 ……………………………………… 101

第5章　沉淀溶解平衡与沉淀分析法

5.1 沉淀溶解平衡 …………………… 105
　5.1.1 沉淀溶解平衡的特征常数 … 105
　5.1.2 影响沉淀溶解度的因素 …… 106
5.2 溶度积规则及应用 ……………… 110
　5.2.1 溶度积规则 ………………… 110
　5.2.2 溶度积规则的应用 ………… 111
5.3 沉淀的形成与沉淀条件 ………… 116
　5.3.1 沉淀的类型 ………………… 116

　5.3.2 沉淀的形成过程 …………… 117
　5.3.3 影响沉淀纯度的因素 ……… 118
　5.3.4 沉淀条件的选择 …………… 119
5.4 沉淀分析法 ……………………… 121
　5.4.1 重量分析法 ………………… 121
　5.4.2 沉淀滴定法 ………………… 122
习题 ……………………………………… 126

第6章 氧化还原平衡与氧化还原滴定法

- 6.1 氧化还原的基本概念及其反应方程式的配平 …………… 130
  - 6.1.1 氧化还原的基本概念 …… 130
  - 6.1.2 氧化还原反应方程式的配平方法 ………………… 131
- 6.2 原电池及电极电势 …………… 133
  - 6.2.1 原电池 ………………… 133
  - 6.2.2 电极电势的产生 ………… 135
  - 6.2.3 标准电极电势 …………… 135
  - 6.2.4 标准电极电势的理论计算 … 137
  - 6.2.5 影响电极电势的因素——能斯特方程 ………………… 138
  - 6.2.6 条件电极电势 …………… 140
- 6.3 电极电势的应用 ……………… 142
  - 6.3.1 原电池正、负极的判断及电动势的计算 …………… 142
  - 6.3.2 判断氧化还原反应的方向和次序 ……………… 143
  - 6.3.3 判断氧化还原反应的限度 … 145
  - 6.3.4 计算解离常数 $K_i^\ominus$ 和溶度积常数 $K_{sp}^\ominus$ ………………… 146
  - 6.3.5 元素标准电极电势图及其应用 ……………… 147
- 6.4 氧化还原滴定法基本原理 …… 149
  - 6.4.1 氧化还原滴定法定量滴定的依据 ……………… 150
  - 6.4.2 氧化还原滴定曲线 ……… 150
  - 6.4.3 氧化还原指示剂 ………… 154
  - 6.4.4 氧化还原滴定预处理 …… 155
- 6.5 常用的氧化还原滴定法 ……… 157
  - 6.5.1 高锰酸钾法 ……………… 157
  - 6.5.2 重铬酸钾法 ……………… 159
  - 6.5.3 碘量法 …………………… 160
  - 6.5.4 其他氧化还原滴定法 …… 163
  - 6.5.5 氧化还原滴定法结果计算示例 ……………… 164
- 习题 ………………………………… 165

第7章 配位平衡与配位滴定法

- 7.1 配合物的基本概念 …………… 169
  - 7.1.1 配合物的定义 …………… 169
  - 7.1.2 配合物的组成 …………… 170
  - 7.1.3 配合物的化学式和命名 … 171
  - 7.1.4 螯合物 …………………… 172
- 7.2 配合物的稳定性 ……………… 174
  - 7.2.1 配位解离平衡和平衡常数 … 174
  - 7.2.2 配离子稳定常数的应用 … 176
- 7.3 EDTA及其配合物的稳定性 …… 179
  - 7.3.1 EDTA的解离平衡 ………… 179
  - 7.3.2 EDTA与金属离子配合物的稳定性 ………………… 180
  - 7.3.3 影响EDTA金属离子配合物稳定性的外部因素 ……… 181
- 7.4 配位滴定法 …………………… 185
  - 7.4.1 配位滴定曲线 …………… 185
  - 7.4.2 金属指示剂 ……………… 187
  - 7.4.3 提高配位滴定选择性的途径 …………………… 190
  - 7.4.4 配位滴定方式及应用 …… 194
  - 7.4.5 配位滴定法结果计算示例 … 195
- 习题 ………………………………… 195

第8章 原子结构

8.1 氢原子光谱和玻尔理论 …………… 199
  8.1.1 氢原子光谱 ………………… 199
  8.1.2 玻尔理论 …………………… 200
8.2 量子力学原子模型 ………………… 202
  8.2.1 微观粒子的运动规律 ……… 202
  8.2.2 波函数和原子轨道 ………… 203
  8.2.3 四个量子数 ………………… 205
8.3 多电子原子核外电子的分布 …… 207
  8.3.1 多电子原子轨道的能级 …… 207
  8.3.2 基态原子中电子的分布原理 …………… 210
  8.3.3 基态原子中电子的分布 …… 210
  8.3.4 简单基态阳离子的电子分布 ………………… 215
8.4 元素周期系和元素基本性质的周期性 ……………… 215
  8.4.1 原子的电子层结构和元素周期系 ……………… 215
  8.4.2 元素基本性质的周期性 …… 217
习题 ………………………………… 221

第9章 分子结构与晶体结构

9.1 键参数 ……………………………… 224
  9.1.1 键能 ………………………… 224
  9.1.2 键长 ………………………… 225
  9.1.3 键角 ………………………… 225
9.2 晶体及其内部结构 ………………… 226
  9.2.1 晶体的特征 ………………… 226
  9.2.2 晶体的内部结构 …………… 227
9.3 离子键和离子晶体 ………………… 229
  9.3.1 离子的特征 ………………… 229
  9.3.2 离子键的形成及特征 ……… 230
  9.3.3 离子晶体的特征和性质 …… 231
  9.3.4 离子晶体的稳定性 ………… 231
  9.3.5 三种典型的AB型离子晶体 ……………………… 232
  9.3.6 离子半径比与晶体构型 …… 233
9.4 共价键和原子晶体 ………………… 234
  9.4.1 现代价键理论 ……………… 234
  9.4.2 杂化轨道理论 ……………… 237
  9.4.3 分子轨道理论 ……………… 241
  9.4.4 原子晶体 …………………… 247
9.5 金属键和金属晶体 ………………… 248
  9.5.1 金属晶体 …………………… 248
  9.5.2 金属键——改性共价键理论 …………………… 249
9.6 分子间力、氢键和分子晶体 ……… 250
  9.6.1 分子的极性和极化 ………… 250
  9.6.2 分子间作用力 ……………… 252
  9.6.3 氢键 ………………………… 254
  9.6.4 分子晶体 …………………… 255
  9.6.5 晶体的四种基本类型对比 … 256
9.7 配合物的化学键理论 ……………… 257
  9.7.1 价键理论 …………………… 257
  9.7.2 晶体场理论 ………………… 261
习题 ………………………………… 267

第10章 主族元素

10.1 非金属元素通论 ………………… 270
  10.1.1 非金属单质 ……………… 271

  10.1.2 非金属元素的氢化物……… 274
  10.1.3 非金属含氧酸及其盐……… 275
 10.2 常见的重要非金属元素及其化
    合物 ………………………… 278
  10.2.1 常见的卤素及其化合物…… 278
  10.2.2 常见的氧和硫的主要
     化合物 …………………… 284
  10.2.3 氮和磷及其常见的重要
     化合物 …………………… 290
  10.2.4 硼的重要化合物 ………… 296
  10.2.5 碳的重要化合物 ………… 298
  10.2.6 硅的重要化合物 ………… 301
 10.3 主族金属元素 ………………… 302
  10.3.1 主族金属元素的基本性质
     和单质的主要性质 ……… 302
  10.3.2 主族金属元素氧化物和氢
     氧化物的酸碱性 ………… 308
  10.3.3 主族金属元素主要化合物的
     氧化还原性 ……………… 309
  10.3.4 主族金属元素的重
     要盐类 …………………… 310
 习题 …………………………………… 314

第11章 过渡元素　317

 11.1 过渡元素的通性 ……………… 317
  11.1.1 原子的电子层结构 ……… 317
  11.1.2 原子半径和离子半径 …… 318
  11.1.3 氧化值 …………………… 318
  11.1.4 过渡元素单质的金属活
     泼性变迁 ………………… 319
  11.1.5 配位性质 ………………… 320
  11.1.6 过渡元素配合物的颜色 … 320
  11.1.7 其他物理化学性质 ……… 321
 11.2 钛、钒 ………………………… 321
  11.2.1 钛 ………………………… 321
  11.2.2 钒 ………………………… 324
 11.3 铬、锰 ………………………… 326
  11.3.1 铬 ………………………… 326
  11.3.2 锰 ………………………… 331
 11.4 铁、钴、镍 …………………… 334
  11.4.1 铁、钴、镍单质 ………… 335
  11.4.2 铁、钴、镍的主要化
     合物 ……………………… 335
 11.5 铜族元素 ……………………… 341
  11.5.1 铜、银、金单质 ………… 341
  11.5.2 铜族元素的主要化合物 … 342
 11.6 锌族元素 ……………………… 347
  11.6.1 锌、镉、汞单质 ………… 347
  11.6.2 锌族元素的主要化合物 … 348
 11.7 镧系元素和锕系元素 ………… 353
  11.7.1 镧系元素的通性 ………… 353
  11.7.2 镧系收缩 ………………… 353
  11.7.3 镧系元素的重要化合物 … 354
  11.7.4 锕系元素的通性 ………… 355
  11.7.5 镧系和锕系元素的用途 … 356
 习题 …………………………………… 357

第12章 吸光光度法概述　361

 12.1 吸光光度法的基本原理 ……… 361
  12.1.1 物质对光的选择性吸收 … 361
  12.1.2 光的吸收基本定律——朗伯-
     比耳定律 ………………… 362
  12.1.3 偏离朗伯-比耳定律的
     因素 ……………………… 364
 12.2 可见分光光度法简介 ………… 365
  12.2.1 分光光度计的基本构造 … 365
  12.2.2 显色反应和显色条件
     的选择 …………………… 366

12.2.3 光度测量条件的选择 …… 369
12.2.4 分光光度法的应用 ………… 371
习题 …………………………………… 374

第 13 章 常见混合离子的定性分析 … 377

13.1 概述 ………………………………… 377
 13.1.1 鉴定反应进行的条件 …… 377
 13.1.2 鉴定反应的灵敏度 ……… 378
 13.1.3 鉴定反应的选择性 ……… 379
 13.1.4 系统分析和分别分析 …… 380
 13.1.5 空白实验和对照实验 …… 380
13.2 常见阳离子的系统分析 ………… 381
 13.2.1 常见阳离子与常用试剂的反应 ……………………… 381
 13.2.2 常用的系统分析法 ……… 381
 13.2.3 硫化氢系统分析法的详细讨论 …………………… 385
 13.2.4 硫化氢气体的代用品——硫代乙酰胺简介 ………… 389
 13.2.5 常见阳离子的鉴定反应 … 390
13.3 常见阴离子的分别分析 ………… 394
 13.3.1 阴离子分析试液的制备 … 395
 13.3.2 阴离子的初步分析 ……… 395
 13.3.3 常见阴离子的鉴定 ……… 396
习题 …………………………………… 398

附录 … 400

附录 1 本书所用单位制的几点说明 ………………………… 400
附录 2 标准热力学数据（298.15K） …………………… 402
附录 3 弱酸和弱碱的解离常数 …… 406
附录 4 微溶化合物的溶度积（18~25℃，$I=0$） …… 408
附录 5 标准电极电势（298.15K） …………………… 410
附录 6 条件电极电位 $\varphi^{\ominus\prime}$ … 413
附录 7 配合物的稳定常数 ………… 415
附录 8 一些金属离子的 $\lg\alpha_{M(OH)}$ 值 …… 419
附录 9 一些化合物的相对分子质量 ………………………… 419

主要参考文献 … 422

第1章
绪论

1.1 无机及分析化学课程的地位和作用

无机化学是化学最早发展起来的一门分支学科，其研究对象是元素及其化合物（碳氢化合物及其衍生物除外）。19世纪60年代元素周期律的发现，奠定了现代无机化学的基础。20世纪以来，随着原子能工业、半导体材料工业的崛起，宇航、能源、生化等领域的出现和发展，无机化学不论在理论还是实践方面都有了新的突破。无机化学在继续发展自身的同时，也与其他学科进行交叉渗透，形成了诸如生物无机化学、无机材料化学、无机高分子化学、有机金属化学等学科，这些学科为无机化学的发展开辟了新的途径，也给无机化学带来了无限潜力。

分析化学是人们获得物质化学组成和结构信息的科学，是研究物质及其变化规律的重要方法之一，是化学学科的一个重要分支。分析化学包括成分分析和结构分析两个方面。成分分析主要可以分为定性分析和定量分析两部分。定性分析的目的在于确定物质的组成；定量分析的目的是确定物质各组成部分的含量。在实际工作中，首先须了解物质的定性组成，然后根据测定要求选择适当的定量分析方法。分析方法分为化学分析法和仪器分析法。化学分析法是以物质的化学反应为基础的分析方法；仪器分析法则是利用特定仪器，以物质的物理和物理化学性质为基础的分析方法。在化学学科的发展及与化学有关的各科学领域中，分析化学都有着举足轻重的地位。几乎任何科学研究，只要涉及化学现象，分析化学就要作为一种手段被运用其中。

无机及分析化学课程是对原来无机化学和分析化学课程的基本理论、基本知识进行优化组合、有机结合而成的一门课程。无机及分析化学课程是高等工科院校化工、轻工、应用化学、生物工程、食品等有关专业及农林医学院校相近专业必修的第一门化学基础课。它是培养上述几类专业技术人才整体知识结构及能力结构的重要组成部分，同时也是后续化学课程的基础。

学习无机及分析化学课程的目的是理解并掌握物质结构的基础理论、化学反应的基本原理及其具体应用、元素化学的基本知识等，同时培养运用无机及分析化学的理论去解决一般无机及分析化学问题的能力。

1.2 无机及分析化学课程的基本内容和教学基本要求

1.2.1 近代物质结构理论

这部分教学内容主要是通过研究原子结构、分子结构和晶体结构，了解物质的性质、化学变化与物质结构之间的关系。

要求初步了解原子能级、微观粒子的波粒二象性、原子轨道（波函数）和电子云等描述原子核外电子运动的近代概念。熟悉四个量子数对原子核外电子运动状态的描述。熟悉 s、p、d 原子轨道的形状和伸展方向。掌握原子核外电子排布的一般规律和各区元素原子电子层结构的特征。会从原子半径、电子层构型和有效核电荷来了解元素的性质。熟悉电离能、电子亲合能和电负性的周期性变化。

从价键理论理解共价键的形成、特点（方向性、饱和性）和类型（σ 键、π 键）。了解分子或离子的构型与杂化轨道类型的关系。了解分子轨道的概念。

从自由电子概念理解金属键的形成和特性（无方向性、无饱和性）。能用金属键说明金属的共性（光泽性、延展性、导电性和导热性等）。

了解晶体、非晶体的概念。理解不同类型晶体的特性。熟悉三种典型离子晶体的结构特征，理解晶格能对离子化合物熔点、硬度的影响。

了解分子间力、氢键及其对物质性质的影响。

掌握配合物的基本概念，熟悉配合物的价键理论。

1.2.2 化学平衡理论

这部分内容主要是研究化学平衡原理以及平衡移动的一般规律，具体讨论酸碱平衡、沉淀溶解平衡、氧化还原平衡和配位平衡。

要求了解化学反应速率方程（质量作用定律）和反应级数的概念。能用活化能概念说明分压或浓度、温度、催化剂对反应速率的影响。了解影响反应速率的因素。

能用 $\Delta_f H_m^{\ominus}$ 计算化学反应的反应热效应。会用 $\Delta_f G_m$ 判断化学反应的方向。

掌握化学平衡概念及平衡移动规律，能用平衡常数（K）计算平衡的组成。掌握弱电解质的解离平衡、解离度、稀释定律，能计算一元弱酸、一元弱碱的解离平衡组成。掌握盐的水解、同离子效应、缓冲溶液，会计算一元弱酸盐和一元弱碱盐溶液的 pH 值及缓冲溶液的 pH 值。掌握沉淀溶解平衡、溶度积规则，能用溶度积规则判断沉淀的产生、溶解。掌握配位平衡，能计算配体过量时配位平衡的组成。掌握氧化还原平衡，能通过计算说明分压、浓度、酸度对电极电势的影响，会用电极电势判断氧化剂（或还原剂）的相对强弱和氧化还原反应的方向。会用元素标准电极电势图讨论元素的有关性质。

1.2.3 元素化学

这部分内容主要是在元素周期律的基础上，研究重要元素及其化合物的结构、组成、性质的变化规律，了解常见元素及其化合物在各有关领域中的应用。

要求熟悉主族元素常见单质和重要化合物（氧化物、卤化物、氢化物、硫化物、氢氧化物、含氧酸及其盐等）的典型性质，某些重要单质、化合物的制备方法。了解元素性质在周期系中的变化规律。过渡元素侧重学习铬、锰、铁系、铜、银、锌分族等内容，突出其通性、重要化合物及重要离子在水中的性质。初步了解钛、钒及稀土元素。

通过学习元素化学，会判断一般化学反应的产物，并能正确书写化学反应方程式。

1.2.4　物质组成的化学分析法及有关理论

这部分内容是应用平衡原理和物质的化学性质，确定物质的化学成分，测定各组分的含量，即通常所说的定性分析和定量分析。

要求了解一般分析过程的基本步骤（取样、处理、测量、计算结果等）。

树立明确的量的概念。掌握误差的基本知识，误差产生的原因及减免方法，数据处理的基本方法，有效数字的应用，可疑数据的取舍和分析结果的正确表达。

了解重量分析的特点、基本理论和步骤。

掌握滴定分析的基本概念（包括滴定、滴定终点、化学计量点、指示剂、标准溶液、基准物质等）。掌握滴定分析法的原理、滴定曲线、终点判断、终点误差、滴定的可行性等知识，掌握滴定分析法的应用和滴定结果的计算方法。

1.2.5　比色分析和分光光度分析

要求掌握物质对光的选择性吸收、光的吸收定律和光度分析的方法。掌握显色条件和光度测量条件的选择，以及提高灵敏度和准确度的方法等内容。

综上所述，无机及分析化学课程的基本内容可以用"结构"、"平衡"、"性质"、"应用"来表达。该课程无论对化学学科本身的发展还是对其他与化学有关的各学科领域的发展都是十分重要的。几乎任何科学研究，只要涉及化学现象与化学变化，无机及分析化学课程的基本理论、基本知识以及基本实验技能就都必须被运用到其研究工作中去。可以说该课程基本内容掌握的好与差，直接影响到后续化学课程及其他相关课程的学习情况。

1.3　定量分析方法简介

前面已经提到，分析化学中的成分分析按其任务可以分为定性分析与定量分析两个部分。但在一般情况下，分析试样的来源、主要成分及主要杂质都是已知的，尤其是工业生产中的原料分析、中间产品的控制分析和出厂成品的质量检查等，常常不再需要进行定性分析，而只需要进行定量分析，故在此主要介绍定量分析的各种方法。

在进行定量分析时，可以采用不同的分析方法，一般可将这些方法分为两大类，即化学分析方法与仪器分析方法。

1.3.1 化学分析方法

化学分析方法就是以化学反应为基础的分析方法,如重量分析法和滴定分析法。

通过化学反应及一系列操作步骤使试样中的待测组分转化为另一种纯粹的、固定化学组成的化合物,再称量该化合物的重量(严格地讲,应该是质量),从而计算出待测组分的含量,这样的分析方法称为重量分析法。

将已知浓度的试剂溶液,滴加到待测物质溶液中,使其与待测组分发生反应,而加入的试剂量恰好为完成反应所必需的,根据加入试剂的准确体积计算出待测组分的含量,这样的分析方法称为滴定分析法(旧称容量分析法)。依据不同的反应类型,滴定分析法又可分为酸碱滴定法(又称中和法)、沉淀滴定法(又称容量沉淀法)、配位滴定法(又称络合滴定法)和氧化还原滴定法。

重量分析法和滴定分析法通常用于高含量或中含量组分的测定,即待测组分的含量一般在1%以上。重量分析法的准确度比较高,至今还有一些测定是以重量分析法为标准方法的,但分析速度较慢。滴定分析法操作简便、快速,测定结果的准确度也较高(在一般情况下相对误差为0.2%左右),所用仪器设备又很简单,是重要的例行测试手段之一,因此滴定分析法在生产实践和科学实验上都具有很大的实用价值。

1.3.2 仪器分析方法

该方法是借助光电仪器测量试样的光学性质(如吸光度或谱线强度)、电学性质(如电流、电位、电导)等物理或物理化学性质来求出待测组分含量的方法。利用物质的光学性质建立的测定方法称为光学分析法;利用物质的电学性质建立的测定方法称为电化学分析法。随着当代科学技术的迅速发展,新成就被不断应用于分析化学,新的测试方法及测试仪器日益增多,在此仅作简单介绍。

(1) 光学分析法

吸光光度法:有的物质,其吸光度与浓度有关。例如 $K_2Cr_2O_7$ 溶液浓度越大,其颜色越深,吸光度越大,利用这一性质可作铬的吸光度测定,从而确定 $K_2Cr_2O_7$ 的浓度。这种方法称为吸光光度法。近年来各种光度法如双波长、三波长、示差等方法应用越来越多,可在一定程度上消除杂质干扰,免去分离步骤。

红外、紫外吸收光谱分析法:用红外光或紫外光照射不同的试样,如有机化合物,可得到不同的光谱图,根据图谱能够测定有机物质的结构及含量等,这类方法称为红外吸收光谱分析法和紫外吸收光谱分析法。

发射光谱分析法:利用不同的元素可以产生不同光谱的特性,通过检查元素光谱中几根灵敏而且较强的谱线("最后线")可进行定性分析。此外,还可根据谱线的强度进行定量测定,这种方法称为发射光谱分析法。

原子吸收光谱分析法:是利用不同的元素可以吸收不同波长的光的性质建立起来的分析方法。

荧光分析法:某些物质在紫外线照射下可产生荧光,在一定条件下,荧光的强度与该物质的浓度成正比,利用这一性质所建立的测定方法,称为荧光分析法。

(2) 电化学分析法

电重量分析法:该法是使待测定的组分借电解作用,以单质或以氧化物形式在已知质量的电极上析出,通过称量,求出待测组分的含量。电重量分析法是最简单的电化学分析法。

电容量分析法:该法的原理与一般滴定分析法相同,但它的滴定终点不是依靠指示剂来确定,而是借溶液电导、电流或电位的改变找出。如电导滴定、电流滴定和电位滴定。

电位分析法:该方法是电化学分析法的重要分支,它的实质是通过在零电流条件下测定两电极间的电位差来进行分析测定的。从20世纪60年代开始在电位测定法的领域内研制出一类新的电极,就是"离子选择性电极",由于这类电极对欲测离子具有一定选择性,使测定简便快速。近年来修饰电极引起了人们很大的兴趣,这一类电极是用化学方法使电极表面改性,或在电极表面涂敷一层能引起某种特殊反应或功能的聚合物,以利于分析与测定。

极谱分析法:该方法也属于电化学分析法。它是利用对试液进行电解时,在极谱仪上得到的电流-电压曲线(极谱图)来确定待测组分及其含量的方法。

(3) 色谱分析法

色谱法又名色层法(主要有液相色谱法和气相色谱法),是一种用以分离、分析多组分混合物的极有效的物理及物理化学分析方法。这一方法具有高效、快速、灵敏和应用范围广等特点。具有高效能的毛细管气相色谱法与高效薄层色谱法已经得到普遍应用。

近年来,质谱法、核磁共振波谱法、电子探针和离子探针微区分析法等发展迅速。

仪器分析法的优点是操作简便而快速,最适用于生产过程中的控制分析,尤其在组分的含量很低时,更加需要用仪器分析法。但有的仪器价格较高,日常维护要求高,维修也比较困难。在实际工作中,一般在进行仪器分析之前,时常要用化学方法对试样进行预处理(如富集、除去干扰杂质等)。在建立测定方法过程中,要把未知物的分析结果和已知的标准作比较,而该标准则常需以化学法测定,所以化学分析法与仪器分析法是互为补充、相辅相成的。

第 2 章
误差与数据处理

无机及分析化学课程的主要内容之一是定量化学分析,而定量化学分析的目的是准确测定试样中各组分的含量。但在实际工作中,由于分析方法、测量仪器、所用试剂和分析工作者主观因素等方面的原因,测定结果不可能和真实值完全一致。即使采用最可靠的分析方法,使用最精密的仪器,由技术很熟练的分析人员进行测定,也不可能得到绝对准确的分析结果。同一人员在相同条件下对同一试样进行多次测定,所得结果也不会完全相同。这说明在分析测定过程中,误差是客观存在的。为了减小误差,我们就应该了解分析过程中误差产生的原因及其出现的规律,通过对所得数据进行归纳、取舍等一系列分析处理,使测定结果尽量接近客观真实值。

2.1 基本概念和术语

2.1.1 准确度和误差

(1) 定义和表示法

分析结果的准确度是指测定值 x 与真实值 x_T 的接近程度。准确度的高低是用误差来衡量的。

误差表示的是测定值与真实值的差值。测定值大于真实值,误差为正,测定值小于真实值,误差为负。误差可用绝对误差与相对误差来表示。

绝对误差　$E = 测定值 - 真实值 = x - x_T$

相对误差　$RE = \dfrac{测定值 - 真实值}{真实值} \times 100\% = \dfrac{x - x_T}{x_T} \times 100\%$

$ = \dfrac{E}{x_T} \times 100\%$

在实际工作中,常用多次平行测定结果的算术平均值 $\bar{x}$ 表示分析测定结果,所以上述公式又表示为:

绝对误差 $E = \bar{x} - x_T$

相对误差 $RE = \dfrac{\bar{x} - x_T}{x_T} \times 100\% = \dfrac{E}{x_T} \times 100\%$

其中，$\bar{x} = \dfrac{1}{n}\sum\limits_{i=1}^{n} x_i$。

相对误差反映出误差在真实值中所占百分率，因此它更具有实际意义。为了与百分含量相区别，相对误差有时也用千分率‰表示。

例如，用分析天平称得某物体的质量为1.9265g，该物体的真实质量为1.9266g，则

绝对误差 $E_1 = 1.9265 - 1.9266 = -0.0001\text{g}$

相对误差 $RE_1 = \dfrac{-0.0001}{1.9266} \times 100\% = -0.005\%$

若用分析天平称另一物体，其真实质量为0.1927g，测定值为0.1926g，则

绝对误差 $E_2 = 0.1926 - 0.1927 = -0.0001\text{g}$

相对误差 $RE_2 = \dfrac{-0.0001}{0.1927} \times 100\% = -0.05\%$

可以看出，两物体的质量相差近10倍，虽然测定的绝对误差相同，但相对误差不同，亦相差10倍。所称物体质量大者相对误差小，准确度较高。因此实际工作中分析结果的准确度多用相对误差表示。

(2) 误差的分类

根据误差的性质与产生原因，可将误差分为系统误差、偶然误差和过失误差三类。

① 系统误差

系统误差是由分析测定过程中的固定因素引起的。它具有单向性，重复测定时重复出现。增加测定次数不能使系统误差减小。系统误差的大小、正负可以测定，若能找出系统误差产生的原因，并设法加以测定就可以消除，因此又称为可测误差。系统误差产生的原因主要有以下几种。

方法误差——由所采用的分析方法本身所引入的。例如：在重量分析中，沉淀的溶解损失或吸附某些杂质而产生的误差；在滴定分析中，反应不完全，干扰离子的影响，滴定终点与化学计量点不符，副反应的存在等所产生的误差都属于方法误差。

仪器误差——由仪器本身不准确或未经校准所引入的。例如天平不等臂，砝码腐蚀和量器刻度不准等造成的误差。

试剂误差——由试剂不纯和去离子水中含有微量杂质所引入的。

操作误差——由分析工作者所掌握的分析操作与正确的分析操作稍有差别所引入的。例如滴定管读数偏高或偏低、对颜色变化不敏锐等所造成的误差。

② 偶然误差

又称不可测误差或随机误差，它是由某些偶然因素（如操作中温度、湿度、气压的波动等）所引起的。其特征是不可测性，大小、正负均不固定。偶然误差虽不能完全消除，但它的出现仍具有一定的规律性，表现为正态分布规律：正误差和负误差出现的概率相等，呈对称形式；小误差出现的概率大，大误差出现的概率小，很大误差出现的概率极小。该规律可用正态分布曲线（图2-1）表示。图中横轴代表误差大小，以标准偏差σ为单位，纵轴代表误差发生的概率密度。

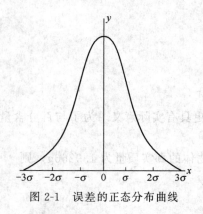

图 2-1 误差的正态分布曲线

根据此分布规律可知，随着测定次数的增加，偶然误差的算术平均值将逐渐接近于零。另外，实验证明，在测定次数较少时，分析结果的偶然误差随测定次数增加而迅速减小。当测定次数大于 10 次时，偶然误差的减小就不明显。因此在实际工作中，平行测定 3~5 次至多 10 次就足够了。

③ 过失误差

又称粗差，它是由分析人员工作中的差错，主要是由分析人员的粗心或不遵守操作规程而造成的。例如容器不洁净、丢损试液、加错试剂、看错砝码、记录错误、计算错误等。过失误差严重影响分析结果的准确性，所测数据应弃去不用，不得参加计算平均值。

2.1.2 精密度和偏差

精密度是指在相同条件下重复测量时，各测定值间相符合的程度。精密度的高低通常用偏差来衡量。

偏差是指个别测定结果与几次测定结果的平均值之间的差别。与误差相似，偏差也可用绝对偏差和相对偏差两种方法表示。

绝对偏差 $d_i = x_i - \bar{x}$ $(i = 1, 2, \cdots, n)$

其中，x_i 为个别测定值；d_i 为个别测定值的绝对偏差。

相对偏差 $\dfrac{d_i}{\bar{x}} \times 100\%$

为了表示一组测定结果的精密度，采用了平均偏差 $\bar{d}$ 的概念：

$$\bar{d} = \frac{1}{n}\sum_{i=1}^{n} |x_i - \bar{x}| = \frac{1}{n}\sum_{i=1}^{n} |d_i| \tag{2-1}$$

相对平均偏差则为：$\dfrac{\bar{d}}{\bar{x}} \times 100\%$

用平均偏差表示精密度比较简单，但由于在一系列的测定结果中，小偏差占多数，大偏差占少数，如果按总的测定次数求算平均偏差，所得结果会使大偏差得不到应有的反映。例如对同一试样进行测定，得两组测定值，其偏差分别为：

第一组：+0.11，−0.73，+0.24，+0.51，−0.14，0.00，+0.30，−0.20

$n = 8 \quad \bar{d}_1 = 0.28$

第二组：+0.18，+0.26，−0.25，−0.37，+0.32，−0.28，+0.31，−0.27

$n = 8 \quad \bar{d}_2 = 0.28$

虽然两组测定结果的平均偏差相同，但实际上，由于第一组数据中出现了两个较大的偏差 −0.73 和 +0.51，因而测定结果的精密度不如第二组。若要更好地反映测定结果的精密度，可采用标准偏差。

标准偏差分为总体标准偏差 σ 和样本标准偏差 s。在分析化学中，所谓总体，是指在指定的条件下，做无限次测量所得到的无限多的数据的集合。在总体中随机抽出一组测量值称为样本或子样。样本中所含测量值的数目 n 称为样本容量或样本大小。

当测定次数趋于无穷大时，总体标准偏差 σ 表示如下：

$$\sigma = \sqrt{\dfrac{\sum\limits_{i=1}^{n}(x-\mu)^2}{n}} \tag{2-2}$$

式中，μ 为无限多次测定的平均值，称为总体平均值。即：

$$\lim_{n\to\infty}\overline{x}=\mu$$

在校正系统误差的情况下，μ 即为真值。

在一般的分析工作中，只能做有限次数的测定，有限测定次数时的样本标准偏差 s 的表达式为：

$$s = \sqrt{\dfrac{\sum\limits_{i=1}^{n}(x-\overline{x})^2}{n-1}} \tag{2-3}$$

上述两组数据的平均偏差虽相同，但样本标准偏差分别为 $s_1=0.38$，$s_2=0.30$，$s_1>s_2$。可见标准偏差比平均偏差能更灵敏地反映出大偏差的存在，因而能更好地反映测定结果的精密度。

实际工作中也使用相对标准偏差（用 s_r 或 RSD 表示）表示测量结果的精密度，其表达式为：

$$s_r = \dfrac{s}{\overline{x}} \times 100\% \tag{2-4}$$

例 2-1 分析铁矿中铁含量，得如下数据：37.45%，37.20%，37.50%，37.30%，37.25%。计算此结果的平均值、平均偏差、标准偏差、相对标准偏差。

解： $\overline{x}=\dfrac{37.45\%+37.20\%+37.50\%+37.30\%+37.25\%}{5}=37.34\%$

各次测量偏差分别为：

$d_1=+0.11\%$，$d_2=-0.14\%$，$d_3=+0.16\%$，$d_4=-0.04\%$，$d_5=-0.09\%$

$$\overline{d}=\dfrac{\sum\limits_{i=1}^{n}|d_i|}{n}=\left(\dfrac{0.11+0.14+0.16+0.04+0.09}{5}\right)\%=0.11\%$$

$$s=\sqrt{\dfrac{\sum\limits_{i=1}^{n}d_i^2}{n-1}}=\sqrt{\dfrac{(0.11)^2+(0.14)^2+(0.16)^2+(0.04)^2+(0.09)^2}{5-1}}\%$$
$$=0.13\%$$

$$s_r=\dfrac{s}{\overline{x}}\times 100\%=\dfrac{0.13}{37.34}\times 100\%=0.35\%$$

2.1.3 准确度与精密度的关系

系统误差是定量分析中误差的主要来源，它主要影响分析结果的准确度。偶然误差主要影响分析结果的精密度。一组测量值精密度好并不能说明准确度高。

如何从精密度与准确度两方面来衡量分析结果的好坏呢？图 2-2 表示出甲、乙、丙、丁四人分析同一试样中铁含量的结果。

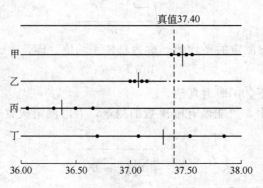

图 2-2　不同人分析同一样品的结果
(·表示个别测量值，│表示平均值)

由图可见：甲所得结果准确度与精密度均好，结果可靠；乙的精密度虽很高，但准确度太低；丙的精密度与准确度均很差；丁的平均值虽也接近于真实值，但几个数值彼此相差甚远，仅是由于大的正负误差相互抵消才使结果接近真实值。如只取 2 次或 3 次平均，结果就会与真实值相差很大，因此这个结果是碰巧得来的，是不可靠的。

综上所述：①精密度是保证准确度的先决条件，精密度差，所测结果不可靠，也就失去了衡量准确度的前提；②高的精密度不一定保证高的准确度。因此对于一个可靠的测定，既要求精密度高，又要求准确度高。

2.2　有限实验数据的数理统计

测量工作的目的在于获得真值，但在校正系统误差的情况下，只有进行无限多次测量，其数据的平均值才可视为真值，显然这是无法做到的。虽然在实际工作中只能做有限次测量，但是通过对有限次测量数据进行合理的数据分析，就可对真值的取值范围作出科学的论断。

2.2.1　置信区间和置信度

由于误差是客观存在的，所以用有限次测量得到的平均值 $\bar{x}$ 作为测定结果总带有一定的不确定性。因此，需要在一定概率下，根据 $\bar{x}$ 对真值 μ 可能的取值区间做出估计。

统计学上，把一定概率下真值的这一取值范围称为置信区间，其概率称为置信度。置信度实际上就是人们对所作判断有把握的程度。一般来说，置信度越高，置信区间就越宽，相应判断失误的机会就越小。但置信度过高，往往会因为置信区间过宽而致使实用价值不大。例如：对于"某铁矿石含铁百分含量在 0~100%"这一推断来说，该判断完全正确，置信度为 100%，但因置信区间过宽，结果没有实际用处。

作判断时，置信度高低应定得合适。既要使置信区间宽度足够小，又要使置信度很高。在日常生活中，人们的判断若有 90% 或 95% 的把握，就可以认为该判断基本正确。在分析化学中作统计推断时,通常取 95% 的置信度,有时也取 90% 或 99% 等置信度。

2.2.2 平均值的置信区间

在实际工作中,是用一组测量值的平均值 $\bar{x}$ 来表示测量结果的。对于有限次数的测定,真值 μ 与平均值 $\bar{x}$ 之间有如下关系:

$$\mu = \bar{x} \pm \frac{ts}{\sqrt{n}} \qquad (2-5)$$

式中,s 为标准偏差;n 为测定次数;t 为在选定的某一置信度下的几率系数,可根据测定次数从表 2-1 中查得。

表 2-1 对应于不同测定次数及不同置信度的 t 值

测定次数 n	置信度				
	50%	90%	95%	99%	99.5%
2	1.000	6.314	12.706	63.657	127.32
3	0.816	2.920	4.303	9.925	14.089
4	0.765	2.353	3.182	5.841	7.453
5	0.741	2.132	2.776	4.604	5.598
6	0.727	2.015	2.571	4.032	4.773
7	0.718	1.943	2.447	3.707	4.317
8	0.711	1.895	2.365	3.500	4.029
9	0.706	1.860	2.306	3.355	3.832
10	0.703	1.833	2.262	3.250	3.690
11	0.700	1.812	2.228	3.169	3.581
21	0.687	1.725	2.086	2.845	3.153
∞	0.674	1.645	1.960	2.576	2.807

利用式(2-5)可以估算出,在选定的置信度下,总体平均值 μ 在以测定平均值 $\bar{x}$ 为中心的多大范围内出现,这个范围就是平均值的置信区间。例如分析水样中氯的含量,经过 5 次测定,得到在置信度为 95% 时其含量为 (39.16 ± 0.05) mg·L^{-1}。这说明经过 5 次测定后,水样中氯含量的平均值是 39.16 mg·L^{-1},而且有 95% 的把握认为含氯量的真值 μ 在 39.11~39.21 mg·L^{-1} 的区间内。39.11~39.21 mg·L^{-1} 即为水样中含氯量平均值的置信区间。

例 2-2 测定 SiO$_2$ 的百分含量,得到下列数据(%SiO$_2$):28.62,28.59,28.51,28.48,28.52,28.63。求平均值、标准偏差、置信度分别为 90% 和 95% 时平均值的置信区间。

解: $\bar{x} = \dfrac{28.62+28.59+28.51+28.48+28.52+28.63}{6} = 28.56$

$s = \sqrt{\dfrac{(0.06)^2+(0.03)^2+(0.05)^2+(0.08)^2+(0.04)^2+(0.07)^2}{6-1}} = 0.06$

查表 2-1，置信度为 90%，$n=6$ 时，$t=2.015$。

可得：$\mu = 28.56 \pm \dfrac{2.015 \times 0.06}{\sqrt{6}} = 28.56 \pm 0.05$

同理，置信度为 95% 时，

可得：$\mu = 28.56 \pm \dfrac{2.571 \times 0.06}{\sqrt{6}} = 28.56 \pm 0.06$

上述计算表明，对于同一组测定数据，置信度越高，则 t 值越大，置信区间也越宽。

另外，从表 2-1 中可看出，测定次数越多，t 值越小。当测定次数在 20 次以上时，其 t 值与测定次数为 ∞ 时的 t 值相比，相差不多，这表明当测定次数超过 20 次以上时，再增加测定次数对提高测定结果的准确度已没什么意义。所以只有在一定测定次数范围内，分析数据的可靠性才随平行测定次数的增多而增加。

2.2.3 可疑数据的取舍

在一组平行测定数据中，常会有个别数据偏离其他数据较远，这一数据被称为可疑值或离群值。对于可疑值，在判明它的出现是否合理之前，不能轻易保留或随意舍去。

可疑值的取舍问题，实质上是区分偶然误差和过失误差的问题。若确定是由操作错误引起的数据异常，应将该数据舍去。否则应借助于统计检验来判断取舍。取舍方法很多，现介绍其中的 Q 检验法。

当测定次数 $n=3 \sim 10$ 时，根据所要求的置信度，按照下列步骤，检验可疑数据是否可以弃去：

① 将各数据按递增的顺序排列：$x_1, x_2, \cdots, x_n$；
② 求出最大与最小数据之差：$x_n - x_1$；
③ 求出可疑数据与其最邻近的数据之间的差 $x_n - x_{n-1}$ 或 $x_2 - x_1$；
④ 求出 $Q = \dfrac{x_n - x_{n-1}}{x_n - x_1}$ 或 $Q = \dfrac{x_2 - x_1}{x_n - x_1}$；
⑤ 根据测定次数 n 和要求的置信度，查表 2-2，得出 $Q_表$；
⑥ 将 Q 与 $Q_表$ 相比，若 $Q > Q_表$，则弃去可疑值，否则应予保留。

表 2-2　不同置信度下舍弃可疑数据的 Q 值表

测定次数 n	$Q_{0.90}$	$Q_{0.95}$	$Q_{0.99}$
3	0.94	0.98	0.99
4	0.76	0.85	0.93
5	0.64	0.73	0.82
6	0.56	0.64	0.74
7	0.51	0.59	0.68
8	0.47	0.54	0.63
9	0.44	0.51	0.60
10	0.41	0.48	0.57

例 2-3　在一组平行测定中，测得试样中钙的百分含量（%Ca）分别为：22.38，22.39，22.36，22.40，22.44。试用 Q 检验判断 22.44 能否弃去。要求置信度为 90%。

解：（1）按递增顺序排列：

22.36，22.38，22.39，22.40，22.44

(2) $x_n - x_1 = 22.44 - 22.36 = 0.08$

(3) $x_n - x_{n-1} = 22.44 - 22.40 = 0.04$

(4) $Q = \dfrac{x_n - x_{n-1}}{x_n - x_1} = \dfrac{0.04}{0.08} = 0.5$

(5) $n = 5$ 时，$Q_{0.90} = 0.64$，$Q < Q_{0.90}$，所以 22.44 应予以保留。

2.3　提高分析结果准确度的方法

前面讨论了误差的产生及实验数据的统计处理，现在此基础上结合实际，简要讨论一下如何减小测量误差以提高分析结果的准确度。

2.3.1　选择合适的分析方法

为使测定结果达到一定的准确度，以满足实际工作需要，首先要选择合适的分析方法。各种分析方法的准确度和灵敏度各有侧重。重量法和滴定法测定的准确度高，相对误差一般为千分之几，但灵敏度低。适用于含量在 1% 以上的常量组分的测定。仪器分析法测定的灵敏度高，但准确度较差，适用于微量（0.01%～1%）和痕量（<0.01%）组分的测定。

例如：对含铁量为 40.20% 试样中铁的测定，采用准确度高的重量法和滴定法测定，若方法的相对误差为 0.2%，则含铁量范围是 40.12%～40.28%。而同一试样若采用仪器分析法如光度法测定，由于方法的相对误差约为 2%，则测得的含铁量范围在 41.00%～39.40% 之间，相比之下误差就大得多。相反，对于微量或痕量组分的测定，重量法和滴定法的灵敏度一般无法达到，而仪器分析法的灵敏度却可以达到。虽然其相对误差较大，但对于微量和痕量组分测定来说，可允许有较大的相对误差，因此采用仪器分析法比较合适。例如：对于含铁量为 0.050% 的试样采用光度法测定，若其相对误差为 2%，则测定的含铁量范围是 0.049%～0.051%。可以看出，其绝对误差并不太大，因而这样的误差是允许的。

2.3.2　消除系统误差

在实际工作中，有时会遇到这样的情况：几次平行测定结果精密度很好，但用其他可靠方法一检查，就会发现分析结果有严重的系统误差，因此在分析测定工作中必须重视系统误差的消除。可以根据具体情况，采用不同的方法来检验和消除系统误差。

(1) 对照实验

是用于检查有无系统误差最有效的方法，对照实验的结果可以说明系统误差的大小。通常有三种对照方式。

① 采用标准试样　选用组成与试样相近的标准试样来做测定，将测定结果与标准值比较，用统计检验方法确定有无系统误差。

② 采用标准方法　采用标准方法和所选方法同时测定某一试样，由测定结果做统计检验确定有无系统误差。

③ 采用加入回收法　即称取等量两份试样，在一份试样中加入已知量的欲测组分，平行进行此两份试样的测定，由加入被测组分量是否定量回收判断有无系统误差。这种方法在对试样组成情况不清楚时适用。

(2) 空白实验

用于消除由试剂、蒸馏水及器皿引入的杂质所造成的系统误差。即在不加试样的情况下，按照试样分析步骤和条件进行分析实验，所得结果称为空白值，然后从试样测定结果中扣除此空白值，就可得到比较可靠的分析结果。

(3) 校准仪器

用以消除仪器不准所引起的系统误差。如对砝码、移液管、容量瓶与滴定管进行校准，并在计算结果中采用校正值。

(4) 采用其他分析方法校正

例如用重量法测定 SiO_2 时，滤液中的硅可用光度法测定后再加到重量法的测定结果中去，这样即可得到较准确的结果。

2.3.3　减小测量误差

为了保证分析结果的准确度，必须尽量减小测量误差。例如在重量分析中，测量步骤是称重，这就应设法减小称量误差。一般分析天平的称量误差为±0.0001g，用减量法[❶]称两次，可能引起的最大误差是±0.0002g，为了使称量的相对误差小于0.1%，试样的质量就不能太小。根据相对误差的计算公式可得到：

$$相对误差 = \frac{绝对误差}{试样质量} \times 100\%$$

$$试样质量 = \frac{绝对误差}{相对误差} = \frac{0.0002}{0.1\%} = 0.2g$$

可见试样质量必须大于或等于0.2g，才能保证称量误差在0.1%以内。

在滴定分析中，滴定管读数有±0.01mL的误差，在一次滴定中，需要读数两次，可能

[❶] 减量法称量的基本步骤：样品置于称量瓶中，先称出样品和称量瓶的总质量 m_1，然后倒出一定质量 m 的样品于另一容器中，再称出剩余样品和称量瓶的总质量 m_2，两次称量之差即为称出的样品质量 $m = m_1 - m_2$。

造成的最大误差为 ±0.02mL。为了使测量体积的相对误差小于 0.1%，消耗滴定剂必须在 20mL 以上，一般在滴定分析中，消耗的滴定剂体积通常控制在 20~40mL 范围内。

值得注意的是不同的测定方法对准确度的要求也不同，因此应根据具体要求，使测量的准确度与方法的准确度相适应。例如对微量组分的比色测定，要求相对误差为 2%，若称取试样 0.5g，则试样的称量绝对误差不大于 $0.5 \times \frac{2}{100} = 0.01$g 就行了，而不必强调称准至 ±0.0001g。

2.3.4 减小偶然误差

增加测定次数可以减小偶然误差，但测定次数大于 10 次时，偶然误差的减小已不明显。在一般分析测定中，平行作 3~5 次测定即可，过分地增多重复测定次数，会增加很多劳动量，但对分析结果的可靠性并无很大裨益。

2.4 有效数字及运算规则

2.4.1 有效数字

为了得到准确的分析结果，不仅要准确地测量而且还要正确地记录和计算。记录的数据和计算的结果不仅表示数量的大小，也反映出测量的精密程度。有效数字就是实际能测量到的数字。

有效数字保留的位数，应当根据分析方法和仪器的准确度来决定，应使数值中只有最后一位数字是可疑的。例如用分析天平称取某物质的质量为 0.5010g，这一数值中最后一位数字是可疑数字，而其他各位数字是准确的。此时称量的绝对误差为 ±0.0001g[1]，相对误差为：$\frac{\pm 0.0001}{0.5010} \times 100\% = \pm 0.02\%$。若将上述称量结果写为 0.501g，则表明绝对误差为 ±0.001g，而相对误差为 ±0.2%。由此可见，记录时在小数点后多写或少写一位数字"0"，测量精确程度无形中就被夸大或缩小了 10 倍。因此记录数据时，必须注意数据的有效数字的位数，不能随意增添或减少。

在确定各数的有效数字位数时，数字"0"具有双重意义。若作为普通数字使用，它就是有效数字，若作为定位用，则不是有效数字。例如：滴定管读数为 20.50mL，两个"0"都是测量数字，都是有效数字，此有效数字为四位。若改用升表示则是 0.02050L，这时前面的两个"0"仅起定位作用，不是有效数字，此数仍是四位有效数字。所以，改变单位不会改变有效数字的位数。当需要在数的末尾加"0"作定位用时，最好采用指数形式表示，否则有效数字的位数比较含糊。例如某物质的质量为 25.0mg，若以 μg 为单位，则表示成 2.50×10^4μg。若表示成 25000μg，就易被误解为有五位有效数字。

在分析化学中常会遇到倍数、分数关系，如 I_2 与 $Na_2S_2O_3$ 反应，其物质的量之比为

---

[1] 对于可疑数字，除非特别说明，通常理解为它可能有 ±1 单位的误差。

$1:2$，因而 $n_{I_2} = \frac{1}{2} n_{Na_2S_2O_3}$（$n$ 为物质的量），这里的"2"非测量所得，它的有效数字位数可视为无限多位。

对于 pH、lgK 等对数数值，其有效数字的位数仅取决于小数点后尾数部分的位数，整数部分即首数只代表相应真数的 10 的多少次方。

例如：pH=11.00，小数点后有两位，则相应 $[H^+]=1.0\times10^{-11} mol\cdot L^{-1}$，其有效数字是两位而非四位。若 $[H^+]=1.85\times10^{-5} mol\cdot L^{-1}$，是三位有效数字，则对应的 pH=4.733（小数点后尾数部分有三位）。

2.4.2 有效数字的修约规则

对分析数据进行处理时，必须根据各步的测量精密度及下述的有效数字的计算规则，合理保留有效数字的位数，弃去多余的数字。目前多采用"四舍六入五成双"规则对数字进行修约，其做法如下。

当尾数≤4 时则舍，尾数≥6 时则入。尾数=5 而"5"后面的数字全部为 0 时，若"5"前面的数字为偶数则舍，如为奇数则入。当尾数=5 而"5"后面还有不全部是零的任何数时，无论"5"前面的数字是奇数还是偶数皆入。例如，将下列数据修约为四位有效数字：

0.52664→0.5266　　0.35378→0.3538　　10.0050→10.00
6.81350→6.814　　20.1852→20.19

2.4.3 有效数字的运算规则

在分析结果的计算中，每个测量值的误差都要传递到结果里面。因此必须运用有效数字的运算规则，做到合理取舍各数据的有效数字的位数。

(1) 加减法

当几个数相加减时，它们的和或差的有效数字保留取决于各数中绝对误差最大的那个数。即可以按照小数点后位数最少的那个数来保留相应计算结果的小数点后的位数。

例如：计算 0.0121+25.64+1.05782＝？各数中最后一位为可疑数字，绝对误差依次为±0.0001、±0.01、±0.00001，可见 25.64 的绝对误差最大，其小数点后位数有两位。因此应将计算器显示的相加结果 26.70992 取到小数点后第二位，按"四舍六入五成双"的规则修约成 26.71。

(2) 乘除法

当几个数相乘除时，所得结果的有效数字的位数应与各数中相对误差最大的那个数一致。通常可按照有效数字位数最少的那个数来保留计算结果的有效数字位数。

例如：计算 0.0121×25.64×1.05782＝？三个数的相对误差分别为：

$0.0121：\pm\frac{1}{121}\times 100\% = \pm 0.8\%$

$25.64：\pm\frac{1}{2564}\times 100\% = \pm 0.04\%$

$$1.05782: \pm \frac{1}{105782} \times 100\% = \pm 0.0009\%$$

其中以 0.0121 的相对误差最大，它有三位有效数字，因此计算结果应取三位有效数字。即把计算器显示的计算结果 0.328182308 修约成 0.328。

另外，在取舍有效数字位数时，还应注意以下几点。

① 若某一数据第一位有效数字大于或等于 8，则其有效数字位数可多算一位。如 9.25 虽只有三位数，但可看作四位有效数字。

② 在计算过程中，可以暂时多保留一位数字，得到最后结果时，再根据"四舍六入五成双"原则弃去多余数字。

③ 有关化学平衡的计算，可根据具体情况保留两位或三位有效数字。对于误差的计算，取一位有效数字就足够，至多取两位。

④ 对于高含量组分（＞10%）的测定，分析结果一般要求有四位有效数字。对于中含量组分（1%～10%）的测定，一般要求三位有效数字。对于微量组分（＜1%）测定，一般要求两位有效数字。通常以此为标准报告分析结果。

目前由于计算器的应用很普遍，而且计算器上显示的数值位数较多，因此使用计算器计算定量分析结果时，特别要注意最后计算结果的有效数字位数，应根据前述规则进行取舍，不可全部照抄计算器上显示的所有数字或任意取舍计算结果的有效数字位数。

习 题

1. 选择题

(1) 可用下列哪种方法减小分析测定中的偶然误差（　　）。
A. 校准砝码　　　　B. 增加测定次数　　　　C. 改进测量方法　　　　D. 对照实验

(2) 按有效数字运算规则：(33.15−15.52)×0.086 的结果有效数字是（　　）。
A. 1 位　　　　B. 2 位　　　　C. 3 位　　　　D. 4 位

(3) 下列哪种情况造成的误差不属于系统误差（　　）？
A. 天平两臂不等长　　　　　　　　　　　　B. 试剂中含有少量被测组分
C. 滴定管体积读数时最后一位估计不准　　　D. 仪器未校准

2. 判断题

(1) 多次分析结果的重现性越好，则分析结果的准确度越好。

(2) 某弱酸的 pH＝2.00，则 [H^+] 的有效数字位数为 3 位。

(3) 滴定分析相对误差一般要求为 0.1%，滴定时耗用标准溶液体积应控制在 15～20mL。

(4) 对照实验可以减小测定中的偶然误差。

(5) 系统误差影响分析结果的准确度。

3. 用沉淀滴定法测定纯 NaCl 中氯的百分含量，得到下列结果（%Cl）：59.82，60.06，60.46，59.86，60.24。计算分析结果的绝对误差和相对误差。　　　　[−0.57%，−0.94%]

4. 已知分析天平能称准至±0.1mg，要使试样的称量误差不大于 0.1%，则至少要称取试样多少克？　　　　[0.2g]

5. 测定某样品的含氮量，六次平行测定的结果是：20.48%，20.55%，20.58%，20.60%，20.53%，20.50%。

(1) 计算这组数据的平均值,平均偏差,标准偏差,相对标准偏差;

(2) 若此样品是标准样品,含氮量为 20.45%,计算以上测定结果的绝对误差和相对误差。

[(1) 20.54%,0.037%,0.046%,0.22%;(2) 0.09%,0.44%]

6. 水中 Cl^- 含量经 6 次测定,求得平均值为 $35.2 mg \cdot L^{-1}$,$s = 0.7 mg \cdot L^{-1}$,计算置信度为 90% 时平均值的置信区间。

[$(35.2 \pm 0.6) mg \cdot L^{-1}$]

7. 某矿石中钨的百分含量的测定结果为:20.39%,20.41%,20.43%,计算标准偏差及置信度为 95% 时平均值的置信区间。

[0.02%,20.41%±0.05%]

8. 测定试样中 CaO 含量,得到如下结果:35.64%,35.69%,35.72%,35.60%,比较在 95% 和 90% 置信度下平均值的置信区间。

[35.66%±0.08%,35.66%±0.06%]

9. 某学生标定 HCl 溶液的浓度($mol \cdot L^{-1}$),得到下列数据:0.1019,0.1021,0.1028,0.1020,用 Q 检验法进行检验,第 3 个数据是否应保留,设置信度为 90%。若再测定一次,得到 0.1023,此时上面第 3 个数据是否应保留?

10. 一组实验数据如下:8.44,8.32,8.45,8.52,8.69,8.38。根据 Q 检验法对可疑数据决定取舍(设置信度为 90%),然后求出平均值、标准偏差和置信度为 90% 时平均值的置信区间。

[8.47,0.13,8.47±0.11]

11. 下列数据中各包含几位有效数字?

(1) 0.0760   (2) 15.253   (3) 4.8×10^{-3} (4) pH=5.23 时的 [H^+]

12. 按有效数字运算规则,计算下列各式的结果。

(1) 213.62+4.4+0.3244

(2) pH=0.05,求 [H^+]

(3) $2.187 \times 0.854 + 9.82/3.426$

(4) $\dfrac{(30.15-14.52) \times 0.085}{1.25 \times 10^{-3}}$

[(1) 218.3   (2) $0.89 mol \cdot L^{-1}$ (3) 4.734   (4) 1.06×10^3]

13. 甲、乙二人同时分析一矿物试样中含硫量,每次称取试样为 3.50g,分析结果报告为

甲:4.21%,4.22%;乙:4.209%,4.221%

哪一份报告是合理的?为什么?

第 3 章
化学热力学与化学动力学基础

化学反应是化学研究的核心部分，将化学反应应用于生产实践中主要有两个方面的问题：一是要了解反应中的能量转换规律、反应进行的方向、最大限度以及外界条件对平衡的影响；二是要知道反应进行的速率和反应的机理。前者归属于化学热力学的研究范畴，后者归属于化学动力学的研究范畴。本章的主要内容就是利用化学热力学和化学动力学的基本原理对上述两方面的问题进行初步探讨。

3.1 热力学第一定律

3.1.1 基本概念

(1) 系统和环境

在热力学中，常把要研究的那部分物质或空间，与其他物质或空间人为地分开，这种被划分出来的研究对象，就称为系统；把系统之外与系统有密切联系的其他物质或空间称为环境。例如：研究物质在溶液中的反应，溶液就是我们研究的系统，而盛溶液的烧杯，溶液上方的空气等都是环境。

根据系统和环境之间的关系，系统可分为如下三类。

敞开系统：系统与环境之间既有物质交换又有能量交换。
封闭系统：系统与环境之间没有物质交换仅有能量交换。
孤立系统：系统与环境之间既没有物质交换也没有能量交换。

(2) 过程和途径

系统的状态发生变化时，状态变化的经过称为过程。如果系统的状态是在恒温条件下发生变化，则此过程称为恒温过程；同理在压力或体积恒定的条件下，系统的状态发生了变化，则称恒压过程或恒容过程。如果状态发生变化时，系统和环境没有热交换，则称绝热过程。

系统由一始态变到另一终态,可以经由不同的方式。这种由同一始态变到同一终态的不同方式就称为不同的途径。因此可以说系统状态变化的具体方式称为途径。例如一系统由298K、100kPa(始态),变到373K、200kPa(终态),可采取两种途径:Ⅰ.先经恒压过程,再经恒温过程;Ⅱ.先经恒温过程再经恒压过程(见图3-1)。

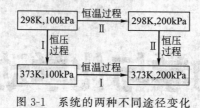

图 3-1 系统的两种不同途径变化

(3) 状态函数

一个系统的状态可由它的一系列物理量来确定,例如气体可由压力、体积、温度及各组分的摩尔数等参数来决定。

确定系统热力学状态的物理量,例如体积、压力、密度等,称为状态函数。状态函数的特征是:系统状态一定,状态函数便有确定的值,系统状态发生变化时,状态函数的改变量只取决于系统的初始状态和终结状态,而与变化的途径无关。

例如 1mol 理想气体,由始态 $p_1=101325$Pa、$V_1=22.4$L、$T_1=273$K,变到终态 $p_2=1013250$Pa、$V_2=4.48$L、$T_2=546$K,无论中间是否经过其他过程,这些状态函数改变量均为:

$$\Delta p = p_2 - p_1 = 1013250 - 101325 = 911925 \text{Pa}$$
$$\Delta V = V_2 - V_1 = 4.48 - 22.4 = -17.9 \text{L}$$
$$\Delta T = T_2 - T_1 = 546 - 273 = 273 \text{K}$$

(4) 功和热

功和热是系统状态变化时与环境交换(传递或转换)能量的两种不同形式。系统和环境之间因温度不同而传递的能量形式称为热。

热是一种传递过程中的能量,与变化途径有关,所以,热不是状态函数。热力学中,热的符号一般以 Q 来表示。并规定:系统吸热时,Q 为正值,系统放热时,Q 为负值。

热力学中,系统与环境之间除热以外的其他能量传递形式统称为功。功有多种形式,化学反应涉及较多的是体积功。由于系统体积变化反抗外力作用而与环境交换的功,这种功被称为体积功:

$$W = p(V_2 - V_1) = p\Delta V \tag{3-1}$$

除体积功以外的其他功统称为非体积功(如电功等),热力学中功的符号以 W 来表示,并规定:系统对环境做功,W 为正值;环境对系统做功,W 为负值。

功和热一样,也不是状态函数,它们的单位均以千焦(kJ)来表示。

(5) 内能

内能是系统内部能量的总和,用符号"U"表示,具有能量单位。系统的内能只包括系统内部分子(或离子、原子)的动能,分子间的位能以及分子内部具有的能量(包括分子内各种粒子例如原子、原子核、电子等运动的能量及粒子间相互作用的能量），但不包括系统整体运动的动能和系统整体处于外力场中具有的位能。

系统内部质点运动及相互作用很复杂，无法确定一个系统内能的绝对值。由于一定量某种物质的内能与物质的种类、温度、体积、压力等性质有关，所以内能也是系统本身的一种性质，即内能也为状态函数，其改变量 ΔU 只取决于系统的始态和终态，而与系统状态变化的途径无关。

3.1.2 热力学第一定律——能量守恒

能量不能自生自灭这一原理早已为人们所熟知。各种能量之间在相互转化过程中，能量不能无中生有也不会消失，能量守恒原理无论对宏观世界或微观世界都是适用的。

热力学第一定律就是能量守恒定律，它可表述如下：自然界一切物质都具有能量，能量有各种不同形式，可以从一种形式转化为另一种形式，可以从一种物质传递到另一物质，在转化和传递过程中总能量不变。

设有一个封闭系统，它的内能为 U_1，这个系统从环境吸热 Q，同时系统对环境做出功 W，结果使这个系统从内能 U_1 的状态（始态）变化到内能为 U_2 的新状态（终态）：

$$\boxed{\text{系统}U_1}\ \xrightarrow[-W]{+Q}\ \boxed{\text{系统}U_2}$$
$$\ \ \text{始态}\qquad\qquad\ \ \text{终态}$$

根据能量守恒定律，可得：

$$\Delta U = U_2 - U_1 = Q - W \tag{3-2}$$

式中，ΔU 为 U_2 和 U_1 之差，称为系统内能的改变量。式(3-2)即为热力学第一定律的数学表达式。它表明：系统从始态变到终态时，其内能的变化量等于系统吸收的能量和系统对环境做功耗去的能量之差，即系统和环境之间净能量的转移。

例如：某系统吸收了 40kJ 的热量，对环境做了 20kJ 的功，那么，系统内能的变化为：

$$\Delta U(\text{系统}) = Q - W = (+40) - (+20) = 20\text{kJ}$$

即系统状态变化过程中，内能净增加了 20kJ。而对于环境来说，放 40kJ 的热量，对系统做了 20kJ 的功（即 $W = -20$kJ），则环境的内能变化为：

$$\Delta U(\text{环境}) = Q - W = (-40) - (-20) = -20\text{kJ}$$

即系统的内能变化与环境的内能变化，其绝对值相等，但符号相反，即：

$$\Delta U(\text{环境}) = -\Delta U(\text{系统})$$

体现了能量守恒原理。

3.2 热化学

化学反应的进行大都伴随着吸热或放热。发生化学反应时，如果系统不做非体积功（或非膨胀功），当反应终态的温度恢复到反应始态温度时，系统所吸收或放出的热量，称为该化学反应的反应热。研究化学反应中热效应的科学称为热化学。在热化学研究中将运用到热力学第一定律。

3.2.1 反应热与反应焓变

(1) 恒压反应热

一般情况下，大多数化学反应是在恒压条件下进行的，如果系统不做非体积功，此过程的反应热称为恒压反应热，用符号 Q_p 表示。由热力学第一定律：

$$\Delta U = Q_p - W = Q_p - p\Delta V$$

则
$$Q_p = \Delta U + p\Delta V \tag{3-3}$$

由此可见，恒压反应热不等于系统内能的变化，两者差值为 $p\Delta V$。若反应后系统体积增大，即 $\Delta V > 0$ 则 $Q_p > \Delta U$，若 $\Delta V < 0$，则 $Q_p < \Delta U$。

对于有气体参加的化学反应，设气体为理想气体，根据 $pV = nRT$，则：

$$p\Delta V = n(生成物)RT - n(反应物)RT = (\Delta n)RT$$

$$Q_p = \Delta U + (\Delta n)RT \tag{3-4}$$

式中，Δn 为气态生成物的物质的量与气态反应物的物质的量之差。

例 3-1 已知 1mol $C_6H_6(l)$ 按下式反应：

$$C_6H_6(l) + 7\frac{1}{2}O_2(g) = 6CO_2(g) + 3H_2O(l)$$

在 298.15K、100kPa 时，$\Delta U = -3165.74$ kJ，求此反应的 Q_p？

解： 由于反应在常温常压下进行，设气体均为理想气体，则：

$$Q_p = \Delta U + (\Delta n)RT = -3165.74 + (6 - 7\frac{1}{2}) \times 8.314 \times 10^{-3} \times 298.15$$

$$= -3169.46 \text{ kJ}$$

计算结果表明：$Q_p < \Delta U$，这是因为反应后体积减小之故。

对于只有液态或固态物质参加的化学反应，由于体积变化很小，所以 $p\Delta V$ 项可忽略。

(2) 反应焓变

如前所述，恒压反应热：

$$Q_p = \Delta U + p\Delta V$$

若作下列变换：

$$Q_p = (U_2 - U_1) + p(V_2 - V_1)$$
$$= (U_2 + pV_2) - (U_1 + pV_1)$$

因为 U，p，V 都是系统的状态函数，所以 $U + pV$ 也是状态函数。这一新的状态函数在热力学中被称之为焓，用符号 H 表示，即：

$$H = U + pV \tag{3-5}$$

则：
$$Q_p = H_2 - H_1 = \Delta H$$

式中，ΔH 称为焓变。发生 1 摩尔化学反应时其焓变可记作 $\Delta_r H_m$，单位 kJ·mol^{-1}（千焦每摩尔）❶，下标 r、m 分别表示化学反应、摩尔之意。

当反应在恒压下进行，且反应过程中只做膨胀功时，反应热即为反应系统的焓变 $\Delta_r H_m$。若 $\Delta_r H_m < 0$，表示恒压条件下反应系统向环境放热，是放热反应；若 $\Delta_r H_m > 0$，系统从环境吸热，是吸热反应。

(3) 恒容反应热

如果化学反应在一个固定体积的密闭容器中进行，由于在此反应过程中，系统的体积恒定（$\Delta V = 0$），不能做膨胀功，则：

$$\Delta U = Q_V - W = Q_V - p\Delta V$$
$$Q_V = \Delta U$$

即在恒容条件下，反应热等于系统内能的变化。Q_V 称为恒容反应热。如果反应吸热，Q_V 和 ΔU 都是正值；若反应放热，Q_V 和 ΔU 都是负值。

3.2.2 热化学方程式

表示化学反应与热效应关系的方程式称为热化学方程式。例如：

$$H_2(g) + \frac{1}{2}O_2(g) \xrightarrow[100kPa]{298.15K} H_2O(g), \Delta_r H_m^{\ominus} = -241.82 \text{kJ} \cdot \text{mol}^{-1}$$

$\Delta_r H_m^{\ominus}$ 称作反应的标准摩尔焓变，其中 $^{\ominus}$ 代表标准态。❷

书写热化学反应方程式时应注意下列几点。

(1) 应注明反应的温度和压力，如果是 298.15K 和 100kPa 可略去不写。

(2) 必须标出物质的聚集状态。通常以 g、l、s 分别表示气、液、固态。因为状态不同，反应热的数值亦不同。

(3) 方程式中化学式前的系数只表示摩尔数，不表示分子数，因此，同一反应，物质的量不同，反应热的数值也不同。例如：

$$H_2(g) + \frac{1}{2}O_2(g) = H_2O(g), \Delta_r H_m^{\ominus} = -241.82 \text{kJ} \cdot \text{mol}^{-1}$$

$$2H_2(g) + O_2(g) = 2H_2O(g), \Delta_r H_m^{\ominus} = -483.64 \text{kJ} \cdot \text{mol}^{-1}$$

(4) 正逆反应的反应热绝对值相同，符号相反，例如：

$$HgO(s) = Hg(l) + \frac{1}{2}O_2(g), \Delta_r H_m^{\ominus} = 90.83 \text{kJ} \cdot \text{mol}^{-1}$$

$$Hg(l) + \frac{1}{2}O_2(g) = HgO(s), \Delta_r H_m^{\ominus} = -90.83 \text{kJ} \cdot \text{mol}^{-1}$$

---

❶ 此处的每摩尔指 1mol 反应，表示参与反应的物质按所给的化学计量关系进行了一个单位的化学反应。同一化学反应，如果化学反应方程式的写法不同，1mol 反应对应的各物质的量也不同。例如：对于 $3H_2(g) + N_2(g) = 2NH_3(g)$，1mol 反应表示 3mol 的 H_2 和 1mol 的 N_2 完全反应，生成 2mol 的 NH_3。若方程式改写为：$3/2H_2(g) + 1/2N_2(g) = NH_3(g)$，此时 1mol 反应则表示 3/2mol 的 H_2 与 1/2mol 的 N_2 完全反应，生成了 1mol 的 NH_3。

❷ 热力学规定的物质的标准态：在标准压力（$p^{\ominus} = 100$kPa）下，气体的压力等于 $p^{\ominus}$；液体、固体为最稳定的纯净物；溶液中溶质浓度为 1mol·L^{-1}。

3.2.3 反应热的求算

(1) 盖斯（Hess）定律

首先看一个例子，在373K和100kPa下的液态水转化为373K和100kPa下的气态水，这一过程可通过两种途径来完成：一种是直接将液态水转化为气态水（途径Ⅰ），另一种是先将水分解为气态氢和氧，再由单质氢和氧化合成水蒸气（途径Ⅱ）。两种途径图示如下：

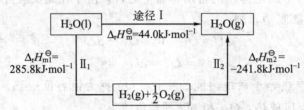

途径Ⅱ的总的焓变为：$\Delta_r H_{m1}^{\ominus} + \Delta_r H_{m2}^{\ominus} = 285.8 + (-241.8) = 44.0 \text{kJ} \cdot \text{mol}^{-1} = \Delta_r H_m^{\ominus}$，可见，途径Ⅱ反应分两步进行，与途径Ⅰ反应一步进行，其焓变都是相等的。从上例可推广得如下结论："不论过程是一步完成或分为数步完成，其热效应是相同的。"或"当任何一个过程是若干分过程的总和时，总过程的焓变一定等于各分步过程焓变的代数和。"这就是盖斯定律，它是热化学计算的基础，有着广泛的应用。

例如：碳和氧化合生成一氧化碳的反应热可根据下面两个反应的反应热来求得：

$$C(石墨) + O_2(g) = CO_2(g) \quad \Delta_r H_m^{\ominus} = -393.5 \text{kJ} \cdot \text{mol}^{-1}$$

$$CO(g) + \frac{1}{2}O_2(g) = CO_2(g) \quad \Delta_r H_m^{\ominus} = -283.0 \text{kJ} \cdot \text{mol}^{-1}$$

两式相减：$C(石墨) + \frac{1}{2}O_2(g) = CO(g)$

$$\Delta_r H_m^{\ominus} = (-393.5) - (-283.0) = -110.5 \text{kJ} \cdot \text{mol}^{-1}$$

可见，为了求反应热，可借助于某些已知其反应热的辅助反应，至于反应究竟是否按照所设计的中间步骤进行则无关紧要，因为它不影响 $\Delta_r H_m^{\ominus}$ 的计算值。但由于每个实验数据都有一定的误差，所以在具体运算中应避免引入不必要的辅助反应。

(2) 生成焓（标准摩尔生成焓）

由单质生成某化合物的反应称为生成反应。例如下列反应分别为 $CO_2(g)$ 和 $H_2O(l)$ 的生成反应：

$$C(s) + O_2(g) = CO_2(g)$$

$$H_2(g) + \frac{1}{2}O_2(g) = H_2O(l)$$

在恒温及标准态下，由元素的最稳定的单质生成单位物质的量的某物质的焓变（即恒压反应热），称为该物质的标准摩尔生成焓。标准摩尔生成焓用符号 $\Delta_f H_m^{\ominus}$ 表示（f 表示生成反应，单位为 kJ·mol^{-1}）。通常使用的是298.15K时的标准摩尔生成焓数据（$\Delta_f H_m^{\ominus}$）。若 $\Delta_f H_m^{\ominus} < 0$，表示由最稳定单质生成该化合物时放出热量；反之，$\Delta_f H_m^{\ominus} > 0$，则表示吸收热量。不难理解，处于标准态下最稳定单质的 $\Delta_f H_m^{\ominus}$ 必然为零。有些单质有稳定性不同的同素异形体，热力学选择石墨为 C 的基准物，白磷为 P 的基准物。

根据 $\Delta_f H_m^\ominus$ 值可判断同类型化合物的相对稳定性。$\Delta_f H_m^\ominus$ 代数值越小，化合物越稳定，例如：

	Na$_2$O	Ag$_2$O
$\Delta_f H_m^\ominus$/kJ·mol^{-1}	−414.2	−31.0
稳定性	加热不分解	537K 以上分解

各种化合物的 $\Delta_f H_m^\ominus$ 数据可在有关的化学手册中查到。附录 2 列出了 298.15K 下一些常见化合物的标准摩尔生成焓数据。

利用物质的标准摩尔生成焓 $\Delta_f H_m^\ominus$ 数据，任何化学反应的标准摩尔焓变 $\Delta_r H_m^\ominus$ 均可按：
$$\Delta_r H_m^\ominus = \sum \nu_i \Delta_f H_m^\ominus (\text{生成物}) - \sum \nu_i \Delta_f H_m^\ominus (\text{反应物})$$
的关系求得。

例 3-2 求下列反应的标准摩尔焓变 $\Delta_r H_m^\ominus$。
$$4FeS(s) + 7O_2(g) = 2Fe_2O_3(s) + 4SO_2(g)$$

解： $\Delta_r H_m^\ominus = \sum \nu_i \Delta_f H_m^\ominus (\text{生成物}) - \sum \nu_i \Delta_f H_m^\ominus (\text{反应物})$
$= [2\Delta_f H_m^\ominus (Fe_2O_3, s) + 4\Delta_f H_m^\ominus (SO_2, g)] - [4\Delta_f H_m^\ominus (FeS, s) + 7\Delta_f H_m^\ominus (O_2, g)]$

查附录 2：$Fe_2O_3(s)$、$SO_2(g)$、$FeS(s)$、$O_2(g)$ 的 $\Delta_f H_m^\ominus$/kJ·mol^{-1} 分别为：−824.2、−296.83、−100.0、0，故

$\Delta_r H_m^\ominus = [2 \times (-824.2) + 4 \times (-296.83)] - 4 \times (-100.0)$
$= -2435.72 (\text{kJ·mol}^{-1})$

(3) 键焓

化学反应的实质是原子或原子团的重新排列组合，在此过程中伴随旧化学键断裂，新化学键形成，都有能量的变化。热化学中把在标准态下，气体物质平均每断开单位物质的量的某化学键生成气态原子（或原子团）时的焓变，称为该化学键的标准摩尔键焓，用符号 $\Delta_b H_m^\ominus$ 表示，单位为 kJ·mol^{-1}。表 3-1 列出了在 298.15K 时部分化学键键焓的数据。

表 3-1 部分化学键的标准摩尔键焓 $\Delta_b H_m^\ominus$ (kJ·mol^{-1})

键型 A\D	单键(A—D)								双键(A=D)			叁键(A≡D)		
	H	C	N	O	F	Cl	Br	I	C	N	O	C	N	O
H	436	416	391	467	566	431	366	299						
C		356	285	336	485	327	285	213	598	616	695	813	866	1073
N			160	201	272	193	—	—		418			946	
O				146	190	205	—	201						
F					158	255	238	—						
Cl						242	217	209						
Br							193	180						
I								151						

通过分析反应过程中化学键的断开和形成，应用键焓的数据，也可以计算化学反应的反应焓变。

> **例 3-3** 计算乙烯与水作用制备乙醇的 $\Delta_r H_m^\ominus$。
>
> **解：** 有关反应式为：
> $$C_2H_4(g) + H_2O(g) \Longrightarrow C_2H_5OH(g)$$
> 反应过程中断开的键有：
> 4 个 C—H 键，1 个 C=C 键，2 个 O—H 键
> 形成的键有：
> 5 个 C—H 键，1 个 C—C 键，1 个 C—O 键，1 个 O—H 键
> 有关化学键的键焓数据为：
>
> | $\Delta_b H_m^\ominus / kJ \cdot mol^{-1}$ | C=C | O—H | C—H | C—C | C—O |
> |---|---|---|---|---|---|
> | | 598 | 467 | 416 | 356 | 336 |
>
> 反应的标准摩尔焓变为：
> $$\Delta_r H_m^\ominus = 4 \times \Delta_b H_m^\ominus(C-H) + \Delta_b H_m^\ominus(C=C) + 2 \times \Delta_b H_m^\ominus(O-H)$$
> $$- 5 \times \Delta_b H_m^\ominus(C-H) - \Delta_b H_m^\ominus(C-C)$$
> $$- \Delta_b H_m^\ominus(C-O) - \Delta_b H_m^\ominus(O-H)$$
> $$= 4 \times 416 + 598 + 2 \times 467 - 5 \times 416 - 356 - 336 - 467$$
> $$= -43 (kJ \cdot mol^{-1})$$
>
> 上例表明：
> $$\Delta_r H_m^\ominus = \sum \nu_i \Delta_b H_m^\ominus (\text{反应物}) - \sum \nu_i \Delta_b H_m^\ominus (\text{生成物})$$

3.3 化学平衡

3.3.1 化学平衡状态

（1）可逆反应

迄今所知，像放射性元素的蜕变及 $KClO_3$ 的分解等在一定条件下几乎完全进行到底的反应是很少的。这类反应物几乎全部转变为生成物的反应，称为不可逆反应。但绝大多数的化学反应不是这样，例如 SO_2 转变为 SO_3 的反应：

$$2SO_2(g) + O_2(g) \xrightarrow[\Delta]{V_2O_5} 2SO_3(g)$$

当压力为 100kPa、温度为 773K，SO_2 与 O_2 以 2∶1 体积比在密闭容器内进行反应时，实验证明，在反应"终止"后，SO_2 转化为 SO_3 的最大转化率为 90%，而不是 100%。这是因为在 SO_2 和 O_2 生成 SO_3 的同时，部分 SO_3 在相同的条件下又分解为 SO_2 和 O_2，致使

SO_2 与 O_2 的反应不能进行到底。这种在同一条件下同时可向正、逆两个方向进行的反应称为可逆反应。为了表示反应的可逆性，通常在反应方程式中用符号"$\rightleftharpoons$"表示。例如 SO_2 转化为 SO_3 的反应：$2SO_2(g)+O_2(g) \rightleftharpoons 2SO_3(g)$，把从左向右进行的反应称为正反应，从右向左进行的反应称为逆反应。

(2) 化学平衡

反应的可逆性和不彻底性是一般化学反应的普遍特征。因此，研究化学反应进行的限度，了解特定反应在指定反应条件下，消耗一定量的反应物，理论上最多能获得多少生成物，无论在理论上或在实践上都有重要意义。

对于任何一可逆反应，例如 SO_2 与 O_2 的反应，在一定条件下于密闭容器内进行：

$$2SO_2(g)+O_2(g) \underset{v_{逆}}{\overset{v_{正}}{\rightleftharpoons}} 2SO_3(g)$$

当反应开始时，SO_2 和 O_2 的浓度较大，而 SO_3 的浓度为零，因此正反应速率（$v_{正}$）较大，而 SO_3 分解为 SO_2 和 O_2 的逆反应速率（$v_{逆}$）为零。随着反应的进行，反应物 SO_2 和 O_2 的浓度逐渐减小，$v_{正}$ 降低；生成物 SO_3 的浓度逐渐增大，$v_{逆}$ 升高，如图 3-2 所示。当反应进行到一定程度后，$v_{正}=v_{逆}$，此时的反应物（SO_2，O_2）和生成物（SO_3）的浓度不再发生变化，反应达到了极限。在一定条件下，密闭容器中，当可逆反应的正反应速率和逆反应速率相等时，反应系统所处的状态称为化学平衡。例如：

$$2SO_2(g)+O_2(g) \overset{v_{正}=v_{逆}}{\rightleftharpoons} 2SO_3(g)$$

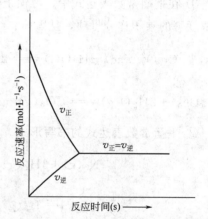

图 3-2 可逆反应的反应速率变化示意图

在恒温条件下，密闭容器内进行的可逆反应无论先从正反应发生，还是先从逆反应发生，最终同样可以达到化学平衡状态。

化学平衡具有以下特征。

① 化学平衡状态最主要的特征是可逆反应的正、逆反应速率相等（$v_{正}=v_{逆}$）。因此可逆反应达平衡后，只要外界条件不变，反应系统中各物质的量将不随时间而变。

② 化学平衡是一种动态平衡。在反应系统达平衡后，反应似乎是"停顿"了，但实际上正反应和逆反应始终都在进行着，只是由于 $v_{正}=v_{逆}$，单位时间内各物质（生成物或反应物）的生成量和消耗量相等，所以，总的结果是各物质的浓度都保持不变，反应物与生成物处于动态平衡。

③ 化学平衡是有条件的。化学平衡只能在一定的外界条件下才能保持，当外界条件改变时，原平衡就会被破坏，在新的条件下建立起新的平衡。

3.3.2 化学平衡常数

(1) 平衡常数的意义

任何可逆反应：$a\text{A}+b\text{B} \rightleftharpoons c\text{C}+d\text{D}$

在一定温度下达平衡时,各生成物平衡浓度幂的乘积与反应物平衡浓度幂的乘积之比为一常数。

$$\frac{[C]^c[D]^d}{[A]^a[B]^b}=K$$

K 称为化学平衡常数(简称平衡常数),上式称为平衡常数表达式。

平衡常数是衡量化学反应进行所能达到限度的特征常数。对于同一类型反应,在给定条件下,K 越大,表示正反应进行得越完全。

在一定温度下,不同的反应各有其特定的 K 值。平衡常数 K 只与温度有关,不随浓度而变。

(2) 书写平衡常数表达式时应注意的事项

① 在平衡常数表达式中,习惯上将生成物的平衡浓度幂的乘积作分子项,反应物的平衡浓度幂的乘积作分母项,且固体、纯液体或溶剂不写进平衡常数表达式中。例如:

$$Cr_2O_7^{2-}(aq)+H_2O(l) \rightleftharpoons 2CrO_4^{2-}(aq)+2H^+(aq); K=\frac{[CrO_4^{2-}]^2[H^+]^2}{[Cr_2O_7^{2-}]}$$

$$C(s)+2H_2O(g) \rightleftharpoons CO_2(g)+2H_2(g); K=\frac{[CO_2][H_2]^2}{[H_2O]^2}$$

② 平衡常数表达式的书写形式,要与反应方程式的书写形式相符。例如合成氨反应:

$$N_2(g)+3H_2(g) \rightleftharpoons 2NH_3(g); K_1=\frac{[NH_3]^2}{[N_2][H_2]^3}$$

$$\frac{1}{2}N_2(g)+\frac{3}{2}H_2(g) \rightleftharpoons NH_3(g); K_2=\frac{[NH_3]}{[N_2]^{1/2}[H_2]^{3/2}}$$

$$\frac{1}{3}N_2(g)+H_2(g) \rightleftharpoons \frac{2}{3}NH_3(g); K_3=\frac{[NH_3]^{2/3}}{[N_2]^{1/3}[H_2]}$$

其中 $K_1=K_2^2=K_3^3$。因此使用和查阅平衡常数时,必须注意它们所对应的反应方程式。

(3) 分压定律

气体的重要特性之一是能够均匀地充满于它所占有的全部空间,因此在任何容器内,混合气体中的每一种组分气体都能均匀地分布在整个容器中。如果把混合气体看作是理想气体,分子间的作用力可以忽略,那么容器中任一种组分气体的分子对器壁碰撞的频率就不会因其他气体分子的存在而改变,因此混合气体的总压力($p_总$)等于混合气体中各组分气体单独碰撞器壁所产生的压力之和,这个关系称为道尔顿(Dalton)分压定律。其数学表达式为:

$$p_总=\sum p_i \tag{3-6}$$

如第 i 种组分气体和混合气体的物质的量分别为 n_i 和 n,则它们的压力分别为:

$$p_i=n_i\frac{RT}{V}$$

$$p_总=n\frac{RT}{V}$$

式中，V 为混合气体的体积。两式相除得：

$$\frac{p_i}{p_{\text{总}}} = \frac{n_i}{n} \quad \text{或} \quad p_i = \frac{n_i}{n} p_{\text{总}}$$

式中，$\frac{n_i}{n}$ 为 i 组分气体的物质的量分数。上式为分压定律的另一种表达式，它表明混合气体中任一组分气体的分压 p_i 等于该气体的物质的量分数与总压之积。

分压定律仅适用于理想气体混合物，对低压下的气体混合物近似适用。

(4) 浓度平衡常数 K_c 与分压平衡常数 K_p

前面讨论的平衡常数是以生成物和反应物的平衡浓度来表示的，称为浓度平衡常数，一般以 K_c 表示。对于气态物质间发生的可逆反应，由于温度一定时气体的压力和浓度成正比，因此在平衡常数表达式中，常用平衡时气态物质的分压来表示。用气态物质的分压来表示的平衡常数称为分压平衡常数，一般以 K_p 表示。例如下列反应：

$$N_2(g) + 3H_2(g) \rightleftharpoons 2NH_3(g)$$

$$K_c = \frac{[NH_3]^2}{[N_2][H_2]^3}$$

$$K_p = \frac{p^2(NH_3)}{p(N_2) \cdot p^3(H_2)}$$

式中，$p(NH_3)$、$p(N_2)$、$p(H_2)$ 分别表示气体 NH_3、N_2、H_2 在平衡时的分压。

通过实验测得反应达平衡时反应物、生成物的浓度（或分压），再根据平衡常数表达式直接计算得到的平衡常数称为实验平衡常数。由于平衡常数表达式中各物质的浓度（或分压）是有单位的，因此由此计算得到的实验平衡常数是有单位的（除非该化学反应平衡常数表达式内分子项和分母项的量纲恰好消去），但计算时习惯上都不写出量纲。另外，必须特别指出：由于以往压力单位用大气压，因此现有各种物理化学手册提供的 K_p 值均是以大气压为单位的数据计算而得。目前，我国贯彻实施法定计量单位制，压力单位采用帕斯卡（Pa），若以帕斯卡为单位的压力值代入 K_p 表达式中，必然会计算得出不同的数值。例如下列平衡：

$$N_2(g) + 3H_2(g) \rightleftharpoons 2NH_3(g)$$

773K 时：$K_c = 6.4 \times 10^{-5}$ $(mol \cdot L^{-1})^{-2}$

$K_p = 1.6 \times 10^{-5}$ $(atm)^{-2}$

$K_p = 1.6 \times 10^{-15}$ $(Pa)^{-2}$

因此，目前应用 K_p 进行有关计算时存在实际的困难。但是，如果引入标准平衡常数 $K^{\ominus}$，问题就解决了。

3.3.3 标准平衡常数

计算平衡常数时，若某组分为气态物质，则其平衡分压 p_i（以 Pa 为单位）先除以标准压力 $p^{\ominus}$(100kPa)；若某组分以溶液形式存在，则其平衡浓度先除以标准态浓度 $c^{\ominus}$(1mol·L^{-1}) 所得的平衡常数称为标准平衡常数（$K^{\ominus}$）。例如：

$$Zn(s) + 2H^+(aq) \rightleftharpoons H_2(g) + Zn^{2+}(aq)$$

$$K^\ominus = \frac{\left(\frac{[Zn^{2+}]}{c^\ominus}\right) \cdot \left(\frac{p(H_2)}{p^\ominus}\right)}{\left(\frac{[H^+]}{c^\ominus}\right)^2}$$

> **例 3-4** 由实验测知，合成氨反应于 773 K 下达平衡后，$p(NH_3) = 3.57 \times 10^6 Pa$，$p(N_2) = 4.17 \times 10^6 Pa$，$p(H_2) = 12.5 \times 10^6 Pa$。试计算 773K 下该反应的 $K^\ominus$ 值。
>
> **解：**　　　　　$N_2(g) + 3H_2(g) \rightleftharpoons 2NH_3(g)$
>
> 平衡分压/10^6Pa　　　4.17　　12.5　　3.57
>
> 则 $K^\ominus = \dfrac{[p(NH_3)/p^\ominus]^2}{[p(N_2)/p^\ominus][p(H_2)/p^\ominus]^3} = \dfrac{(3.57 \times 10^6/10^5)^2}{(4.17 \times 10^6/10^5)(12.5 \times 10^6/10^5)^3} = 1.6 \times 10^{-5}$

同一反应的 $K^\ominus$ 与 K_p（压力以 atm 为单位）相比较，数值相同，唯 $K^\ominus$ 无量纲。

3.3.4 多重平衡规则

假设存在着多个化学平衡体系且各有其对应的平衡常数，例如下列反应：

(1) $N_2(g) + O_2(g) \rightleftharpoons 2NO(g)$；$K_1^\ominus = \dfrac{[p(NO)/p^\ominus]^2}{[p(N_2)/p^\ominus][p(O_2)/p^\ominus]}$

(2) $2NO(g) + O_2(g) \rightleftharpoons 2NO_2(g)$；$K_2^\ominus = \dfrac{[p(NO_2)/p^\ominus]^2}{[p(NO)/p^\ominus]^2[p(O_2)/p^\ominus]}$

(3) $N_2(g) + 2O_2(g) \rightleftharpoons 2NO_2(g)$；$K_3^\ominus = \dfrac{[p(NO_2)/p^\ominus]^2}{[p(N_2)/p^\ominus][p(O_2)/p^\ominus]^2}$

将 (1)、(2) 两方程式所对应的平衡常数相乘，或 (3)、(1) 两方程式所对应的平衡常数相除，即得：

$$K_1^\ominus \cdot K_2^\ominus = \frac{[p(NO)/p^\ominus]^2}{[p(N_2)/p^\ominus][p(O_2)/p^\ominus]} \times \frac{[p(NO_2)/p^\ominus]^2}{[p(NO)/p^\ominus]^2[p(O_2)/p^\ominus]}$$

$$= \frac{[p(NO_2)/p^\ominus]^2}{[p(N_2)/p^\ominus][p(O_2)/p^\ominus]^2} = K_3^\ominus$$

$$K_3^\ominus / K_1^\ominus = K_2^\ominus$$

从反应方程式可以看出，反应式(3)是反应(1)和反应(2)相加而形成的，而反应式(2)是反应(3)和反应(1)相减而形成的。

因此，当几个反应式相加（或相减）得到另一个反应式时，其平衡常数即等于几个反应的平衡常数的乘积（或商），这个规则称为多重平衡规则。

根据多重平衡规则，人们可应用若干已知反应的平衡常数，按上述规则求得某个或某些其他反应的平衡常数，而无须一一通过实验求得。

3.3.5 化学平衡的有关计算

平衡常数可以用来求算有关物质的浓度和某一反应物的平衡转化率（又称理论转化率），以及从理论上求算欲达到一定转化率所需的合理原料配比等问题。某一反应物的平衡转化率是指化学反应达平衡后，该反应物转化为生成物的百分数，是理论上能达到的最大转化率（以 ε 表示）：

$$\varepsilon = \frac{某反应物的消耗量}{反应开始时该反应物的总量} \times 100\%$$

若反应前后体积不变，又可表示为：

$$\varepsilon = \frac{某反应物浓度的消耗量}{反应开始时该反应物的浓度值} \times 100\%$$

例 3-5 在 763.8K 时，$H_2(g) + I_2(g) \rightleftharpoons 2HI(g)$ 反应的 $K_c = 45.7$。

(1) 如果反应开始时 H_2 和 I_2 的浓度均为 $1.00 mol \cdot L^{-1}$，求反应达平衡时各物质的平衡浓度及 I_2 的平衡转化率。

(2) 假定要求平衡时，有 90% I_2 转化为 HI，开始时 H_2 和 I_2 应按怎样的浓度比混合？

解： (1) 设达平衡时 $[HI] = x \, mol \cdot L^{-1}$

	$H_2(g)$	+	$I_2(g)$	$\rightleftharpoons$	$2HI(g)$
始态浓度/$mol \cdot L^{-1}$	1.00		1.00		
变化浓度/$mol \cdot L^{-1}$	$-\dfrac{x}{2}$		$-\dfrac{x}{2}$		$+x$
平衡浓度/$mol \cdot L^{-1}$	$1.00-\dfrac{x}{2}$		$1.00-\dfrac{x}{2}$		x

则：

$$K_c = \frac{[HI]^2}{[H_2][I_2]} = \frac{x^2}{\left(1.00-\dfrac{x}{2}\right)\left(1.00-\dfrac{x}{2}\right)} = 45.7$$

$$x = 1.54$$

所以平衡时各物质的浓度为：

$$[H_2] = [I_2] = (1.00 - 1.54/2) = 0.23 \, mol \cdot L^{-1}$$

$$[HI] = 1.54 \, mol \cdot L^{-1}$$

I_2 的平衡转化率 $\varepsilon = 0.77/1.00 \times 100\% = 77\%$

(2) 设开始时 $c(H_2) = x \, mol \cdot L^{-1}$

$c(I_2) = y \, mol \cdot L^{-1}$

	$H_2(g)$	+	$I_2(g)$	$\rightleftharpoons$	$2HI(g)$
始态浓度/$mol \cdot L^{-1}$	x		y		0
平衡浓度/$mol \cdot L^{-1}$	$x-0.90y$		$y-0.90y$		$1.8y$

则：
$$K_c = \frac{[HI]^2}{[H_2][I_2]}$$

因为温度不变，故 K_c 值仍为 45.7。

$$K_c = \frac{(1.8y)^2}{(x-0.90y)(y-0.90y)} = 45.7 \quad x/y = 1.6/1.0$$

所以当开始时 H_2 和 I_2 的浓度若以 1.6∶1 混合，I_2 的平衡转化率可达 90%。

例 3-6 在 420K、100kPa 时，反应 $PCl_5(g) \rightleftharpoons PCl_3(g) + Cl_2(g)$ 的 $K^{\ominus} = 0.10$，计算此条件下 PCl_5 的分解百分率。

解： 为便于计算，设反应开始时 PCl_5 的量为 1.0mol，其分解百分率为 x：

$$PCl_5(g) \rightleftharpoons PCl_3(g) + Cl_2(g)$$

始态时物质的量/mol	1.0	0	0	
平衡时物质的量/mol	$1.0-x$	x	x	达到平衡时 $n_{总}=(1.0+x)$mol
平衡时物质的分压/kPa	$\frac{1.0-x}{1.0+x}p_{总}$	$\frac{x}{1.0+x}p_{总}$	$\frac{x}{1.0+x}p_{总}$	$p_{总}=100$kPa

$$K^{\ominus} = \frac{\left(\frac{p_{Cl_2}}{p^{\ominus}}\right)\left(\frac{p_{PCl_3}}{p^{\ominus}}\right)}{\frac{p_{PCl_5}}{p^{\ominus}}} = \frac{\frac{x}{1.0+x}p_{总}}{p^{\ominus}} \cdot \frac{\frac{x}{1.0+x}p_{总}}{\frac{1.0-x}{1.0+x}p_{总}/p^{\ominus}}$$

$$= \frac{x^2}{1.0-x^2} = 0.10$$

$$x = 0.30 = 30\%$$

例 3-7 在容积为 5.00L 的容器中装有等物质的量的 $PCl_3(g)$ 和 $Cl_2(g)$。在 523K 下反应：$PCl_3(g) + Cl_2(g) \rightleftharpoons PCl_5(g)$，达平衡时，$p(PCl_5) = p^{\ominus}$，$K^{\ominus} = 0.57$，求：

(1) 开始装入的 PCl_3 及 Cl_2 的物质的量；

(2) PCl_3 的平衡转化率。

解： (1) 设 $PCl_3(g)$ 及 $Cl_2(g)$ 始态分压为 xPa。

$$PCl_3(g) + Cl_2(g) \rightleftharpoons PCl_5(g)$$

始态分压/Pa	x	x	
平衡分压/Pa	$x-p^{\ominus}$	$x-p^{\ominus}$	$p^{\ominus}$

$$K^{\ominus} = \frac{[p(PCl_5)/p^{\ominus}]}{[p(PCl_3)/p^{\ominus}][p(Cl_2)/p^{\ominus}]} = \frac{p^{\ominus}/p^{\ominus}}{[(x-p^{\ominus})/p^{\ominus}][(x-p^{\ominus})/p^{\ominus}]}$$

$$0.57 = \frac{1}{[(x-10^5)/10^5]^2} \quad x = 2.32 \times 10^5$$

$$n(PCl_3) = n(Cl_2) = \frac{pV}{RT} = \frac{2.32 \times 10^5 \times 5.00 \times 10^{-3}}{8.314 \times 523} = 0.27(mol)$$

(2) $\varepsilon(PCl_3) = \dfrac{p^{\ominus}}{x} \times 100\% = \dfrac{10^5}{2.32\times 10^5} = 43\%$

例 3-8 已知下列反应在 1123K 时的标准平衡常数：

(1) $C(石墨) + CO_2(g) \rightleftharpoons 2CO(g)$；$K_1^{\ominus} = 1.3\times 10^{14}$

(2) $CO(g) + Cl_2(g) \rightleftharpoons COCl_2(g)$；$K_2^{\ominus} = 6.0\times 10^{-3}$

计算反应(3) $2COCl_2(g) \rightleftharpoons C(石墨) + CO_2(g) + 2Cl_2(g)$ 在 1123K 时的 $K^{\ominus}$ 值。

解： (2)式乘 2 得(4)式，(4)式加(1)式得(5)式：

(4)　$2CO(g) + 2Cl_2(g) \rightleftharpoons 2COCl_2(g)$　$K_4^{\ominus} = (K_2^{\ominus})^2$

+)(1)　$C(石墨) + CO_2(g) \rightleftharpoons 2CO(g)$　$K_1^{\ominus}$

(5)　$C(石墨) + CO_2(g) + 2Cl_2(g) \rightleftharpoons 2COCl_2(g)$　$K_5^{\ominus}$

$K_5^{\ominus} = K_4^{\ominus} \cdot K_1^{\ominus} = (K_2^{\ominus})^2 \cdot K_1^{\ominus}$

考虑(3)式为(5)式的逆反应，则：

$$K^{\ominus} = \dfrac{1}{K_5^{\ominus}} = \dfrac{1}{(K_2^{\ominus})^2 \cdot K_1^{\ominus}} = \dfrac{1}{(6.0\times 10^{-3})^2 \times 1.3\times 10^{14}}$$
$$= 2.1 \times 10^{-10}$$

3.4 化学反应方向和限度的判断

3.4.1 化学反应的自发性

自然界发生的过程都有一定的方向性。例如水总是自动地从高处向低处流，而不会自动地反方向流动。又如铁在潮湿的空气中易生锈，而铁锈决不会自发地还原为金属铁。这种在一定条件下不需外界做功，一经引发就能自动进行的过程，称为自发过程（若为化学过程则称为自发反应）。要使非自发过程得以进行，外界必须做功。例如欲使水从低处输送到高处，可借助水泵作机械功来实现。又例如常温下水虽然不能自发地分解为氢气和氧气，但是可以通过电解强行使水分解。必须提及，能自发进行的反应，并不意味着其反应速率一定很大。事实上有些自发反应其反应速率的确很大，而有些自发反应其反应速率却很小。例如氢和氧化合成水的反应在室温下其反应速率很小，容易被误认为是一个非自发反应。事实上只要点燃或加入微量铂绒，即可发生爆炸性反应。

化学反应在指定条件下自发进行的方向和限度问题，是科学研究和生产实践中极为重要的理论问题之一。例如对于下列反应：

$$2H_2O(l) \rightleftharpoons 2H_2(g) + O_2(g)$$

如果能确定此反应在指定条件下可以自发进行，而且反应限度又较大，这就为我们提供一种获得氢能源的理想方案，那么我们就可集中精力去寻找能引发这个反应的催化剂或其他有效方法去促使该反应的实现。但是如果通过热力学计算表明此反应在任何合理的温度和压力条件下均为非自发反应，则显然没有必要为该方案去做虚功。

能否从理论上判断一个具体的化学反应是否为自发反应，或者说从理论上确立一个化学反应方向的判据，这个问题为本节的核心内容。

在研究各种系统的变化过程中，人们发现自然界的自发过程，一般都朝着能量降低的方向进行。显然，能量越低，系统的状态就越稳定。化学反应一般亦符合上述能量最低原理。的确，很多放热反应（$\Delta_r H_m < 0$）在298.15K标准态下是自发的。例如：

$$3Fe(s) + 2O_2(g) = Fe_3O_4(s); \Delta_r H_m^\ominus = -1118.4 kJ \cdot mol^{-1}$$

$$C(s) + O_2(g) = CO_2(g); \Delta_r H_m^\ominus = -393.5 kJ \cdot mol^{-1}$$

因此有人曾试图以反应的焓变（$\Delta_r H_m$）作为反应自发性的判据。认为在恒温、恒压条件下，当：

$\Delta_r H_m < 0$ 时，化学反应自发进行；

$\Delta_r H_m > 0$ 时，化学反应不能自发进行。

但是，实践表明：有些吸热过程（$\Delta_r H_m > 0$）亦能自发进行。例如，水的蒸发，KNO_3，NH_4Cl 溶于水以及 Ag_2O 的分解等虽然都是吸热过程，但在298.15K，标准态下均能自发进行。

$$KNO_3(s) = K^+(aq) + NO_3^-(aq); \Delta_r H_m^\ominus = 34.8 kJ \cdot mol^{-1}$$

$$NH_4Cl(s) = NH_4^+(aq) + Cl^-(aq); \Delta_r H_m^\ominus = 14.7 kJ \cdot mol^{-1}$$

$$Ag_2O(s) = 2Ag(s) + \frac{1}{2}O_2(g); \Delta_r H_m^\ominus = 31.0 kJ \cdot mol^{-1}$$

又如，$CaCO_3$ 的分解反应是吸热反应（$\Delta_r H_m^\ominus > 0$）

$$CaCO_3(s) = CaO(s) + CO_2(g); \Delta_r H_m^\ominus = 178.3 kJ \cdot mol^{-1}$$

在298.15K，标准态下，该反应是非自发的。但当温度升高到约1123K时，$CaCO_3$ 的分解反应就变成自发过程，而此时反应的焓变仍近似等于 $178.3 kJ \cdot mol^{-1}$（因为温度对焓变影响甚小）。由此可见，把焓变作为化学反应自发性的普遍判据是不全面的。除了反应焓变以外，系统混乱度的增加和温度的改变，也是许多化学和物理过程自发进行的推动力。

3.4.2 化学反应的熵变

为什么有些吸热过程亦能自发进行呢？下面以 NH_4Cl 的溶解和 Ag_2O 分解为例说明之。

例如：NH_4Cl 晶体中的 NH_4^+ 和 Cl^- 在晶体中的排列是整齐、有序的。NH_4Cl 晶体投入水中后，晶体表面的 NH_4^+ 及 Cl^- 受到极性水分子的吸引而从晶体表面脱落，形成水合离子并在水中扩散。在 NH_4Cl 溶液中，无论是 NH_4^+、Cl^- 还是水分子，它们的分布情况比 NH_4Cl 溶解前要混乱得多。

又如 Ag_2O 的分解过程，反应式表明：1mol 的 $Ag_2O(s)$ 分解产生 2mol 的 $Ag(s)$ 和 0.5mol 的 $O_2(g)$，反应前后对比，不但物质的种类和"物质的量"增多，更重要的是产生了热运动自由度很大的气体，整个物质系统的混乱程度增大了。

由此可见，自然界中的物理和化学的自发过程一般都朝着混乱程度（简称混乱度）增大的方向进行。

在热力学中用一个新物理量——"熵"（其符号为"S"）来描述物质混乱程度的大小。一定条件下处于一定状态的物质及整个系统都有各自确定的熵值。因此熵也是系统的状态函数。物质的混乱度越大，对应的熵值就越大。基于在0K时，一个完整无损的纯净晶体，其组分粒子（原子、分子或离子）都处于完全有序的排列状态，因此，可以把任何纯净的完整晶态物质在 0K 时的熵值规定为零（$S_0=0$，下标"0"表示在 0K），并以此为基础，可求得在其他温度下的熵值（S_T）。例如我们将一种纯晶体物质从 0K 升温到任一温度（T），并测量此过程的熵变量（ΔS），则：

$$\Delta S = S_T - S_0 = S_T - 0 = S_T$$

S_T 即为该纯物质在 T 时的熵。某单位物质的量的纯物质在标准态下的熵值称为该物质的标准摩尔熵（$S_m^\ominus$），单位为 $J \cdot mol^{-1} \cdot K^{-1}$。通常一般手册中仅给出在 298.15K 时一些常见物质的标准熵 $S_m^\ominus$。

影响物质熵值大小的因素有如下几种。

① 物质的聚集态：不同聚集态的同种物质其熵值相对大小为：$S_m^\ominus(g) > S_m^\ominus(l) > S_m^\ominus(s)$。

② 物质的纯度：混合物或溶液的熵值一般大于纯物质的熵值。

③ 物质的组成、结构：如复杂分子的熵值大于简单分子的熵值。

④ 系统的温度、压力：物质在高温时的熵值大于低温时的熵值，气态物质的熵值随着压力的增大而减小。

熵既然与焓一样，也是一种状态函数，故化学反应的熵变（$\Delta_r S_m$）与反应焓变（$\Delta_r H_m$）的计算原则相同，只取决于反应的始态和终态，而与变化的途径无关。因此应用物质的标准摩尔熵（$S_m^\ominus$）数值可以算出化学反应的标准摩尔熵变（$\Delta_r S_m^\ominus$）。例如下列一般反应：

$$a\text{A} + b\text{B} = c\text{C} + d\text{D}$$

$$\Delta_r S_m^\ominus = \sum \nu_i S_m^\ominus (\text{生成物}) - \sum \nu_i S_m^\ominus (\text{反应物})$$

即一个反应的 $\Delta_r S_m^\ominus$ 等于生成物标准摩尔熵的总和与反应物标准摩尔熵的总和之差。

例 3-9 试计算：$2SO_2(g) + O_2(g) = 2SO_3(g)$ 在 298.15K 时反应的标准摩尔熵变（$\Delta_r S_m^\ominus$）。并判断该反应的熵值是增加还是减小。

解： 由附录 2 查得

$$2SO_2(g) + O_2(g) = 2SO_3(g)$$

$S_m^\ominus / J \cdot mol^{-1} \cdot K^{-1}$ 248.1   205.03   256.6

$$\Delta_r S_m^\ominus = \sum \nu_i S_m^\ominus (\text{生成物}) - \sum \nu_i S_m^\ominus (\text{反应物})$$

$$= 2 \times 256.6 - (2 \times 248.1 + 205.03)$$

$$= -188.03 (J \cdot mol^{-1} \cdot K^{-1})$$

$\Delta_r S_m^\ominus < 0$，故在 298.15K、标准态下，该反应为熵值减小的反应

3.4.3 化学反应方向的判据

（1）化学反应方向的普遍判据

如前所述，自然界的某些自发过程（或反应），常有增大系统混乱度的倾向。但是，正如不能仅用化学反应的焓变（$\Delta_r H_m$）的正、负值作为反应自发性的普遍判据一样，单纯用

反应的熵变（$\Delta_r S_m$）的正、负值作为反应自发性的普遍判据也是有缺陷的。例如 $SO_2(g)$ 氧化为 $SO_3(g)$ 的反应在 298.15K，标准态下是一个自发反应，但其 $\Delta_r S_m^{\ominus}<0$。又如水转化为冰的过程，其 $\Delta_r S_m^{\ominus}<0$ 但在 $T<273.15K$ 的条件下却是自发过程。这表明过程（或反应）的自发性不仅与焓变和熵变有关，而且还与温度条件有关。

为了确定一个过程（或反应）自发性的判据，1878 年美国著名的物理学家吉布斯（J. W. Gibbs）提出了一个综合了系统焓变、熵变和温度三者关系的新的状态函数变量，称为吉布斯自由能变量，以 ΔG 表示。吉布斯证明：在恒温、恒压条件下，反应的摩尔吉布斯自由能变（$\Delta_r G_m$）[1] 与反应焓变（$\Delta_r H_m$）、反应熵变（$\Delta_r S_m$）、温度（T）之间有如下关系：

$$\Delta_r G_m = \Delta_r H_m - T\Delta_r S_m \tag{3-7}$$

上式称为吉布斯公式。

在标准态时：

$$\Delta_r G_m^{\ominus} = \Delta_r H_m^{\ominus} - T\Delta_r S_m^{\ominus} \tag{3-8}$$

吉布斯指出：在恒温、恒压条件下，$\Delta_r G_m$ 可作为反应自发性的判据。即：

$$\Delta_r G_m \begin{cases} <0 & \text{自发过程} \\ =0 & \text{平衡状态} \\ >0 & \text{非自发过程} \end{cases}$$

恒温、恒压下，任何自发过程总是朝着吉布斯自由能（G）减小的方向进行。$\Delta_r G_m=0$ 时，反应达平衡，系统的 G 降低到最小值，这就是最小自由能原理。

由式（3-7）可以看出，在恒温、恒压下，$\Delta_r G_m$ 值取决于 $\Delta_r H_m$、$\Delta_r S_m$ 和 T。按 $\Delta_r H_m$、$\Delta_r S_m$ 的符号及温度对化学反应 $\Delta_r G_m$ 的影响，可归纳为四种情况。

第一种情况：$\Delta_r H_m$ 为负值，$\Delta_r S_m$ 为正值，则

$\Delta_r G_m<0$（任何温度下均为自发反应）

第二种情况：$\Delta_r H_m$ 为正值，$\Delta_r S_m$ 为负值，则

$\Delta_r G_m>0$（任何温度下均为非自发反应）

第三种情况：$\Delta_r H_m$ 为正值，$\Delta_r S_m$ 为正值，可知

① 常温下：$\Delta_r G_m>0$（非自发反应）；② 高温下：$\Delta_r G_m<0$（自发反应）

第四种情况：$\Delta_r H_m$ 为负值，$\Delta_r S_m$ 为负值，可知

① 常温下：$\Delta_r G_m<0$（自发反应）；② 高温下：$\Delta_r G_m>0$（非自发反应）

例 3-10 已知 298K 时，下列反应：
$2NO(g, 10.1kPa) + O_2(g, 20.2kPa) \Longrightarrow 2NO_2(g, 101kPa)$ 的 $\Delta_r H_m = -114.0 kJ \cdot mol^{-1}$，$\Delta_r S_m = -159 J \cdot mol^{-1} \cdot K^{-1}$。试计算此反应的 $\Delta_r G_m$，并判断在题意条件下反应自发进行的方向。

---

[1] 近年来，有的教材也将 $\Delta_r G_m$ 称为反应的摩尔吉布斯函数变。

解： 根据 $\Delta_r G_m = \Delta_r H_m - T\Delta_r S_m$，则

$$\Delta_r G_m = -114.0 - 298 \times (-159 \times 10^{-3}) = -66.6 (kJ \cdot mol^{-1})$$

因 $\Delta_r G_m < 0$，可判断在题意条件下此反应自发正向进行。

（2）反应的标准摩尔吉布斯自由能变（$\Delta_r G_m^{\ominus}$）的计算

在标准态下，由最稳定的纯态单质生成单位物质的量的某物质时的吉布斯自由能变称为该物质的标准摩尔生成吉布斯自由能（以 $\Delta_f G_m^{\ominus}$ 表示）。根据此定义，不难理解，任何最稳定的纯态单质（如石墨、银、铜、氢气等）在任何温度下的标准摩尔生成吉布斯自由能均为零。

反应的吉布斯自由能变（$\Delta_r G_m$）与反应焓变（$\Delta_r H_m$）、熵变（$\Delta_r S_m$）的计算原则相同，即与反应的始态与终态有关，与反应的具体途径无关。在标准态下，反应的标准摩尔吉布斯自由能变等于生成物的标准摩尔生成吉布斯自由能之和减去反应物的标准摩尔生成吉布斯自由能之和。即：

$$\Delta_r G_m^{\ominus} = \sum \nu_i \Delta_f G_m^{\ominus} (生成物) - \sum \nu_i \Delta_f G_m^{\ominus} (反应物)$$

例 3-11 计算反应：$2NO(g) + O_2(g) \rightleftharpoons 2NO_2(g)$ 在 298.15K 时的 $\Delta_r G_m^{\ominus}$。

解： 由附录2查得：

$$2NO(g) + O_2(g) \rightleftharpoons 2NO_2(g)$$

$\Delta_f G_m^{\ominus}/kJ \cdot mol^{-1}$　　86.57　　　0　　　51.30

$$\Delta_r G_m^{\ominus} = \sum \nu_i \Delta_f G_m^{\ominus} (生成物) - \sum \nu_i \Delta_f G_m^{\ominus} (反应物)$$
$$= 2 \times 51.30 - (2 \times 86.57 + 0) = -70.54 (kJ \cdot mol^{-1})$$

此外，如果知道该反应的 $\Delta_r H_m^{\ominus}$ 和 $\Delta_r S_m^{\ominus}$，利用公式 $\Delta_r G_m^{\ominus} = \Delta_r H_m^{\ominus} - T\Delta_r S_m^{\ominus}$，也能求得反应的 $\Delta_r G_m^{\ominus}$。

应该说明：如果一个反应的熵变很小（$\Delta_r S_m \to 0$），而且反应又是在常温条件下进行，根据式 (3-7) 可知，此时 $\Delta_r G_m \approx \Delta_r H_m$。在这种情况下，可以直接利用 $\Delta_r H_m$ 来代替 $\Delta_r G_m$ 作为判断反应自发性或方向的依据。很多化学反应的 $\Delta_r S_m$ 是很小的。例如：

$$Zn + CuSO_4 \rightleftharpoons Cu + ZnSO_4$$
$$C(石墨) + O_2(g) \rightleftharpoons CO_2(g)$$

3.4.4 化学反应限度的判据

对于某一可逆反应：

$$aA + bB \rightleftharpoons cC + dD$$

在恒温、恒压下，任意状态下反应的摩尔吉布斯自由能变（$\Delta_r G_m$）与标准态下反应的标准摩尔吉布斯自由能变（$\Delta_r G_m^{\ominus}$）、系统中反应物和生成物浓度（或分压）之间存在着一定的关系。对于气相反应来说：

$$\Delta_r G_m = \Delta_r G_m^\ominus + RT\ln\frac{[p(C)/p^\ominus]^c[p(D)/p^\ominus]^d}{[p(A)/p^\ominus]^a[p(B)/p^\ominus]^b} \tag{3-9}$$

式中，R 为摩尔气体常数；T 为热力学温度；$\dfrac{[p(C)/p^\ominus]^c[p(D)/p^\ominus]^d}{[p(A)/p^\ominus]^a[p(B)/p^\ominus]^b}$ 为非平衡态时的反应商 Q_p。当化学反应达平衡时，化学反应进行到了极限，$\Delta_r G_m = 0$；原 Q_p 项即为平衡时的反应商，亦即标准平衡常数。则：

$$\Delta_r G_m^\ominus = -RT\ln K^\ominus \tag{3-10}$$

即
$$\ln K^\ominus = -\frac{\Delta_r G_m^\ominus}{RT} \text{或} \lg K^\ominus = -\frac{\Delta_r G_m^\ominus}{2.303RT} \tag{3-11}$$

式(3-10)联系了平衡常数 $K^\ominus$ 和 $\Delta_r G_m^\ominus$，T 之间的关系，它表明化学反应的极限（平衡常数 $K^\ominus$）和反应的标准摩尔吉布斯自由能变有着密切的关系。因此只要求得温度 T 时的 $\Delta_r G_m^\ominus$，就可以根据式(3-10)求得该反应在温度 T 时的平衡常数 $K^\ominus$。从上述公式还可以看出，在一定温度下，某一可逆反应的 $\Delta_r G_m^\ominus$ 值越小，则 $K^\ominus$ 值越大，表示反应限度越大；反之，如果 $\Delta_r G_m^\ominus$ 值越大，则 $K^\ominus$ 越小表示反应限度越小或基本上不能进行。

这里需要指出的是：由于热力学能给出的基础数据都是在 298.15K 时的数据，因此计算得到的 $\Delta_r G_m^\ominus$ 或 $K^\ominus$ 都是在 298.15K 时的数据。当需要计算其他温度下的 $\Delta_r G_m^\ominus$ 和 $K^\ominus$ 时，可利用式(3-8)求得。但考虑到 $\Delta_r H_m^\ominus$，$\Delta_r S_m^\ominus$ 一般随温度变化较小，在温度变化不大时，可以用 298.15K 时的 $\Delta_r H_m^\ominus$ 和 $\Delta_r S_m^\ominus$ 代替给定温度下的 $\Delta_r H_m^\ominus$ 和 $\Delta_r S_m^\ominus$ 进行近似计算，则式(3-8)可改写为：

$$\Delta_r G_m^\ominus(T) \approx \Delta_r H_m^\ominus(298.15K) - T\Delta_r S_m^\ominus(298.15K) \tag{3-12}$$

从而可近似地求得对应温度下的平衡常数 $K_T^\ominus$。

$$\ln K_T^\ominus \approx \frac{\Delta_r S_m^\ominus(298.15K)}{R} - \frac{\Delta_r H_m^\ominus(298.15K)}{RT}$$

上式表明，对一定反应来说，由于 $\Delta_r H_m^\ominus$、$\Delta_r S_m^\ominus$ 为定值，所以 $\ln K_T^\ominus$ 与 $1/T$ 成线性关系。

例 3-12 试判断下列反应：

$$N_2(g) + 3H_2(g) \Longrightarrow 2NH_3(g)$$

(1) 在 298.15K，标准态下能否自发进行？
(2) 计算 298.15K 时该反应的 $K^\ominus$ 值。
(3) 欲使上述反应在标准态下自发地逆向进行，计算所需的最低温度。

解：（1）由附录 2 查得：　　　$N_2(g) + 3H_2(g) \Longrightarrow 2NH_3(g)$

$\Delta_f G_m^\ominus$ (298.15K) /kJ·mol^{-1}　　　0　　　0　　　-16.5

$\Delta_r G_m^\ominus$ (298.15K) $= \sum\nu_i \Delta_f G_m^\ominus$（生成物）$- \sum\nu_i \Delta_f G_m^\ominus$（反应物）
$= 2\times(-16.5) = -33.0$ (kJ·mol^{-1})

由于 $\Delta_r G_m^\ominus$ (298.15K)<0，故在 298.15K 标准态时，合成氨反应能自发正向进行。

(2) $\lg K_{298.15}^\ominus = \dfrac{-\Delta_r G_m^\ominus(298.15K)}{2.303RT} = \dfrac{-(-33.0\times10^3)}{2.303\times8.314\times298.15} = 5.78$

$K_{298.15}^\ominus = 6.0\times10^5$

(3) 欲使氨在标准态条件下自发分解，根据最小自由能原理，要求 $\Delta_r G_m^\ominus < 0$，即：

$$\Delta_r G_m^\ominus \approx \Delta_r H_m^\ominus(298.15K) - T\Delta_r S_m^\ominus(298.15K) < 0$$

$$T > \frac{\Delta_r H_m^\ominus(298.15K)}{\Delta_r S_m^\ominus(298.15K)}$$

为此，先求出 $\Delta_r H_m^\ominus(298.15K)$ 及 $\Delta_r S_m^\ominus(298.15K)$。由附录 2 查得：

$$2NH_3(g) \rightleftharpoons N_2(g) + 3H_2(g)$$

$\Delta_f H_m^\ominus / kJ \cdot mol^{-1}$	-46.11	0	0
$S_m^\ominus / J \cdot mol^{-1} \cdot K^{-1}$	192.3	191.5	130.59

$$\Delta_r H_m^\ominus(298.15K) = \sum \nu_i \Delta_f H_m^\ominus(\text{生成物}) - \sum \nu_i \Delta_f H_m^\ominus(\text{反应物})$$
$$= -2 \times (-46.11) = 92.22 \text{ (kJ} \cdot \text{mol}^{-1})$$

$$\Delta_r S_m^\ominus(298.15K) = \sum \nu_i S_m^\ominus(\text{生成物}) - \sum \nu_i S_m^\ominus(\text{反应物})$$
$$= 191.5 + (3 \times 130.59) - 2 \times 192.3 = 198.7 \text{ J} \cdot \text{mol}^{-1} \cdot K^{-1}$$

因为 NH_3 分解反应的 $\Delta_r H_m^\ominus(298.15K)$，$\Delta_r S_m^\ominus(298.15K)$ 均为正值，反应自发进行的最低温度应为：

$$T > \frac{92.22 \times 10^3}{198.7} = 464.1K$$

因此，欲使氨分解反应在标准态下能自发进行，温度必须控制在 464.1K 以上。

3.5 化学平衡的移动

因外界条件改变使可逆反应以一种平衡状态向另一种平衡状态转变的过程，称为化学平衡的移动。如上所述，从质的变化角度来说，化学平衡是可逆反应的正、逆反应速率相等时的状态；从能量变化角度说，可逆反应达平衡时，$\Delta_r G_m = 0$，$Q = K^\ominus$。因此一切能导致 $\Delta_r G_m$ 或 Q 值发生变化的外界条件（浓度、压力、温度）都会使原平衡发生移动。

3.5.1 浓度对化学平衡的影响

对于某一可逆反应： $aA + bB \rightleftharpoons cC + dD$

$$\Delta_r G_m = \Delta_r G_m^\ominus + RT\ln Q$$

式中，Q 为非平衡态时的反应商。因为 $\Delta_r G_m^\ominus = -RT\ln K^\ominus$，所以

$$\Delta_r G_m = -RT\ln K^\ominus + RT\ln Q = RT\ln \frac{Q}{K^\ominus} \tag{3-13}$$

上式称为化学反应的等温方程式。它表明了在恒温、恒压条件下，化学反应的 $\Delta_r G_m$、反应的 $K^\ominus$、参加反应的各物质的浓度（或分压）之间的关系。应用最小自由能原理，并结合此等温方程式可判断反应进行的方向或平衡移动的方向。当：

$$\Delta_r G_m = RT\ln\frac{Q}{K^{\ominus}} \begin{cases} < \\ = \\ > \end{cases} 0\,\text{时}, Q \begin{cases} < \\ = \\ > \end{cases} K^{\ominus} \quad \begin{matrix}（正向移动）\\（平衡状态）\\（逆向移动）\end{matrix}$$

对于已达平衡的系统，如果增加反应物的浓度或减少生成物的浓度，则使 $Q < K^{\ominus}$，平衡即向正反应方向移动，移动的结果，使 Q 增大，直到 Q 重新等于 $K^{\ominus}$，系统又建立起新的平衡。反之，如果减少反应物的浓度或增加生成物的浓度，则 $Q > K^{\ominus}$，平衡向逆反应方向移动。

3.5.2 压力对化学平衡的影响

对于有气体物质参加或生成的可逆反应，在恒温条件下，改变系统的总压力，常常会引起化学平衡的移动。

（1）对反应方程式两边气体分子总数不等的反应，即 $\Delta n \neq 0 [\Delta n = (c+d)-(a+b)]$，压力对化学平衡的影响如表 3-2 所示。

表 3-2　压力对化学平衡的影响

压力变化 \ 平衡移动方向 \ Δn	$\Delta n > 0$ 气体分子总数增加的反应	$\Delta n < 0$ 气体分子总数减小的反应
压缩体积以增加系统总压力	$Q > K^{\ominus}$，平衡向逆反应方向移动	$Q < K^{\ominus}$，平衡向正反应方向移动
	均向气体分子总数减小的方向移动	
增大体积以降低系统总压力	$Q < K^{\ominus}$，平衡向正反应方向移动	$Q > K^{\ominus}$，平衡向逆反应方向移动
	均向气体分子总数增多的方向移动	

（2）对反应方程式两边气体分子总数相等的反应（$\Delta n = 0$），由于系统总压力的改变，同等程度地改变了反应物和生成物的分压（降低或增加同等倍数），但 Q 值不变（仍等于 $K^{\ominus}$），故对平衡不发生影响。

（3）与反应系统无关的气体（指不参加反应的气体）的引入，对化学平衡是否有影响，要视反应的具体条件而定。恒温、恒容条件下，对化学平衡无影响，恒温、恒压条件下，无关气体的引入，反应系统体积的增大，造成各组分气体分压的减小，化学平衡将向气体分子总数增加的方向移动。

（4）压力对固态和液态物质的体积影响极小，因此压力的改变对液相和固相反应的平衡系统基本上不发生影响。故在研究多相反应的化学平衡系统时，只须考虑气态物质反应前后分子数的变化即可。例如：

$$C(s) + H_2O(g) \rightleftharpoons CO(g) + H_2(g)$$

增加压力，平衡向左移动；降低压力，平衡向右移动。

3.5.3 温度对化学平衡的影响

如前所述，对于一定反应来说，$\ln K_T^{\ominus}$ 与 $1/T$ 成线性关系，即：$\ln K_T^{\ominus} = \dfrac{\Delta_r S_m^{\ominus}}{R} - \dfrac{\Delta_r H_m^{\ominus}}{RT}$

或 $\ln K_T^{\ominus} \approx \dfrac{\Delta_r S_m^{\ominus}(298.15K)}{R} - \dfrac{\Delta_r H_m^{\ominus}(298.15K)}{RT}$

设某一可逆反应，在温度为 T_1，T_2 时，对应的平衡常数为 $K_1^\ominus$ 和 $K_2^\ominus$，代入上式中，即得：

$$\ln K_1^\ominus \approx \frac{\Delta_r S_m^\ominus(298.15\text{K})}{R} - \frac{\Delta_r H_m^\ominus(298.15\text{K})}{RT_1}$$

$$\ln K_2^\ominus \approx \frac{\Delta_r S_m^\ominus(298.15\text{K})}{R} - \frac{\Delta_r H_m^\ominus(298.15\text{K})}{RT_2}$$

将上两式的后式减前式即得：

$$\ln \frac{K_2^\ominus}{K_1^\ominus} \approx \frac{\Delta_r H_m^\ominus(298.15\text{K})}{R}\left(\frac{1}{T_1}-\frac{1}{T_2}\right) = \frac{\Delta_r H_m^\ominus(298.15\text{K})}{R}\left(\frac{T_2-T_1}{T_1 T_2}\right) \quad (3-14)$$

式(3-14)不仅更清楚地表示出 $K_T^\ominus$ 与 T 的变化关系，而且还可以看出其变化关系和反应的 $\Delta_r H_m^\ominus$ 有关，如表 3-3 所示。

表 3-3 温度对化学平衡的影响

T \ $\Delta_r H_m^\ominus$	$\Delta_r H_m^\ominus < 0$ 放热反应	$\Delta_r H_m^\ominus > 0$ 吸热反应
T 升高时	$K_T^\ominus$ 值变小	$K_T^\ominus$ 值增大
T 降低时	$K_T^\ominus$ 值变大	$K_T^\ominus$ 值减小

在恒压条件下，升高平衡系统的温度时，平衡向着吸热反应的方向移动；降低温度时，平衡向着放热反应的方向移动。

综合上述各种因素对化学平衡的影响，1884 年法国人吕·查德里（Le Chatelier）归纳总结出了一条关于平衡移动的普遍规律：当系统达平衡后，若改变平衡状态的任一条件（如浓度、压力、温度），平衡就向着能减弱其改变的方向移动，这条规律称为吕·查德里原理。但值得注意的是，平衡移动原理只适用于已达平衡的系统，而不适用于非平衡系统。

例 3-13 计算下列反应：

$$2SO_2(g) + O_2(g) \rightleftharpoons 2SO_3(g)$$

在 298.15K 和 723K 时的平衡常数 $K^\ominus$，并说明此反应是放热反应还是吸热反应。

解： 由附录查得：

$$2SO_2(g) + O_2(g) \rightleftharpoons 2SO_3(g)$$

	$2SO_2(g)$	$O_2(g)$	$2SO_3(g)$
$\Delta_f G_m^\ominus/\text{kJ}\cdot\text{mol}^{-1}$	-300.19	0	-371.1
$\Delta_f H_m^\ominus/\text{kJ}\cdot\text{mol}^{-1}$	-296.83	0	-395.7
$S_m^\ominus/\text{J}\cdot\text{mol}^{-1}\cdot\text{K}^{-1}$	248.1	205.03	256.7

(1) $\Delta_r G_m^\ominus(298.15\text{K}) = \sum \nu_i \Delta_f G_m^\ominus(\text{生成物}) - \sum \nu_i \Delta_f G_m^\ominus(\text{反应物})$

$= 2\times(-371.1) - 2\times(-300.19) + 0$

$= -141.8(\text{kJ}\cdot\text{mol}^{-1})$

$\lg K_{298.15}^\ominus = \frac{-\Delta_r G_m^\ominus(298.15\text{K})}{2.303RT} = \frac{-(-141.8\times 10^3)}{2.303\times 8.314\times 298.15} = 24.84$

$K_{298.15}^\ominus = 6.9\times 10^{24}$

(2) $\Delta_r H_m^\ominus(298.15K) = \sum \nu_i \Delta_f H_m^\ominus(生成物) - \sum \nu_i \Delta_f H_m^\ominus(反应物)$
$= 2 \times (-395.7) - [2 \times (-296.83) + 0]$
$= -197.7 \text{kJ} \cdot \text{mol}^{-1}$

$\Delta_r S_m^\ominus(298.15K) = \sum \nu_i S_m^\ominus(生成物) - \sum \nu_i S_m^\ominus(反应物)$
$= 2 \times 256.7 - 2 \times 248.1 - 205.03$
$= -187.8 \text{J} \cdot \text{mol}^{-1} \cdot \text{K}^{-1}$

根据 $\Delta_r G_m^\ominus(723K) \approx \Delta_r H_m^\ominus(298.15K) - T\Delta_r S_m^\ominus(298.15K)$,可得:

$\Delta_r G_m^\ominus(723K) \approx -197.7 - 723 \times (-187.8 \times 10^{-3}) = -61.9 \text{kJ} \cdot \text{mol}^{-1}$

$\lg K_{723}^\ominus = \dfrac{-\Delta_r G_m^\ominus(723K)}{2.303RT} = \dfrac{-(-61.9 \times 10^3)}{2.303 \times 8.314 \times 723} = 4.47$

$K_{723}^\ominus = 3.0 \times 10^4$

(3) $\Delta_r H_m^\ominus = -197.7 \text{kJ} \cdot \text{mol}^{-1} < 0$,且 $K_{298.15}^\ominus > K_{723}^\ominus$,所以此反应为放热反应。

例 3-14 在密闭容器内装入 CO 和水蒸气,在 972K 条件下使两种气体进行下列反应:

$$CO(g) + H_2O(g) \rightleftharpoons CO_2(g) + H_2(g)$$

若开始反应时两种气体的分压均为 8080kPa,达平衡时已知有 50% 的 CO 转化为 CO_2。

(1) 计算 972K 下的 $K^\ominus$;

(2) 若在原平衡系统中再通入水蒸气,使密闭容器内水蒸气的分压在瞬间达到 8080kPa,通过计算 Q_p 值,判断平衡移动的方向;

(3) 欲使上述水煤气变换反应有 90% CO 转化为 CO_2,问水煤气变换原料比 $p(H_2O)/p(CO)$ 应为多少?

(4) 判断上述反应在 298.15K 标准态下能否自发进行?并求出 298.15K 条件下的 $K^\ominus$ 值;

(5) 欲使上述反应在标准态下能自发反应,对反应的温度条件有何要求?

解:

(1)   CO(g)   + $H_2O(g)$ $\rightleftharpoons$ $CO_2(g)$ + $H_2(g)$

起始分压/kPa   8080   8080   0   0

分压变化/kPa $-8080 \times 50\%$ $-8080 \times 50\%$ $+8080 \times 50\%$ $+8080 \times 50\%$

平衡分压/kPa   4040   4040   4040   4040

$K_{972}^\ominus = \dfrac{[p(CO_2)/p^\ominus][p(H_2)/p^\ominus]}{[p(CO)/p^\ominus][p(H_2O)/p^\ominus]} = \dfrac{(4040)^2}{(4040)^2} = 1$

(2) $Q_p = \dfrac{[p(CO_2)/p^\ominus][p(H_2)/p^\ominus]}{[p(CO)/p^\ominus][p(H_2O)/p^\ominus]} = \dfrac{(4040)^2}{4040 \times 8080} = \dfrac{1}{2}$

由于 $Q_p < K_{972}^\ominus$,可判断平衡向正反应方向移动。

(3) 欲使CO的转化率达到90%，设原料气起始分压为：$p(CO)=x\text{kPa}$，$p(H_2O)=y\text{kPa}$

$$CO(g) + H_2O(g) \rightleftharpoons CO_2(g) + H_2(g)$$

起始分压/kPa　　　x　　　　　　y　　　　　　0　　　　0

平衡分压/kPa　$x-0.90x$　　$y-0.90x$　　$0.90x$　　$0.90x$

根据 $K_{972}^{\ominus}=\dfrac{[p(CO_2)/p^{\ominus}][p(H_2)/p^{\ominus}]}{[p(CO)/p^{\ominus}][p(H_2O)/p^{\ominus}]}=\dfrac{(0.90x)^2}{(x-0.90x)(y-0.90x)}=1$

则 $p(H_2O)/p(CO)=\dfrac{y}{x}=9:1$

(4) 由附录2查得：

$$CO(g) + H_2O(g) \rightleftharpoons CO_2(g) + H_2(g)$$

$\Delta_f H_m^{\ominus}/\text{kJ}\cdot\text{mol}^{-1}$　　-110.54　　-241.82　　-393.5　　0

$S_m^{\ominus}/\text{J}\cdot\text{mol}^{-1}\cdot\text{K}^{-1}$　　197.9　　188.72　　213.7　　130.59

$\Delta_r H_m^{\ominus}(298.15\text{K})=\sum\nu_i\Delta_f H_m^{\ominus}(\text{生成物})-\sum\nu_i\Delta_f H_m^{\ominus}(\text{反应物})$
　　　　　　　　　$=(-393.5+0)-[(-110.54)+(-241.82)]$
　　　　　　　　　$=-41.1\text{kJ}\cdot\text{mol}^{-1}$

$\Delta_r S_m^{\ominus}(298.15\text{K})=\sum\nu_i S_m^{\ominus}(\text{生成物})-\sum\nu_i S_m^{\ominus}(\text{反应物})$
　　　　　　　　　$=(213.7+130.59)-(197.9+188.72)$
　　　　　　　　　$=-42.3\text{J}\cdot\text{mol}^{-1}\cdot\text{K}^{-1}$

$\Delta_r G_m^{\ominus}(298.15\text{K})=\Delta_r H_m^{\ominus}(298.15\text{K})-T\Delta_r S_m^{\ominus}(298.15\text{K})$
　　　　　　　　　$=-41.1-298.15\times(-42.3)\times10^{-3}$
　　　　　　　　　$=-28.5\text{kJ}\cdot\text{mol}^{-1}<0$

所以上述水煤气变换反应在298.15K、标准态下能自发进行。

由 $\lg K_{298.15}^{\ominus}=\dfrac{-\Delta_r G_m^{\ominus}(298.15\text{K})}{2.303RT}$，即

$$\lg K_{298.15}^{\ominus}=\dfrac{-(-28.5\times10^3)}{2.303\times8.314\times298.15}=4.99$$

$$K_{298.15}^{\ominus}=9.77\times10^4$$

(5) 由上述计算可知，水煤气变换反应是一个焓变、熵变均为负值的反应。标准态下反应要能自发进行，要求：

$$\Delta_r G_m^{\ominus}(T)=\Delta_r H_m^{\ominus}(T)-T\Delta_r S_m^{\ominus}(T)\approx\Delta_r H_m^{\ominus}(298.15\text{K})-T\Delta_r S_m^{\ominus}(298.15\text{K})<0$$

因为水煤气反应的 $\Delta_r H_m^{\ominus}(T)$，$\Delta_r S_m^{\ominus}(T)$ 均为负值，则反应自发进行的最高温度应为：

$$T<\dfrac{\Delta_r H_m^{\ominus}(298.15\text{K})}{\Delta_r S_m^{\ominus}(298.15\text{K})}=\dfrac{-41.1\times10^3}{-42.3}=972\text{K}$$

即标准态下水煤气变换反应的温度不能超过972K。

3.6 化学反应速率

3.6.1 化学反应速率的概念和表示方法

化学反应有的进行得很快,例如火药的爆炸、照相胶片的感光、酸碱反应等几乎瞬间即可完成。有的化学反应则进行得很慢,如在常温下 H_2 和 O_2 化合生成 H_2O 的反应,从宏观上几乎觉察不出来,又如金属的腐蚀、橡胶和塑料的老化需要经长年累月后才能觉察到它们的变化,煤和石油在地壳内形成的过程则更慢,需要经过几十万年的时间。为了比较各种化学反应进行的快慢,需要引入化学反应速率的概念。化学反应速率(v)是指在一定的条件下,某化学反应的反应物转变为生成物的速率。对于恒容反应来说,通常以单位时间内某一反应物浓度的减少或生成物浓度的增加来表示,例如对恒容反应:

$$a\text{A} + b\text{B} \Longrightarrow c\text{C} + d\text{D}$$

在恒温条件下,其平均速率 $\overline{v}_i$ 可表示为:

$$\overline{v}_i = \Delta c_i / \Delta t$$

Δc_i 为物质 i 在时间间隔(Δt)内的浓度变化。

反应速率一般规定为正值,考虑到反应物浓度随时间的变化而不断减小,Δc_i 为负值,为使反应速率取正值,当以反应物浓度的改变来表示 $\overline{v}_i$ 时,在表示式前加负号。浓度的单位以 $mol \cdot L^{-1}$ 表示,时间单位可根据具体反应的快慢程度相应采用 s(秒),min(分)或 h(小时)表示。这样化学反应速率单位可为:$mol \cdot L^{-1} \cdot s^{-1}$,$mol \cdot L^{-1} \cdot min^{-1}$ 或 $mol \cdot L^{-1} \cdot h^{-1}$。

例如:298.15K 下 N_2O_5 的分解反应:

$$2N_2O_5(g) \Longrightarrow 4NO_2(g) + O_2(g)$$

分解反应中各物质的浓度与反应时间的对应关系如表 3-4 所示。

表 3-4 N_2O_5 分解反应中各物质的浓度与反应时间的对应关系

t/s	0	100	300	700
$c(N_2O_5)/mol \cdot L^{-1}$	2.10	1.95	1.70	1.31
$c(NO_2)/mol \cdot L^{-1}$	0	0.30	0.80	1.58
$c(O_2)/mol \cdot L^{-1}$	0	0.08	0.20	0.40

N_2O_5 分解的平均速率既可以用反应物 N_2O_5 的浓度变化表示,也可以用生成物 NO_2 或 O_2 的浓度变化来表示。例如反应时间从 300~700s 间隔内 N_2O_5 分解的平均速率可分别表示为:

$$\overline{v}(N_2O_5) = -\frac{\Delta c(N_2O_5)}{\Delta t} = -\frac{(1.31-1.70)}{700-300}$$
$$= 0.98 \times 10^{-3} \, mol \cdot L^{-1} \cdot s^{-1}$$

$$\overline{v}(NO_2) = \frac{\Delta c(NO_2)}{\Delta t} = \frac{(1.58-0.80)}{700-300}$$
$$= 1.95 \times 10^{-3} \, mol \cdot L^{-1} \cdot s^{-1}$$

$$\bar{v}(O_2) = \frac{\Delta c(O_2)}{\Delta t} = \frac{(0.40-0.20)}{700-300}$$
$$= 0.50 \times 10^{-3} \text{ mol} \cdot \text{L}^{-1} \cdot \text{s}^{-1}$$

以上计算结果表明，同一反应的反应速率，当以不同物质的浓度变化来表示时，其数值可能会有所不同，但它们之间的比值恰好等于反应方程式中各物质化学式前的系数之比，如上例：

$$\bar{v}(N_2O_5) : \bar{v}(NO_2) : \bar{v}(O_2) = 0.98 \times 10^{-3} : 1.95 \times 10^{-3} : 0.50 \times 10^{-3} = 2 : 4 : 1$$

从理论上说，反应速率可用反应系统中任一物质的浓度变化来表示，但在实际工作中往往是选择其浓度变化易于测定的那种物质。

最后，应该指出，对多数化学反应来说，反应物浓度与反应时间之间常呈非线性关系，因此，如果 Δt 比较大，计算所得的平均速率值必然严重偏离反应的实际速率值。若用瞬时速率则能确切地表示化学反应在某瞬时的实际速率。对于恒容反应：

$$aA + bB \Longrightarrow cC + dD$$

其瞬间速率可分别表示为：

$$v_A = -\frac{dc(A)}{dt} \quad v_B = -\frac{dc(B)}{dt}$$

$$v_C = \frac{dc(C)}{dt} \quad v_D = \frac{dc(D)}{dt}$$

$$v = -\frac{1}{a}\frac{dc(A)}{dt} = -\frac{1}{b}\frac{dc(B)}{dt} = \frac{1}{c}\frac{dc(C)}{dt} = \frac{1}{d}\frac{dc(D)}{dt}$$

或 $v = \frac{1}{\nu_i}\frac{dc_i}{dt}$

ν_i 为反应式中物质 i 的化学计量系数。以反应物为基准时，ν_i 取负值。

3.6.2 化学反应速率理论

为了阐明反应的快慢及其影响因素，历史上前后提出了两种化学反应速率理论。其一是分子碰撞理论；其二是过渡状态理论（又称活化配合物理论）。

(1) 分子碰撞理论简介

碰撞理论认为：物质之间发生化学反应的必要条件是反应物分子（或原子、离子、原子团）之间必须发生碰撞。但反应物分子间的碰撞并非发生化学反应的充分条件，对大多数化学反应来说，事实上只有少数或极少数能量较高的分子碰撞时才能发生反应。这种能发生反应的碰撞称为有效碰撞。分子发生有效碰撞所必须具备的最低能量，称为临界能或阈能 (E_c)。具有等于或大于临界能的分子称为活化分子。能量低于临界能的分子称为非活化分子或普通分子。普通分子要吸收足够的能量才能转变为活化分子。活化分子具有的平均能量 ($\overline{E^*}$) 与反应物分子的平均能量 ($\overline{E}$) 之差称为反应的活化能 (E_a)

$$E_a = \overline{E^*} - \overline{E}$$

例如，N_2O_5 的分解反应：

$$N_2O_5(g) \rightleftharpoons 2NO_2(g) + \frac{1}{2}O_2(g)$$

325K 时 N_2O_5 的 $\overline{E}^* = 106.13 \text{kJ} \cdot \text{mol}^{-1}$，$\overline{E} = 4.03 \text{kJ} \cdot \text{mol}^{-1}$

$$E_a = \overline{E}^* - \overline{E} = 106.13 - 4.03 = 102.10 (\text{kJ} \cdot \text{mol}^{-1})$$

每一个反应都有其特有的活化能。通过实验测定，大多数化学反应的活化能在 60~250 kJ·mol^{-1} 之间。活化能小于 42kJ·mol^{-1} 的反应，活化分子百分数大，有效碰撞次数多，反应速率很大，可瞬间进行，如酸碱中和反应等。活化能大于 420kJ·mol^{-1} 的反应，其反应速率则很小。例如：

$$(NH_4)_2S_2O_8 + 3KI \rightleftharpoons (NH_4)_2SO_4 + K_2SO_4 + KI_3$$

该反应的 $E_a = 56.7 \text{kJ} \cdot \text{mol}^{-1}$，活化能较小，反应速率较大。

$$2SO_2(g) + O_2(g) \rightleftharpoons 2SO_3(g)$$

$E_a = 250.8 \text{kJ} \cdot \text{mol}^{-1}$，活化能较大，反应速率较小。

可见，反应的活化能是决定化学反应速率大小的重要因素。

碰撞理论较好地解释了有效碰撞，但它不能说明反应过程及其能量的变化，为此，过渡状态理论应运而生。

(2) 过渡状态理论简介

过渡状态理论认为：化学反应不只是通过反应物分子之间的简单碰撞就能完成的，而是在碰撞后先要经过一个中间的过渡状态，即首先形成一种活性基团（活化配合物），然后再分解为产物。例如 NO_2 和 CO 的反应中，当 NO_2 和 CO 的活化分子碰撞之后，就形成了一种活化配合物 [ONOCO]，如图 3-3 所示。

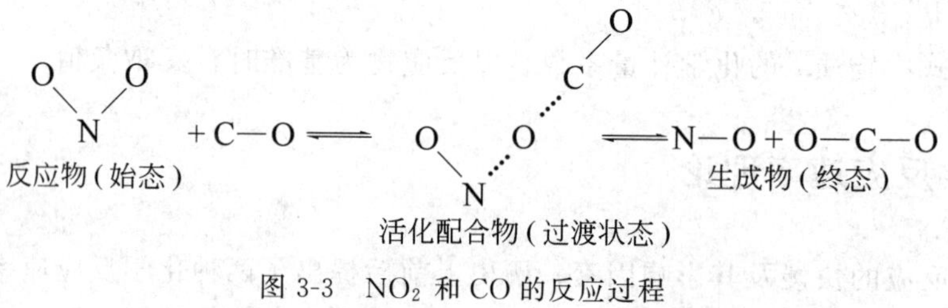

图 3-3 NO_2 和 CO 的反应过程

活化配合物中的价键结构处于原有化学键被削弱、新化学键正在形成的一种过渡状态，其势能较高 [由 (NO_2+CO) 活化分子对相对运动的平动能转化而来]，极不稳定，因此活化配合物一经形成就极易分解。它既可分解为产物 NO 和 CO_2，也可分解为原反应物。当活化配合物 [ONOCO] 中靠近 C 原子的那一个 N—O 键完全断开，新形成的 O—C 键进一步强化时，即形成了产物 NO 和 CO_2，此时整个系统的势能降低，反应即告完成。

图 3-4 中：c 点对应的能量为基态活化配合物 [ONOCO] 的势能，a，b 点对应的能量分别为基态反应物 (NO_2+CO) 分子对、基态生成物 (NO+CO_2) 分子对的势能。$E_{b,正}$，$E_{b,逆}$ 分别表示基态活化配合物 [ONOCO] 与基态反应物 (NO_2+CO) 分子对、基态生成物 (NO+CO_2) 分子对的势能差。在过渡状态理论中，所谓活化能实质为反应进行所必须克服的势能垒。由此可见，过渡状态理论中活化能的定义与分子碰撞理论不同，但在数值上相差不大。

(3) 活化能与反应热的关系

可逆反应的 $\Delta_r H_m$ 与正、逆反应的活化能有着密切的关系。如图 3-4 所示，$NO_2(g)$ 与 $CO(g)$ 在特定温度下发生下列反应：

$$NO_2(g)+CO(g) \Longrightarrow NO(g)+CO_2(g)$$

系统始态、终态的能量差（$E_{b,正}-E_{b,逆}$）一般即为化学反应的 $\Delta_r H_m$：

$$\Delta_r H_m = E_{b,正} - E_{b,逆} \approx E_{a,正} - E_{a,逆}$$

若 $E_{a,正} < E_{a,逆}$，则 $\Delta_r H_m < 0$，表明正反应为放热反应，逆反应为吸热反应；反之，若某反应的 $E_{a,正} > E_{a,逆}$，$\Delta_r H_m > 0$，则正反应为吸热反应，逆反应为放热反应。可以看出，在可逆反应中，吸热方向的活化能一般大于放热方向的活化能。

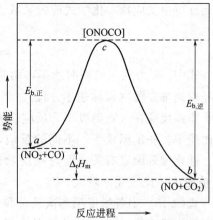

图 3-4 反应过程中势能变化示意图

3.6.3 影响化学反应速率的因素

化学反应速率的快慢，首先取决于反应物的本性。例如无机物之间的反应一般比有机物之间的反应快得多；对于无机物之间的反应来说，分子之间进行的反应一般较慢，而溶液中离子之间进行的反应一般较快。除了反应物的本性外，反应速率还与反应物的浓度（或压力）、温度和催化剂等外界条件有关。

(1) 浓度（或压力）对反应速率的影响

① 基元反应和非基元反应

实验表明，只有少数化学反应其反应物是一步直接转变为生成物的。这类一步能完成的化学反应称为基元反应。例如：

$$SO_2Cl_2 \Longrightarrow SO_2 + Cl_2$$
$$2NO_2 \Longrightarrow 2NO + O_2$$
$$NO_2 + CO \Longrightarrow NO + CO_2$$

而大多数化学反应其反应物要经过若干步骤（即通过若干个基元反应）才能转变为生成物。这类包含两个或两个以上基元反应的复杂反应，称为非基元反应。例如 $HI(g)$ 的合成反应：

$$H_2(g) + I_2(g) \Longrightarrow 2HI(g)$$

一般认为是分两步进行的非基元反应：

第一步　$I_2(g) \Longrightarrow 2I(g)$

第二步　$H_2(g) + 2I(g) \Longrightarrow 2HI(g)$

其中每一步均为一个基元反应。

② 质量作用定律

实验表明，在一定温度下，增加反应物的浓度（或压力）可以增大反应速率。对于任一基元反应：

$$a\mathrm{A} + b\mathrm{B} \Longrightarrow c\mathrm{C} + d\mathrm{D}$$

在一定温度下，其反应速率与各反应物浓度幂的乘积成正比。浓度的幂次在数值上正好等于

基元反应中反应物 i 化学式前的系数。这一规律称为质量作用定律。其数学表示式为：

$$v \propto c^a(A) \cdot c^b(B)$$

$$v = k_c c^a(A) \cdot c^b(B) \tag{3-15}$$

式中，v 为反应的瞬时速率，物质的浓度为瞬时浓度，k_c 称为速率常数。式(3-15) 称为经验速率方程（简称速率方程）。当 $c(A)=c(B)=1\text{mol}\cdot\text{L}^{-1}$ 时，$v=k_c$，故速率常数 k_c 可看作某反应在一定温度下，反应物为单位浓度时的反应速率。因此速率常数又称比速常数或比速率。一定温度下，不同的反应，k_c 值往往不同。对同一反应来说，k_c 值与反应温度、催化剂等因素有关，而与反应物的浓度、分压无关。在相同反应温度和浓度条件下，k_c 值越大，反应速率越大。

式(3-15) 中各浓度项幂次的总和 $(a+b)$ 称为反应的总级数（简称反应级数），a 和 b 分别称为反应物 A 和反应物 B 的分级数。

应用质量作用定律时应注意以下几个问题：

a. 质量作用定律适用于基元反应（包括非基元反应中的每一步基元反应）。对于非基元反应来说，一般不能根据总反应方程式直接书写速率方程，因为总反应式只表示反应前后物质之间质和量的变化关系，而没有表示出反应过程中的具体步骤。例如 $C_2H_4Br_2$ 与 KI 的反应：

$$C_2H_4Br_2 + 3KI = C_2H_4 + 2KBr + KI_3$$

根据实验测定，该反应的速率方程为：

$$v = k_c c(C_2H_4Br_2) \cdot c(KI)$$

而不是 $v = k_c c(C_2H_4Br_2) \cdot c^3(KI)$

这是为什么呢？原因是上述反应实际上是分三步进行的。即：

(1) $C_2H_4Br_2 + KI = C_2H_4 + KBr + I + Br$ （慢反应）

(2) $KI + Br = I + KBr$ ⎫

(3) $KI + 2I = KI_3$ ⎬ （快反应）

在这三步反应中，(2)、(3) 步反应进行得很快，而 (1) 步反应进行得很慢，所以第一步慢反应的反应速率决定了总反应的速率。非基元反应速率方程式中浓度（或分压）项的幂次数，与总反应方程式中反应物化学式前的系数一般是不同的，要通过实验方能确定。

b. 稀溶液中溶剂参加的化学反应，其速率方程中不必列出溶剂的浓度。因为在稀溶液中，溶剂量很大，在整个变化过程中，溶剂量变化甚微，因此溶剂的浓度可近似地看作常数而合并到速率常数项中。例如蔗糖稀溶液中，蔗糖水解为葡萄糖和果糖的反应：

$$C_{12}H_{22}O_{11} + H_2O \xrightarrow{\text{酸催化}} C_6H_{12}O_6 + C_6H_{12}O_6$$

　　　　蔗糖　　　溶剂　　　　　葡萄糖　　　果糖

根据质量作用定律：

$$v = k'c(C_{12}H_{22}O_{11}) \cdot c(H_2O)$$

令

$$k_c = k'c(H_2O)$$

可得

$$v = k_c c(C_{12}H_{22}O_{11})$$

由此可见，若反应过程中，某一反应物的浓度变化甚微时，速率方程式中一般不必列出该物质的浓度。

c. 固体或纯液体参加的化学反应，如果它们不溶于其他反应介质，则不必把固体或纯液体的"浓度"项列入速率方程式中。

(2) 温度对反应速率的影响

温度是影响反应速率的重要因素之一,温度对反应速率的影响比较复杂。但一般来说,升高温度可以增大反应速率。例如 H_2 和 O_2 化合成 H_2O 的反应,在常温下反应速率极小,几乎觉察不到反应的进行;但当温度升高到 873K 以上时,反应则迅速进行,甚至发生爆炸。

1884 年荷兰人范特霍夫 (J. H. Van't Hoff) 根据实验结果归纳出一条经验规则:对一般反应来说,在反应物浓度(或分压)相同的情况下,温度每升高 10K,反应速率(或反应速率常数)一般增加 2~4 倍。即 $\dfrac{v(T+10\text{K})}{v(T)}=\dfrac{k(T+10\text{K})}{k(T)}=2\sim 4$。例如,$N_2O_5$ 分解为 NO_2 和 O_2 的反应,308K 时的反应速率为 298K 时的 3.81 倍。

显然,范特霍夫经验规则过于简单。瑞典人阿仑尼乌斯 (S. A. Arrhenius) 于 1889 年总结、归纳出反应速率常数 (k) 与反应温度 (T) 之间的定量关系式:

指数式 $\quad k = A \cdot e^{-E_a/RT}$ (3-16)

对数式 $\quad \ln k = -\dfrac{E_a}{RT} + \ln A$ 或 $\lg k = -\dfrac{E_a}{2.303RT} + \lg A$ (3-17)

式中,T 为热力学温度;R 为摩尔气体常数;E_a 为给定反应的活化能;e 为自然对数的底(e=2.718);A 为给定反应的特征常数。

式(3-16)、式(3-17)均称为阿仑尼乌斯公式,它较好地反映了速率常数 k 随温度变化的关系。由于 k 值与 T 之间呈指数关系,所以,即使温度 T 作微小的变化也会使 k 值发生较大的变化,从而体现了温度对反应速率的显著影响。例如,N_2O_5 的热分解反应:

$$2N_2O_5(g) = 4NO_2(g) + O_2(g)$$

根据式(3-16),以 k 对 T 作图,可得一曲线(图 3-5)。曲线表明,反应温度 (T) 稍有升高,反应速率常数 (k) 即显著增大。若再根据式(3-17),以 $\lg k$ 对 $1/T$ 作图,则可得一直线,如图 3-6 所示。直线的斜率为:

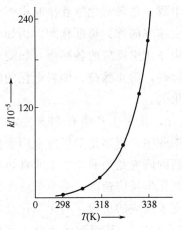

图 3-5 N_2O_5 分解反应的 k-T 关系图

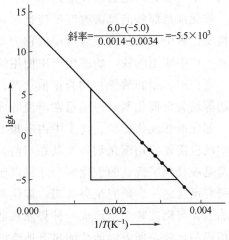

图 3-6 N_2O_5 分解反应的 $\lg k$-$(1/T)$ 关系图

$$\text{斜率} = -\frac{E_a}{2.303R} \tag{3-18}$$

则 $E_a = -2.303R \times \text{斜率}$

$$= -2.303 \times 8.314 \times 10^{-3} \times \left[\frac{6.0-(-5.0)}{0.0014-0.0034}\right]$$

$$= 105 \text{kJ} \cdot \text{mol}^{-1}$$

因此，反应的活化能可通过实验并按上述绘图法，绘制 $\lg k\text{-}(1/T)$ 图，求得直线的斜率后，再应用式(3-18)求出。另外，反应的活化能亦可直接应用阿仑尼乌斯公式求出。假设某一给定反应在 T_1、T_2 下的速率常数分别为 k_1、k_2，则

$$\ln k_1 = -\frac{E_a}{RT_1} + \ln A$$

$$\ln k_2 = -\frac{E_a}{RT_2} + \ln A$$

后式减前式，可得：

$$\ln \frac{k_2}{k_1} = \frac{E_a}{R}\left(\frac{1}{T_1} - \frac{1}{T_2}\right) = \frac{E_a}{R}\left(\frac{T_2 - T_1}{T_1 T_2}\right) \tag{3-19}$$

应用式(3-19)可以从两个温度下的 k 值求得反应的活化能，或从已知反应的活化能及某一温度下的 k 值，求得任一温度下的 k 值。从式(3-19)还可以看出，当反应的活化能越大时，温度的变化对速率常数（或反应速率）的影响就越大。

(3) 催化剂对反应速率的影响

如上所述，为了有效地提高反应速率，可以通过升高温度的办法。但是对某些化学反应，即使在高温下，反应速率仍较慢，另外，有些反应升高温度常常会引起某些副反应的发生或加速副反应的进行（这对有机反应更为突出）；也可能会使放热的主反应进行的程度降低。因此，在这种情况下采用升高温度的方法以加大反应速率，就受到了限制。如果采用催化剂，则可以有效地提高反应速率。

催化剂是那些能显著改变反应速率，而在反应前后自身组成、数量和化学性质基本不变的物质。其中，能加快反应速率的称为正催化剂；能减慢反应速率的称为负催化剂。例如合成氨生产中使用的铁，硫酸生产中使用的 V_2O_5 以及促进生物体化学反应的各种酶（如淀粉酶、蛋白酶、脂肪酶等）均为正催化剂；减慢金属腐蚀的缓蚀剂，防止橡胶、塑料老化的防老剂等均为负催化剂。但是通常所说的催化剂一般是指正催化剂。

催化剂在现代化学、化工中占有极其重要的地位。据统计，化工生产中有 85% 左右的化学反应需要使用催化剂。尤其在当前大型化工、石油化学工业中，很多化学反应应用于生产都是在找到了优良的催化剂后才得以实现的。因此，催化剂的研究是当前化学上非常热门的研究课题之一。研究结果表明：催化剂之所以能显著地增大化学反应速率，是由于催化剂的加入，与反应物之间形成一种势能较低的活化配合物，改变了反应的历程，与无催化反应的历程相比较，所需的活化能显著地降低（如图 3-7 所示：$E_b > E_b'$），从而使活化分子百分数和有效碰撞次数增多，导致反应速率增大。表 3-5 列举了某些催化剂对若干化学反应活化能的影响。

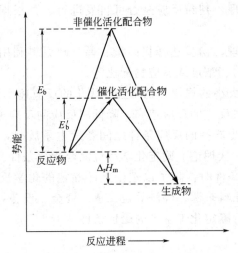

图 3-7 催化剂改变放热反应活化能图

表 3-5 某些催化剂对若干化学反应活化能的影响

化学反应式	E_a(非催化)/kJ·mol^{-1}	E_a'(催化)/kJ·mol^{-1}
$2SO_2 + O_2 \rightleftharpoons 2SO_3$	251	63(Pt)
$2HI \rightleftharpoons H_2 + I_2$	183.1	58(Pt)
$N_2 + 3H_2 \rightleftharpoons 2NH_3$	326.4	176(Fe)
$CH_3CHO \xrightarrow{791K} CH_4 + CO$	190.4	136.0(碘蒸气)

最后，请注意以下几点。

① 催化剂只能通过改变反应途径来改变反应速率，但不能改变反应的焓变（ΔH）、方向和限度。

② 在化学反应速率方程式中，催化剂对反应速率的影响体现在反应速率常数（k）内。对确定反应而言，反应温度一定，采用不同的催化剂一般有不同的 k 值。

③ 对同一可逆反应来说，催化剂等值地降低了正、逆反应的活化能。

④ 催化剂具有选择性，即某一催化剂对某一反应（或某一类反应）有催化作用，但对其他反应则可能无催化作用。化工生产中，在复杂的反应系统中，常常利用催化剂加速反应并抑制其他反应的进行，以提高产品的质量和产量。

本节所讨论的化学反应速率属化学动力学的研究范畴，而前面介绍的化学平衡属化学热力学的研究范畴，两者没有必然联系。反应限度大的，反应速率不一定大。例如在 298.15K、标准态下，H_2 和 O_2 化合成 H_2O 的反应，其 $\Delta_r G_m^\ominus = -237.18$ kJ·mol^{-1}，$K^\ominus = 3.7 \times 10^{41}$，反应限度很大，然而其反应速率却极小，虽经百亿年反应只能完成 0.15%。有些反应则可能相反，反应速率较大而 $K^\ominus$ 值较小。另外，某些因素对反应速率和反应限度的影响有时作用相反。例如对放热反应而言，升高温度，固然可以增大反应速率，但却减小了反应限度。因此，在化工生产和科学研究中为了提高产品的质量和数量，必须综合考虑各种因素的影响，兼顾到化学反应速率和化学平衡两方面的问题，以便选择最佳的反应条件。

要选择最佳的化学反应、化工生产条件，一般来说，可按下述基本思路进行。

① 应用最小自由能原理，判断反应是否可自发进行。并根据吉布斯公式计算反应自发进行的温度条件。

② 应用吕·查德里原理，初步选择提高贵、稀、缺原料利用率（或转化率）的优化反应条件，如反应温度、压力、浓度或反应物配比等。

③ 应用影响反应速率大小的规律，初步选择优化的反应速率条件，如反应温度、压力、浓度，催化剂等，以加快主反应的反应速率、降低副反应的反应速率。

④ 经过②、③步骤初步选择的反应条件之间若发生矛盾时，应综合研究，在兼顾化学平衡和反应速率的前提下，从理论上确定化学反应综合优化条件。

⑤ 确定化工生产操作条件时，除了以理论上已确定的化学反应综合优化条件为主要依据外，还必须考虑到诸如原料来源、经济效益、建厂资金、设备条件、安全保护、环境保护以及劳动条件等因素，最后确定化工生产的最佳条件。

习 题

1. 判断下列说法是否正确，并说明理由。
(1) 热的物体比冷的物体含有更多的热量。
(2) 物体的温度越高，则所含热量越多。
(3) 热是一种传递中的能量。
(4) 液态水变为水蒸气，体积增大，一定做膨胀功。
(5) 同一系统：
    (a) 同一状态可能有多个内能值。
    (b) 不同状态可能有相同的内能值。

2. 下列各说法是否正确，为什么？
(1) 系统的焓等于恒压反应热。
(2) 因为 $\Delta H = Q_p$，所以恒压过程才能有 ΔH。
(3) 单质的生成焓值等于零。
(4) 由于 $CaCO_3$ 分解是吸热的，所以它的生成焓为负值。

3. 已知：$A+B \rightleftharpoons M+N$　$\Delta_r H_m^\ominus = 35 kJ \cdot mol^{-1}$

$2M+2N \rightleftharpoons 2D$　$\Delta_r H_m^\ominus = -80 kJ \cdot mol^{-1}$

则 $A+B \rightleftharpoons D$ 的 $\Delta_r H_m^\ominus$ 是_____。

① $-10 kJ \cdot mol^{-1}$　② $-45 kJ \cdot mol^{-1}$　③ $-5 kJ \cdot mol^{-1}$　④ $25 kJ \cdot mol^{-1}$

4. 已知 298.15K，100kPa 下，反应：

$N_2(g) + 2O_2(g) \rightleftharpoons 2NO_2(g)$，$\Delta_r H_m^\ominus = 67.8 kJ \cdot mol^{-1}$，则 $NO_2(g)$ 的标准摩尔生成焓为_____。

① $-67.8 kJ \cdot mol^{-1}$，② $33.9 kJ \cdot mol^{-1}$，③ $-33.9 kJ \cdot mol^{-1}$，④ $67.8 kJ \cdot mol^{-1}$

5. 已知 $\Delta_b H_m^\ominus (H—F) = 566 kJ \cdot mol^{-1}$，$\Delta_b H_m^\ominus (H—H) = 436 kJ \cdot mol^{-1}$，$\Delta_b H_m^\ominus (F—F) = 158 kJ \cdot mol^{-1}$，则 298.15K 时反应 $H_2(g) + F_2(g) \rightleftharpoons 2HF(g)$ 的 $\Delta_r H_m^\ominus$ 是_____。

① $538 kJ \cdot mol^{-1}$　② $1132 kJ \cdot mol^{-1}$　③ $-1132 kJ \cdot mol^{-1}$　④ $-538 kJ \cdot mol^{-1}$

6. 某理想气体在恒定外压（93.3kPa）下膨胀，其体积从 50.0L 变到 150L，同时吸收 6.48kJ 的热量。试计算系统内能的变化。　　　　　　　　　　　　　　　　　[$-2.85 kJ$]

7. 2.00mol 理想气体在 350K 和 152kPa 条件下，经恒压冷却至体积为 35.0L，此过程放出了 1260J 热，试计算：
(1) 起始体积；(2) 系统做功；(3) 内能变化。

[38.3L；−502J；−758J]

8. 在一敞口试管内加热 2mol 氯酸钾晶体，按下式反应：$2KClO_3(s) = 2KCl(s) + 3O_2(g)$ 并放出热 89.5kJ(298.15K)，试求 298.15K 下该反应的 $\Delta_r H_m$ 和 ΔU。

[−89.5kJ·mol^{-1}，−96.9kJ·mol^{-1}]

9. 用热化学方程式表示下列内容：
(1) $H_3PO_4(s)$ 在 298.15K 时的标准摩尔生成焓为 −1281kJ·mol^{-1}；
(2) $N_2O_4(g)$ 在 298.15K 时的标准摩尔生成焓为 9.16kJ·mol^{-1}；
(3) 在 298.15K，标准态下，每氧化 1mol $NH_3(g)$ 生成 $NO(g)$ 和 $H_2O(g)$，放热 226.37kJ。

10. 在高炉中炼铁，主要的反应有：

$$C(s) + O_2(g) = CO_2(g)$$

$$\frac{1}{2}CO_2(g) + \frac{1}{2}C(s) = CO(g)$$

$$CO(g) + \frac{1}{3}Fe_2O_3(s) = \frac{2}{3}Fe(s) + CO_2(g)$$

(1) 分别计算 298.15K 时各反应的 $\Delta_r H_m^{\ominus}$ 和各反应 $\Delta_r H_m^{\ominus}$ 值之和；
(2) 将上列三个反应式合并成一个总反应方程式，应用各物质 298.15K 时的 $\Delta_f H_m^{\ominus}$ 数据计算总反应的 $\Delta_r H_m^{\ominus}$，与 (1) 计算结果比较，并作出结论。[−315.5kJ·mol^{-1}]

11. 用键焓估算下列反应的 $\Delta_r H_m^{\ominus}$。
(1) $CH_4(g) + Cl_2(g) = CH_3Cl(g) + HCl(g)$
(2) $CH_3OH(g) + HBr(g) = CH_3Br(g) + H_2O(g)$

[−100kJ·mol^{-1}；−50kJ·mol^{-1}]

12. 实验表明 NF_3 在室温下稳定，而 NCl_3 遇震动爆炸。试用键焓数据算出两种化合物的标准摩尔生成焓，从而说明两种化合物稳定性的差别。

[−106kJ·mol^{-1}，257kJ·mol^{-1}]

13. 下列说法是否正确？
(1) 在任何情况下反应速率 (v) 在数值上等于反应速率常数 (k)。
(2) 质量作用定律是一个普遍的规律，适用于任何化学反应。
(3) 反应速率常数只取决于温度，而与反应物、生成物的浓度无关。
(4) 反应的活化能越大，在一定温度下反应速率也越大。
(5) 可逆反应中，吸热方向的活化能一般大于放热方向的活化能。

14. 对于可逆反应：$C(s) + H_2O(g) \rightleftharpoons CO(g) + H_2(g)$；$\Delta_r H_m^{\ominus} > 0$，下列说法你认为对否？为什么？
(1) 达平衡时各反应物和生成物的分压一定相等。
(2) 改变生成物的分压，使 $Q < K^{\ominus}$，平衡将向右移动。
(3) 升高温度使 $v_{正}$ 增大，$v_{逆}$ 减小，故平衡向右移动。
(4) 由于反应前后分子数目相等，所以增加压力对平衡无影响。

(5) 加入催化剂使 $v_正$ 增加，故平衡向右移动。

15. 下列可逆反应达平衡后，升高温度或压缩体积，下列平衡向哪个方向移动？
    (1) $CO_2(g) + H_2(g) \rightleftharpoons CO(g) + H_2O(g)$；$\Delta_r H_m^\ominus > 0$
    (2) $N_2O_4(g) \rightleftharpoons 2NO_2(g)$；$\Delta_r H_m^\ominus > 0$
    (3) $C(s) + O_2(g) \rightleftharpoons CO_2(g)$；$\Delta_r H_m^\ominus < 0$

16. 在下列平衡体系中，要使平衡正向移动，可采取哪些方法？并指出所用方法对平衡常数有无影响？怎样影响（变大还是变小）？
    (1) $CaCO_3(s) \rightleftharpoons CaO(s) + CO_2(g)$；$\Delta_r H_m^\ominus > 0$
    (2) $2SO_2(g) + O_2(g) \rightleftharpoons 2SO_3(g)$；$\Delta_r H_m^\ominus < 0$

17. 选出唯一正确的答案：
    (1) 对气相反应 $A(g) + B(g) \rightleftharpoons C(g)$，恒温时，系统体积增大 1 倍，则 K_p 值变为原来的_____。
    ① 2 倍　　　② 4 倍　　　③ $\frac{1}{2}$　　　④ 不变

    (2) 平衡常数越大，表示一反应：
    A. 是基元反应　　　　　　B. 是放热反应
    C. 活化能很小的反应　　　D. 反应进行的可能性大

18. 已知反应：$2H_2(g) + 2NO(g) \rightleftharpoons 2H_2O(g) + N_2(g)$ 的速率方程
$$v = kc(H_2) \cdot c^2(NO)$$
在一定温度下，若使容器体积缩小到原来的 1/2 时，问反应速率如何变化？

19. 某反应的活化能 $E_a = 100.267 \text{kJ} \cdot \text{mol}^{-1}$，当温度由 298K 升高到 308K 时，问该反应的反应速率增大为原来的多少倍？　　　　　　　　　　　　　　　　　　　　[3.72]

20. 写出下列反应的平衡常数 K_c，K_p，$K^\ominus$ 的表达式：
    (1) $CH_4(g) + H_2O(g) \rightleftharpoons CO(g) + 3H_2(g)$
    (2) $NH_3(g) \rightleftharpoons \frac{1}{2}N_2(g) + \frac{3}{2}H_2(g)$
    (3) $CaCO_3(s) \rightleftharpoons CaO(s) + CO_2(g)$
    (4) $Al_2O_3(s) + 3H_2(g) \rightleftharpoons 2Al(s) + 3H_2O(g)$

21. 298.15K 时已知下列化学平衡：
    (1) $FeO(s) + CO(g) \rightleftharpoons Fe(s) + CO_2(g)$；$K_1^\ominus = 0.403$
    (2) $FeO(s) + H_2(g) \rightleftharpoons Fe(s) + H_2O(g)$；$K_2^\ominus = 0.669$
    计算反应 $CO_2(g) + H_2(g) \rightleftharpoons CO(g) + H_2O(g)$ 的 $K^\ominus$。　　　　[1.66]

22. 密闭容器中反应 $2NO(g) + O_2(g) \rightleftharpoons 2NO_2(g)$ 在 1000K 条件下达平衡。若始态 $p(NO) = 101.3 \text{kPa}$，$p(O_2) = 303.9 \text{kPa}$，$p(NO_2) = 0$；平衡时 $p(NO_2) = 12.16 \text{kPa}$，试计算平衡时 NO，$O_2$ 的分压及平衡常数 $K^\ominus$。　　　　　　　　　　[6.25×10^{-3}]

23. 若合成氨反应：$N_2(g) + 3H_2(g) \rightleftharpoons 2NH_3(g)$ 达平衡时，N_2，H_2 和 NH_3 的平衡浓度依次为 3.0，2.0 和 $4.0 \text{mol} \cdot L^{-1}$，求该反应的 K_c 及 N_2 与 H_2 的起始浓度？
[0.67，$5.0 \text{mol} \cdot L^{-1}$，$8.0 \text{mol} \cdot L^{-1}$]

24. 在 749K 条件下，在密闭容器中进行下列反应：
$$CO(g) + H_2O(g) \rightleftharpoons CO_2(g) + H_2(g)$$

$K_c = 2.6$，求：

(1) 当 H_2O 与 CO 的物质的量之比为 1 时，CO 的转化率；

(2) 当 H_2O 与 CO 的物质的量之比为 3 时，CO 的转化率；

(3) 根据计算结果，你能得出什么结论？

[62%；87%]

25. 有 10.0L 含有 H_2、I_2 和 HI 的混合气体，在 698K 下发生下列反应：

$$H_2(g) + I_2(g) \rightleftharpoons 2HI(g)$$

平衡时分别有 0.100mol I_2，0.100mol H_2 和 0.740mol HI。若向体系中再加入 0.500mol HI，重新达到平衡时，H_2，I_2 和 HI 的浓度各为多少？

{$[I_2] = [H_2] = 0.0153$mol·L^{-1}，$[HI] = 0.113$mol·L^{-1}}

26. 反应：$PCl_5(g) \rightleftharpoons PCl_3(g) + Cl_2(g)$

(1) 523K 时，将 0.70mol 的 PCl_5 注入容积为 2.0L 的密闭容器中，平衡时有 0.50mol PCl_5 被分解，试计算该温度下的平衡常数 K_c 和 PCl_5 的分解百分数。

(2) 若在上述容器中已达平衡后，再加入 0.10mol Cl_2，则 PCl_5 的分解百分数与未加 Cl_2 时相比有何不同？

(3) 如开始时注入 0.70mol PCl_5 的同时，注入了 0.10mol Cl_2，则平衡时 PCl_5 分解百分数又是多少？比较 (2)，(3) 所得结果，可以得出什么结论？

[0.62，71%；68%；68%]

27. 在 294.8K 时反应：$NH_4HS(s) \rightleftharpoons NH_3(g) + H_2S(g)$ 的平衡常数 $K^{\ominus} = 0.070$，求：

(1) 平衡时该气体混合物的总压； [52kPa]

(2) 在同样的实验中，NH_3 的最初分压为 25.3kPa 时，H_2S 的平衡分压为多少？

[17kPa]

28. 将 NO 和 O_2 注入一保持在 673K 的固定容器中，在反应发生以前，它们的分压分别为 $p(NO) = 101$kPa，$p(O_2) = 286$kPa；当反应：$2NO(g) + O_2(g) \rightleftharpoons 2NO_2(g)$ 达到平衡时，$p(NO_2) = 79.2$kPa，计算：

(1) 该反应的平衡常数 $K^{\ominus}$；

(2) 该反应的 $\Delta_r G_m^{\ominus}$；

(3) 结合 22 题计算出的 $K_{1000}^{\ominus}$ 值，求该反应的 $\Delta_r H_m^{\ominus}$。

[5.36；-9.39kJ·mol^{-1}；-116kJ·mol^{-1}]

29. 计算下列反应的 $\Delta_r H_m^{\ominus}$，$\Delta_r S_m^{\ominus}$，$\Delta_r G_m^{\ominus}$，并判断哪些反应能自发向右进行：

(1) $2CO(g) + O_2(g) = 2CO_2(g)$

(2) $4NH_3(g) + 5O_2(g) = 4NO(g) + 6H_2O(g)$

(3) $8Al(s) + 3Fe_3O_4(s) = 4Al_2O_3(s) + 9Fe(s)$

[(1) -565.9kJ·mol^{-1}，-173.4J·mol^{-1}·K^{-1}，-514.2kJ·mol^{-1}；

(2) -905.5kJ·mol^{-1}，180.6J·mol^{-1}·K^{-1}，-959.2kJ·mol^{-1}；

(3) -3274kJ·mol^{-1}，-209J·mol^{-1}·K^{-1}，-3208kJ·mol^{-1}]

30. 试计算下列反应在 298.15K 时的 $\Delta_r G_m^{\ominus}$ 及相应 $K^{\ominus}$：

$$CH_4(g) + 2O_2(g) \rightleftharpoons CO_2(g) + 2H_2O(l)$$

[-818.0kJ·mol^{-1}，2×10^{143}]

31. 298.15K 时，下列反应：$2H_2O_2(l) \rightleftharpoons 2H_2O(l) + O_2(g)$ 的 $\Delta_r H_m^\ominus = -196.10$ kJ·mol^{-1}，$\Delta_r S_m^\ominus = 125.76$ J·mol^{-1}·K^{-1}。试分别计算该反应在 298.15K 和 373K 时的 $K^\ominus$ 值。

$[8.32 \times 10^{40}, 1.06 \times 10^{34}]$

32. 试分析下列反应：$SbCl_5(g) \rightleftharpoons SbCl_3(g) + Cl_2(g)$
(1) 在常温（298K）、标准态下能否自发进行？
(2) 在 773K 时（压力不变）能否自发进行？

33. 在 720K，100kPa 时，当 2.0mol HI 的热分解反应 $2HI(g) \rightleftharpoons H_2(g) + I_2(g)$ 达到平衡时，有 22.0% 的 HI(g) 分解为 H_2 和 I_2，求(1)反应的 $K^\ominus$；(2)此温度下的 $\Delta_r G_m^\ominus$。

$[0.020; 23.42 \text{kJ} \cdot \text{mol}^{-1}]$

第 4 章
酸碱平衡与酸碱滴定法

本章首先对酸碱平衡的基础理论进行简要讨论，然后再学习酸碱滴定过程中有关理论和方法的应用。

4.1 酸碱平衡的理论基础

酸、碱都是重要的化学物质，在人们对酸碱的认识过程中提出了许多酸碱理论，较重要的有阿仑尼乌斯(S. A. Arrhenius)的解离理论[1]，富兰克林(E. C. Franklin)的溶剂理论，布朗斯台德(J. N. Brönsted)和劳莱(T. M. Lowry)的质子理论，路易斯(G. N. Lewis)的电子理论以及软硬酸碱理论等。为了能够更好地说明酸、碱以及酸碱平衡的有关规律，本章将以解离理论和质子理论为主来讨论酸碱平衡及有关应用。

4.1.1 酸碱解离理论

(1) 解离平衡

在中学，大家对解离理论有了一定认识，知道酸是指在水溶液中解离出来的阳离子全部是 H^+ 的化合物，而碱则是指解离产生的阴离子全部是 OH^- 的化合物。酸与碱反应得到的产物就是盐和水。酸、碱、盐都是电解质，电解质大体上可分为强电解质和弱电解质。按照解离理论，强电解质在水溶液中是全部解离的；而弱电解质在水溶液中是部分解离的，在水溶液中存在着已解离的弱电解质组分离子和未解离的弱电解质分子之间的平衡，这种平衡称为解离平衡。

例如，在一元弱酸（HA）的水溶液中存在着如下平衡：

$$HA \rightleftharpoons H^+ + A^-$$

解离平衡也是化学平衡，根据化学平衡原理，该反应的平衡常数表达式为：

---

[1] 解离理论即电离理论，因法定计量单位规定的名称中用"解离度"而不用"电离度"，故现改为解离理论。

$$K_{i,HA}^{\ominus} = \frac{\left(\frac{[H^+]}{c^{\ominus}}\right)\left(\frac{[A^-]}{c^{\ominus}}\right)}{\frac{[HA]}{c^{\ominus}}} \tag{4-1}$$

式中，[H^+]、[A^-] 和 [HA] 分别表示达到平衡时 H^+、A^- 和 HA 的平衡浓度，其单位为 $mol \cdot L^{-1}$；$K_i^{\ominus}$ 为 HA 的解离常数；$c^{\ominus}$ 为标准态浓度，由于 $c^{\ominus}=1 mol \cdot L^{-1}$，为简便起见，本书后面书写的各解离平衡常数表达式中，不再出现 $c^{\ominus}$ 项。则上述（4-1）式可简写为：

$$K_i^{\ominus} = \frac{[H^+][A^-]}{[HA]} \tag{4-1a}$$

一般以 $K_a^{\ominus}$ 表示弱酸的解离常数，$K_b^{\ominus}$ 表示弱碱的解离常数。$K_a^{\ominus}$ 或 $K_b^{\ominus}$ 是衡量弱酸或弱碱解离程度大小的特征常数，其值越小，表示弱酸或弱碱的解离程度越小，酸性或碱性越弱，电解质也越弱。一般把 $K_a^{\ominus}$ 或 $K_b^{\ominus} \leqslant 10^{-3}$ 的酸碱称为弱酸或弱碱，而把 $K_a^{\ominus}$ 或 $K_b^{\ominus} = 10^{-3} \sim 10^{-2}$ 的酸碱称为中强酸或中强碱。

$K_a^{\ominus}$ 或 $K_b^{\ominus}$ 具有一般平衡常数的性质。对于给定电解质来说，其大小只与温度有关，而与浓度无关。由于温度对解离常数的影响不大，因而在实际应用时，一般不考虑温度对解离常数的影响。

酸碱解离常数可以通过实验测得，也可根据有关热力学数据求得，附录 3 中列出了一些常见弱酸、弱碱的解离常数。

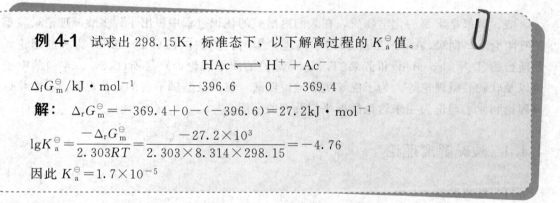

例 4-1 试求出 298.15K，标准态下，以下解离过程的 $K_a^{\ominus}$ 值。

$$HAc \rightleftharpoons H^+ + Ac^-$$

$\Delta_f G_m^{\ominus}/kJ \cdot mol^{-1}$　　　　-396.6　　0　-369.4

解： $\Delta_r G_m^{\ominus} = -369.4 + 0 - (-396.6) = 27.2 kJ \cdot mol^{-1}$

$$\lg K_a^{\ominus} = \frac{-\Delta_r G_m^{\ominus}}{2.303RT} = \frac{-27.2 \times 10^3}{2.303 \times 8.314 \times 298.15} = -4.76$$

因此 $K_a^{\ominus} = 1.7 \times 10^{-5}$

对于多元酸或多元碱，它们在水中的解离是分步进行的。例如二元弱酸 H_2S 在水中的解离，就是分两步完成的，两步解离平衡分别对应着两级解离常数：

$$H_2S \rightleftharpoons H^+ + HS^- \quad (K_{a1}^{\ominus} = 1.3 \times 10^{-7})$$
$$HS^- \rightleftharpoons H^+ + S^{2-} \quad (K_{a2}^{\ominus} = 7.1 \times 10^{-15})$$

可以看出，H_2S 的解离常数是逐级减小的，而且 $K_{a2}^{\ominus} \ll K_{a1}^{\ominus}$，说明第二步解离比第一步解离困难得多。其原因有二：一是带两个负电荷的 S^{2-} 对 H^+ 的吸引力比带一个负电荷的 HS^- 对 H^+ 的吸引力要强得多；二是第一步解离出来的 H^+ 对第二步解离产生同离子效应，从而抑制了第二步解离。由于 $K_{a2}^{\ominus} \ll K_{a1}^{\ominus}$，因此多元弱酸的强弱主要取决于 $K_{a1}^{\ominus}$ 的大小，计算多元弱酸溶液中 H^+ 的浓度时，可近似地只考虑第一步解离。多元弱碱也可作类似处理。

在酸碱解离理论中，水是最重要的溶剂，水溶液的酸碱性取决于溶质和水的解离平衡。研究表明，纯水有极微弱的导电能力，说明水分子能够解离，在纯水或水溶液中，存在着水的解离平衡：
$$2H_2O(l) \rightleftharpoons H_3O^+(aq) + OH^-(aq)$$
上式可简写为：
$$H_2O \rightleftharpoons H^+ + OH^-$$
经实验测得，在 298K 时，纯水中 [H^+] 和 [OH^-] 均为 1.0×10^{-7} mol·L^{-1}。根据化学平衡原理：
$$K_w^\ominus = [H^+][OH^-] = 1.0 \times 10^{-14} \tag{4-2}$$

$K_w^\ominus$ 称为水的离子积，它的意义是：一定温度时，水溶液中 [H^+] 和 [OH^-] 之积为一常数。水的解离为吸热反应，因此，温度升高，$K_w^\ominus$ 增大，不同温度时水的离子积见表 4-1。在室温时，一般可按 $K_w^\ominus = 1.0 \times 10^{-14}$ 来处理。

表 4-1 不同温度时水的离子积

t/℃	5	10	20	25	50	100
$K_w^\ominus / 10^{-14}$	0.185	0.292	0.681	1.007	5.47	55.1

(2) 解离度和稀释定律

为了定量地表示电解质在溶液中解离程度的大小，引入解离度的概念。解离度 α 是指解离平衡时已解离的弱电解质分子的百分数。实际应用时常以已解离的那部分弱电解质浓度百分数表示：

$$解离度\ \alpha = \frac{解离部分的弱电解质浓度}{解离前弱电解质总浓度} \times 100\% \tag{4-3}$$

解离度和解离常数都是衡量弱电解质解离程度大小的特征常数，二者之间有一定的关系。

例 4-2 已知 AB 型弱电解质的始态浓度为 c，求 AB 型弱电解质的 $K_i^\ominus$ 与解离度 α 之间的定量关系。

解：
$$AB \rightleftharpoons A^+ + B^-$$
始态浓度 c 0   0
平衡浓度 $c - c\alpha$ $c\alpha$ $c\alpha$

$$K_i^\ominus = \frac{[A^+][B^-]}{[AB]} = \frac{c\alpha \cdot c\alpha}{c - c\alpha} = \frac{c\alpha^2}{1-\alpha} \tag{4-4}$$

计算表明，若 $c/K_i^\ominus \geq 500$，则 $\alpha < 5\%$，此时 $1-\alpha \approx 1$，此种近似的相对误差 $<2\%$，因此，若计算要求的准确度不是太高，则上式可改写为：

$$K_i^\ominus \approx c\alpha^2 \quad \text{或} \quad \alpha \approx \sqrt{\frac{K_i^\ominus}{c}} \tag{4-5}$$

式(4-5) 表示了弱电解质的 α、$K_i^\ominus$ 和 c 之间的定量关系，这种关系称为稀释定律。它表明，在一定温度下，某一弱电解质的解离度随着溶液的稀释而增大。但须注意，解离度增大并不意味着溶液中的离子浓度也相应增大。另外，用解离度比较电解质强弱时，必须指明它们的浓度。

(3) 解离平衡的移动

解离平衡和其他化学平衡一样，是有条件的。当外界条件改变时，会引起解离平衡的移动，其移动规律服从吕·查德里原理。引起解离平衡移动的最主要因素是同离子效应和盐效应。

$$HAc \rightleftharpoons H^+ + \boxed{Ac^-}$$
平衡移动方向
$$NaAc \longrightarrow Na^+ + \boxed{Ac^-}$$

在 HAc 溶液中，加入少量 NaAc，由于溶液中 Ac^- 浓度增大，导致 HAc 解离平衡向左移动，从而降低了 HAc 的解离度。这种在弱电解质溶液中，加入含有相同离子的易溶强电解质，使弱电解质解离度降低的现象称为同离子效应。

如果在弱电解质溶液中，加入易溶强电解质，会使弱电解质解离度增大，这种现象称为盐效应。其原因是由于易溶强电解质的加入使溶液中单位体积内离子数目增多，带电荷离子间相互牵制作用增强，妨碍了离子的自由运动，从而减小了弱电解质组分阴、阳离子结合成分子的机会，结果使得弱电解质的解离度增大。例如在 $0.10 mol \cdot L^{-1}$ HAc 溶液中加入 NaCl，使其浓度为 $0.10 mol \cdot L^{-1}$，则 $[H^+]$ 由 $1.33 \times 10^{-3} mol \cdot L^{-1}$ 增加为 $1.82 \times 10^{-3} mol \cdot L^{-1}$，$\alpha$ 由 1.33% 增大为 1.82%。

同离子效应和盐效应是两种相反的作用，产生同离子效应时，必然伴随着盐效应。但由于同离子效应的影响常常大于盐效应，因此一般情况下可不考虑盐效应的影响。

(4) 盐的水解

水溶液的酸碱性主要取决于溶液中 H^+ 浓度和 OH^- 浓度的相对大小。NaAc，NH_4Cl，Na_2CO_3 等盐类物质，在水中不能解离出 H^+ 和 OH^-，但它们的水溶液却并非中性。这是因为这类盐溶于水时，盐的离子与水解离出的 H^+ 或 OH^- 作用，生成了弱酸或弱碱，因而溶液就不是中性了。我们把盐的离子与溶液中水解离出的 H^+ 或 OH^- 作用产生弱电解质的反应称之为盐的水解反应。它是中和反应的逆反应。

盐溶液的酸碱性与盐的性质有关，下面讨论几种类型盐的水解情况：

① 强碱弱酸盐

以 NaAc 为例，其水解过程如下。

水的解离平衡为：$H_2O \rightleftharpoons H^+ + OH^-$ $K_w^{\ominus}$

NaAc 在水中解离出来的 Ac^- 与水解离出来的 H^+ 结合成弱酸 HAc 分子，即

$$Ac^- + H^+ \rightleftharpoons HAc \qquad K^{\ominus} = \frac{1}{K_a^{\ominus}}$$

由于溶液中 H^+ 浓度减小，使水的解离平衡向水的解离方向移动，结果溶液中 $[H^+] < [OH^-]$，使溶液呈碱性。NaAc 水解反应离子方程式为：

$$Ac^- + H_2O \rightleftharpoons HAc + OH^- \qquad K_h^{\ominus}$$

强碱弱酸盐的水解实际上是其阴离子水解，水解后溶液显碱性。以上水解反应实际上是前两个反应相加后的总反应。根据多重平衡规则，可得：

$$K_h^{\ominus} = \frac{[HAc][OH^-]}{[Ac^-]} = \frac{K_w^{\ominus}}{K_a^{\ominus}} \tag{4-6}$$

$K_h^{\ominus}$ 是水解常数，其大小决定了水解程度的大小。此外，盐类水解程度大小还可用水解度 h 来衡量：

$$水解度\ h = \frac{盐水解部分的浓度}{始态盐的浓度} \times 100\% \qquad (4\text{-}7)$$

h 与 $K_h^\ominus$ 之间的关系，和 α 与 $K_i^\ominus$ 之间的关系类似。当 $c/K_h^\ominus \geqslant 500$ 时，

$$h \approx \sqrt{\frac{K_h^\ominus}{c}} \qquad (推导从略) \qquad (4\text{-}8)$$

② 强酸弱碱盐

以 NH_4Cl 为例，其水解过程如下。

水的解离平衡为：$H_2O \rightleftharpoons H^+ + OH^- \qquad K_w^\ominus$

NH_4Cl 在水中解离出来的 NH_4^+ 与水解离出的 OH^- 结合成弱碱 $NH_3 \cdot H_2O$，即

$$NH_4^+ + OH^- \rightleftharpoons NH_3 \cdot H_2O \qquad K^\ominus = \frac{1}{K_b^\ominus}$$

由于 OH^- 浓度减小，使水的解离平衡向水的解离方向移动，结果溶液中 $[H^+] > [OH^-]$，使溶液呈酸性。NH_4Cl 水解的离子方程式为：

$$NH_4^+ + H_2O \rightleftharpoons H^+ + NH_3 \cdot H_2O \qquad K_h^\ominus$$

$$K_h^\ominus = \frac{[H^+][NH_3 \cdot H_2O]}{[NH_4^+]} = \frac{K_w^\ominus}{K_b^\ominus} \qquad (4\text{-}9)$$

综上所述，强酸弱碱盐的水解实际上是阳离子的水解，水解后溶液呈酸性。

③ 弱酸弱碱盐

该类盐解离出来的阴、阳离子均能发生水解，如 NH_4Ac 的水解反应为：

$$NH_4^+ + Ac^- + H_2O \rightleftharpoons NH_3 \cdot H_2O + HAc$$

该水解反应可由以下三个反应相加得到：

$$NH_4^+ + H_2O \rightleftharpoons NH_3 \cdot H_2O + H^+ \qquad \frac{K_w^\ominus}{K_b^\ominus}$$

$$Ac^- + H_2O \rightleftharpoons HAc + OH^- \qquad \frac{K_w^\ominus}{K_a^\ominus}$$

$$\underline{+)\ OH^- + H^+ \rightleftharpoons H_2O \qquad \frac{1}{K_w^\ominus}}$$

$$NH_4^+ + Ac^- + H_2O \rightleftharpoons NH_3 \cdot H_2O + HAc \qquad K_h^\ominus$$

根据多重平衡规则，可得：

$$K_h^\ominus = \frac{K_w^\ominus}{K_a^\ominus \cdot K_b^\ominus} \qquad (4\text{-}10)$$

弱酸弱碱盐溶液的酸碱性取决于生成的弱酸和弱碱解离常数 $K_a^\ominus$ 和 $K_b^\ominus$ 的相对大小：

当 $K_a^\ominus = K_b^\ominus$ 时，溶液为中性，如 NH_4Ac；

当 $K_a^\ominus < K_b^\ominus$ 时，溶液为碱性，如 NH_4CN；

当 $K_a^\ominus > K_b^\ominus$ 时，溶液为酸性，如 NH_4F。

④ 多元弱酸盐或多元弱碱盐

该类盐的水解是分步进行的，如 Na_2S 的水解就是分两步完成的：

$$S^{2-} + H_2O \rightleftharpoons HS^- + OH^- \qquad K_{h1}^\ominus$$

$$HS^- + H_2O \rightleftharpoons H_2S + OH^- \qquad K_{h2}^\ominus$$

根据多重平衡规则，可得：

$$K_{h1}^{\ominus} = \frac{K_w^{\ominus}}{K_{a2,H_2S}^{\ominus}} = \frac{1.0 \times 10^{-14}}{7.1 \times 10^{-15}} = 1.4$$

$$K_{h2}^{\ominus} = \frac{K_w^{\ominus}}{K_{a1,H_2S}^{\ominus}} = \frac{1.0 \times 10^{-14}}{1.3 \times 10^{-7}} = 7.7 \times 10^{-8}$$

通过计算可知，多元弱酸盐或多元弱碱盐的分步水解同多元弱酸或多元弱碱的分步解离类似，水解常数也是逐级减小的。

在实际工作中，经常会遇到盐类水解反应。影响盐类水解的因素有两类：一是内因，二是外因。内因是指盐水解离子的本性。当水解产物弱酸或弱碱的 $K_a^{\ominus}$ 或 $K_b^{\ominus}$ 越小时，$K_h^{\ominus}$ 越大；另外，当水解产物是难溶物质或挥发性气体时，则水解度就很大，甚至可达到完全水解。如 Al_2S_3、$SnCl_2$ 等物质的水解，就是完全水解：

$$Al_2S_3 + 6H_2O \Longrightarrow 2Al(OH)_3 \downarrow + 3H_2S \uparrow$$

$$SnCl_2 + H_2O \Longrightarrow Sn(OH)Cl \downarrow (白色) + HCl$$

影响盐水解的外因是指盐溶液的温度、浓度和酸度等。由于水解反应是吸热反应，所以温度升高，盐的水解度增大；另外，盐溶液浓度越小，盐的水解度越大；降低（或升高）溶液的 pH 值，可增大阴离子（或阳离子）的水解度。

根据影响盐类水解的因素，可以对盐类的水解进行抑制和利用。在配制一些易水解盐的溶液时，为抑制其水解就必须先将它们溶解在相应的酸或碱中。如在配制 $SnCl_2$ 溶液时，就必须先加入适量 HCl，以免产生 $Sn(OH)Cl$。还可利用水解为生产科研服务，如可根据 $Bi(NO_3)_3$ 易水解的特性制取高纯 Bi_2O_3 等。

4.1.2 酸碱质子理论

酸碱解离理论只适用于水溶液，不适用于非水溶液和无溶剂体系。如金属钠溶于 100% 酒精中所形成的溶液呈强碱性，但溶液中只有乙氧基阴离子（$C_2H_5O^-$）而无 OH^-。为进一步认识酸碱反应的本质和便于对水溶液和非水溶液中的酸碱平衡问题进行统一考虑，在此介绍一下酸碱质子理论。

(1) 酸碱定义及其共轭关系

质子理论认为：凡是能给出质子（H^+）的物质是酸，凡是能接受质子（H^+）的物质是碱。酸给出质子后，剩余的部分必有接受质子的能力，它们之间的关系可用下式表示：

$$酸 \Longrightarrow 质子 + 碱$$

如：

$$HAc \Longrightarrow H^+ + Ac^-$$

这种因一个质子的得失而互相转变的每一对酸碱，称为共轭酸碱对，相应的反应称为酸碱半反应。

共轭酸碱对可举数例如下：

$$NH_4^+ \Longrightarrow H^+ + NH_3$$

$$HSO_4^- \Longrightarrow H^+ + SO_4^{2-}$$

$$HCl \Longrightarrow H^+ + Cl^-$$

可见酸碱既可以是阳离子、阴离子，又可以是中性分子，因而质子理论扩大了酸碱范围。另外，质子理论中酸碱含义具有相对性。如 HCO_3^- 在 $HCO_3^- \Longrightarrow H^+ + CO_3^{2-}$ 半反应中是酸，

而在 $HCO_3^- + H^+ \rightleftharpoons H_2CO_3$ 半反应中则是碱，故 HCO_3^- 是两性物质。

(2) 酸碱反应实质

酸碱半反应在溶液中不能单独进行，当一种酸给出质子时，溶液中必定有另一种碱来接受质子。质子理论认为，酸碱反应的实质是两个共轭酸碱对之间的质子传递反应，即酸1把质子传递给碱2后，各自转变为相应的共轭碱1和共轭酸2，可用下式表示：

$$\text{酸}1 + \text{碱}2 \xrightleftharpoons{H^+} \text{酸}2 + \text{碱}1$$

例如 HAc 在水中的解离，就是由 $HAc\text{-}Ac^-$ 与 $H_2O\text{-}H_3O^+$ 两个共轭酸碱对的半反应结合而成：

半反应1　$HAc(\text{酸}1) \rightleftharpoons Ac^-(\text{碱}1) + H^+$

半反应2　$H^+ + H_2O(\text{碱}2) \rightleftharpoons H_3O^+(\text{酸}2)$

总反应　$HAc + H_2O \rightleftharpoons H_3O^+ + Ac^-$
　　　　酸1　碱2　　　酸2　　碱1

在 HAc 解离反应中，H_2O 是溶剂。根据质子理论，水在反应中起着碱的作用，它接受质子转化为其共轭酸 H_3O^+，而酸 HAc 失去质子后转化为其共轭碱 Ac^-。两对共轭酸碱对之间发生了质子转移。

同理，$NH_3 \cdot H_2O$ 在水中的解离，实质上也是质子转移的过程。它是由 $NH_3\text{-}NH_4^+$ 和 $H_2O\text{-}OH^-$ 两个共轭酸碱对相互作用的结果：

$$NH_3 + H_2O \xrightleftharpoons{H^+} OH^- + NH_4^+$$
碱2　酸1　　　碱1　　酸2

这里，H_2O 作为溶剂，起到了酸的作用。与 HAc 在水中解离的情况相比较可知，水是一种两性溶剂。

溶剂 H_2O 分子之间也可以发生质子转移反应：

$$H_2O + H_2O \xrightleftharpoons{H^+} H_3O^+ + OH^-$$

上述反应称为水的质子自递反应。该反应的平衡常数称为水的质子自递常数，又叫水的离子积，即

$$K_w^\ominus = [H_3O^+][OH^-]$$

水合质子 H_3O^+ 常简写为 H^+，故：

$$K_w^\ominus = [H^+][OH^-]$$

如前所述，298K 时，$K_w^\ominus = 1.0 \times 10^{-14}$。

根据质子理论，酸碱中和反应也是一种质子的转移过程，如：
反应结果是各反应物转变为它们各自的共轭酸或共轭碱，因而质子理论中不存在盐的概念。

$$\text{HCl} + \text{NH}_3 \underset{}{\overset{\text{H}^+}{\rightleftharpoons}} \text{NH}_4^+ + \text{Cl}^-$$

解离理论中盐的水解过程也是质子的转移过程，如 NaAc 的水解：

$$\text{Ac}^- + \text{H}_2\text{O} \underset{}{\overset{\text{H}^+}{\rightleftharpoons}} \text{OH}^- + \text{HAc}$$

此反应可看成是 HAc 的共轭碱 Ac^- 在水中的解离反应。

由上述讨论可看出，质子理论扩大了酸碱反应的范围。解离理论中所有酸、碱、盐之间的离子平衡，均可视为酸碱的质子转移反应。

(3) 酸碱反应的平衡常数

在水溶液中，酸碱反应进行的程度可用反应的平衡常数来衡量。

弱酸 HA 在水溶液中的解离反应（即酸碱反应）及其平衡常数可表示为：

$$\text{HA} + \text{H}_2\text{O} \rightleftharpoons \text{H}_3\text{O}^+ + \text{A}^-$$

$$K_a^\ominus = \frac{[\text{H}_3\text{O}^+][\text{A}^-]}{[\text{HA}]} \tag{4-11}$$

平衡常数 $K_a^\ominus$ 称为酸的解离常数（有时简称酸常数），此值越大，表示该酸越强，即它将质子给予水分子的能力越强。$K_a^\ominus$ 仅随温度变化。

同理，弱碱 A^- 在水溶液中的解离反应及其平衡常数为：

$$\text{A}^- + \text{H}_2\text{O} \rightleftharpoons \text{HA} + \text{OH}^-$$

$$K_b^\ominus = \frac{[\text{HA}][\text{OH}^-]}{[\text{A}^-]} \tag{4-12}$$

$K_b^\ominus$ 称为碱的解离常数（有时简称碱常数），此值越大，表示该碱越强，即它从水分子中夺取质子的能力越强。$K_b^\ominus$ 亦仅随温度而变化。

就共轭酸碱对 HA-A^- 来说，酸 HA 的 $K_a^\ominus$ 与其共轭碱 A^- 的 $K_b^\ominus$ 之间存在如下关系：

$$K_a^\ominus \cdot K_b^\ominus = \frac{[\text{H}_3\text{O}^+][\text{A}^-]}{[\text{HA}]} \cdot \frac{[\text{HA}][\text{OH}^-]}{[\text{A}^-]} = [\text{H}_3\text{O}^+][\text{OH}^-] = K_w^\ominus \tag{4-13}$$

或

$$pK_a^\ominus + pK_b^\ominus = 14$$

因此，若酸越强，则其共轭碱就越弱；反之，酸越弱，其共轭碱就越强。

对于多元酸，它们在水中的解离是逐级进行的，如 H_2CO_3 有两级解离：

$$\text{H}_2\text{CO}_3 + \text{H}_2\text{O} \rightleftharpoons \text{H}_3\text{O}^+ + \text{HCO}_3^- \qquad K_{a1}^\ominus$$

$$\text{HCO}_3^- + \text{H}_2\text{O} \rightleftharpoons \text{H}_3\text{O}^+ + \text{CO}_3^{2-} \qquad K_{a2}^\ominus$$

其中，$K_{a1}^\ominus$ 远大于 $K_{a2}^\ominus$。

对于二元酸 H_2A 及其对应二元碱 A^{2-}，它们的解离常数之间有如下关系：

$$K_{a1}^\ominus \cdot K_{b2}^\ominus = K_{a2}^\ominus \cdot K_{b1}^\ominus = [\text{H}^+][\text{OH}^-] = K_w^\ominus \tag{4-14}$$

同样可以推出，对于三元酸 H_3A 及其对应三元碱 A^{3-}，有：

$$K_{a1}^\ominus \cdot K_{b3}^\ominus = K_{a2}^\ominus \cdot K_{b2}^\ominus = K_{a3}^\ominus \cdot K_{b1}^\ominus = K_w^\ominus \tag{4-15}$$

利用共轭酸碱对之间的对应关系，可由已知的 $K_a^\ominus$（或 $K_b^\ominus$）求得对应的 $K_b^\ominus$（或 $K_a^\ominus$）。

例 4-3 计算 HS^- 的 $pK_b^{\ominus}$。

解： HS^- 为两性物质，其碱式解离为：
$$HS^- + H_2O \rightleftharpoons H_2S + OH^-$$
对应的碱常数 $K_b^{\ominus}$ 即 S^{2-} 的 $K_{b2}^{\ominus}$，可由 H_2S 的 $K_{a1}^{\ominus}$ 求得。查得 H_2S 的 $pK_{a1}^{\ominus} = 6.89$，故
$$pK_b^{\ominus} = 14 - pK_{a1}^{\ominus} = 14 - 6.89 = 7.11$$

(4) 活度和活度系数

在电解质溶液中，由于溶液中异号电荷离子之间存在相互吸引的作用力，相同电荷的离子间存在相互排斥的作用力，离子与溶剂分子之间也可能存在相互吸引或相互排斥的作用力。这些作用力的存在，影响了离子在溶液中的活动性，减弱了离子在化学反应中的作用能力，使得离子参与化学反应的有效浓度比它的实际浓度低。离子在化学反应中起作用的有效浓度，就称为离子的活度，常用 a 表示。在处理化学平衡的有关计算时，严格地讲，应当用活度而不是浓度。活度与浓度的比值称为活度系数，以 γ 表示。用 c 代表浓度，则活度与浓度有如下关系：

$$a = \gamma \cdot c \tag{4-16}$$

式中 γ 的大小代表了离子间力对离子化学作用能力影响的大小，它是衡量实际溶液和理想溶液之间有效浓度差异的尺度。对于极稀的电解质溶液，离子间距离大，相互作用可以忽略不计，即视为理想状态，此时 $\gamma = 1$，$a = c$；随着溶液浓度的增大，γ 减少（$\gamma < 1$），则 $a < c$。

活度系数的大小与溶液中各种离子的总浓度及离子的电荷数有关，为了综合考虑这两种影响因素，引入"离子强度"的概念，以 I 表示：

$$I = \frac{1}{2}(c_1 z_1^2 + c_2 z_2^2 + \cdots + c_n z_n^2) = \sum_{i=1}^{n} \frac{1}{2} c_i z_i^2 \tag{4-17}$$

式中，$c_1, c_2, \cdots, c_n$ 是溶液中各种离子的浓度；$z_1, z_2, \cdots, z_n$ 是各种离子的电荷数。表 4-2 中列出不同离子强度时，各种相同价离子的平均活度系数。显然，离子强度越大，活度系数就越小。

表 4-2 不同离子强度时相同价离子的平均活度系数

离子价数 \ 离子强度 I	0.001	0.005	0.01	0.05	0.1
一价离子	0.96	0.95	0.93	0.85	0.80
二价离子	0.86	0.74	0.65	0.56	0.46
三价离子	0.72	0.62	0.52	0.28	0.20
四价离子	0.54	0.43	0.32	0.11	0.06

在讨论溶液中的化学平衡时，如果溶液浓度不太大，同时准确度要求又不是太高时，一般可以忽略离子强度的影响，用浓度代替活度进行近似计算，本章即采用这样的处理方法。

4.2 酸碱溶液有关组分浓度和溶液 pH 值的计算

4.2.1 分布系数和分布曲线

分析化学中所使用的试剂,有很多是弱酸或弱碱。在弱酸或弱碱的平衡体系中,往往存在着酸碱的多种存在形式,这些存在形式在平衡体系的浓度称为平衡浓度;各种存在形式平衡浓度之和称为总浓度或分析浓度;某一存在形式的平衡浓度占其总浓度的分数,称为分布系数,一般以 δ 表示。当溶液的酸度改变时,组分的分布系数会发生相应变化,组分的分布系数与溶液 pH 值的关系曲线称为分布曲线。讨论分布曲线有助于我们深入理解酸碱滴定过程、终点误差、分步滴定等后续内容,对于了解配位滴定与沉淀反应条件等也是有用的。

现对一元酸、二元酸的分布系数和分布曲线分别讨论如下。

(1) 一元酸

以 HAc 为例,设它的总浓度为 c,HAc 在溶液中以 HAc 和 Ac^- 两种形式存在。它们的平衡浓度分别以 [HAc],[Ac^-] 表示,设 HAc 所占的分数为 δ_1 或 δ_{HAc},Ac^- 所占的分数为 δ_0 或 δ_{Ac^-},则:

$$c = [HAc] + [Ac^-]$$

$$\delta_1 = \delta_{HAc} = \frac{[HAc]}{c} = \frac{[HAc]}{[HAc]+[Ac^-]} = \frac{1}{1+\frac{[Ac^-]}{[HAc]}} = \frac{1}{1+\frac{K_a^\ominus}{[H^+]}} = \frac{[H^+]}{[H^+]+K_a^\ominus} \tag{4-18}$$

同理可推得:

$$\delta_0 = \delta_{Ac^-} = \frac{[Ac^-]}{c} = \frac{K_a^\ominus}{[H^+]+K_a^\ominus} \tag{4-19}$$

显然,各组分分布系数之和等于1,即:

$$\delta_1 + \delta_0 = \delta_{HAc} + \delta_{Ac^-} = 1$$

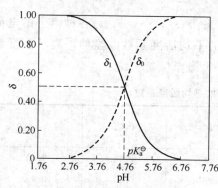

图 4-1 HAc-Ac^- 的 δ-pH 曲线

由式(4-18)和式(4-19)可见,分布系数决定于酸的解离常数 $K_a^\ominus$ 和溶液中 H^+ 浓度,而与酸的总浓度无关。

以 pH 为横坐标,各种存在形式的分布系数为纵坐标,可以得到如图 4-1 所示的分布曲线。

从图中可以看出,当 pH = $pK_a^\ominus$ 时,$\delta_0 = \delta_1 = 0.5$,即溶液中 HAc 与 Ac^- 两种形式各占 50%;当 pH < $pK_a^\ominus$ 时,溶液中 HAc 为主要存在形式;当 pH > $pK_a^\ominus$ 时,溶液中 Ac^- 为主要存在形式。

(2) 二元酸

以 $H_2C_2O_4$ 为例,它在溶液中有三种存在形式,其总浓度为:

$$c = [H_2C_2O_4] + [HC_2O_4^-] + [C_2O_4^{2-}]$$

以 δ_2、δ_1 和 δ_0（或 $\delta_{H_2C_2O_4}$，$\delta_{HC_2O_4^-}$ 和 $\delta_{C_2O_4^{2-}}$）分别代表各存在形式的分布系数，则：

$$\delta_2 = \frac{[H_2C_2O_4]}{c} = \frac{[H_2C_2O_4]}{[H_2C_2O_4]+[HC_2O_4^-]+[C_2O_4^{2-}]}$$

$$= \frac{1}{1+\frac{[HC_2O_4^-]}{[H_2C_2O_4]}+\frac{[C_2O_4^{2-}]}{[H_2C_2O_4]}} = \frac{1}{1+\frac{K_{a1}^\ominus}{[H^+]}+\frac{K_{a1}^\ominus K_{a2}^\ominus}{[H^+]^2}}$$

$$= \frac{[H^+]^2}{[H^+]^2 + K_{a1}^\ominus [H^+] + K_{a1}^\ominus K_{a2}^\ominus} \tag{4-20}$$

同理可推得：

$$\delta_1 = \frac{[HC_2O_4^-]}{c} = \frac{K_{a1}^\ominus [H^+]}{[H^+]^2 + K_{a1}^\ominus [H^+] + K_{a1}^\ominus K_{a2}^\ominus} \tag{4-21}$$

$$\delta_0 = \frac{[C_2O_4^{2-}]}{c} = \frac{K_{a1}^\ominus K_{a2}^\ominus}{[H^+]^2 + K_{a1}^\ominus [H^+] + K_{a1}^\ominus K_{a2}^\ominus} \tag{4-22}$$

显然，$\delta_2 + \delta_1 + \delta_0 = 1$

图 4-2 是 $H_2C_2O_4$ 各存在形式的分布曲线。

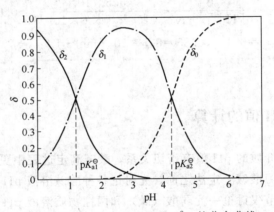

图 4-2　$H_2C_2O_4$-$HC_2O_4^-$-$C_2O_4^{2-}$ 的分布曲线

由图 4-2 可见：

当 $pH < pK_{a1}^\ominus$ 时，$H_2C_2O_4$ 为主要存在形式；

当 $pK_{a1}^\ominus < pH < pK_{a2}^\ominus$ 时，$HC_2O_4^-$ 为主要存在形式；

当 $pH > pK_{a2}^\ominus$ 时，$C_2O_4^{2-}$ 为主要存在形式；

当 $pH = pK_{a1}^\ominus = 1.23$ 时，$\delta_2 = \delta_1 \approx 0.5$；

当 $pH = pK_{a2}^\ominus = 4.19$ 时，$\delta_1 = \delta_0 \approx 0.5$。

在 pH 值为 1.23～4.19 的区域内，各种存在形式的情况比较复杂。计算表明，在 pH 值为 2.5～3.5 时，明显地出现三种形式同时存在的状况，在 pH 值为 2.71 时，$HC_2O_4^-$ 的分布系数 δ_1 达到最大 0.938，而此时 δ_2 和 δ_0 均为 0.031。

三元酸的分布系数和分布曲线可以作类似的处理❶。

---

❶ 参阅华东化工学院分析化学教研组，成都科技大学分析化学教研组合编，《分析化学》（第四版），高等教育出版社，1995 年。

例 4-4 计算 pH=4.0 时 0.10mol·L^{-1} H$_2$C$_2$O$_4$ 溶液中 C$_2$O$_4^{2-}$ 的分布系数和平衡浓度。

解： $\delta_{C_2O_4^{2-}} = \dfrac{K_{a1}^{\ominus} K_{a2}^{\ominus}}{[H^+]^2 + K_{a1}^{\ominus}[H^+] + K_{a1}^{\ominus} K_{a2}^{\ominus}}$

$= \dfrac{10^{-1.23} \times 10^{-4.19}}{(10^{-4})^2 + 10^{-1.23} \times 10^{-4} + 10^{-1.23} \times 10^{-4.19}}$

$= 0.392$

$[C_2O_4^{2-}] = c \cdot \delta_{C_2O_4^{2-}} = 0.10 \times 0.392 = 3.9 \times 10^{-2}$ mol·L^{-1}

例 4-5 计算 pH=10.0 时 0.10mol·L^{-1} NH$_3$ 溶液中 NH$_3$ 的分布系数和平衡浓度。

解： NH$_3$ 在溶液中存在两种形式：NH$_3$ 和 NH$_4^+$，已知 NH$_3$ 的 $K_b^{\ominus} = 1.8 \times 10^{-5}$，则 NH$_4^+$ 的 $K_a^{\ominus} = 5.6 \times 10^{-10}$，所以：

$\delta_0 = \delta_{NH_3} = \dfrac{[NH_3]}{c} = \dfrac{K_a^{\ominus}}{[H^+] + K_a^{\ominus}} = \dfrac{5.6 \times 10^{-10}}{10^{-10} + 5.6 \times 10^{-10}} = 0.85$

$[NH_3] = c \cdot \delta_{NH_3} = 0.10 \times 0.85 = 8.5 \times 10^{-2}$ mol·L^{-1}

4.2.2 酸碱溶液 pH 值的计算

许多化学反应都与介质的 pH 值有密切关系，酸碱滴定过程中更加需要了解溶液 pH 值的变化情况，因此在学习酸碱滴定法之前，先讨论各种酸碱溶液 pH 值的计算方法。

为了突出重点，本节仅讨论一元弱酸（碱）和两性物质溶液 pH 值的计算，对于其他的酸碱溶液，如强酸碱、多元酸碱、缓冲溶液等 pH 值的计算，则用简表形式直接列出计算公式和使用条件，不再作详细推导。

(1) 质子条件

酸碱反应都是物质间质子转移的结果，能够准确反映整个平衡体系中质子转移的严格的数量关系式称为质子条件。列出质子条件的步骤是：先选择溶液中大量存在并且参加质子转移的物质作为参考水准（或叫零水准），然后判断溶液中哪些物质得到了质子，哪些物质失去了质子，根据得失质子的物质的量相等的原则列出的等式，即为质子条件。由质子条件可以求算溶液中 H$^+$ 的浓度。

例如在一元弱酸（HA）的水溶液中，大量存在并参加质子转移的物质是 HA 和 H$_2$O，选择此两者作为参考水准。由于溶液中存在下列两反应：

HA 的解离反应　HA + H$_2$O $\rightleftharpoons$ H$_3$O$^+$ + A$^-$

水的质子自递反应　H$_2$O + H$_2$O $\rightleftharpoons$ H$_3$O$^+$ + OH$^-$

因而溶液中除 HA 和 H$_2$O 外，还有 H$_3$O$^+$，A$^-$ 和 OH$^-$。从参考水准出发考查质子得失情况，可知 H$_3$O$^+$ 是得质子后的产物（以下简写作 H$^+$），而 A$^-$ 和 OH$^-$ 是失质子后的产物。

显然，得失质子的数目应该相等，故得质子条件为：
$$[H^+]=[A^-]+[OH^-]$$

又如对于 Na_2CO_3 的水溶液，可以选择 CO_3^{2-} 和 H_2O 作为参考水准，由于存在下列反应：
$$CO_3^{2-}+H_2O \rightleftharpoons HCO_3^-+OH^-$$
$$CO_3^{2-}+2H_2O \rightleftharpoons H_2CO_3+2OH^-$$
$$H_2O \rightleftharpoons H^++OH^- \text{（水的质子自递反应的简式）}$$

将各种存在形式与参考水准相比较，可知 OH^- 为失质子后的产物，而 HCO_3^-，H_2CO_3 和 H^+(H_3O^+) 为得质子后的产物，但应注意其中 H_2CO_3 是参考水准 CO_3^{2-} 得到 2 个质子后的产物，在列质子条件时应在 $[H_2CO_3]$ 前乘以系数 2，以使得失质子的物质的量相等，因此 Na_2CO_3 溶液的质子条件为：
$$[H^+]+[HCO_3^-]+2[H_2CO_3]=[OH^-]$$

也可以通过溶液中各存在形式的物料平衡（某组分的总浓度等于其各有关存在形式平衡浓度之和）与电荷平衡（溶液中正离子的总电荷数等于负离子的总电荷数，以维持溶液的电中性）得出质子条件，仍以 Na_2CO_3 水溶液为例，设 Na_2CO_3 的总浓度为 c，则物料平衡：
$$[CO_3^{2-}]+[HCO_3^-]+[H_2CO_3]=c$$
$$[Na^+]=2c$$

电荷平衡：$[H^+]+[Na^+]=[HCO_3^-]+2[CO_3^{2-}]+[OH^-]$

将上列三式进行整理，可得到同样的质子条件：
$$[H^+]+[HCO_3^-]+2[H_2CO_3]=[OH^-]$$

例 4-6 （1）写出 Na_2HPO_4 水溶液的质子条件。
（2）写出 NH_4HCO_3 水溶液的质子条件。

解：（1）可选择 HPO_4^{2-} 和 H_2O 作为参考水准。熟练之后，不必一一写出溶液中的质子转移反应，只需将得质子后产物的浓度写在一边（通常为左边），而将失质子后产物的浓度写在等式的另一侧，并注意各浓度项前的系数（当质子转移数不是 1 时）即可。

本例(1)中质子条件为：
$$[H^+]+[H_2PO_4^-]+2[H_3PO_4]=[PO_4^{3-}]+[OH^-]$$

本例(2)选择 NH_4^+、HCO_3^- 和 H_2O 作为参考水准，其质子条件为：
$$[H^+]+[H_2CO_3]=[CO_3^{2-}]+[NH_3]+[OH^-]$$

很显然，参考水准不会出现在质子条件中。

(2) 一元弱酸（碱）溶液 pH 值的计算

对于一元弱酸 HA 溶液，质子条件为：
$$[H^+]=[A^-]+[OH^-]$$

上式说明一元弱酸中的 $[H^+]$ 来自两部分，即来自弱酸的解离（相当于式中的 $[A^-]$ 项）和水的质子自递反应（相当于式中的 $[OH^-]$ 项）。

以 $[A^-]=\dfrac{K_a^\ominus[HA]}{[H^+]}$ 和 $[OH^-]=\dfrac{K_w^\ominus}{[H^+]}$ 代入上式，可得：

$$[H^+]=\dfrac{K_a^\ominus[HA]}{[H^+]}+\dfrac{K_w^\ominus}{[H^+]}$$

即

$$[H^+]=\sqrt{K_a^\ominus[HA]+K_w^\ominus} \qquad (4\text{-}23)$$

上式为计算一元弱酸溶液中 $[H^+]$ 的精确公式。由于式中的 $[HA]$ 也是未知项，还需利用分布系数的公式求得 $[HA]=c_{HA}\cdot\delta_{HA}$，再代入上式，则将推导出一元三次方程：

$$[H^+]^3+K_a^\ominus[H^+]^2-(cK_a^\ominus+K_w^\ominus)[H^+]-K_a^\ominus K_w^\ominus=0$$

解此高次方程相当麻烦。由于计算中所用常数一般来说其本身即有百分之几的误差，因此这类分析化学的计算通常允许 $[H^+]$ 有 5% 的误差❶，在实际工作中也没有必要精确求解。所以，可根据具体情况作合理近似处理。主要有以下三种情况。

① 若 $cK_a^\ominus$（c 为弱酸 HA 的总浓度）$\geqslant 10K_w^\ominus$，则 H_2O 解离产生的 H^+ 可以忽略，故 $[HA]=c-[A^-]\approx c-[H^+]$，且式(4-23)中 $K_w^\ominus$ 项可忽略，因此精确式可简化为近似式：

$$[H^+]=\sqrt{K_a^\ominus(c-[H^+])}$$

据求根公式，即

$$[H^+]=\dfrac{1}{2}[-K_a^\ominus+\sqrt{(K_a^\ominus)^2+4cK_a^\ominus}] \qquad (4\text{-}24)$$

② 若 $\dfrac{c}{K_a^\ominus}\geqslant 10^5$，则弱酸的解离度很小，可认为 $[HA]\approx c$，则精确式可简化为另一近似式：

$$[H^+]=\sqrt{cK_a^\ominus+K_w^\ominus} \qquad (4\text{-}25)$$

③ 若 $\dfrac{c}{K_a^\ominus}\geqslant 10^5$，且 $cK_a^\ominus\geqslant 10K_w^\ominus$，则精确式可进一步简化为：

$$[H^+]=\sqrt{cK_a^\ominus} \qquad (4\text{-}26)$$

此为常用的最简式。

同理可推导出计算一元弱碱 A^- 溶液中 OH^- 浓度的计算公式，只需将前面讨论的式(4-23)～式(4-26)及使用条件中的 $[H^+]$ 和 $K_a^\ominus$ 相应地换成 $[OH^-]$ 和 $K_b^\ominus$，所得公式即可适用于一元弱碱溶液中 OH^- 浓度的计算。

例 4-7 计算 $10^{-4}\,\text{mol}\cdot\text{L}^{-1}$ H_3BO_3 溶液的 pH 值，已知 $pK_a^\ominus=9.24$。

解： 由题意可得：

$cK_a^\ominus=10^{-4}\times 10^{-9.24}=5.8\times 10^{-14}<10K_w^\ominus$

因此水解离产生的 $[H^+]$ 不能忽略。

另一方面，$c/K_a^\ominus=10^{5.24}\gg 10^5$

因此可用总浓度 c 近似代替平衡浓度 $[H_3BO_3]$，所以：

---

❶ 若允许误差为 2.2%，则处理弱酸溶液的简化条件应以 $c/K_a^\ominus\geqslant 500$ 和 $cK_a^\ominus\geqslant 20K_w^\ominus$ 为宜。现有些教材仍采用以上判别条件。

$$[H^+]=\sqrt{cK_a^\ominus+K_w^\ominus}=\sqrt{10^{-4}\times10^{-9.24}+10^{-14}}$$
$$=2.6\times10^{-7}\text{mol}\cdot\text{L}^{-1}$$

故 pH=6.59

如按最简式计算，则 $[H^+]=\sqrt{cK_a^\ominus}=\sqrt{10^{-4}\times10^{-9.24}}=2.4\times10^{-7}\text{mol}\cdot\text{L}^{-1}$
$$\text{pH}=6.62$$

$[H^+]$ 的相对误差约为 -8%，可见计算前根据条件正确选择公式至关重要。

例 4-8 试求 $0.12\text{mol}\cdot\text{L}^{-1}$ 一氯乙酸溶液的 pH 值，已知 $pK_a^\ominus=2.86$。

解： 由题意可得：
$$cK_a^\ominus=0.12\times10^{-2.86}\gg10K_w^\ominus$$

因此水解离的 $[H^+]$ 项可忽略，又由于
$$\frac{c}{K_a^\ominus}=\frac{0.12}{10^{-2.86}}=87<10^5$$

说明酸的解离不能忽略，不能用总浓度近似地代替平衡浓度，应采用近似计算式 (4-24) 计算。

$$[H^+]=\frac{1}{2}[-K_a^\ominus+\sqrt{(K_a^\ominus)^2+4cK_a^\ominus}]$$
$$=\frac{1}{2}[-10^{-2.86}+\sqrt{(10^{-2.86})^2+4\times0.12\times10^{-2.86}}]$$
$$=0.012\text{mol}\cdot\text{L}^{-1}$$

即 pH=1.92

例 4-9 已知 HAc 的 $pK_a^\ominus=4.74$，求 $0.30\text{mol}\cdot\text{L}^{-1}$ HAc 溶液的 pH 值。

解： 由于 $cK_a^\ominus=0.30\times10^{-4.74}\gg10K_w^\ominus$，且
$$\frac{c}{K_a^\ominus}=\frac{0.30}{10^{-4.74}}\gg10^5$$

所以可采用最简式计算：
$$[H^+]=\sqrt{cK_a^\ominus}=\sqrt{0.30\times10^{-4.74}}=2.3\times10^{-3}\text{mol}\cdot\text{L}^{-1}$$

即 pH=2.64

例 4-10 计算 $1.0\times10^{-4}\text{mol}\cdot\text{L}^{-1}$ NaCN 溶液的 pH 值。

解： CN^- 在水中的解离反应为：
$$CN^-+H_2O\rightleftharpoons HCN+OH^-$$

已知 HCN 的 $K_a^\ominus=6.2\times10^{-10}$，故 CN^- 的 $K_b^\ominus=\frac{K_w^\ominus}{K_a^\ominus}=1.6\times10^{-5}$，由于 $cK_b^\ominus>10K_w^\ominus$，但 $c/K_b^\ominus<10^5$，故应采用近似公式计算：

$$[OH^-]=\frac{1}{2}[-K_b^\ominus+\sqrt{(K_b^\ominus)^2+4cK_b^\ominus}]=3.3\times10^{-5}\text{mol}\cdot\text{L}^{-1}$$

pOH=4.48，则 pH=14.00-4.48=9.52。

(3) 两性物质溶液 pH 值的计算

两性物质在溶液中既可以给出质子表现出酸性，又可以接受质子表现出碱性，在计算这类物质溶液的酸度时，要同时考虑这两种性质。

以 NaHA 为例，质子条件为：

$$[H_2A]+[H^+]=[A^{2-}]+[OH^-]$$

以平衡常数 $K_{a1}^{\ominus}$、$K_{a2}^{\ominus}$ 代入上式，得：

$$\frac{[H^+][HA^-]}{K_{a1}^{\ominus}}+[H^+]=\frac{K_{a2}^{\ominus}[HA^-]}{[H^+]}+\frac{K_w^{\ominus}}{[H^+]}$$

即 $[H^+]=\sqrt{\dfrac{K_{a1}^{\ominus}(K_{a2}^{\ominus}[HA^-]+K_w^{\ominus})}{K_{a1}^{\ominus}+[HA^-]}}$

或表示为

$$[H^+]=\sqrt{\frac{K_{a2}^{\ominus}[HA^-]+K_w^{\ominus}}{1+\dfrac{[HA^-]}{K_{a1}^{\ominus}}}} \tag{4-27}$$

式(4-27)即为精确计算式。

据上式计算非常复杂，多数情况下也没必要精确求解，可根据实际情况做合理简化处理。

如果 HA^- 给出质子与接受质子的能力都比较弱，因此其酸式和碱式解离均可忽略，而认为 $[HA^-]\approx c$；若允许有 5% 的误差，在 $cK_{a2}^{\ominus}\geqslant 10K_w^{\ominus}$ 时，HA^- 提供的 $[H^+]$ 比水提供的 $[H^+]$ 大得多，可略去 $K_w^{\ominus}$ 项，则得近似计算式：

$$[H^+]=\sqrt{\frac{cK_{a2}^{\ominus}}{1+\dfrac{c}{K_{a1}^{\ominus}}}} \tag{4-28}$$

再若 $\dfrac{c}{K_{a1}^{\ominus}}\geqslant 10$，则可略去上式分母中的次要项，经整理可得：

$$[H^+]=\sqrt{K_{a1}^{\ominus}K_{a2}^{\ominus}} \tag{4-29}$$

式(4-29)为常用的最简式。当满足 $cK_{a2}^{\ominus}\geqslant 10K_w^{\ominus}$ 和 $\dfrac{c}{K_{a1}^{\ominus}}\geqslant 10$ 这样两个条件时，用最简式计算出的 $[H^+]$ 与用精确式求得的 $[H^+]$ 相比，其误差在允许的 5% 以内。

例 4-11 计算 $0.10\text{mol}\cdot L^{-1}$ 邻苯二甲酸氢钾溶液的 pH 值。

解： 查表得邻苯二甲酸的 $pK_{a1}^{\ominus}=2.89$，$pK_{a2}^{\ominus}=5.54$，则邻苯二甲酸氢钾的 $pK_{b2}^{\ominus}=14-pK_{a1}^{\ominus}=11.11$。

从 $pK_{a2}^{\ominus}$ 和 $pK_{b2}^{\ominus}$ 可知，邻苯二甲酸氢根离子的酸性和碱性都比较弱，可以认为 $[HA^-]\approx c$，即忽略其酸式和碱式解离。

又 $cK_{a2}^{\ominus}=0.10\times 10^{-5.54}\gg 10K_w^{\ominus}$

$\dfrac{c}{K_{a1}^{\ominus}}=\dfrac{0.10}{10^{-2.89}}=77.6>10$

因此可用最简式,即 $[H^+] = \sqrt{K_{a1}^\ominus K_{a2}^\ominus} = \sqrt{10^{-2.89} \times 10^{-5.54}}$
$$= 10^{-4.22} \text{mol} \cdot L^{-1}$$
$$pH = 4.22$$

例 4-12 分别计算 $0.05\text{mol} \cdot L^{-1}$ NaH_2PO_4 和 $3.33 \times 10^{-2}\text{mol} \cdot L^{-1}$ Na_2HPO_4 溶液的 pH 值。

解： 查表得 H_3PO_4 的 $pK_{a1}^\ominus = 2.12$，$pK_{a2}^\ominus = 7.20$，$pK_{a3}^\ominus = 12.36$。

NaH_2PO_4 与 Na_2HPO_4 都属两性物质，但是它们的酸性和碱性都比较弱，可以认为平衡浓度等于总浓度。因此可根据题设条件，选用适当的公式进行计算。

(1) 对于 $0.05\text{mol} \cdot L^{-1}$ NaH_2PO_4 溶液，由于：
$$cK_{a2}^\ominus = 0.05 \times 10^{-7.20} \gg 10K_w^\ominus$$
$$\frac{c}{K_{a1}^\ominus} = \frac{0.05}{10^{-2.12}} = 6.59 < 10$$

所以应采用式(4-28)计算：
$$[H^+] = \sqrt{\frac{cK_{a2}^\ominus}{1+\frac{c}{K_{a1}^\ominus}}} = \sqrt{\frac{0.05 \times 10^{-7.20}}{1+\frac{0.05}{10^{-2.12}}}} = 2.0 \times 10^{-5} \text{mol} \cdot L^{-1}$$
$$pH = 4.70$$

(2) 对于 $3.33 \times 10^{-2} \text{mol} \cdot L^{-1}$ Na_2HPO_4 溶液，由于本题涉及 $K_{a2}^\ominus$ 和 $K_{a3}^\ominus$，所以在运用公式及判别式时，应将有关公式中的 $K_{a1}^\ominus$ 和 $K_{a2}^\ominus$ 分别换成 $K_{a2}^\ominus$ 和 $K_{a3}^\ominus$。由于：
$$cK_{a3}^\ominus = 3.33 \times 10^{-2} \times 10^{-12.36} = 1.45 \times 10^{-14} \approx K_w^\ominus,$$

可见 $K_w^\ominus$ 项不能略去。又由于：

$\dfrac{c}{K_{a2}^\ominus} = \dfrac{3.33 \times 10^{-2}}{10^{-7.20}} \gg 10$，因此，利用式(4-28)，可近似计算为：

$$[H^+] = \sqrt{\frac{cK_{a3}^\ominus + K_w^\ominus}{\frac{c}{K_{a2}^\ominus}}} = \sqrt{\frac{K_{a2}^\ominus(cK_{a3}^\ominus + K_w^\ominus)}{c}} \quad (4-28')$$

代入数据，得 $[H^+] = 2.2 \times 10^{-10} \text{mol} \cdot L^{-1}$
$$pH = 9.66$$

(4) 其他酸碱溶液 pH 值的计算

其他酸碱溶液 pH 值的计算，可以采用一元弱酸和两性物质溶液 pH 值计算的途径和思路作类似处理，本书不再一一推导。现将各种酸溶液 pH 值计算的公式以及允许有 5% 误差范围内的使用条件列于表 4-3 中。

当需要计算一元或多元弱碱、强碱等碱性物质溶液的 pH 值时，只需将计算式及使用条件中的 $[H^+]$ 和 $K_a^\ominus$ 相应地换成 $[OH^-]$ 和 $K_b^\ominus$ 即可。

表 4-3 几种酸溶液、两性物质和共轭酸碱对溶液 [H^+] 的计算公式及使用条件

体系	精确式	近似式	最简式
一元弱酸（HA）	$[H^+]=\sqrt{K_a^\ominus[HA]+K_w^\ominus}$	(1) $[H^+]=\frac{1}{2}[-K_a^\ominus+\sqrt{(K_a^\ominus)^2+4cK_a^\ominus}]$, $cK_a^\ominus \geqslant 10K_w^\ominus$ (2) $[H^+]=\sqrt{cK_a^\ominus+K_w^\ominus}$, $\frac{c}{K_a^\ominus}\geqslant 10^5$	$[H^+]=\sqrt{cK_a^\ominus}$, $\begin{cases} cK_a^\ominus \geqslant 10K_w^\ominus \\ \frac{c}{K_a^\ominus}\geqslant 10^5 \end{cases}$
多元弱酸（以二元酸 H_2A 为例）	$[H^+]=\frac{K_{a1}^\ominus[H_2A]}{[H^+]}\left(1+\frac{2K_{a2}^\ominus}{[H^+]}\right)+\frac{K_w^\ominus}{[H^+]}$	$[H^+]=\frac{1}{2}[-K_{a1}^\ominus+\sqrt{(K_{a1}^\ominus)^2+4cK_{a1}^\ominus}]$, $\begin{cases} \frac{2K_{a2}^\ominus}{[H^+]}\approx\frac{2K_{a2}^\ominus}{\sqrt{cK_{a1}^\ominus}}\ll 1 \\ cK_{a1}^\ominus \geqslant 10K_w^\ominus \end{cases}$	$[H^+]=\sqrt{cK_{a1}^\ominus}$, $\begin{cases} \frac{2K_{a2}^\ominus}{[H^+]}\approx\frac{2K_{a2}^\ominus}{\sqrt{cK_{a1}^\ominus}}\ll 1 \\ cK_{a1}^\ominus \geqslant 10K_w^\ominus \\ \frac{c}{K_{a1}^\ominus}\geqslant 10^5 \end{cases}$
一元强酸	$[H^+]=\frac{c+\sqrt{c^2+4K_w^\ominus}}{2}$		$[H^+]=c$, $c\geqslant 4.7\times 10^{-7}$ mol·L^{-1}
两性物质（以 NaHA 为例）	$[H^+]=\sqrt{\frac{K_{a2}^\ominus[HA^-]+K_w^\ominus}{1+\frac{[HA^-]}{K_{a1}^\ominus}}}$	(1) $[H^+]=\sqrt{\frac{cK_{a2}^\ominus}{1+\frac{c}{K_{a1}^\ominus}}}$, $cK_{a2}^\ominus \geqslant 10K_w^\ominus$ (2) $[H^+]=\sqrt{\frac{cK_{a2}^\ominus+K_w^\ominus}{\frac{c}{K_{a1}^\ominus}}}$, $\frac{c}{K_{a1}^\ominus}\geqslant 10$	$[H^+]=\sqrt{K_{a1}^\ominus K_{a2}^\ominus}$, $\begin{cases} cK_{a2}^\ominus \geqslant 10K_w^\ominus \\ \frac{c}{K_{a1}^\ominus}\geqslant 10 \end{cases}$
共轭酸碱对（HA-A）溶液	$[H^+]=\frac{c_a-[H^+]+[OH^-]}{c_b+[H^+]-[OH^-]}K_a^\ominus$ c_a 及 c_b 分别为 HA 及其共轭碱 A 的总浓度	(1) $[H^+]=\frac{c_a-[H^+]}{c_b+[H^+]}K_a^\ominus$, $[H^+]\gg[OH^-]$ (pH≤6) (2) $[H^+]=\frac{c_a+[OH^-]}{c_b-[OH^-]}K_a^\ominus$, $[OH^-]\gg[H^+]$ (pH≥8)	$[H^+]=K_a^\ominus\frac{c_a}{c_b}$, $\begin{cases} c_a\gg[OH^-]-[H^+] \\ c_b\gg[H^+]-[OH^-] \end{cases}$

例 4-13 已知室温下 H_2CO_3 饱和溶液的浓度约为 0.040 mol·L^{-1}，试求该溶液的 pH 值。

解： 查表得 $pK_{a1}^\ominus=6.38$，$pK_{a2}^\ominus=10.25$。由于 $K_{a1}^\ominus \gg K_{a2}^\ominus$，可按一元酸计算，又由于：

$cK_{a1}^\ominus=0.040\times 10^{-6.38}\gg 10K_w^\ominus$

$\frac{c}{K_{a1}^\ominus}=\frac{0.040}{10^{-6.38}}=9.6\times 10^4\gg 10^5$

故可用二元酸的最简式：

$$[H^+] = \sqrt{cK_{a1}^\ominus} = \sqrt{0.040 \times 10^{-6.38}} = 1.3 \times 10^{-4} \text{mol} \cdot L^{-1}$$

pH = 3.89

检验：$\dfrac{2K_{a2}^\ominus}{[H^+]} = \dfrac{2 \times 10^{-10.25}}{1.3 \times 10^{-4}} \ll 1$

故按一元酸计算是允许的。

例 4-14 求 $0.090 \text{mol} \cdot L^{-1}$ 酒石酸溶液的 pH 值。

解： 酒石酸是二元酸，查表得 $pK_{a1}^\ominus = 3.04$，$pK_{a2}^\ominus = 4.37$。由于 $\dfrac{K_{a1}^\ominus}{K_{a2}^\ominus} = 21.4$，比值较大，而且酒石酸溶液的浓度也不是非常稀，可暂且忽略其第二级解离，按一元弱酸处理，最后再检验忽略的合理性。

由于 $cK_{a1}^\ominus = 0.090 \times 10^{-3.04} \gg 10 K_w^\ominus$

但是 $\dfrac{c}{K_{a1}^\ominus} = \dfrac{0.090}{10^{-3.04}} = 99 < 10^5$

因为计算中可忽略水的质子自递反应所提供的 $[H^+]$，但不能用总浓度 c 代替平衡浓度 $[H_2A]$，故需采用近似式进行计算：

$$[H^+] = \dfrac{1}{2}[-K_{a1}^\ominus + \sqrt{(K_{a1}^\ominus)^2 + 4cK_{a1}^\ominus}]$$

$$= \dfrac{1}{2}(-10^{-3.04} + \sqrt{(10^{-3.04})^2 + 4 \times 0.090 \times 10^{-3.04}})$$

$$= 8.6 \times 10^{-3} \text{mol} \cdot L^{-1}$$

pH = 2.07

检验：$\dfrac{2K_{a2}^\ominus}{[H^+]} = \dfrac{2 \times 10^{-4.37}}{8.6 \times 10^{-3}} = 0.0099 \ll 1$，所以略去第二级解离是合理的。

例 4-15 计算 $0.20 \text{mol} \cdot L^{-1}$ Na_2CO_3 水溶液的 pH 值。

解： 查表得 H_2CO_3 的 $pK_{a1}^\ominus = 6.38$，$pK_{a2}^\ominus = 10.25$，故 CO_3^{2-} 的 $pK_{b1}^\ominus = 14.00 - pK_{a2}^\ominus = 3.75$，同理 $pK_{b2}^\ominus = 7.62$。

由于 $K_{b1}^\ominus \gg K_{b2}^\ominus$，可忽略碱的第二级解离，按一元碱处理。又由于

$cK_{b1}^\ominus = 0.20 \times 10^{-3.75} \gg 10 K_w^\ominus$

$\dfrac{c}{K_{b1}^\ominus} = \dfrac{0.20}{10^{-3.75}} = 1125 > 10^5$

所以可用多元碱的最简式进行计算：

$$[OH^-] = \sqrt{cK_{b1}^\ominus} = \sqrt{0.20 \times 10^{-3.75}} = 6.0 \times 10^{-3} \text{mol} \cdot L^{-1}$$

pOH = 2.22，pH = 14.00 − 2.22 = 11.78

检验：$\dfrac{2K_{b2}^\ominus}{[OH^-]} = \dfrac{2 \times 10^{-7.62}}{6.0 \times 10^{-3}} \ll 1$，所以略去第二级解离是允许的。

例 4-16 NH_3-NH_4Cl 混合溶液中，NH_3 浓度为 $0.8 \text{mol} \cdot L^{-1}$，$NH_4Cl$ 浓度为 $0.9 \text{mol} \cdot L^{-1}$，求该混合液的 pH 值。

解： 查表得 NH_3 的 $pK_b^{\ominus} = 4.74$，先用最简式计算：

$$[H^+] = K_a^{\ominus} \frac{c_a}{c_b} = 10^{-9.26} \times \frac{0.9}{0.8} = 6.2 \times 10^{-10} \text{ mol} \cdot L^{-1}$$

$pH = 9.21$

检验： 由于 $c_a \gg [OH^-] - [H^+]$，$c_b \gg [H^+] - [OH^-]$，所以使用最简式是合理的。

此题亦可用公式 $[OH^-] = K_b^{\ominus} \frac{c_b}{c_a}$ 进行计算，结果完全一样。

4.3 缓冲溶液及酸碱指示剂

一般的水溶液若受到酸、碱或水的作用，其 pH 值易发生明显变化，而在实际工作中，很多化学反应需要把 pH 值控制在一定的范围内才能进行。那么怎样才能维持溶液的 pH 值基本不变呢？另外，溶液的酸度，除可用酸度计来测定外，在实际工作中还可用哪些方法检测呢？下面就来讨论一下这些问题。

4.3.1 缓冲溶液

人们在实践中发现，弱酸及其共轭碱或弱碱及其共轭酸，以及两性物质溶液都有一共同特点，即当溶液中加入少量强酸或强碱或适当稀释后，溶液的 pH 值基本保持不变，这种具有保持 pH 值相对稳定的溶液称为缓冲溶液。缓冲溶液主要有两类：一类用于控制溶液酸度，通常由弱酸（碱）及其共轭碱（酸）组成。另一类称作标准缓冲溶液，用于校正酸度计，主要由两性物质组成。

(1) 缓冲作用原理

以 HAc-NaAc 缓冲溶液为例，说明缓冲作用原理。这种缓冲溶液中同时含有大量的 HAc 分子和 Ac^-，并存在如下平衡：

$$HAc \underset{\text{外加适量酸}(H^+)\text{，平衡向左移动}}{\overset{\text{外加适量碱}(OH^-)\text{，平衡向右移动}}{\rightleftharpoons}} H^+ + Ac^-$$

根据平衡移动原理，当外加适量酸时，溶液中大量的 Ac^- 瞬间即与外加的 H^+ 结合成 HAc；当外加适量碱时，溶液中大量未解离的 HAc 就继续解离以补充 H^+ 的消耗，从而使溶液的 pH 值基本不变。当适当稀释此溶液时，根据缓冲溶液计算公式 $[H^+] = K_a^{\ominus} \frac{c_a}{c_b}$，$c_a$ 与 c_b 以同等倍数下降，其比值保持不变，所以，溶液的 pH 值也不发生变化。

(2) 缓冲溶液 pH 值的计算

例 4-17 现有 100mL HAc 和 NaAc 的混合溶液,已知 $c_a = c_b = 0.10 \text{mol} \cdot \text{L}^{-1}$,$K_{a,\text{HAc}}^{\ominus} = 1.8 \times 10^{-5}$。

① 计算此混合液的 pH 值;

② 如果向体系中加入 $0.010 \text{mol} \cdot \text{L}^{-1}$ 的 HCl 溶液 10mL,计算此溶液的 pH 值;

③ 若不加入 HCl 溶液,而是加入 $0.010 \text{mol} \cdot \text{L}^{-1}$ NaOH 溶液 10mL,计算此溶液的 pH 值。

解: ① 此混合液为弱酸及其共轭碱缓冲体系,故

$$[\text{H}^+] = K_a^{\ominus} \frac{c_a}{c_b} = 1.8 \times 10^{-5} \times \frac{0.10}{0.10} = 1.8 \times 10^{-5} \text{mol} \cdot \text{L}^{-1}, \text{pH} = 4.74$$

② 加入 HCl 后,NaAc 与 HCl 作用生成 HAc,故

$$c_a = 0.10 \times \frac{100}{110} + \frac{0.010 \times 10}{110} = 0.092 \text{mol} \cdot \text{L}^{-1}$$

$$c_b = 0.10 \times \frac{100}{110} - \frac{0.010 \times 10}{110} = 0.090 \text{mol} \cdot \text{L}^{-1}$$

$$[\text{H}^+] = K_a^{\ominus} \frac{c_a}{c_b} = 1.8 \times 10^{-5} \times \frac{0.092}{0.090} = 1.84 \times 10^{-5} \text{mol} \cdot \text{L}^{-1}$$

$$\text{pH} = 4.74$$

③ 加入 NaOH 溶液后,体系中 HAc 与 NaOH 作用生成 NaAc,故

$$c_a = 0.10 \times \frac{100}{110} - \frac{0.010 \times 10}{110} = 0.090 \text{mol} \cdot \text{L}^{-1}$$

$$c_b = 0.10 \times \frac{100}{110} + \frac{0.010 \times 10}{110} = 0.092 \text{mol} \cdot \text{L}^{-1}$$

$$[\text{H}^+] = K_a^{\ominus} \frac{c_a}{c_b} = 1.8 \times 10^{-5} \times \frac{0.090}{0.092} = 1.76 \times 10^{-5} \text{mol} \cdot \text{L}^{-1}$$

$$\text{pH} = 4.75$$

通过以上计算可以看出,缓冲溶液能够抵抗少量外加酸或碱的作用,而维持溶液 pH 值基本不变。

应该指出,本节中缓冲溶液 pH 值的计算,都是以组分的浓度代入公式计算的,如需计算标准缓冲溶液的 pH 值,则应代入组分的活度,即必须考虑离子强度的影响,但通常标准缓冲溶液的 pH 值,都是通过精细的实验测定而得到的。

(3) 缓冲溶液的选择

缓冲溶液在化学化工生产以及生命活动方面都有极其重要的意义。例如人体血液中由于含有 H_2CO_3-$NaHCO_3$ 和 NaH_2PO_4-Na_2HPO_4 等缓冲溶液,使人体血液的 pH 值维持在 7.35~7.45 之间,保证了细胞代谢的正常进行和整个机体的生存。缓冲溶液起缓冲作用的 pH 值范围约为 $pK_a^{\ominus} \pm 1$,各种不同的共轭酸碱,由于它们的 $K_a^{\ominus}$ 值不同,组成的缓冲溶液

所能控制的 pH 值也不同。表 4-4 中列出了某些常用缓冲溶液的 pH 值范围。

表 4-4 常用的缓冲溶液

缓冲溶液	共轭酸	共轭碱	$pK_a^\ominus$	可控制 pH 值范围
邻苯二甲酸氢钾-HCl	苯环-COOH, COOH	苯环-COO$^-$, COOH	2.89	1.9～3.9
HAc-NaAc	HAc	Ac$^-$	4.74	3.7～5.7
六亚甲基四胺-HCl	$(CH_2)_6N_4H^+$	$(CH_2)_6N_4$	5.15	4.2～6.2
NaH_2PO_4-Na_2HPO_4	$H_2PO_4^-$	HPO_4^{2-}	7.2	6.2～8.2
$Na_2B_4O_7$-HCl	H_3BO_3	$H_2BO_3^-$	9.24	8.0～9.1
NH_3-NH_4Cl	NH_4^+	NH_3	9.26	8.3～10.3
$Na_2B_4O_7$-NaOH	H_3BO_3	$H_2BO_3^-$	9.24	9.2～11.0
$NaHCO_3$-Na_2CO_3	HCO_3^-	CO_3^{2-}	10.25	9.3～11.3

在实际工作中选用缓冲溶液时,其选择原则为:
① 缓冲溶液对分析过程应没有干扰;
② 分析过程中需要控制的 pH 值应在缓冲溶液的缓冲范围内;
③ 缓冲溶液应有足够的缓冲容量,即缓冲组分浓度要适当大且比较接近,当 $c_a:c_b\approx1$ 时缓冲容量(或称缓冲能力)最大,此时 $pH\approx pK_a^\ominus$,称为缓冲溶液的最佳缓冲 pH 值。

应该指出,高浓度的强酸或强碱溶液也具有调节酸度的作用,这是因为溶液中 H^+ 或 OH^- 浓度较大,少量酸或碱的加入对酸度影响不大,因此控制 pH＜2 时,通常用强酸作缓冲溶液,pH 值＞12 时则用强碱作缓冲溶液。但由于稀释对强酸或强碱的 pH 值影响较大,故强酸或强碱并非严格意义上的缓冲溶液。

另外,在实际工作中,有时只需对 H^+ 或对 OH^- 有抵消作用即可,因此可以根据需要选择合适的弱酸作为对碱的缓冲剂,选用合适的弱碱作为对酸的缓冲剂。如在电镀等工作中常选用单一 H_3BO_3,HAc,柠檬酸,酒石酸,NaAc,NaF 等作为缓冲剂。事实上,这些弱酸或弱碱与 OH^- 或 H^+ 作用后,便组成了共轭酸碱体系,即缓冲溶液。

4.3.2 酸碱指示剂

实际工作中常采用 pH 试纸或酸碱指示剂检测溶液的酸度大小。pH 试纸是将滤纸浸在由多种酸碱指示剂按一定比例配制而成的混合液中,浸透晾干后制成的。

(1) 指示剂的变色原理

酸碱指示剂是一些有机弱酸或弱碱,它们的酸式及碱式具有不同的颜色。当溶液的 pH 值改变时,指示剂失去质子或接受质子,随着质子的转移,指示剂变成酸式或碱式,溶液的颜色也随之发生了变化。

例如甲基橙在溶液中存在以下平衡:

$(CH_3)_2N-\bigcirc-N=N-\bigcirc-SO_3^- + H^+ \rightleftharpoons (CH_3)_2N^+=\bigcirc=N-\underset{H}{N}-\bigcirc-SO_3^-$

黄色(偶氮式)   红色(醌式)

甲基橙是一种有机弱碱，在酸性溶液中接受质子变成红色阳离子，即酸式结构；在碱性溶液中平衡向生成黄色碱式结构移动，即失去质子，溶液呈黄色。

又如酚酞，在溶液中存在以下平衡：

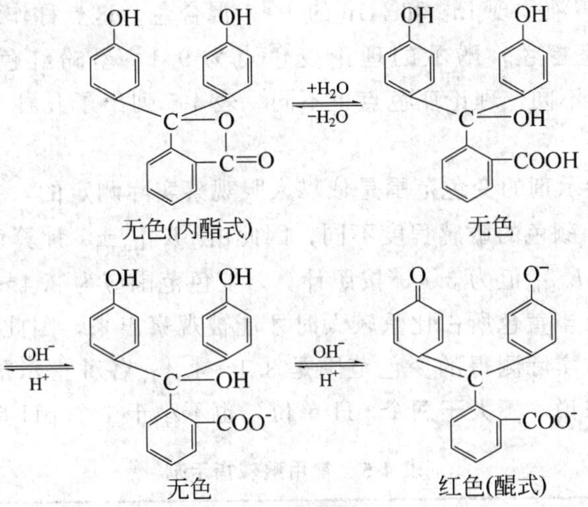

无色(内酯式)   无色

无色   红色(醌式)

酚酞是二元弱酸，在酸性溶液中以各种无色酸式型结构存在，溶液呈无色；在碱性溶液中，给出质子转变为碱式型结构，溶液呈红色。但在浓碱溶液中酚酞又将转化为无色的羧酸盐式结构。

(2) 指示剂的变色范围

以 HIn 表示指示剂，其共轭碱为 In$^-$，在水溶液中质子转移平衡式为：

$$HIn + H_2O \rightleftharpoons H_3O^+ + In^-$$

$$K_{HIn}^{\ominus} = \frac{[H^+][In^-]}{[HIn]} \tag{4-30}$$

$K_{HIn}^{\ominus}$ 为指示剂的酸解离常数，简称指示剂常数，在一定温度下是定值。

将上式改写为以下形式：

$$\frac{[In^-]}{[HIn]} = \frac{K_{HIn}^{\ominus}}{[H^+]}$$

显然指示剂颜色的转变由 [In$^-$] 和 [HIn] 的比值来决定，而这个比值由两个因素决定：一个是 $K_{HIn}^{\ominus}$ 值，另一个是溶液的 H$^+$ 浓度。$K_{HIn}^{\ominus}$ 是由指示剂的本质决定的，对于某种指示剂来说，$K_{HIn}^{\ominus}$ 是常数。因此，[In$^-$] 和 [HIn] 的比值仅随溶液中 [H$^+$] 的变化而变化。

由于人眼对颜色分辨能力有一定的限度，一般来说，如果 $\frac{[In^-]}{[HIn]} \geqslant 10$，看到的是 In$^-$ 的颜色，此时 pH$\geqslant$p$K_{HIn}^{\ominus}$+1；当 $\frac{[In^-]}{[HIn]} \leqslant 0.1$，看到的是 HIn 的颜色，此时 pH$\leqslant$p$K_{HIn}^{\ominus}$-1；当 $10 > \frac{[In^-]}{[HIn]} > 0.1$ 时，看到的是 HIn 和 In$^-$ 的混合颜色，即呈过渡色。由上所述可知，当溶液的 pH 值由 p$K_{HIn}^{\ominus}$-1 增大到 p$K_{HIn}^{\ominus}$+1 时就能明显地看到溶液的颜色由酸式色变到碱式色，如甲基橙由红色变到黄色，酚酞由无色变到红色。所以指示剂颜色的改变是在一定的

酸度范围内进行的。溶液 pH 值由 $pK_{HIn}^{\ominus}-1$ 到 $pK_{HIn}^{\ominus}+1$ 即 $pH=pK_{HIn}^{\ominus}\pm 1$ 称作指示剂的变色范围，理论上是两个 pH 单位。

如果 $[In^-]=[HIn]$，即 $[H^+]=K_{HIn}^{\ominus}$，$pH=pK_{HIn}^{\ominus}$，此时溶液中指示剂的酸式色和碱式色各占 50%，溶液呈现 In^- 和 HIn 的 1:1 混合色，这点称作理论变色点。甲基橙的理论变色点为 3.4，呈橙色；酚酞的理论变色点为 9.1，呈粉红色。各种酸碱指示剂的 $pK_{HIn}^{\ominus}$ 不同，变色范围不同，理论变色点也不同。表 4-5 列出了几种常用酸碱指示剂的变色范围和理论变色点。

表 4-5 中，酸碱指示剂的变色范围是依靠人眼观察实际测定的，并不是根据 $pK_{HIn}^{\ominus}$ 计算的。由于人眼对于各种颜色的敏感程度不同，因此由 $pK_{HIn}^{\ominus}\pm 1$ 计算值与实际测定值不完全一致。例如甲基橙的 $pK_{HIn}^{\ominus}$ 值为 3.4，按照计算，变色范围应为 2.4~4.4，但由于在红色中略带黄色不明显，只有当黄色所占比重较大时才能被观察出来，因此甲基橙变色范围在 pH 值小的一边就短些，故实际测得的变色范围是 3.1~4.4。各种指示剂的实测变色范围值的幅度各不相同，一般来说，不大于两个 pH 单位，也不小于 1 个 pH 单位。

表 4-5 常用酸碱指示剂

指示剂	变色范围 pH	颜色 酸色	颜色 碱色	$pK_{HIn}^{\ominus}$	浓度	用量滴/10mL 试液
百里酚蓝	1.2~2.8	红	黄	1.7	0.1%的 20%乙醇溶液	1~2
甲基黄	2.9~4.0	红	黄	3.3	0.1%的 90%乙醇溶液	1
甲基橙	3.1~4.4	红	黄	3.4	0.05%的水溶液	1
溴酚蓝	3.0~4.6	黄	紫	4.1	0.1%的 20%乙醇溶液或其钠盐的水溶液	1
溴甲酚绿	4.0~5.6	黄	蓝	4.9	0.1%的 20%乙醇溶液或其钠盐的水溶液	1~3
甲基红	4.4~6.2	红	黄	5.0	0.1%的 60%乙醇溶液或其钠盐的水溶液	1
溴百里酚蓝	6.2~7.6	黄	蓝	7.3	0.1%的 20%乙醇溶液或其钠盐的水溶液	1
中性红	6.8~8.0	红	黄	7.4	0.1%的 60%乙醇溶液	1
酚红	6.8~8.4	黄	红	8.0	0.1%的 60%乙醇溶液或其钠盐的水溶液	1
百里酚蓝	8.0~9.6	黄	蓝	8.9	0.1%的 20%乙醇溶液	1~4
酚酞	8.0~10.0	无	红	9.1	0.5%的 90%乙醇溶液	1~3
百里酚酞	9.4~10.6	无	蓝	10.0	0.1%的 90%乙醇溶液	1~2

(3) 影响指示剂变色的因素

① 指示剂用量

指示剂用量并非越大越好，实际上，在不影响观察颜色变化敏锐度的前提下，指示剂用量应少加为宜。这是因为指示剂本身属于弱酸或弱碱，加多了会影响其变色范围和变色敏锐程度，并消耗滴定剂，从而引起测定误差。如在 50~100mL 溶液中，加入 2~3 滴 0.1%的酚酞，pH=9 时显粉红色；若加 10~15 滴酚酞，则在 pH=8 时显粉红色。

② 温度

指示剂的 $pK_{HIn}^{\ominus}$ 是在一定温度下的测定值，如果温度与室温相差很大，将影响变色范围。如甲基橙在 18~25℃ 条件下变色范围为 3.1~4.4，温度为 100℃ 时变色范围变化为

2.5～3.7。因此，温度的影响在实际工作中是应该注意的。

(4) 混合指示剂

为了使变色更加敏锐，并使指示剂的变色范围更窄些，可采用混合指示剂。混合指示剂有两种，一种是由两种或两种以上的指示剂混合而成，利用颜色之间的互补作用，使变色更加敏锐。例如溴甲酚绿（$pK_{HIn}^{\ominus}=4.9$）和甲基红（$pK_{HIn}^{\ominus}=5.0$）的混合指示剂，变色点是两种互补颜色的混合，变色点附近颜色变化如表 4-6 所示。

表 4-6 溴甲酚绿和甲基红混合指示剂终点的颜色变化

指示剂	变色点 pH 值	酸色	碱色	变色点颜色
溴甲酚绿	4.9	黄	蓝	绿
甲基红	5.0	红	黄	橙
3 份溴甲酚绿+1 份甲基红	5.1	酒红	绿	灰色

另一种混合指示剂是由某种指示剂和一种惰性染料配制而成的，其作用原理仍然是利用颜色互补作用来提高颜色变化的敏锐性。常见的酸碱混合指示剂列于表 4-7。

表 4-7 常用酸碱混合指示剂

指示剂溶液的组成	变色点 pH 值	颜色 酸色	颜色 碱色	备注
1 份 0.1%甲基黄乙醇溶液,1 份 0.1%次甲基蓝乙醇溶液	3.28	蓝紫	绿	pH=3.2 蓝绿色 pH=3.4 绿色
1 份 0.1%甲基橙水溶液,1 份 0.25%靛蓝二磺酸钠水溶液	4.1	紫	黄绿	pH=4.1 灰色
3 份 0.1%溴甲酚绿乙醇溶液,1 份 2%甲基红乙醇溶液	5.1	酒红	绿	pH=5.1 灰色
1 份 0.1%中性红乙醇溶液,1 份 0.1%次甲基蓝乙醇溶液	7.0	蓝紫	绿	pH=7.0 蓝紫色
1 份 0.1%甲酚红钠盐溶液,3 份 0.1%百里酚蓝钠盐溶液	8.3	黄	紫	pH=8.2 玫瑰色 pH=8.4 紫色
1 份 0.1%酚酞乙醇溶液,2 份 0.1%甲基绿乙醇溶液	8.9	绿	紫	pH=8.8 浅蓝色
1 份 0.1%酚酞乙醇溶液,1 份 0.1%百里酚酞乙醇溶液	9.9	无	紫	pH=9.6 玫瑰色

4.4 滴定分析法概述

4.4.1 滴定分析的基本过程

滴定分析是化学分析中最重要的分析方法。若被测物 A 与试剂 B 的化学反应式为

$$a\text{A} + b\text{B} = c\text{C} + d\text{D}$$

它表示 A 与 B 是按摩尔比 a 与 b 的关系反应的。这就是它的化学计量关系，它是滴定分析定量测定的依据。

作滴定分析时，将被测溶液置于锥形瓶中，然后将已知准确浓度的试剂溶液（称为标准溶液或滴定剂）通过滴定管逐滴加到锥形瓶中进行测定，这一过程称为滴定。滴定分析因此

得名。当加入的滴定剂的量（摩尔）与被测物的量（摩尔）之间，正好符合化学反应式所表示的化学计量关系时，我们称反应到达了化学计量点。在化学计量点时，往往没有易为人察觉的明显外部特征，通常借助于指示剂变色来确定。指示剂的变色点称为滴定终点，滴定至此结束。滴定终点与化学计量点往往不一致，由此造成的误差称为终点误差。

4.4.2 滴定分析法分类及滴定方式

（1）滴定分析法分类

根据滴定分析所利用的化学反应类型不同，可将滴定分析法分为酸碱滴定法、配位滴定法、氧化还原滴定法和沉淀滴定法。

（2）滴定方式

滴定方式可分为直接滴定法、返滴定法、置换滴定法和间接滴定法，后三种方法相对于第一种方法，可统称为间接滴定法。

① 直接滴定法

用于直接滴定法的反应必须具备以下几个条件。

a. 反应必须按一定的反应式进行，即反应具有确定的化学计量关系。

b. 反应必须定量地进行，通常要求达到 99.9% 以上。

c. 反应速度要快。有些速度较慢的反应，可通过加热或加入催化剂等方法来加快反应速度。

d. 必须有适当的方法确定终点。

凡是能满足上述要求的反应，都可用标准溶液直接滴定被测物质，例如用 HCl 滴定 NaOH。直接滴定法是最常用和最基本的滴定方式。如果反应不能完全符合上述要求时，可以采用下述几种方式进行滴定。

② 返滴定法

当反应较慢或反应物是固体时，加入符合化学计量关系的滴定剂，反应常常不能立即完成。此时可以先加入一定量过量滴定剂，使反应加速。待反应完成后，再用另一标准溶液滴定剩余的滴定剂。这种滴定方式称为返滴法或回滴法。如用 HCl 标准溶液不能直接滴定固体 $CaCO_3$，因 $CaCO_3$ 要边溶解边反应，速度较慢。测定时可先在被测样中加入一定量过量 HCl 标准溶液，待反应完成后，再用 NaOH 标准溶液滴定剩余的 HCl，根据加入 HCl 的总量和消耗的 NaOH 标准溶液的体积即可求出固体 $CaCO_3$ 的含量。

③ 置换滴定法

对于不按一定反应式进行或伴有副反应的反应，可以先用适当试剂与被测物质起反应，使其被定量地置换成另一物质，再用标准溶液滴定此物质，这种方法称为置换滴定法。例如 $Na_2S_2O_3$ 不能直接滴定 $K_2Cr_2O_7$ 及其他强氧化剂，因强氧化剂不仅将 $S_2O_3^{2-}$ 氧化为 $S_4O_6^{2-}$，还会部分将其氧化为 SO_4^{2-}，这就造成没有一定的化学计量关系。但是，若在酸性 $K_2Cr_2O_7$ 溶液中加入过量 KI，使 $K_2Cr_2O_7$ 被定量置换成 I_2，后者就可以用 $Na_2S_2O_3$ 标准溶液直接滴定，化学计量关系很好。

④ 间接滴定法

有些不能与滴定剂直接反应的物质,可以通过另外的化学反应间接进行测定。例如 Ca^{2+} 在溶液中没有可变价态,不能直接用氧化还原法滴定。但若沉淀为 CaC_2O_4,将其过滤洗净后溶解于 H_2SO_4 中,就可用 $KMnO_4$ 标准溶液滴定草酸,从而间接测定 Ca^{2+} 的含量。

由于返滴定法,置换滴定法和间接滴定法的应用,大大扩展了滴定分析的应用范围。

4.4.3 基准物质和标准溶液

(1) 基准物质

用以直接配制标准溶液或标定溶液浓度的物质称为基准物质。作为基准物质必须符合以下要求。

① 物质的组成与化学式完全相符。若含结晶水,其结晶水的含量也应与化学式相符。
② 试剂的纯度足够高(99.9%以上)。
③ 试剂稳定,例如不易吸收空气中的水分和 CO_2 以及不易被空气所氧化等。
④ 摩尔质量尽可能大些。

常用基准物质的干燥条件及应用见表 4-8。

表 4-8 常用基准物质的干燥条件和应用

基准物质		干燥后的组成	干燥条件	标定对象
名称	分子式			
碳酸氢钠	$NaHCO_3$	Na_2CO_3	270~300℃	酸
十水合碳酸钠	$Na_2CO_3 \cdot 10H_2O$	Na_2CO_3	270~300℃	酸
硼砂	$Na_2B_4O_7 \cdot 10H_2O$	$Na_2B_4O_7 \cdot 10H_2O$	放在装有 NaCl 和蔗糖饱和溶液的密闭器皿中,相对湿度 60%	酸
碳酸氢钾	$KHCO_3$	K_2CO_3	270~300℃	酸
二水合草酸	$H_2C_2O_4 \cdot 2H_2O$	$H_2C_2O_4 \cdot 2H_2O$	室温空气干燥	碱或 $KMnO_4$
邻苯二甲酸氢钾	$KHC_8H_4O_4$	$KHC_8H_4O_4$	110~120℃	碱
重铬酸钾	$K_2Cr_2O_7$	$K_2Cr_2O_7$	140~150℃	还原剂
溴酸钾	$KBrO_3$	$KBrO_3$	130℃	还原剂
碘酸钾	KIO_3	KIO_3	130℃	还原剂
铜	Cu	Cu	室温干燥器中保存	还原剂
三氧化二砷	As_2O_3	As_2O_3	室温干燥器中保存	氧化剂
草酸钠	$Na_2C_2O_4$	$Na_2C_2O_4$	130℃	氧化剂
碳酸钙	$CaCO_3$	$CaCO_3$	110℃	EDTA
锌	Zn	Zn	室温干燥器中保存	EDTA
氧化锌	ZnO	ZnO	900~1000℃	EDTA
氯化钠	NaCl	NaCl	500~600℃	$AgNO_3$
氯化钾	KCl	KCl	500~600℃	$AgNO_3$
硝酸银	$AgNO_3$	$AgNO_3$	220~250℃	氯化物

(2) 标准溶液的配制

标准溶液是用来滴定的具有准确浓度的溶液，配制方法有两种。

① 直接法

准确称取一定量的基准物质（或优级纯试剂），溶解后定量地转入容量瓶中，用蒸馏水稀释至刻度。根据称取物质的质量和容量瓶的体积，计算出该标准溶液的准确浓度。

② 间接法（标定法）

对于不符合基准物质条件，不能直接配制成标准溶液的试剂，如 HCl，NaOH 等，可采用间接法配制。即先大致按所需浓度配制溶液，然后利用该物质与基准物质（或已知准确浓度的另一溶液）的反应来确定其准确浓度，这种确定标准溶液浓度的操作，称为标定。例如欲配制 0.1mol·L^{-1} NaOH 标准溶液，先配成约为 0.1mol·L^{-1} 的溶液，然后用该溶液滴定经准确称量的邻苯二甲酸氢钾，根据两者完全作用时 NaOH 溶液的用量和邻苯二甲酸氢钾的质量，即可算出 NaOH 溶液的准确浓度。

(3) 标准溶液浓度表示方法

① 物质的量浓度（简称浓度）

如 B 物质的浓度以 c_B 表示，单位为 mol·L^{-1} 或 mol·dm^{-3}，表达式为

$$c_B = \frac{n_B}{V}$$

式中，n_B 为 B 的物质的量；V 为溶液的体积。

值得注意的是，在谈到物质的量时，基本单元必须注明。如对于 $98.08\text{g}\ H_2SO_4$ 来说，若以 H_2SO_4 为基本单元，则 $n_{H_2SO_4}=1\text{mol}$；若以 $\frac{1}{2}H_2SO_4$ 为基本单元，则 $n_{\frac{1}{2}H_2SO_4}=2\text{mol}$。

n_B 与 B 的质量 m_B 的关系为：

$$n_B = \frac{m_B}{M_B}$$

式中，M_B 为 B 的摩尔质量，g·mol^{-1}。

② 滴定度

滴定度是指每毫升标准溶液相当于被测物质的质量，以符号 $T_{A/B}$ 表示（单位：g·mL^{-1}）。其中，A 表示被测物质，B 表示标准溶液。

如已知 $T_{Fe/KMnO_4} = 0.005682\text{g·mL}^{-1}$，即表示 1mL $KMnO_4$ 标准溶液相当于 0.005682g 铁，或者说，1mL 的 $KMnO_4$ 标准溶液恰好能把 $0.005682\text{g}\ Fe^{2+}$ 氧化为 Fe^{3+}。用这种方法来表示标准溶液的浓度，当需要对大批试样测定其中同一组分的含量时，计算起来就非常方便。例如，已知滴定某一试样时消耗 $KMnO_4$ 标准溶液的体积为 $V\text{mL}$，则试样中含铁的质量为：

$$m_{Fe} = T_{Fe/KMnO_4} V_{KMnO_4}$$

滴定度 $T_{A/B}$ 与物质的量浓度 c_B 之间的换算关系：

据滴定度的定义，可有 $T_{A/B} = \frac{m_A}{V_B}$，式中 V_B 的单位为 mL，若 A 与滴定剂 B 反应的摩

尔比为 $a:b$，则：

$$m_A = n_A M_A = \frac{a}{b} n_B M_A = \frac{a}{b} c_B V_B M_A \times 10^{-3} \tag{4-31}$$

所以

$$T_{A/B} = \frac{m_A}{V_B} = \frac{a}{b} c_B M_A \times 10^{-3} \text{g} \cdot \text{mL}^{-1} \tag{4-32}$$

式(4-32)即为物质的量浓度与滴定度之间的换算公式。

4.4.4 滴定分析中的计算

如前所述，当两反应物作用完全时，它们的物质的量之间的关系恰好符合其化学反应式所表示的化学计量关系，这是滴定分析计算的依据。

(1) 被测物的物质的量 n_A 与滴定剂的物质的量 n_B 的关系

在直接滴定法中，设被测物 A 与滴定剂 B 间的反应为：

$$aA + bB = cC + dD$$

当滴定到达化学计量点时 a mol A 恰好与 b mol B 作用完全，即 $n_A : n_B = a : b$，故

$$n_A = \frac{a}{b} n_B, \quad n_B = \frac{b}{a} n_A \tag{4-33}$$

例如，用 Na_2CO_3 作基准物标定 HCl 溶液的浓度时，其反应式是：

$$2HCl + Na_2CO_3 = 2NaCl + H_2CO_3$$

则

$$n_{HCl} = 2n_{Na_2CO_3}$$

若被测物是溶液，其体积为 V_A，浓度为 c_A；到达化学计量点时，用去浓度为 c_B 的滴定剂的体积为 V_B，则：

$$c_A V_A = \frac{a}{b} c_B V_B \tag{4-34}$$

例如用已知浓度的 NaOH 标准溶液测定 H_2SO_4 溶液的浓度，其反应式为：

$$H_2SO_4 + 2NaOH = Na_2SO_4 + 2H_2O$$

滴定达化学计量点时，有

$$(cV)_{H_2SO_4} = \frac{1}{2}(cV)_{NaOH}$$

故

$$c_{H_2SO_4} = \frac{c_{NaOH} V_{NaOH}}{2V_{H_2SO_4}}$$

在间接滴定法中涉及两个或两个以上的反应，应从总的反应中找出相关物质之间物质的量之间的关系。例如在酸性溶液中以 $KBrO_3$ 为基准物标定 $Na_2S_2O_3$ 溶液的浓度时，反应分两步进行：

首先，在酸性溶液中 $KBrO_3$ 与过量的 KI 反应析出 I_2：

$$BrO_3^- + 6I^- + 6H^+ = 3I_2 + Br^- + 3H_2O \tag{1}$$

然后用 $Na_2S_2O_3$ 溶液为滴定剂，滴定析出的 I_2：

$$I_2 + 2S_2O_3^{2-} = 2I^- + S_4O_6^{2-} \tag{2}$$

I^- 在前一反应中被氧化,在后一反应中又被还原,结果并未发生变化,实际上总的反应相当于 $KBrO_3$ 氧化了 $Na_2S_2O_3$。综合 (1)、(2) 两个反应式可知:

$$KBrO_3 \backsim 3I_2 \backsim 6Na_2S_2O_3$$

所以
$$n_{Na_2S_2O_3} = 6n_{KBrO_3}$$

又如用 $KMnO_4$ 法测定 Ca^{2+},经过如下几步:

$$5Ca^{2+} \xrightarrow{5C_2O_4^{2-}} 5CaC_2O_4 \downarrow \xrightarrow{5H^+} 5HC_2O_4^- \xrightarrow{2MnO_4^-} 10CO_2$$

所以
$$n_{Ca} = \frac{5}{2} n_{KMnO_4}$$

例 4-18 欲配制 $0.20 \text{mol} \cdot L^{-1}$ HCl 溶液 1000mL,应取 $12 \text{mol} \cdot L^{-1}$ 浓盐酸多少毫升?

解: 设应取浓盐酸 x mL,则:

$12x = 0.20 \times 1000$, $x = 16.7 \text{mL} \approx 17 \text{mL}$ ❶

例 4-19 中和 20.00mL $0.09450 \text{mol} \cdot L^{-1}$ H_2SO_4 溶液,需用 $0.2000 \text{mol} \cdot L^{-1}$ NaOH 溶液多少毫升?

解: 首先写出反应式:

$$2NaOH + H_2SO_4 = Na_2SO_4 + 2H_2O$$

所以 $n_{NaOH} = 2n_{H_2SO_4}$,即 $c_{NaOH} V_{NaOH} = 2c_{H_2SO_4} V_{H_2SO_4}$

故需用 NaOH 溶液的体积为:

$$V_{NaOH} = \frac{2c_{H_2SO_4} V_{H_2SO_4}}{c_{NaOH}} = \frac{2 \times 0.09450 \times 20.00}{0.2000} = 18.90 \text{ (mL)}$$

例 4-20 标定 HCl 溶液时,以甲基橙为指示剂,用 Na_2CO_3 为基准物,称取 Na_2CO_3 0.6135g,用去 HCl 溶液 24.96mL,求 HCl 溶液的浓度。

解: 此滴定反应为:

$$2HCl + Na_2CO_3 = 2NaCl + H_2CO_3$$

故
$$n_{HCl} = 2n_{Na_2CO_3}$$

$$c_{HCl} V_{HCl} = 2 \frac{m_{Na_2CO_3}}{M_{Na_2CO_3}}$$

所以
$$c_{HCl} = \frac{2m_{Na_2CO_3}}{M_{Na_2CO_3} V_{HCl}} = \frac{2 \times 0.6135}{105.99 \times 24.96 \times 10^{-3}} = 0.4638 \text{ (mol} \cdot L^{-1}\text{)}$$

例 4-21 选用邻苯二甲酸氢钾作基准物,标定 $0.2 \text{mol} \cdot L^{-1}$ NaOH 溶液的准

---

❶ 按物理量与数值(纯数)和单位的关系(物理量=数值×单位),在运算过程中,式中的物理量代以数值时都应带有单位,这是严谨的表示方式。为使算式简明起见,习惯上只代入数值,而不附单位,仅在最后的结果上注明单位,本书亦采取这种习惯写法。

确浓度。今欲把用去的 NaOH 溶液体积控制为 25mL 左右，应称取基准物多少克？如改用草酸（$H_2C_2O_4 \cdot 2H_2O$）作基准物，应称取多少克？如用减量法称量，称量误差分别为多少？从减小称量误差考虑，选用何种基准物为宜？

解： 以邻苯二甲酸氢钾（$KHC_8H_4O_4$）作基准物时，其滴定反应式为：

$$KHC_8H_4O_4 + OH^- \Longrightarrow KC_8H_4O_4^- + H_2O$$

所以
$$n_{NaOH} = n_{KHC_8H_4O_4}$$

故
$$m_{KHC_8H_4O_4} = c_{NaOH} V_{NaOH} M_{KHC_8H_4O_4}$$
$$= 0.2 \times 25 \times 10^{-3} \times 204.23 \approx 1\text{g}$$

$$\text{称量误差} = \frac{\pm 0.0002}{1} \times 100\% = \pm 0.02\%$$

同理，可以计算应称取 $H_2C_2O_4 \cdot 2H_2O$ 的质量为：

$$m_{H_2C_2O_4 \cdot 2H_2O} = \frac{c_{NaOH} V_{NaOH} M_{H_2C_2O_4 \cdot 2H_2O}}{2}$$
$$= \frac{0.2 \times 25 \times 10^{-3} \times 126.07}{2}$$
$$\approx 0.3\text{g}$$

$$\text{称量误差} = \frac{\pm 0.0002}{0.3} \times 100\% = \pm 0.07\%$$

由此可见，采用邻苯二甲酸氢钾作基准物可减小称量上的相对误差，比选用 $H_2C_2O_4 \cdot 2H_2O$ 更适宜。

(2) 被测物百分含量的计算

若称取试样的质量为 G，测得被测物 A 的质量为 m_A，则被测物 A 在试样中的质量分数为

$$w_A = \frac{m_A}{G}$$

w_A 的计算结果常用百分数表示。

若 A 与滴定剂 B 反应的摩尔比为 $a:b$，则：

$$w_A = \frac{\frac{a}{b} c_B V_B M_A}{G} \tag{4-35}$$

根据 $T_{A/B}$ 计算被测物 A 的百分含量非常方便。若称取试样质量为 G，则：

$$w_A = \frac{T_{A/B} V_B}{G} \tag{4-36}$$

式中，V_B 的单位为 mL。

例 4-22 滴定 0.1560g 草酸试样,用去 0.1011mol·L^{-1} NaOH 22.60mL。求草酸试样中 $H_2C_2O_4 \cdot 2H_2O$ 的百分含量。

解: 此滴定反应是:

$$H_2C_2O_4 + 2OH^- = C_2O_4^{2-} + 2H_2O$$

$$n_{H_2C_2O_4 \cdot 2H_2O} = \frac{1}{2} n_{NaOH}$$

所以

$$w_{H_2C_2O_4 \cdot 2H_2O} = \frac{\frac{1}{2} c_{NaOH} V_{NaOH} M_{H_2C_2O_4 \cdot 2H_2O}}{G}$$

$$= \frac{\frac{1}{2} \times 0.1011 \times 22.60 \times 10^{-3} \times 126.07}{0.1560}$$

$$= 92.32\%$$

例 4-23 有一 $KMnO_4$ 的标准溶液,已知其浓度为 0.02010mol·L^{-1},求其 $T_{Fe/KMnO_4}$ 和 $T_{Fe_2O_3/KMnO_4}$。如果称取试样 0.2718g,溶解后将溶液中的 Fe^{3+} 还原为 Fe^{2+},然后用 $KMnO_4$ 标准溶液滴定,用去 26.30mL,求试样中铁的百分含量。

解: 此滴定反应是:

$$5Fe^{2+} + MnO_4^- + 8H^+ = 5Fe^{3+} + Mn^{2+} + 4H_2O$$

$$n_{Fe} = 5n_{KMnO_4}, \quad n_{Fe_2O_3} = \frac{5}{2} n_{KMnO_4}$$

所以据式(4-32),有:

$$T_{Fe/KMnO_4} = 5c_{KMnO_4} M_{Fe} \times 10^{-3}$$

$$= 5 \times 0.02010 \times 55.85 \times 10^{-3}$$

$$= 0.005613 \text{g} \cdot \text{mL}^{-1}$$

$$T_{Fe_2O_3/KMnO_4} = \frac{5}{2} c_{KMnO_4} M_{Fe_2O_3} \times 10^{-3}$$

$$= \frac{5}{2} \times 0.02010 \times 159.69 \times 10^{-3}$$

$$= 0.008024 \text{g} \cdot \text{mL}^{-1}$$

据式(4-36),试样中的含铁量为:

$$w_{Fe} = \frac{T_{Fe/KMnO_4} V_{KMnO_4}}{G}$$

$$= \frac{0.005613 \times 26.30}{0.2718} = 54.31\%$$

$$w_{Fe_2O_3} = \frac{T_{Fe_2O_3/KMnO_4} V_{KMnO_4}}{G}$$

$$= \frac{0.008024 \times 26.30}{0.2718}$$

$$= 77.64\%$$

4.5 酸碱滴定法

4.5.1 酸碱滴定曲线和指示剂的选择

为了选择合适的指示剂来指示终点，必须了解滴定过程中 H^+ 浓度的变化规律，特别是化学计量点附近 pH 值的变化情况。由于不同类型的酸碱滴定 H^+ 浓度的变化规律是不同的，因此必须分别加以讨论。

(1) 强碱滴定强酸或强酸滴定强碱

以 $0.1000 mol \cdot L^{-1}$ NaOH 溶液滴定 20.00mL $0.1000 mol \cdot L^{-1}$ HCl 溶液为例进行讨论。滴定反应为：

$$H^+ + OH^- \rightleftharpoons H_2O$$

该反应的平衡常数 $K^\ominus = \dfrac{1}{K_w^\ominus} = 10^{14}$，是酸碱滴定中反应完全程度最高的，容易准确滴定。为了计算滴定过程中各点的 pH 值，根据滴定过程中溶液的组成不同，可分为四个阶段进行计算。

① 滴定开始前

溶液中仅有 HCl 存在，所以溶液的 pH 值取决于 HCl 溶液的原始浓度，即

$$[H^+] = 0.1000 mol \cdot L^{-1}, pH = 1.00$$

② 滴定开始至化学计量点前

由于加入 NaOH，部分 HCl 被中和，组成 HCl+NaCl 溶液，所以可根据剩余的 HCl 量计算 pH 值。如加入 18.00mL NaOH 溶液时，还剩余 2.00mL HCl 溶液未被中和，这时溶液中的 $[H^+]$ 为：

$$[H^+] = \dfrac{2.00 \times 0.1000}{20.00 + 18.00} = 5.3 \times 10^{-3} mol \cdot L^{-1}, pH = 2.28$$

从滴定开始直到化学计量点前的各点都这样计算。

③ 化学计量点时

当加入 20.00mL NaOH 溶液时，HCl 被 NaOH 全部中和，生成 NaCl 溶液，此时

$$pH = 7.00$$

④ 化学计量点后

过了化学计量点，再加入 NaOH 溶液，就构成了 NaOH+NaCl 溶液，其 pH 值取决于过量 NaOH 的浓度。如加入 20.02mL NaOH 溶液时，NaOH 溶液过量 0.02mL，则溶液中的 $[OH^-]$ 为：

$$[OH^-] = \dfrac{0.02 \times 0.1000}{20.00 + 20.02} = 5.0 \times 10^{-5} mol \cdot L^{-1}$$

$$pOH = 4.30, pH = 9.70$$

化学计量点后都这样计算。

如此逐一计算，把计算结果列于表 4-9 中。

表 4-9　用 0.1000mol·L^{-1} NaOH 溶液滴定 20.00mL 0.1000mol·L^{-1} HCl 溶液

加入 NaOH 溶液		剩余 HCl 溶液的体积 V/mL	过量 NaOH 溶液的体积 V/mL	pH 值	
mL	%				
0.00	0	20.00		1.00	
18.00	90.0	2.00		2.28	
19.80	99.0	0.20		3.30	
19.98	99.9	0.02		4.30 A	
20.00	100.0	0.00		7.00	滴定突跃
20.02	100.1		0.02	9.70 B	
20.20	101.0		0.20	10.70	
22.00	110.0		2.00	11.70	
40.00	200.0		20.00	12.50	

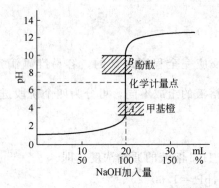

图 4-3　0.1000mol·L^{-1} NaOH 滴定 20.00mL 0.1000mol·L^{-1} HCl 的滴定曲线

如果以 NaOH 溶液的加入量为横坐标，对应的溶液 pH 值为纵坐标，绘制关系曲线，可得如图 4-3 所示的滴定曲线。从图 4-3 和表 4-9 可以看出，在滴定开始时，溶液中还存在着较多的 HCl，由于强酸本身的缓冲作用，pH 值升高十分缓慢。随着滴定的不断进行，溶液中 HCl 的含量减少，pH 值的升高逐渐增快；尤其是当滴定接近化学计量点时，溶液中剩余的 HCl 已极少，缓冲作用基本失去，pH 值升高极快。图 4-3 中，曲线上 A 点对应的是加入 NaOH 溶液 19.98mL，比化学计量点时应加入的 NaOH 溶液体积少 0.02mL（相当于 -0.1%），曲线上的 B 点对应的是超过化学计量点 0.02mL（相当于 +0.1%），A 与 B 之间仅差 NaOH 溶液 0.04mL，不过 1 滴左右，但溶液的 pH 值却从 4.30 突然升高到 9.70，因此把化学计量点前后 ±0.1% 范围内 pH 值的急剧变化称为"滴定突跃"。经过滴定突跃之后，溶液由酸性转变成碱性，溶液的性质由量变引起了质变。

根据滴定曲线上近似垂直的滴定突跃的范围，可以选择适当的指示剂，并且可测得化学计量点时所需 NaOH 溶液的体积。显然，在化学计量点附近变色的指示剂如溴百里酚蓝、苯酚红等可以正确指示终点的到达，因为化学计量点正处于指示剂的变色范围内。实际上，凡是在滴定突跃范围内变色的指示剂都可以相当正确地指示终点，例如甲基橙、甲基红、酚酞等都可用作这类滴定的指示剂。

例如用甲基橙作指示剂，当滴定到甲基橙由红色突然变为黄色❶时，溶液的 pH 值约为 4.4，这时离开化学计量点已不到半滴，终点误差不超过 -0.1%，符合滴定分析要求。如果用酚酞作为指示剂，当酚酞变微红色时 pH 值略大于 8.0，此时超过化学计量点也不到半滴，终点误差也不大于 0.1%，也符合滴定分析要求。

总之，在酸碱滴定中，如果用指示剂指示终点，则应根据化学计量点附近的滴定突跃来

---

❶ 由于人眼对于红色中略带黄色不易察觉，因此用甲基橙指示剂时，一般都用酸溶液来滴定碱，终点时由黄色变为黄色中略带红色（即橙色），较易观察。

选择指示剂，应使指示剂的变色范围处于或部分处于化学计量点附近的滴定突跃范围内。

滴定突跃的大小与溶液的浓度有关。酸碱浓度增大或减小 10 倍，滴定突跃范围就相应地增加或减小两个 pH 单位。如用 $1.0\text{mol} \cdot \text{L}^{-1}$ NaOH 滴定 $1.0\text{mol} \cdot \text{L}^{-1}$ HCl，突跃范围是 $3.3 \sim 10.7$；而用 $0.01\text{mol} \cdot \text{L}^{-1}$ NaOH 滴定 $0.01\text{mol} \cdot \text{L}^{-1}$ HCl 时，突跃范围就只有 $5.3 \sim 8.7$，如图 4-4 所示。显然，滴定突跃越大，指示剂的选择就越方便；反之，指示剂的选择越受到限制。例如用 $0.01\text{mol} \cdot \text{L}^{-1}$ NaOH 溶液滴定 $0.01\text{mol} \cdot \text{L}^{-1}$ HCl 溶液时，若再用甲基橙指示终点已不合适了（误差高达 1%）。

如果用 NaOH 溶液滴定其他强酸溶液，例如 HNO_3 溶液，情况相似，指示剂的选择也相似。

如果用强酸（如 HCl）滴定强碱（如 NaOH），其滴定曲线与 NaOH 滴定 HCl 的滴定曲线相对称，但 pH 变化方向则相反。

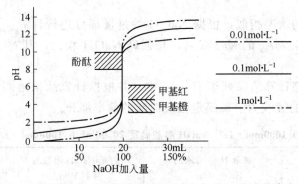

图 4-4　不同浓度 NaOH 溶液滴定不同浓度 HCl 溶液的滴定曲线

（2）强碱滴定弱酸

以 $0.1000\text{mol} \cdot \text{L}^{-1}$ NaOH 溶液滴定 20.00mL $0.1000\text{mol} \cdot \text{L}^{-1}$ HAc 溶液为例。滴定反应及其平衡常数是：

$$HAc + OH^- \rightleftharpoons H_2O + Ac^-$$

$$K^\ominus = \frac{[Ac^-]}{[HAc][OH^-]} = \frac{K^\ominus_{a,HAc}}{K^\ominus_w} = 1.8 \times 10^9$$

与强碱滴定强酸相似，整个滴定过程按照不同的溶液组成情况，也可分为四个阶段：

① 滴定开始前

这时溶液是 $0.1000\text{mol} \cdot \text{L}^{-1}$ 的 HAc 溶液，此时：

$$[H^+] = \sqrt{cK_a^\ominus} = \sqrt{0.1000 \times 10^{-4.74}} = 1.34 \times 10^{-3}\text{mol} \cdot \text{L}^{-1}$$

$$pH = 2.87$$

② 滴定开始至化学计量点前

这阶段溶液中未反应的弱酸 HAc 及反应产物 Ac^- 组成缓冲溶液。如果滴入的 NaOH 溶液为 19.98mL，剩余的 HAc 为 0.02mL，则溶液中剩余的 HAc 浓度为：

$$c_a = \frac{0.02 \times 0.1000}{20.00 + 19.98} = 5.0 \times 10^{-5}\text{mol} \cdot \text{L}^{-1}$$

同理可得反应生成的 Ac^- 浓度为：

$$c_b = 5.0 \times 10^{-2}\text{mol} \cdot \text{L}^{-1}$$

因此 $[H^+]=K_a^{\ominus}\dfrac{c_a}{c_b}=10^{-4.74}\times\dfrac{5.0\times10^{-5}}{5.0\times10^{-2}}=1.8\times10^{-8}\,\text{mol}\cdot\text{L}^{-1}$

pH=7.74

③ 化学计量点时

生成一元弱碱 Ac^-，其浓度为：

$$c_b=\dfrac{20.00\times0.1000}{20.00+20.00}=5.0\times10^{-2}\,\text{mol}\cdot\text{L}^{-1}$$

$$pK_b^{\ominus}=14-pK_a^{\ominus}=14-4.74=9.26$$

$$[OH^-]=\sqrt{cK_b^{\ominus}}=\sqrt{5.0\times10^{-2}\times10^{-9.26}}=5.2\times10^{-6}\,\text{mol}\cdot\text{L}^{-1}$$

$$pOH=5.28,\ pH=8.72$$

化学计量点时溶液呈碱性。

④ 化学计量点后

与强碱滴定强酸的情况相似，根据 NaOH 的过量部分进行计算。虽然这时为 NaOH+NaAc 的混合溶液，但 NaAc 的碱性很弱，与强碱 NaOH 相比，其对 [OH$^-$] 的贡献可忽略不计。

如此逐一计算，把计算结果列于表 4-10 中，并根据计算结果绘制滴定曲线，得到如图 4-5 中的曲线 I。该图的虚线为强碱滴定强酸曲线的前半部分。

表 4-10 用 0.1000mol·L^{-1} NaOH 溶液滴定 20.00mL 0.1000mol·L^{-1} HAc 溶液

加入 NaOH 溶液		剩余 HAc 溶液的体积 V/mL	过量 NaOH 溶液的体积 V/mL	pH 值
mL	%			
0.00	0	20.00		2.87
10.00	50.0	10.00		4.74
18.00	90.0	2.00		5.70
19.80	99.0	0.20		6.74
19.98	99.9	0.02		7.74 A ⎫
20.00	100.0	0.00		8.72 ⎬ 滴定突跃
20.02	100.1		0.02	9.70 B ⎭
20.20	101.0		0.20	10.70
22.00	110.0		2.00	11.70
40.00	200.0		20.00	12.50

将图 4-5 中的曲线 I 与虚线进行比较可以看出，由于 HAc 是弱酸，滴定开始前溶液中 [H$^+$] 就较低，故 pH 值较 NaOH-HCl 滴定时高。滴定开始后 pH 值较快地升高，这是由于中和生成的 Ac$^-$ 产生同离子效应，使 HAc 更难解离，因此 [H$^+$] 较快地降低。但在继续滴入 NaOH 溶液后，由于 NaAc 的不断生成，在溶液中形成弱酸及其共轭碱（HAc-Ac$^-$）的缓冲体系，pH 值增加较慢，使这一段曲线较为平坦。当滴定接近化学计量点时，由于溶液中剩余的 HAc 已很少，溶液的缓冲能力已逐渐减弱，于是随着 NaOH 溶液的不断滴入，溶液 pH 值的升高逐渐变快，到达化学计量点时，在其附近出现一个较为短小的滴定突跃。这个突跃的 pH 值为 7.74~9.70，处于碱性范围内，因而选用酚酞或百里酚蓝指示终点是合适的，也可以用百里酚酞指示终点。但在酸性溶液中变色的指示剂，如甲基橙之类

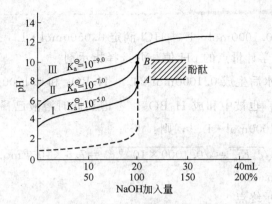

图 4-5　NaOH 溶液滴定不同弱酸溶液的滴定曲线

则完全不适用。

酸碱的强弱是影响滴定突跃范围大小的重要因素。滴定突跃范围越大，终点越易判断。酸越强，即 $K_a^\ominus$ 值越大，突跃范围越大，反之则突跃范围就越小，见图 4-5 中的曲线 Ⅰ，Ⅱ 和 Ⅲ。此外，酸的浓度越大，突跃范围也越大。但有些极弱的酸，如 HCN，其 $K_a^\ominus \approx 10^{-10}$，即使其浓度为 $1\text{mol}\cdot\text{L}^{-1}$，也不能按通常的办法直接进行准确滴定。

综合浓度和酸常数两个因素的影响，如果指示剂能准确检测出化学计量点附近 $\pm 0.3\text{pH}$ 的变化，若要使滴定一元弱酸的终点误差不大于 0.2%，需要满足以下条件：

$$c_a K_a^\ominus \geqslant 10^{-8}$$

通常把上式作为一元弱酸能否被直接准确滴定的判据。

(3) 强酸滴定弱碱

强酸（如 HCl 溶液）滴定弱碱（如 NH_3 水溶液）的过程，与强碱滴定弱酸的情况类似。仍是将滴定过程分为四个阶段，根据溶液组成情况的不同，采用相应公式，可计算出不同强酸加入量时溶液 pH 值的变化情况，并绘制滴定曲线。

计算结果表明：用 $0.1000\text{mol}\cdot\text{L}^{-1}$ HCl 溶液滴定 $0.1000\text{mol}\cdot\text{L}^{-1}$ NH_3 水溶液，化学计量点时 pH 值为 5.28，滴定突跃范围为 6.25～4.30，可选用甲基红、溴甲酚绿指示滴定终点，也可用溴酚蓝作指示剂。

与滴定弱酸的情况相似，一元弱碱能被直接准确滴定的判据为：

$$c_b K_b^\ominus \geqslant 10^{-8}$$

在标定 HCl 标准溶液时，常常用硼砂（$Na_2B_4O_7\cdot 10H_2O$）或 Na_2CO_3 作基准物，HCl 与它们的反应也属于强酸与弱碱的反应。

硼砂是由 NaH_2BO_3 和 H_3BO_3 按 1∶1 结合，并脱去水而组成的，可以看作是 H_3BO_3 被 NaOH 中和了一半的产物。硼砂溶于水发生下列反应：

$$B_4O_7^{2-} + 5H_2O \rightleftharpoons 2H_2BO_3^- + 2H_3BO_3$$

根据质子理论，所得的产物之一 $H_2BO_3^-$ 是弱酸 H_3BO_3 的共轭碱，已知 H_3BO_3 的 $pK_a^\ominus = 9.24$，它的共轭碱 $H_2BO_3^-$ 的 $pK_b^\ominus = 4.76$，因此 $H_2BO_3^-$ 的碱性已不太弱。显而易见，$H_2BO_3^-$ 可以满足 $c_b K_b^\ominus \geqslant 10^{-8}$ 的要求，能够用酸目视直接滴定，因此如果硼砂溶液的浓度不很稀，就可能用强酸（如 HCl）滴定 $H_2BO_3^-$。

例 4-24 计算 $0.1000\text{mol}\cdot\text{L}^{-1}$ HCl 滴定 $0.0500\text{mol}\cdot\text{L}^{-1}$ $\text{Na}_2\text{B}_4\text{O}_7$ 溶液时，化学计量点的 pH 值，并选择指示剂。

解： 硼砂溶于水后生成 $0.1000\text{mol}\cdot\text{L}^{-1}$ H_3BO_3 和 $0.1000\text{mol}\cdot\text{L}^{-1}$ H_2BO_3^-，化学计量点时 H_2BO_3^- 也被中和成 H_3BO_3，考虑到此时溶液已稀释一倍，因此溶液中 H_3BO_3 浓度为 $0.1000\text{mol}\cdot\text{L}^{-1}$，则：

$$[\text{H}^+]=\sqrt{c_a K_a^\ominus}=\sqrt{0.1000\times 10^{-9.24}}=7.6\times 10^{-6}\text{mol}\cdot\text{L}^{-1}$$

$$\text{pH}=5.12$$

应选用甲基红指示终点。

(4) 多元酸、混合酸和多元碱的滴定

① 多元酸的滴定

多元酸 H_nA 在溶液中是分步解离的，能否进行分步滴定是多元酸滴定中要解决的一个主要问题。由于多元酸滴定的情况比较复杂，因而多元酸滴定的准确度要求比滴定一元酸低，下面以三元酸 H_3A 的滴定为例进行分析。

三元酸 H_3A 进行分步滴定需要满足以下条件❶：

当 $c_{a1}K_{a1}^\ominus \geqslant 10^{-9}$ 且 $\dfrac{K_{a1}^\ominus}{K_{a2}^\ominus}\geqslant 10^4$ 时，能够准确滴定第一级解离的 H^+；

当 $c_{a2}K_{a2}^\ominus \geqslant 10^{-9}$ 且 $\dfrac{K_{a2}^\ominus}{K_{a3}^\ominus}\geqslant 10^4$ 时，能够准确滴定第二级解离的 H^+；

当 $c_{a3}K_{a3}^\ominus \geqslant 10^{-9}$ 时，能够准确滴定最后一级解离的 H^+。

其中，c_{a1} 为三元酸 H_3A 的初始浓度；

c_{a2} 为三元酸 H_3A 滴定完第一级解离的 H^+ 后所得产物 H_2A^- 的浓度；

c_{a3} 为三元酸 H_3A 滴定完第二级解离的 H^+ 后所得产物 HA^{2-} 的浓度。

对于三元酸 H_3A 来说，由于一般情况下 $K_{a3}^\ominus$ 很小，难以满足 $c_{a3}K_{a3}^\ominus \geqslant 10^{-9}$，因此不能准确滴定第三级解离出来的 H^+。

其他多元酸 H_nA 分步滴定的条件可以此类推。

现以 $0.1000\text{mol}\cdot\text{L}^{-1}$ NaOH 溶液滴定 $0.1000\text{mol}\cdot\text{L}^{-1}$ H_3PO_4 溶液为例进行分析讨论。H_3PO_4 的三级解离平衡如下：

$$\text{H}_3\text{PO}_4 \rightleftharpoons \text{H}^+ + \text{H}_2\text{PO}_4^- \qquad pK_{a1}^\ominus=2.12$$

$$\text{H}_2\text{PO}_4^- \rightleftharpoons \text{H}^+ + \text{HPO}_4^{2-} \qquad pK_{a2}^\ominus=7.20$$

$$\text{HPO}_4^{2-} \rightleftharpoons \text{H}^+ + \text{PO}_4^{3-} \qquad pK_{a3}^\ominus=12.36$$

根据前述三元酸分步滴定的判据，可以得出以下结论。

a. 能准确滴定第一级解离出来的 H^+，即完成第一步滴定反应：

---

❶ 分步滴定的条件要求，取决于欲达到的分析准确度和检测终点方法的准确度。这里提出的 10^4 是在分步滴定允许的终点误差为 $\pm 1\%$，终点检测误差为 $\pm 0.2\text{pH}$ 的情况下计算出来的。对于多元酸滴定的准确度要求不能太高，虽然误差稍大一些，但也可以满足一般分析工作中的要求。

$$H_3PO_4 + NaOH \rightleftharpoons NaH_2PO_4 + H_2O$$

b. 能准确滴定第二级解离出来的 H^+，即完成第二步滴定反应：

$$NaH_2PO_4 + NaOH \rightleftharpoons Na_2HPO_4 + H_2O$$

c. 不能准确滴定第三级解离出来的 H^+，即无法对 Na_2HPO_4 进行直接准确滴定。直接滴定 H_3PO_4 只能准确滴定到第二步。

应该指出，根据 H_3PO_4 的分布曲线，当 pH=4.7 时，$H_2PO_4^-$ 的分布系数为 99.4%，而同时存在的另两种形式 H_3PO_4 和 HPO_4^{2-} 各约占 0.3%，这说明当 0.3% 左右的 H_3PO_4 尚未被中和时，已经有 0.3% 左右的 $H_2PO_4^-$ 进一步被中和成 HPO_4^{2-} 了。因此严格地说，反应并未完全按照上述反应式所示分两步完成，而是两步中和反应稍有交叉地进行。同样，当 pH=9.8 时，HPO_4^{2-} 占 99.5%，而 $H_2PO_4^-$ 和 PO_4^{3-} 也各占 0.25%，即第二步和第三步中和反应也是稍有交叉地进行。对 H_3PO_4 而言，前两步反应的化学计量点并不真正存在。但是在一般的分析工作中，对于多元酸的滴定准确度不能要求太高，虽然误差稍大一些，也可以满足分析要求，因此人们认为 H_3PO_4 能够进行分步滴定。

要准确地计算 H_3PO_4 的滴定曲线是比较复杂的，但如果采用电位滴定法，可以容易地绘得 NaOH 滴定 H_3PO_4 的曲线（如图 4-6 所示）。但是对分析工作者来说最关心的还是化学计量点时的 pH 值。

通过计算可以求得化学计量点的 pH 值。如以 $0.10 mol \cdot L^{-1}$ NaOH 溶液滴定 20mL $0.10 mol \cdot L^{-1}$ H_3PO_4 溶液，则第一化学计量点时，NaH_2PO_4 的浓度为 $0.05 mol \cdot L^{-1}$，第二化学计量点时，Na_2HPO_4 的浓度为 $3.33 \times 10^{-2} mol \cdot L^{-1}$（溶液体积已增加了两倍）。在 4.2 节中例 4-12 已求得上述两种溶液的 pH 值

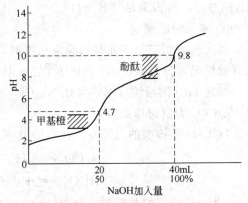

图 4-6 NaOH 溶液滴定 H_3PO_4 溶液的滴定曲线

分别为 4.70 和 9.66，但是对于多元酸滴定的化学计量点计算，由于反应交叉进行，不能要求较高的滴定准确度，因此用最简式计算即可：

第一化学计量点：

$$[H^+]_1 = \sqrt{K_{a1}^{\ominus} K_{a2}^{\ominus}} = \sqrt{10^{-2.12} \times 10^{-7.20}} = 10^{-4.66} mol \cdot L^{-1}$$

$pH_1 = 4.66$

第二化学计量点：

$$[H^+]_2 = \sqrt{K_{a2}^{\ominus} K_{a3}^{\ominus}} = \sqrt{10^{-7.20} \times 10^{-12.36}} = 10^{-9.78} mol \cdot L^{-1}$$

$pH_2 = 9.78$

如果选用甲基橙和酚酞分别指示这两个终点，由于中和反应交叉进行，使化学计量点附近曲线倾斜，滴定突跃较为短小，终点时变色不明显，滴定终点很难判断，因而终点误差很大。如果分别改用溴甲酚绿和甲基橙（变色时 pH 值为 4.3），酚酞和百里酚酞（变色时 pH 值为 9.9）混合指示剂，则终点时变色明显，若再采用较浓的试液和标准溶液，就可以获得符合分析要求的结果。但需注意，由于反应的交叉进行，所指示的终点准确度也是不高的。

若需要测定某一多元酸 H_nA 的总酸量，如果指示剂能准确检测出化学计量点附近

±0.2pH 的变化,而且允许的终点误差为±1%,对总酸量进行准确滴定需要满足以下条件:

$$c_a K_{an}^\ominus \geqslant 10^{-9}$$

c_a 为多元酸 H_nA 的初始浓度。

多数有机多元弱酸,相邻各级解离常数之间相差较小,不能分步滴定,但可以滴定总酸量。

② 混合酸的滴定

对于混合酸,强酸与弱酸混合的情况比较复杂,本书不予讨论;而两种弱酸(HA+HB)混合的体系,若进行分别滴定,测定其中较强的一种弱酸(如 HA),当允许误差为±1%,且滴定突跃≥0.4pH 时,需要同时满足下列两个条件:

$$\begin{cases} c_{HA} K_{HA}^\ominus \geqslant 10^{-9} \\ \dfrac{c_{HA} K_{HA}^\ominus}{c_{HB} K_{HB}^\ominus} \geqslant 10^4 \end{cases}$$

参照多元酸的滴定情况,读者可自行考虑若还需测定 HB 的含量,或者仅需测定 HA+HB 的总量,各需满足哪些条件。

③ 多元碱的滴定

多元碱的滴定与多元酸的滴定相类似,有关多元酸分步滴定的结论也适用于强酸滴定多元碱的情况,只是需将 $K_a^\ominus$ 换成 $K_b^\ominus$, c_a 换成 c_b。

标定 HCl 溶液浓度时,常用 Na_2CO_3 作基准物,Na_2CO_3 为多元碱。现以 HCl 溶液滴定 Na_2CO_3 为例讨论如下。

H_2CO_3 是很弱的二元酸,在水溶液中:

$$H_2CO_3 \rightleftharpoons H^+ + HCO_3^- \quad pK_{a1}^\ominus = 6.38$$

$$HCO_3^- \rightleftharpoons H^+ + CO_3^{2-} \quad pK_{a2}^\ominus = 10.25$$

CO_3^{2-} 是 HCO_3^- 的共轭碱,已知 H_2CO_3 的 $pK_{a2}^\ominus = 10.25$,可求得 CO_3^{2-} 的 $pK_{b1}^\ominus = 3.75$,这说明 CO_3^{2-} 为中等强度的弱碱,可以用强酸直接滴定,首先生成 HCO_3^-,而 CO_3^{2-} 的 $pK_{b2}^\ominus = 7.62$,可再进一步滴定成为 H_2CO_3。图 4-7 为 HCl 溶液滴定 Na_2CO_3 溶液的滴定曲线,从图中可看到,在 pH 8.3 附近,有一个不很明显的滴定突跃,其原因是 $K_{b1}^\ominus$ 与 $K_{b2}^\ominus$ 之比稍小于 10^4,两步中和反应交叉进行,故不存在真正的第一化学计量点;在 pH=3.9 附近

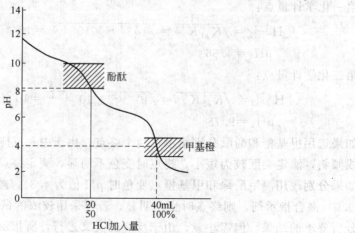

图 4-7 HCl 溶液滴定 Na_2CO_3 溶液的滴定曲线

有一稍大些的滴定突跃,是为第二化学计量点。

> **例 4-25** 试求 $0.1000\text{mol} \cdot \text{L}^{-1}$ HCl 滴定 $0.1000\text{mol} \cdot \text{L}^{-1}$ Na_2CO_3 的两个化学计量点的 pH 值。
>
> **解:** CO_3^{2-} 浓度为 $0.1000\text{mol} \cdot \text{L}^{-1}$,第一化学计量点时生成 $0.05000\text{mol} \cdot \text{L}^{-1}$ HCO_3^-,据两性物质 pH 计算公式,有:
> $$[H^+] = \sqrt{K_{a1}^{\ominus} K_{a2}^{\ominus}} = \sqrt{10^{-6.38} \times 10^{-10.25}} = 10^{-8.32}\text{mol} \cdot \text{L}^{-1}$$
> $$pH = 8.32$$
> 到达第二化学计量点时,溶液已成为 H_2CO_3 的饱和溶液,其 pH 值在 4.2 节例 4-13 中已求得 pH=3.89。

在工业上,纯碱 Na_2CO_3 或混合碱(如 $NaOH+Na_2CO_3$ 或 $NaHCO_3+Na_2CO_3$)的含量常用 HCl 标准溶液来测定,用酚酞指示第一个终点时,变色不明显,如果改用甲酚红和百里酚蓝混合指示剂(变色时 pH 为 8.3),则终点变色明显一些,但这仅能满足较低的工业分析准确度的要求。至于第二化学计量点,由于 $pK_{b2}^{\ominus}=7.62$,碱性较弱,化学计量点附近的滴定突跃也是较小的,如用甲基橙指示终点时,变色也不甚明显。为了提高测定的准确度,已提出了一些措施,如使用参比溶液,加热煮沸等。

4.5.2 酸碱标准溶液的配制和标定

酸碱滴定法中最常用的标准溶液是 HCl 和 NaOH 溶液,浓度常配成 $0.1\text{mol} \cdot \text{L}^{-1}$,一般采用间接法配制,然后用基准物质标定。

(1) HCl 标准溶液的标定

常用的基准物质是无水 Na_2CO_3 和硼砂,其滴定原理前已述及。滴定反应分别是:
$$Na_2CO_3 + 2HCl \rightleftharpoons 2NaCl + CO_2\uparrow + H_2O$$
终点时溶液为 CO_2 的饱和溶液,pH≈3.9,可用甲基橙作指示剂。
$$Na_2B_4O_7 + 2HCl + 5H_2O \rightleftharpoons 4H_3BO_3 + 2NaCl$$
终点溶液显很弱的酸性(参见例 4-24),故以甲基红为指示剂,终点变色明显。

(2) NaOH 标准溶液的标定

最常用于标定 NaOH 的基准物质是邻苯二甲酸氢钾,其次是 $H_2C_2O_4 \cdot 2H_2O$ 等。
邻苯二甲酸氢钾标定 NaOH 的反应为:

$$\text{C}_6\text{H}_4(\text{COOK})(\text{COOH}) + \text{NaOH} \rightleftharpoons \text{C}_6\text{H}_4(\text{COOK})(\text{COONa}) + \text{H}_2\text{O}$$

终点时采用酚酞作指示剂,变色相当敏锐。

4.5.3 酸碱滴定法应用示例

酸碱滴定法应用十分广泛，可以直接滴定酸、碱物质，间接滴定非酸、非碱物质。现举几个实际应用例子。

(1) 烧碱中 NaOH 和 Na_2CO_3 含量的测定

NaOH 俗称烧碱，是重要的工业原料，在生产和储存过程中常因吸收空气中的 CO_2 而含有少量 Na_2CO_3。烧碱中 NaOH 和 Na_2CO_3 含量的分析方法有 $BaCl_2$ 沉淀 Na_2CO_3 法和双指示剂法，下面只介绍常用的双指示剂法。

① 测定原理

在双指示剂法中，用 HCl 滴定碱液中 Na_2CO_3 和 NaOH 时采用两种指示剂（甲基橙和酚酞），先以酚酞为指示剂，用 HCl 标准溶液滴定至指示剂的红色恰好消失，此时所用 HCl 标准溶液的体积为 V_1(mL)，这是第一化学计量点，此时 NaOH 全部被滴定，而 Na_2CO_3 仅被滴定至 $NaHCO_3$。然后用甲基橙作指示剂，继续用 HCl 溶液滴定至橙色，又用去 HCl 溶液的体积为 V_2(mL)，此时 $NaHCO_3$ 被滴定至 H_2CO_3。

② 含量计算

$$w_{NaOH} = \frac{c_{HCl}(V_1-V_2)\times 10^{-3} M_{NaOH}}{G}$$

$$w_{Na_2CO_3} = \frac{c_{HCl}V_2 \times 10^{-3} M_{Na_2CO_3}}{G}$$

式中，G 为烧碱试样的质量（g）。

如果测定一组成不明的混合碱试样，根据 V_1 和 V_2 的相对大小便可确定其组成，进而求得各组分的含量。

关系	$V_1 > V_2$	$V_1 = V_2$	$V_1 < V_2$	$V_1 = 0, V_2 > 0$	$V_2 = 0, V_1 > 0$
组成	$NaOH + Na_2CO_3$	Na_2CO_3	$Na_2CO_3 + NaHCO_3$	$NaHCO_3$	NaOH

读者可自行列出各种情况下各组分百分含量的计算公式。

(2) 硼酸的测定

硼酸是常用的无机原料之一，特别是在玻璃、搪瓷工业中应用较多。

H_3BO_3 的 $K_a^{\ominus} = 5.7 \times 10^{-10}$，不能用碱标准溶液直接滴定。但硼酸可与多元醇（如乙二醇、丙三醇、甘露醇等）反应，生成配位酸，如下式所示：

$$2 R\begin{matrix} H \\ -C-OH \\ -C-OH \\ H \end{matrix} + H_3BO_3 = H\left[\begin{matrix} H & H \\ R-C-O & O-C-R \\ & B & \\ R-C-O & O-C-R \\ H & H \end{matrix}\right] + 3H_2O$$

反应产物即配位酸的解离常数为 10^{-6} 左右，用 NaOH 溶液滴定时化学计量点的 pH 值在 9 左右，要选用酚酞或百里酚酞作指示剂。

(3) 铵盐中氮含量的测定

铵盐作为质子酸，其 $K_a^\ominus = 5.6 \times 10^{-10}$，不能用碱溶液直接滴定。测定铵盐的方法有甲醛法和蒸馏法。

① 甲醛法

NH_4^+ 与甲醛作用生成酸和质子化的六亚甲基四胺，反应式如下：

$$4NH_4^+ + 6HCHO = (CH_2)_6N_4H^+ + 3H^+ + 6H_2O$$

反应生成的酸，包括 H^+ 和质子化的六亚甲基四胺，都能被标准碱溶液滴定，用酚酞作指示剂。NH_4^+ 与 NaOH 的化学计量关系应为 1∶1，该法较为简便。

② 蒸馏法

将含铵试液置于蒸馏瓶中，加浓碱使 NH_4^+ 转化为 NH_3，然后加热蒸馏。用过量的 HCl 标准溶液吸收 NH_3，再以 NaOH 标准溶液返滴过量的 HCl，用甲基橙或甲基红作指示剂。其反应式如下：

$$NH_4^+ + OH^- \xrightarrow{\triangle} NH_3\uparrow + H_2O$$

$$NH_3 + HCl = NH_4^+ + Cl^-$$

$$HCl（剩余）+ NaOH = NaCl + H_2O$$

也可用过量 H_3BO_3 溶液吸收，生成 $NH_4H_2BO_3$，再用标准酸溶液滴定 $H_2BO_3^-$，用甲基红和溴甲酚绿混合指示剂指示终点。

与甲醛法相比，蒸馏法较费时，但较准确。

有机氮化物需要在 $CuSO_4$ 催化下，用浓 H_2SO_4 消化分解使其转化为 NH_4^+。其后若用蒸馏法测定，则称为克氏定氮法。

(4) 硅酸盐中 SiO_2 含量的测定

玻璃、陶瓷、水泥、矿石等都是硅酸盐，用重量法测定 SiO_2 的含量比较准确，但十分费时。采用氟硅酸钾法测定 SiO_2 含量是一种酸碱滴定法，它的优点是简便、快速。

硅酸盐试样用 KOH 熔融后，转化为可溶性硅酸盐 K_2SiO_3，在 K^+ 的存在下，K_2SiO_3 与 HF（在强酸溶液中加入 KF 而得）作用，生成难溶的氟硅酸钾沉淀，反应式如下：

$$2K^+ + SiO_3^{2-} + 6F^- + 6H^+ = K_2SiF_6\downarrow + 3H_2O$$

将 K_2SiF_6 沉淀过滤，用 KCl—乙醇溶液洗涤沉淀，用 NaOH 溶液中和游离酸，然后加入沸水使 K_2SiF_6 水解，反应式为：

$$K_2SiF_6 + 3H_2O = 2KF + H_2SiO_3 + 4HF$$

用 NaOH 标准溶液滴定水解生成的 HF，反应中各物质的量之间的关系为：

$$SiO_2 \backsim K_2SiO_3 \backsim K_2SiF_6 \backsim 4HF \backsim 4NaOH$$

根据所消耗的 NaOH 标准溶液的体积 V_{NaOH}(mL) 可计算出试样中 SiO_2 的含量：

$$w_{SiO_2} = \frac{\frac{1}{4}c_{NaOH}V_{NaOH} \times 10^{-3} M_{SiO_2}}{G}$$

式中，G 为试样的质量，g。

*4.5.4 终点误差

滴定分析中,利用指示剂颜色的变化来确定滴定终点时,如果终点与反应的化学计量点不一致,则滴定不在化学计量点结束,这就会带来一定的误差,这种误差称"终点误差"。本节以酸碱滴定为例,简要讨论终点误差。显然,酸碱滴定中除了终点误差外,还可能包含仪器误差、标准溶液浓度误差、个人主观误差等,对这些误差本节不加讨论。

酸碱滴定时,如果终点与化学计量点不一致,说明溶液中有剩余的酸或碱未被完全中和,或是多加了酸或碱,因此剩余的或过量的酸或碱的物质的量,除以应加入的酸或碱的物质的量,即得出终点误差。强酸、强碱都是全部解离的,情况比较简单;对于弱酸或弱碱,因涉及解离平衡,所以计算时需引入分布系数的概念。

例 4-26 在用 $0.1000\ mol \cdot L^{-1}$ NaOH 溶液滴定 $20.00\ mL\ 0.1000\ mol \cdot L^{-1}$ HCl 溶液时,(1) 用甲基橙作指示剂,滴定到橙黄色(pH=4.0)时为终点;(2) 用酚酞作指示剂,滴定到粉红色(pH=9.0)时为终点。分别计算终点误差。

解: (1) 强碱滴定强酸,化学计量点时 pH 值应等于 7。如用甲基橙指示终点时,pH=4.0,终点的到达过早,说明加入的 NaOH 溶液量不够。这时溶液仍呈酸性,所以可以忽略水解离产生的 H^+,即溶液中的 H^+ 主要是由未中和的 HCl 解离产生的,此时 $[H^+]=10^{-4}\ mol \cdot L^{-1}$。

终点时溶液总体积 $\approx 40\ mL$,未被中和的 HCl 的物质的量占原始的 HCl 的物质的量之比例,即终点误差:

$$TE = -\frac{10^{-4} \times 40}{0.10 \times 20} = -0.002 = -0.2\%$$

(2) 用酚酞作指示剂,终点时 pH=9.0,终点的到达过迟,说明加入的 NaOH 溶液已过量。与上述 pH=4.0 情况相似,水解离提供的 OH^- 也可忽略不计,即溶液中的 OH^- 主要是由过量 NaOH 解离所提供的,此时 $[OH^-]=10^{-5}\ mol \cdot L^{-1}$。过量的 NaOH 的物质的量与应加入的 NaOH 的物质的量之比,即终点误差:

$$TE = +\frac{10^{-5} \times 40}{0.10 \times 20} = +0.0002 = +0.02\%$$

上述计算说明用酚酞作指示剂时的终点误差较小,但用甲基橙作指示剂也能符合滴定分析的误差要求。还应注意,在偏碱性的溶液中,由于空气中 CO_2 的溶入,将使溶液的 pH 发生变化,因而影响酚酞的变色情况,也会引入误差。

例 4-27 用 $0.1000\ mol \cdot L^{-1}$ NaOH 溶液滴定 $20.00\ mL\ 0.1000\ mol \cdot L^{-1}$ HAc 溶液,以酚酞为指示剂,滴定到显粉红色,即 pH=9.0 时为终点。试计算终点误差。

解： 在 4.5 节中已求得 NaOH 滴定 HAc($c=0.1000\text{mol}\cdot\text{L}^{-1}$) 的化学计量点的 pH=8.72，现题设终点为 pH=9.0，显然超过了化学计量点，应为正误差。这时溶液中 $[\text{OH}^-]=10^{-5}\text{mol}\cdot\text{L}^{-1}$，这些 OH^- 来自两个方面，一部分是由过量 NaOH 解离产生的，另一部分则是由 Ac^- 解离产生的（$\text{Ac}^- + \text{H}_2\text{O} \rightleftharpoons \text{HAc} + \text{OH}^-$），后一部分产生的 OH^- 浓度应与溶液中的 HAc 浓度相等，故

$$[\text{OH}^-]_{\text{过量}}=[\text{OH}^-]-[\text{HAc}]$$

而 $[\text{HAc}]=c_{\text{HAc}}\cdot\delta_{\text{HAc}}$，由于溶液总体积稀释一倍，则：

$$c_{\text{HAc}}=[\text{HAc}]+[\text{Ac}^-]=0.050\text{mol}\cdot\text{L}^{-1}$$

又 $\delta_{\text{HAc}}=\dfrac{[\text{H}^+]}{[\text{H}^+]+K_a^\ominus}=\dfrac{10^{-9}}{10^{-9}+10^{-4.74}}=10^{-4.26}$，故：

$$[\text{HAc}]=0.050\times 10^{-4.26}=2.7\times 10^{-6}\text{mol}\cdot\text{L}^{-1}$$

$$[\text{OH}^-]_{\text{过量}}=[\text{OH}^-]-[\text{HAc}]=10^{-5}-2.7\times 10^{-6}=7.3\times 10^{-6}\text{mol}\cdot\text{L}^{-1}$$

因此终点误差为：

$$TE=+\dfrac{7.3\times 10^{-6}\times 40}{0.10\times 20}=+1.5\times 10^{-4}\approx +0.02\%$$

由此可见，用 NaOH 溶液滴定 HAc 溶液，用酚酞指示剂可以获得十分准确的分析结果，因为终点与化学计量点非常接近。

以上举例介绍了强碱滴定强酸和一元弱酸两种情况的终点误差计算问题，目的是让读者对终点误差的计算原则有所理解，当然还可通过其他途径求算终点误差。至于其他比较复杂的情况，如多元酸碱的滴定误差计算问题，本书不再介绍，有兴趣的读者可参阅其他书籍。

习 题

1. 判断题

(1) $0.1\text{mol}\cdot\text{L}^{-1}$ 的 NaOH 溶液可以稀释到 $[\text{OH}^-]=10^{-8}\text{mol}\cdot\text{L}^{-1}$。（　　）

(2) Al_2S_3 在溶液中不会稳定存在，会发生完全水解。（　　）

(3) 某盐的水溶液呈中性，可推断该盐不水解。（　　）

(4) 根据酸碱质子理论，推断 H_3O^+ 的共轭碱是 H_2O。（　　）

2. 根据热力学数据，计算 298.15K，标准态下，HClO 的解离常数。　　$[3\times 10^{-8}]$

3. 计算 $0.2\text{mol}\cdot\text{L}^{-1}$ HCN 的解离度。　　$[0.0056\%]$

4. 若使 50.0mL 的 $6.0\text{mol}\cdot\text{L}^{-1}$ 氨水中 $\text{NH}_3\cdot\text{H}_2\text{O}$ 的解离度增大为 2 倍，需加水多少毫升？　　$[150\text{mL}]$

5. $0.01\text{mol}\cdot\text{L}^{-1}$ HAc 的解离度为 4.2%，求 HAc 的解离常数及该溶液的 pH 值。

$[1.8\times 10^{-5}，3.38]$

6. 在氨水中加入下列物质时，$\text{NH}_3\cdot\text{H}_2\text{O}$ 的解离度及溶液的 pH 值将如何变化？

(1) 加 NH_4Cl；(2) 加 HCl；(3) 加 NaOH；(4) 加水稀释。

7. 按盐水解后溶液为酸性、中性、碱性，将下列盐分类：

KCN，NaNO$_3$，FeCl$_3$，NH$_4$NO$_3$，Al$_2$(SO$_4$)$_3$，CuSO$_4$，NH$_4$Ac，Na$_2$CO$_3$，NaHCO$_3$。

8. 分别计算下列盐溶液的 pH 值和水解度 h：

(1) 0.010mol·L^{-1} NH$_4$Cl 溶液；(2) 0.10mol·L^{-1} NaCN 溶液；(3) 0.10mol·L^{-1} Na$_2$CO$_3$ 溶液。

[(1) 5.63，0.024%；(2) 11.10，1.3%；(3) 11.63，4.2%]

9. 根据酸碱质子理论，判断下列物质哪些只能是酸，哪些只能是碱，哪些是酸碱两性物质？并写出与之相对应的共轭酸或共轭碱的化学式：HS$^-$，S^{2-}，H$_2$S，Zn^{2+}，CO$_2$，H$_2$O，NH$_4^+$，CN$^-$，C$_2$H$_5$OH，NH$_3$。

10. 已知下列各种弱酸的 $pK_a^\ominus$ 值，求它们的共轭碱的 $pK_b^\ominus$ 值（括号内为 $pK_a^\ominus$ 值）。

(1) 甲酸（3.74） (2) 苯酚（9.95） (3) 一氯乙酸（2.86） (4) HC$_2$O$_4^-$（4.19）

11. 已知 H$_3$PO$_4$ 的 $pK_{a1}^\ominus$=2.12，$pK_{a2}^\ominus$=7.20，$pK_{a3}^\ominus$=12.36，求：

(1) PO$_4^{3-}$ 的 $pK_{b1}^\ominus$，$pK_{b2}^\ominus$，$pK_{b3}^\ominus$；(2) H$_2$PO$_4^-$ 的 $pK_b^\ominus$

12. 计算 pH=8.00 和 12.00 时 0.10mol·L^{-1} HCN 溶液中 CN$^-$ 的分布系数及其平衡浓度。

[0.058，5.8×10^{-3}mol·L^{-1}，1.0，1.0×10^{-1}mol·L^{-1}]

13. 已知二元酸 H$_2$A 的 $pK_{a1}^\ominus$=4.19，$pK_{a2}^\ominus$=5.57，计算 (1) 在 pH 为 5.00 时，溶液中 H$_2$A、HA$^-$ 和 A^{2-} 三种形式的分布系数 δ_2，δ_1 和 δ_0；(2) 若 H$_2$A 的总浓度为 0.10mol·L^{-1}，求 pH=5.00 时三种形式的平衡浓度。

[(1) 0.11，0.70，0.19；(2) 1.1×10^{-2}mol·L^{-1}，7.0×10^{-2}mol·L^{-1}，1.9×10^{-2}mol·L^{-1}]

14. 写出下列物质在水溶液中的质子条件：

(1) NH$_4$CN；(2) NaHCO$_3$；(3) (NH$_4$)$_2$HPO$_4$；(4) NH$_4$H$_2$PO$_4$；(5) Na$_3$PO$_4$。

15. 计算下列各溶液的 pH 值：

(1) 0.10mol·L^{-1} HAc；(2) 0.10mol·L^{-1} NH$_3$·H$_2$O；(3) 0.10mol·L^{-1} H$_2$S；(4) 5×10^{-8}mol·L^{-1} HCl；(5) 1.0×10^{-4}mol·L^{-1} HCN；(6) 1.0×10^{-3}mol·L^{-1} H$_2$SO$_4$。

[(1) 2.87；(2) 11.13；(3) 3.94；(4) 6.89；(5) 6.57；(6) 2.73]

16. 计算下列各溶液的 pH 值：

(1) 0.15mol·L^{-1} NH$_4$Cl；(2) 0.15mol·L^{-1} NaAc；(3) 0.100mol·L^{-1} Na$_2$S；(4) 0.10mol·L^{-1} NaH$_2$PO$_4$；(5) 0.05mol·L^{-1} K$_2$HPO$_4$。

[(1) 5.04；(2) 8.96；(3) 12.97；(4) 4.66；(5) 9.70]

17. 将某一元弱碱 0.950g 溶解成 100mL 溶液，其 pH=11.00，已知该弱碱的相对分子质量为 125，求该弱碱的 $pK_b^\ominus$。

[4.88]

18. 在 100mL 0.1mol·L^{-1} 氨水中加入 1.07g NH$_4$Cl 固体，溶液 pH 值为多少？在此溶液中再加入 100mL 水，pH 值有何变化？

[8.96]

19. 取 100g NaAc·3H$_2$O，加入 13mL 6.0mol·L^{-1} HAc 溶液，然后用水稀释至 1.0L，此缓冲溶液的 pH 值是多少？若向此溶液中通入 0.10mol HCl 气体（忽略溶液体积变化），求溶液 pH 值变化多少？

[5.72，-0.42]

20. 需配制 pH=5.2 的溶液，应在 1L 0.01mol·L^{-1} 苯甲酸中加入多少克苯甲酸钠？

[14.2g]

21. 欲配制 pH＝3 的缓冲溶液，现有下列物质，选哪种酸及其共轭碱更合适？（括号内为 $pK_a^{\ominus}$ 值）

甲酸（3.74），醋酸（4.74），一氯乙酸（2.86），苯酚（9.95），苯甲酸（4.21），硼酸（9.24）。

22. 有三种缓冲溶液，它们的组成如下：(1) $1.0\,mol \cdot L^{-1}$ HAc＋$1.0\,mol \cdot L^{-1}$ NaAc；(2) $1.0\,mol \cdot L^{-1}$ HAc＋$0.01\,mol \cdot L^{-1}$ NaAc；(3) $0.01\,mol \cdot L^{-1}$ HAc＋$1.0\,mol \cdot L^{-1}$ NaAc。这三种缓冲溶液的缓冲能力有什么不同？加入稍多的酸或稍多的碱时，哪种溶液的 pH 值将发生较大的变化？哪种溶液仍具有较好的缓冲作用？

23. 以 $Na_2CO_3(s)$ 为基准物质标定盐酸溶液（浓度约为 $0.2\,mol \cdot L^{-1}$），滴定时欲消耗 HCl 体积 20～30 mL，计算应称取 $Na_2CO_3(s)$ 多少克？　　　　　　　　　　[0.21～0.32 g]

24. 计算下列各混合溶液的 pH 值：
(1) 50 mL $0.10\,mol \cdot L^{-1}$ H_3PO_4 与 25 mL $0.10\,mol \cdot L^{-1}$ NaOH 溶液混合；
(2) 50 mL $0.10\,mol \cdot L^{-1}$ H_3PO_4 与 50 mL $0.10\,mol \cdot L^{-1}$ NaOH 溶液混合；
(3) 50 mL $0.10\,mol \cdot L^{-1}$ H_3PO_4 与 75 mL $0.10\,mol \cdot L^{-1}$ NaOH 溶液混合。
　　　　　　　　　　　　　　　　　　　[(1) 2.12；(2) 4.70；(3) 7.20]

25. 下列物质中哪些可以用直接法配制标准溶液？哪些只能用间接法配制？
H_2SO_4，KOH，$KMnO_4$，$K_2Cr_2O_7$，KIO_3，$Na_2S_2O_3 \cdot 5H_2O$

26. 计算下列溶液的滴定度，以 $g \cdot mL^{-1}$ 表示：
(1) $0.2015\,mol \cdot L^{-1}$ HCl 溶液对 Na_2CO_3，CaO 的滴定度；
(2) $0.1896\,mol \cdot L^{-1}$ NaOH 溶液对 HNO_3，CH_3COOH 的滴定度。
　　　　　　　　　　[(1) $0.01068\,g \cdot mL^{-1}$，$0.005650\,g \cdot mL^{-1}$；
　　　　　　　　　　　(2) $0.01195\,g \cdot mL^{-1}$，$0.01139\,g \cdot mL^{-1}$]

27. 用 $0.2000\,mol \cdot L^{-1}$ $Ba(OH)_2$ 滴定 $0.1000\,mol \cdot L^{-1}$ HAc 至化学计量点时，溶液的 pH 值等于多少？　　　　　　　　　　　　　　　　　　　　　　　　　　[8.82]

28. 用 $0.5000\,mol \cdot L^{-1}$ HCl 溶液滴定 20.00 mL $0.5000\,mol \cdot L^{-1}$ 一元弱碱 B($pK_b^{\ominus}$＝6.0)，计算化学计量点时的 pH 值为多少，化学计量点附近的滴定突跃为多少？应选用何种指示剂指示终点？　　　　　　　　　　　　　　　　[4.30，5.00～3.60]

29. 如以 $0.2000\,mol \cdot L^{-1}$ NaOH 标准溶液滴定 20.00 mL $0.2000\,mol \cdot L^{-1}$ 邻苯二甲酸氢钾溶液，化学计量点时的 pH 值为多少？化学计量点前后 0.1% 的 pH 值是多少？应选用何种指示剂？　　　　　　　　　　　　　　　　　　　　　　[9.26，8.54～10.00]

30. 下列各种弱酸弱碱，能否用酸碱滴定法直接加以测定？
(1) $0.1\,mol \cdot L^{-1}$ HF；(2) $0.1\,mol \cdot L^{-1}$ NH_4Cl；
(3) $0.1\,mol \cdot L^{-1}$ 羟胺；(4) $0.1\,mol \cdot L^{-1}$ NaF。

31. 用 NaOH 溶液滴定下列各种多元酸会出现几个滴定突跃？能否直接滴定至酸的质子全部被中和？
(1) $0.1\,mol \cdot L^{-1}$ 酒石酸；(2) $0.01\,mol \cdot L^{-1}$ 砷酸；(3) $0.1\,mol \cdot L^{-1}$ H_2SO_3；(4) $0.1\,mol \cdot L^{-1}$ H_2CO_3；(5) $0.1\,mol \cdot L^{-1}$ $H_2C_2O_4$；(6) $0.1\,mol \cdot L^{-1}$ 水杨酸。

32. 有某三元酸，其 $pK_{a1}^{\ominus}$＝2，$pK_{a2}^{\ominus}$＝6，$pK_{a3}^{\ominus}$＝12。用 NaOH 溶液滴定时，第一和第二化学计量点的 pH 值分别为多少？两个化学计量点附近有无滴定突跃？能否直接滴定至酸的质子全部被中和？
　　　　　　　　　　　　　　　　　　　　　　　　　　　　　　　　　　[4.0，9.0]

33. 标定 NaOH 溶液的浓度时，若采用 (1) 部分风化的 $H_2C_2O_4 \cdot 2H_2O$；(2) 含有少量中性杂质的 $H_2C_2O_4 \cdot 2H_2O$，则标定所得的浓度偏高，偏低还是准确？

34. 用下列物质标定 HCl 溶液的浓度时，(1) 在相对湿度为 30% 的容器中保存的硼砂；(2) 在 110℃烘过的 Na_2CO_3；(3) 以甲基橙为指示剂，用在保存过程中吸收了少量 CO_2 的某 NaOH 标准溶液标定 HCl 溶液浓度，则标定所得结果是偏高，偏低，还是准确？

35. 分析不纯 $CaCO_3$（其中不含干扰物质）时，称取试样 0.3000g，加入浓度为 $0.2500\text{mol} \cdot L^{-1}$ 的 HCl 标准溶液 25.00mL，煮沸除去 CO_2，用浓度为 $0.2012\text{mol} \cdot L^{-1}$ 的 NaOH 溶液返滴过量酸，消耗了 5.84mL，计算试样中 $CaCO_3$ 的百分含量。 [84.66%]

36. 称取粗铵盐 1.075g，与过量碱共热，蒸出的 NH_3 以过量的硼酸溶液吸收，再以 $0.3865\text{mol} \cdot L^{-1}$ HCl 溶液滴定，用甲基红和溴甲酚绿混合指示剂指示终点，需 33.68mL HCl 溶液，求试样中 NH_3 的百分含量和以 NH_4Cl 表示的百分含量。 [20.62%，64.77%]

37. 称取硅酸盐试样 0.1000g，经熔融分解，沉淀出 K_2SiF_6，然后过滤，洗净，水解产生的 HF 用 $0.1477\text{mol} \cdot L^{-1}$ NaOH 标准溶液滴定，以酚酞为指示剂，耗去标准溶液 24.72mL，计算试样中 SiO_2 的百分含量。 [54.84%]

38. 称取混合碱试样 0.5895g，溶于水，用 $0.3000\text{mol} \cdot L^{-1}$ HCl 滴定至酚酞变色时，用去 HCl 24.08mL，加甲基橙后继续用 HCl 滴定，又消耗 HCl 12.02mL，计算试样中各组分的百分含量。 [Na_2CO_3：64.83%，NaOH：24.56%，杂质：10.61%]

39. 称取混合碱试样 0.3010g，用酚酞为指示剂滴定时，用去 $0.1060\text{mol} \cdot L^{-1}$ HCl 20.10mL，继续用甲基橙作指示剂滴定，又用去 HCl 27.60mL，计算试样中各组分的百分含量。 [Na_2CO_3：75.02%，$NaHCO_3$：22.19%，杂质：2.79%]

*40. 计算用 $0.1000\text{mol} \cdot L^{-1}$ HCl 滴定 $0.1000\text{mol} \cdot L^{-1}$ NH_3 溶液时，(1) 用酚酞为指示剂，滴定至 pH=8.5 为终点时的终点误差；(2) 用甲基橙为指示剂，滴定至 pH=4.0 为终点时的终点误差。 [(1) −15%；(2) +0.20%]

第 5 章
沉淀溶解平衡与沉淀分析法

在科学实验和生产实践中,常利用沉淀反应进行离子的分离鉴定、除去溶液中的杂质、制取某些难溶化合物以及进行定量分析等。因此了解并掌握有关沉淀的形成、溶解、转化以及相应的影响因素,对实际生产和科学研究都有重要意义。本章先讨论沉淀的生成、溶解的有关理论,然后再学习建立在沉淀溶解平衡基础上的两种定量分析法:沉淀滴定法和沉淀重量法。

5.1 沉淀溶解平衡

根据物质溶解度的大小,可将物质分为易溶物质和难溶物质,就水作溶剂而言,严格地说,在水中绝对不溶的物质是没有的。通常把溶解度小于 0.01g/100g H_2O 的物质称为难溶物质,在 0.01~1g/100g H_2O 之间的物质称为微溶物质,在 1~10g/100g H_2O 之间的物质称为可溶物质,大于 10g/100g H_2O 的物质称为易溶物质。本章主要讨论微溶物质和难溶物质在溶液中的特性。

5.1.1 沉淀溶解平衡的特征常数

(1) 溶度积常数

在一定温度下,将难溶强电解质 A_mB_n 放入水中,在溶液中就会建立起一个沉淀与溶解之间的动态平衡,这是一种多相离子平衡,此时溶液为饱和溶液。A_mB_n 沉淀与溶解之间的平衡关系可表示为:

$$A_mB_n(s) \underset{\text{沉淀}}{\overset{\text{溶解}}{\rightleftharpoons}} mA^{n+} + nB^{m-}$$

未溶解的固体　　　溶液中的离子

其平衡常数表达式为:

$$K_{sp}^{\ominus} = [A^{n+}]^m [B^{m-}]^n \tag{5-1}$$

该式表明:在一定温度下,难溶电解质的饱和溶液中,其各组分离子浓度幂的乘积为一常数。该常数称为溶度积常数（简称溶度积），用 $K_{sp}^{\ominus}$ 表示。

$K_{sp}^{\ominus}$ 的大小反映了难溶电解质溶解能力的大小。$K_{sp}^{\ominus}$ 越小，表明难溶电解质的溶解度越小。与其他平衡常数一样，$K_{sp}^{\ominus}$ 也是温度的函数。常见难溶电解质的溶度积常数可查附录 4。

（2）溶解度和溶度积的换算

溶度积和溶解度都可以反映物质的溶解能力，它们之间可以相互换算。在换算时，应注意浓度单位必须采用 $mol \cdot L^{-1}$。另外，由于难溶电解质溶解度很小，溶液很稀，在换算时可近似认为其饱和溶液的密度等于水的密度。溶度积和溶解度两者关系推导如下：

对于某一难溶电解质 A_mB_n，在水溶液中存在如下平衡：

$$A_mB_n(s) \rightleftharpoons mA^{n+} + nB^{m-}$$

若用 S 表示溶解度，则 $[A^{n+}] = mS$，$[B^{m-}] = nS$

$$K_{sp}^{\ominus} = [A^{n+}]^m[B^{m-}]^n = (mS)^m \cdot (nS)^n$$

即
$$K_{sp}^{\ominus} = m^m \cdot n^n \cdot S^{m+n} \tag{5-2}$$

根据公式(5-2)，可以得出以下几种类型难溶强电解质 $K_{sp}^{\ominus}$ 和 S 的相互换算关系：

AB 型：$K_{sp}^{\ominus} = S^2$

AB_2 或 A_2B 型：$K_{sp}^{\ominus} = 4S^3$

AB_3 或 A_3B 型：$K_{sp}^{\ominus} = 27S^4$

值得注意的是，上述难溶电解质溶度积与溶解度之间的换算关系只是近似地适用于溶解度很小的难溶强电解质，而且要求其组分离子基本不水解，在水溶液中其组分离子也不形成"离子对"。

例 5-1 已知 AgCl 在 298.15K 时的 $K_{sp}^{\ominus}$ 为 1.8×10^{-10}，求 AgCl 在 298.15K 时的溶解度。

解： 设 AgCl 的溶解度为 $S \, mol \cdot L^{-1}$，在 AgCl 饱和溶液中：

$$AgCl(s) \rightleftharpoons Ag^+ + Cl^-$$

$[Ag^+] = [Cl^-] = S$，根据溶度积表达式，则有

$$K_{sp,AgCl}^{\ominus} = [Ag^+][Cl^-] = S^2$$

$$S = \sqrt{K_{sp,AgCl}^{\ominus}} = \sqrt{1.8 \times 10^{-10}} = 1.3 \times 10^{-5} \, mol \cdot L^{-1}$$

对于相同类型的难溶强电解质，可以根据溶度积的大小直接比较它们溶解度（以 $mol \cdot L^{-1}$ 为单位）的相对大小。但对于不同类型的难溶电解质，溶度积大的其溶解度未必一定大。如：Ag_2CrO_4 为 A_2B 型物质，AgCl 为 AB 型物质，$K_{sp,Ag_2CrO_4}^{\ominus} < K_{sp,AgCl}^{\ominus}$，但在室温下 Ag_2CrO_4 的溶解度为 $7.9 \times 10^{-5} \, mol \cdot L^{-1}$，比 AgCl 的溶解度 $1.3 \times 10^{-5} \, mol \cdot L^{-1}$ 要大。

5.1.2 影响沉淀溶解度的因素

在一定温度下，难溶电解质在纯水中都有一定的溶解度，其数值大小由难溶化合物本身

的性质决定。但外界条件的变化也会影响沉淀的溶解度。影响沉淀溶解度的因素很多，如同离子效应、盐效应、酸效应、配位效应、温度、溶剂、沉淀颗粒大小及结构等，下面分别加以讨论。

(1) 同离子效应

在沉淀平衡体系中，加入含有某一沉淀组分离子的试剂或溶液，则沉淀的溶解度会降低，这一现象称为同离子效应。

例如 $BaSO_4$ 在溶液中存在以下沉淀溶解平衡：

$$BaSO_4(s) \rightleftharpoons Ba^{2+} + SO_4^{2-}$$

在上述溶液中加入强电解质 $Na_2SO_4(s)$ 或 $BaCl_2(s)$，由于溶液中 SO_4^{2-} 或 Ba^{2+} 浓度增大，根据吕·查德里原理，可知上述平衡将会左移，因而也就降低了 $BaSO_4$ 的溶解度。

例 5-2 计算 $BaSO_4$ 在 298.15K，$0.10 mol \cdot L^{-1}$ Na_2SO_4 溶液中的溶解度。

解： 设 $BaSO_4$ 在 $0.1 mol \cdot L^{-1}$ Na_2SO_4 溶液中溶解度为 $S mol \cdot L^{-1}$，

$$BaSO_4(s) \rightleftharpoons Ba^{2+} + SO_4^{2-}$$

平衡浓度 　　　　　　　　　　　　S　　$S+0.10$

$$K_{sp,BaSO_4}^{\ominus} = [Ba^{2+}][SO_4^{2-}]$$

$$K_{sp,BaSO_4}^{\ominus} = S \cdot (S+0.10) = 1.1 \times 10^{-10}$$

因为 $K_{sp,BaSO_4}^{\ominus}$ 值很小，所以 $S + 0.10 \approx 0.10$，即

$$S \times 0.10 = 1.1 \times 10^{-10}$$

$$S = 1.1 \times 10^{-9} mol \cdot L^{-1}$$

计算结果表明：$BaSO_4$ 在 298.15K，$0.10 mol \cdot L^{-1}$ Na_2SO_4 溶液中的溶解度（$1.1 \times 10^{-9} mol \cdot L^{-1}$）相当于在纯水中溶解度（$1.1 \times 10^{-5} mol \cdot L^{-1}$）的万分之一。

同离子效应有许多重要实际应用。例如利用沉淀反应分离某些离子时，加入过量沉淀剂可使被沉淀离子沉淀完全。由于不论加入多大浓度的沉淀剂，被沉淀离子也不可能从溶液中绝迹，所以一般认为当溶液中被沉淀离子浓度不超过 $10^{-5} mol \cdot L^{-1}$ 时，即可认为沉淀完全[1]。另外，在定量分析沉淀时，可利用同离子效应选择合适洗涤剂，以减少沉淀的溶解损失，满足分析测定的要求。

(2) 盐效应

在难溶电解质的饱和溶液中，加入与平衡无关的其他易溶强电解质，使难溶电解质溶解度比在纯水中溶解度增大的现象称为盐效应。

产生盐效应的原因主要是因为当有强电解质存在时，溶液中的离子强度增大，离子间的

---

[1] 在定性分析中，溶液中离子浓度不超过 $10^{-5} mol \cdot L^{-1}$，即可认为沉淀完全；在定量分析中，溶液中离子浓度不超过 $10^{-6} mol \cdot L^{-1}$，即可认为沉淀完全，本教材按照定性分析的要求进行相关计算。

相互牵制作用增强，使难溶电解质的组分离子相互接触形成沉淀的机会减少，其结果使难溶电解质的溶解度增大。

同离子效应和盐效应对沉淀的溶解度是两种相反的作用，在发生同离子效应时也伴有盐效应的发生。例如某温度下，在 $PbSO_4$ 饱和溶液中加入 Na_2SO_4，$PbSO_4$ 沉淀在不同浓度 Na_2SO_4 溶液中溶解度的变化情况列于表 5-1 中。

表 5-1 $PbSO_4$ 在 Na_2SO_4 溶液中的溶解度（实验值）

Na_2SO_4 浓度/mol·L^{-1}	0	0.001	0.01	0.02	0.04	0.10	0.20
$PbSO_4$ 溶解度/mol·L^{-1}	1.5×10^{-4}	2.4×10^{-5}	1.6×10^{-5}	1.4×10^{-5}	1.3×10^{-5}	1.6×10^{-5}	2.3×10^{-5}

从表 5-1 中数据可以看出，开始 $PbSO_4$ 溶解度随 Na_2SO_4 浓度的增大而减小，此时同离子效应起主要作用。当 Na_2SO_4 浓度增至 $0.04 mol·L^{-1}$ 以后，$PbSO_4$ 溶解度反而随 Na_2SO_4 浓度增大而增大，这是因为此时盐效应占了主导地位。

在一般计算中，当沉淀本身的溶解度很小时，盐效应的影响非常小，通常可以忽略不计。只有当沉淀溶解度较大且溶液离子强度很高时才考虑盐效应的影响。

在沉淀分离或沉淀分析测定中，为使沉淀完全常采用过量沉淀剂，为了避免盐效应使沉淀溶解度增大的副作用，必须控制好沉淀剂用量，不宜过量太多，一般以过量 20%～50% 为宜。

（3）酸效应

溶液酸度对沉淀溶解度的影响称为酸效应。酸效应的发生主要是由于溶液中 H^+ 浓度的大小对弱酸、多元酸或难溶酸解离平衡的影响。对于 $BaSO_4$，$AgCl$ 等强酸盐沉淀，其溶解度受酸度影响不大。对于 $CaCO_3$，CaC_2O_4 等弱酸或多元弱酸盐沉淀以及一些难溶酸和许多与有机沉淀剂形成的沉淀，酸效应就很显著。酸效应可以 CaC_2O_4 为例来说明。在 CaC_2O_4 饱和溶液中存在下列平衡：

$$CaC_2O_4(s) \rightleftharpoons Ca^{2+} + C_2O_4^{2-}$$
$$\Updownarrow +H^+$$
$$HC_2O_4^- \xrightleftharpoons{+H^+} H_2C_2O_4$$

此时 CaC_2O_4 溶解度为：

$$S_{CaC_2O_4} = [Ca^{2+}] = [C_2O_4^{2-}]_{总}$$

在不同酸度下，$[C_2O_4^{2-}]_{总} = [C_2O_4^{2-}] + [HC_2O_4^-] + [H_2C_2O_4]$

在沉淀主反应中，能与 Ca^{2+} 形成沉淀的是 $C_2O_4^{2-}$。由溶液酸度所引起的酸效应的大小可以用酸效应系数来衡量：

$$\alpha_{C_2O_4(H)} = \frac{[C_2O_4^{2-}]_{总}}{[C_2O_4^{2-}]}$$

式中，$\alpha_{C_2O_4(H)}$ 是草酸的酸效应系数。

由于 $[Ca^{2+}][C_2O_4^{2-}] = K_{sp,CaC_2O_4}^{\ominus}$，则

$$[Ca^{2+}][C_2O_4^{2-}]_{总} = K_{sp,CaC_2O_4}^{\ominus} \alpha_{C_2O_4(H)} = K_{sp,CaC_2O_4}^{\ominus\prime}$$

其中，$K_{sp,CaC_2O_4}^{\ominus\prime}$ 是在一定酸度条件下 CaC_2O_4 的溶度积，称为条件溶度积。利用 $K_{sp,CaC_2O_4}^{\ominus\prime}$ 可以计算出 CaC_2O_4 在不同酸度条件下的溶解度：

$$S_{CaC_2O_4} = \sqrt{K_{sp,CaC_2O_4}^{\ominus\prime}} = \sqrt{K_{sp,CaC_2O_4}^{\ominus} \alpha_{C_2O_4(H)}}$$

例 5-3 计算 298.15K 时，CaC_2O_4 在 pH=2 和 pH=5 溶液中的溶解度。已知 $H_2C_2O_4$ 的 $K_{a1}^{\ominus}=5.9\times10^{-2}$，$K_{a2}^{\ominus}=6.4\times10^{-5}$，$K_{sp,CaC_2O_4}^{\ominus}=2.0\times10^{-9}$。

解： 当 pH=2 时，$\alpha_{C_2O_4(H)} = \dfrac{[C_2O_4^{2-}]_{总}}{[C_2O_4^{2-}]} = \dfrac{[C_2O_4^{2-}]+[HC_2O_4^-]+[H_2C_2O_4]}{[C_2O_4^{2-}]}$

$= 1 + \dfrac{[H^+]}{K_{a2}^{\ominus}} + \dfrac{[H^+]^2}{K_{a1}^{\ominus}K_{a2}^{\ominus}} = 1 + \dfrac{10^{-2}}{6.4\times10^{-5}} + \dfrac{(10^{-2})^2}{5.9\times10^{-2}\times6.4\times10^{-5}} = 183.7$

则 $S_1 = \sqrt{K_{sp,CaC_2O_4}^{\ominus} \alpha_{C_2O_4(H)}} = \sqrt{2.0\times10^{-9}\times183.7} = 6.1\times10^{-4}\,\text{mol}\cdot\text{L}^{-1}$

当 pH=5 时，同理可得出 $S_2 = 4.8\times10^{-5}\,\text{mol}\cdot\text{L}^{-1}$。

由计算结果可知，酸效应对 CaC_2O_4 沉淀溶解度影响很大，pH=2 时的溶解度约是 pH=5 时溶解度的 12.7 倍。因此为了保证弱酸盐沉淀完全，沉淀反应应尽可能地控制在较低的酸度条件下进行。

(4) 配位效应

在沉淀溶解平衡中，若在溶液中加入适当配位剂，使被沉淀离子与配位剂发生配位反应生成配合物[1]，则会使难溶电解质溶解度增大。这种因加入配位剂使沉淀溶解度改变的作用称为配位效应。以 AgCl 沉淀溶解平衡为例来说明。在含有 AgCl 沉淀的溶液中加入氨水，由于 NH_3 能与 Ag^+ 配位形成 $[Ag(NH_3)_2]^+$ 配离子，使溶液中 Ag^+ 浓度减小，根据吕·查德里原理，可知 AgCl 的沉淀溶解平衡将向溶解的方向移动，从而可使 AgCl 的溶解度增大甚至全部溶解。

$$AgCl(s) \rightleftharpoons Ag^+ + Cl^-$$
$$\Updownarrow +NH_3$$
$$[Ag(NH_3)_2]^+$$

配位效应对沉淀溶解度的影响与配位剂浓度以及形成配合物的稳定性有关，若配位剂浓度越大或形成的配合物越稳定，则配位效应越显著，沉淀就越易溶解。

在沉淀反应中，有时沉淀剂本身就是配位剂，在这种情况下如加入过量沉淀剂，反应过程中就同时存在同离子效应和配位效应。两者对沉淀溶解度的影响是不同的，此时沉淀的溶解度是增加还是减少，视沉淀剂的浓度而定。例如若以 NaCl 为沉淀剂使 Ag^+ 形成 AgCl 沉淀，当 NaCl 浓度较小时，AgCl 溶解度随 NaCl 浓度增加而迅速减少，同离子效应起主导作用。当 NaCl 浓度增至一定程度后，过量 Cl^- 与 AgCl 配位形成 $[AgCl_2]^-$、$[AgCl_3]^{2-}$ 等配离子，AgCl 溶解度反而增大，此时配位效应占主导地位。因此，用 Cl^- 沉淀 Ag^+ 时，必须严格控制 Cl^- 浓度。

---

[1] 关于配合物的形成和结构等详见第七章和第九章的有关内容。

由以上讨论可知,一般说来,同离子效应是降低沉淀溶解度的有利因素,而盐效应、酸效应、配位效应是影响沉淀完全的不利因素。因此,在实际工作中应根据具体情况适当控制操作条件,以保证分析结果的准确性。

(5) 其他影响因素

影响沉淀溶解度的因素除了同离子效应、盐效应、酸效应、配位效应外,温度、其他溶剂存在及沉淀本身颗粒的大小和结构,都对沉淀的溶解度有影响。

① 温度:溶解一般是吸热过程,因此沉淀的溶解度一般随温度升高而增大,但也有个别例外。如无水 Na_2SO_4 的溶解度就随温度升高而降低。

② 溶剂:大部分无机物沉淀为离子型晶体,在有机溶剂中的溶解度比在纯水中要低。例如 $CaSO_4$ 溶液中加入适量乙醇,$CaSO_4$ 的溶解度就大大降低。

③ 沉淀颗粒大小和结构:同一种沉淀,颗粒越小,溶解度越大。因为小晶体比大晶体有更多的角、边和表面,处于这些位置的离子易受到溶剂分子的作用而进入溶液中,溶解度就大。因此,在沉淀形成后,常将沉淀与母液一起放置一段时间,使小晶体逐渐转化为大晶体。沉淀的结构对溶解度也有影响。例如初生成的 CoS 是 α 型,$K_{sp,CoS(\alpha)}^{\ominus}=4\times10^{-21}$,放置一段时间后转变为 β 型,$K_{sp,CoS(\beta)}^{\ominus}=2\times10^{-25}$。

5.2 溶度积规则及应用

5.2.1 溶度积规则

对于一给定的难溶电解质来说,在一定条件下沉淀能否生成或溶解,可通过离子积 Q_i(也称反应商)与难溶电解质溶度积 $K_{sp}^{\ominus}$ 的比较而得出。其中离子积 Q_i 指的是溶液中难溶电解质组分离子浓度幂的乘积。

离子积 $$Q_i = c_{A^{n+}}^m \cdot c_{B^{m-}}^n$$

对于难溶电解质 A_mB_n 来说,它在溶液中建立如下平衡:

$$A_mB_n(s) \rightleftharpoons mA^{n+} + nB^{m-}$$

根据摩尔吉布斯自由能变判据:

$$\Delta_r G_m = RT(\ln Q - \ln K^{\ominus}) \begin{cases} < \\ = \\ > \end{cases} 0 \begin{cases} 反应正向移动 \\ 反应处于平衡状态 \\ 反应逆向移动 \end{cases}$$

应用于 A_mB_n 的沉淀溶解平衡,其中用离子积 Q_i 代替 Q,用溶度积 $K_{sp}^{\ominus}$ 代替 $K^{\ominus}$,则存在着如下关系:

当 $Q_i < K_{sp}^{\ominus}$ 时,是 A_mB_n 的不饱和溶液,反应向沉淀溶解方向移动;

当 $Q_i = K_{sp}^{\ominus}$ 时,是 A_mB_n 的饱和溶液,反应处于平衡状态;

当 $Q_i > K_{sp}^{\ominus}$ 时,是 A_mB_n 的过饱和溶液,反应向沉淀生成方向移动。

以上规律称为溶度积规则,应用溶度积规则可以判断沉淀的生成或溶解。

5.2.2 溶度积规则的应用

(1) 沉淀的生成及沉淀完全

根据溶度积规则,在难溶强电解质溶液中,如果 $Q_i > K_{sp}^{\ominus}$,溶液中即有沉淀生成,这是沉淀生成的必要条件。

例 5-4 将等体积的 $4.0×10^{-3}$ mol·L^{-1} 的 AgNO$_3$ 和 $4.0×10^{-3}$ mol·L^{-1} K$_2$CrO$_4$ 溶液混合,能否析出 Ag$_2$CrO$_4$ 沉淀($K_{sp,Ag_2CrO_4}^{\ominus}=2.0×10^{-12}$)?

解: 混合后,$c_{Ag^+}=2.0×10^{-3}$ mol·L^{-1},$c_{CrO_4^{2-}}=2.0×10^{-3}$ mol·L^{-1}

$Q_i = c_{Ag^+}^2 \cdot c_{CrO_4^{2-}} = (2.0×10^{-3})^2 × 2.0×10^{-3} = 8.0×10^{-9}$

$K_{sp,Ag_2CrO_4}^{\ominus} = 2.0×10^{-12}$

$Q_i > K_{sp,Ag_2CrO_4}^{\ominus}$,所以有沉淀生成。

在利用沉淀反应分离离子或沉淀分析测定中,常需要控制沉淀剂用量。沉淀剂用量不仅要保证沉淀生成,还要确保沉淀完全。在被沉淀离子浓度一定的情况下,沉淀能否完全,与沉淀的 $K_{sp}^{\ominus}$,沉淀剂的性质和用量有关,对于某些沉淀反应还与沉淀时的 pH 值等因素有关。

例 5-5 在 $1.0×10^{-3}$ mol·L^{-1} SO$_4^{2-}$ 溶液中,加入 BaCl$_2$ 溶液,欲使 SO$_4^{2-}$ 沉淀完全,平衡时溶液中 Ba^{2+} 至少应有多大浓度?($K_{sp,BaSO_4}^{\ominus}=1.1×10^{-10}$)

解: 欲使 SO$_4^{2-}$ 沉淀完全,则须满足 [SO$_4^{2-}$]≤$1.0×10^{-5}$ mol·L^{-1}。

根据 [SO$_4^{2-}$][Ba^{2+}]=$K_{sp,BaSO_4}^{\ominus}$,则

$$[Ba^{2+}] = \frac{K_{sp,BaSO_4}^{\ominus}}{[SO_4^{2-}]}$$

此时 $[Ba^{2+}] \geq \dfrac{1.1×10^{-10}}{1.0×10^{-5}} = 1.1×10^{-5}$ mol·L^{-1}

所以,欲使 SO$_4^{2-}$ 沉淀完全,溶液中 [Ba^{2+}] 须大于等于 $1.1×10^{-5}$ mol·L^{-1}。

例 5-6 计算 0.01mol·L^{-1} Fe^{3+} 开始沉淀时溶液的 pH 值和沉淀完全时溶液的 pH 值 ($K_{sp,Fe(OH)_3}^{\ominus}=4×10^{-38}$)。

解: (1) 开始沉淀时所需 pH 值

$Fe(OH)_3(s) \rightleftharpoons Fe^{3+} + 3OH^-$

$[Fe^{3+}][OH^-]^3 = K_{sp,Fe(OH)_3}^{\ominus} = 4 \times 10^{-38}$

$[OH^-]^3 = \dfrac{4 \times 10^{-38}}{[Fe^{3+}]} = \dfrac{4 \times 10^{-38}}{0.01} = 4 \times 10^{-36}$

$[OH^-] = 1.6 \times 10^{-12}$ mol·L^{-1},pH=2.2

(2) 沉淀完全时所需 pH 值

$[OH^-]^3 = \dfrac{K_{sp,Fe(OH)_3}^{\ominus}}{1.0 \times 10^{-5}} = \dfrac{4 \times 10^{-38}}{1.0 \times 10^{-5}} = 4 \times 10^{-33}$

$[OH^-] = 1.6 \times 10^{-11}$ mol·L^{-1},其 pH 值为:pH=3.2

所以,0.01 mol·L^{-1} Fe^{3+} 开始沉淀时和沉淀完全时所需的 pH 值分别为 2.2 和 3.2。

本题说明氢氧化物开始沉淀和沉淀完全不一定在碱性环境。

把例 5-6 推广到一般情况,可以得到难溶金属氢氧化物 $M(OH)_n$ 开始沉淀时和刚沉淀完全时所需要的 $[OH^-]$:

$$[OH^-] = \sqrt[n]{\dfrac{K_{sp,M(OH)_n}^{\ominus}}{[M^{n+}]}} \text{(开始沉淀时)}$$

$$[OH^-] = \sqrt[n]{\dfrac{K_{sp,M(OH)_n}^{\ominus}}{10^{-5}}} \text{(沉淀完全时)}$$

可以看出:不同难溶金属氢氧化物溶度积不同,分子式不同,它们开始沉淀和沉淀完全所需的 pH 值也不同。因此可通过控制溶液的 pH 值达到分离金属离子的目的。

但必须指出,通过上述计算获得的仅是理论值,实际情况往往复杂得多。

与各种难溶金属氢氧化物开始沉淀和沉淀完全所需 pH 值不同类似,各种难溶弱酸盐开始沉淀和沉淀完全的 pH 值也是不同的。例如大部分金属离子可与 S^{2-} 形成 MS 型难溶硫化物,其 $K_{sp}^{\ominus}$ 值各不相同而且溶液中 S^{2-} 浓度还与溶液的 pH 值有关,因此对于不同难溶金属硫化物,金属离子开始形成硫化物沉淀和沉淀完全所需的 pH 值也各不相同,故可以通过调节溶液的 pH 值,使某些或某种金属离子形成硫化物沉淀,而另一些离子仍留在溶液中,从而达到分离提纯的目的。

在 MS 型金属硫化物沉淀的生成过程中同时存在着以下几个平衡:

$M^{2+} + S^{2-} \rightleftharpoons MS(s)$

$H_2S \rightleftharpoons H^+ + HS^- \qquad K_{a1,H_2S}^{\ominus} = \dfrac{[H^+][HS^-]}{[H_2S]}$

$HS^- \rightleftharpoons H^+ + S^{2-} \qquad K_{a2,H_2S}^{\ominus} = \dfrac{[H^+][S^{2-}]}{[HS^-]}$

可以得出:$[S^{2-}] = \dfrac{[H_2S] K_{a1,H_2S}^{\ominus} K_{a2,H_2S}^{\ominus}}{[H^+]^2}$

根据溶度积规则,MS 型金属硫化物开始沉淀时 S^{2-} 的浓度为:

$$[S^{2-}] = \dfrac{K_{sp,MS}^{\ominus}}{[M^{2+}]}$$

故 MS 型金属硫化物开始沉淀时，相应的 H^+ 的浓度为：

$$[H^+] = \sqrt{\frac{K_{a1,H_2S}^{\ominus} K_{a2,H_2S}^{\ominus} [H_2S][M^{2+}]}{K_{sp,MS}^{\ominus}}} \tag{5-3}$$

当 M^{2+} 沉淀完全时，则相应 S^{2-} 的浓度为：

$$[S^{2-}] = \frac{K_{sp,MS}^{\ominus}}{1.0 \times 10^{-5}}$$

故 MS 型金属硫化物沉淀完全时，相应的 H^+ 浓度为：

$$[H^+] = \sqrt{\frac{K_{a1,H_2S}^{\ominus} K_{a2,H_2S}^{\ominus} [H_2S] \times 1.0 \times 10^{-5}}{K_{sp,MS}^{\ominus}}} \tag{5-4}$$

根据式(5-3)和式(5-4)可求出 MS 型金属硫化物开始沉淀和沉淀完全时的 pH 值。可以看出，对于不同的难溶金属硫化物 MS 来说，如果金属离子浓度相同，则溶度积越小的金属硫化物，沉淀开始析出时的 $[H^+]$ 就越大（pH 值越小），沉淀完全时的 $[H^+]$ 也越大。

(2) 分步沉淀

如果溶液中同时存在多种离子，这时向其中加入某沉淀剂后，可能会产生多种沉淀。由于溶液中离子浓度不同，与沉淀剂反应所形成的难溶电解质的溶度积大小不同，造成了沉淀的形成有先后次序，这一现象称为分步沉淀。究竟溶液中哪一种沉淀先生成，哪一种后生成，可利用溶度积规则作出判断。

例 5-7 某溶液中含有 Ba^{2+} 和 Ag^+，它们的浓度均为 $0.10\,mol \cdot L^{-1}$。若加入 K_2CrO_4 试剂，试问哪一种离子先沉淀？两者是否可达到完全分离的目的？已知 $K_{sp,Ag_2CrO_4}^{\ominus} = 2.0 \times 10^{-12}$，$K_{sp,BaCrO_4}^{\ominus} = 1.2 \times 10^{-10}$。

解：
$$BaCrO_4(s) \rightleftharpoons Ba^{2+} + CrO_4^{2-}$$
$$Ag_2CrO_4(s) \rightleftharpoons 2Ag^+ + CrO_4^{2-}$$

Ba^{2+} 开始沉淀时所需的 CrO_4^{2-} 的浓度为：

$$[CrO_4^{2-}] = \frac{K_{sp,BaCrO_4}^{\ominus}}{[Ba^{2+}]} = \frac{1.2 \times 10^{-10}}{0.10} = 1.2 \times 10^{-9}\,mol \cdot L^{-1}$$

Ag^+ 开始沉淀时所需的 CrO_4^{2-} 的浓度为：

$$[CrO_4^{2-}] = \frac{K_{sp,Ag_2CrO_4}^{\ominus}}{[Ag^+]^2} = \frac{2.0 \times 10^{-12}}{(0.10)^2} = 2.0 \times 10^{-10}\,mol \cdot L^{-1}$$

由上述计算可知，Ag^+ 开始沉淀所需的 $[CrO_4^{2-}]$ 比 Ba^{2+} 开始沉淀所需的 $[CrO_4^{2-}]$ 要小，故 Ag^+ 先沉淀。随着 Ag^+ 不断被沉淀为 Ag_2CrO_4，溶液中 Ag^+ 浓度不断减小，若要继续生成沉淀，必须不断增加 CrO_4^{2-} 浓度，当达到 $BaCrO_4$ 开始沉淀所需的 CrO_4^{2-} 浓度时，Ag_2CrO_4 和 $BaCrO_4$ 将同时沉淀。此时，溶液中 $[CrO_4^{2-}]$ 必须满足上述两个平衡，所以：

$$[CrO_4^{2-}] = \frac{K_{sp,Ag_2CrO_4}^{\ominus}}{[Ag^+]^2} = \frac{K_{sp,BaCrO_4}^{\ominus}}{[Ba^{2+}]}$$

$$\frac{[Ag^+]^2}{[Ba^{2+}]} = \frac{K_{sp,Ag_2CrO_4}^{\ominus}}{K_{sp,BaCrO_4}^{\ominus}} = \frac{2.0 \times 10^{-12}}{1.2 \times 10^{-10}} = 1.7 \times 10^{-2}$$

当 $BaCrO_4$ 开始沉淀时，溶液中 $[Ba^{2+}] = 0.10 \, mol \cdot L^{-1}$，此时 Ag^+ 浓度为：

$$[Ag^+] = \sqrt{\frac{K_{sp,Ag_2CrO_4}^{\ominus}[Ba^{2+}]}{K_{sp,BaCrO_4}^{\ominus}}} = \sqrt{1.7 \times 10^{-2} \times 0.1} = 4.1 \times 10^{-2} \, mol \cdot L^{-1}$$

此值大于 $1.0 \times 10^{-5} \, mol \cdot L^{-1}$，说明当 Ba^{2+} 开始沉淀时，Ag^+ 尚未沉淀完全。在上述条件下两者不能完全分离。

从例 5-7 可以看出，溶液中同时存在几种离子时，离子积首先超过溶度积的难溶电解质先沉淀。分步沉淀的次序既与难溶电解质的溶度积有关，也与溶液中各对应离子的浓度有关。如果适当改变溶液中被沉淀离子的浓度，可使分步沉淀的次序发生变化。在实际工作中，分步沉淀原理用得最多的是利用生成硫化物和氢氧化物沉淀分离金属离子。因为它们的溶度积值一般相差较大，而且可以通过调节溶液的 pH 值来控制 S^{2-} 及 OH^- 浓度，进而有效分离金属离子。

例 5-8 在 $0.10 \, mol \cdot L^{-1} Co^{2+}$ 盐溶液中含有少量 Cu^{2+} 杂质，若应用硫化物分步沉淀法除去 Cu^{2+}，在溶液中通入 H_2S 气体至饱和，溶液的 H^+ 浓度应控制在何范围？已知饱和 H_2S 溶液浓度为 $0.10 \, mol \cdot L^{-1}$，$K_{sp,CoS}^{\ominus} = 4.0 \times 10^{-21}$，$K_{sp,CuS}^{\ominus} = 6 \times 10^{-36}$。

解： 根据溶度积规则，$0.10 \, mol \cdot L^{-1} Co^{2+}$ 盐溶液中，开始析出 CoS 沉淀所需 S^{2-} 的浓度为：

$$[S^{2-}] = \frac{K_{sp,CoS}^{\ominus}}{[Co^{2+}]} = \frac{4.0 \times 10^{-21}}{0.10} = 4.0 \times 10^{-20} \, mol \cdot L^{-1}$$

Cu^{2+} 沉淀完全时 S^{2-} 的浓度为：

$$[S^{2-}] = \frac{K_{sp,CuS}^{\ominus}}{[Cu^{2+}]} = \frac{6 \times 10^{-36}}{1.0 \times 10^{-5}} = 6.0 \times 10^{-31} \, mol \cdot L^{-1}$$

因此，只要将加入钴盐溶液中 S^{2-} 浓度控制在 $6.0 \times 10^{-31} \sim 4.0 \times 10^{-20} \, mol \cdot L^{-1}$ 之间，既可使 Cu^{2+} 杂质以 CuS 形式完全除去，又不致使 Co^{2+} 以 CoS 形式沉淀，而 S^{2-} 浓度大小可通过调节溶液中 H^+ 浓度来控制。根据如下关系式：

$$[H^+]^2[S^{2-}] = K_{a1,H_2S}^{\ominus} K_{a2,H_2S}^{\ominus} [H_2S]$$

在 H_2S 饱和溶液中，$[H_2S] \approx c_{H_2S} = 0.10 \, mol \cdot L^{-1}$，则

$$[H^+]^2[S^{2-}] = 1.3 \times 10^{-7} \times 7.1 \times 10^{-15} \times 0.10 = 9.2 \times 10^{-23}$$

当 $[S^{2-}] = 4.0 \times 10^{-20} \, mol \cdot L^{-1}$ 时，

$$[H^+] = \sqrt{\frac{9.2 \times 10^{-23}}{4.0 \times 10^{-20}}} = 4.8 \times 10^{-2} \, mol \cdot L^{-1}$$

当 $[S^{2-}] = 6.0 \times 10^{-31} \, mol \cdot L^{-1}$ 时，

$$[H^+] = \sqrt{\frac{9.2 \times 10^{-23}}{6.0 \times 10^{-31}}} = 1.2 \times 10^4 \, mol \cdot L^{-1}$$

因此，在 $0.10 \, mol \cdot L^{-1} Co^{2+}$ 溶液中，只需控制溶液中 H^+ 浓度在 $4.8 \times 10^{-2} \sim 1.2 \times 10^4 \, mol \cdot L^{-1}$ 之间，就可以用硫化物分步沉淀将 Cu^{2+} 杂质从 Co^{2+} 溶液中除去。在实际工作中，只需控制 H^+ 浓度大于 $4.8 \times 10^{-2} \, mol \cdot L^{-1}$ 即可。

(3) 沉淀溶解

根据溶度积规则，沉淀溶解的必要条件是 $Q_i < K_{sp}^\ominus$，因此一切能降低多相离子平衡体系中有关离子浓度的方法，都能促使沉淀溶解平衡向着沉淀溶解的方向移动。溶解方法有以下几种。

① 酸碱溶解法

利用酸、碱或某些盐类（如 NH_4^+ 盐）与难溶电解质组分离子结合成弱电解质（弱酸、弱碱或 H_2O），以溶解某些弱碱盐、弱酸盐、酸性或碱性氧化物和氢氧化物等难溶物的方法，称为酸碱溶解法。例如，难溶弱酸盐 $CaCO_3$ 溶于盐酸的反应过程可分列如下：

(1) $CaCO_3(s) \rightleftharpoons Ca^{2+} + CO_3^{2-}$ $K_{sp,CaCO_3}^\ominus = [Ca^{2+}][CO_3^{2-}]$

(2) $CO_3^{2-} + H^+ \rightleftharpoons HCO_3^-$ $K_2^\ominus = \dfrac{1}{K_{a2,H_2CO_3}^\ominus}$

(3) $HCO_3^- + H^+ \rightleftharpoons H_2CO_3$ $K_3^\ominus = \dfrac{1}{K_{a1,H_2CO_3}^\ominus}$

由于 H^+ 与 CO_3^{2-} 结合成 HCO_3^- 和 H_2CO_3，H_2CO_3 不稳定易分解为 CO_2 和 H_2O，使 CO_3^{2-} 浓度降低，所以若加入足够量的盐酸，使溶液中 $c_{Ca^{2+}} c_{CO_3^{2-}}$ 始终小于 $K_{sp,CaCO_3}^\ominus$，则 $CaCO_3$ 沉淀全部溶解。

(1)式+(2)式+(3)式，可得 $CaCO_3$ 溶于 HCl 的溶解反应式：

$$CaCO_3(s) + 2H^+ \rightleftharpoons H_2CO_3 + Ca^{2+}$$

根据多重平衡规则，$CaCO_3$ 酸溶反应平衡常数为：

$$K^\ominus = \dfrac{[H_2CO_3][Ca^{2+}]}{[H^+]^2} = K_{sp,CaCO_3}^\ominus K_2^\ominus K_3^\ominus = \dfrac{K_{sp,CaCO_3}^\ominus}{K_{a1,H_2CO_3}^\ominus K_{a2,H_2CO_3}^\ominus}$$

可见，难溶弱酸盐溶于酸的难易程度与难溶盐的溶度积和酸溶反应所生成弱酸的解离常数有关。$K_{sp}^\ominus$ 越大，$K_a^\ominus$ 值越小，$K^\ominus$ 越大，难溶弱酸盐的酸溶反应就越易进行。例如难溶物 CuS，其酸溶反应的平衡常数 $K^\ominus$ 为 6.5×10^{-15} 很小，故 CuS 难溶于非氧化性强酸。

例 5-9 计算使 0.2mol 的 CoS(s) 溶解于 1L 盐酸溶液中所需盐酸的最低浓度。（忽略体积变化）

解： CoS 的酸溶解反应如下：

$$CoS(s) + 2H^+ \rightleftharpoons Co^{2+} + H_2S$$

$$K^\ominus = \dfrac{K_{sp,CoS}^\ominus}{K_{a1,H_2S}^\ominus K_{a2,H_2S}^\ominus} = \dfrac{10^{-20.4}}{10^{-6.89} \times 10^{-14.15}} = 10^{0.64}$$

设所需盐酸的最低浓度为 x mol·L^{-1}，则

	CoS(s) +	2H$^+$ $\rightleftharpoons$	Co^{2+} +	H$_2$S
初始浓度/mol·L^{-1}		x		
平衡浓度/mol·L^{-1}		$x-0.4$	0.2	0.1

（常温常压下，H_2S 饱和溶液的浓度为 0.1mol·L^{-1}）

$$K^\ominus = \dfrac{[Co^{2+}][H_2S]}{[H^+]^2} = \dfrac{0.2 \times 0.1}{(x-0.4)^2} = 10^{0.64}$$

解得：$x = 0.47$

即所需盐酸的最低浓度为 0.47mol·L^{-1}。

② 氧化还原溶解法

此法的原理是通过氧化还原反应来降低难溶电解质组分离子的浓度，从而使难溶电解质溶解。例如 CuS 难溶于非氧化性稀酸，但易溶于具有氧化性的硝酸，其溶解过程如下：

$$\text{CuS(s)} \rightleftharpoons \text{Cu}^{2+} + \text{S}^{2-}$$
$$\downarrow + \text{HNO}_3$$
$$\text{S} \downarrow + \text{NO} \uparrow + \text{H}_2\text{O}$$

由于 S^{2-} 被 HNO_3 氧化为 S，S^{2-} 浓度降低，使 $c_{Cu^{2+}} c_{S^{2-}} < K_{sp,CuS}^{\ominus}$，故 CuS 沉淀被溶解。

③ 配位溶解法

此法的原理是通过加入配位剂，使难溶电解质的组分离子形成稳定的配离子，由于降低了难溶电解质组分离子的浓度，因而使难溶电解质溶解。例如 AgCl 易溶于氨水，其溶解过程如下：

$$\text{AgCl(s)} \rightleftharpoons \text{Ag}^+ + \text{Cl}^-$$
$$\downarrow + \text{NH}_3$$
$$[\text{Ag(NH}_3)_2]^+$$

加入氨水后，由于体系中 Ag^+ 与 NH_3 结合形成稳定的配离子 $[Ag(NH_3)_2]^+$，降低了 Ag^+ 浓度，使 $c_{Ag^+} c_{Cl^-} < K_{sp,AgCl}^{\ominus}$，故 AgCl 沉淀被溶解。

(4) 沉淀的转化

借助于某一试剂的作用，把一种难溶电解质转化为另一种难溶电解质的过程，称为沉淀的转化。例如在 $PbSO_4$ 的沉淀中，加入 Na_2CO_3 溶液后，生成了一种新的沉淀 $PbCO_3$：

$$\text{PbSO}_4(s) + \text{CO}_3^{2-} \rightleftharpoons \text{PbCO}_3(s) + \text{SO}_4^{2-}$$

该反应的平衡常数：

$$K^{\ominus} = \frac{[\text{SO}_4^{2-}]}{[\text{CO}_3^{2-}]} = \frac{K_{sp,PbSO_4}^{\ominus}}{K_{sp,PbCO_3}^{\ominus}} = \frac{1.6 \times 10^{-8}}{7.4 \times 10^{-14}} = 2.2 \times 10^5$$

计算表明，上述沉淀转化反应向右进行的趋势很大。

一般来说，类型相同的难溶电解质，沉淀转化程度的大小取决于两种难溶电解质溶度积的相对大小，溶度积较大的难溶电解质容易转化为溶度积较小的难溶电解质。两种难溶电解质的溶度积相差越大，沉淀转化越完全。

5.3 沉淀的形成与沉淀条件

5.3.1 沉淀的类型

根据沉淀的物理性质，可粗略地将沉淀分为两类。一类是晶形沉淀，如 $BaSO_4$ 等，一类是无定形沉淀，如 $Fe_2O_3 \cdot xH_2O$ 等，介于二者之间的是凝乳状沉淀，如 AgCl 等，它们之间的主要差别是颗粒大小的不同。晶形沉淀颗粒直径为 $0.1 \sim 1 \mu m$，无定形沉淀直径在 $0.02 \mu m$ 以下，凝乳状沉淀的颗粒大小介于二者之间。生成的沉淀属于哪种类型，首先取决于沉淀的性质，但与沉淀形成的条件以及沉淀后的处理有密切关系。

5.3.2 沉淀的形成过程

沉淀的形成是一复杂的过程,大致可以表示为:

$$\text{构晶离子} \xrightarrow{\text{成核作用}} \text{晶核} \xrightarrow{\text{成长过程}} \text{沉淀微粒} \begin{array}{l} \xrightarrow{\text{聚集}} \text{无定形沉淀} \\ \xrightarrow{\text{定向排列}} \text{晶形沉淀} \end{array}$$

由此可见,沉淀的形成一般要经过两个过程:晶核形成过程和晶核长大过程。

当溶液中含有构晶离子,并且构晶离子浓度幂次的乘积大于该条件下沉淀的溶度积时,溶液呈过饱和状态,这时构晶离子由于静电作用而缔合形成微小的晶核。晶核的形成有两种情况,一是均相成核作用,另一种是异相成核作用。均相成核是指构晶离子在过饱和溶液中自发形成晶核的过程。异相成核是指当溶液中或器皿壁上混有固体微粒如尘埃等,在沉淀过程中,这些固体微粒起着"晶种"作用,诱导沉淀的形成。由于溶液中和器皿里总是不可避免地存在着大量肉眼看不到的固体微粒,所以异相成核作用总是客观存在的。

晶核形成之后,溶液中的构晶离子向晶核表面扩散,并沉积在晶核上,晶核就逐渐长大成沉淀微粒。这种由离子聚集成晶核,再进一步堆积成沉淀微粒的速度称为聚集速度。在聚集的同时,构晶离子又能按一定晶格排列,这种定向排列的速度称为定向速度。沉淀颗粒的大小是由聚集速度和定向速度的相对大小决定的。如果聚集速度大于定向速度,离子就很快地聚拢生成沉淀颗粒,来不及进行晶格排列,这时得到的是非晶形沉淀。反之,如果定向速度大于聚集速度,离子聚集成沉淀的速度较慢,有足够时间进行晶格排列,因此得到的是晶形沉淀。

聚集速度(或称沉淀形成的初始速度)主要取决于沉淀条件,其中最重要的是与溶液的相对过饱和度有关。冯·韦曼(Von Weimann)根据有关实验现象,提出了一个经验公式,即沉淀形成的初始速度与溶液的相对过饱和度成正比:

$$v = K \frac{Q-S}{S} \tag{5-5}$$

式中,Q 为开始形成沉淀瞬间沉淀物质的浓度;S 为沉淀的溶解度;$Q-S$ 为开始形成沉淀时溶液的过饱和度;$\frac{Q-S}{S}$ 为相对过饱和度;K 为常数,它与沉淀的性质、温度与介质条件有关。

可以看出,若沉淀的溶解度 S 很小,瞬间生成沉淀物质的浓度 Q 很大,则相对过饱和度 $\frac{Q-S}{S}$ 越大,沉淀形成的初速度 v 相应也越大,因而容易形成无定形沉淀。反之,若沉淀的溶解度 S 大,瞬间生成沉淀物质的浓度 Q 不太大,则相对过饱和度 $\frac{Q-S}{S}$ 较小,沉淀形成的初速度 v 相应也较小,所以容易形成晶形沉淀。例如在稀溶液中沉淀 $BaSO_4$,通常能获得晶形沉淀,若在浓溶液中则形成胶状沉淀。可见沉淀类型不仅决定于沉淀的本性,也决定于沉淀条件。若改变沉淀条件,则可能改变沉淀类型。

定向速度主要取决于沉淀物质的本性。一般极性强的物质,如 $MgNH_4PO_4$、$BaSO_4$、CaC_2O_4 等具有较大的定向速度,易形成晶形沉淀。高价金属离子的氢氧化物,如

$Fe(OH)_3$、$Al(OH)_3$ 等定向速度很小，一般为无定形沉淀。但是形成沉淀的类型在适当改变沉淀条件的情况下也会发生改变。例如，Ca^{2+}、Mg^{2+} 等二价离子的氢氧化物一般为无定形沉淀，但如果在很稀的热溶液中析出，放置后也可能得到晶形沉淀。

5.3.3 影响沉淀纯度的因素

在沉淀重量法分析中，要求获得纯净的沉淀，但当沉淀从溶液中析出时，会或多或少地夹杂着溶液中的其他组分而使沉淀玷污。因此，有必要了解影响沉淀纯度的各种因素，找出减少杂质的方法，以获得符合分析要求的沉淀。

影响沉淀纯度的主要原因有共沉淀和后沉淀现象，下面分别加以讨论。

(1) 共沉淀

当沉淀从溶液中析出时，溶液中某些可溶性杂质混入沉淀中被同时沉淀下来的现象称为共沉淀。例如用 $BaCl_2$ 为沉淀剂沉淀 SO_4^{2-} 时，若溶液中有 Fe^{3+} 存在，当 $BaSO_4$ 析出时，可溶性的 $Fe_2(SO_4)_3$ 也同时被沉淀带下来，使沉淀玷污。共沉淀现象是重量分析中误差的主要来源之一，产生共沉淀的原因主要是表面吸附、生成混晶、吸留和包藏等。

① 表面吸附

表面吸附是指在沉淀表面上吸附了杂质而使沉淀玷污。产生表面吸附的原因是由于在沉淀晶体的表面上离子电荷的作用力未完全平衡，因而产生一种具有吸附带相反电荷离子的能力，使沉淀表面吸附了其他杂质。沉淀表面对杂质离子的吸附是有选择性的。与沉淀组分离子相同、或大小相近、电荷相等的离子，或能与沉淀组分离子生成溶解度较小的物质的离子，优先被吸附。

例如加入过量 $AgNO_3$ 到 HCl 溶液中，生成 AgCl 沉淀后，溶液中存在着过量的 Ag^+，NO_3^- 和 H^+。沉淀表面上的 Cl^- 因电场引力作用将强烈吸引溶液中的 Ag^+，形成第一吸附层，使晶体表面带正电荷。为了保持电中性，吸附层外边又吸附异电荷离子 NO_3^- 作为抗衡离子，组成扩散层。吸附层和扩散层组成了电中性的双电层。如果在上述溶液中除了 NO_3^- 外还有 Ac^-，由于 AgAc 的溶解度比 $AgNO_3$ 小，AgCl 沉淀首先吸附 Ag^+，作为扩散层被吸附到沉淀表面的抗衡离子是 Ac^- 而不是 NO_3^-。作为抗衡离子，离子价数越高，浓度越大，越易被吸附。

此外，沉淀表面吸附的杂质量还与下列因素有关。

a. 沉淀的总表面积。由于吸附作用发生在沉淀表面，所以沉淀的总表面积越大，吸附的杂质量越多。

b. 杂质的浓度。杂质的浓度越大，被沉淀吸附的量越多。

c. 溶液的温度。因吸附作用是放热过程，因此溶液的温度越高，吸附杂质的量越少。

表面吸附现象是发生在沉淀表面，所以洗涤沉淀是减少表面吸附杂质的有效方法。

② 混晶

若溶液中的杂质离子与构晶离子的半径相近，电子层结构相同，与同一离子形成的晶体结构也相同时，在沉淀的过程中杂质就有可能进入晶格排列形成混晶。例如 $BaSO_4$ 与 $PbSO_4$，AgCl 与 AgBr 等都可能形成混晶而使沉淀严重玷污。对于混晶，由于杂质是进入沉淀内部，改变沉淀条件、洗涤、陈化、重结晶，效果均不显著。最好的方法是事先将这类杂质分离除去。

③ 吸留和包藏

吸留是指被吸附的杂质机械地嵌入沉淀中。包藏常指母液机械地包在沉淀中。这些现象的发生是由于沉淀的过程中，沉淀剂加入过快，沉淀迅速生长，其表面吸附的杂质离子来不及离开沉淀表面就被随后沉积下来的沉淀所覆盖，使杂质或母液被吸留或包藏在沉淀内部。由于杂质被包藏在沉淀内部，用洗涤方法不能除去，但可以借助改变沉淀条件、陈化或重结晶等方法来减免这类共沉淀。

从带入杂质方面来看共沉淀现象对分析测定是不利的，但可利用这一现象分离富集溶液中某些微量组分。

(2) 后沉淀

后沉淀现象是指一种本来难于析出沉淀的物质，在另一种组分沉淀之后，也随后沉淀下来，而且沉淀的量随放置的时间延长而增多。这种情况大多发生于该物质的过饱和溶液中。例如：在含有 Cu^{2+}，Zn^{2+} 的酸性溶液中通入 H_2S，最初得到的 CuS 沉淀中夹杂的 ZnS 量并不显著。但将沉淀与溶液放置一段时间后，便不断有 ZnS 在 CuS 表面析出。又如在 Mg^{2+} 存在下沉淀 CaC_2O_4 时，镁由于形成稳定的草酸盐过饱和溶液而不立即析出。如果把 CaC_2O_4 沉淀立即过滤，则发现沉淀表面上吸附有少量镁。若把含有 Mg^{2+} 的母液与 CaC_2O_4 沉淀一起放置一段时间，则 MgC_2O_4 后沉淀的量将会明显增多。

后沉淀引入杂质的量比共沉淀要多，而且随着放置时间的延长而增多，避免后沉淀的办法是减少沉淀与母液的共置时间。

(3) 提高沉淀纯度的措施

① 选择适当分析程序和沉淀方法。若溶液中同时存在含量相差很大的两种离子需要沉淀分离，为了防止含量少的离子因共沉淀而损失，应该先沉淀含量少的离子。

② 降低易被吸附离子的浓度。例如 $BaSO_4$ 沉淀易吸附 Fe^{3+}，沉淀前应先将 Fe^{3+} 还原成不易被吸附的 Fe^{2+}，或加酒石酸加以掩蔽，Fe^{3+} 的共沉淀量就大为减少。

③ 选择适当沉淀条件。沉淀条件包括溶液浓度、温度、试剂加入次序和速度、陈化情况等，为了获得纯净沉淀，要根据沉淀的具体情况，选择适宜的沉淀条件。

④ 选择合适洗涤剂。由于吸附作用是一可逆过程，因此洗涤沉淀可使表面吸附的杂质进入洗涤液中，从而提高沉淀纯度。值得注意的是所选择的洗涤剂在沉淀烘干或灼烧时应易挥发除去。

⑤ 再沉淀。将沉淀过滤洗涤后重新溶解，使杂质进入溶液后再进行沉淀。该法对除去吸留和包藏的杂质十分有效。

5.3.4 沉淀条件的选择

为了保证沉淀重量分析法结果的准确度，对于不同类型的沉淀，应选择适当的沉淀条件，以使沉淀完全、纯净、并易于过滤和洗涤。

(1) 晶形沉淀的沉淀条件

为了获得易于过滤洗涤的纯净大颗粒晶形沉淀，在沉淀过程中必须控制比较小的相对过饱和度，一般应选择以下条件。

① 沉淀应在适当稀的溶液中进行。在稀溶液中，可以保证在沉淀形成瞬间溶液的相对饱和度不致太大，这样生成晶核速度较慢，有利于生成颗粒大的晶体。

② 沉淀反应要在热溶液中进行。在热溶液中，可以使沉淀的溶解度有所增加，相应降低了溶液的相对过饱和度，因此利于生成大颗粒沉淀，同时还可减少杂质的吸附作用。为减少在热溶液中的沉淀溶解损失，沉淀完毕后，应将溶液冷却至室温后再过滤。

③ 不断搅拌下缓缓滴加稀沉淀剂。目的是为了防止溶液局部过浓，相对过饱和度增大，不利于晶形沉淀的形成。

④ 陈化。沉淀定量反应完全后，将沉淀和母液一起放置一段时间，这一过程称为陈化。陈化的目的是使小晶粒逐渐溶解，大晶体逐渐长大，最终获得完整纯净、颗粒较大的晶形沉淀。因为当溶液中同时存在大小颗粒的晶体时，由于小晶粒的溶解度比大晶粒溶解度大，溶液对大晶粒沉淀已达到饱和，而对小晶粒则尚未达到饱和，所以小晶粒逐渐溶解。溶解到一定程度后，溶液对小晶粒为饱和状态，对大晶粒呈过饱和状态，于是溶液中的构晶离子在晶粒上沉积，当溶液对大晶粒为饱和溶液时，对小晶粒又为未饱和状态，小晶粒就继续溶解。这样，小晶粒逐渐消失，大晶粒不断长大，最终可获得粗大的晶体。陈化过程中，随着小晶粒的溶解，被吸附、吸留或包藏的杂质将重新进入溶液，因而可提高沉淀纯度。

(2) 无定形沉淀的沉淀条件

无定形沉淀一般颗粒微小，体积庞大疏松，含水较多，吸附杂质多，难以过滤和洗涤，另外还容易生成胶体而无法沉淀。因此对于无定形沉淀，为了加速沉淀微粒凝聚，获得结构紧密的沉淀并减少杂质吸附和防止形成胶体，应采取以下措施：

① 沉淀在较浓的热溶液中进行。在浓、热溶液中进行沉淀，可使沉淀含水较少，微粒凝聚较紧密，易于过滤和洗涤。热溶液还有利于防止生成胶体溶液。为防止沉淀在浓溶液中吸附较多杂质，待沉淀完毕后应加入大量热水充分搅拌，使吸附杂质尽量转移到溶液中。

② 加入适当的电解质。在沉淀过程中加入电解质可有效地防止形成胶体。一般采用易挥发的盐或稀酸作电解质，以便灼烧时能除去。

③ 不需陈化。沉淀完毕后，立即趁热过滤，不宜久置。否则久置会失水而使沉淀更为紧密，已吸附的杂质反而不易洗去。

(3) 均匀沉淀法

在进行沉淀反应时，尽管沉淀剂一般是在不断搅拌下逐滴加入的，但仍难避免沉淀剂在溶液中局部过浓现象，为此提出了均匀沉淀法。均匀沉淀法的特点是沉淀剂不是直接加到溶液中，而是通过一定的化学反应缓慢均匀地在溶液中产生，从而使沉淀在溶液中缓慢均匀地析出。因此可以获得颗粒较大、结构紧密、纯净、易于过滤和洗涤的晶形沉淀。

例如沉淀 Ca^{2+} 时，在含有 Ca^{2+} 的酸性溶液中加入 $H_2C_2O_4$，由于溶液酸度较高，$C_2O_4^{2-}$ 浓度较低，不能析出 CaC_2O_4 沉淀。若在溶液中加入尿素，并加热至90℃左右，尿素水解：

$$CO(NH_2)_2 + H_2O \rightleftharpoons CO_2 \uparrow + 2NH_3$$

水解产生的 NH_3 均匀地分布在溶液中并中和溶液中 H^+，使溶液 pH 值不断提高，$C_2O_4^{2-}$ 浓度不断增大，最后使 CaC_2O_4 均匀缓慢地生成，由此得到的 CaC_2O_4 沉淀颗粒大且纯净。

均匀沉淀法不限于利用中和反应，还可利用酯类和其他有机化合物的水解、配合物水解、氧化还原反应或缓慢合成所需沉淀剂等方式来进行。

5.4 沉淀分析法

以沉淀反应为基础的分析方法有沉淀重量分析法和沉淀滴定法。

5.4.1 重量分析法

重量分析法是通过称量物质的质量进行测定的方法。测定时，通常先用适当的方法使被测组分与其他组分分离，然后称重，由称得的质量计算该组分的含量。根据被测组分与试样中其他组分分离方法的不同，重量分析法可分为沉淀重量分析法、气化法（或挥发法）、电解法和提取法等，本节重点介绍沉淀重量分析法。

沉淀重量法是通过利用沉淀反应，使待测组分以难溶化合物的形式沉淀下来，经过滤、洗涤、干燥、灼烧和称量，最后可求得待测组分的含量。重量分析法直接通过称量得到分析结果，不用基准物质或标准试样进行比较，其准确度高，相对误差一般不超过 0.1%。缺点是程序长、费时麻烦，已逐渐为滴定分析法所代替。目前仅有硅、硫、磷、镍以及几种稀有元素的精确测定仍采用重量分析法。

(1) 沉淀重量法的分析过程

试样分解制成试液后，加入适当沉淀剂，使被测组分沉淀析出，得到的沉淀称为沉淀形。沉淀经过滤、洗涤，在适当温度下烘干或灼烧，转化为称量形，经称量后，根据称量形的化学式计算被测组分在试样中的含量。

沉淀形与称量形可能相同，也可能不同。例如用 $BaSO_4$ 重量法测定 SO_4^{2-} 时，沉淀形为 $BaSO_4$，沉淀经烘干之后用于称量时的称量形仍为 $BaSO_4$，与沉淀形一致。但用 CaC_2O_4 重量法测定 $C_2O_4^{2-}$ 时，沉淀形为 $CaC_2O_4 \cdot H_2O$，沉淀经灼烧后转化为 CaO，称量形与沉淀形就不相同。为了保证测定有足够的准确度并便于操作，沉淀重量法对沉淀形和称量形都有一定要求。

(2) 沉淀重量法对沉淀形的要求

① 沉淀的溶解度要小。沉淀的溶解损失应不超过分析天平的称量误差（即 ±0.2mg），否则会影响测定准确度。

② 沉淀形要便于过滤和洗涤。

③ 沉淀纯度要高。

④ 易转化为称量形。

(3) 沉淀重量法对称量形的要求

① 称量形必须有确定的化学组成，否则无法计算结果。

② 称量形必须稳定，不受空气中水分、CO_2、O_2 等的影响，否则影响测定结果的准确度。

③ 称量形的摩尔质量要大。这样可由少量待测组分得到较大量的称量形，从而可减少

称量误差，提高测定准确度。

(4) 沉淀重量法分析结果的计算

在沉淀重量分析中，多数情况下称量形与待测组分的形式不同，这就需要将称得的称量形的质量换算成待测组分的质量。待测组分的摩尔质量与称量形的摩尔质量之比是一常数，称为换算因数或化学因数，常以 F 表示。

$$F = \frac{a \cdot \text{待测组分摩尔质量}}{b \cdot \text{称量形摩尔质量}} \tag{5-6}$$

其中 a，b 为系数，其作用是使分子、分母中待测元素的原子数目相等。

例如　　　待测组分　　　称量形　　　F

　　　　　S　　　　　　$BaSO_4$　　　$S/BaSO_4 = 0.1374$ ❶

　　　　　Cr_2O_3　　　$BaCrO_4$　　$\dfrac{Cr_2O_3}{2BaCrO_4} = 0.3000$

由称得的称量形质量 m，换算因数 F 以及所称试样质量 G，即可求出待测组分 A 的百分含量：

$$w_A = \frac{mF}{G} \times 100\% \tag{5-7}$$

例 5-10　称取含铝试样 0.5000g，溶解后用 8-羟基喹啉沉淀。烘干后称得 $Al(C_9H_6NO)_3$ 重 0.3280g。计算样品中铝的百分含量。若将沉淀灼烧成 Al_2O_3 称重，可得称量形多少克？

解：　称量形为 $Al(C_9H_6NO)_3$ 时：

$$w_{Al} = \frac{m_1 \times \dfrac{Al}{Al(C_9H_6NO)_3}}{G} = \frac{0.3280 \times 0.05873}{0.5000} = 3.85\%$$

同量的 Al 若以 Al_2O_3 形式称重时：

$$w_{Al} = \frac{m_2 \times \dfrac{2Al}{Al_2O_3}}{G} = \frac{m_2 \times 0.5293}{0.5000} = 3.85\%$$

则 $m_2 = \dfrac{3.85\% \times 0.5000}{0.5293} = 0.0364g$

后一测量由于称量形摩尔质量小，同量的 Al 所得称量形的质量也小，因而造成的称量误差就大。可见称量形摩尔质量大有利于少量组分的测定。

5.4.2　沉淀滴定法

沉淀滴定法是以沉淀反应为基础的滴定分析法。符合沉淀滴定法的沉淀反应必须具备下

---

❶ 为简化起见，习惯上，换算因数中以元素符号（或分子式）代表该元素或物质的摩尔质量。

列条件：

① 生成的沉淀溶解度小，组成恒定。
② 反应速度快，不易形成过饱和溶液。
③ 有适当方法确定滴定终点。

虽然能生成沉淀的反应很多，但满足上述条件的沉淀反应并不多。目前应用最多的是生成难溶性银盐的反应，例如：

$$Ag^+ + Cl^- \Longrightarrow AgCl\downarrow$$
$$Ag^+ + SCN^- \Longrightarrow AgSCN\downarrow$$

这种利用生成难溶性银盐反应的沉淀滴定法称为银量法。银量法可以用来测定 Cl^-，Br^-，I^-，CN^-，SCN^- 和 Ag^+ 等离子。

在沉淀滴定法中，除银量法外还有利用其他沉淀反应的方法。例如，$K_4[Fe(CN)_6]$ 与 Zn^{2+}、Ba^{2+} 与 SO_4^{2-}、$[NaB(C_6H_5)_4]$ 与 K^+ 等形成沉淀的反应，都可以用于沉淀滴定法，但应用不普遍。本节只讨论几种常见的银量法。

银量法可以用指示剂确定终点，也可以用电位滴定确定终点。根据所用指示剂不同，按创立者的名字命名，银量法分为三种方法，现分别介绍如下：

(1) 莫尔法——用铬酸钾作指示剂

莫尔法是用 K_2CrO_4 作指示剂，在中性或弱碱性溶液中，用 $AgNO_3$ 标准溶液直接滴定 Cl^- 或 Br^-。

以测定 Cl^- 为例，溶液中 Cl^- 和 CrO_4^{2-} 能分别和 Ag^+ 形成白色 $AgCl$ 及砖红色 Ag_2CrO_4 沉淀。由于 $AgCl$ 溶解度比 Ag_2CrO_4 溶解度小，根据分步沉淀原理，在用 $AgNO_3$ 溶液滴定过程中，溶液中首先析出 $AgCl$ 沉淀，待 $AgCl$ 定量沉淀后，过量一滴 $AgNO_3$ 溶液即与 K_2CrO_4 反应形成砖红色 Ag_2CrO_4 沉淀，指示终点的到达。若能使 Ag_2CrO_4 沉淀恰好在化学计算点时产生，就能准确滴定 Cl^-，关键问题在于控制指示剂 K_2CrO_4 的用量。CrO_4^{2-} 浓度过高或过低，Ag_2CrO_4 沉淀的析出就会偏早或偏晚，从而影响滴定准确度。根据溶度积规则，从理论上可以计算出化学计量点时产生 Ag_2CrO_4 沉淀所需要的 CrO_4^{2-} 浓度。

化学计量点时溶液中 Ag^+ 浓度为：

$$[Ag^+]=[Cl^-]=\sqrt{K_{sp,AgCl}^\ominus}=\sqrt{1.8\times10^{-10}}=1.3\times10^{-5}\, mol\cdot L^{-1}$$

生成 Ag_2CrO_4 沉淀时所需要的 CrO_4^{2-} 浓度为：

$$[CrO_4^{2-}]=\frac{K_{sp,Ag_2CrO_4}^\ominus}{[Ag^+]^2}=\frac{2.0\times10^{-12}}{(1.3\times10^{-5})^2}=1.2\times10^{-2}\, mol\cdot L^{-1}$$

具体测定时，由于 K_2CrO_4 显黄色，当浓度较高时颜色较深，会影响终点观察，引入误差，因此指示剂的浓度略低一些为好。一般滴定溶液中 CrO_4^{2-} 浓度约为 $5\times10^{-3}\, mol\cdot L^{-1}$。

K_2CrO_4 浓度降低后，要使 Ag_2CrO_4 析出沉淀，必须多加一些 $AgNO_3$ 溶液。这样，滴定剂就过量了，终点将在化学计量点后出现，但由此产生的滴定误差一般都小于 0.1%，可认为不影响分析结果准确度。但如果溶液较稀，例如用 $0.01000\, mol\cdot L^{-1}\, AgNO_3$ 溶液滴定 $0.01000\, mol\cdot L^{-1}\, NaCl$，同样浓度的指示剂将引起 +0.6% 左右的误差，这会影响分析结果的准确度，因此需要以指示剂的空白值对测定结果进行校正。

滴定时应注意以下几点：

① 滴定必须在中性或弱碱性溶液中进行，最适宜酸度为 pH=6.5～10.0。在酸性溶液中，CrO_4^{2-} 与 H^+ 发生下述反应：

$$2H^+ + 2CrO_4^{2-} \rightleftharpoons 2HCrO_4^- \rightleftharpoons Cr_2O_7^{2-} + H_2O$$

该反应降低了 CrO_4^{2-} 浓度，因此影响了 Ag_2CrO_4 生成。

在强碱性溶液中，Ag^+ 沉淀为 Ag_2O。

若试液酸性太强时，可用 $NaHCO_3$、$CaCO_3$ 或 $Na_2B_4O_7$ 等中和，若试液碱性太强，可用 HNO_3 中和。

② Ag^+ 与 NH_3 可生成 $[Ag(NH_3)_2]^+$，因此不能在 NH_3 溶液中滴定。如果有 NH_3 存在，预先用 HNO_3 中和，若有铵盐存在，滴定时溶液 pH 值应控制在 6.5～7.2。

③ 莫尔法选择性较差。凡是能与 CrO_4^{2-} 或 Ag^+ 生成沉淀的阴、阳离子均干扰滴定。前者如 Ba^{2+}、Pb^{2+}、Hg^{2+} 等，后者如 PO_4^{3-}、AsO_4^{3-}、SO_3^{2-}、S^{2-}、CO_3^{2-}、$C_2O_4^{2-}$ 等。另外，在测定条件下易水解的离子如 Fe^{3+}、Al^{3+}、Bi^{3+}、Sn^{4+} 等或有色离子如 Co^{2+}、Ni^{2+}、Cu^{2+} 等都影响终点观察，应将其预先分离。

④ 莫尔法能测定 Cl^-、Br^-，但不能测定 I^- 和 SCN^-。因为 AgI 或 AgSCN 沉淀强烈吸附 I^- 或 SCN^-，使终点过早出现。另外，测定 Cl^- 或 Br^- 时，由于 AgCl 或 AgBr 沉淀容易吸附溶液中的 Cl^- 或 Br^-，会导致终点提前到达而引入误差，所以为避免该现象必须在滴定过程中剧烈摇动锥形瓶，使被吸附的 Cl^- 或 Br^- 释放出来。

(2) 佛尔哈德法——用铁铵矾作为指示剂

以铁铵矾 $NH_4Fe(SO_4)_2 \cdot 12H_2O$ 为指示剂的银量法称为佛尔哈德法。该法包括直接滴定法和返滴定法。

① 直接滴定法

直接滴定法是用铁铵矾为指示剂，NH_4SCN 为标准溶液，在酸性介质中直接滴定溶液中的 Ag^+。滴定时，Ag^+ 与 SCN^- 首先生成 AgSCN 白色沉淀。待 Ag^+ 定量沉淀后，过量的 SCN^- 与指示剂中的 Fe^{3+} 反应生成红色的 $[Fe(NCS)]^{2+}$ 配合物，指示终点的到达。

在化学计量点时，SCN^- 浓度为：

$$[SCN^-]=[Ag^+]=\sqrt{K_{sp,AgSCN}^{\ominus}}=\sqrt{1.0 \times 10^{-12}}=1.0 \times 10^{-6} \text{mol} \cdot L^{-1}$$

要求此时刚好生成 $[Fe(NCS)]^{2+}$ 以确定终点，则 Fe^{3+} 的浓度为：

$$[Fe^{3+}]=\frac{[Fe(NCS)^{2+}]}{[SCN^-]K_{稳,Fe(NCS)^{2+}}^{\ominus}}$$

实验证明，为能观察到红色，$[Fe(NCS)]^{2+}$ 的最低浓度为 $6.0 \times 10^{-6} \text{mol} \cdot L^{-1}$，此时

$$[Fe^{3+}]=\frac{6.0 \times 10^{-6}}{1.0 \times 10^{-6} \times 200}=0.03 \text{mol} \cdot L^{-1}$$

实际上，这样高的 Fe^{3+} 浓度会使溶液呈较深的橙黄色，影响终点观察，所以通常保持 Fe^{3+} 的浓度为 $0.015 \text{mol} \cdot L^{-1}$，这时引起的终点误差一般都小于 0.1%，可以认为不影响分析结果准确度。

由于 $[Fe(NCS)]^{2+}$ 不如 AgSCN 稳定，所以从理论上来说，只有在 AgSCN 沉淀达到

化学计量点后，稍过量的 SCN^- 存在，才能指示出终点。事实上以铁铵矾为指示剂，用 NH_4SCN 溶液滴定 Ag^+ 溶液时，颜色的最初出现略早于化学计量点，这是由于生成的 AgSCN 沉淀对 Ag^+ 有吸附作用，使得 Ag^+ 浓度降低，结果致使未到化学计量点时指示剂就显色。因此滴定过程中需要剧烈摇动，使被吸附的 Ag^+ 释放出来。

② 返滴定法

用佛尔哈德法测定卤素时采用返滴定法。先加入已知过量的 $AgNO_3$ 标准溶液，再用铁铵矾为指示剂，用 NH_4SCN 标准溶液回滴剩余的 Ag^+。

由于 AgSCN 的溶解度小于 AgCl 溶解度，所以用 NH_4SCN 溶液回滴剩余的 Ag^+ 达化学计量点后，稍过量的 SCN^- 可能与 AgCl 作用，使 AgCl 转化为 AgSCN：

$$AgCl + SCN^- \rightleftharpoons AgSCN\downarrow + Cl^-$$

若剧烈摇动溶液，反应将不断向右进行，直至平衡。这样到达终点时已多消耗一部分 NH_4SCN 标准溶液，为避免上述误差，通常采取以下两个措施：

一是在试液中加入一定量过量的 $AgNO_3$ 标准溶液后，将溶液煮沸，使 AgCl 凝聚以减少 AgCl 对 Ag^+ 的吸附，过滤并用稀 HNO_3 充分洗涤 AgCl 沉淀后，用 NH_4SCN 标准溶液滴定溶液中过量的 Ag^+。

二是在滴入 NH_4SCN 标准溶液前加入硝基苯 1~2mL，充分摇动后，使 AgCl 沉淀进入硝基苯层，不再与滴定液接触，这样就可以避免 AgCl 与 NH_4SCN 的转化反应，从而得到准确测定结果。

用本法测定 Br^- 和 I^- 时，因为 AgBr 和 AgI 的溶度积都小于 AgSCN 的溶度积，所以不会发生上述转化反应。但是在测定 I^- 时，由于 Fe^{3+} 能氧化 I^-，所以应先加入过量 $AgNO_3$ 后再加指示剂。

应用佛尔哈德法应注意滴定反应需在酸性介质中进行。一般酸度为大于 $0.3mol\cdot L^{-1}$。若酸度过低，Fe^{3+} 将水解甚至会析出 $Fe(OH)_3$ 沉淀，从而影响结果准确度。另外，强氧化剂和氮的氧化物以及铜盐、汞盐都能与 SCN^- 作用而干扰测定，因此必须预先除去。

(3) 法扬司法——吸附指示剂法

利用吸附指示剂确定滴定终点的银量法称为法扬司法。

吸附指示剂是一类有色的有机化合物，当它被吸附在胶体微粒表面之后，分子结构将发生变化而引起颜色改变，因此能指示终点。

以 $AgNO_3$ 标准溶液滴定 Cl^-，荧光黄作指示剂为例加以说明。荧光黄是一种有机弱酸，用 HFl 表示。它在溶液中可解离出黄绿色有荧光的 Fl^- 阴离子。在化学计量点前，溶液中存在过量 Cl^-，AgCl 沉淀胶体微粒吸附 Cl^- 而带有负电荷，不吸附指示剂阴离子 Fl^-，因此溶液呈黄绿色。在化学计量点后，过量一滴 $AgNO_3$ 标准溶液即可使 AgCl 沉淀胶体微粒吸附 Ag^+ 而带正电荷。带正电荷的胶体微粒吸附指示剂阴离子 Fl^-，使其分子结构发生变化而呈淡红色，这样整个溶液就由带荧光的黄绿色转变为不带荧光的淡红色，从而指示出终点的到达。反应可用下式表示：

$$AgCl\cdot Ag^+ + Fl^-(黄绿色) \xrightarrow{吸附} AgCl\cdot Ag^+|Fl^-(淡红色)$$

使用吸附指示剂应注意下述几点：

① 由于颜色变化发生在沉淀表面，因此应尽量使 AgCl 沉淀呈胶体状态，使其具有较大

表面积。为此，滴定时常加入糊精或淀粉等胶体保护剂，防止 AgCl 沉淀的聚沉。

② 溶液的酸度要适当。常用吸附指示剂大多是有机弱酸，其 $K_a^{\ominus}$ 值各不相同，为使指示剂呈阴离子状态，必须控制适当的酸度。例如荧光黄，其 $pK_a^{\ominus} \approx 7$，只能在中性或弱碱性（pH＝7～10）溶液中使用，若溶液 pH＜7，荧光黄主要以 HFl 形式存在，不被沉淀吸附，因而无法指示终点。如果指示剂的解离常数较大，就可在较低的 pH 值溶液中指示终点。

③ 滴定过程中应当避免强光照射。因为卤化银沉淀易感光分解，析出金属银沉淀而使沉淀变为黑色，影响终点观察。

④ 溶液浓度不能太稀。因为溶液中被滴定的离子浓度太低时，沉淀很少，观察终点很困难。例如用荧光黄作指示剂，用 $AgNO_3$ 溶液滴定 Cl^- 时，Cl^- 浓度要求在 $0.005\,mol \cdot L^{-1}$ 以上，但滴定 Br^-、I^-、SCN^- 的灵敏度稍高，浓度低至 $0.001\,mol \cdot L^{-1}$ 时仍可准确滴定。

⑤ 滴定要求沉淀对指示剂的吸附略小于对待测离子的吸附。实验证明，卤化银对卤离子和常用指示剂的吸附顺序为：

$$I^- > Br^- > 曙红 > Cl^- > 荧光黄$$

因此用 $AgNO_3$ 滴定 Cl^- 时应选荧光黄为指示剂，而不应选择曙红。

吸附指示剂法除用于银量法外，还可以用于测定 Ba^{2+} 及 SO_4^{2-} 等。

吸附指示剂种类很多，现将常用的几种列于表中 5-2 中。

表 5-2 常用的吸附指示剂

指示剂名称	待测离子	滴定剂	适用 pH 值范围
荧光黄	Cl^-,Br^-,I^-,SCN^-	$AgNO_3$	7～10
二氯荧光黄	Cl^-,Br^-,I^-,SCN^-	$AgNO_3$	4～10
曙红	Br^-,I^-,SCN^-	$AgNO_3$	2～10
甲基紫	Ag^+	NaCl	酸性

（4）银量法应用示例

① 水样中氯含量的测定

天然水样中几乎都含有 Cl^-，其含量范围变化很大，河水湖泊中 Cl^- 含量一般较低，而海水、盐湖及某些地下水中则含量较高，水样中氯含量一般多用莫尔法测定。如果水样中还含有 SO_3^{2-}、PO_4^{3-} 及 S^{2-}，则要采用佛尔哈德法测定。

② 有机卤化物中卤素的测定

有机卤化物中所含卤素多以共价键结合，必须经适当处理使其转化为卤离子后才能用银量法测定。例如可以农药六氯环己烷 $C_6H_6Cl_6$（简称"666"）为例进行说明。

通常是将试样与 KOH 乙醇溶液一起加热回流煮沸，使有机氯以 Cl^- 形式转入溶液：

$$C_6H_6Cl_6 + 3OH^- = C_6H_3Cl_3 + 3Cl^- + 3H_2O$$

溶液冷却后，加 HNO_3 调至酸性，用佛尔哈德法测定释放出的 Cl^-。

1. 已知室温时以下盐的溶解度，试求各盐的溶度积（不考虑水解）：

(1) $BaCrO_4$：1.1×10^{-5} mol·L^{-1}；

(2) Ag_2S：3.7×10^{-17} mol·L^{-1}。

[(1) 1.2×10^{-10}；(2) 2.0×10^{-49}]

2. 已知室温下 $K_{sp,AgCl}^{\ominus} = 1.8 \times 10^{-10}$，$K_{sp,Ag_2CrO_4}^{\ominus} = 2.0 \times 10^{-12}$，$K_{sp,Ag_3PO_4}^{\ominus} = 1.4 \times 10^{-16}$，$AgCl$，$Ag_2CrO_4$，$Ag_3PO_4$ 溶解度 S（以 mol·L^{-1} 表示）的大小顺序是：

① $S_{AgCl} > S_{Ag_2CrO_4} > S_{Ag_3PO_4}$ ② $S_{Ag_2CrO_4} > S_{Ag_3PO_4} > S_{AgCl}$

③ $S_{AgCl} > S_{Ag_3PO_4} > S_{Ag_2CrO_4}$ ④ $S_{Ag_3PO_4} > S_{Ag_2CrO_4} > S_{AgCl}$

3. 100mL 0.0300 mol·L^{-1} 的 KCl 溶液中加入 0.3400g 固体 $AgNO_3$，求此溶液中的 pCl 和 pAg。   [2.0, 7.7]

4. 已知 CaF_2 的溶度积 $K_{sp,CaF_2}^{\ominus} = 2.7 \times 10^{-11}$，求 CaF_2 在下列情况时的溶解度：

(1) 在纯水中（忽略水解）；

(2) 在 1.0×10^{-2} mol·L^{-1} $CaCl_2$ 溶液中；

(3) 在 0.01 mol·L^{-1} HCl 溶液中。（提示：$S = \sqrt[3]{\dfrac{K_{sp,CaF_2}^{\ominus'}}{4}}$，$K_{sp,CaF_2}^{\ominus'} = [Ca^{2+}][F^-]_{总}^2 = K_{sp,CaF_2}^{\ominus} \cdot \alpha_{F(H)}^2$，$\alpha_{F(H)} = 1 + \dfrac{[H^+]}{K_{a,HF}^{\ominus}}$）

[(1) 1.9×10^{-4} mol·L^{-1}；(2) 2.6×10^{-5} mol·L^{-1}；(3) 1.8×10^{-3} mol·L^{-1}]

5. 一种混合溶液中含有 3.0×10^{-2} mol·L^{-1} Pb^{2+} 和 2.0×10^{-2} mol·L^{-1} Cr^{3+}，若向其中滴加浓 NaOH 溶液（忽略体积的变化），Pb^{2+} 与 Cr^{3+} 均有可能形成氢氧化物沉淀，问：

(1) 哪种离子先被沉淀？(2) 若要分离这两种离子，溶液 pH 值应控制在什么范围？

[(1) Cr^{3+}；(2) $5.59 \sim 7.30$]

6. 在 10mL 1.5×10^{-3} mol·L^{-1} $MnSO_4$ 溶液中，加入 5.0mL 0.15mol·L^{-1} $NH_3 \cdot H_2O$ 溶液，能否生成 $Mn(OH)_2$ 沉淀？若在上述 10mL 1.5×10^{-3} mol·L^{-1} $MnSO_4$ 溶液中，先加入 0.495g 固体 $(NH_4)_2SO_4$（忽略体积的变化），然后再加入 5.0mL 0.15mol·L^{-1} $NH_3 \cdot H_2O$ 溶液，能否生成 $Mn(OH)_2$ 沉淀？   [能；不能]

7. 在下列溶液中不断通入 H_2S 气体至饱和，分别计算溶液中残留的 Cu^{2+} 浓度。(1) 0.10 mol·L^{-1} $CuCl_2$；(2) 0.10 mol·L^{-1} $CuCl_2$ 和 1.0 mol·L^{-1} HCl 的混合溶液。

[(1) 2.6×10^{-15} mol·L^{-1}；(2) 9.4×10^{-14} mol·L^{-1}]

8. 在 0.10 mol·L^{-1} Zn^{2+} 盐溶液中含有少量 Pb^{2+}，如欲使 Pb^{2+} 形成 PbS 沉淀而 Zn^{2+} 留在溶液中，从而达到分离的目的，溶液中 S^{2-} 的浓度应控制在何范围？若通入 H_2S 气体来实现上述目的，问溶液 H^+ 浓度应控制在何范围？

[$8 \times 10^{-23} \sim 2 \times 10^{-21}$ mol·L^{-1}，$0.21 \sim 1.07$ mol·L^{-1}]

9. 计算下列沉淀转化的平衡常数：

(1) $Ag_2CrO_4 + 2I^- \rightleftharpoons 2AgI + CrO_4^{2-}$

(2) $PbCl_2 + S^{2-} \rightleftharpoons PbS + 2Cl^-$

[(1) 2.3×10^{20}；(2) 2×10^{22}]

10. 如果 $BaCO_3$ 沉淀中尚有 0.010mol $BaSO_4$ 时，计算在 1.0L 此沉淀的饱和溶液中应加入多少摩尔的 Na_2CO_3 才能使 $BaSO_4$ 完全转化为 $BaCO_3$？   (0.46mol)

11. 计算使 0.20mol 的 ZnS 溶解于 1L 盐酸中所需盐酸的最低浓度。

[0.70mol·L^{-1}]

12. 计算下列换算因数：

称量形式   被测组分

(1) $Mg_2P_2O_7$ P_2O_5，MgO

(2) Fe_2O_3 Fe_3O_4

(3) $(NH_4)_3PO_4·12MoO_3$ P，P_2O_5

[(1)0.6377，0.3622；(2)0.9668；(3)0.01650，0.03782]

13. 称取某可溶性盐 0.3232g，用 $BaSO_4$ 重量法测定其中含硫量，得 $BaSO_4$ 沉淀 0.2982g，计算试样中 SO_3 的百分含量。 [31.65%]

14. 下列说法是否正确，为什么？

(1) 在用 $BaSO_4$ 重量法测定 Ba^{2+} 时，如果 $BaSO_4$ 沉淀中有少量 $BaCl_2$ 共沉淀，则测定结果将偏高。 ( )

(2) 在用 $BaSO_4$ 重量法测定 Ba^{2+} 时，如果有 Na_2SO_4 或 $Fe_2(SO_4)_3$ 或 $BaCrO_4$ 共沉淀，则测定结果均偏高。 ( )

(3) 在用 $BaSO_4$ 重量法测定 SO_4^{2-} 时，如果 $BaSO_4$ 中带有少量 $BaCl_2$，则测定结果将偏低。 ( )

(4) 在用 $BaSO_4$ 重量法测定 SO_4^{2-} 时，如果 $BaSO_4$ 中带有少量 Na_2SO_4，则测定结果将偏高。 ( )

(5) 在用 $BaSO_4$ 重量法测定 SO_4^{2-} 时，如果 $BaSO_4$ 中带有少量 $Fe_2(SO_4)_3$，则测定结果将偏低。 ( )

15. 分析不纯的 NaCl 和 NaBr 混合物时，称取试样 1.000g，溶于水后加入沉淀剂 $AgNO_3$，得到 AgCl 和 AgBr 沉淀的质量为 0.5260g。若将此沉淀在 Cl_2 流中加热，使 AgBr 转变为 AgCl，称其质量为 0.4260g，计算试样中 NaCl 和 NaBr 的百分含量各为多少。

[4.22%，23.15%]

16. 用重量法测定一约含 90% 摩尔盐 $(NH_4)_2SO_4·FeSO_4·6H_2O$ 的试样，若天平称量误差为 0.2mg（减量法称量两次，每次误差以 0.1mg 计），为了使灼烧后 Fe_2O_3 的称量误差不大于千分之一，应最少称取试样多少克？ [1.1g]

17. 今有一仅含纯 KCl 与纯 KBr 的混合物，现称取 0.3028g 试样，溶于水后用 $AgNO_3$ 标准溶液滴定，用去 0.1014mol·L^{-1} $AgNO_3$ 30.20mL，试计算混合物中 KCl 和 KBr 的百分含量。 [34.11%，65.89%]

18. 将 30.00mL $AgNO_3$ 溶液作用于 0.1357g NaCl，过量的 Ag^+ 用 2.50mL NH_4SCN 溶液滴定至终点。若知道滴定 20.00mL $AgNO_3$ 溶液需要 19.85mL NH_4SCN 溶液。计算：(1) $AgNO_3$ 溶液的浓度；(2) NH_4SCN 溶液的浓度。

[(1)0.08449mol·L^{-1}；(2)0.08513mol·L^{-1}]

19. 用一定浓度的 $AgNO_3$ 溶液滴定 0.3750g 纯净 NaCl 中的 Cl^-。若消耗的 $AgNO_3$ 体积（mL）数值的 2 倍与纯净 NaCl 中 Cl^- 的百分含量数值相等，则 $AgNO_3$ 溶液的浓度是多少？ [0.2116mol·L^{-1}]

20. 下列各种情况，分析结果是准确的，还是偏高或偏低，为什么？

(1) pH≈4 时莫尔法测定 Cl^-。

(2) 中性溶液中用莫尔法测定 Br^-。
(3) 用莫尔法测定 pH≈8 的 KI 溶液中的 I^-。
(4) 用莫尔法测定 Cl^-，但配制的 K_2CrO_4 指示剂溶液浓度过稀。
(5) 用佛尔哈德法测定 Cl^-，但没加硝基苯。

21. 下列哪些是形成晶形沉淀所要求的条件？
(1) 沉淀反应在较浓的溶液中进行；
(2) 在不断搅拌下加入沉淀剂；
(3) 快速加入沉淀剂；
(4) 沉淀反应在冷的溶液中进行；
(5) 沉淀反应完成后需要进行陈化。

第 6 章
氧化还原平衡与氧化还原滴定法

氧化还原反应是一类参加反应的物质之间有电子转移的反应。氧化还原滴定法是以氧化还原反应为基础的滴定分析法。本章除了介绍氧化还原的基本概念及氧化还原反应方程式的配平方法外,还主要应用电极电势等概念和有关氧化还原反应的基本理论,讨论氧化剂和还原剂的相对强弱,判断氧化还原反应的方向和限度,讨论氧化还原滴定法的基本原理和应用。

6.1 氧化还原的基本概念及其反应方程式的配平

6.1.1 氧化还原的基本概念

(1) 氧化值(又称氧化数)

不同元素的原子相互化合后,各元素在化合物中所处的化合状态,可以用氧化值来表示。1970 年,国际纯粹和应用化学联合会(IUPAC)规定:氧化值是某一元素一个原子的荷电数,这个荷电数可由假设把每个键中的电子指定给电负性更大的原子而求得。具体可按以下几条规则确定元素的氧化值:

① 在单质中,元素的氧化值为零。

② H 原子与电负性比它大的原子结合时,H 的氧化值为 +1,H 原子与电负性比它小的原子结合时,H 的氧化值为 -1,如在金属氢化物 LiH,NaH 中,H 的氧化值为 -1;在 HCl 中,H 的氧化值为 +1。

③ 除了在过氧化物(如 H_2O_2 和 Na_2O_2 等)中 O 的氧化值为 -1,在氟化物(如 O_2F_2 和 OF_2)中 O 的氧化值分别为 +1 和 +2 外,O 在化合物中的氧化值一般为 -2。

④ 在离子型化合物中,元素原子的氧化值即等于该元素原子的离子电荷数。例如 NaCl 中,Na 的氧化值为 +1,Cl 的氧化值为 -1。

⑤ 在共价化合物中,共用电子对偏向电负性大的元素的原子,两原子的表观电荷数即

为它们的氧化值。例如在 BF_3 中，B 的氧化值为 $+3$，F 的氧化值为 -1。

⑥ 在中性分子中，各元素原子的氧化值的代数和等于零，在复杂离子中各元素原子氧化值的代数和等于离子的总电荷数。

按以上规则就可求出各种化合物中不同元素的氧化值。例如 NH_4^+ 中 N 的氧化值为 -3，Fe_3O_4 中铁的氧化值为 $\dfrac{8}{3}$。由此可知，氧化值可为整数，但也有可能是分数或小数。值得提出的是，在判断共价化合物中元素原子的氧化值时，不要与共价数（某元素原子形成共价键的数目）混淆起来。例如在 CH_4，C_2H_4，C_2H_2 分子中 C 的共价数均为 4，而氧化值则依次分别为 -4，-2，-1。

(2) 氧化和还原　氧化剂和还原剂

氧化还原反应的实质是反应物之间发生了电子转移，而电子转移的结果则使得反应前后某些元素的氧化值发生了变化。根据反应前后元素的氧化值是否发生变化，可把无机反应分为氧化还原反应和非氧化还原反应两大类。元素氧化值发生了变化的反应称为氧化还原反应，反之，则称为非氧化还原反应。

在氧化还原反应中，失电子而使元素氧化值升高的过程称为氧化，得电子而使元素氧化值降低的过程称为还原。在反应物中，氧化值降低的物质为氧化剂，氧化值升高的物质为还原剂。在氧化还原反应中，还原剂被氧化而氧化剂被还原。

6.1.2　氧化还原反应方程式的配平方法

配平氧化还原反应方程式的方法很多，本节主要介绍氧化值法和离子-电子法。

(1) 氧化值法

配平原则：
① 元素原子氧化值升高的总数等于元素原子氧化值降低的总数；
② 反应前后各元素的原子总数相等。

配平步骤：
① 写出未配平的反应方程式；
例如：$Cu + HNO_3(稀) \longrightarrow Cu(NO_3)_2 + NO + H_2O$
② 找出元素原子氧化值的变化值；

$$\overset{0}{Cu} + H\overset{+5}{N}O_3(稀) \longrightarrow \overset{+2}{Cu}(NO_3)_2 + \overset{+2}{N}O + H_2O$$

（Cu: $0 \to +2$，变化 $(+2)$；N: $+5 \to +2$，变化 (-3)）

③ 各元素原子氧化值的变化值乘以相应系数，使其符合第一条配平原则；

$$\overset{0}{Cu} + H\overset{+5}{N}O_3(稀) \longrightarrow \overset{+2}{Cu}(NO_3)_2 + \overset{+2}{N}O + H_2O$$

（$(+2) \times 3$；$(-3) \times 2$）

则得到：$3Cu+2HNO_3(稀) \longrightarrow 3Cu(NO_3)_2+2NO+H_2O$

④ 用观察法配平氧化值未改变的元素原子数目，则得到：

$$3Cu+8HNO_3(稀) = 3Cu(NO_3)_2+2NO+4H_2O$$

氧化值法的优点是简单、快速，既适用于水溶液中的氧化还原反应，也适用于非水体系的氧化还原反应。

(2) 离子-电子法

配平原则：
① 反应过程中氧化剂夺得的电子数必须等于还原剂失去的电子数；
② 反应前后各元素的原子总数相等。

配平步骤：
① 写出未配平的离子反应方程式；例如

$$MnO_4^- + H_2S \longrightarrow Mn^{2+} + S$$

② 将未配平的离子反应方程式分解成两个半反应式，即

$$MnO_4^- \longrightarrow Mn^{2+}$$
$$H_2S \longrightarrow S$$

③ 配平两个半反应，使反应式两边相同元素的原子数和电荷数均相等；
$MnO_4^- \longrightarrow Mn^{2+}$ 式中，左边多 4 个 O，若加 8 个 H^+，则在右边要加 4 个 H_2O，即

$$MnO_4^- + 8H^+ \longrightarrow Mn^{2+} + 4H_2O$$

若使方程式左右两边电荷数相等，需在方程式左边加上 5 个电子，即

$$MnO_4^- + 8H^+ + 5e^- \longrightarrow Mn^{2+} + 4H_2O$$

而在 $H_2S \longrightarrow S$ 式中，若使反应式两边相同元素的原子数相等，则需在方程式右边加上 2 个 H^+，即

$$H_2S \longrightarrow S + 2H^+$$

若使方程式两边电荷数相等，需在方程式左边减去 2 个电子，即

$$H_2S - 2e^- \longrightarrow S + 2H^+$$

④ 根据第一条配平原则，以适当系数乘以两个半反应方程式，然后将两个半反应方程式相加，整理，即得配平的离子反应方程式。

$$\begin{array}{r} 2\times \ \ |\ MnO_4^- + 8H^+ + 5e^- \longrightarrow Mn^{2+} + 4H_2O \\ +)\ 5\times \ \ |\ H_2S - 2e^- \longrightarrow S + 2H^+ \\ \hline 2MnO_4^- + 16H^+ + 5H_2S \longrightarrow 2Mn^{2+} + 8H_2O + 5S + 10H^+ \end{array}$$

经整理可得：

$$2MnO_4^- + 5H_2S + 6H^+ = 2Mn^{2+} + 5S + 8H_2O$$

在配平半反应方程式时，如果反应物和生成物内所含的氧原子数目不同，可根据介质的酸碱性，分别在半反应方程式中加 H^+ 或 OH^- 或 H_2O，使反应式两边的氧原子数相等。不同介质条件下配平氧原子的经验规则如表 6-1 所示。

表 6-1　不同介质条件下配平氧原子的经验规则

介质条件	反应方程式		
	左边		右边
	O 原子数	配平时应加入物质	生成物
酸性	多	H^+	H_2O
	少	H_2O	H^+
碱性	多	H_2O	OH^-
	少	OH^-	H_2O
中性	多	H_2O	OH^-
	少	H_2O	H^+

离子-电子法配平的优点是不必知道元素的氧化值，这给许多有介质参与的复杂反应，特别是有机化合物参加的氧化还原反应的配平带来了方便，而且还能反映出水溶液中氧化还原反应的实质，但该法不适用于气相或固相反应反应方程式的配平。

6.2　原电池及电极电势

6.2.1　原电池

一切氧化还原反应均涉及电子转移，电子从还原剂转移到氧化剂。例如将 Zn 片放到 $CuSO_4$ 溶液中，发生了如下电子转移：

$$\overset{2e}{\overgroup{Zn + Cu^{2+}}} \Longrightarrow Cu + Zn^{2+}$$

在反应过程中，当氧化剂和还原剂相遇时，发生了有效碰撞和电子转移。由于分子热运动没有一定的方向，因而电子转移也没有一定的方向，往往以热能的形式散发能量。但是如果设计一种装置，使氧化剂和还原剂不直接接触，让电子通过导线传递，则电子可作有规则的定向运动而产生电流。这种能使氧化还原反应产生电流的装置称为原电池。

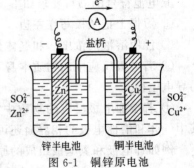

图 6-1　铜锌原电池

（1）原电池装置

铜锌原电池装置见图 6-1。在该原电池中，可以看到 Zn 片溶解而 Cu 片上有 Cu 沉积，同时检流计指针发生偏转，证明有电流产生。根据检流计指针的偏转方向，可知电流是由 Cu 极流上 Zn 极，即电子是由 Zn 极流向 Cu 极。在原电池中：我们把电子流出的电极称为负极（如 Zn 极），在该极发生氧化反应，电子流入的电极称为正极（如 Cu 极），在该极发生还原反应。

负极(Zn)：$Zn - 2e^- \longrightarrow Zn^{2+}$　　发生氧化反应

正极(Cu)：$Cu^{2+} + 2e^- \longrightarrow Cu$　　发生还原反应

总反应：$Zn + Cu^{2+} \Longrightarrow Zn^{2+} + Cu$

从上述原电池中可以看到,原电池是由两个半电池构成。Zn 和 $ZnSO_4$ 溶液构成一个半电池,Cu 和 $CuSO_4$ 溶液构成另一个半电池。组成原电池的两个半电池是通过盐桥沟通的。盐桥内装有琼脂与饱和 KCl 溶液制成的胶冻,它可以使溶液不流出,但离子却可以自由移动。盐桥的作用是维持溶液的电中性,沟通电路。因为随着电池反应的进行,锌半电池中由于 Zn 失去电子而使 Zn^{2+} 进入溶液,溶液中 Zn^{2+} 过量使溶液带正电。而铜半电池中由于 Cu^{2+} 得到电子转变为 Cu,溶液中 Cu^{2+} 比 SO_4^{2-} 量少,过量的 SO_4^{2-} 使溶液带负电,这种带电性的溶液会阻碍电池反应的继续进行,阻碍电子从锌极流向铜极。当插入盐桥后,盐桥内饱和 KCl 溶液中的离子就会移动,K^+ 向 $CuSO_4$ 溶液移动,中和铜半电池中的过剩负电荷,Cl^- 向 $ZnSO_4$ 溶液移动,中和锌半电池中的过剩正电荷,使溶液始终保持电中性,这样电池反应可继续进行,电流可持续产生。

(2) 原电池表示方法

原电池中,每一个半电池是由同一种元素不同氧化值的两种物质所构成。一种是处于低氧化值的可作还原剂的物质,称为还原型物质,例如锌半电池中的 Zn,铜半电池中的 Cu。另一种是处于高氧化值的可作氧化剂的物质,称为氧化型物质,例如锌半电池中的 Zn^{2+},铜半电池中的 Cu^{2+}。这种由同一元素的氧化型物质和其对应的还原型物质所构成的整体,称为氧化还原电对,常用氧化型/还原型表示,例如 Zn^{2+}/Zn,Cu^{2+}/Cu。氧化型物质和还原型物质在一定条件下可相互转化:

$$氧化型 + ne^- \rightleftharpoons 还原型$$

这种关系式称为电极反应。实际上,原电池是由两个氧化还原电对组成的。从理论上说,任何氧化还原反应均可设计成原电池。

为了简便和统一,原电池的装置可以用符号表示,如铜锌原电池可表示为:

$$(-)Zn|ZnSO_4(c_1)\|CuSO_4(c_2)|Cu(+)$$

其中,(-)表示负极;(+)表示正极;"|"表示两相界面❶;"‖"表示盐桥
原电池符号的书写要求如下。
① 习惯上把负极写在左边,正极写在右边。
② 注明溶液的浓度 c 和气体分压 p。当 c 为 $1mol·L^{-1}$ 时可不写。
③ 若电极反应中的物质本身不能作为导电电极,则必须用惰性电极(常用铂或碳)作为导电电极。
④ 若参加电极反应的物质中有纯气体、液体或固体时,应写在对应的导电电极一边,其中气体和惰性电极的相界面还可以用逗号","表示。

例如锌电极和氢电极组成的原电池符号可以写成:

$$(-)\ Zn\ |\ Zn^{2+}(c_1)\ \|\ H^+(c_2)\ |\ H_2(p),Pt\ (+)$$

⑤ 若电极反应中含有多种离子,用逗号把它们分开。

例如反应:Fe^{2+} ($1.0mol·L^{-1}$) + Ag^+($1.0mol·L^{-1}$) $\rightleftharpoons$ Fe^{3+}($1.0mol·L^{-1}$) + Ag,对应的原电池符号为:

$$(-)Pt|Fe^{2+},Fe^{3+}\|Ag^+|Ag(+)$$

---

❶ 系统中的任何物理和化学性质完全相同的部分叫做相(phase)。相与相之间有明确的界面,常以此为特征来区分不同的相。

⑥ 电极反应中出现的物质（溶剂除外）如 H^+、OH^- 等全要列在原电池符号中。

例如反应：$Cr_2O_7^{2-}$（$1.0\,mol \cdot L^{-1}$）$+6Cl^-$（$10\,mol \cdot L^{-1}$）$+14H^+$（$10\,mol \cdot L^{-1}$）$\Longleftrightarrow$ $2Cr^{3+}$（$1.0\,mol \cdot L^{-1}$）$+3Cl_2$（$100\,kPa$）$+7H_2O(l)$，对应的原电池符号为：

$$(-)Pt,Cl_2(p^\ominus)|Cl^-(10\,mol \cdot L^{-1})\|Cr_2O_7^{2-},Cr^{3+},H^+(10\,mol \cdot L^{-1})|Pt(+)$$

又如以 AgI/Ag 电对作负极，Cl_2/Cl^- 电对作正极，则对应的原电池符号为：

$$(-)Ag|AgI(s)|I^-(c_1)\|Cl^-(c_2)|Cl_2(p),Pt(+)$$

6.2.2 电极电势的产生

若将金属放入它的盐溶液中，则金属和它的盐溶液之间会产生电势差，该电势差被称为这种金属的电极电势。用它可以衡量金属在溶液中失去电子能力的大小，也可以用来说明金属阳离子获得电子能力的大小。在 1889 年，德国化学家能斯特（Nernst）提出了双电层理论，可以用来说明金属和它的盐溶液之间的电势差是如何产生的，以及在原电池中化学能如何转化为电能的机理。

金属晶体是由金属原子、金属阳离子和自由电子组成。当把金属 M 放入它的盐溶液中时，溶液中存在两种相反的趋势。一种是由于极性水分子的吸引，金属表面的阳离子 M^{n+} 有从金属表面进入溶液的趋势，即金属的溶解趋势。另一种是金属 M 上带负电荷的电子要吸引溶液中的 M^{n+} 离子，使它们还原为金属并沉积到金属表面的趋势，即金属离子的沉积趋势。当这两种相反的过程进行的速率相等时，即达到了动态平衡：

$$M(s) \underset{沉积}{\overset{溶解}{\rightleftharpoons}} M^{n+} + ne^-$$

如果金属越活泼或溶液中金属离子浓度越小，则金属溶解的趋势就大于溶液中金属离子沉积到金属表面的趋势，达到平衡时金属表面带负电，靠近金属附近的溶液带正电，形成了如图 6-2(a) 所示的双电层。反之，如果金属越不活泼或溶液中金属离子浓度越大，则金属溶解的趋势就小于金属离子沉积的趋势，达到平衡时金属表面带正电，靠近金属附近的溶液带负电，形成了如图 6-2(b) 所示的双电层。这样在金属与其盐溶液之间产生了平衡电势差，也就是该金属的电极电势。其值大小不仅取决于金属的本性，还与溶液中金属离子的浓度、温度等因素有关。

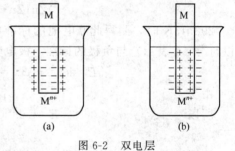

图 6-2 双电层

双电层理论还可以说明原电池产生电流的原理。以铜锌电池为例，金属锌发生溶解的趋势较大，因而 Zn^{2+} 进入 $ZnSO_4$ 溶液，使锌片带负电，形成双电层，相反 Cu^{2+} 从 $CuSO_4$ 溶液中沉积到铜片上的趋势较大，因而使铜片带正电，也形成双电层。这时锌片上有过剩电子，而铜片上又缺电子，当用导线把锌片和铜片联结起来时，电子就从锌片流向铜片，从而产生了电流。

6.2.3 标准电极电势

由于目前尚无法测出金属和其盐溶液间的电极电势的绝对值，因而只能用一种电极作为

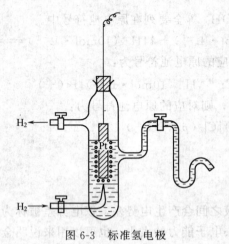

图 6-3　标准氢电极

参比标准和其他电极作比较，从而求出其他电极的电极电势相对值。

一般采用标准氢电极作为参比标准。标准氢电极的构成是将镀有蓬松铂黑的铂片插入含 H^+ 浓度为 $1\,mol\cdot L^{-1}$（严格讲，应当是 H^+ 的活度为 $1.0\,mol\cdot L^{-1}$）的稀硫酸溶液中，如图 6-3 所示。在 298.15K 时，连续通入压力为 100kPa 的纯氢气，铂黑吸附氢气达到饱和，被吸附的氢气与溶液中 H^+ 组成氧化还原电对 H^+/H_2，构成了标准氢电极。在标准氢电极中建立了下列平衡：

$$2H^+(1.0\,mol\cdot L^{-1})+2e^- \rightleftharpoons H_2(100kPa)$$

这时，在标准氢电极和硫酸溶液之间所产生的电势差，叫做氢的标准电极电势，以 $\varphi^{\ominus}_{H^+/H_2}$ 表示，并人为规定其电极电势为零，即 $\varphi^{\ominus}_{H^+/H_2}=0.000V$。

欲测某电极的电极电势，可将标准氢电极和待测电极构成原电池，然后测定该原电池的电动势，即可测得该待测电极的电极电势。

如果组成电极的有关物质的活度为 $1.0\,mol\cdot L^{-1}$，气体的分压为 100kPa，液体和固体都是纯净物，则此电极处于标准态。在标准态下将某电极和标准氢电极组成原电池，则原电池的电动势即为该电极的标准电极电势，以 $\varphi^{\ominus}$ 表示。通常测定的温度为 298.15K。

例如欲测锌电极的标准电极电势，可将处于标准态的锌电极与标准氢电极组成原电池。测定时，根据检流计指针偏转方向，可知电流是由氢电极通过导线流向锌电极（电子由锌电极流向氢电极）。所以锌电极为负极，氢电极为正极。原电池符号为：

$$(-)Zn|Zn^{2+}\|H^+|H_2(p^{\ominus}),Pt(+)$$

298.15K 时，测得此原电池的标准电动势 $E^{\ominus}=0.763V$，它等于正极的标准电极电势（以符号 $\varphi^{\ominus}_+$ 表示）与负极的标准电极电势（以符号 $\varphi^{\ominus}_-$ 表示）之差，即：

$$E^{\ominus}=\varphi^{\ominus}_+-\varphi^{\ominus}_-=\varphi^{\ominus}_{H^+/H_2}-\varphi^{\ominus}_{Zn^{2+}/Zn}=0.763V$$

由于 $\varphi^{\ominus}_{H^+/H_2}=0.000V$

所以 $E^{\ominus}=0.000-\varphi^{\ominus}_{Zn^{2+}/Zn}=0.763V$

$$\varphi^{\ominus}_{Zn^{2+}/Zn}=-0.763V$$

用同样方法可以测定出铜电极的标准电极电势。将标准铜电极和标准氢电极组成原电池，根据电流方向，可知铜电极为正极，氢电极为负极。原电池符号为：

$$(-)Pt,H_2(p^{\ominus})|H^+\|Cu^{2+}|Cu(+)$$

298.15K 时，测得此原电池的标准电动势 $E^{\ominus}$ 为 0.34V。即：

$$E^{\ominus}=\varphi^{\ominus}_+-\varphi^{\ominus}_-=\varphi^{\ominus}_{Cu^{2+}/Cu}-\varphi^{\ominus}_{H^+/H_2}=0.34V$$

由于 $\varphi^{\ominus}_{H^+/H_2}=0.000V$

所以 $\varphi^{\ominus}_{Cu^{2+}/Cu}=+0.34V$

用类似的方法可以测得一系列金属或电对的标准电极电势。附录 5 中列出了 298.15K 时部分氧化还原电对的标准电极电势数据，它们是按电极电势的代数值递增顺序排列的，该表称为标准电极电势表。在一般书籍和手册中，标准电极电势表都分为两种介质：电对在酸性溶液中的标准电极电势（$\varphi^{\ominus}_A$）和电对在碱性溶液中的标准电极电势（$\varphi^{\ominus}_B$）。现将若干电对在酸性溶液中的标准电极电势摘录于表 6-2 中。

表 6-2 若干电对的标准电极电势 (298.15K)

电对		电极反应		$\varphi_A^{\ominus}/V$	
Li^+/Li	氧化能力增强	$Li^+ + e^- \rightleftharpoons Li$	还原能力增强	-3.045	代数值增大
Fe^{2+}/Fe		$Fe^{2+} + 2e^- \rightleftharpoons Fe$		-0.44	
H^+/H_2		$2H^+ + 2e^- \rightleftharpoons H_2$		0.000	
Cu^{2+}/Cu		$Cu^{2+} + 2e^- \rightleftharpoons Cu$		+0.34	
F_2/F^-		$F_2 + 2e^- \rightleftharpoons 2F^-$		+2.87	

由标准电极电势表可看出，电极电势代数值越小，电对所对应的还原型物质的还原能力越强，氧化型物质氧化能力越弱。电极电势代数值越大，电对所对应的还原型物质的还原能力越弱，氧化型物质的氧化能力越强。因此，根据 $\varphi^{\ominus}$ 值大小可以判断氧化型物质氧化能力和还原型物质还原能力的相对强弱。

使用附录的电极电势表时，必须注意以下几个方面：

① 本书采用的是 1953 年国际纯粹和应用化学联合会 IUPAC 所规定的还原电势[1]，如认为 Zn 比 H_2 更容易失去电子，$\varphi_{Zn^{2+}/Zn}^{\ominus}$ 为负值。

② 电极电势无加和性。不论半电池反应式的系数乘以或除以任何实数，$\varphi^{\ominus}$ 值仍不变。如：

$$Zn^{2+} + 2e^- \rightleftharpoons Zn \qquad \varphi_{Zn^{2+}/Zn}^{\ominus} = -0.763V$$

$$2Zn^{2+} + 4e^- \rightleftharpoons 2Zn \qquad \varphi_{Zn^{2+}/Zn}^{\ominus} = -0.763V$$

$$\frac{1}{2}Zn^{2+} + e^- \rightleftharpoons \frac{1}{2}Zn \qquad \varphi_{Zn^{2+}/Zn}^{\ominus} = -0.763V$$

③ $\varphi^{\ominus}$ 是水溶液体系的标准电极电势，对于非标准态和非水溶液体系，不能用 $\varphi^{\ominus}$ 比较物质氧化还原能力。

6.2.4 标准电极电势的理论计算

根据热力学理论，在恒温恒压条件下，反应系统吉布斯自由能的降低值等于系统所能作的最大有用功，即 $-\Delta_r G_m = W_{max}$。如果某一氧化还原反应可以设计成原电池，那么在恒温、恒压下，电池所作的最大有用功就是电功。电功（$W_{电}$）等于电动势（E）与通过的电量（Q）的乘积：

$$W_{电} = E \cdot Q = E \cdot n'F$$

则

$$\Delta_r G_m = -E \cdot Q = -n'EF \tag{6-1}$$

式中，F 为法拉第（Faraday）常数，其值等于 $96485 C \cdot mol^{-1}$；n' 为电池反应中转移电子数。

在标准态下，

$$\Delta_r G_m^{\ominus} = -n'FE^{\ominus} = -n'F[\varphi_+^{\ominus} - \varphi_-^{\ominus}]$$

则

$$\varphi_+^{\ominus} = \varphi_-^{\ominus} - \frac{\Delta_r G_m^{\ominus}}{n'F}$$

---

[1] 有的书可能采用氧化电势，其电极电势与本书采用的还原电势相比绝对值相等，符号相反。

由于本书采用的是还原电势,即与标准氢电极组成原电池时,该电对作正极,所以

$$\varphi_-^{\ominus} = \varphi_{H^+/H_2}^{\ominus} = 0.000 \text{V}$$

$$\varphi_+^{\ominus} = -\frac{\Delta_r G_m^{\ominus}}{n'F} \tag{6-2}$$

由式(6-2)可看出,如果知道了参加电极反应物质的 $\Delta_f G_m^{\ominus}$,即可计算出该电极的标准电极电势。这为理论上确定电极电势提供了基础。

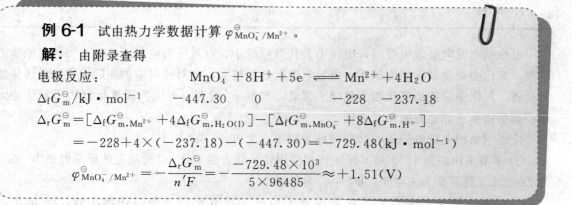

例 6-1 试由热力学数据计算 $\varphi_{MnO_4^-/Mn^{2+}}^{\ominus}$。

解： 由附录查得

电极反应： $MnO_4^- + 8H^+ + 5e^- \rightleftharpoons Mn^{2+} + 4H_2O$

$\Delta_f G_m^{\ominus}/\text{kJ} \cdot \text{mol}^{-1}$　　 -447.30　　 0　　　　 -228　 -237.18

$\Delta_r G_m^{\ominus} = [\Delta_f G_{m,Mn^{2+}}^{\ominus} + 4\Delta_f G_{m,H_2O(l)}^{\ominus}] - [\Delta_f G_{m,MnO_4^-}^{\ominus} + 8\Delta_f G_{m,H^+}^{\ominus}]$

$= -228 + 4 \times (-237.18) - (-447.30) = -729.48 (\text{kJ} \cdot \text{mol}^{-1})$

$\varphi_{MnO_4^-/Mn^{2+}}^{\ominus} = -\frac{\Delta_r G_m^{\ominus}}{n'F} = -\frac{-729.48 \times 10^3}{5 \times 96485} \approx +1.51(\text{V})$

6.2.5 影响电极电势的因素——能斯特方程式

电极电势的大小,不仅取决于电对的本性,还与反应温度、氧化型物质和还原型物质的浓度、压力等有关。

某氧化还原电对的电极反应可简写为：

$$Ox(氧化型) + ne^- \rightleftharpoons Red(还原型)$$

氧化还原电对的电极电势可由能斯特(Nernst)方程式求得：

$$\varphi = \varphi^{\ominus} + \frac{RT}{nF} \ln \frac{a_{Ox}}{a_{Red}} \text{❶} \tag{6-3}$$

式中,φ 为某电对的电极电势,V；$\varphi^{\ominus}$ 为某电对的标准电极电势,V；a_{Ox}、a_{Red} 分别为电极反应中在氧化型一侧和还原型一侧各种物质的活度幂的乘积；R 为摩尔气体常数,$8.314 \text{J} \cdot \text{K}^{-1} \cdot \text{mol}^{-1}$；$F$ 为法拉第常数,$96485 \text{C} \cdot \text{mol}^{-1}$；$T$ 为绝对温度,K；n 为电极反应中的得失电子数。

由上式可见,标准电极电势是指在一定温度下,电极反应中各组分都处于标准态,即离子或分子的活度等于 $1\text{mol} \cdot \text{L}^{-1}$ 或活度比率为 1 (若反应中有气体参加,则其分压为 100kPa) 时的电极电势。

在 298.15K 时,将以上常数代入上式,并取常用对数,则式(6-3)变为：

$$\varphi = \varphi^{\ominus} + \frac{0.0592}{n} \lg \frac{a_{Ox}}{a_{Red}} \tag{6-4}$$

在书写能斯特方程式时,要注意以下两个问题：

---

❶ 为计算方便起见,这里不考虑对数项的单位。

① 若电极反应中有固态物质或纯液体,则其不出现在方程式中。若为气体物质,则以气体的相对分压（$p/p^\ominus$）来表示。

② 若电极反应中,除氧化型、还原型物质外,还有参加电极反应的其他物质,如 H^+, OH^- 存在,则这些物质的活度也应出现在能斯特方程式中。

由于实际上我们通常知道的是溶液中物质的浓度而不是活度,所以用浓度计算 φ 时要引入活度系数 γ,所以式(6-4) 变为：

$$\varphi = \varphi^\ominus + \frac{0.0592}{n} \lg \frac{[Ox] \cdot \gamma_{Ox}}{[Red] \cdot \gamma_{Red}} \tag{6-5}$$

在离子强度不大时,在计算过程中为简便起见,可忽略离子强度的影响,即以浓度代替活度用下式进行近似计算：

$$\varphi = \varphi^\ominus + \frac{0.0592}{n} \lg \frac{[Ox]}{[Red]} \tag{6-6}$$

例 6-2 计算 298.15K 时,(1)$[Fe^{2+}] = 1.0 \text{mol} \cdot L^{-1}$, $[Fe^{3+}] = 0.10 \text{mol} \cdot L^{-1}$ 时的 $\varphi_{Fe^{3+}/Fe^{2+}}$ 值。(2)$[Fe^{2+}] = 0.10 \text{mol} \cdot L^{-1}$, $[Fe^{3+}] = 1.0 \text{mol} \cdot L^{-1}$ 时的 $\varphi_{Fe^{3+}/Fe^{2+}}$ 值。(忽略离子强度的影响)

解： 电极反应 $Fe^{3+} + e^- \rightleftharpoons Fe^{2+}$ $\varphi^\ominus_{Fe^{3+}/Fe^{2+}} = 0.771V$

根据能斯特方程式：

$$\varphi_{Fe^{3+}/Fe^{2+}} = \varphi^\ominus_{Fe^{3+}/Fe^{2+}} + \frac{0.0592}{1} \lg \frac{[Fe^{3+}]}{[Fe^{2+}]}$$

(1) $\varphi_{Fe^{3+}/Fe^{2+}} = 0.771 + 0.0592 \lg \frac{0.10}{1.0} = 0.771 - 0.0592 = 0.712V$

(2) $\varphi_{Fe^{3+}/Fe^{2+}} = 0.771 + 0.0592 \lg \frac{1.0}{0.10} = 0.771 + 0.0592 = 0.830V$

例 6-3 计算 298.15K 时,当 $[Cl^-] = 0.10 \text{mol} \cdot L^{-1}$, $p(Cl_2) = 300 \text{kPa}$ 时电对 φ_{Cl_2/Cl^-} 值(忽略离子强度的影响)。

解： 电极反应 $Cl_2 + 2e^- \rightleftharpoons 2Cl^-$ $\varphi^\ominus_{Cl_2/Cl^-} = 1.36V$

则 $\varphi_{Cl_2/Cl^-} = \varphi^\ominus_{Cl_2/Cl^-} + \frac{0.0592}{2} \lg \frac{p(Cl_2)/p^\ominus}{[Cl^-]^2}$

$$= 1.36 + \frac{0.0592}{2} \lg \frac{\frac{300}{100}}{(0.10)^2} = 1.43V > \varphi^\ominus_{Cl_2/Cl^-}$$

通过以上两例的计算结果可以看出,在温度一定的条件下,当 [Ox]/[Red] 的比值增大时,φ 值便增加,当 [Ox]/[Red] 的比值减小时,φ 值便减小。可见氧化型物质和还原型物质浓度的变化对 φ 值的大小是有影响的。

在有些电极反应中,溶液中的 H^+, OH^- 等物质也参与电极反应,那么溶液酸度的变化也会对 φ 值产生影响。

例 6-4 分别计算在 298.15K，当[H^+]=10mol·L^{-1} 和[H^+]=0.10mol·L^{-1} 时 MnO_4^-/Mn^{2+} 电对的电极电势。其中 [MnO_4^-]=[Mn^{2+}]=1.0mol·L^{-1}。（忽略离子强度的影响）

解： 电极反应 $MnO_4^- + 8H^+ + 5e^- \rightleftharpoons Mn^{2+} + 4H_2O$ $\varphi^{\ominus}_{MnO_4^-/Mn^{2+}}=1.51V$

根据能斯特方程式：

$$\varphi_{MnO_4^-/Mn^{2+}} = \varphi^{\ominus}_{MnO_4^-/Mn^{2+}} + \frac{0.0592}{5}\lg\frac{[MnO_4^-][H^+]^8}{[Mn^{2+}]}$$

由于 [MnO_4^-]=[Mn^{2+}]=1.0mol·L^{-1}，则

$$\varphi_{MnO_4^-/Mn^{2+}} = \varphi^{\ominus}_{MnO_4^-/Mn^{2+}} + \frac{0.0592}{5}\lg[H^+]^8$$

当 [H^+]=10mol·L^{-1} 时，$\varphi_{MnO_4^-/Mn^{2+}} = 1.51 + \frac{0.0592}{5}\lg 10^8 = 1.60V$

当 [H^+]=0.10mol·L^{-1} 时，$\varphi_{MnO_4^-/Mn^{2+}} = 1.51 + \frac{0.0592}{5}\lg(0.10)^8 = 1.42V$

由例 6-4 的计算可以看出，含氧酸盐（如 $KMnO_4$）在酸性介质中，H^+ 浓度越大，相应电对（如 MnO_4^-/Mn^{2+}）的 φ 值也越大，表明电对中氧化型物质的氧化能力越强。可见酸度的变化对有些电对的电极电势值是有影响的，而且由于在能斯特方程式中，[H^+] 一般都是高幂次的，所以其影响比其他离子浓度的影响更显著。

*6.2.6 条件电极电势

在上述计算中，为简化起见，忽略了离子强度的影响。但在实际工作中，当溶液中离子强度较大时，这种影响往往不能忽略。此外，在不同的溶液体系中，电对的氧化型物质和还原型物质可能会发生副反应，如酸度的影响、沉淀与配合物的形成等，都将使氧化型和还原型的存在形式发生改变，从而引起电极电势的变化。在这种情况下用能斯特方程式计算有关电对的电极电势时，如果采用标准电极电势 $\varphi^{\ominus}$，又不考虑这两种因素的影响，其计算结果与实际情况就会相差很大。因此当溶液中离子强度很大并伴有副反应发生时，若以总浓度代替活度进行计算时，必须要引入相应的活度系数 γ 和副反应系数 α。

例如计算 HCl 溶液中 Fe(Ⅲ)/Fe(Ⅱ) 体系的电极电势时，由能斯特方程式得到在 298.15K 时：

$$\varphi_{Fe^{3+}/Fe^{2+}} = \varphi^{\ominus}_{Fe^{3+}/Fe^{2+}} + 0.0592\lg\frac{a_{Fe^{3+}}}{a_{Fe^{2+}}}$$

若以浓度代替活度进行计算时必须要引入活度系数 γ，则：

$$\varphi_{Fe^{3+}/Fe^{2+}} = \varphi^{\ominus}_{Fe^{3+}/Fe^{2+}} + 0.0592\lg\frac{\gamma_{Fe^{3+}}[Fe^{3+}]}{\gamma_{Fe^{2+}}[Fe^{2+}]} \tag{6-7}$$

实际上在 HCl 溶液中，由于 Fe^{3+}，Fe^{2+} 与溶剂和易于配位的阴离子 Cl^- 会发生如下副反应：

$$Fe^{3+} + H_2O \rightleftharpoons FeOH^{2+} + H^+$$

$$Fe^{3+} + Cl^- \rightleftharpoons FeCl^{2+}$$

$$Fe^{2+} + H_2O \rightleftharpoons FeOH^+ + H^+$$

……

因此，在溶液中铁不仅以 Fe^{3+}、Fe^{2+} 形式存在，而且还以 $FeOH^{2+}$、$FeCl^{2+}$、$FeCl_2^+$、$FeOH^+$、$FeCl^+$ 等形式存在。若以 $c_{Fe(Ⅲ)}$、$c_{Fe(Ⅱ)}$ 表示溶液中 Fe^{3+}、Fe^{2+} 的总浓度，则：

$$c_{Fe(Ⅲ)} = [Fe^{3+}] + [FeOH^{2+}] + [FeCl^{2+}] + \cdots$$

$$c_{Fe(Ⅱ)} = [Fe^{2+}] + [FeOH^+] + [FeCl^+] + \cdots$$

此时定义

$$\alpha_{Fe(Ⅲ)} = \frac{c_{Fe(Ⅲ)}}{[Fe^{3+}]} \quad \alpha_{Fe(Ⅱ)} = \frac{c_{Fe(Ⅱ)}}{[Fe^{2+}]}$$

则

$$[Fe^{3+}] = \frac{c_{Fe(Ⅲ)}}{\alpha_{Fe(Ⅲ)}} \tag{6-8}$$

$$[Fe^{2+}] = \frac{c_{Fe(Ⅱ)}}{\alpha_{Fe(Ⅱ)}} \tag{6-9}$$

$\alpha_{Fe(Ⅲ)}$、$\alpha_{Fe(Ⅱ)}$ 分别为 HCl 溶液中 Fe^{3+}、Fe^{2+} 的副反应系数，它表示的是金属离子的各种存在形式的总浓度与金属离子的平衡浓度之比。其值大小反映了金属离子在溶液中发生副反应程度的大小，其值越大，表明金属离子在溶液中发生的副反应越严重。

将式(6-8) 和式(6-9) 代入式(6-7) 中得：

$$\varphi_{Fe^{3+}/Fe^{2+}} = \varphi^{\ominus}_{Fe^{3+}/Fe^{2+}} + 0.0592 \lg \frac{\gamma_{Fe^{3+}} \cdot \alpha_{Fe(Ⅱ)} \cdot c_{Fe(Ⅲ)}}{\gamma_{Fe^{2+}} \cdot \alpha_{Fe(Ⅲ)} \cdot c_{Fe(Ⅱ)}} \tag{6-10}$$

式(6-10) 即是考虑了溶液中的离子强度和氧化型、还原型副反应之后的能斯特方程式。但是当溶液中离子强度很大时，活度系数 γ 值不易求得；当副反应很多时，求 α 值也很麻烦。因此用式(6-10) 进行计算往往是很复杂的。为了简化计算，将式(6-10) 改写为：

$$\varphi_{Fe^{3+}/Fe^{2+}} = \varphi^{\ominus}_{Fe^{3+}/Fe^{2+}} + 0.0592 \lg \frac{\gamma_{Fe^{3+}} \cdot \alpha_{Fe(Ⅱ)}}{\gamma_{Fe^{2+}} \cdot \alpha_{Fe(Ⅲ)}} + 0.0592 \lg \frac{c_{Fe(Ⅲ)}}{c_{Fe(Ⅱ)}} \tag{6-11}$$

当 $c_{Fe(Ⅲ)} = c_{Fe(Ⅱ)} = 1.0 \text{mol} \cdot L^{-1}$ 时，

$$\varphi_{Fe^{3+}/Fe^{2+}} = \varphi^{\ominus}_{Fe^{3+}/Fe^{2+}} + 0.0592 \lg \frac{\gamma_{Fe^{3+}} \cdot \alpha_{Fe(Ⅱ)}}{\gamma_{Fe^{2+}} \cdot \alpha_{Fe(Ⅲ)}}$$

上式中，γ 和 α 在特定条件下为一固定值，因而上式应为一常数，若以 $\varphi^{\ominus\prime}$ 表示，则

$$\varphi^{\ominus\prime}_{Fe^{3+}/Fe^{2+}} = \varphi^{\ominus}_{Fe^{3+}/Fe^{2+}} + 0.0592 \lg \frac{\gamma_{Fe^{3+}} \cdot \alpha_{Fe(Ⅱ)}}{\gamma_{Fe^{2+}} \cdot \alpha_{Fe(Ⅲ)}}$$

$\varphi^{\ominus\prime}$ 称为条件电极电势，它是在特定条件下，氧化型和还原型物质的总浓度均为 $1 \text{mol} \cdot L^{-1}$ 时，校正了各种外界因素影响之后的实际电极电势，在条件不变时为一常数。此时式(6-11) 可表示为：

$$\varphi_{Fe^{3+}/Fe^{2+}} = \varphi^{\ominus\prime}_{Fe^{3+}/Fe^{2+}} + 0.0592 \lg \frac{c_{Fe(Ⅲ)}}{c_{Fe(Ⅱ)}}$$

将上述例子推广到一般氧化还原电对，当考虑离子强度和副反应影响之后，能斯特方程式可表示为（在 298.15K 时）：

$$\varphi = \varphi^{\ominus\prime} + \frac{0.0592}{n} \lg \frac{c_{Ox}}{c_{Red}} \tag{6-12}$$

其中
$$\varphi^{\ominus\prime} = \varphi^{\ominus} + \frac{0.0592}{n}\lg\frac{\gamma_{Ox}\cdot\alpha_{Red}}{\gamma_{Red}\cdot\alpha_{Ox}}$$
(6-13)

条件电极电势的大小反映了在外界因素影响下，氧化还原电对的实际氧化还原能力。应用条件电极电势比用标准电极电势更能正确地判断氧化还原反应的方向、次序和反应完全程度。但是当溶液中离子强度较大时，活度系数 γ 不易求得，$\varphi^{\ominus\prime}$ 也不便计算，现有的条件电极电势均为实验测得值，故目前数据较少，实际应用受到限制。附录 6 中列出了部分氧化还原电对的条件电极电势。当缺乏相应条件下的 $\varphi^{\ominus\prime}$ 数据时，可采用标准电极电势并通过能斯特方程式来考虑外界因素的影响及进行有关计算。

影响条件电极电势的因素主要有两个：离子强度的影响和副反应的影响。由于各种副反应对电极电势的影响远比离子强度大，同时，离子强度的影响又难以校正，因此在讨论各种副反应对电极电势的影响时，一般都忽略离子强度的影响，即利用式(6-6)作近似计算。

*例 6-5 计算在 298.15K，KI 浓度为 $1\text{mol}\cdot\text{L}^{-1}$ 时，Cu^{2+}/Cu^{+} 电对的条件电极电势（忽略离子强度的影响）。

解： 查表可知：$\varphi^{\ominus}_{Cu^{2+}/Cu^{+}} = 0.17\text{V}$，$K^{\ominus}_{sp,CuI} = 1.1\times 10^{-12}$

由于忽略离子强度的影响，根据式(6-6)得：

$$\varphi_{Cu^{2+}/Cu^{+}} = \varphi^{\ominus}_{Cu^{2+}/Cu^{+}} + 0.0592\lg\frac{[Cu^{2+}]}{[Cu^{+}]}$$

$$= \varphi^{\ominus}_{Cu^{2+}/Cu^{+}} + 0.0592\lg\frac{[Cu^{2+}][I^{-}]}{K^{\ominus}_{sp,CuI}}$$

$$= \varphi^{\ominus}_{Cu^{2+}/Cu^{+}} + 0.0592\lg\frac{[I^{-}]}{K^{\ominus}_{sp,CuI}} + 0.0592\lg[Cu^{2+}]$$

若 Cu^{2+} 未发生副反应，则 $[Cu^{2+}] = c_{Cu^{2+}}$，当 $[Cu^{2+}] = 1\text{mol}\cdot\text{L}^{-1}$ 时，

$$\varphi^{\ominus\prime}_{Cu^{2+}/Cu^{+}} = \varphi^{\ominus}_{Cu^{2+}/Cu^{+}} + 0.0592\lg\frac{[I^{-}]}{K^{\ominus}_{sp,CuI}}$$

由于 $[I^{-}] = 1\text{mol}\cdot\text{L}^{-1}$，故

$$\varphi^{\ominus\prime}_{Cu^{2+}/Cu^{+}} = 0.17 + 0.0592\lg\frac{1}{1.1\times 10^{-12}} = 0.88(\text{V})$$

6.3 电极电势的应用

电极电势除了可以比较氧化剂和还原剂的相对强弱外，还有以下几个方面的应用。

6.3.1 原电池正、负极的判断及电动势的计算

组成原电池的两个半电池若均处于标准态，则可直接由 $\varphi^{\ominus}$ 值的大小来判断原电池的正、负极。$\varphi^{\ominus}$ 代数值较小的为负极，$\varphi^{\ominus}$ 代数值较大的为正极。

原电池的标准电动势 $E^{\ominus} = \varphi^{\ominus}_{+} - \varphi^{\ominus}_{-}$。

若组成原电池的两个半电池处于非标准态，则应按能斯特方程式计算出电对的 φ 值。φ 代数值较小的为负极，φ 代数值较大的为正极。原电池的电动势 $E = \varphi_{+} - \varphi_{-}$。

例 6-6 计算在 298.15K 时，下列两电对组成的原电池的电动势，并写出原电池符号（括号内浓度值为平衡浓度，忽略离子强度的影响）。

$$Fe^{3+}(0.20\,mol \cdot L^{-1}) + e^- \rightleftharpoons Fe^{2+}(0.10\,mol \cdot L^{-1})$$
$$Cu^{2+}(2.0\,mol \cdot L^{-1}) + 2e^- \rightleftharpoons Cu$$

解： 由附录查得：

$$\varphi^{\ominus}_{Fe^{3+}/Fe^{2+}} = 0.771V,\ \varphi^{\ominus}_{Cu^{2+}/Cu} = 0.34V$$

根据能斯特方程式：

$$\varphi_{Fe^{3+}/Fe^{2+}} = \varphi^{\ominus}_{Fe^{3+}/Fe^{2+}} + \frac{0.0592}{1}\lg\frac{[Fe^{3+}]}{[Fe^{2+}]}$$

$$= 0.771 + 0.0592\lg\frac{0.20}{0.10} = 0.789(V)$$

$$\varphi_{Cu^{2+}/Cu} = \varphi^{\ominus}_{Cu^{2+}/Cu} + \frac{0.0592}{2}\lg[Cu^{2+}]$$

$$= 0.34 + \frac{0.0592}{2}\lg 2.0 = 0.35(V)$$

由于 $\varphi_{Fe^{3+}/Fe^{2+}} > \varphi_{Cu^{2+}/Cu}$，所以 Fe^{3+}/Fe^{2+} 电对为正极，Cu^{2+}/Cu 电对为负极。

原电池的电动势为：

$$E = \varphi_+ - \varphi_- = 0.789 - 0.35 = 0.44(V)$$

原电池符号为：

$$(-)Cu|Cu^{2+}(2.0\,mol \cdot L^{-1})\|Fe^{2+}(0.10\,mol \cdot L^{-1}), Fe^{3+}(0.20\,mol \cdot L^{-1})|Pt(+)$$

6.3.2 判断氧化还原反应的方向和次序

在标准态下，可根据电对的标准电极电势代数值的相对大小来比较氧化剂和还原剂的相对强弱，从而判断氧化还原反应的方向。在标准态下，当所组成原电池的 $E^{\ominus} > 0$ 时，氧化还原反应可正向进行，反之，若 $E^{\ominus} < 0$，则反应将逆向进行。

如果在非标准态下，一般先用标准电极电势进行比较，当计算得的原电池电动势 $E^{\ominus} > 0.2V$ 时，由于浓度等外界因素的影响一般已不能引起反应方向的改变，因而可直接由标准电极电势来进行判断，所得出的结论通常是符合实际的。

但应注意，若电极反应中包含 H^+ 或 OH^-，介质的酸碱性对 E 值影响较大，这时，只有当计算得到的 $E^{\ominus} > 0.5V$ 时，才能用标准电极电势进行判断，这样所得到的结论一般是正确的。当计算所得到的原电池电动势 $E^{\ominus} < 0.2V$ 时，溶液中离子浓度的改变，可能会使氧化还原反应方向逆转。所以必须用能斯特方程式计算出在该条件下电对的实际电极电势，然后算出原电池的电动势 E，若 $E > 0$，则氧化还原反应可正向进行，反之若 $E < 0$，则氧化还原反应逆向进行。

严格地说，当参与反应的氧化剂和还原剂处于非标准态时，应该根据能斯特方程式求得在给定条件下各电对的电极电势值，然后再进行比较和判断。不过由于浓度（或气体分压）的变化对电对电极电势的影响不太大，所以一般仍可以用上述方法来判断氧化还原反应的方向。

例 6-7 试判断在 298.15K 时，下列氧化还原反应的进行方向（忽略离子强度的影响）：

$$Fe+Cd^{2+} \rightleftharpoons Fe^{2+}+Cd$$

其中 $[Cd^{2+}]=0.01 mol \cdot L^{-1}$，$[Fe^{2+}]=1 mol \cdot L^{-1}$。

解： 查附录可得：

$$\varphi^{\ominus}_{Fe^{2+}/Fe}=-0.440V, \quad \varphi^{\ominus}_{Cd^{2+}/Cd}=-0.403V$$

在标准态下，反应的原电池标准电动势 $E^{\ominus}$ 为：

$$E^{\ominus}=\varphi^{\ominus}_{Cd^{2+}/Cd}-\varphi^{\ominus}_{Fe^{2+}/Fe}=-0.403-(-0.440)$$
$$=0.037V<0.2V$$

因此，在所给条件下，必须根据实际情况，先用能斯特方程式计算出电对的实际电极电势值，求出电动势 E 后再判断反应进行的方向。

$$\varphi_{Cd^{2+}/Cd}=\varphi^{\ominus}_{Cd^{2+}/Cd}+\frac{0.0592}{2}\lg[Cd^{2+}]$$
$$=-0.403+\frac{0.0592}{2}\lg 0.01$$
$$=-0.462(V)$$
$$\varphi_{Fe^{2+}/Fe}=\varphi^{\ominus}_{Fe^{2+}/Fe}=-0.440V$$

原电池电动势 E 为：

$$E=\varphi_{Cd^{2+}/Cd}-\varphi_{Fe^{2+}/Fe}$$
$$=-0.462-(-0.440)=-0.022(V)<0$$

所以，上述反应实际上是逆向进行的。

当在混合溶液中有多种还原剂存在时，如果加入一种氧化剂，多种还原剂都有可能被氧化，那么何种还原剂先被氧化呢？氧化还原反应次序的先后取决于参与反应的氧化剂电对和还原剂电对的电极电势差值的大小。一般两电对的电极电势差值较大的先反应，差值较小的后反应，也就是先氧化最强的还原剂。

例如从盐卤中提取 Br_2、I_2 时，工业上常采用通入氯气的方法，用氯气来氧化 Br^- 和 I^-。从附录中可分别查得 Cl_2/Cl^- 电对，Br_2/Br^- 电对和 I_2/I^- 电对的标准电极电势值，并可由此计算出电对的电极电势差值。由附录查得：

$$\varphi^{\ominus}_{Cl_2/Cl^-}=1.36V \quad \varphi^{\ominus}_{Br_2/Br^-}=1.08V \quad \varphi^{\ominus}_{I_2/I^-}=0.535V$$

因此： $E^{\ominus}_1=\varphi^{\ominus}_{Cl_2/Cl^-}-\varphi^{\ominus}_{Br_2/Br^-}=1.36-1.08=0.28V$

$E^{\ominus}_2=\varphi^{\ominus}_{Cl_2/Cl^-}-\varphi^{\ominus}_{I_2/I^-}=1.36-0.535=0.83V$

由于 $E^{\ominus}_2>E^{\ominus}_1$，所以当卤水中通入氯气时，首先氧化 I^-。控制氯气一定的流量，可使 I^- 几乎完全氧化，如果再继续通以氯气，则 Br^- 才能被氧化。

由上可知，氧化还原反应的次序是：当一种氧化剂能氧化几种还原剂时，首先氧化最强的还原剂。同理，当一种还原剂能还原几种氧化剂时，首先还原最强的氧化剂。也即当两个电对的电极电势相差越大，越容易发生氧化还原反应。

在化工生产和科学实验中，有时要对一个复杂化学体系中某一或某些组分进行选择性地氧化或还原处理，而且要求体系中其他组分不发生氧化还原反应，这就要对各组分的有关电对的标准电极电势数据进行比较和分析，从而选出合适的氧化剂或还原剂。

例 6-8 在含有 Cl^-、Br^-、I^- 三种离子的混合液中，欲使 I^- 氧化为 I_2，而 Br^-、Cl^- 不被氧化，在常用的氧化剂 $Fe_2(SO_4)_3$ 和 $KMnO_4$ 中应选择哪一种？

解： 查附录可得：

$$\varphi^{\ominus}_{I_2/I^-}=0.535V,\ \varphi^{\ominus}_{Br_2/Br^-}=1.08V,\ \varphi^{\ominus}_{Cl_2/Cl^-}=1.36V$$

$$\varphi^{\ominus}_{Fe^{3+}/Fe^{2+}}=0.771V,\ \varphi^{\ominus}_{MnO_4^-/Mn^{2+}}=1.51V$$

从上述各电对的 $\varphi^{\ominus}$ 值可看出：

$$\varphi^{\ominus}_{I_2/I^-}<\varphi^{\ominus}_{Fe^{3+}/Fe^{2+}}<\varphi^{\ominus}_{Br_2/Br^-}<\varphi^{\ominus}_{Cl_2/Cl^-}<\varphi^{\ominus}_{MnO_4^-/Mn^{2+}}$$

若选择 $KMnO_4$ 为氧化剂，由于 $\varphi^{\ominus}_{MnO_4^-/Mn^{2+}}$ 均大于 $\varphi^{\ominus}_{I_2/I^-}$，$\varphi^{\ominus}_{Br_2/Br^-}$ 和 $\varphi^{\ominus}_{Cl_2/Cl^-}$，在酸性介质中 $KMnO_4$ 能将 I^-、Br^-、Cl^- 氧化为 I_2、Br_2、Cl_2，因此应选用 $Fe_2(SO_4)_3$ 作氧化剂才符合要求。

6.3.3 判断氧化还原反应的限度

在氧化还原体系中，随着反应的进行，反应物和生成物的浓度不断变化，相应电对的电极电势也不断发生变化。由于从理论上讲，任何氧化还原反应都可以用来构成原电池，因此随着反应的进行，相应原电池电动势也不断改变。在一定条件下，当原电池的电动势为零时，电池反应即氧化还原反应就达到了平衡。氧化还原反应的平衡常数可以根据能斯特方程式利用有关电对的标准电极电势求得。

根据公式：

$$\Delta_r G_m^{\ominus}=-2.303RT\lg K^{\ominus}$$

$$\Delta_r G_m^{\ominus}=-n'FE^{\ominus}$$

可得：

$$-n'FE^{\ominus}=-2.303RT\lg K^{\ominus}$$

$$\lg K^{\ominus}=\frac{n'FE^{\ominus}}{2.303RT}=\frac{n'F[\varphi^{\ominus}_{(氧化剂)}-\varphi^{\ominus}_{(还原剂)}]}{2.303RT}$$

在 298.15K 时，将 $R=8.314 J·K^{-1}·mol^{-1}$，$F=96485 J·V^{-1}·mol^{-1}$ 代入上式，可得

$$\lg K^{\ominus}=\frac{n'[\varphi^{\ominus}_{氧}-\varphi^{\ominus}_{还}]}{0.0592} \tag{6-14}$$

由式(6-14)可见，在一定温度下，当 n' 一定时，$K^{\ominus}$ 的大小是由 $\varphi_{氧}-\varphi_{还}$ 的大小决定的。$\varphi_{氧}-\varphi_{还}$ 越大，氧化还原反应进行的也越完全。若式(6-14)中的 $\varphi_{氧}$、$\varphi_{还}$ 用相应的 $\varphi^{\ominus'}_{氧}$、$\varphi^{\ominus'}_{还}$ 代替，则求得的是条件平衡常数 $K^{\ominus'}$：

$$\lg K^{\ominus'}=\frac{n'[\varphi^{\ominus'}_{氧}-\varphi^{\ominus'}_{还}]}{0.0592} \tag{6-15}$$

条件平衡常数 $K^{\ominus'}$ 更能说明在一定条件下反应实际进行的程度。$K^{\ominus'}$ 表达式与 $K^{\ominus}$ 表达式类似，所不同的只是用平衡时反应体系中各组分的总浓度代替了 $K^{\ominus}$ 表达式中的平衡浓度而已。

例 6-9 （1）计算 298.15K 时反应 $Ag^+ + Fe^{2+} \rightleftharpoons Ag + Fe^{3+}$ 的平衡常数 $K^{\ominus}$。

（2）计算 298.15K 时，$1mol \cdot L^{-1} H_2SO_4$ 溶液中下述反应的条件平衡常数 $K^{\ominus'}$。
$$Ce^{4+} + Fe^{2+} \rightleftharpoons Ce^{3+} + Fe^{3+}$$

解：（1）查附录可知 $\varphi^{\ominus}_{Ag^+/Ag} = 0.7999V$，$\varphi^{\ominus}_{Fe^{3+}/Fe^{2+}} = 0.771V$，则

$$\lg K^{\ominus} = \frac{n'[\varphi^{\ominus}_{氧} - \varphi^{\ominus}_{还}]}{0.0592} = \frac{1 \times (0.7999 - 0.771)}{0.0592} = 0.488$$

$$K^{\ominus} = 3.08$$

（2）查附录可知 $\varphi^{\ominus'}_{Fe^{3+}/Fe^{2+}} = 0.68V$，$\varphi^{\ominus'}_{Ce^{4+}/Ce^{3+}} = 1.44V$，则

$$\lg K^{\ominus'} = \frac{n'[\varphi^{\ominus'}_{氧} - \varphi^{\ominus'}_{还}]}{0.0592} = \frac{1 \times (1.44 - 0.68)}{0.0592} = 12.8$$

$$K^{\ominus'} = 6.3 \times 10^{12}$$

值得注意的是，根据电对电极电势的相对大小能够判断氧化还原反应进行的方向、次序和限度，但这只是从热力学角度讨论了反应进行的可能性。对于一个具体反应，其实际进行情况还要受到反应速率的影响。影响化学反应速率的因素在第二章就已讨论过，氧化还原反应作为一类化学反应，其速率的大小也是主要取决于反应物本身的性质。除此之外，也还要受到反应物浓度、反应温度、催化剂再加上诱导反应❶等因素的影响。例如在酸性介质中，高锰酸钾与锌反应，尽管反应的平衡常数 $K^{\ominus}$ 很大（$K^{\ominus} = 10^{384}$），但由于反应速率非常小而实际上难以察觉，只有加入 Fe^{2+} 作催化剂，反应才能明显进行。

6.3.4 计算解离常数 $K^{\ominus}_i$ 和溶度积常数 $K^{\ominus}_{sp}$

（1）计算弱电解质解离常数 $K^{\ominus}_i$

例 6-10 已知 $\varphi^{\ominus}_{HCN/H_2} = -0.545V$，计算 $K^{\ominus}_{i,HCN}$ 值（忽略离子强度的影响）。

解： 电极反应 $2HCN + 2e^- \rightleftharpoons H_2 + 2CN^-$

当电对 HCN/H_2 在标准态下：

$$p_{H_2} = p^{\ominus} = 100kPa$$

$$[HCN] = [CN^-] = 1mol \cdot L^{-1}$$

同时存在 HCN 的解离平衡：$HCN \rightleftharpoons H^+ + CN^-$ $K^{\ominus}_{i,HCN} = \frac{[H^+][CN^-]}{[HCN]} = [H^+]$

---

❶ 由于一个氧化还原反应的发生而促进了另一个氧化还原反应进行的现象称为诱导作用。被加速的氧化还原反应称为诱导反应。例如在酸性介质中，Fe^{2+} 与 $KMnO_4$ 的反应能加速 $KMnO_4$ 与 Cl^- 的氧化还原反应的进行。$KMnO_4^-$ 与 Cl^- 的氧化还原反应被称为诱导反应。

则：$\varphi^{\ominus}_{HCN/H_2} = \varphi^{\ominus}_{H^+/H_2} = \varphi^{\ominus}_{H^+/H_2} + \dfrac{0.0592}{2}\lg\dfrac{[H^+]^2}{p_{H_2}/p^{\ominus}}$

$\qquad = \varphi^{\ominus}_{H^+/H_2} = \varphi^{\ominus}_{H^+/H_2} + \dfrac{0.0592}{2}\lg[H^+]^2$

$\qquad = 0.000 + 0.0592\lg[H^+]$

$\qquad = 0.0592\lg K^{\ominus}_{i,HCN}$

$\lg K^{\ominus}_{i,HCN} = \dfrac{\varphi^{\ominus}_{HCN/H_2}}{0.0592} = \dfrac{-0.545}{0.0592} = -9.21$

$K^{\ominus}_{i,HCN} = 6.2 \times 10^{-10}$

(2) 计算难溶电解质溶度积常数 $K^{\ominus}_{sp}$

例 6-11 已知 $\varphi^{\ominus}_{PbSO_4/Pb} = -0.356V$，$\varphi^{\ominus}_{Pb^{2+}/Pb} = -0.126V$，求 $K^{\ominus}_{sp,PbSO_4}$（忽略离子强度的影响）。

解： 电对 $PbSO_4/Pb$ 的电极反应：

$$PbSO_4 + 2e^- \rightleftharpoons Pb + SO_4^{2-}$$

当电对 $PbSO_4/Pb$ 处于标准态时：

$$[SO_4^{2-}] = 1 \text{mol} \cdot L^{-1}$$

同时存在 $PbSO_4$ 的沉淀溶解平衡：

$$PbSO_4(s) \rightleftharpoons Pb^{2+} + SO_4^{2-} \qquad K^{\ominus}_{sp,PbSO_4} = [Pb^{2+}][SO_4^{2-}] = [Pb^{2+}]$$

则：$\varphi^{\ominus}_{PbSO_4/Pb} = \varphi_{Pb^{2+}/Pb}$

$\qquad = \varphi^{\ominus}_{Pb^{2+}/Pb} + \dfrac{0.0592}{2}\lg[Pb^{2+}]$

$\qquad = \varphi^{\ominus}_{Pb^{2+}/Pb} + \dfrac{0.0592}{2}\lg K^{\ominus}_{sp,PbSO_4}$

$\lg K^{\ominus}_{sp,PbSO_4} = \dfrac{2 \times [\varphi^{\ominus}_{PbSO_4/Pb} - \varphi^{\ominus}_{Pb^{2+}/Pb}]}{0.0592}$

$\qquad = \dfrac{2 \times [-0.356 - (-0.126)]}{0.0592} = -7.77$

$K^{\ominus}_{sp,PbSO_4} = 1.7 \times 10^{-8}$

6.3.5 元素标准电极电势图及其应用

对于具有多种氧化值的某元素，可将其各种氧化值物质按氧化值从高到低的顺序排列，在每两种氧化值物质之间用横线连接起来，并在横线上标明由这两种氧化值物质所组成电对的标准电极电势值，这种表示某一元素各种氧化值电极电势变化关系的示意图，称为元素的标准电极电势图，简称元素电势图。因是拉特默（W. M. Latimer）首创，故又称为拉特默图。例如在标准态下，氯在碱性介质中的标准电极电势图如下：

$$\varphi_B^\ominus/V \quad ClO_4^- \xrightarrow{+0.36} ClO_3^- \xrightarrow{+0.33} ClO_2^- \xrightarrow{+0.59} ClO^- \xrightarrow{+0.42} Cl_2 \xrightarrow{+1.36} Cl^-$$

元素电势图清楚地表明了同种元素的不同氧化值物质氧化、还原能力的相对大小。元素电势图的主要用途有以下三种。

(1) 求算未知电对的标准电极电势

例如有下列元素电势图：

$$A \xrightarrow[n_1]{\varphi_1^\ominus} B \xrightarrow[n_2]{\varphi_2^\ominus} C \xrightarrow[n_3]{\varphi_3^\ominus} D$$
$$\xrightarrow{\varphi^\ominus / n}$$

从理论上可以导出下列公式：

$$n\varphi^\ominus = n_1\varphi_1^\ominus + n_2\varphi_2^\ominus + n_3\varphi_3^\ominus$$

$$\varphi^\ominus = \frac{n_1\varphi_1^\ominus + n_2\varphi_2^\ominus + n_3\varphi_3^\ominus}{n} \tag{6-16}$$

式中的 n_1、n_2、n_3、n 分别代表各电对的氧化值的改变数，$n = n_1 + n_2 + n_3$。

例 6-12 已知 $\varphi_B^\ominus/V$

$$BrO_3^- \xrightarrow{+0.565} BrO^- \xrightarrow{?} Br_2$$
$$\xrightarrow{+0.519}$$

求 $\varphi_{BrO^-/Br_2}^\ominus$。

解： 根据公式 $n\varphi^\ominus = n_1\varphi_1^\ominus + n_2\varphi_2^\ominus + n_3\varphi_3^\ominus$，可得

$$\varphi_{BrO_3^-/Br_2}^\ominus = \frac{4 \times \varphi_{BrO_3^-/BrO^-}^\ominus + 1 \times \varphi_{BrO^-/Br_2}^\ominus}{5}$$

整理后，得：

$$\varphi_{BrO^-/Br_2}^\ominus = 5 \times \varphi_{BrO_3^-/Br_2}^\ominus - 4 \times \varphi_{BrO_3^-/BrO^-}^\ominus$$
$$= 5 \times 0.519 - 4 \times 0.565 = 0.335(V)$$

(2) 判断能否发生歧化反应

歧化反应是一种自身氧化还原反应。当一种元素处于中间氧化值时，就可能发生歧化反应。利用元素的电势图可以判断一物质能否发生歧化反应。设某元素有三种不同氧化值物质 A、B、C，该元素的电势图如下：

$$A \xrightarrow{\varphi_{左}^\ominus} B \xrightarrow{\varphi_{右}^\ominus} C$$

要判断处于中间氧化值的物质 B 能否发生歧化反应，则只需比较 A/B 和 B/C 两电对的 $\varphi^\ominus$ 值。若 $\varphi_{右}^\ominus > \varphi_{左}^\ominus$，即 $\varphi_{B/C}^\ominus > \varphi_{A/B}^\ominus$，由于 $E^\ominus = \varphi_{B/C}^\ominus - \varphi_{A/B}^\ominus > 0$，则 B 能发生歧化反应，反应产物为 A 和 C：

$$B \longrightarrow A + C$$

若 $\varphi_右^\ominus < \varphi_左^\ominus$，即 $\varphi_{A/B}^\ominus > \varphi_{B/C}^\ominus$，则 B 不能发生歧化反应，而是发生歧化反应的逆反应：

$$A + C \longrightarrow B$$

例 6-13 试判断在酸性介质中 MnO_4^{2-} 能否发生歧化反应。已知锰的元素电势图为：

$$\varphi_A^\ominus/V \quad MnO_4^- \xrightarrow{+0.57} MnO_4^{2-} \xrightarrow{+2.24} MnO_2$$
$$\underset{+1.68}{}$$

解： 对于 MnO_4^{2-}，根据元素电势图可知：

$$\varphi_右^\ominus = \varphi_{MnO_4^{2-}/MnO_2}^\ominus = 2.24V$$
$$\varphi_左^\ominus = \varphi_{MnO_4^-/MnO_4^{2-}}^\ominus = 0.57V$$

因为 $\varphi_右^\ominus > \varphi_左^\ominus$，所以在酸性介质中 MnO_4^{2-} 能发生歧化反应。

（3）解释元素的氧化还原特性

根据元素电势图，还可以说明某一元素的一些氧化还原特性。例如金属铁在酸性介质中的元素电势图为：

$$\varphi_A^\ominus/V \quad Fe^{3+} \xrightarrow{+0.771} Fe^{2+} \xrightarrow{-0.440} Fe$$

利用此电势图，可以预测金属铁在酸性介质中的一些氧化还原特性。因为 $\varphi_{Fe^{2+}/Fe}^\ominus$ 为负值，而 $\varphi_{Fe^{3+}/Fe^{2+}}^\ominus$ 为正值，故在稀盐酸或稀硫酸等非氧化性稀酸中 Fe 主要被氧化为 Fe^{2+} 而非 Fe^{3+}：

$$Fe + 2H^+ \rightleftharpoons Fe^{2+} + H_2 \uparrow$$

但是在酸性介质中，Fe^{2+} 是不稳定的，易被空气中的氧所氧化。

因为在酸性介质中 $\varphi_{O_2/H_2O}^\ominus = 1.229V > \varphi_{Fe^{3+}/Fe^{2+}}^\ominus$，所以可发生如下氧化还原反应：

$$4Fe^{2+} + O_2 + 4H^+ \rightleftharpoons 4Fe^{3+} + 2H_2O$$

由于 $\varphi_{Fe^{2+}/Fe}^\ominus < \varphi_{Fe^{3+}/Fe^{2+}}^\ominus$，所以 Fe^{2+} 不会发生歧化反应，却可以发生歧化反应的逆反应：

$$Fe + 2Fe^{3+} \rightleftharpoons 3Fe^{2+}$$

因此，在 Fe^{2+} 盐溶液中，加入少量金属铁，能避免 Fe^{2+} 被空气中的氧气氧化为 Fe^{3+}。

由此可见，在酸性介质中铁最稳定的离子为 Fe^{3+} 而非 Fe^{2+}。

6.4 氧化还原滴定法基本原理

氧化还原滴定法是以氧化还原反应为基础的滴定分析方法，是滴定分析中应用最广泛的方法之一。利用这种方法，可以用来直接测定氧化性或还原性物质，也可以用来间接测定一些能与氧化剂或还原剂发生定量反应的物质。由于氧化还原反应机理比较复杂，有的反应进行得很完全但反应速率很慢，有的由于副反应的发生使反应物间没有确定的化学计量关系，因此控制反应的条件显得更为重要。

6.4.1 氧化还原滴定法定量滴定的依据

对于一般的氧化还原反应，氧化剂和还原剂所在电对的电极电势究竟相差多大，反应才能定量地进行完全，满足滴定分析的要求呢？下面讨论一下这个问题。

若氧化还原反应为：

$$n_2 \text{Ox}_1 + n_1 \text{Red}_2 = n_2 \text{Red}_1 + n_1 \text{Ox}_2$$

对于滴定分析来说，一般允许的测定误差要不超过 0.1%，也就是说反应的完全程度应达到 99.9% 以上，即在化学计量点时：

$$\frac{c_{\text{Red}_1}}{c_{\text{Ox}_1}} \geqslant \frac{99.9}{0.1} \approx 10^3 \qquad \frac{c_{\text{Ox}_2}}{c_{\text{Red}_2}} \geqslant \frac{99.9}{0.1} \approx 10^3$$

由于条件平衡常数 $K^{\ominus\prime} = \left(\dfrac{c_{\text{Ox}_2}}{c_{\text{Red}_2}}\right)^{n_1} \left(\dfrac{c_{\text{Red}_1}}{c_{\text{Ox}_1}}\right)^{n_2}$，故：

$$K^{\ominus\prime} \geqslant 10^{3(n_1+n_2)}$$

将上式代入式(6-15)，得：

$$\lg K^{\ominus\prime} = \frac{n^\prime [\varphi^{\ominus\prime}_{\text{氧}} - \varphi^{\ominus\prime}_{\text{还}}]}{0.0592} \geqslant 3(n_1+n_2)$$

$$\varphi^{\ominus\prime}_{\text{氧}} - \varphi^{\ominus\prime}_{\text{还}} \geqslant 3(n_1+n_2)\frac{0.0592}{n^\prime} \tag{6-17}$$

若 $n_1 = n_2 = 1$，$n^\prime = 1$，则：

$$\varphi^{\ominus\prime}_{\text{氧}} - \varphi^{\ominus\prime}_{\text{还}} \geqslant \frac{0.0592}{1} \times 6 \approx 0.35(\text{V})$$

因此，一般认为若两个电对的条件电极电势差大于 0.4V，反应就能定量进行，该反应就能用于滴定分析。

必须指出的是，虽然某些氧化还原反应两个电对的条件电极电势相差很大，但往往由于副反应的发生，使该反应不能定量进行，那么这类反应仍不能用于滴定分析。例如 $K_2Cr_2O_7$ 与 $Na_2S_2O_3$ 的反应，从它们的电极电势来看，反应可进行完全，但 $K_2Cr_2O_7$ 除了将 $Na_2S_2O_3$ 氧化为 SO_4^{2-} 之外，还可能将 $Na_2S_2O_3$ 部分氧化为 $S_4O_6^{2-}$，致使反应不能定量进行完全。另外，有些氧化还原反应的速率很慢，在实际应用时，还要考虑反应的速率问题。

6.4.2 氧化还原滴定曲线

在进行氧化还原滴定时，随着滴定剂的加入，氧化型物质和还原型物质的浓度在不断改变，相应电对的电极电势值也随之不断变化。将滴定过程中相应电对的电极电势对滴定剂的体积作图，所得到的曲线称为滴定曲线。滴定曲线一般通过实验测得，也可根据能斯特方程式从理论上求得。

现以 $1 \text{mol} \cdot \text{L}^{-1} \text{H}_2\text{SO}_4$ 介质中，用 $0.1000 \text{mol} \cdot \text{L}^{-1} \text{Ce}(\text{SO}_4)_2$ 标准溶液滴定 20.00mL $0.1000 \text{mol} \cdot \text{L}^{-1}$ 的 Fe^{2+} 溶液为例，计算出滴定过程中体系电极电势的变化，并绘制出相应滴定曲线。

滴定反应为：$\text{Ce}^{4+} + \text{Fe}^{2+} \rightleftharpoons \text{Ce}^{3+} + \text{Fe}^{3+}$

滴定开始后，溶液中存在 Ce^{4+}/Ce^{3+} 和 Fe^{3+}/Fe^{2+} 两个电对，其中在 $1mol \cdot L^{-1}$ H_2SO_4 介质中，$\varphi^{\ominus\prime}_{Ce^{4+}/Ce^{3+}}=1.44V$，$\varphi^{\ominus\prime}_{Fe^{3+}/Fe^{2+}}=0.68V$。在滴定过程中，每加入一定量滴定剂，反应后就会达到一个新的平衡，此时两个电对的电极电势相等。因此溶液中各平衡点的电极电势可选用便于计算的一个电对来计算。

在滴定过程，电极电势的变化可分为三个阶段进行。

(1) 滴定开始到化学计量点前

随着滴定剂不断加入，溶液中存在残余的 Fe^{2+}，极少量的 Ce^{4+} 和生成的 Ce^{3+}，Fe^{3+}。由于 Ce^{4+} 量极少，不易直接求得，因此滴定过程中电极电势的变化可以根据 Fe^{3+}/Fe^{2+} 电对来计算。

例如：滴入 $0.1000 mol \cdot L^{-1} Ce^{4+}$ 溶液 $19.98 mL$ 时，生成的 Fe^{3+} 的量为：

$$19.98 \times 0.1000 = 1.998 mmol$$

剩余 Fe^{2+} 的量为：

$$0.02 \times 0.1000 = 0.002 mmol$$

$$\varphi_{Fe^{3+}/Fe^{2+}} = \varphi^{\ominus\prime}_{Fe^{3+}/Fe^{2+}} + \frac{0.0592}{1} \lg \frac{c_{Fe^{3+}}}{c_{Fe^{2+}}}$$

$$= 0.68 + 0.0592 \lg \frac{1.998}{0.002} = 0.86 V$$

同样方法，可计算出化学计量点前其他各点的电极电势。

(2) 化学计量点时

滴入 $0.1000 mol \cdot L^{-1} Ce^{4+}$ 溶液 $20.00 mL$ 时，反应正好到达化学计量点。此时溶液中 $\varphi_{Fe^{3+}/Fe^{2+}} = \varphi_{Ce^{4+}/Ce^{3+}}$，故达到化学计量点时电极电势 φ_{sp} 为：

$$\varphi_{sp} = \varphi^{\ominus\prime}_{Ce^{4+}/Ce^{3+}} + \frac{0.0592}{1} \lg \frac{c_{Ce^{4+}}}{c_{Ce^{3+}}}$$

$$\varphi_{sp} = \varphi^{\ominus\prime}_{Fe^{3+}/Fe^{2+}} + \frac{0.0592}{1} \lg \frac{c_{Fe^{3+}}}{c_{Fe^{2+}}}$$

将两式相加得：

$$2\varphi_{sp} = \varphi^{\ominus\prime}_{Ce^{4+}/Ce^{3+}} + \varphi^{\ominus\prime}_{Fe^{3+}/Fe^{2+}} + 0.0592 \lg \frac{c_{Ce^{4+}} \cdot c_{Fe^{3+}}}{c_{Ce^{3+}} \cdot c_{Fe^{2+}}}$$

根据前述滴定反应可知，当到达化学计量点时：

$$c_{Ce^{4+}} = c_{Fe^{2+}}, \quad c_{Ce^{3+}} = c_{Fe^{3+}}$$

因此有：

$$\varphi_{sp} = \frac{\varphi^{\ominus\prime}_{Ce^{4+}/Ce^{3+}} + \varphi^{\ominus\prime}_{Fe^{3+}/Fe^{2+}}}{2}$$

$$= \frac{1.44 + 0.68}{2} = 1.06 V$$

同理可推导出一般的可逆对称[❶]氧化还原反应：

[❶] 对称电对是指氧化还原电极反应中氧化型与还原型的系数相同的电对，而不对称电对是指电极反应中氧化型和还原型系数不同的电对，例如 $Cr_2O_7^{2-}/Cr^{3+}$ 和 I_2/I^- 为不对称电对。

$$n_2 \text{Ox}_1 + n_1 \text{Red}_2 \rightleftharpoons n_2 \text{Red}_1 + n_1 \text{Ox}_2$$

在化学计量点时电极电势 φ_{sp} 的计算公式推导过程如下。

在化学计量点时，两电对的电极电势分别为（298.15K 时）：

$$\varphi_{sp} = \varphi_1^{\ominus\prime} + \frac{0.0592}{n_1} \lg \frac{c_{\text{Ox}_1}}{c_{\text{Red}_1}} \quad (6\text{-}18)$$

$$\varphi_{sp} = \varphi_2^{\ominus\prime} + \frac{0.0592}{n_2} \lg \frac{c_{\text{Ox}_2}}{c_{\text{Red}_2}} \quad (6\text{-}19)$$

式中，$\varphi_1^{\ominus\prime}$、$\varphi_2^{\ominus\prime}$ 分别为氧化剂、还原剂两个电对的条件电极电势。将式(6-18)乘以 n_1，式(6-19)乘以 n_2，然后相加，得：

$$(n_1 + n_2)\varphi_{sp} = n_1 \varphi_1^{\ominus\prime} + n_2 \varphi_2^{\ominus\prime} + 0.0592 \lg \frac{c_{\text{Ox}_1} \cdot c_{\text{Ox}_2}}{c_{\text{Red}_1} \cdot c_{\text{Red}_2}}$$

从反应式可知，在化学计量点时：

$$\frac{c_{\text{Ox}_1}}{c_{\text{Red}_2}} = \frac{n_2}{n_1} \quad \frac{c_{\text{Ox}_2}}{c_{\text{Red}_1}} = \frac{n_1}{n_2}$$

故

$$\lg \frac{c_{\text{Ox}_1} \cdot c_{\text{Ox}_2}}{c_{\text{Red}_1} \cdot c_{\text{Red}_2}} = 0$$

$$\varphi_{sp} = \frac{n_1 \varphi_1^{\ominus\prime} + n_2 \varphi_2^{\ominus\prime}}{n_1 + n_2} \text{❶} \quad (6\text{-}20)$$

（3）化学计量点后

当加入过量的 Ce^{4+} 溶液时，由于被测物 Fe^{2+} 反应完全，溶液中 Fe^{2+} 量几乎为零。因此可利用 Ce^{4+}/Ce^{3+} 电对来计算溶液的电极电势值。

例如：当滴入 Ce^{4+} 的溶液为 20.02mL 时，溶液中过量的 Ce^{4+} 的量为：

$$0.02 \times 0.1000 = 0.002 \text{mmol}$$

而 Ce^{3+} 的量为：

$$20.00 \times 0.1000 = 2.000 \text{mmol}$$

因此：

$$\varphi_{Ce^{4+}/Ce^{3+}} = \varphi_{Ce^{4+}/Ce^{3+}}^{\ominus\prime} + \frac{0.0592}{1} \lg \frac{c_{Ce^{4+}}}{c_{Ce^{3+}}}$$

$$= 1.44 + 0.0592 \lg \frac{0.002}{2.000} = 1.26 \text{V}$$

用同样方法，可以计算出化学计量点后各点的电极电势值。

将不同滴定阶段各点所计算的结果列于表 6-3 中，并绘出滴定曲线，见图 6-4。

由表 6-3 和图 6-4 可以看出，从化学计量点前 Fe^{2+} 剩余 0.1% 到化学计量点后 Ce^{4+} 过量 0.1%，体系的电极电势由 0.86V 增加到了 1.26V，有一明显的电势突跃，这就是氧化还原滴定曲线中化学计量点附近的电势突跃范围。该电势突跃范围的大小和氧化剂与还原剂所在的两个电对的条件电极电势差值有关。条件电极电势相差越大，电势突跃范围就越大，反之则较小。氧化还原滴定曲线还常因滴定时介质的不同而改变其位置和突跃的大小。例如，图 6-5 是 $KMnO_4$ 溶液在不同介质中滴定 Fe^{2+} 的滴定曲线。

---

❶ 用于计算全为对称电对参加反应的 φ_{sp}，若有不对称电对参加反应，φ_{sp} 还与离子浓度有关，须另外计算。

表 6-3 $0.1000\text{mol} \cdot \text{L}^{-1}\text{Ce(SO}_4)_2$ 滴定 20.00mL $0.1000\text{mol} \cdot \text{L}^{-1}\text{Fe}^{2+}$
溶液的电极电势（$1\text{mol} \cdot \text{L}^{-1}\text{H}_2\text{SO}_4$ 介质中）

滴入 Ce^{4+} 溶液的体积 V/mL	滴定百分数/%	电极电势 φ/V	
1.00	5.0	0.60	
2.00	10.0	0.62	
4.00	20.0	0.64	
8.00	40.0	0.67	
10.00	50.0	0.68	
12.00	60.0	0.69	
18.00	90.0	0.74	
19.80	99.0	0.80	
19.98	99.9	0.86(A)	
20.00	100.0	1.06	突跃范围
20.02	100.1	1.26(B)	
22.00	110.0	1.38	
30.00	150.0	1.42	
40.00	200.0	1.44	

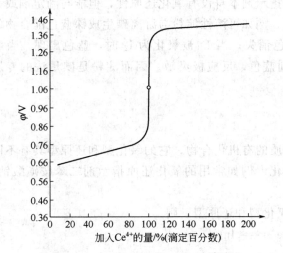

图 6-4 $0.1000\text{mol} \cdot \text{L}^{-1}\text{Ce}^{4+}$ 滴定 $0.1000\text{mol} \cdot \text{L}^{-1}\text{Fe}^{2+}$ 溶液的滴定曲线

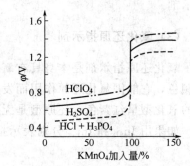

图 6-5 KMnO_4 溶液在不同介质中滴定 Fe^{2+} 的滴定曲线

图 6-5 中曲线说明以下两点。

① 化学计量点前，曲线的位置取决于 $\varphi^{\ominus\prime}_{\text{Fe}^{3+}/\text{Fe}^{2+}}$，而 $\varphi^{\ominus\prime}_{\text{Fe}^{3+}/\text{Fe}^{2+}}$ 的大小又与 Fe^{3+} 和介质阴离子的配位作用有关。由于 PO_4^{3-} 易与 Fe^{3+} 形成稳定的无色 $[\text{Fe(PO}_4)_2]^{3-}$ 配离子，因此可使 $\varphi^{\ominus\prime}_{\text{Fe}^{3+}/\text{Fe}^{2+}}$ 降低。而在 HClO_4 介质中，由于 ClO_4^- 与 Fe^{3+} 不形成配合物，故 $\varphi^{\ominus\prime}_{\text{Fe}^{3+}/\text{Fe}^{2+}}$ 较高。所以在有 H_3PO_4 存在时的 HCl 溶液中，用 KMnO_4 溶液滴定 Fe^{2+} 的曲线位置最低，滴定突跃最长。

② 化学计量点后，溶液中存在过量的 MnO_4^-，由于 MnO_4^- 与溶液中 Mn^{2+} 反应生成了 Mn(Ⅲ)，因此实际上决定电极电势的是 Mn(Ⅲ)/Mn(Ⅱ) 电对，曲线的位置取决于 $\varphi^{\ominus\prime}_{\text{Mn(Ⅲ)/Mn(Ⅱ)}}$ 的大小。由于 Mn(Ⅲ) 易与 PO_4^{3-}、SO_4^{2-} 等阴离子形成配合物，因而降低了 $\varphi^{\ominus\prime}_{\text{Mn(Ⅲ)/Mn(Ⅱ)}}$，又由于 Mn(Ⅲ) 与 ClO_4^- 不形成配合物，所以在 HClO_4 介质中用 KMnO_4 滴定 Fe^{2+} 在化学计量点后曲线位置最高。

6.4.3 氧化还原指示剂

在氧化还原滴定中，可以用指示剂来指示终点。应用于氧化还原滴定中的指示剂有以下几类：

（1）自身指示剂

有些标准溶液或被滴物本身具有颜色，而其反应产物无色或颜色很浅，则滴定时无需另外加入指示剂，它们本身颜色的变化就起着指示剂的作用，这种物质叫自身指示剂。例如用 $KMnO_4$ 作滴定剂滴定无色或浅色的还原剂溶液时，由于 MnO_4^- 本身呈深紫红色，反应后它被还原为 Mn^{2+} 几乎无色，因而滴定至化学计量点后，稍过量的 MnO_4^- 就可使溶液呈粉红色（此时 MnO_4^- 浓度约为 $2\times10^{-6} mol \cdot L^{-1}$），指示终点的到达。

（2）专属指示剂

又称特殊指示剂。这类指示剂的特点是指示剂本身没有氧化还原性，但能与滴定剂或被滴物产生特殊的颜色，因而可指示滴定终点。例如可溶性淀粉与游离碘生成深蓝色配合物的反应是专属反应。当 I_2 被还原为 I^- 时，蓝色消失；当 I^- 被氧化为 I_2 时，蓝色出现。当 I_2 溶液的浓度为 $5\times10^{-6} mol \cdot L^{-1}$ 时即能看到蓝色，反应极灵敏。因而淀粉是碘量法的专属指示剂。

（3）氧化还原指示剂

氧化还原指示剂是本身具有氧化还原性质的有机化合物，它的氧化型和还原型具有不同的颜色，它能因氧化还原作用而发生颜色变化。例如常用的氧化还原指示剂二苯胺磺酸钠，它的氧化型呈红紫色，还原型是无色的。

如果用 In_{Ox} 和 In_{Red} 分别表示指示剂的氧化型和还原型，则

$$In_{Ox} + ne^- \rightleftharpoons In_{Red}$$

$$\varphi = \varphi_{In}^{\ominus\prime} + \frac{0.0592}{n} \lg \frac{c_{In_{Ox}}}{c_{In_{Red}}}$$

式中，$\varphi_{In}^{\ominus\prime}$ 为指示剂的条件电极电势。当溶液中氧化还原电对的电极电势改变时，指示剂的氧化型和还原型的浓度比也会发生改变，因而溶液的颜色也将发生变化。

与酸碱指示剂的变色情况类似，当 $\frac{c_{In_{Ox}}}{c_{In_{Red}}} \geqslant 10$ 时，溶液呈现氧化型颜色。当 $\frac{c_{In_{Ox}}}{c_{In_{Red}}} \leqslant \frac{1}{10}$ 时，溶液呈现还原型的颜色，故指示剂变色的电势范围为：

$$\varphi_{In}^{\ominus\prime} \pm \frac{0.0592}{n} V$$

当 $n=1$ 时，指示剂的变色电势范围为 $\varphi_{In}^{\ominus\prime} \pm 0.0592V$，$n=2$ 时，为 $\varphi_{In}^{\ominus\prime} \pm 0.030V$，由于此范围很小，一般就可用指示剂的条件电极电势来估量指示剂变色的电势范围。

一些常用的氧化还原指示剂列于表 6-4 中，这类指示剂对氧化还原反应是普遍适用的，故应用比前两类指示剂广泛。在选择指示剂时，应使指示剂的条件电极电势尽量与反应化学计量点时的电极电势接近，以减少终点误差。

表 6-4　一些氧化还原指示剂的 $\varphi_{In}^{\ominus\prime}$ 及颜色变化

指示剂	$\varphi_{In}^{\ominus\prime}$/V [$H^+$]=1mol·L^{-1}	颜色变化 氧化型	颜色变化 还原型
次甲基蓝	0.36	蓝	无色
二苯胺	0.76	紫	无色
二苯胺磺酸钠	0.84	红紫	无色
邻苯氨基苯甲酸	0.89	红紫	无色
邻二氮杂菲—亚铁	1.06	浅蓝	红
硝基邻二氮杂菲—亚铁	1.25	浅蓝	紫红

6.4.4 氧化还原滴定预处理

(1) 预氧化剂和预还原剂的选择条件

在进行氧化还原滴定前，必须使欲测组分处于一定的价态，因此往往需要对待测组分进行预处理。例如，测定某试样中 Mn^{2+}、Cr^{3+} 含量时，由于 $\varphi_{MnO_4^-/Mn^{2+}}^{\ominus}$ 和 $\varphi_{Cr_2O_7^{2-}/Cr^{3+}}^{\ominus}$ 都很高，要找一个电极电势比它们更高的氧化剂直接进行滴定是困难的。比它们电极电势高的只有 $(NH_4)_2S_2O_8$ 等少数强氧化剂，然而 $(NH_4)_2S_2O_8$ 稳定性差，反应速度又慢，不能用作滴定剂。但若将它作预氧化剂，将 Mn^{2+}、Cr^{3+} 分别氧化成 MnO_4^- 和 $Cr_2O_7^{2-}$，就可用还原剂标准溶液直接进行滴定。

预处理所用的氧化剂或还原剂必须符合以下条件：

① 反应速度快。

② 反应应具有一定的选择性。例如用锌作预还原剂，由于 $\varphi_{Zn^{2+}/Zn}^{\ominus}$ 值较低（−0.763V），电极电势比它高的金属离子均可被其还原，所以锌作还原剂选择性较差，而相比之下 $SnCl_2$（$\varphi_{Sn^{4+}/Sn^{2+}}^{\ominus}$=0.154V）的选择性就较高。

③ 必须将欲测组分定量地氧化或还原。

④ 过量的氧化剂或还原剂要易于除去。这是因为过量的预处理剂的存在会干扰滴定反应，影响测定准确度。常用的除去预处理剂的方法有利用化学反应、加热分解、过滤等。例如可利用化学反应用 $HgCl_2$ 除去过量 $SnCl_2$，反应为：

$$SnCl_2 + 2HgCl_2 \rightleftharpoons SnCl_4 + Hg_2Cl_2 \downarrow$$

生成的 Hg_2Cl_2 沉淀不会被一般滴定剂所氧化，可不必过滤除去。又如 $NaBiO_3$ 不溶于水，可借过滤除去；$(NH_4)_2S_2O_8$、H_2O_2 稳定性较差，可加热煮沸分解除去。

常用的预氧化剂和预还原剂列于表 6-5 及表 6-6 中。

表 6-5　预处理时常用的氧化剂

氧化剂	反应条件	主要应用	除去方法
$NaBiO_3$ $NaBiO_3$(固)+$6H^+$+$2e^-$ $\rightleftharpoons$ Bi^{3+}+Na^++$3H_2O$ $\varphi^{\ominus}$=1.80V	室温，HNO_3 介质 H_2SO_4 介质	$Mn^{2+} \rightarrow MnO_4^-$ Ce(Ⅲ)→Ce(Ⅳ)	过滤

续表

氧化剂	反应条件	主要应用	除去方法
PbO_2	$pH=2\sim6$ 焦磷酸盐缓冲液	$Mn(II) \to Mn(III)$ $Ce(III) \to Ce(IV)$ $Cr(III) \to Cr(VI)$	过滤
$(NH_4)_2S_2O_8$ $S_2O_8^{2-} + 2e^- \rightleftharpoons 2SO_4^{2-}$ $\varphi^{\ominus}=2.0V$	酸性 Ag^+作催化剂	$Ce(III) \to Ce(IV)$ $\begin{cases}Mn^{2+} \to MnO_4^-\\ Cr^{3+} \to Cr_2O_7^{2-}\\ VO^{2+} \to VO_3^-\end{cases}$	煮沸分解
H_2O_2 $HO_2^- + H_2O + 2e^- = 3OH^-$ $\varphi^{\ominus}=0.88V$	NaOH介质 HCO_3^-介质 碱性介质	$Cr^{2+} \to CrO_4^{2-}$ $Co(II) \to Co(III)$ $Mn(II) \to Mn(IV)$	煮沸分解,加少量Ni^{2+} 或I^-作催化剂,加速 H_2O_2分解
高锰酸盐	焦磷酸盐和氟化物 $Cr(III)$存在时	$Ce(III) \to Ce(IV)$ $V(IV) \to V(V)$	叠氮酸钠或亚硝酸钠
高氯酸	热、浓$HClO_4$	$V(IV) \to V(V)$ $Cr(III) \to Cr(VI)$	迅速冷却至室温, 用水稀释

表6-6 预处理时常用的还原剂

还原剂	反应条件	主要应用	除去方法
SO_2 $SO_4^{2-} + 4H^+ + 2e^- \rightleftharpoons SO_2(水) + 2H_2O$ $\varphi^{\ominus}=0.20V$	$1mol \cdot L^{-1}H_2SO_4$ (有SCN^-共存, 加速反应)	$Fe(III) \to Fe(II)$ $As(V) \to As(III)$ $Sb(V) \to Sb(III)$ $Cu(II) \to Cu(I)$	煮沸,通CO_2
$SnCl_2$ $Sn^{4+} + 2e^- \rightleftharpoons Sn^{2+}$ $\varphi^{\ominus}=0.154V$	酸性,加热	$Fe(III) \to Fe(II)$ $Mo(VI) \to Mo(V)$ $As(V) \to As(III)$	快速加入过量的$HgCl_2$ $SnCl_2 + 2HgCl_2 =$ $SnCl_4 + Hg_2Cl_2$
锌-汞齐 (Jones还原器)	H_2SO_4介质	$Cr(III) \to Cr(II)$ $Fe(III) \to Fe(II)$ $Ti(IV) \to Ti(III)$ $V(V) \to V(II)$	
盐酸肼、硫酸肼或肼	酸性	$As(V) \to As(III)$	浓H_2SO_4,加热
汞阴极	恒定电位下	$Fe(III) \to Fe(II)$ $Cr(III) \to Cr(II)$	
银还原器	HCl介质	$Fe(III) \to Fe(II)$	

(2) 有机物的除去

试样中存在的有机物常干扰氧化还原滴定,常用的预先除去的方法有干法灰化和湿法灰化。干法灰化是指在高温下使有机物被空气中的氧或纯氧(氧瓶燃烧法)氧化而破坏。湿法灰化是指使用氧化性酸如HNO_3、H_2SO_4或$HClO_4$,于它们的沸点时使有机物分解除去。

6.5 常用的氧化还原滴定法

根据所选用的氧化剂的不同，常用的氧化还原滴定法有高锰酸钾法、重铬酸钾法、碘量法、铈量法和溴酸钾法等。

6.5.1 高锰酸钾法

(1) 方法简介

$KMnO_4$ 是一强氧化剂，其氧化能力与溶液的酸度有关。在强酸性溶液中，MnO_4^- 被还原为 Mn^{2+}：

$$MnO_4^- + 8H^+ + 5e^- \rightleftharpoons Mn^{2+} + 4H_2O \quad \varphi^{\ominus}_{MnO_4^-/Mn^{2+}} = 1.51V$$

在弱酸性、中性或弱碱性溶液中，MnO_4^- 被还原为 MnO_2：

$$MnO_4^- + 2H_2O + 3e^- \rightleftharpoons MnO_2 + 4OH^- \quad \varphi^{\ominus}_{MnO_4^-/MnO_2} = 0.588V$$

在强碱性溶液中，MnO_4^- 被还原为 MnO_4^{2-}：

$$MnO_4^- + e^- \rightleftharpoons MnO_4^{2-} \quad \varphi^{\ominus}_{MnO_4^-/MnO_4^{2-}} = 0.57V$$

因此，在应用高锰酸钾法时，要根据被测物质的性质选择适当的酸度，而且在测定过程中要始终严格控制反应的酸度条件以保证测定结果的准确性。

高锰酸钾法的优点是氧化能力强，可以采用直接、间接、返滴定等多种滴定分析方法对多种有机物和无机物进行测定，应用非常广泛。另外，$KMnO_4$ 本身为紫红色，在滴定无色或浅色溶液时无需另加指示剂，本身即可作为自身指示剂。其缺点是试剂中常含有少量的杂质，配制的标准溶液不够稳定，又因 $KMnO_4$ 是一强氧化剂，易与多种还原性物质发生反应，因此干扰较严重，滴定选择性差。

(2) 高锰酸钾标准溶液的配制和标定

市售的高锰酸钾常含有少量杂质，如硫酸盐、氯化物及硝酸盐等，因此不能用直接法配制标准溶液。$KMnO_4$ 氧化力强，易和水中的有机物、空气中的尘埃、氨等还原性物质作用，$KMnO_4$ 还能自行分解，反应如下：

$$4KMnO_4 + 2H_2O \Longrightarrow 4MnO_2\downarrow + 4KOH + 3O_2\uparrow$$

分解的速度随溶液 pH 值而改变，在中性溶液中分解很慢，但 Mn^{2+} 和 MnO_2 的存在能加速其分解，见光时分解得更快。因此 $KMnO_4$ 溶液的浓度容易改变。

为了配制较稳定的 $KMnO_4$ 溶液，必须按以下方法配制：称取稍多于理论量的 $KMnO_4$ 固体，溶于一定体积的蒸馏水中，加热煮沸，冷却后保存在棕色瓶中并于暗处放置数天，使溶液中可能存在的还原性物质完全氧化。然后过滤除去析出的 MnO_2 沉淀，再进行标定。使用久置后的 $KMnO_4$ 溶液时应重新标定其浓度。

可用于标定 $KMnO_4$ 溶液的基准物很多，如 $H_2C_2O_4 \cdot 2H_2O$，$Na_2C_2O_4$，$FeSO_4 \cdot (NH_4)_2SO_4 \cdot 6H_2O$，纯铁丝及 As_2O_3 等。其中 $Na_2C_2O_4$ 不含结晶水，容易提纯，是最常用的基准物质。在 H_2SO_4 介质中，MnO_4^- 与 $C_2O_4^{2-}$ 的反应为：

$$2MnO_4^- + 5C_2O_4^{2-} + 16H^+ \Longrightarrow 2Mn^{2+} + 10CO_2\uparrow + 8H_2O$$

为了使此反应能定量地较迅速地进行，应注意以下滴定条件。

① 温度：在室温下此反应速度缓慢，因此应将溶液加热至 75~85℃，但温度不宜过高，否则在酸性溶液中会使部分 $H_2C_2O_4$ 分解为 CO_2，CO 和 H_2O。

② 酸度：溶液要保持足够的酸度，一般在滴定时控制溶液的酸度为 0.5~$1mol \cdot L^{-1}$。酸度不够时，容易生成 MnO_2 沉淀，酸度过高又会促使 $H_2C_2O_4$ 分解。

③ 滴定速度：MnO_4^- 与 $C_2O_4^{2-}$ 的反应是自动催化反应❶，由于滴定开始时加入的第一滴 $KMnO_4$ 溶液褪色很慢，所以开始滴定时滴定速度要慢些，在 $KMnO_4$ 红色未褪去以前，不要加入第二滴。等几滴 $KMnO_4$ 溶液已起作用后，滴定速度可稍快些，但不能让 $KMnO_4$ 溶液像流水似地流下去，否则加入的 $KMnO_4$ 溶液来不及与 $C_2O_4^{2-}$ 反应，就在热的酸性溶液中发生分解：

$$4MnO_4^- + 12H^+ = 4Mn^{2+} + 5O_2\uparrow + 6H_2O$$

高锰酸钾法滴定终点不太稳定，这是由于空气中的还原性气体及尘埃等杂质落入溶液中能使 $KMnO_4$ 缓慢分解，结果使溶液粉红色消失，所以经半分钟内不褪色即可认为终点已到。

(3) 滴定方式和应用示例简介

① 直接滴定法——H_2O_2 的测定

在酸性溶液中可直接用 $KMnO_4$ 标准溶液滴定 H_2O_2，此时，H_2O_2 能被 MnO_4^- 定量氧化，反应如下：

$$2MnO_4^- + 5H_2O_2 + 6H^+ = 2Mn^{2+} + 5O_2 + 8H_2O$$

此反应在室温下即可顺利进行，由于 H_2O_2 不稳定，不能对溶液加热，因此滴定开始时反应速率较慢，但随着 Mn^{2+} 的生成而加速。这是因为上述反应也是自动催化反应，反应生成的 Mn^{2+} 起了催化剂的作用。

若 H_2O_2 中含有有机物质，后者也会消耗 $KMnO_4$，因而会影响测定结果，此时最好采用碘量法测定 H_2O_2。

② 间接滴定法——Ca^{2+} 的测定

由于 Ca^{2+} 在溶液中没有可变价态，所以不能用 $KMnO_4$ 法直接测定，而是采用间接滴定法。测定时，先用 $C_2O_4^{2-}$ 将 Ca^{2+} 全部沉淀为 CaC_2O_4，CaC_2O_4 沉淀经过滤、洗涤后溶于稀 H_2SO_4 溶液中：

$$CaC_2O_4 + 2H^+ = H_2C_2O_4 + Ca^{2+}$$

CaC_2O_4 全部溶解后，再用 $KMnO_4$ 标准溶液滴定溶液中的 $H_2C_2O_4$，可根据消耗的 $KMnO_4$ 的量间接计算出样品中 Ca^{2+} 的含量。

凡是能与 $C_2O_4^{2-}$ 定量生成沉淀的金属离子均可采用该法间接测定。

③ 返滴定法——MnO_2 和有机物的测定

用高锰酸钾法测定样品中的 MnO_2 含量属于返滴定法。因为 MnO_2 主要表现出氧化性，不能用 $KMnO_4$ 溶液直接滴定。测定时先在试样中加入一定量过量的 $Na_2C_2O_4$ 或

---

❶ 加速反应的催化剂是由反应本身生成的，这种反应称为自动催化反应。例如 MnO_4^- 与 $C_2O_4^{2-}$ 的反应是自动催化反应，反应生成的 Mn^{2+} 能催化反应迅速地进行。

$H_2C_2O_4 \cdot 2H_2O$，在 H_2SO_4 介质中使 MnO_2 全部被定量还原，然后再用 $KMnO_4$ 标准溶液滴定剩余的还原剂 $C_2O_4^{2-}$。其反应为：

$$MnO_2 + C_2O_4^{2-} + 4H^+ \rightleftharpoons Mn^{2+} + 2CO_2\uparrow + 2H_2O$$

$$2MnO_4^- + 5C_2O_4^{2-} + 16H^+ \rightleftharpoons 2Mn^{2+} + 10CO_2\uparrow + 8H_2O$$

滴定后，根据加入的 $C_2O_4^{2-}$ 的量及消耗的 $KMnO_4$ 标准溶液的量，可计算出 MnO_2 的含量。

此法也可用于测定其他一些氧化性物质，如 PbO_2 含量的测定。但应注意，用返滴定法进行测定时，只有在被测物质的还原性产物不与 $KMnO_4$ 起作用时才有实用价值。

某些具有还原性的有机物也可采用高锰酸钾法进行测定，例如甲酸含量的测定。其具体方法是将待测甲酸溶液加到一定量过量的碱性 $KMnO_4$ 标准溶液中，使甲酸与 $KMnO_4$ 反应，其反应式如下：

$$HCOO^- + 2MnO_4^- + 3OH^- \rightleftharpoons CO_3^{2-} + 2MnO_4^{2-} + 2H_2O$$

待反应完全后再将溶液酸化，用另一种还原剂溶液滴定剩余的 MnO_4^-，根据加入的 $KMnO_4$ 总量和滴定时消耗的还原剂标准溶液的量即可计算出甲酸的含量。

此法可用于测定甘油、甲醇、甲醛、苯酚、酒石酸、柠檬酸和葡萄糖等有机化合物。

6.5.2 重铬酸钾法

(1) 方法简介

$K_2Cr_2O_7$ 是一种常用的强氧化剂，在酸性溶液中与还原剂作用时，$Cr_2O_7^{2-}$ 被还原为 Cr^{3+}，其电极反应为：

$$Cr_2O_7^{2-} + 14H^+ + 6e^- \rightleftharpoons 2Cr^{3+} + 7H_2O \quad \varphi^{\ominus}_{Cr_2O_7^{2-}/Cr^{3+}} = 1.33V$$

$K_2Cr_2O_7$ 作为滴定剂有以下优点。

① $K_2Cr_2O_7$ 容易提纯，在 150～180℃ 下干燥两小时即可作为基准物直接配制标准溶液，不需标定。

② $K_2Cr_2O_7$ 标准溶液相当稳定，长期妥善保存和使用可不需重新标定。

③ $K_2Cr_2O_7$ 氧化性较 $KMnO_4$ 弱，因而选择性较高。在 HCl 溶液浓度低于 $3mol \cdot L^{-1}$ 时，$Cr_2O_7^{2-}$ 不氧化 Cl^-，因此用 $K_2Cr_2O_7$ 滴定可在 HCl 介质中进行。

④ $K_2Cr_2O_7$ 的还原产物 Cr^{3+} 呈绿色，滴定中需外加指示剂，常用指示剂为二苯胺磺酸钠。

(2) 应用示例简介

① 铁的测定

重铬酸钾法最重要的应用是测定铁矿石中的全铁含量。方法如下：试样用浓热 HCl 溶解，用 $SnCl_2$ 趁热将 Fe^{3+} 还原为 Fe^{2+}，过量的 $SnCl_2$ 用 $HgCl_2$ 氧化，再用水稀释，并加入 H_2SO_4—H_3PO_4 混合酸，以二苯胺磺酸钠为指示剂，用 $K_2Cr_2O_7$ 标准溶液滴定至溶液由浅绿色（Cr^{3+} 色）变为紫红色。加入 H_3PO_4 的目的有两个：一是降低 Fe^{3+}/Fe^{2+} 电对的电极电势，使二苯胺磺酸钠变色点的电极电势位于滴定的电势突跃范围内。二是使 Fe^{3+} 生成无色的 $Fe(HPO_4)_2^-$，消除 Fe^{3+} 的黄色，有利于滴定终点的观察。

此法简单快速准确,广泛应用于生产上,但由于使用的预还原剂 $HgCl_2$ 有毒,可对环境造成污染,近年来采用了一些"无汞定铁法",如 $SnCl_2$-$TiCl_3$ 法等。

② 利用 $Cr_2O_7^{2-}$-Fe^{2+} 反应测定其他物质

$Cr_2O_7^{2-}$ 与 Fe^{2+} 的反应速度快,计量关系好,无副反应发生,指示剂变色明显,因此可以利用 $Cr_2O_7^{2-}$ 与 Fe^{2+} 的反应测定其他氧化型或还原型物质,如 NO_3^- 含量的测定。NO_3^- 被还原的反应速度较慢,可加入过量的 Fe^{2+} 标准溶液,使 NO_3^- 与 Fe^{2+} 反应,其反应式为:

$$NO_3^- + 3Fe^{2+} + 4H^+ \Longrightarrow 3Fe^{3+} + NO + 2H_2O$$

待反应完全后,用 $K_2Cr_2O_7$ 标准溶液返滴剩余的 Fe^{2+},便可计算出 NO_3^- 含量。

利用 $Cr_2O_7^{2-}$ 与 Fe^{2+} 的反应还可测定一些非氧化还原性物质,如 Pb^{2+},Ba^{2+} 的测定。方法如下:先将 Pb^{2+} 或 Ba^{2+} 与 CrO_4^{2-} 反应,生成相应的 $PbCrO_4$ 或 $BaCrO_4$ 沉淀,沉淀经过滤、洗涤、溶解后,用 Fe^{2+} 标准溶液滴定试液中 $Cr_2O_7^{2-}$,从而由所消耗的 Fe^{2+} 的量计算出 Pb^{2+} 或 Ba^{2+} 的含量。

6.5.3 碘量法

(1) 方法简介

碘量法是利用 I_2 的氧化性和 I^- 的还原性来进行滴定的方法。由于固体 I_2 在水中的溶解度很小(0.00133mol·L^{-1}),故实际应用时通常将 I_2 溶解在 KI 溶液中,此时它以 I_3^- 形式存在:

$$I_2 + I^- \Longrightarrow I_3^-$$

该滴定法的基本电极反应为:

$$I_3^- + 2e^- \Longrightarrow 3I^- \quad \varphi_{I_3^-/I^-}^{\ominus} = 0.545V$$

为方便起见,I_3^- 一般仍简写为 I_2。

I_2 是较弱的氧化剂,能与较强的还原剂作用,而 I^- 是一种中等强度的还原剂,能与许多氧化剂作用,因此碘量法又可分为直接碘量法和间接碘量法两种。

① 直接碘量法

直接碘量法是以 I_2 作为滴定剂,故又称为碘滴定法,该法只能用于滴定较强的还原剂,如 S^{2-}、SO_2、$S_2O_3^{2-}$ 或抗坏血酸等。其反应条件为酸性或中性,在碱性条件下 I_2 会发生歧化反应:

$$3I_2 + 6OH^- \Longrightarrow IO_3^- + 5I^- + 3H_2O$$

由于 I_2 所能氧化的物质不多,所以直接碘量法在应用上受到限制。

② 间接碘量法

间接碘量法是利用 I^- 的还原性来测定具有氧化性的物质。测定中首先使被测物与过量的 I^- 发生反应,定量地析出与之相当的 I_2,然后用 $Na_2S_2O_3$ 标准溶液滴定析出的 I_2,从而间接地测出这些具有氧化性的物质,故间接碘量法又称为滴定碘法。

该法的反应条件为中性或弱酸性,因为在强酸性介质中,$S_2O_3^{2-}$ 会发生分解:

$$S_2O_3^{2-} + 2H^+ \Longrightarrow S\downarrow + H_2SO_3$$

而在碱性条件下,I_2 与 $S_2O_3^{2-}$ 将会发生如下副反应:

$$S_2O_3^{2-} + 4I_2 + 10OH^- =\!=\!= 2SO_4^{2-} + 8I^- + 5H_2O$$

这种副反应影响滴定反应的定量关系,同时 I_2 也会发生歧化反应生成 IO_3^- 和 I^-。

碘量法采用淀粉为指示剂,其灵敏度很高。另外 I_2/I^- 电对可逆性好,副反应少。碘量法测定对象广泛,既可测定氧化剂又可测定还原剂,因此它是一种应用很广泛的滴定方法。

(2) 碘量法中标准溶液的配制和标定

碘量法中所用的标准溶液主要有硫代硫酸钠和碘标准溶液两种,现分别介绍如下:

① 硫代硫酸钠标准溶液的配制和标定

硫代硫酸钠($Na_2S_2O_3 \cdot 5H_2O$)一般都含有少量杂质,如 S,Na_2SO_3,Na_2SO_4,Na_2CO_3,NaCl 等,同时还容易风化、潮解,因此不能直接配制成准确浓度的溶液,只能先配制成近似浓度的溶液,然后再标定。

$Na_2S_2O_3$ 溶液不稳定,这是由于以下几个原因。

a. 细菌的作用:反应为 $Na_2S_2O_3 \xrightarrow{细菌} Na_2SO_3 + S$,此为 $Na_2S_2O_3$ 分解的主要原因。

b. 空气的氧化作用:反应为 $2Na_2S_2O_3 + O_2 =\!=\!= 2Na_2SO_4 + 2S$

c. 溶解的 CO_2 的作用:反应为 $Na_2S_2O_3 + CO_2 + H_2O =\!=\!= NaHCO_3 + NaHSO_3 + S$,此外,水中微量的 Cu^{2+} 或 Fe^{3+} 等也能促使 $Na_2S_2O_3$ 分解。

因此,配制 $Na_2S_2O_3$ 溶液时,为了赶去水中的 CO_2 和杀灭细菌,应用煮沸并冷却了的蒸馏水,并加入少量 Na_2CO_3(约 0.02%),使溶液呈微碱性以抑制细菌生长。溶液保存在棕色瓶中并置于暗处以防止光照分解。经过一段时间后应重新标定溶液,若发现溶液变浑表示有硫析出,应弃去重配。

标定 $Na_2S_2O_3$ 溶液的基准物有纯碘、KIO_3、$KBrO_3$、$K_2Cr_2O_7$、$K_3[Fe(CN)_6]$、纯铜等。这些物质除纯碘外,都能与 KI 反应而析出 I_2:

$$IO_3^- + 5I^- + 6H^+ =\!=\!= 3I_2 + 3H_2O$$
$$BrO_3^- + 6I^- + 6H^+ =\!=\!= 3I_2 + Br^- + 3H_2O$$
$$Cr_2O_7^{2-} + 6I^- + 14H^+ =\!=\!= 2Cr^{3+} + 3I_2 + 7H_2O$$
$$2[Fe(CN)_6]^{3-} + 2I^- =\!=\!= 2[Fe(CN)_6]^{4-} + I_2$$
$$2Cu^{2+} + 4I^- =\!=\!= 2CuI\downarrow + I_2$$

析出的 I_2 用 $Na_2S_2O_3$ 标准溶液滴定,反应为:

$$2S_2O_3^{2-} + I_2 =\!=\!= S_4O_6^{2-} + 2I^-$$

这些标定方法是间接碘法的应用。标定时应注意以下几点。

a. 基准物(如 $K_2Cr_2O_7$)与 KI 反应时,溶液的酸度越大,反应速度越快。但酸度太大时,I^- 容易被空气中的 O_2 氧化,所以在开始滴定时酸度一般以 0.8~1.0mol·L^{-1} 为宜。

b. $K_2Cr_2O_7$ 与 KI 反应的速度较慢,应将溶液在暗处放置一定时间(5min),等反应完全后再以 $Na_2S_2O_3$ 溶液滴定。

c. 以淀粉作指示剂时,应先以 $Na_2S_2O_3$ 溶液滴定至溶液呈浅黄色(此时大部分 I_2 已作用),然后加入淀粉溶液,再用 $Na_2S_2O_3$ 溶液滴定至蓝色恰好消失即为终点。淀粉指示剂若加入太早,则大量的 I_2 与淀粉结合成蓝色物质,这一部分 I_2 就不容易与 $Na_2S_2O_3$ 反应,因而使滴定发生误差。另外,所用的淀粉溶液应用新鲜配制的,若放置过久,则其与 I_2 形成的配合物不呈蓝色而呈紫色或红色,这种红紫色配合物在用 $Na_2S_2O_3$ 溶液滴定时褪色慢,终点变色不敏锐。

② 碘标准溶液的配制与标定

用升华法制得的纯碘可直接配制成标准溶液。但由于 I_2 的挥发性强,准确称量较困难,所以应先将市售的纯碘配制成近似浓度的溶液,然后再进行标定。

由于 I_2 几乎不溶于水,但能溶于 KI 溶液,所以配制溶液时应加入过量 KI。

碘标准溶液应避免与橡皮等有机物接触,也要防止见光、遇热,否则浓度将发生变化。

碘标准溶液的浓度可通过与已知浓度的 $Na_2S_2O_3$ 标准溶液比较而求得,也可用 As_2O_3 作基准物来标定。As_2O_3 难溶于水,但易溶于碱性溶液中生成亚砷酸盐:

$$As_2O_3 + 6OH^- \rightleftharpoons 2AsO_3^{3-} + 3H_2O$$

AsO_3^{3-} 与碘的反应可定量进行:

$$AsO_3^{3-} + I_2 + H_2O \rightleftharpoons AsO_4^{3-} + 2I^- + 2H^+$$

该反应应在微碱性溶液中(加入 $NaHCO_3$ 使溶液 pH≈8)进行。

(3) 应用示例简介

① 钢铁中硫的测定——直接碘量法

将钢样置于瓷舟中放入 1300℃ 的管式炉中,通入空气使硫氧化成 SO_2,用水吸收 SO_2,以淀粉为指示剂,用标准碘溶液滴定,反应如下:

$$S + O_2 \xrightarrow{1300℃} SO_2$$

$$SO_2 + H_2O \rightleftharpoons H_2SO_3$$

$$H_2SO_3 + I_2 + H_2O \rightleftharpoons SO_4^{2-} + 4H^+ + 2I^-$$

② 硫酸铜中铜的测定——间接碘量法

碘量法测 Cu^{2+} 是先将 Cu^{2+} 与过量的 KI 反应,析出的 I_2 用 $Na_2S_2O_3$ 标准溶液滴定,其反应式如下:

$$2Cu^{2+} + 4I^- \rightleftharpoons 2CuI\downarrow + I_2$$

$$I_2 + 2S_2O_3^{2-} \rightleftharpoons 2I^- + S_4O_6^{2-}$$

为了使反应进行完全,测定时必须加入过量的 KI。另外由于 CuI 沉淀表面强烈地吸附 I_2,会导致测定结果偏低,为此测定时常加入 KSCN,使 CuI 沉淀转化为溶解度更小的 CuSCN 沉淀:

$$CuI + SCN^- \rightleftharpoons CuSCN\downarrow + I^-$$

这样便可将 CuI 吸附的 I_2 释放出来,提高测定结果的准确度。

值得注意的是,KSCN 应当在滴定接近终点时加入,否则 SCN^- 会还原 I_2 而使测定结果偏低。另外,为了防止 Cu^{2+} 水解,反应必须在酸性介质中进行,一般控制溶液 pH 值在 3~4 之间。酸度过低,反应速度慢,终点拖长;酸度过高,I^- 则易被空气氧化为 I_2,使测定结果偏高。

该法还可用于铜矿、含铜电镀液、合金等样品中铜的测定,但应注意防止其他共存离子的干扰。

③ 葡萄糖含量的测定——返滴定法

葡萄糖分子中的醛基能在碱性条件下被过量 I_2 氧化成羧基,首先 I_2 在碱性溶液中转化为 IO^- 和 I,然后 IO^- 把醛基(CHO)氧化为羧基(—COO$^-$),反应如下:

$$I_2 + 2OH^- \rightleftharpoons IO^- + I^- + H_2O$$
$$CH_2OH(CHOH)_4CHO + IO^- + OH^- \rightleftharpoons CH_2OH(CHOH)_4COO^- + I^- + H_2O$$

剩余的 IO^- 在碱性溶液中歧化成 IO_3^- 和 I^-：
$$3IO^- \rightleftharpoons IO_3^- + 2I^-$$

溶液酸化后又析出 I_2：
$$IO_3^- + 5I^- + 6H^+ \rightleftharpoons 3I_2 + 3H_2O$$

最后以 $Na_2S_2O_3$ 标准溶液滴定析出的 I_2。根据消耗的 $Na_2S_2O_3$ 的量及加入的 I_2 的总量，可计算出葡萄糖的含量。

6.5.4 其他氧化还原滴定法

(1) 溴酸钾法

$KBrO_3$ 是一种强氧化剂，在酸性溶液中的电极反应为：
$$BrO_3^- + 6H^+ + 6e^- \rightleftharpoons Br^- + 3H_2O \qquad \varphi_{BrO_3^-/Br^-}^\ominus = 1.44V$$

$KBrO_3$ 容易提纯，可直接作为基准物配制标准溶液。在酸性溶液中，以甲基橙为指示剂，可直接测定一些还原性物质，如 As(Ⅲ)、Sb(Ⅲ)、Fe(Ⅱ) 等。有关反应如下：
$$BrO_3^- + 3H_3AsO_3 \rightleftharpoons Br^- + 3H_3AsO_4$$
$$BrO_3^- + 3Sb^{3+} + 6H^+ \rightleftharpoons 3Sb^{5+} + Br^- + 3H_2O$$
$$BrO_3^- + 6Fe^{2+} + 6H^+ \rightleftharpoons 6Fe^{3+} + Br^- + 3H_2O$$

过量一滴 $KBrO_3$ 溶液可氧化指示剂，使甲基橙褪色，从而指示终点的到达。

溴酸钾法主要用于测定有机物。通常先将 $KBrO_3$ 标准溶液和过量的 KBr 组成混合溶液，测定时将此溶液加到酸性试液中，将会发生如下反应：
$$BrO_3^- + 5Br^- + 6H^+ \rightleftharpoons 3Br_2 + 3H_2O$$

此时 $KBrO_3$ 标准溶液就相当于 Br_2 标准溶液。利用 Br_2 的取代作用可以测定酚类及芳香胺有机化合物，借加成反应，可以测定有机物的不饱和程度。

例如苯酚含量的测定方法是：首先在试液中加入一定量过量的 $KBrO_3$—KBr 标准溶液，酸化后生成的 Br_2 一部分与苯酚反应，反应式为：

$$C_6H_5OH + 3Br_2 \rightleftharpoons C_6H_2Br_3OH + 3HBr$$

反应完全后，加入过量的 I^-，使其与剩余的 Br_2 作用，反应生成的 I_2 再用 $Na_2S_2O_3$ 标准溶液滴定，根据消耗的 $Na_2S_2O_3$ 的量和加入的 $KBrO_3$ 的总量，间接地计算出苯酚的含量。

(2) 硫酸铈法

$Ce(SO_4)_2$ 是一种强氧化剂，其电极反应为：
$$Ce^{4+} + e^- \rightleftharpoons Ce^{3+} \qquad \varphi_{Ce^{4+}/Ce^{3+}}^\ominus = 1.61V$$

铈标准溶液可用纯的硫酸铈铵 $[Ce(SO_4)_2 \cdot (NH_4)_2SO_4 \cdot 2H_2O]$ 直接配制。由于 Ce^{4+} 极

易水解，配制 Ce^{4+} 标准溶液必须加酸，滴定时也需在强酸性溶液中进行，一般采用邻二氮杂菲—亚铁为指示剂。

$Ce(SO_4)_2$ 的氧化性与 $KMnO_4$ 差不多，凡能用 $KMnO_4$ 法测定的物质几乎都能用该法测定。但 Ce^{4+} 标准溶液比 $KMnO_4$ 标准溶液稳定，又能在较浓的 HCl 溶液中测定 Fe^{2+} 而不发生诱导反应，且反应简单，副反应少。但铈盐价格较贵，故应用上受到一定限制。

6.5.5 氧化还原滴定法结果计算示例

氧化还原滴定法结果的计算主要是根据氧化还原反应式中的化学计量关系，现举例加以说明。

例 6-14 称取铁矿试样 0.3143g，溶于酸并还原为 Fe^{2+}。用 $0.02000 mol \cdot L^{-1} K_2Cr_2O_7$ 溶液滴定，消耗了 21.30mL。计算试样中 Fe_2O_3 的百分含量。

解： 此滴定反应是：

$$6Fe^{2+} + Cr_2O_7^{2-} + 14H^+ = 6Fe^{3+} + 2Cr^{3+} + 7H_2O$$

$$n_{Fe_2O_3} = \frac{1}{2}n_{Fe} = \frac{1}{2} \times 6n_{K_2Cr_2O_7} = 3n_{K_2Cr_2O_7}$$

所以

$$w_{Fe_2O_3} = \frac{3c_{K_2Cr_2O_7} V_{K_2Cr_2O_7} M_{Fe_2O_3}}{G}$$

$$= \frac{3 \times 0.02000 \times 21.30 \times 10^{-3} \times 159.7}{0.3143} = 64.94\%$$

例 6-15 以 $K_2Cr_2O_7$ 为基准物采用间接碘法标定 $0.20 mol \cdot L^{-1} Na_2S_2O_3$ 溶液的浓度，若滴定时欲将消耗的 $Na_2S_2O_3$ 溶液的体积控制在 25mL 左右，问应当称取 $K_2Cr_2O_7$ 多少克？

解： 反应式为：

$$Cr_2O_7^{2-} + 6I^- + 14H^+ = 2Cr^{3+} + 3I_2 + 7H_2O$$
$$I_2 + 2S_2O_3^{2-} = 2I^- + S_4O_6^{2-}$$

由上述反应式可知化学计算关系是：

$$n_{K_2Cr_2O_7} = \frac{1}{6}n_{Na_2S_2O_3}$$

$$n_{Na_2S_2O_3} = c_{Na_2S_2O_3} V_{Na_2S_2O_3}$$

$$n_{K_2Cr_2O_7} = \frac{1}{6}n_{Na_2S_2O_3} = \frac{1}{6}c_{Na_2S_2O_3} V_{Na_2S_2O_3}$$

$$= \frac{1}{6} \times 0.20 \times 25 \times 10^{-3} = 0.00083 (mol)$$

应当称取 $K_2Cr_2O_7$ 的量为：

$$m_{K_2Cr_2O_7} = n_{K_2Cr_2O_7} M_{K_2Cr_2O_7} = 0.00083 \times 294.2 = 0.24(g)$$

习 题

1. 选择题

(1) 能够影响电极电势的因素是（   ）。
A. 氧化型浓度　　　　B. 还原型浓度　　　　C. 温度　　　　D. 以上都有

(2) 对于电极反应：$MnO_4^- + 8H^+ + 5e^- \rightleftharpoons Mn^{2+} + 4H_2O$，若增大 H^+ 浓度，其他条件不变，则电极电势 φ 将（   ）。
A. 增大　　　　B. 减小　　　　C. 不变　　　　D. 难以确定

(3) 将下列电对中离子浓度增大一倍，电极电势增大的是（   ）。
A. I_2/I^-　　　　B. Fe^{3+}/Fe^{2+}　　　　C. Zn^{2+}/Zn　　　　D. 都增大

(4) 下列电对中，标准电极电势 $\varphi^\ominus$ 最大的是（   ）。
A. F_2/F^-　　　　B. I_2/I^-　　　　C. Br_2/Br^-　　　　D. Cl_2/Cl^-

(5) 如果 $\varphi^\ominus_{MnO_4^-/MnO_4^{2-}} = 0.57V$，$\varphi^\ominus_{MnO_4^{2-}/MnO_2} = 2.24V$，则 $\varphi^\ominus_{MnO_4^-/MnO_2}$ 为（   ）。
A. 2.81V　　　　B. 1.67V　　　　C. 1.68V　　　　D. 无法判断

2. 指出下列物质中各元素的氧化值：
H_2O_2，KO_2，$Cr_2O_7^{2-}$，MnO_4^-，NaH，NH_3，$CHCl_3$，CH_3OH

3. 用氧化值法配平下列各氧化还原反应：

(1) $H_2O_2 + MnO_2 + HCl \rightarrow MnCl_2 + O_2$

(2) $Ag_2S + HNO_3 \rightarrow AgNO_3 + S + NO$

(3) $HClO_4 + P_4 \rightarrow HCl + H_3PO_4$

(4) $As_2S_3 + HNO_3 \rightarrow H_3AsO_4 + H_2SO_4 + NO$

(5) $Zn + HNO_3(极稀) \rightarrow Zn(NO_3)_2 + NH_4NO_3$

4. 用离子-电子法配平下列方程式 [(1)~(3)是酸性介质，(4)~(6)是碱性介质]。

(1) $MnO_4^- + SO_3^{2-} \rightarrow Mn^{2+} + SO_4^{2-}$

(2) $MnO_4^- + C_2O_4^{2-} \rightarrow Mn^{2+} + CO_2$

(3) $Cr_2O_7^{2-} + CH_3OH \rightarrow Cr^{3+} + CO_2$

(4) $I_2 + OH^- \rightarrow IO_3^- + I^-$

(5) $Cr(OH)_4^- + H_2O_2 \rightarrow CrO_4^{2-} + H_2O$

(6) $MnO_4^- + SO_3^{2-} \rightarrow MnO_4^{2-} + SO_4^{2-}$

(7) $MnO_4^- + SO_3^{2-} \rightarrow MnO_2 + SO_4^{2-}$（中性介质）

5. 对于下列氧化还原反应：(1) 指出哪个是氧化剂，哪个是还原剂，写出有关的电极反应；(2) 以这些反应组成原电池，并写出原电池符号。

(1) $Fe + Ni^{2+} \rightleftharpoons Fe^{2+} + Ni$

(2) $Cr_2O_7^{2-} + 6Fe^{2+} + 14H^+ \rightleftharpoons 2Cr^{3+} + 6Fe^{3+} + 7H_2O$

(3) $2Ag + 2H^+ + 2I^- \rightleftharpoons 2AgI\downarrow + H_2$

6. 已知电极反应为：

$MnO_4^- + 8H^+ + 5e^- \rightleftharpoons Mn^{2+} + 4H_2O$ 　　　　$\varphi^\ominus_{MnO_4^-/Mn^{2+}} = 1.51V$

求当 $[MnO_4^-] = 1.00 \times 10^{-4} mol \cdot L^{-1}$，$[Mn^{2+}] = 1.00 \times 10^{-2} mol \cdot L^{-1}$，pH=1 时电对 MnO_4^-/Mn^{2+} 的电极电势是多少？　　　　[1.392V]

7. 在 $0.5 \text{mol} \cdot \text{L}^{-1} \text{H}_2\text{SO}_4$ 溶液中,当 $Ce(\text{IV})/Ce(\text{III})$ 的总浓度之比为:(1) 10^{-2},(2) 10^{-1},(3) 1,(4) 10,(5) 100 时,电对 $Ce(\text{IV})/Ce(\text{III})$ 的电极电势是多少?

[(1)1.32V;(2)1.38V;(3)1.44V;(4)1.50V;(5)1.56V]

8. 已知:$MnO_4^- + 8H^+ + 5e^- \rightleftharpoons Mn^{2+} + 4H_2O$ $\varphi^\ominus_{MnO_4^-/Mn^{2+}} = 1.51V$

$Fe^{3+} + e^- \rightleftharpoons Fe^{2+}$ $\varphi^\ominus_{Fe^{3+}/Fe^{2+}} = 0.771V$

(1) 将这两个电对组成原电池,写出相应电池符号,标明原电池正负极,并计算其标准电动势 $E^\ominus$;

(2) 当 $[H^+] = 10 \text{mol} \cdot \text{L}^{-1}$,其他各离子浓度均为 $1 \text{mol} \cdot \text{L}^{-1}$ 时,计算电池的电动势。

[(1)0.74V;(2)0.83V]

9. 将镍片置于 $0.1 \text{mol} \cdot \text{L}^{-1} \text{NiSO}_4$ 溶液中,将铜片置于 $0.2 \text{mol} \cdot \text{L}^{-1} \text{CuSO}_4$ 溶液中,把它们组成原电池。写出该电池的符号,计算其电池电动势,并写出电池反应。

[0.599V]

10. 将铜片插于盛有 $0.5 \text{mol} \cdot \text{L}^{-1} \text{CuSO}_4$ 溶液的烧杯中,银片插于盛有 $0.5 \text{mol} \cdot \text{L}^{-1}$ $AgNO_3$ 溶液的烧杯中。

(1) 写出该原电池的符号和电池反应;

(2) 求该电池的电动势;

(3) 若加 Na_2S 于 $CuSO_4$ 溶液中,电池电动势如何变化?(定性回答)

(4) 若加 Na_2S 于 $AgNO_3$ 溶液中,电池电动势如何变化?(定性回答) [(2)0.451V]

11. 通过计算判断下列反应的方向(浓度单位均为 $\text{mol} \cdot \text{L}^{-1}$)。

(1) $2MnO_4^-(0.10) + 10Br^-(1.0) + 16H^+(1.0 \times 10^{-3}) \rightleftharpoons 2Mn^{2+}(0.10) + 5Br_2(l) + 8H_2O(l)$

(2) $I_2(s) + 2Fe^{2+}(1.0) \rightleftharpoons 2Fe^{3+}(0.10) + 2I^-(0.010)$

(3) $Cr_2O_7^{2-}(1.0) + 6Cl^-(10) + 14H^+(10) \rightleftharpoons 2Cr^{3+}(1.0) + 3Cl_2(100\text{kPa}) + 7H_2O(l)$

[(1)0.16V;(2)$E = -0.058V$;(3)$E = 0.17V$]

12. 溶液中同时存在 Hg^{2+} 和 Cl_2,当加入 Sn^{2+} 时,问 Hg^{2+} 与 Cl_2 哪一个能先把 Sn^{2+} 氧化为 Sn^{4+}?

13. 在 Ag^+,Cu^{2+} 浓度分别为 $1.0 \times 10^{-2} \text{mol} \cdot \text{L}^{-1}$ 和 $0.10 \text{mol} \cdot \text{L}^{-1}$ 的混合溶液中加入 Fe 粉,哪种金属离子先被还原?当第二种离子被还原时,第一种金属离子在溶液中的浓度为多少?

[Ag^+,$5 \times 10^{-9} \text{mol} \cdot \text{L}^{-1}$]

14. 计算下列反应在 298.15K 下的标准平衡常数 $K^\ominus$:

(1) $2Ag^+ + Zn \rightleftharpoons 2Ag + Zn^{2+}$

(2) $Cr_2O_7^{2-} + 6Fe^{2+} + 14H^+ \rightleftharpoons 2Cr^{3+} + 6Fe^{3+} + 7H_2O$

(3) $H_3AsO_4 + 2I^- + 2H^+ \rightleftharpoons HAsO_2 + I_2 + 2H_2O$

(4) $4ClO_3^- \rightleftharpoons 3ClO_4^- + Cl^-$ (酸性介质)

(5) $MnO_2 + 2Cl^- + 4H^+ \rightleftharpoons Mn^{2+} + Cl_2 + 2H_2O$

[(1)6×10^{52};(2)5×10^{56};(3)35.8;(4)2.2×10^{26};(5)4.1×10^{-5}]

15. 对于下述反应:$Ag^+ + Fe^{2+} \rightleftharpoons Ag + Fe^{3+}$

(1) 计算此反应的平衡常数;

(2) 如果反应开始时 Ag^+ 和 Fe^{2+} 的浓度分别为 $1.0 mol \cdot L^{-1}$ 和 $0.10 mol \cdot L^{-1}$，求平衡时 Fe^{3+} 浓度是多少？   [(1)3.08；(2)0.074$mol \cdot L^{-1}$]

16. 已知下列反应：$2Fe^{3+} + 2I^- \rightleftharpoons 2Fe^{2+} + I_2$

(1) 计算上述反应的平衡常数；

(2) 试判断当 Fe^{3+}、Fe^{2+}、I^- 的浓度分别为 $10^{-5} mol \cdot L^{-1}$、$1 mol \cdot L^{-1}$、$1 mol \cdot L^{-1}$ 时，反应进行的方向；

(3) 若要使反应正向进行，计算 Fe^{3+} 最低浓度应为多少（其他离子浓度为 $1 mol \cdot L^{-1}$）？

[(1)9.4×10^7；(2)逆向；(3)$1.0 \times 10^{-4} mol \cdot L^{-1}$]

17. 已知：$Ag^+ + e^- \rightleftharpoons Ag$ $\varphi^\ominus_{Ag^+/Ag} = 0.7999V$

$AgCl(s) + e^- \rightleftharpoons Ag + Cl^-$ $\varphi^\ominus_{AgCl/Ag} = 0.223V$

计算 AgCl 的溶度积常数。   [1.8×10^{-10}]

18. 已知在 $1 mol \cdot L^{-1}$ HCl 溶液中，$\varphi^\ominus_{O_2/H_2O} = 1.229V$，设在 $1 mol \cdot L^{-1}$ NaOH 溶液中有下述反应发生：

$$O_2 + 2H_2O + 4e^- \rightleftharpoons 4OH^-$$

试求 $\varphi^\ominus_{O_2/OH^-}$。   [0.400V]

19. 已知下列标准电极电势：

$Cu^+ + e^- \rightleftharpoons Cu$ $\varphi^\ominus_{Cu^+/Cu} = 0.52V$

$Cu^{2+} + e^- \rightleftharpoons Cu^+$ $\varphi^\ominus_{Cu^{2+}/Cu^+} = 0.17V$

计算：(1) 已知 $K^\ominus_{sp,CuCl} = 1.2 \times 10^{-6}$，求 $\varphi^\ominus_{Cu^{2+}/CuCl}$ 和 $\varphi^\ominus_{CuCl/Cu}$ 的值；

(2) 计算反应 $Cu^{2+} + Cu + 2Cl^- \rightleftharpoons 2CuCl\downarrow$ 的标准平衡常数。

[(1)0.52V，0.17V；(2)8.2×10^5]

20. 已知：$AgI(s) + e^- \rightleftharpoons Ag + I^-$ $\varphi^\ominus_{AgI/Ag} = -0.149V$

$Ag^+ + e^- \rightleftharpoons Ag$ $\varphi^\ominus_{Ag^+/Ag} = 0.7999V$

(1) 将上述两个电对组成原电池，写出原电池符号及对应的电池反应方程式；

(2) 求出 $E^\ominus$ 及 AgI 的溶度积常数 $K^\ominus_{sp,AgI}$。

[(2)0.949V，9.3×10^{-17}]

21. 根据下列元素电势图：

$\varphi^\ominus_A/V$ $Cu^{2+} \xrightarrow{+0.17} Cu^+ \xrightarrow{+0.52} Cu$

$Ag^{2+} \xrightarrow{+2.00} Ag^+ \xrightarrow{+0.7999} Ag$

$Fe^{3+} \xrightarrow{+0.771} Fe^{2+} \xrightarrow{-0.440} Fe$

$Au^{3+} \xrightarrow{+1.41} Au^+ \xrightarrow{+1.68} Au$

回答：(1) Cu^+，Ag^+，Fe^{2+}，Au^+ 等哪些能发生歧化反应？

(2) 在空气中，上述四种元素各自最稳定的是哪种离子？

22. 已知锰的元素电势图：

$MnO_4^- \xrightarrow{+0.57} MnO_4^{2-} \xrightarrow{+2.24} MnO_2 \xrightarrow{+0.95} Mn^{3+} \underline{\qquad} Mn^{2+} \xrightarrow{-1.17} Mn$

$\underbrace{\qquad}_{+1.68}$ $\underbrace{\qquad}_{-0.277}$

(1) 求 $\varphi^\ominus_{Mn^{3+}/Mn^{2+}}$ 和 $\varphi^\ominus_{MnO_4^-/Mn^{2+}}$；

(2) 指出图中哪些物质能发生歧化反应？

(3) 金属 Mn 溶于稀 HCl 或 H_2SO_4 中的产物是 Mn^{2+} 还是 Mn^{3+}，为什么？

[(1)1.51V，1.50V]

23. 计算在 $1mol \cdot L^{-1}$ HCl 溶液中用 Fe^{3+} 溶液滴定 Sn^{2+} 的电势突跃范围及化学计量点时的电极电势值。 [0.23～0.50V，0.32V]

24. 用 $KMnO_4$ 法滴定 10.00mL 市售 H_2O_2（相对密度 1.010），消耗了 $0.02400mol \cdot L^{-1}$ $KMnO_4$ 溶液 36.82mL，计算：(1) $KMnO_4$ 对 H_2O_2 的滴定度；(2) 溶液中 H_2O_2 的质量百分含量。 [(1)$0.002041g \cdot mL^{-1}$；(2)0.744%]

25. 在 25.00mL $CaCl_2$ 溶液中加入 40.00mL $0.1000mol \cdot L^{-1}$ $(NH_4)_2C_2O_4$ 溶液，待 CaC_2O_4 沉淀完全后，分离，以 $0.02000mol \cdot L^{-1}$ $KMnO_4$ 溶液滴定滤液，共耗去 $KMnO_4$ 溶液 15.00mL，计算在 100mL $CaCl_2$ 溶液中 $CaCl_2$ 的含量为多少克？ [1.443g]

26. 将 1.000g 钢样中的铬氧化为 $Cr_2O_7^{2-}$，加入 25.00mL $0.1000mol \cdot L^{-1}$ $FeSO_4$ 标准溶液，然后用 $0.01800mol \cdot L^{-1}$ $KMnO_4$ 标准溶液回滴过量的 $FeSO_4$ 时用去 7.00mL，计算钢中铬的百分含量。 [3.24%]

27. 用 KIO_3 作基准物标定 $Na_2S_2O_3$ 溶液。称取 0.1500g KIO_3 与过量 KI 作用，析出的 I_2 用 $Na_2S_2O_3$ 溶液滴定，用去 24.00mL。此 $Na_2S_2O_3$ 溶液的浓度为多少？它对 I_2 的滴定度是多少？ [$0.1752mol \cdot L^{-1}$，$0.02224g \cdot mL^{-1}$]

第 7 章
配位平衡与配位滴定法

配位化合物简称配合物，是组成复杂、应用广泛的一类化合物。实验表明，在硫酸铜溶液中加入过量氨水，溶液会变为深蓝色。从此溶液中可以分离出化学式为 $[Cu(NH_3)_4]SO_4$ 的深蓝色晶体，$[Cu(NH_3)_4]SO_4$ 就是一种配合物。在早期，由于人们对配合物的化学键形成及结构并不清楚，曾称它为络合物，即复杂化合物的意思。

随着科学的发展和生产实践的需要，人们对配合物的认识不断深入，配合物的作用也日益重要。例如原子能、半导体、火箭等尖端工业生产中金属的分离和提取、新材料的制取和分析、化工合成上的配位催化、水的净化、染料生产、电镀、鞣革、医药、防腐、化学纤维等工业均离不开配合物。另外，配合物在生物的生命活动中也起着重要作用。例如模拟生物光合作用、固氮作用等生物化学上的重大科研课题，都与配合物有关。现在配合物和配位化学几乎渗透到化学学科的各个分支，因此学习有关配合物的知识很重要。本章将简单介绍有关配合物的一些基本知识以及配位滴定过程中的有关理论和方法。

7.1 配合物的基本概念

7.1.1 配合物的定义

配合物是由可以提供孤对电子的一定数目的离子或分子（统称为配体）和接受孤对电子的原子或离子（统称为形成体），按一定的组成和空间构型所形成的化合物[1]。其中配体和形成体间是以配位键相结合的。

由一定数目的配体结合在形成体周围所形成的结构单元称为配位个体。配位个体可以是电中性分子如 $[Fe(CO)_5]$，也可以是带电荷的配离子。根据配离子所带电荷，可将其分为配阳离子如 $[Cu(NH_3)_4]^{2+}$ 和配阴离子如 $[Fe(CN)_6]^{4-}$。多数配离子既能存在于晶体中，也能存在于水溶液中，例如上述的 $[Cu(NH_3)_4]^{2+}$ 和 $[Fe(CN)_6]^{4-}$。凡含有配离子的化合

---

[1] 关于配合物的化学键理论将在第 9 章中详细论述。

物均属于配合物,例如 [Cu(NH$_3$)$_4$]SO$_4$、[Ag(NH$_3$)$_2$]Cl、K$_4$[Fe(CN)$_6$] 等。

7.1.2 配合物的组成

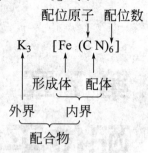

研究表明,由配离子形成的配合物是由内界和外界两部分组成的。内界是配合物的特征部分,由配体和形成体组成,在配合物的化学式中,一般用方括号标明。不在内界的其他离子构成外界。

但中性分子的配合物如 [CoCl$_3$(NH$_3$)$_3$]、[Ni(CO)$_4$] 等没有外界:

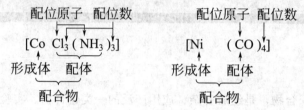

(1) 形成体(中心原子或中心离子)

前文已述,在配合物中接受孤对电子的原子或离子统称为形成体。它是配合物的核心部分,位于配离子或中性分子配合物的中心。常见的配合物的形成体多为过渡金属离子或原子,例如 Cr^{3+}、Cu^{2+}、Ag^+、Fe^{3+}、Co^{2+}、Ni^{2+}、Ni、Fe 等。

(2) 配体和配位原子

前文已述,在配合物中提供孤对电子的分子或离子称为配体。例如 NH_3、H_2O、Cl^-、CN^-、SCN^-、OH^- 等。提供配体的物质称为配位剂。配体中具有孤对电子,可与形成体形成配位键的原子称为配位原子。通常作为配位原子的主要是属于周期表中Ⅳ、Ⅴ、Ⅵ、Ⅶ主族的非金属原子如 C、N、P、O、S、F、Cl、Br、I 等。

根据一个配体中所含配位原子数目的不同,可将配体分为单齿配体和多齿配体。其中,一个配体中只含有一个配位原子的称为单齿配体,例如 $\overset{*}{N}H_3$、$H_2\overset{*}{O}$、$\overset{*}{Cl}^-$❶等。若一个配体中有两个或两个以上的配位原子,该配体就称为多齿配体。例如,乙二胺(常用 en 表示)就是双齿配体:

$$\overset{*}{N}H_2-CH_2-CH_2-\overset{*}{N}H_2$$

(3) 配位数

与一个形成体成键的配位原子的数目,称为该形成体的配位数。例如,在 [Cu(NH$_3$)$_4$]SO$_4$ 中,Cu^{2+} 的配位数是 4,[FeF$_6$]$^{3-}$ 和 [CoCl$_3$(NH$_3$)$_3$] 中 Fe^{3+}、Co^{3+} 的配位数皆为 6。目前已经知道在配合物中形成体的配位数可以从 1 到 12,一般形成体的配位数以 2、4、6 较常见。

形成体配位数的大小与形成体和配体的性质有关,此外还与形成配合物时的外界条件有

---

❶ 带 * 的为配位原子(下同)。

关，增大配体浓度，降低反应的温度，有利于生成高配位数的配合物。

在计算形成体的配位数时，一般是先确定形成体和配体，如果配体是单齿的，则配体的数目就是该形成体的配位数。例如 $[PtCl_2(NH_3)_2]$ 中 Pt^{2+} 的配位数是 4。如果配体是多齿的，则配体的数目就不等于形成体的配位数。例如 $[Co(en)_3]Cl_3$ 中 en 是双齿配体，所以 Co^{3+} 的配位数是 6 而不是 3。

（4）配位个体的电荷

配位个体的电荷数等于形成体和配体二者电荷的代数和。例如在 $[Ag(NH_3)_2]^+$ 中由于配体 NH_3 为电中性分子，所以配离子的电荷和形成体的电荷相等（+1）。而在 $[Fe(CN)_6]^{4-}$ 中由于配体为带负电荷的 CN^-，因此配离子的电荷为 $(+2)+(-1)\times 6=-4$。在含有配离子的配位化合物中，由于配合物是电中性的，因此可以根据外界离子的总电荷来确定配离子的电荷。例如在 $H_2[SiF_6]$ 和 $K_3[Fe(CN)_6]$ 中配离子的电荷分别为 −2 和 −3。

此外根据配位个体的电荷还可计算出形成体的氧化值。例如在 $[Fe(CN)_6]^{3-}$ 和 $[Fe(CN)_6]^{4-}$ 中铁的氧化值分别为 +3 和 +2。

7.1.3 配合物的化学式和命名

配合物的组成比一般简单化合物复杂，因而它的化学式和命名也比简单化合物复杂得多。下面就简要介绍一下配合物化学式的书写和命名原则。

（1）配合物的化学式

书写配合物的化学式时应遵循以下两条原则：

① 在含有配离子的配合物化学式中，阳离子在前，阴离子在后。如 $[Ag(NH_3)_2]Cl$、$H_2[PtCl_6]$。

② 在配位个体的化学式中，先列出形成体的元素符号，再依次列出阴离子配体和中性分子配体，最后将整个配位个体的化学式括在方括号内。在括号内同类配体的次序以配位原子元素符号的英文字母次序为准。如 $[CrCl_2(H_2O)_4]^+$、$[Co(NH_3)_5(H_2O)]^{3+}$。

（2）配合物的命名

配合物的命名方法基本上遵循一般无机化合物的命名原则。若配合物为配离子化合物，则命名时阴离子在前，阳离子在后。对于配阳离子化合物，外界阴离子若为简单离子，则称"某化某"；外界阴离子若为复杂阴离子，则称"某酸某"。对于配阴离子化合物，若外界为氢离子，则在配阴离子名称后缀以"酸"字；若外界为金属离子，除在配阴离子名称后缀以"酸"字外，酸字后面再附上金属名称。

配合物命名比一般无机化合物命名更复杂的地方在于配合物的内界，处于配合物内界的配位个体，其命名方法一般依照如下顺序：

配体个数（用倍数词头一、二、三、四等数字表示）—该配体名称（不同配体之间以中圆点"·"分开）—"合"—形成体名称—形成体氧化值（以带括号的罗马数字表示）。

另外，若配体不止一种时，阴离子配体名称在前，中性分子配体名称在后。阴离子配体命名顺序为：简单阴离子—复杂阴离子—有机酸根离子。中性分子配体的命名顺序为：无机分子—有机分子。对于同类配体，命名时按配位原子元素符号的英文字母顺序排列，若配位原子仍相同，则先命名原子数目少的配体。

下面列举一些配合物的化学式和命名示例，见表 7-1。

表 7-1 一些配合物的化学式和系统命名示例

类别	化学式	系统命名
配位酸	$H_2[SiF_6]$	六氟合硅(Ⅳ)酸
配位碱	$[Ag(NH_3)_2](OH)$	氢氧化二氨合银(Ⅰ)
配位盐	$[Co(NH_3)_6]Br_3$	三溴化六氨合钴(Ⅲ)
	$[Co(NH_3)_5(H_2O)]Cl_3$	三氯化五氨·一水合钴(Ⅲ)
	$[CrCl_2(H_2O)_4]Cl$	一氯化二氯·四水合铬(Ⅲ)
	$[Cu(NH_3)_4]SO_4$	硫酸四氨合铜(Ⅱ)
	$K_3[Fe(CN)_6]$	六氰合铁(Ⅲ)酸钾
	$K[Co(NO_2)_4(NH_3)_2]$	四硝基·二氨合钴(Ⅲ)酸钾
	$NH_4[Cr(NCS)_4(NH_3)_2]$	四异硫氰酸根·二氨合铬(Ⅲ)酸铵
中性分子	$[Fe(CO)_5]$	五羰基合铁
	$[PtCl_2(NH_3)_2]$	二氯·二氨合铂(Ⅱ)
	$[Co(NO_2)_3(NH_3)_3]$	三硝基·三氨合钴(Ⅲ)

对于一些常见配合物，通常都用习惯上的简单叫法。例如 $[Cu(NH_3)_4]^{2+}$ 称为铜氨配离子，$K_3[Fe(CN)_6]$ 称为铁氰化钾（赤血盐），$K_4[Fe(CN)_6]$ 称为亚铁氰化钾（黄血盐）等。

7.1.4 螯合物

(1) 螯合物的概念

由形成体和具有两个或两个以上配位原子的多齿配体之间形成的具有环状结构的配合物称为螯合物。一般两个配位原子之间相隔二到三个其他原子，以便与形成体形成稳定的五原子或六原子环。

例如：双齿配体乙二胺（$\overset{*}{N}H_2-CH_2-CH_2-\overset{*}{N}H_2$）分子中有两个 N 原子可作配位原子，当两个乙二胺分子与 Cu^{2+} 配位时，可形成如下具有环状结构的配离子 $[Cu(en)_2]^{2+}$：

$$2\begin{vmatrix}CH_2-H_2N\\CH_2-H_2N\end{vmatrix}+Cu^{2+}=\begin{bmatrix}CH_2-H_2N\\|\\CH_2-H_2N\end{bmatrix}Cu\begin{matrix}NH_2-CH_2\\|\\NH_2-CH_2\end{matrix}\end{bmatrix}^{2+}$$

在 $[Cu(en)_2]^{2+}$ 中，有两个五原子环，每个环皆由两个 C 原子、两个 N 原子和形成体构成。大多数螯合物具有五原子环或六原子环。

(2) 螯合剂

能和形成体形成螯合物的含有多齿配体的配位剂称为螯合剂。一般常见的螯合剂是含有 O、N、P、S 等配位原子的有机化合物。一个螯合剂提供的配位原子可以相同，如在乙二胺分子中的两个 N 原子，也可以不同，如氨基乙酸（$\overset{*}{N}H_2CH_2C\overset{*}{O}OH$）中的 N 和 O 原子。

最常见的螯合剂是氨羧配位剂，氨羧配位剂是氨基二乙酸 $\left(-N\begin{smallmatrix}CH_2COOH\\CH_2COOH\end{smallmatrix}\right)$ 类有机化合物，其分子中同时含有氨氮（:N≡）和羧氧 $\left(\begin{smallmatrix}O\\\|\\-C-\ddot{O}-\end{smallmatrix}\right)$ 两种配位能力很强的配位原子。氨氮能与 Co、Ni、Zn、Cu、Cd、Hg 等配位，羧氧几乎能与所有高价金属离子配位。氨羧配位剂兼有氨氮和羧氧的配位能力，所以几乎能与所有金属离子配位。

氨羧配位剂中常见的有氨三乙酸、乙二胺四乙酸及其二钠盐（二者通常皆简写为 EDTA）、乙二醇二乙醚二胺四乙酸（简写为 EGTA）、乙二胺四丙酸（简写为 EDTP）等，它们的结构如下。

氨三乙酸
$$\overset{*}{N}\begin{smallmatrix}CH_2COOH\\-CH_2C\overset{*}{O}OH\\CH_2C\overset{*}{O}OH\end{smallmatrix}$$

EDTA
$$\begin{smallmatrix}HO\overset{*}{O}CH_2C\\\\HO\overset{*}{O}CH_2C\end{smallmatrix}\overset{*}{N}-CH_2-CH_2-\overset{*}{N}\begin{smallmatrix}CH_2C\overset{*}{O}OH\\\\CH_2C\overset{*}{O}OH\end{smallmatrix}$$

EGTA
$$\begin{smallmatrix}CH_2-O-CH_2-CH_2-\overset{*}{N}\begin{smallmatrix}CH_2C\overset{*}{O}OH\\CH_2C\overset{*}{O}OH\end{smallmatrix}\\|\\CH_2-O-CH_2-CH_2-\overset{*}{N}\begin{smallmatrix}CH_2C\overset{*}{O}OH\\CH_2C\overset{*}{O}OH\end{smallmatrix}\end{smallmatrix}$$

EDTP
$$\begin{smallmatrix}CH_2-\overset{*}{N}\begin{smallmatrix}CH_2CH_2C\overset{*}{O}OH\\CH_2CH_2C\overset{*}{O}OH\end{smallmatrix}\\|\\CH_2-\overset{*}{N}\begin{smallmatrix}CH_2CH_2C\overset{*}{O}OH\\CH_2CH_2C\overset{*}{O}OH\end{smallmatrix}\end{smallmatrix}$$

(3) 螯合物的特性

螯合物的环状结构，使其与具有相同配位原子的非螯合物相比，具有特殊的稳定性。螯合物的稳定性与环的大小和环的数目有关。一般来说以五、六元环最稳定。一个配体与形成体形成的五元环或六元环的数目越多，螯合物就越稳定。例如 Ca^{2+} 与 EDTA 形成的螯合物中有五个五元环，因此它很稳定。其结构示意如图 7-1 所示。

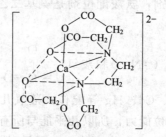

图 7-1　EDTA 与 Ca^{2+} 形成的螯合物结构示意图

螯合物除稳定性高外，一般还具有特征颜色。例如在弱碱性条件下，丁二酮肟与 Ni^{2+} 可形成鲜红色螯合物沉淀：

此反应可用于 Ni^{2+} 的鉴定，也可以用来定量测定镍。在定性分析中，利用形成有特征颜色的螯合物来鉴定金属离子的例子还有不少，将在后续有关章节中再介绍。

7.2　配合物的稳定性

对于配合物的稳定性，本节主要是指它在水溶液中的稳定性。配合物在溶液中的稳定性是指配合物在水溶液中解离成简单金属离子和配体的难易程度或指由简单金属离子和配体生成配合物的难易程度。通常以配合物生成反应的平衡常数（稳定常数）或配合物解离反应的平衡常数（不稳定常数）来衡量配合物在溶液中的稳定性。

7.2.1　配位解离平衡和平衡常数

在水溶液中，配离子是以比较稳定的结构单元存在，但它在溶液中也会像弱电解质一样发生部分解离。例如在 $[Cu(NH_3)_4]^{2+}$ 的水溶液中加入稀 NaOH 溶液，得不到 $Cu(OH)_2$ 沉淀，但若加入 Na_2S 溶液，则会立即得到黑色的 CuS 沉淀。这说明了 $[Cu(NH_3)_4]^{2+}$ 在溶液中可部分解离出少量的 Cu^{2+}，Cu^{2+} 与 S^{2-} 反应就生成了溶解度很小的 CuS 沉淀。在溶液中 $[Cu(NH_3)_4]^{2+}$ 存在如下解离平衡：

$$[Cu(NH_3)_4]^{2+} \rightleftharpoons Cu^{2+} + 4NH_3$$

根据化学平衡原理，在一定条件下上述体系达到平衡后，则有：

$$K_{\text{不稳}}^{\ominus} = \frac{[Cu^{2+}][NH_3]^4}{[Cu(NH_3)_4^{2+}]} \tag{7-1}$$

上述 $K_{\text{不稳}}^{\ominus}$ 表示配离子在水溶液中的解离程度，称为配离子的解离平衡常数或总不稳定常数。$K_{\text{不稳}}^{\ominus}$ 越大，说明配离子的解离程度越大，配离子在水溶液中越不稳定。

配离子在水溶液中的稳定性也可由该配离子生成反应的难易程度来表示。例如：

$$Cu^{2+} + 4NH_3 \rightleftharpoons [Cu(NH_3)_4]^{2+}$$

$$K_{\text{稳}}^{\ominus} = \frac{[Cu(NH_3)_4^{2+}]}{[Cu^{2+}][NH_3]^4} \tag{7-2}$$

上述 $K_{\text{稳}}^{\ominus}$ 称为配离子的总稳定常数，若 $K_{\text{稳}}^{\ominus}$ 越大，则说明配离子越稳定。

$K_{\text{稳}}^{\ominus}$ 与 $K_{\text{不稳}}^{\ominus}$ 存在下述换算关系：

$$K_{\text{稳}}^{\ominus} = \frac{1}{K_{\text{不稳}}^{\ominus}}$$

在溶液中配离子的生成一般是分步进行的，每一步都有一个对应的稳定常数，称之为逐级稳定常数。例如 $[Cu(NH_3)_4]^{2+}$ 的形成就是分以下四步完成的：

$$Cu^{2+} + NH_3 \rightleftharpoons [Cu(NH_3)]^{2+} \quad K_{\text{稳}1}^{\ominus} = 10^{4.31}$$
$$[Cu(NH_3)]^{2+} + NH_3 \rightleftharpoons [Cu(NH_3)_2]^{2+} \quad K_{\text{稳}2}^{\ominus} = 10^{3.67}$$
$$[Cu(NH_3)_2]^{2+} + NH_3 \rightleftharpoons [Cu(NH_3)_3]^{2+} \quad K_{\text{稳}3}^{\ominus} = 10^{3.04}$$
$$[Cu(NH_3)_3]^{2+} + NH_3 \rightleftharpoons [Cu(NH_3)_4]^{2+} \quad K_{\text{稳}4}^{\ominus} = 10^{2.3}$$

$K_{\text{稳}1}^{\ominus}$、$K_{\text{稳}2}^{\ominus}$、$K_{\text{稳}3}^{\ominus}$、$K_{\text{稳}4}^{\ominus}$ 是配离子的逐级稳定常数。可以证明，逐级稳定常数的乘积就是该配离子的总稳定常数。例如，$[Cu(NH_3)_4]^{2+}$ 的总生成反应式如下：

$$Cu^{2+} + 4NH_3 \rightleftharpoons [Cu(NH_3)_4]^{2+} \quad K_{\text{稳}}^{\ominus}$$

$$K_{\text{稳}}^{\ominus} = K_{\text{稳}1}^{\ominus} \cdot K_{\text{稳}2}^{\ominus} \cdot K_{\text{稳}3}^{\ominus} \cdot K_{\text{稳}4}^{\ominus} = 10^{13.32}$$

另外，若将配离子的逐级稳定常数依次相乘，则可得到各级累积稳定常数 β_i：

$$\beta_1 = K_{\text{稳}1}^{\ominus}$$
$$\beta_2 = K_{\text{稳}1}^{\ominus} \cdot K_{\text{稳}2}^{\ominus}$$
$$\beta_3 = K_{\text{稳}1}^{\ominus} \cdot K_{\text{稳}2}^{\ominus} \cdot K_{\text{稳}3}^{\ominus}$$
$$\cdots$$
$$\beta_n = K_{\text{稳}1}^{\ominus} \cdot K_{\text{稳}2}^{\ominus} \cdot \cdots \cdot K_{\text{稳}n}^{\ominus}$$

可以看出，配离子的最后一级累积稳定常数就等于该配离子的总稳定常数，即 $\beta_n = K_{\text{稳}}^{\ominus}$。

一些常见配离子的总稳定常数列于表 7-2 中，附录 7 列出了多种配离子的各级累积稳定常数。

表 7-2 一些常见配离子的总稳定常数（25℃）

配离子	$K_{\text{稳}}^{\ominus}$	配离子	$K_{\text{稳}}^{\ominus}$
$[Cd(NH_3)_4]^{2+}$	$10^{7.12}$	$[Ni(CN)_4]^{2-}$	$10^{31.3}$
$[Co(NH_3)_6]^{2+}$	$10^{5.11}$	$[Ag(CN)_2]^{-}$	$10^{21.1}$
$[Co(NH_3)_6]^{3+}$	$10^{35.2}$	$[Zn(CN)_4]^{2-}$	$10^{16.7}$
$[Cu(NH_3)_2]^{+}$	$10^{10.86}$	$[Al(OH)_4]^{-}$	$10^{33.03}$
$[Cu(NH_3)_4]^{2+}$	$10^{13.32}$	$[Cr(OH)_4]^{-}$	$10^{29.9}$
$[Ni(NH_3)_4]^{2+}$	$10^{7.96}$	$[Cu(OH)_4]^{2-}$	$10^{18.5}$
$[Ni(NH_3)_6]^{2+}$	$10^{8.74}$	$[Zn(OH)_4]^{2-}$	$10^{17.66}$

续表

配离子	$K_{稳}^{\ominus}$	配离子	$K_{稳}^{\ominus}$
$[Ag(NH_3)_2]^+$	$10^{7.05}$	$[CdI_4]^{2-}$	$10^{5.41}$
$[Zn(NH_3)_4]^{2+}$	$10^{9.46}$	$[HgI_4]^{2-}$	$10^{29.83}$
$[CdCl_4]^{2-}$	$10^{2.80}$	$[Co(NCS)_4]^{2-}$	$10^{3.00}$
$[HgCl_4]^{2-}$	$10^{15.07}$	$[Fe(NCS)]^{2+}$	$10^{2.3}$
$[Au(CN)_2]^-$	$10^{38.3}$	$[Fe(NCS)_2]^+$	$10^{4.2}$
$[Cu(CN)_2]^-$	$10^{24.0}$	$[Hg(SCN)_4]^{2-}$	$10^{21.23}$
$[Fe(CN)_6]^{4-}$	10^{35}	$[Ag(SCN)_2]^-$	$10^{7.57}$
$[Fe(CN)_6]^{3-}$	10^{42}	$[Ag(S_2O_3)_2]^{3-}$	$10^{13.46}$

7.2.2 配离子稳定常数的应用

利用配离子的稳定常数,可以计算配合物溶液中有关离子的浓度,判断配离子与沉淀之间、配离子之间转化的可能性,此外还可利用 $K_{稳}^{\ominus}$ 值计算有关电对的电极电势。

(1) 计算配合物溶液中有关离子的浓度

例 7-1 在 $0.04\text{mol}\cdot\text{L}^{-1}$ $AgNO_3$ 溶液中,加入相同体积 $2\text{mol}\cdot\text{L}^{-1}$ 氨水,计算平衡后溶液中 Ag^+ 浓度。

解: 配位反应为 $Ag^+ + 2NH_3 \rightleftharpoons [Ag(NH_3)_2]^+$

由于溶液体积增加一倍,则 $AgNO_3$ 浓度减少为 $0.02\text{mol}\cdot\text{L}^{-1}$,氨溶液浓度减为 $1\text{mol}\cdot\text{L}^{-1}$,因为 NH_3 大大过量,故可认为平衡时几乎全部 Ag^+ 都成为 $[Ag(NH_3)_2]^+$。

设平衡时 $[Ag^+] = x\text{ mol}\cdot\text{L}^{-1}$

$$\begin{array}{cccc} & Ag^+ & + & 2NH_3 & \rightleftharpoons & [Ag(NH_3)_2]^+ \end{array}$$

初始浓度/$\text{mol}\cdot\text{L}^{-1}$ 0.02   1   0

平衡浓度/$\text{mol}\cdot\text{L}^{-1}$ x $1-(0.02-x)\times 2$ $0.02-x$

$$K_{稳}^{\ominus} = \frac{[Ag(NH_3)_2^+]}{[Ag^+][NH_3]^2} = 10^{7.05}$$

$$\frac{0.02-x}{x\cdot(0.96+2x)^2} = 10^{7.05}$$

由于 x 值极小,所以 $0.02-x \approx 0.02$,$0.96+2x \approx 0.96$,则:

$$\frac{0.02}{x\cdot(0.96)^2} = 10^{7.05}$$

解得 $x = 1.93\times 10^{-9}\text{ mol}\cdot\text{L}^{-1}$

即平衡后溶液中 Ag^+ 浓度为 $1.93\times 10^{-9}\text{mol}\cdot\text{L}^{-1}$。

(2) 判断配离子与沉淀之间转化的可能性

例 7-2 在 1L 已处于平衡状态的 1.0×10^{-3} mol·L^{-1} [Cu(NH$_3$)$_4$]$^{2+}$ 和 1.0 mol·L^{-1} NH$_3$ 的混合溶液中，加入 0.001 mol NaOH，有无 Cu(OH)$_2$ 沉淀生成？若加入 0.001 mol Na$_2$S，有无 CuS 沉淀生成（设溶液体积基本不变）？

解： 设平衡时 [Cu^{2+}] = x mol·L^{-1}

$$Cu^{2+} + 4NH_3 \rightleftharpoons [Cu(NH_3)_4]^{2+}$$

平衡浓度/mol·L^{-1} x 1.0 1.0×10^{-3}

查表得 $K_{\text{稳}}^{\ominus} = 10^{13.32}$，则：

$$K_{\text{稳}}^{\ominus} = \frac{[Cu(NH_3)_4^{2+}]}{[Cu^{2+}][NH_3]^4}$$

$$\frac{1.0 \times 10^{-3}}{x \cdot (1.0)^4} = 10^{13.32}$$

$$x = 4.8 \times 10^{-17} \text{ mol·L}^{-1}$$

当加入 0.001 mol NaOH 后，溶液中 $c_{OH^-} = 0.001$ mol·L^{-1}。查表得 Cu(OH)$_2$ 的 $K_{sp,Cu(OH)_2}^{\ominus} = 2.2 \times 10^{-20}$，该溶液中有关离子浓度的乘积：

$$c_{Cu^{2+}} \cdot (c_{OH^-})^2 = 4.8 \times 10^{-17} \times (10^{-3})^2 = 4.8 \times 10^{-23}$$

由于 $4.8 \times 10^{-23} < K_{sp,Cu(OH)_2}^{\ominus}$，根据溶度积规则，加入 0.001 mol NaOH 后无 Cu(OH)$_2$ 沉淀生成。

当加入 0.001 mol Na$_2$S 后，溶液中 $c_{S^{2-}} = 0.001$ mol·L^{-1}（未考虑 S^{2-} 的水解），查表得 $K_{sp,CuS}^{\ominus} = 6 \times 10^{-36}$，溶液中有关离子浓度乘积：

$$c_{Cu^{2+}} \cdot c_{S^{2-}} = 4.8 \times 10^{-17} \times 10^{-3} = 4.8 \times 10^{-20}$$

由于 $4.8 \times 10^{-20} > K_{sp,CuS}^{\ominus}$，根据溶度积规则，加入 0.001 mol Na$_2$S 后有 CuS 沉淀生成。

例 7-3 计算在 1L 1.0 mol·L^{-1} NH$_3$·H$_2$O 中 AgCl(s) 的溶解度。

解： 设 AgCl 在 1L 1.0 mol·L^{-1} NH$_3$·H$_2$O 中的溶解度为 s mol·L^{-1}，则：

$$AgCl + 2NH_3 \rightleftharpoons [Ag(NH_3)_2]^+ + Cl^-$$

起始浓度/mol·L^{-1} 1.0   0   0
平衡浓度/mol·L^{-1} 1.0 − 2S   S   S

$$K^{\ominus} = \frac{[Ag(NH_3)_2^+][Cl^-]}{[NH_3]^2} = \frac{[Ag(NH_3)_2^+][Cl^-][Ag^+]}{[NH_3]^2[Ag^+]}$$

$$= K_{sp,AgCl}^{\ominus} \cdot K_{\text{稳},[Ag(NH_3)_2]^+}^{\ominus} = 10^{-9.75} \times 10^{7.05} = 10^{-2.70}$$

即：$\dfrac{S^2}{(1.0 - 2S)^2} = 10^{-2.70}$

解得：$S = 0.041$ mol·L^{-1}

即在 1L 1.0 mol·L^{-1} NH$_3$·H$_2$O 中，AgCl(s) 的溶解度为 0.041 mol·L^{-1}。

(3) 判断配离子之间转化的可能性

配离子之间的转化与沉淀之间的转化类似，反应向着生成更稳定的配离子的方向进行。两种配离子的稳定常数相差越大，则转化越完全。

例 7-4 向含有 $[Ag(NH_3)_2]^+$ 的溶液中加入 CN^-，此时可能发生如下反应：

$$[Ag(NH_3)_2]^+ + 2CN^- \rightleftharpoons [Ag(CN)_2]^- + 2NH_3$$

通过计算，判断 $[Ag(NH_3)_2]^+$ 是否能转化为 $[Ag(CN)_2]^-$？

解： 上述反应的平衡常数为

$$K^\ominus = \frac{[Ag(CN)_2^-][NH_3]^2}{[Ag(NH_3)_2^+][CN^-]^2} = \frac{[Ag(CN)_2^-][NH_3]^2[Ag^+]}{[Ag(NH_3)_2^+][CN^-]^2[Ag^+]} = \frac{K^\ominus_{稳,[Ag(CN)_2]^-}}{K^\ominus_{稳,[Ag(NH_3)_2]^+}}$$

查表得 $[Ag(CN)_2]^-$ 和 $[Ag(NH_3)_2]^+$ 的 $K^\ominus_稳$ 分别为 $10^{21.1}$ 和 $10^{7.05}$，则：

$$K^\ominus = \frac{10^{21.1}}{10^{7.05}} = 10^{14.05}$$

$K^\ominus$ 值很大说明转化反应能进行完全，$[Ag(NH_3)_2]^+$ 能完全转化为 $[Ag(CN)_2]^-$。

(4) 计算配离子的电极电势

例 7-5 已知 $\varphi^\ominus_{Cu^{2+}/Cu} = 0.34V$，计算 $\varphi^\ominus_{[Cu(NH_3)_4]^{2+}/Cu}$。

解： 将 Cu^{2+}/Cu 和 $[Cu(NH_3)_4]^{2+}/Cu$ 组成原电池，电池反应达平衡时，原电池的电动势为零，即：

$$\varphi_{Cu^{2+}/Cu} = \varphi_{[Cu(NH_3)_4]^{2+}/Cu}$$

电极反应：$Cu^{2+} + 2e^- \rightleftharpoons Cu$

$[Cu(NH_3)_4]^{2+} + 2e^- \rightleftharpoons Cu + 4NH_3$

根据能斯特方程式，则：

$$\varphi^\ominus_{Cu^{2+}/Cu} + \frac{0.0592}{2}\lg[Cu^{2+}] = \varphi^\ominus_{[Cu(NH_3)_4]^{2+}/Cu} + \frac{0.0592}{2}\lg\frac{[Cu(NH_3)_4^{2+}]}{[NH_3]^4}$$

$$\varphi^\ominus_{Cu^{2+}/Cu} = \varphi^\ominus_{[Cu(NH_3)_4]^{2+}/Cu} + \frac{0.0592}{2}\lg\frac{[Cu(NH_3)_4^{2+}]}{[Cu^{2+}][NH_3]^4}$$

$$= \varphi^\ominus_{[Cu(NH_3)_4]^{2+}/Cu} + \frac{0.0592}{2}\lg K^\ominus_{稳,[Cu(NH_3)_4]^{2+}}$$

$$\varphi^\ominus_{[Cu(NH_3)_4]^{2+}/Cu} = \varphi^\ominus_{Cu^{2+}/Cu} - \frac{0.0592}{2}\lg K^\ominus_{稳,[Cu(NH_3)_4]^{2+}}$$

查表得 $K^\ominus_{稳,[Cu(NH_3)_4]^{2+}} = 10^{13.32}$，则：

$$\varphi^\ominus_{[Cu(NH_3)_4]^{2+}/Cu} = 0.34 - \frac{0.0592}{2}\lg 10^{13.32} = -0.05V$$

由此例可以看出，当 Cu^{2+} 形成配离子后，$\varphi^{\ominus}_{[Cu(NH_3)_4]^{2+}/Cu} < \varphi^{\ominus}_{Cu^{2+}/Cu}$，说明在有配体 NH_3 的存在下，Cu^{2+} 的氧化能力减弱了。

7.3 EDTA 及其配合物的稳定性

EDTA 即乙二胺四乙酸，是最常用的一种氨羧配位剂，它能与多种金属离子形成稳定配合物，在配位滴定中应用十分广泛。本章所介绍的配位滴定法主要以 EDTA 为滴定剂，因此在学习配位滴定原理前有必要先学习 EDTA 及其配合物的有关性质。

7.3.1 EDTA 的解离平衡

EDTA 在水溶液中以双偶极离子结构存在，两个羧基上的 H^+ 转移到了 N 原子上，其结构式为：

$$\begin{array}{c} HOOCH_2C \\ ^-OOCH_2C \end{array} \!\!\! \overset{H^+}{\underset{}{N}} \!\!-\! CH_2 \!-\! CH_2 \!-\! \overset{H^+}{\underset{}{N}} \!\!\! \begin{array}{c} CH_2COO^- \\ CH_2COOH \end{array}$$

EDTA 常用 H_4Y 表示。它在水中的溶解度较小（22℃时，每 100mL 水能溶解 0.02g），难溶于酸和有机溶剂，易溶于 NaOH 或 $NH_3 \cdot H_2O$ 溶液中并形成相应的盐。通常使用的是它的二钠盐（22℃时，100mL 水能溶解 11.1g，此水溶液浓度约为 $0.3 mol \cdot L^{-1}$），用 Na_2H_2Y 表示，也简称为 EDTA，$0.01 mol \cdot L^{-1}$ Na_2H_2Y 水溶液的 pH 值约为 4.4。

H_4Y 的两羧酸根可再接受 H^+，形成 H_6Y^{2+}，这样它就相当于一个六元酸，有六级解离，即

$$H_6Y^{2+} \rightleftharpoons H^+ + H_5Y^+ \qquad K^{\ominus}_{a1} = \frac{[H^+][H_5Y^+]}{[H_6Y^{2+}]} = 10^{-0.9}$$

$$H_5Y^+ \rightleftharpoons H^+ + H_4Y \qquad K^{\ominus}_{a2} = \frac{[H^+][H_4Y]}{[H_5Y^+]} = 10^{-1.6}$$

$$H_4Y \rightleftharpoons H^+ + H_3Y^- \qquad K^{\ominus}_{a3} = \frac{[H^+][H_3Y^-]}{[H_4Y]} = 10^{-2.0}$$

$$H_3Y^- \rightleftharpoons H^+ + H_2Y^{2-} \qquad K^{\ominus}_{a4} = \frac{[H^+][H_2Y^{2-}]}{[H_3Y^-]} = 10^{-2.67}$$

$$H_2Y^{2-} \rightleftharpoons H^+ + HY^{3-} \qquad K^{\ominus}_{a5} = \frac{[H^+][HY^{3-}]}{[H_2Y^{2-}]} = 10^{-6.16}$$

$$HY^{3-} \rightleftharpoons H^+ + Y^{4-} \qquad K^{\ominus}_{a6} = \frac{[H^+][Y^{4-}]}{[HY^{3-}]} = 10^{-10.26}$$

由上述解离平衡可看出，EDTA 在水溶液中有 H_6Y^{2+}、H_5Y^+、H_4Y、H_3Y^-、H_2Y^{2-}、HY^{3-}、Y^{4-} 七种存在形式。各种存在形式的浓度决定于溶液的 pH 值，它们的分布系数 δ 与 pH 关系如图 7-2 所示。

由图 7-2 可看出：

pH	<1	1~1.6	1.6~2.0	2.0~2.67	2.67~6.16	6.16~10.26	>10.26
EDTA 的主要存在形式	H_6Y^{2+}	H_5Y^+	H_4Y	H_3Y^-	H_2Y^{2-}	HY^{3-}	Y^{4-}

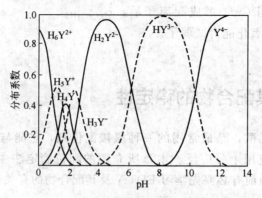

图 7-2　EDTA 各种存在形式的分布图

7.3.2　EDTA 与金属离子配合物的稳定性

EDTA 具有六个配位原子，即两个氨基中的氮和四个羧氧基中的氧原子。由于大多数金属离子的配位数不超过 6，所以在一般情况下，EDTA 与金属离子形成摩尔比为 1∶1 的配合物，不存在分级配位现象，因而 EDTA 与金属离子所形成的配合物一般都十分稳定。

EDTA 与金属离子的配位反应，若略去电荷，可简写为：

$$M+Y \Longleftrightarrow MY$$

其稳定常数 $K^{\ominus}_{MY}$（即 $K^{\ominus}_{稳,MY}$）为：

$$K^{\ominus}_{MY}=\frac{[MY]}{[M][Y]} \tag{7-3}$$

常见金属离子与 EDTA 配合物的稳定常数见表 7-3。

表 7-3　常见金属离子与 EDTA 配合物的 $\lg K^{\ominus}_{稳}$ 值（即 $\lg K^{\ominus}_{MY}$）

（溶液离子强度 $I=0.1$，温度 20℃）

阳离子	$\lg K^{\ominus}_{MY}$	阳离子	$\lg K^{\ominus}_{MY}$	阳离子	$\lg K^{\ominus}_{MY}$
Na^+	1.66	Ce^{3+}	15.98	Cu^{2+}	18.80
Li^+	2.79	Al^{3+}	16.3	Ti^{3+}	21.3
Ag^+	7.32	Co^{2+}	16.31	Hg^{2+}	21.8
Ba^{2+}	7.86	Pt^{3+}	16.4	Sn^{2+}	22.1
Sr^{2+}	8.73	Cd^{2+}	16.46	Th^{4+}	23.2
Mg^{2+}	8.69	Zn^{2+}	16.50	Cr^{3+}	23.4
Be^{2+}	9.20	Pb^{2+}	18.04	Fe^{3+}	25.1
Ca^{2+}	10.69	Y^{3+}	18.09	U^{4+}	25.8
Mn^{2+}	13.87	VO_2^+	18.1	Bi^{3+}	27.94
Fe^{2+}	14.33	Ni^{2+}	18.60	Co^{3+}	36.0
La^{3+}	15.50	VO^{2+}	18.8		

由表 7-3 可见，金属离子与 EDTA 形成配合物的稳定性，随金属离子的不同差别较大。碱金属离子的配合物最不稳定；碱土金属离子的配合物：$\lg K^{\ominus}_{MY} \approx 8\sim 11$；过渡元素、稀土

元素、Al^{3+} 的配合物：$lgK_{MY}^{\ominus}=15\sim19$；三价、四价金属离子和 Hg^{2+} 的配合物：$lgK_{MY}^{\ominus}>20$。这些配合物稳定性的差别主要取决于金属离子本身的离子电荷、离子半径和电子层结构，这些是影响配合物稳定性的决定因素即内因。此外，外部因素的改变也会影响配合物的稳定性，下面就讨论一下这个问题。

7.3.3 影响 EDTA 金属离子配合物稳定性的外部因素

在 EDTA 滴定中，将被测金属离子 M 与 EDTA 配位生成 MY 的反应称为主反应，而将反应物 M，Y 及产物 MY 同溶液中其他组分发生的反应称为副反应。主反应和副反应之间的平衡可用下式表示：

$$\begin{array}{c}
\underset{\substack{ML \\ ML_2 \\ ML_n \\ \text{辅助配} \\ \text{位效应}}}{L} \underset{\substack{MOH \\ M(OH)_2 \\ M(OH)_n \\ \text{羟基配} \\ \text{位效应}}}{OH} + \underset{\substack{HY \\ H_2Y \\ H_6Y \\ \text{酸效应}}}{H} \underset{\substack{NY \\ \text{干扰离} \\ \text{子副反} \\ \text{应}}}{N} \rightleftharpoons \underset{\substack{MHY \\ \text{混合配} \\ \text{位效应}}}{H} \underset{\substack{MOHY}}{OH} \begin{array}{l} \text{主反应} \\ \\ \end{array} \\
\underbrace{\hspace{5cm}}_{\text{配位效应}} \hspace{3cm} \underbrace{\hspace{4cm}}_{\text{副反应}}
\end{array}$$

式中，L 为其他配位剂；N 为干扰离子。

如果 M 或 Y 发生了副反应，则不利于主反应的进行。如果 MY 发生了副反应，在酸度较高的情况下，可生成酸式配合物 MHY，在碱度较高时，可生成碱式配合物 MOHY，这些配合物统称为混合配合物，这种副反应有利于主反应的进行。任何一个副反应的存在都会对主反应产生影响，同时也使 MY 配合物的稳定性受到影响。在众多的外界影响因素中，一般情况下主要考虑酸效应和配位效应。下面着重对酸效应和配位效应加以讨论。

(1) EDTA 的酸效应及酸效应系数

由于 H^+ 的存在，H^+ 与 Y 之间发生了副反应，使 Y 参加主反应能力降低的现象称为酸效应。酸效应的大小可用酸效应系数 $\alpha_{Y(H)}$ 来衡量。$\alpha_{Y(H)}$ 表示的是未参加配位反应的 EDTA 各种存在形式的总浓度 $[Y']$ 与能参加配位反应的 Y^{4-} 的平衡浓度 $[Y]$ 之比，其数学表达式为：

$$\begin{aligned}
\alpha_{Y(H)} &= \frac{[Y']}{[Y]} \\
&= \frac{[Y^{4-}]+[HY^{3-}]+[H_2Y^{2-}]+[H_3Y^-]+[H_4Y]+[H_5Y^+]+[H_6Y^{2+}]}{[Y^{4-}]} \\
&= 1+\frac{[H^+]}{K_{a6}^{\ominus}}+\frac{[H^+]^2}{K_{a6}^{\ominus}K_{a5}^{\ominus}}+\frac{[H^+]^3}{K_{a6}^{\ominus}K_{a5}^{\ominus}K_{a4}^{\ominus}}+\frac{[H^+]^4}{K_{a6}^{\ominus}K_{a5}^{\ominus}K_{a4}^{\ominus}K_{a3}^{\ominus}}+\frac{[H^+]^5}{K_{a6}^{\ominus}K_{a5}^{\ominus}K_{a4}^{\ominus}K_{a3}^{\ominus}K_{a2}^{\ominus}} \\
&+ \frac{[H^+]^6}{K_{a6}^{\ominus}K_{a5}^{\ominus}K_{a4}^{\ominus}K_{a3}^{\ominus}K_{a2}^{\ominus}K_{a1}^{\ominus}}
\end{aligned} \tag{7-4}$$

可见，酸效应系数随溶液 pH 值的增大而减小。酸度越高，$\alpha_{Y(H)}$ 值越大，表示酸效应越严重。如果 H^+ 与 Y 之间未发生副反应，即未参加配位反应的 EDTA 全部以 Y^{4-} 形式存在，则 $\alpha_{Y(H)}=1$。

不同 pH 值时的 $\lg\alpha_{Y(H)}$ 列于表 7-4。

表 7-4　不同 pH 值时的 $\lg\alpha_{Y(H)}$

pH	$\lg\alpha_{Y(H)}$	pH	$\lg\alpha_{Y(H)}$	pH	$\lg\alpha_{Y(H)}$
0.0	23.64	3.8	8.85	7.5	2.78
0.4	21.32	4.0	8.44	8.0	2.27
0.8	19.08	4.4	7.64	8.5	1.77
1.0	18.01	4.8	6.84	9.0	1.28
1.4	16.02	5.0	6.45	9.5	0.83
1.8	14.27	5.4	5.69	10.0	0.45
2.0	13.51	5.8	4.98	11.0	0.07
2.4	12.19	6.0	4.65	12.0	0.01
2.8	11.09	6.4	4.06	13.0	0.00
3.0	10.60	6.8	3.55		
3.4	9.70	7.0	3.32		

由表 7-4 可以看出，多数情况下 $\alpha_{Y(H)}$ 不等于 1，[Y'] 总是大于 [Y]，说明在多数情况下酸效应总是存在的。从表 7-4 中还可以看出，只有在 pH≥12 时，$\alpha_{Y(H)}$ 才接近等于 1，此时可认为 [Y']=[Y]。

(2) 金属离子的配位效应及其副反应系数 α_M

金属离子的配位效应包括辅助配位效应和羟基配位效应。

当 M 与 Y 反应时，如有另一配位剂 L 存在，而 L 又能与金属离子 M 发生副反应形成配合物，那么主反应的进行就会受到影响。这种由于其他配位剂 L 的存在使 M 与 Y 进行主反应能力降低的现象称为辅助配位效应。其中 L 称为辅助配位剂。

在水溶液中，当溶液酸度较低时，金属离子常因水解而形成羟基配合物，该副反应也会对主反应产生影响，这种由 OH^- 与金属离子形成羟基配合物的副反应称为羟基配位效应。

金属离子的配位效应的大小可以用配位效应系数 α_M 表示：

$$\alpha_M = \frac{[M']}{[M]} \tag{7-5}$$

α_M 又称为金属离子的总副反应系数。它表示的是未与 EDTA 配位的金属离子各种存在形式的总浓度 [M'] 与游离的金属离子浓度 [M] 之比。

由辅助配位剂 L 所引起的辅助配位效应，其副反应系数用 $\alpha_{M(L)}$ 表示：

$$\begin{aligned}\alpha_{M(L)} &= \frac{[M]+[ML]+[ML_2]+\cdots+[ML_n]}{[M]} \\ &= 1+\beta_1[L]+\beta_2[L]^2+\cdots+\beta_n[L]^n\end{aligned} \tag{7-6}$$

可见 $\alpha_{M(L)}$ 越大，表示 M 与 L 反应越完全，即副反应越严重。如果 M 与 L 未发生副反应，则 $\alpha_{M(L)}=1$。

由 OH^- 所引起的羟基配位效应,其副反应系数用 $\alpha_{M(OH)}$ 表示:

$$\alpha_{M(OH)} = \frac{[M]+[M(OH)]+\cdots+[M(OH)_n]}{[M]}$$
$$= 1+\beta_1[OH^-]+\cdots+\beta_n[OH^-]^n \quad (7\text{-}7)$$

一些金属离子在不同 pH 值下的 $\lg\alpha_{M(OH)}$ 值列于附录 8。

若溶液中有两种配位剂 L 和 OH^- 同时与 M 发生副反应,则此时 M 的总副反应系数 α_M 应包括 $\alpha_{M(L)}$ 和 $\alpha_{M(OH)}$,即:

$$\alpha_M = \frac{[M']}{[M]} = \frac{[M]+[ML]+\cdots+[ML_n]+[M(OH)]+\cdots+[M(OH)_n]}{[M]}$$

故

$$\alpha_M = \alpha_{M(L)} + \alpha_{M(OH)} - 1 \quad (7\text{-}8)$$

另外,对于产物 MY 发生的混合配位效应,即形成混合配合物 MHY 和 MOHY 的副反应,因为这些配合物大多不太稳定,所以这种副反应对主反应的影响一般可以忽略不计,对其副反应系数的计算公式此处也不予讨论。

(3) 条件稳定常数

在溶液中,金属离子 M 与 Y 反应生成 MY,若没有副反应发生,当达到平衡时,$K_{MY}^{\ominus}$ 是衡量该配位反应进行程度的主要标志。若有副反应发生,则 M 与 Y 发生主反应的进行程度将会受到 M,Y 及 MY 的副反应的影响,此时 $K_{MY}^{\ominus}$ 值的大小就不能反映主反应的进行程度。

如果有副反应存在,在配位反应达到平衡时,设未参加主反应的 M 的总浓度为 [M'],未参加主反应的 Y 的总浓度为 [Y'],MY 的总浓度为 [MY'],则可以得到以 [M']、[Y']、[MY'] 表示的配合物的稳定常数即条件稳定常数 $K_{MY}^{\ominus'}$:

$$K_{MY}^{\ominus'} = \frac{[MY']}{[M'][Y']} \quad (7\text{-}9)$$

上式中 $K_{MY}^{\ominus'}$ 值的大小可反映出有副反应发生时主反应进行的程度。

若不考虑 MY 的副反应,则式(7-9) 中 [MY'] = [MY]。对于反应物,若只考虑 EDTA 的酸效应和金属离子的配位效应,则根据式(7-4) 和式(7-5),可得:

$$[M'] = \alpha_M[M]$$
$$[Y'] = \alpha_{Y(H)}[Y]$$

故

$$K_{MY}^{\ominus'} = \frac{[MY]}{\alpha_M[M]\alpha_{Y(H)}[Y]} = \frac{[MY]}{[M][Y]} \cdot \frac{1}{\alpha_M\alpha_{Y(H)}} = \frac{K_{MY}^{\ominus}}{\alpha_M\alpha_{Y(H)}} \quad (7\text{-}10)$$

$K_{MY}^{\ominus'}$ 在一定条件下是一常数。为了强调它是随条件而改变的,故称为条件稳定常数。它是用副反应系数校正后的实际稳定常数,$K_{MY}^{\ominus'}$ 值的大小说明了在某些外界因素影响下配合物的实际稳定程度。只有当 M 和 Y 及 MY 均不发生副反应时,$K_{MY}^{\ominus'}$ 才等于 $K_{MY}^{\ominus}$。

$K_{MY}^{\ominus'}$ 是条件稳定常数的笼统表示。有时为明确表示哪些组分发生了副反应,可将 "'" 写在发生副反应组分的右上方。例如仅是 EDTA 发生副反应,写作 $K_{MY'}^{\ominus}$,而若 EDTA 与金属离子均发生副反应,则可写作 $K_{M'Y'}^{\ominus}$。

式(7-10) 若用对数形式表示,则为:

$$\lg K_{MY}^{\ominus'} = \lg K_{MY}^{\ominus} - \lg\alpha_M - \lg\alpha_{Y(H)} \quad (7\text{-}11)$$

例 7-6 计算 pH=5 时 EDTA 的 $\lg\alpha_{Y(H)}$。

解： 已知 EDTA 的各级解离常数 $K_{a1}^{\ominus} \sim K_{a6}^{\ominus}$ 分别为 $10^{-0.9}$、$10^{-1.6}$、$10^{-2.0}$、$10^{-2.67}$、$10^{-6.16}$、$10^{-10.26}$，根据式(7-4)可得：

$$\alpha_{Y(H)} = 1 + \frac{10^{-5}}{10^{-10.26}} + \frac{10^{-10}}{10^{-10.26-6.16}} + \frac{10^{-15}}{10^{-10.26-6.16-2.67}} + \frac{10^{-20}}{10^{-10.26-6.16-2.67-2.0}}$$
$$+ \frac{10^{-25}}{10^{-10.26-6.16-2.67-2.0-1.6}} + \frac{10^{-30}}{10^{-10.26-6.16-2.67-2.0-1.6-0.9}}$$
$$= 1 + 10^{5.26} + 10^{6.42} + 10^{4.09} + 10^{1.09} + 10^{-2.31} + 10^{-6.41}$$
$$= 10^{6.45}$$

$$\lg\alpha_{Y(H)} = 6.45$$

例 7-7 已知 pH=11 时溶液中游离氨的浓度为 $0.1 \text{mol} \cdot \text{L}^{-1}$，$Zn^{2+}$ 和 NH_3 配合物 $[Zn(NH_3)_4]^{2+}$ 的各级累积稳定常数 $\beta_1 \sim \beta_4$ 分别为 $10^{2.37}$、$10^{4.81}$、$10^{7.31}$、$10^{9.46}$，将 20.00mL $0.01000 \text{mol} \cdot \text{L}^{-1}$ EDTA 溶液和 20.02mL $0.01000 \text{mol} \cdot \text{L}^{-1}$ Zn^{2+} 溶液相混合，计算：

(1) α_{Zn}，$\lg K_{ZnY}^{\ominus\prime}$ 值；

(2) 混合后 pZn'，pZn，$[Y']$，$[Y]$ 的值。

解： (1) 由于 $[NH_3]=0.1 \text{mol} \cdot \text{L}^{-1}$，代入式(7-6)得：

$$\alpha_{Zn(NH_3)} = 1 + [NH_3]\beta_1 + [NH_3]^2\beta_2 + [NH_3]^3\beta_3 + [NH_3]^4\beta_4$$
$$= 1 + 0.1 \times 10^{2.37} + 0.1^2 \times 10^{4.81} + 0.1^3 \times 10^{7.31} + 0.1^4 \times 10^{9.46}$$
$$= 10^{5.49}$$

查附录 8 得：pH=11 时，$\lg\alpha_{Zn(OH)} = 5.4$，即 $\alpha_{Zn(OH)} = 10^{5.4}$，则

$$\alpha_{Zn} = \alpha_{Zn(NH_3)} + \alpha_{Zn(OH)} - 1 = 10^{5.49} + 10^{5.4} - 1 = 10^{5.7}$$

查表 7-3 及 7-4 得：$\lg K_{ZnY}^{\ominus} = 16.5$，pH=11 时，$\lg\alpha_{Y(H)} = 0.07$，根据前面计算可知 $\lg\alpha_{Zn} = 5.7$，则

$$\lg K_{ZnY}^{\ominus\prime} = \lg K_{ZnY}^{\ominus} - \lg\alpha_{Zn} - \lg\alpha_{Y(H)} = 16.5 - 5.7 - 0.07 = 10.7$$

可见由于副反应的存在，ZnY 的稳定性降低了。

(2) 根据题意，可知混合后 Zn^{2+} 过量 0.02mL，此时：

$$[Zn'] = \frac{0.01000 \times 0.02}{20.00 + 20.02} = 5 \times 10^{-6} \text{mol} \cdot \text{L}^{-1}$$

$$pZn' = 5.3$$

因为 $\alpha_{Zn} = \frac{[Zn']}{[Zn]}$，则：

$$[Zn] = \frac{[Zn']}{\alpha_{Zn}} = \frac{10^{-5.3}}{10^{5.7}} = 10^{-11.0} \text{mol} \cdot \text{L}^{-1}$$

可得：pZn=11.0

不考虑产物发生的副反应，则混合后：

$$[ZnY'] = [ZnY] = \frac{0.01000 \times 20.00}{20.00 + 20.02} = 5.0 \times 10^{-3} \text{mol} \cdot \text{L}^{-1}$$

根据 $K_{ZnY}^{\ominus\prime} = \frac{[ZnY']}{[Zn'][Y']}$ 可得：

$$10^{10.7} = \frac{5.0 \times 10^{-3}}{10^{-5.3} \times [Y']}$$

则：$[Y'] = 2.0 \times 10^{-8}\ mol \cdot L^{-1}$

因为 $\alpha_{Y(H)} = \dfrac{[Y']}{[Y]}$，则：

$$[Y] = \frac{[Y']}{\alpha_{Y(H)}} = \frac{2.0 \times 10^{-8}}{10^{0.07}} = 1.7 \times 10^{-8}\ mol \cdot L^{-1}$$

7.4 配位滴定法

配位滴定法是以配位反应为基础的一种滴定分析方法。用配位滴定法测定待测金属离子含量时，关键在于选择合适的配位剂即滴定剂，使其与待测离子发生的配位反应符合滴定分析的要求。在配位滴定中用作滴定剂的一般为有机配位剂，使用最多的有机配位剂是氨羧配位剂，其中以 EDTA 最为常见。本节所介绍的配位滴定法即为 EDTA 配位滴定法。

7.4.1 配位滴定曲线

在配位滴定中，随着配位剂 EDTA 的不断滴入，被滴定的金属离子浓度 [M] 不断减小，描述 EDTA 加入量与 pM 之间关系的曲线称为配位滴定曲线。

现以 $0.01000\ mol \cdot L^{-1}$ EDTA 溶液滴定 $20.00\ mL$ $0.01000\ mol \cdot L^{-1} Ca^{2+}$ 溶液为例，进行 pH=9 时滴定曲线的计算。

查表得 CaY^{2-} 配合物的 $K^{\ominus}_{CaY} = 10^{10.69}$，考虑到副反应的影响，需要应用条件稳定常数进行有关计算。由于 Ca^{2+} 不易水解，也不易与其他配位剂发生配位反应，所以进行有关计算时只需考虑 EDTA 的酸效应。

查表可知，在 pH=9 时，$\lg\alpha_{Y(H)} = 1.28$，因而：

$$\lg K^{\ominus'}_{CaY} = \lg K^{\ominus}_{CaY} - \lg\alpha_{Y(H)} = 10.69 - 1.28 = 9.41$$
$$K^{\ominus'}_{CaY} = 2.6 \times 10^{9}$$

滴定前，溶液中 Ca^{2+} 的浓度：$[Ca^{2+}] = 0.01000\ mol \cdot L^{-1}$，则

$$pCa = 2.0\ （为简便起见忽略电荷）$$

当加入滴定剂 EDTA 为 19.98 mL 时，则溶液中剩余 Ca^{2+} 浓度为：

$$[Ca^{2+}] = \frac{0.01000 \times 0.02}{20.00 + 19.98} = 5 \times 10^{-6}\ mol \cdot L^{-1}$$

$$pCa = 5.3$$

当加入滴定剂 EDTA 为 20.00 mL 时，Ca^{2+} 与 EDTA 几乎全部配位，不考虑产物 CaY、Ca^{2+} 发生的副反应，此时：

$$[CaY'] = [CaY] = \frac{0.01000 \times 20.00}{20.00 + 20.00} = 5 \times 10^{-3}\ mol \cdot L^{-1}$$

$[Y'] = [Ca'] = [Ca] = x \text{ mol} \cdot L^{-1}$,根据

$$K_{CaY}^{\ominus \prime} = \frac{[CaY']}{[Ca'][Y']} = \frac{[CaY]}{[Ca][Y']} = \frac{5.0 \times 10^{-3}}{x^2} = 2.6 \times 10^9$$

则:$x = [Ca] = 1.4 \times 10^{-6} \text{ mol} \cdot L^{-1}$

pCa = 5.9

当加入 EDTA 溶液体积为 20.02mL 时,因为 EDTA 溶液过量了 0.02mL,因此:

$$[Y'] = \frac{0.01000 \times 0.02}{20.00 + 20.02} = 5 \times 10^{-6} \text{ mol} \cdot L^{-1}$$

$$K_{CaY}^{\ominus \prime} = \frac{[CaY']}{[Ca'][Y']} = \frac{[CaY]}{[Ca][Y']}$$

$$= \frac{5 \times 10^{-3}}{[Ca] \times 5 \times 10^{-6}}$$

$$= 2.6 \times 10^9$$

$[Ca] = 3.8 \times 10^{-7} \text{ mol} \cdot L^{-1}$

pCa = 6.4

如此逐一计算,将所有计算结果列于表 7-5 中,根据表 7-5 中数据绘制出滴定曲线,见图 7-3。

表 7-5　pH=9 时用 0.01000mol·L^{-1} EDTA 溶液滴定
20.00mL 0.01000mol·L^{-1} Ca^{2+} 溶液过程中 pCa 值的变化

| 加入 EDTA 溶液 | | 剩余 Ca^{2+} 溶液体积 V/mL | 过量 EDTA 溶液体积 V/mL | pCa |
mL	%			
0.00	0.00	20.00		2.0
18.00	90.0	2.00		3.3
19.80	99.0	0.20		4.3
19.98	99.9	0.02		5.3
20.00	100.0	0.00		5.9
20.02	100.1		0.02	6.4
20.20	101		0.20	7.4
22.00	110		2.0	8.4

由表 7-5 中数据和图 7-3 可以看出,当加入 EDTA 的量由 99.9% 至 100.1% 时,滴定曲线上的 pCa 值由 5.3 变为 6.4,pCa 值发生了突跃。在配位滴定中,为了便于准确滴定,总是希望获得较大的滴定突跃。影响滴定突跃大小的主要因素有以下几个方面。

(1) 配合物的条件稳定常数 $K_{MY}^{\ominus \prime}$

在浓度一定的条件下,$K_{MY}^{\ominus \prime}$ 越大,滴定突跃也越大(由图 7-4 可知)。而影响配合物条件稳定常数的因素除了其稳定常数外,还要受到溶液的酸度、掩蔽剂、缓冲溶液及其他辅助配位剂的配位作用等外界因素的影响,下面就讨论一下这个问题。

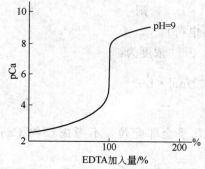

图 7-3　0.01000mol·L^{-1} EDTA 滴定等浓度 Ca^{2+} 的滴定曲线(pH=9)

① 酸度。溶液酸度越高，$\lg\alpha_{Y(H)}$ 就越大，$\lg K_{MY}^{\ominus\prime}$ 也就越小，结果致使滴定曲线中化学计量点后的平台部分降低，滴定突跃减小。例如：在不同 pH 值下以 $0.01000\text{mol}\cdot\text{L}^{-1}$ EDTA 滴定同浓度的 Ca^{2+} 的滴定曲线如图 7-5 所示。由图 7-5 可以看出，滴定曲线中 pCa 突跃的大小是随溶液 pH 值的改变而改变的。这是因为配合物的条件稳定常数 $K_{CaY}^{\ominus\prime}$ 的大小与 pH 值有关。pH 值越高，条件稳定常数就越大，化学计量点附近 pCa 突跃也越大，化学计量点后的平台部分也就越高。因此酸度的选择和控制在配位滴定中有着重要意义。

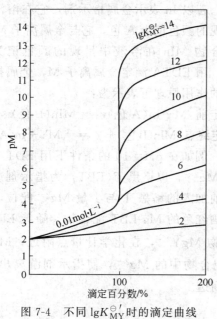
图 7-4　不同 $\lg K_{MY}^{\ominus\prime}$ 时的滴定曲线
($c=10^{-2}\text{mol}\cdot\text{L}^{-1}$)

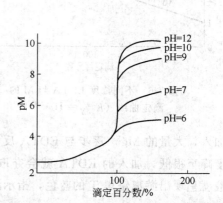
图 7-5　$0.01000\text{mol}\cdot\text{L}^{-1}$ EDTA 滴定等浓度 Ca^{2+} 的滴定曲线

② 掩蔽剂等的配位作用。影响 $K_{MY}^{\ominus\prime}$ 的因素还包括掩蔽剂、缓冲溶液及其他辅助配位剂的配位作用，其常能增大 $\lg\alpha_{M(L)}$ 值，因而使 $\lg K_{MY}^{\ominus\prime}$ 减小。这样，在滴定曲线中化学计量点后的平台部分也会降低，使得滴定突跃减小。

(2) 金属离子的浓度

由图 7-6 可以看出，在条件稳定常数 $K_{MY}^{\ominus\prime}$ 一定的条件下，金属离子浓度越大，滴定曲线的起点就越低，滴定突跃就越大。

由以上讨论可知，若 $K_{MY}^{\ominus\prime}$ 越大，被测离子的浓度越大，则滴定突跃也越大，滴定的准确度相应也越高，滴定的终点误差也越小。实践和理论均已表明只有当 $K_{MY}^{\ominus\prime}$ 和被测金属离子浓度 c_M 满足一定条件时，才能用配位滴定法对待测离子进行准确滴定。由于在配位滴定中目测终点与化学计量点的 pM 差值 ΔpM 一般为 $\pm(0.2\sim0.5)$，即 ΔpM 至少为 ±0.2，若允许的滴定终点误差为 $\pm0.1\%$，则根据有关终点误差公式可得：

$$\lg c K_{MY}^{\ominus\prime} \geqslant 6 \tag{7-12}$$

因此 $\lg c K_{MY}^{\ominus\prime} \geqslant 6$ 就是能否用配位滴定法对单一金属离子进行准确测定的判据。

7.4.2　金属指示剂

配位滴定判断终点的方法有多种，其中最常用的是使用金属指示剂指示终点。

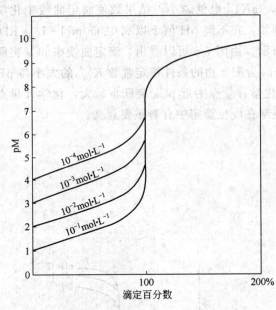

图 7-6 不同浓度 EDTA 与 M 的
滴定曲线（$K_{MY}^{\ominus\prime}=10^{-10}$）

(1) 金属指示剂的性质和作用原理

金属指示剂是一种有机配位剂，可与金属离子形成与指示剂本身颜色不同的有色配合物。它能够指示出滴定过程中金属离子浓度的变化情况。

若以 In 表示金属指示剂，它在溶液中呈现的颜色记为 A 色，它与金属离子 M 的配合物 MIn 在溶液中呈现的颜色记为 B 色。用 EDTA 滴定金属离子 M，金属指示剂的作用原理可表示为：

滴定前　M+In(A 色) $\rightleftharpoons$ MIn(B 色)

滴定终点　MIn(B 色)+Y $\rightleftharpoons$ MY+In(A 色)

例如在 pH=10 的条件下用 EDTA 滴定 Mg^{2+}，以铬黑 T（EBT）为指示剂。滴定前加入的铬黑 T 与少量 Mg^{2+} 配位，形成酒红色的 Mg-EBT 配合物。随着 EDTA 的加入，大量的 Mg^{2+} 逐步与 EDTA 反应生成配合物 MgY^{2-}，在化学计量点附近，Mg^{2+} 浓度降至很低，加入的 EDTA 就会夺取 Mg-EBT 配合物中的 Mg^{2+}，使指示剂游离出来，溶液就呈现出游离铬黑 T 的蓝色，指示滴定终点的到达。

(2) 金属指示剂应具备的条件

作为金属指示剂必须具备以下条件。

① 在滴定的 pH 值范围内，游离指示剂（In）的颜色与其金属离子配合物（MIn）的颜色应显著不同。这样，终点颜色变化才明显。

许多金属指示剂不仅具有配位剂的性质，而且本身还多是有机弱酸或弱碱，其颜色会随 pH 值的变化而变化。例如铬黑 T 是一种三元酸，其第一级解离很容易，而第二级和第三级解离则较难，它在溶液中存在下列平衡：

$$H_2In^- \underset{}{\overset{-H^+}{\rightleftharpoons}} HIn^{2-} \underset{}{\overset{-H^+}{\rightleftharpoons}} In^{3-}$$

$\begin{pmatrix}红色\\pH<6\end{pmatrix}$　$\begin{pmatrix}蓝色\\pH=8\sim11\end{pmatrix}$　$\begin{pmatrix}橙色\\pH>12\end{pmatrix}$

铬黑 T 能与 Ca^{2+}、Mg^{2+}、Zn^{2+}、Cd^{2+} 等许多阳离子形成酒红色配合物。由于在 pH<6 或 pH>12 时，铬黑 T 的颜色与其金属配合物的颜色无明显的差别，所以只有在 pH=8~11 时进行滴定，滴定终点才能由金属指示剂配合物的酒红色变成游离指示剂的蓝色，颜色变化才显著。因此利用金属指示剂必须注意选用合适的 pH 值范围。

② 金属指示剂与金属离子的配位反应必须灵敏迅速，具有良好的可逆性。

③ 金属指示剂配合物的稳定性要适当，既要 $\lg K_{MIn}^{\ominus\prime}$ 足够大，又要满足 $\lg K_{MIn}^{\ominus\prime}<\lg K_{MY}^{\ominus\prime}$。如果 $\lg K_{MIn}^{\ominus\prime}$ 太小，会使终点提前，而且颜色变化不敏锐；如果 $\lg K_{MIn}^{\ominus\prime}$ 太大，会使终点拖后，甚至得不到滴定终点。通常要求两者的稳定常数之比大于 100 倍，即：

$$\lg K_{MY}^{\ominus\prime} - \lg K_{MIn}^{\ominus\prime} > 2$$

④ 金属指示剂配合物应易溶于水。如果生成胶体或沉淀,则会使变色不明显。

(3) 使用金属指示剂时存在的问题

① 指示剂的封闭现象。某些金属指示剂配合物(MIn)比相应的金属 EDTA 配合物(MY)稳定,那么此指示剂就不能作为滴定该金属的指示剂。在滴定其他金属离子时,若溶液中存在这些金属离子,则溶液就会一直呈现 MIn 的颜色,即使到了化学计量点也不变色,这种现象称为指示剂的封闭现象。

例如在 pH=10 时以铬黑 T 为指示剂滴定 Ca^{2+},Mg^{2+} 总量时,Al^{3+}、Fe^{3+}、Cu^{2+}、Co^{2+}、Ni^{2+} 等会封闭铬黑 T,致使终点无法确定。解决的办法是加入掩蔽剂,使干扰离子生成更稳定的配合物。例如 Al^{3+} 对铬黑 T 的封闭可加三乙醇胺予以消除,Cu^{2+}、Co^{2+}、Ni^{2+} 可用 KCN 掩蔽。Fe^{3+} 则可用抗坏血酸还原后加 KCN 以 $[Fe(CN)_4]^{2-}$ 形式掩蔽。如若干扰离子量太大,则需要分离除去。

② 指示剂的僵化现象。有些金属指示剂配合物在水中溶解度太小,在终点时与滴定剂置换缓慢,使终点拖长,这种现象称为指示剂的僵化。解决办法是加入适当有机溶剂或加热以增大其溶解度,加快置换速度,使指示剂变色较明显。例如用 PAN 作指示剂时,加入少量乙醇,可使指示剂变色明显。

③ 指示剂的氧化变质现象。金属指示剂多为含双键的有色化合物,易受日光、氧化剂、空气等作用而分解。有些金属指示剂在水溶液中不稳定,日久而变质。为避免指示剂变质,可用中性盐稀释后配成固体指示剂使用或在指示剂溶液中加入可防止其变质的试剂。一般指示剂不宜久放,最好是现用现配。

(4) 常用金属指示剂

一些常用的金属指示剂列于表 7-6 中。

表 7-6 常用的金属指示剂

指示剂名称	使用的 pH 范围	颜色变化 (MIn → In)	直接滴定的离子	干扰离子及消除方法	配制方法	备注
铬黑 T 简称 EBT	8~10	酒红→蓝	pH = 10,Mg^{2+}、Zn^{2+}、Cd^{2+}、Pb^{2+}、Mn^{2+}、Hg^{2+}、稀土元素离子	Al^{3+}、Fe^{3+} 的封闭用三乙醇胺消除;Ca^{2+}、Ni^{2+}、Ti^{4+} 的封闭用 KCN 消除	1:100 NaCl (固体)	加三乙醇胺可防止聚合;加盐酸羟胺可防止氧化
钙指示剂 简称 NN	12~13	酒红→蓝	pH=12~13,Ca^{2+}	同上	同上	
酸性铬蓝 K	8~13	红→蓝	pH = 10,Mg^{2+}、Zn^{2+}、Mn^{2+};pH = 13,Ca^{2+}		同上	
PAN	2~12	紫红→黄	pH = 2~3,Th^{4+}、Bi^{3+};pH = 4~5,Cu^{2+}、Ni^{2+}、Pb^{2+}、Cd^{2+}、Zn^{2+}、Mn^{2+}、Fe^{2+}		0.1% 乙醇溶液	配合物不易溶于水,常加入乙醇或加热

续表

指示剂名称	使用的 pH 范围	颜色变化 (MIn ⟶ In)	直接滴定的离子	干扰离子及消除方法	配制方法	备注
磺基水杨酸 简称 ssal	1.5～2.5	紫红 ⟶ 无色	$pH = 1.5 \sim 2.3$, Fe^{3+}		5% 水溶液	ssal 本身无色，FeY^- 呈黄色
二甲酚橙 简称 XO	<6	红 ⟶ 亮黄	$pH = 5 \sim 6$, Zn^{2+}、Pb^{2+}、Hg^{2+}、Cd^{2+}、Ti^{3+}、La^{3+}; $pH = 2.5 \sim 3.5$, Th^{4+}; $pH = 1 \sim 2$, Bi^{3+}; $pH < 1$, ZrO^{2+}	Fe^{3+} 的封闭用抗坏血酸消除；Al^{3+}、Ti^{4+} 的封闭用 NH_4F 消除；Cu^{2+}、Co^{2+}、Ni^{2+} 的封闭用邻二氮菲消除	0.5% 水溶液	

7.4.3 提高配位滴定选择性的途径

(1) 单一离子滴定时溶液的 pH 值选择

前文已述，在配位滴定中溶液 pH 值的选择很重要。为了使所生成配合物的稳定性符合配位滴定的要求，单一离子配位滴定过程中溶液 pH 值的选择应从以下两个方面考虑：

① 最低 pH 值

前已叙及，如果允许的滴定终点误差为 $\pm 0.1\%$，$\Delta pM = \pm 0.2$，则用配位滴定法对单一金属离子进行准确滴定的条件是 $\lg c_M K_{MY}^{\ominus \prime} \geqslant 6$。若假设在金属离子与 EDTA 的配位反应中除 EDTA 的酸效应外，没有其他副反应的发生，那么 $K_{MY}^{\ominus \prime}$ 仅决定于 $\alpha_{Y(H)}$，也就是说 $K_{MY}^{\ominus \prime}$ 仅由溶液的酸度决定。由于此条件下 $\lg K_{MY}^{\ominus \prime} = \lg K_{MY}^{\ominus} - \lg \alpha_{Y(H)}$，因此：

$$\lg c_M + \lg K_{MY}^{\ominus} - \lg \alpha_{Y(H)} \geqslant 6$$

$$\lg \alpha_{Y(H)} \leqslant \lg c_M + \lg K_{MY}^{\ominus} - 6$$

若金属离子浓度 c_M 一定，则可求得单一离子准确滴定所允许的最高酸度即最低 pH 值。当：

$$c_M = 10^{-2} \, mol \cdot L^{-1} \text{时}, \lg \alpha_{Y(H)} \leqslant \lg K_{MY}^{\ominus} - 8$$

将某一金属离子的 $\lg K_{MY}^{\ominus}$ 值代入上式，即可求出对应的最大 $\lg \alpha_{Y(H)}$ 值，再查表即可得出与之对应的最低 pH 值。若将各种金属离子的 $\lg K_{MY}^{\ominus}$ 值与其能被定量准确滴定的最低 pH 值绘制成曲线，该曲线被称为 EDTA 的酸效应曲线或林邦（Ringbom）曲线，如图 7-7 所示。

图 7-7 中金属离子位置所对应的 pH 值，就是滴定这种金属离子所允许的最低 pH 值。例如用 EDTA 滴定 $10^{-2} \, mol \cdot L^{-1}$ Fe^{3+} 溶液，滴定所允许的最低 pH 值可直接从 EDTA 的酸效应曲线上查得，约为 pH = 1.0，也就是说滴定 Fe^{3+} 时，溶液的 pH 值必须大于 1.0，但这并不意味着只要溶液的 pH 值大于 1.0 就一定能准确滴定 Fe^{3+}。这是因为 Fe^{3+} 在 pH 值较高时可生成氢氧化物沉淀，这会影响 EDTA 金属离子配合物的生成和终点观测，因而还必须算出金属离子不生成氢氧化物沉淀时溶液允许的最高 pH 值。

② 最高 pH 值

在没有辅助配位剂存在下，直接滴定金属离子的最高 pH 值通常可认为是金属离子开始生成氢氧化物沉淀时的 pH 值，它可借助于相应氢氧化物的溶度积常数求得。

例如滴定 $10^{-2} \, mol \cdot L^{-1}$ Fe^{3+} 时，根据溶度积规则，Fe^{3+} 刚开始生成 $Fe(OH)_3$ 沉淀时

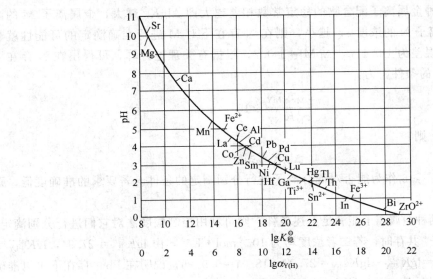

图 7-7 EDTA 的酸效应曲线（金属离子浓度 $0.01\,\mathrm{mol \cdot L^{-1}}$）

所需的 OH^- 浓度必须满足下述关系：

$$[Fe^{3+}][OH^-]^3 = K_{sp,Fe(OH)_3}^{\ominus}$$

$$[OH^-] = \sqrt[3]{\frac{K_{sp,Fe(OH)_3}^{\ominus}}{[Fe^{3+}]}} = \sqrt[3]{\frac{4.0 \times 10^{-38}}{10^{-2}}} = 1.59 \times 10^{-12}\,\mathrm{mol \cdot L^{-1}}$$

则 pH=2.2，即滴定的最高 pH 值为 2.2。因此，用 EDTA 溶液测定 $10^{-2}\,\mathrm{mol \cdot L^{-1}}$ Fe^{3+} 时，溶液的 pH 值应选择在 1.0～2.2 之间。这个由允许的最低 pH 值和最高 pH 值所构成的 pH 值范围称为金属离子滴定的适宜 pH 值范围。

应该指出，按 $K_{sp}^{\ominus}$ 计算所得到单一金属离子被定量准确滴定的最高 pH 值，由于在计算过程中通常忽略了羟基配合物、离子强度及沉淀是否易于再溶解等因素的影响，所以所得结果可能与实际情况略有出入。另外，若加入适当的辅助配位剂（如酒石酸或氨水等）以防止金属离子水解沉淀，这样就可在更高的 pH 值下滴定。但辅助配位剂与金属离子间发生的副反应可导致 $K_{MY}^{\ominus'}$ 降低，必须控制其用量，否则会因 $K_{MY}^{\ominus'}$ 太小而无法准确滴定。

(2) 混合离子的选择性滴定

当单独滴定一种金属离子时，只要满足 $\lg c_M K_{MY}^{\ominus'} \geqslant 6$ 就可以准确滴定，所得结果终点误差不超过 0.1%，由于 EDTA 能与多种离子形成稳定配合物，因而当用 EDTA 滴定有多种金属离子共存的溶液时，可能彼此会产生相互干扰。如何提高选择性，消除干扰是配位滴定中要解决的重要问题。下面介绍溶液中有多种金属离子共存时进行选择性滴定的几种方法。

① 控制酸度法

若溶液中含有两种金属离子 M，N，二者均可与 EDTA 形成配合物且 $\lg K_{MY}^{\ominus} > \lg K_{NY}^{\ominus}$，当用 EDTA 滴定时，M 首先被滴定。如果 $\lg K_{MY}^{\ominus} - \lg K_{NY}^{\ominus} = \Delta \lg K^{\ominus}$ 足够大，那么在 M 被定量滴定后 EDTA 才会与 N 作用，也就是说 N 的存在将不干扰 M 的准确滴定。如果还需滴定 N，在满足 $\lg c_N K_{NY}^{\ominus'} \geqslant 6$ 的条件下，就可继续用 EDTA 对 N 进行准确滴定。这样 M 和 N 就可被分别滴定。

研究表明，两种金属离子配合物的稳定常数相差越大即 $\Delta \lg K^{\ominus}$ 越大，金属离子 M 的浓度 c_M 越大，金属离子 N 的浓度 c_N 越小，则在 N 存在下对 M 进行准确滴定的可能性就越大。若允许的终点误差为 $\pm 0.1\%$，$\Delta pM = \pm 0.2$，根据有关理论计算，可得出在 N 存在下对 M 进行准确滴定的条件，为：

$$\frac{c_M K^{\ominus}_{MY}}{c_N K^{\ominus}_{NY}} \geqslant 10^6$$

当 $c_M = c_N$ 时，则：

$$\Delta \lg K^{\ominus} \geqslant 6$$

因此一般常以 $\Delta \lg K^{\ominus} \geqslant 6$ 作为能否对混合离子进行分别滴定的条件。若要求的准确度低，则 $\Delta \lg K^{\ominus}$ 还可小一些。

如果溶液中的两种金属离子能满足上述条件，则可利用控制酸度法对它们进行分别滴定。例如：当 Bi^{3+} 和 Pb^{2+} 共存时，若二者浓度均为 10^{-2} mol·L^{-1}，由 $\lg K^{\ominus}_{BiY} = 27.94$，$\lg K^{\ominus}_{PbY} = 18.04$，可得 $\Delta \lg K^{\ominus} = \lg K^{\ominus}_{BiY} - \lg K^{\ominus}_{PbY} = 27.94 - 18.04 = 9.9 > 6$，说明在 Pb^{2+} 存在下可以准确滴定 Bi^{3+}。通过有关计算可知，滴定 Bi^{3+} 的适宜 pH 范围为 0.7~2。一般调节溶液 pH≈1，在此条件下用 EDTA 可准确滴定 Bi^{3+} 而 Pb^{2+} 不会与 EDTA 反应。当 Bi^{3+} 被定量滴定完后，根据滴定 Pb^{2+} 的适宜 pH 范围为 4.0~7.0，再调节溶液的 pH=5~6，继续用 EDTA 滴定 Pb^{2+}。这样通过控制溶液的酸度可在同一溶液中分别测定 Bi^{3+} 和 Pb^{2+} 的含量。

② 掩蔽和解蔽法

如果待测金属离子 M 和干扰金属离子 N 的配合物稳定常数相差不大（如 $\Delta \lg K^{\ominus} < 6$），就不能用控制酸度的方法进行分别滴定，此时可采取掩蔽或解蔽的办法。

若向溶液中加入一种试剂，使其与干扰离子 N 起反应以降低 N 的浓度，这样 N 对待测金属离子 M 的干扰作用就得以减小以至消除，这种方法叫掩蔽法。应用掩蔽法，要求干扰离子的量不能太大，若干扰离子的量为待测离子量的 100 倍以上，使用掩蔽法就难以达到满意的结果。

按所用反应类型的不同，掩蔽法可分为配位掩蔽法、沉淀掩蔽法和氧化还原掩蔽法等。其中用得最多的是配位掩蔽法。

a. 配位掩蔽法　利用的是干扰离子与掩蔽剂形成稳定配合物的反应。例如当 Al^{3+} 和 Zn^{2+} 共存时，加入 NH_4F 掩蔽 Al^{3+}，使其生成稳定的 $[AlF_6]^{3-}$，然后调节 pH=5~6，即可用 EDTA 滴定 Zn^{2+}。利用配位掩蔽法掩蔽干扰离子时应注意以下三点：一是干扰离子与掩蔽剂所形成的配合物应远比其与 EDTA 形成的配合物稳定，而且形成的配合物应为无色或浅色，不会对终点判断产生影响。二是掩蔽剂不与待测离子发生配位反应，即使形成配合物，其稳定性也应远小于待测离子与 EDTA 配合物的稳定性。三是掩蔽剂的使用要有一定的 pH 范围，而且是符合测定要求的 pH 范围。

b. 沉淀掩蔽法　利用的是干扰离子与掩蔽剂形成沉淀的反应。例如在 Ca^{2+}，Mg^{2+} 共存的溶液中，加入 NaOH，使溶液 pH>12，此时 Mg^{2+} 生成 $Mg(OH)_2$ 沉淀，就可用 EDTA 滴定 Ca^{2+} 了。沉淀掩蔽法在实际应用中有一定的局限性，因为它要求所发生的沉淀反应应具备以下条件：一是反应要完全，生成的沉淀溶解度要小。二是生成的沉淀应为无色或浅色致密的晶形沉淀，吸附作用要小，否则会影响测定准确度。

c. 氧化还原掩蔽法　利用的是干扰离子与掩蔽剂发生的氧化还原反应。通过氧化还原反应使干扰离子的价态发生改变从而消除干扰。例如在 Bi^{3+}，Fe^{3+} 共存的溶液中要测定

Bi^{3+}，由于 Bi^{3+} 和 Fe^{3+} 的 EDTA 配合物的 $\Delta lgK^{\ominus}$ 不够大（$lgK^{\ominus}_{BiY}=27.94$，$lgK^{\ominus}_{FeY^-}=25.1$），所以 Fe^{3+} 的存在会干扰 Bi^{3+} 的测定。在溶液中加入抗坏血酸或盐酸羟胺将 Fe^{3+} 还原为 Fe^{2+}，由于 FeY^{2-} 的稳定性比 FeY^- 稳定性差（$lgK^{\ominus}_{FeY^{2-}}=14.33$），因此 Fe^{2+} 不会干扰 Bi^{3+} 的测定，这样也就避免了 Fe^{3+} 对 Bi^{3+} 测定的干扰。

常用的掩蔽剂列于表 7-7 和表 7-8 中。

表 7-7　一些常用的掩蔽剂

名称	pH 值范围	被掩蔽的离子	备注
KCN	pH>8	Co^{2+}、Ni^{2+}、Cu^{2+}、Zn^{2+}、Hg^{2+}、Cd^{2+}、Ag^+、Tl^+ 及铂族元素	
NH_4F	pH=4～6 pH=10	Al^{3+}、Ti^{IV}、Sn^{4+}、Zr^{4+}、W^{VI} 等 Al^{3+}、Mg^{2+}、Ca^{2+}、Sr^{2+}、Ba^{2+} 及稀土元素	用 NH_4F 比 NaF 好，因 NH_4F 加入 pH 值变化不大
三乙醇胺（TEA）	pH=10 pH=11～12	Al^{3+}、Sn^{4+}、Ti^{IV}、Fe^{3+} Fe^{3+}、Al^{3+} 及少量 Mn^{2+}	与 KCN 并用，可提高掩蔽效果
酒石酸	pH=1.2 pH=2 pH=5.5 pH=6～7.5 pH=10	Sb^{3+}、Sn^{4+}、Fe^{3+} 及 5mg 以下的 Cu^{2+} Fe^{3+}、Sn^{4+}、Mn^{2+} Fe^{3+}、Al^{3+}、Sn^{4+}、Ca^{2+} Mg^{2+}、Cu^{2+}、Fe^{3+}、Al^{3+}、Mo^{4+}、Sb^{3+}、W^{VI} Al^{3+}、Sn^{4+}	在抗坏血酸存在下

表 7-8　一些常用的沉淀掩蔽剂

掩蔽剂	被掩蔽的离子	被测定的离子	pH 值	指示剂
NH_4F	Ca^{2+}、Ba^{2+}、Sr^{2+}、Mg^{2+}、稀土、Ti^{4+}	Zn^{2+}、Cd^{2+}、Mn^{2+}（有还原剂存在下）	10	铬黑 T
NH_4F	同上	Cu^{2+}、Ni^{2+}、Co^{2+}	10	紫脲酸胺
K_2CrO_4	Ba^{2+}	Sr^{2+}	10	MgY+铬黑 T
Na_2S 或铜试剂	微量重金属	Ca^{2+}、Mg^{2+}	10	铬黑 T
H_2SO_4	Pb^{2+}	Bi^{3+}	1	二甲酚橙
$K_4Fe(CN)_6$	微量 Zn^{2+}	Pb^{2+}	5～6	二甲酚橙

以上所介绍的掩蔽法是将干扰离子 N 掩蔽起来测定待测离子 M。如果还需测定干扰离子 N，可以在滴定完 M 后，加入一种试剂破坏 N 与掩蔽剂形成的配合物，使 N 释放出来，继续滴定 N，这种方法称为解蔽法。例如欲测定溶液中的 Pb^{2+}，Zn^{2+} 含量，可先用氨水中和被测溶液，再加入 KCN，使 Zn^{2+} 与之形成 $[Zn(CN)_4]^{2-}$ 而被掩蔽。为防止 Pb^{2+} 生成 $Pb(OH)_2$ 沉淀还需加入辅助配位剂酒石酸。在 pH=10 时，以铬黑 T 为指示剂，用 EDTA 滴定 Pb^{2+}。在滴定完 Pb^{2+} 后的溶液中加入甲醛，则 $[Zn(CN)_4]^{2-}$ 被破坏而释放出 Zn^{2+}：

$$4HCHO+[Zn(CN)_4]^{2-}+4H_2O \rightleftharpoons Zn^{2+}+4H_2C\begin{matrix}CN\\OH\end{matrix}+4OH^-$$

羟基乙腈

然后用 EDTA 滴定释放出来的 Zn^{2+}。

③ 使用其他滴定剂法

氨羧配位剂的种类很多，除 EDTA 外，还有不少氨羧配位剂可与金属离子形成稳定的配合物。选择不同的氨羧配位剂作滴定剂，可以选择性地滴定某些离子。

例如，EDTA 与 Ca^{2+}、Mg^{2+} 形成的配合物稳定性相差不多，当用 EDTA 滴定 Ca^{2+} 时，Mg^{2+} 的干扰严重。但若选用 EGTA，由于 EGTA 与 Ca^{2+}、Mg^{2+} 形成的配合物稳定性相差较大（$\lg K^{\ominus}_{\text{Ca-EGTA}} = 11.0$，$\lg K^{\ominus}_{\text{Mg-EGTA}} = 5.2$），所以可以在 Ca^{2+}、Mg^{2+} 共存时用 EGTA 直接滴定 Ca^{2+}。又如 EDTP 与 Zn^{2+}、Cd^{2+}、Mg^{2+} 形成的配合物稳定性普遍比相应的 EDTA 配合物差得多，但 EDTP 与 Cu^{2+} 的配合物却较稳定。因此在一定 pH 值下，用 EDTP 直接滴定 Cu^{2+} 而 Zn^{2+}、Cd^{2+}、Mg^{2+} 均不干扰。

④ 预先分离法

在利用以上三种方法进行选择性滴定都有困难时，只有进行预先分离。

7.4.4 配位滴定方式及应用

在配位滴定中，采用不同的滴定方式不但可以扩大配位滴定的应用范围，在一些情况下还可以提高配位滴定的选择性。常用的滴定方式有以下四种。

(1) 直接滴定法

用 EDTA 标准溶液直接滴定被测离子是配位滴定中常用的滴定方式。此法简便快速，一般情况下可减少误差的引入，因此在可能的情况下应当尽量采用直接滴定法。但在下列几种情况下，不能采用直接滴定法。

① 被测离子虽能与 EDTA 形成稳定配合物，但无合适的指示剂。
② 被测离子极易水解或易封闭指示剂。
③ 被测离子不与 EDTA 形成配合物或所形成的 EDTA 配合物不稳定。
④ 被测离子与 EDTA 的配位反应速度慢。

在上述情况下需采用其他滴定方式。

(2) 返滴定法

对于上述①、②、④三种情况一般采用返滴定法。即在适当酸度下，先向试液中加入一定量过量的 EDTA 标准溶液，使待测离子与 EDTA 完全反应，过量的 EDTA 再用另一种合适的金属离子标准溶液返滴直至终点。

例如测定 Al^{3+} 时，由于 Al^{3+} 与 EDTA 配位反应速度慢，Al^{3+} 对二甲酚橙指示剂有封闭作用，酸度不高时，Al^{3+} 还易形成一系列多羟基配合物，因此不能用 EDTA 直接滴定法滴定 Al^{3+}，为避免上述问题，可采用返滴定法。方法是先加入过量的 EDTA 标准溶液，调 $pH \approx 3.5$，煮沸溶液。此时溶液酸度较高，Al^{3+} 不会形成多羟基配合物。煮沸又可加速 Al^{3+} 与 EDTA 的配位反应速度，又因 EDTA 过量，可使 Al^{3+} 与 EDTA 完全反应。溶液冷却后，调 $pH = 5 \sim 6$，以二甲酚橙为指示剂，过量的 EDTA 用 Zn^{2+} 标准溶液进行返滴定。根据两种标准溶液的浓度和用量，就可求得 Al^{3+} 的含量。

(3) 间接滴定法

对于上述第③种情况可采用间接滴定法。一般做法是：加入过量的能与 EDTA 形成稳定配合物的金属离子作沉淀剂，使被测离子沉淀，过量的沉淀剂再用 EDTA 标准溶液滴定。或将沉淀分离溶解后，再用 EDTA 标准溶液滴定其中的金属离子，从而间接求出待测离子的含量。

例如测定 PO_4^{3-} 时,可加入一定量过量的 $Bi(NO_3)_3$ 溶液,使 PO_4^{3-} 定量转化为 $BiPO_4$ 沉淀。剩余的 Bi^{3+} 再用 EDTA 标准溶液滴定。根据 EDTA 和 $Bi(NO_3)_3$ 的浓度和用量可间接求出 PO_4^{3-} 的含量。又如测定 Na^+ 时,可将 Na^+ 沉淀为 $NaZn(UO_2)_3(Ac)_9 \cdot 9H_2O$,然后将沉淀过滤、溶解,再用 EDTA 滴定其中的 Zn^{2+},从而间接测定出 Na^+ 的含量。

(4) 置换滴定法

利用置换反应,用待测金属离子置换出另一种金属离子,或用某种配位剂置换出 EDTA,然后进行滴定,这即为置换滴定法。

例如,Ag^+ 与 EDTA 的配合物不稳定,不能用直接滴定法测定 Ag^+。若加入过量的 $[Ni(CN)_4]^{2-}$ 于 Ag^+ 试液中,则可发生如下置换反应:

$$2Ag^+ + [Ni(CN)_4]^{2-} \rightleftharpoons 2[Ag(CN)_2]^- + Ni^{2+}$$

置换出来的 Ni^{2+} 可用 EDTA 滴定,如此即可求得 Ag^+ 的含量。又如:在 Cu^{2+}、Zn^{2+} 等离子共存时溶液中 Al^{3+} 含量的测定也可采用置换滴定法。方法是先加入过量的 EDTA,加热使 Al^{3+}、Cu^{2+}、Zn^{2+} 都与 EDTA 发生配位反应。在 pH=5~6 时,以 PAN 为指示剂,用 Cu^{2+} 标准溶液滴定过量的 EDTA,然后再加入 NH_4F,利用 F^- 与 Al^{3+} 能生成更稳定配合物 $[AlF_6]^{3-}$ 这一性质,置换出 AlY^- 中的 EDTA,反应如下:

$$AlY^- + 6F^- \rightleftharpoons [AlF_6]^{3-} + Y^{4-}$$

置换出的 EDTA 再用 Cu^{2+} 标准溶液滴定,相应即可求得 Al^{3+} 的含量。

7.4.5 配位滴定法结果计算示例

由于 EDTA 与金属离子通常形成摩尔比为 1:1 的配合物,因此 EDTA 配位滴定法结果的计算比较简单。

例 7-8 用配位滴定法测定 $ZnCl_2$ 的含量。称取 0.2500g 试样,溶于水后,稀释至 250mL,吸取 25.00mL,在 pH=5~6 时,用二甲酚橙作指示剂,用 0.01024mol·L^{-1} EDTA 标准溶液滴定,用去 17.61mL。计算试样中 $ZnCl_2$ 的百分含量。

解: 由于 Zn^{2+} 与 EDTA 是按 1:1 摩尔比反应,故

$$w_{ZnCl_2} = \frac{c_{EDTA} V_{EDTA} M_{ZnCl_2} \times 250}{G \times 25.00}$$

$$= \frac{0.01024 \times 17.61 \times 10^{-3} \times 136.3 \times 250}{0.2500 \times 25.00}$$

$$= 98.31\%$$

习 题

1. 选择题

(1) 下列配体中能作为螯合剂的是( )。

A. EDTA   B. H_2O C. NH_3 D. F^-

(2) 直接配位滴定法中，滴定终点所呈现的颜色是（   ）。
A. 金属指示剂 In 与被测金属离子 M 所形成配合物 MIn 的颜色
B. 游离金属指示剂 In 的颜色
C. EDTA 与 M 所形成配合物 MY 的颜色
D. MIn 与 In 的混合色

(3) 在 EDTA 配位滴定法中，若溶液的 pH 值减小，则配位滴定反应的酸效应系数 $\alpha_{Y(H)}$（   ）。
A. 减小   B. 增大   C. 不变   D. 无法判断

(4) 用 EDTA 配位滴定法测定金属离子 M，如果 $K_{MIn}^{\ominus\prime} > K_{MY}^{\ominus\prime}$，则指示剂会出现（   ）。
A. 封闭现象   B. 僵化现象   C. 氧化变质现象   D. 无影响

(5) 配合物 $[CoBr(NH_3)_5]SO_4$ 中形成体，配体，配位原子，配位数及其名称依次为（   ）。
A. Co^{3+}，Br^- 和 NH_3，Br 和 N，6，硫酸—溴·五氨合钴（Ⅲ）
B. Co^{2+}，Br^- 和 NH_3，Br 和 N，6，硫酸—溴·五氨合钴（Ⅱ）
C. Co^{3+}，Br^- 和 NH_3，Br 和 N，6，硫酸—溴五氨合钴（Ⅲ）
D. Co，Br 和 NH_3，Br 和 N，6，硫酸—溴·五氨合钴（Ⅲ）

(6) Al^{3+} 和 Zn^{2+} 共存的溶液中，用 EDTA 滴定 Zn^{2+} 含量，为消除 Al^{3+} 干扰，最好采取（   ）。
A. 配位掩蔽法   B. 沉淀掩蔽法   C. 氧化还原掩蔽法   D. 控制酸度法

(7) 用 10^{-2} mol·L^{-1} EDTA 滴定同浓度的 Pb^{2+}，滴定的最高 pH 值为（   ）。
A. 6.5   B. 7.5   C. 1.1   D. 12.9

2. 判断题

(1) 配合物由内界和外界两部分组成。（   ）
(2) 只有金属离子才能作为配合物的形成体。（   ）
(3) 配体的数目就是形成体的配位数。（   ）
(4) 配离子的电荷数等于中心离子的电荷数。（   ）
(5) 在 $[Ag(NH_3)_2]^+$ 的解离平衡中，改变体系的酸度不会使平衡发生移动。（   ）
(6) 酸效应系数越大，配位滴定曲线的 pM 突跃范围越大。（   ）
(7) 配位滴定中，对单一金属离子进行准确滴定的判据是 $\lg cK_{MY}^{\ominus} \geq 8$。（   ）

3. 指出下列配离子的形成体、配体、配位原子及形成体的配位数。

配离子	形成体	配体	配位原子	配位数
$[Co(NH_3)_6]^{3+}$				
$[Zn(OH)_4]^{2-}$				
$[Cr(en)_3]^{3+}$				
$[Fe(CN)_5(CO)]^{3-}$				
$[Co(NH_3)_5(H_2O)]^{3+}$				
$[Cr(NCS)_4(NH_3)_2]^-$				

4. 命名下列配合物：

[Co(NH$_3$)$_6$]Cl$_3$，Na$_2$[SiF$_6$]，K$_2$[Zn(OH)$_4$]，[CoCl$_2$(NH$_3$)$_3$(H$_2$O)]Cl，
[Zn(OH)(H$_2$O)$_3$]NO$_3$，[Cu(NH$_3$)$_4$][PtCl$_4$]，[PtCl$_2$(NH$_3$)$_2$]

5. 写出下列配合物的化学式。

(1) 一氯化二氯·三氨·一水合钴（Ⅲ）

(2) 高氯酸六氨合镍（Ⅱ）

(3) 六氯合铂（Ⅳ）酸钾

(4) 五氰·一羰基合铁（Ⅱ）酸钠

(5) 一氯化一氯·一硝基·二乙二胺合钴（Ⅲ）

(6) 三氯·一羟基·二氨合铂（Ⅳ）

6. 在 50.0 mL 0.20 mol·L^{-1} AgNO$_3$ 溶液中加入等体积的 1.00 mol·L^{-1} 的 NH$_3$·H$_2$O，计算达平衡时溶液中 Ag$^+$，[Ag(NH$_3$)$_2$]$^+$ 和 NH$_3$ 的浓度。

[9.9×10^{-8} mol·L^{-1}，0.10 mol·L^{-1}，0.30 mol·L^{-1}]

7. 当 S$_2$O$_3^{2-}$ 的平衡浓度为多大时，溶液中的 99%Ag$^+$ 将转变为 [Ag(S$_2$O$_3$)$_2$]$^{3-}$？

[1.85×10^{-6} mol·L^{-1}]

8. 将 10 mL 0.20 mol·L^{-1} CuSO$_4$ 溶液与 10 mL 2.00 mol·L^{-1} NH$_3$·H$_2$O 混合，计算平衡体系中的 Cu^{2+} 浓度。

[3.7×10^{-14} mol·L^{-1}]

9. 通过计算比较 1L 6 mol·L^{-1} 氨水和 1L 1 mol·L^{-1} KCN 溶液，哪一个可溶解较多的 AgI？

[氨水中：1.9×10^{-4} mol·L^{-1}；KCN 中：0.5 mol·L^{-1}]

10. 通过计算比较 [Ag(NH$_3$)$_2$]$^+$ 和 [Ag(CN)$_2$]$^-$ 氧化能力的相对强弱。已知 $\varphi^\ominus_{Ag^+/Ag}$=0.7999V，$K^\ominus_{稳,[Ag(NH_3)_2]^+}=10^{7.05}$，$K^\ominus_{稳,[Ag(CN)_2]^-}=10^{21.1}$。

[氧化能力：[Ag(NH$_3$)$_2$]$^+$ 强于 [Ag(CN)$_2$]$^-$，$\varphi^\ominus_{[Ag(NH_3)_2]^+/Ag}$=0.383V，$\varphi^\ominus_{[Ag(CN)_2]^-/Ag}$=−0.450V]

11. 计算下列反应的平衡常数，并判断反应进行的方向。

(1) [Zn(NH$_3$)$_4$]$^{2+}$+4CN$^-$=[Zn(CN)$_4$]$^{2-}$+4NH$_3$

(2) [Fe(CN)$_6$]$^{3-}$+2SCN$^-$=[Fe(NCS)$_2$]$^+$+6CN$^-$

[(1) 10$^{7.24}$；(2) 10$^{-38.64}$]

12. 在 1L 初始浓度为 0.10 mol·L^{-1} 的 [Ag(NO$_2$)$_2$]$^-$ 溶液中，加入 0.20 mol 的 KCN 固体，求溶液中 [Ag(NO$_2$)$_2$]$^-$，[Ag(CN)$_2$]$^-$，NO$_2^-$ 和 CN$^-$ 等各种离子的平衡浓度。已知 $K^\ominus_{稳[Ag(CN)_2]^-}=1.26×10^{21}$，$K^\ominus_{稳,[Ag(NO_2)_2]^-}=6.7×10^2$。

{[Ag(NO$_2$)$_2$]$^-$=8.1×10^{-8} mol·L^{-1}，[CN$^-$]=1.6×10^{-7} mol·L^{-1}，[Ag(CN)$_2$]$^-$=0.1 mol·L^{-1}，[NO$_2^-$]=0.2 mol·L^{-1}}

13. 已知 $\varphi^\ominus_{Co^{3+}/Co^{2+}}$=1.80V，$K^\ominus_{稳,[Co(NH_3)_6]^{3+}}=10^{35.2}$，$K^\ominus_{稳,[Co(NH_3)_6]^{2+}}=10^{5.11}$，计算 $\varphi^\ominus_{[Co(NH_3)_6]^{3+}/[Co(NH_3)_6]^{2+}}$ 值。

[0.02V]

14. 已知下列电对的 $\varphi^\ominus$ 值：

[Ni(CN)$_4$]$^{2-}$+2e$^-$ ⇌ Ni+4CN$^-$ $\varphi^\ominus_{[Ni(CN)_4]^{2-}/Ni}$=−1.18V

Ni^{2+}+2e$^-$ ⇌ Ni $\varphi^\ominus_{Ni^{2+}/Ni}$=−0.25V

求 $K^\ominus_{稳,[Ni(CN)_4]^{2-}}$。

[10$^{31.4}$]

15. 通过计算说明[Cu(NH$_3$)$_4$]$^{2+}$ 能否将 Zn 氧化成[Zn(NH$_3$)$_4$]$^{2+}$，而本身被还原为

Cu？　　　　　　　　　　　　　　　　[能，$\varphi^{\ominus}_{[Cu(NH_3)_4]^{2+}/Cu}=-0.054V$，$\varphi^{\ominus}_{[Zn(NH_3)_4]^{2+}/Zn}=-1.04V$]

16. 计算 pH=6.0 时的 EDTA 的酸效应系数 $\alpha_{Y(H)}$，若此时 EDTA 各种存在形式的总浓度为 $0.0200 mol \cdot L^{-1}$，则 $[Y^{4-}]$ 为多少？

[$10^{4.65}$，$4.5 \times 10^{-7} mol \cdot L^{-1}$]

17. 在 pH=10.0 的氨缓冲溶液中，若游离 NH_3 的浓度为 $0.100 mol \cdot L^{-1}$，Zn^{2+} 的总浓度为 $0.0100 mol \cdot L^{-1}$，计算（1）Zn^{2+} 的副反应系数 α_{Zn}；（2）在此条件下，锌与 EDTA 配合物的条件稳定常数是多少？　　　　　　　　　　　　[（1）$10^{5.49}$；（2）$10^{10.56}$]

18. 20.00mL $0.0200 mol \cdot L^{-1}$ Zn^{2+} 与 20.04mL $0.0200 mol \cdot L^{-1}$ EDTA 溶液相混合，若溶液的 pH=5，计算（1）$lgK^{\ominus\prime}_{ZnY}$ 值；（2）游离的 $[Y]$ 是多少？（3）游离的 $[Zn^{2+}]$ 是多少？　　　　　[（1）10.05；（2）$7.09 \times 10^{-12} mol \cdot L^{-1}$；（3）$4.46 \times 10^{-8} mol \cdot L^{-1}$]

19. 用 $0.01000 mol \cdot L^{-1}$ EDTA 滴定 20.00mL $0.01000 mol \cdot L^{-1}$ Ni^{2+} 离子，在 pH=10 的氨缓冲溶液中，使溶液中游离氨的浓度为 $0.10 mol \cdot L^{-1}$，计算（1）$lgK^{\ominus\prime}_{NiY}$ 值；（2）化学计量点时溶液中 $pNi^{\prime}$ 值和 pNi 值。　　　　　　[（1）13.81；（2）$pNi^{\prime}=8.1$，$pNi=12.4$]

20. 称取 0.1005g 纯 $CaCO_3$，溶解后，用容量瓶配成 100mL 溶液。吸取 25.00mL，在 pH>12 时，用钙指示剂指示终点，用 EDTA 标准溶液滴定，用去 24.90mL，计算（1）EDTA 溶液的浓度；（2）每毫升 EDTA 溶液相当于 ZnO，Fe_2O_3 多少克？

[（1）$0.01008 mol \cdot L^{-1}$；（2）$8.204 \times 10^{-4} g$ ZnO，$8.048 \times 10^{-4} g$ Fe_2O_3]

21. 称取含铝试样 0.2018g，溶解后，加入 $0.02018 mol \cdot L^{-1}$ EDTA 标准溶液 30.00mL。调节酸度并加热使 Al^{3+} 定量反应，过量的 EDTA 用 $0.02035 mol \cdot L^{-1}$ Zn^{2+} 标准溶液返滴，消耗 Zn^{2+} 溶液 6.50mL。计算试样中 Al_2O_3 的百分含量。

[11.95%]

22. 用 $0.01060 mol \cdot L^{-1}$ EDTA 标准溶液滴定水中钙和镁的含量。取 100.0mL 水样，以铬黑 T 为指示剂，在 pH=10 时滴定，消耗 EDTA 31.30mL。另取一份 100.0mL 水样，加 NaOH 使呈强碱性，用钙指示剂指示终点，继续用 EDTA 滴定，消耗 19.20mL。计算水中钙和镁的含量（以 $CaCO_3 mg \cdot L^{-1}$ 和 $MgCO_3 mg \cdot L^{-1}$ 表示）。

[203.7mg $CaCO_3 \cdot L^{-1}$，108.1mg $MgCO_3 \cdot L^{-1}$]

23. 若配制 EDTA 溶液时所用的水中含有 Ca^{2+}，判断下列情况对测定结果的影响（偏低、偏高，还是不影响）：

（1）以 $CaCO_3$ 为基准物质标定 EDTA 溶液，用所得 EDTA 溶液滴定试液中的 Zn^{2+}，以二甲酚橙为指示剂；

（2）以金属锌为基准物质，二甲酚橙为指示剂标定 EDTA 溶液，用所得 EDTA 标准溶液滴定试液中 Ca^{2+} 的含量；

（3）以金属锌为基准物质，铬黑 T 为指示剂标定 EDTA 溶液，用所得 EDTA 标准溶液滴定试液中 Ca^{2+} 的含量。

第 8 章 原子结构

在生产实践和科学实验中，我们接触到的物质种类繁多，性质变化万千。本章从微观角度讨论物质的结构及其与性质的关系。对化学变化来讲，原子核并不发生变化，它只涉及核外电子运动状态的改变。因此，要了解物质的结构及其与性质的关系，首先必须了解原子的内部结构，特别是核外电子的运动状态。

8.1 氢原子光谱和玻尔理论

我们知道，电子、质子、中子、阴极射线、阳极射线、X 射线的发现以及卢瑟福的有核原子模型的建立，正确地回答了原子的组成问题，然而对于原子中核外电子的分布规律和运动状态等问题的解决，以及近代原子结构理论的确立则是从氢原子光谱实验开始的。

8.1.1 氢原子光谱

太阳光或白炽灯发出的白光，是一种混合光，它通过棱镜折射后，便可分成红、橙、黄、绿、青、蓝、紫等连续分布的彩色光谱，这种光谱称为连续光谱。

并非所有光源都发出波长连续变化的光。如将 NaCl 放入火焰中（例如煤气灯火焰），由于钠离子被激发发出不同波长的光，当这种光通过棱镜分光后，我们只能看到几条亮线，这是一种不连续光谱，即所谓的线状光谱。

实际上任何原子被火花、电弧或其他方法所激发时，都可发射线状光谱，而且每种原子都具有它自己的特征线状光谱，这种光谱称为原子光谱。

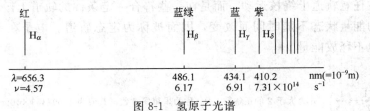

图 8-1 氢原子光谱

如果将装有高纯度、低压氢气的放电管所发出的光通过棱镜，在屏幕上可见光区内得到不连续的红、蓝绿、蓝、紫四条明显的特征谱线即氢原子光谱（见图 8-1）。

原子光谱除了具有线状光谱这个特征之外，在原子光谱中各谱线的频率（或波长）有一定的规律性。1883 年瑞士物理学家巴尔麦（Balmer），1913 年瑞典物理学家里德堡（J. R. Rydberg），分别找出了能概括谱线波长、频率普遍联系的经验公式❶。

19 世纪末，当人们企图从理论上解释原子光谱现象时，发现古典电磁理论跟原子光谱的实验结果发生了尖锐的矛盾。因为根据古典电磁理论，绕核高速运动的电子与电磁振动相似，应伴随有电磁波的辐射，即不断以电磁波的形式发射出能量。这样会导致两种结果：

① 绕核运动的电子不断发射能量，电子的能量会逐渐减少，电子运动的轨道半径也将逐渐缩小，即原子将不是一个稳定的体系。

② 由于核外运动的电子是连续地放出能量，因此，发射出电磁波的频率也应该是连续的，即氢原子光谱似乎应是连续光谱，但是上述这两种推论都与事实不符。实际上氢原子能够稳定存在，氢原子的光谱也不是连续光谱而是线状光谱。显然，对这些矛盾现象，古典电磁理论是不能解释的。

为了解决这个矛盾，1913 年丹麦物理学家玻尔（Bohr）引用了德国物理学家普朗克（Planck）的量子论，提出了玻尔原子结构理论。初步解释了氢原子线状光谱产生的原因和光谱的规律性。

8.1.2 玻尔理论

（1）普朗克量子论

1900 年，普朗克首先提出了著名的、当时被誉为物理学上一次革命的量子化理论。普朗克量子论不同于古典电磁理论，它认为：物质吸收或发射能量是不连续的，即量子化的。也就是说，只能以单个的、一定分量的能量的方式吸收或发射能量。所谓能量子就是指上述吸收或发射能量的最小单位。由于能量子是以光的形式传播出来的，所以又叫光量子，爱因斯坦进一步从实验得出光量子的能量大小与光的频率成正比

$$E = h\nu \tag{8-1}$$

这就是爱因斯坦方程式。式中，E 为光子的能量；ν 为光的频率；h 为普朗克常数，它等于 6.626×10^{-27} erg·s（或 6.626×10^{-34} J·s）。

（2）玻尔理论

1913 年，玻尔在普朗克量子论、爱因斯坦光子学说基础上，对氢原子光谱的产生和现象给予了很好的说明，其要点如下：

① 定态轨道概念

电子不是在任意轨道上绕核运动，而是在一些符合一定条件的轨道上运动。

这些轨道的能量状态不随时间而改变，因而被称为定态轨道。电子在定态轨道上运动时，既不吸收也不释放能量。

---

❶ $\tilde{\nu} = \dfrac{1}{\lambda} = R_H \left(\dfrac{1}{2^2} - \dfrac{1}{n^2} \right)$，$n$ 为大于 2 的正整数，R_H 称为里德堡常数，其值为 $1.097373 \times 10^7 \text{m}^{-1}$。

② 轨道能级的概念

不同的定态轨道能量是不同的，能量是量子化的。离核越近的轨道，能量越低，电子被原子核束缚得越牢；离核越远的轨道，能量越高。轨道的这些不同的能量状态，称为能级。氢原子轨道能级如图 8-2 所示。

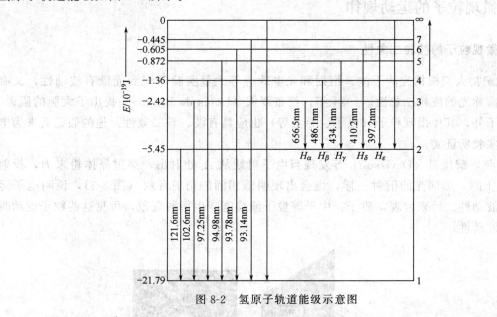

图 8-2　氢原子轨道能级示意图

在正常状态下，电子尽可能处于离核较近、能量较低的轨道上，这时原子所处的状态称为基态。在高温火焰、电火花或电弧作用下，基态原子中的电子因获得能量，能跃迁到离核较远、能量较高的空轨道上运动，这时原子所处的状态称为激发态。$n \to \infty$ 时，电子所处的轨道能量定为零，意味着电子被激发到这样的能级时，由于获得足够大的能量，可以完全摆脱核势能场的束缚而电离。因此，离核越近的轨道，能级越低，势能值越负。

③ 激发态发光的原因

只有电子从较高的能级（即离核较远的轨道）跃迁到较低的能级（即离核较近的轨道）时，原子才会以光子形式放出能量。光子能量的大小决定于两个能级间能量之差：

$$h\nu = E_2 - E_1$$

$$\nu = \frac{E_2 - E_1}{h} \tag{8-2}$$

式中，E_2 为高能级的能量；E_1 为低能级的能量；h 为普朗克常数。

玻尔理论成功地解释了氢原子和类氢离子（如 He^+，Li^{2+}，Be^{3+} 等）的光谱现象。时至今日，玻尔提出的关于原子中轨道能级的概念仍然有用。但玻尔理论有着严重的局限性，它只能解释单电子原子（或离子）光谱的一般现象，不能解释多电子原子光谱，其根本原因在于玻尔的原子模型是建立在牛顿的经典力学的理论基础上的。实际上，像电子这样微小、运动速度又极快的粒子在极小的原子体积内的运动，是根本不遵循经典力学运动定律的。玻尔理论的缺陷，促使人们用新的理论——量子力学理论来描述原子内电子运动规律。量子力学是建筑在微观世界的量子性和微粒运动规律的统计性这两个基本特征的基础上的，能正确地反映微粒运动的规律性。

8.2 量子力学原子模型

8.2.1 微观粒子的运动规律

(1) 微观粒子的波粒二象性

20 世纪初人们根据光的干涉、衍射和光电效应等大量实验认识到光既有波动性，又有粒子性，简称光的波粒二象性。1924 年，德布罗依（Louis de Broglie）提出了大胆的假说，认为除光子外，其他微观粒子（电子、原子等）也应具有波、粒二象性。他的假说后来为电子的有关实验所证实。

1927 年，戴维逊（Davisson）等发现当电子射线从 A 处射出，穿过晶体粉末 B，投射到屏幕 C 上时，如同光的衍射一样，也会出现明暗相间的衍射环纹（图 8-3），说明电子运动时确有波动性。后来发现，质子、中子等粒子流均能产生衍射现象，可见这些粒子运动时也都具有波动性。

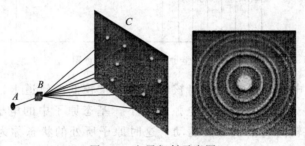

图 8-3 电子衍射示意图

电子的粒子性只需通过下面实验来证实。在阴极射线管内的两极之间装一个可旋转的小飞轮，当阴极射线（电子流）打在飞轮叶片上，小轮即可转动，说明电子是有质量、有动量的粒子，亦即具有粒子性。

(2) 微观粒子运动的统计性

根据经典力学，宏观物体的运动可以确定它们在某一瞬间的具体位置和速度。但对于具有波粒二象性的微观粒子如电子、质子等，1927 年德国物理学家海森堡（W. Heisenberg）指出，不可能同时准确测出它们的具体位置和运动速度（或动量），并提出微观粒子运动符合海森堡测不准原理：

$$\Delta x \cdot \Delta P_x \geqslant \frac{h}{4\pi} \tag{8-3}$$

式中，Δx 为粒子位置在一定方向上的测不准值；ΔP_x 为粒子动量在其运动方向上的分量测不准值；h 为普朗克常数。

测不准原理表明，核外电子不可能沿着玻尔理论所描述的固定轨道运动。虽然无法准确测定核外电子在某时刻的位置和速度，但对大量电子或一个电子的亿万次重复性研究（统计法）表明，电子在核外某些区域出现的机会多，在另一些区域出现的机会少，核外电子运动具有一定的统计规律性。

值得注意的是测不准并非不知道，其本身就是一种规律。事实上一切物体的运动都遵循这样的规律，由于宏观物体本身尺寸较大，其位置的测不准量 Δx 相对于自身尺寸可忽略，与其相反，微观粒子尺寸很小，Δx 不可忽略。

微观粒子运动与宏观物体不同，不能沿用经典力学。由于它具有波粒二象性和运动规律的统计性，因而要用量子力学描述其运动规律。

8.2.2 波函数和原子轨道

(1) 波函数

1926 年，奥地利物理学家薛定谔（Schrödinger）根据波、粒二象性的概念，首先提出了描述核外电子运动状态的数学表达式，建立了著名的微粒运动方程——薛定谔方程：

$$\left(\frac{\partial^2 \Psi}{\partial x^2}+\frac{\partial^2 \Psi}{\partial y^2}+\frac{\partial^2 \Psi}{\partial z^2}\right)+\frac{8\pi^2 m}{h^2}(E-V)\Psi=0 \tag{8-4}$$

式中，Ψ 叫波函数；E 为体系的总能量；V 为体系的势能；h 为普朗克常数；m 为微粒的质量；x，y，z 为微粒的空间坐标。

在薛定谔方程中，包含着体现微粒性（如 m，E，V）和波动性（如 Ψ）的两种物理量，所以它能正确反映微粒的运动状态。

为求解方便，需要把直角坐标变换为球坐标 (r,θ,φ)，则 $\Psi(r,\theta,\varphi)$ 是球坐标 r，θ，φ 的函数。球坐标是一种空间坐标，正如在直角坐标体系中空间任一点 p 可以用一组确定的 (x,y,z) 来描述一样，空间任何一点也可以用一组确定的 (r,θ,φ) 来描述（图 8-4）。并令：

$$\Psi(r,\theta,\varphi)=R(r)\cdot\Theta(\theta)\cdot\Phi(\varphi)$$

波函数 Ψ 是量子力学中描述核外电子在空间运动状态的数学函数式，即一定的波函数表示一种电子的运动状态，量子力学常借用经典力学中描述物体运动的"轨道"概念，把波函数 Ψ 叫做原子轨道。因此，波函数 Ψ 和原子轨道是同义语。但是，这里的原子轨道和宏观物体的固定轨道的概念不同，应该严格区别开来。

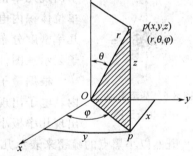

图 8-4 球坐标与直角坐标的关系

由于波函数是原子轨道的同义语，所以 Ψ_{1s} 亦称为 1s 轨道。同理 Ψ_{2p}、Ψ_{3d}、Ψ_{4f} 分别称为 2p 轨道、3d 轨道、4f 轨道等。

(2) 原子轨道的角度分布图

我们知道，波函数 $\Psi(r,\theta,\varphi)$ 是三个独立函数 $R(r)$、$\Theta(\theta)$ 和 $\Phi(\varphi)$ 的乘积：

$$\Psi(r,\theta,\varphi)=R(r)\cdot\Theta(\theta)\cdot\Phi(\varphi)$$

其中 $R(r)$ 与离核的远近（或 r 的大小）有关系，$\Theta(\theta)$ 和 $\Phi(\varphi)$ 分别与角度 θ，φ 有关系，如果把与角度有关系的两个函数以 $Y(\theta,\varphi)$ 表示，则波函数表示式又可改写成：

$$\Psi(r,\theta,\varphi)=R(r)\cdot Y(\theta,\varphi)$$

其中 $R(r)$ 称为波函数 Ψ 的径向分布部分，是指在半径为 r 的球面上单位厚度球壳内发现电子的几率。$Y(\theta,\varphi)$ 称为波函数 Ψ 的角度分布部分。将波函数 Ψ 的角度分布部分 Y 随

θ,φ变化作图,所得的图像称为原子轨道的角度分布图。

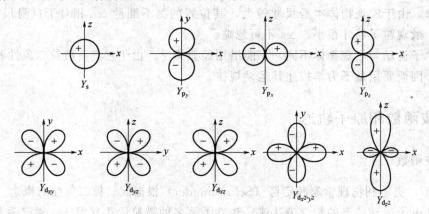

图 8-5 s,p,d 轨道角度分布图

图 8-5 中,原子轨道分布的正、负号只是代表波函数 Ψ 中 Y 值的正、负,并不表示波函数 Ψ 的正负,另外它还能反映原子轨道角度分布图形的对称关系:符号相同,表示对称性相同;符号相反,表示对称性不同或反对称。这类图形的正、负号,在讨论到化学键的形成时有意义。

(3) 几率密度和电子云

波函数 Ψ 没有明确的直观的物理意义,但波函数绝对值的平方 $|\Psi|^2$ 却有明确的物理意义。它表示电子在核外空间某处单位体积内出现的几率,即几率密度。

为了形象地表示核外电子运动的几率分布情况,化学上惯用小黑点分布的疏密来表示电子出现几率密度的相对大小。小黑点较密的地方表示几率密度较大,单位体积内电子出现的机会多。用这种方法来描述电子在核外出现的几率密度分布所得的空间图像称为电子云。图 8-6 为基态氢原子 1s 电子云示意图。

图 8-6 基态氢原子 1s 电子云图

根据量子力学的计算,知道基态氢原子在半径 r 为 53pm 的球体内,电子出现的几率较大,而在离核 200~300pm 以外的区域,电子出现几率极小,可以忽略不计。

既然以小黑点的疏密来表示几率密度大小所得的图像称为电子云,几率密度又可以直接用 $|\Psi|^2$ 来表示,那么若以 $|\Psi|^2$ 作图,应得到电子云的近似图像。但实际上除 s 电子云外,要完整地用一个图形同时表达 $|\Psi|^2$ 随 r、θ、φ 变化也是比较困难的,所以电子云的图像常常也是分别从径向分布和角度分布两方面来描述。

(4) 电子云角度分布图

与原子轨道的角度分布函数 $Y(\theta,\varphi)$ 相对应,也有电子云的角度分布函数 $Y^2(\theta,\varphi)$,将函数 Y^2 随 θ,φ 变化作图,所得的图像就称为电子云角度分布图(图 8-7)。

电子云的角度分布剖面图与相应的原子轨道角度分布剖面图基本相似,但有两点不同:①原子轨道分布图带有正、负号,而电子云角度分布图均为正值。②电子云角度分布图比原子轨道角度分布图要"瘦"些,这是因为 $|Y|$ 值一般小于 1,所以,$|Y|^2$ 的值就更小些。

综上所述,原子轨道的角度分布图和电子云的角度分布图,都只是反映函数关系的角度部分,是根据量子力学计算得到的数据绘制出来的,而不是通过实验或直接观察得到的。

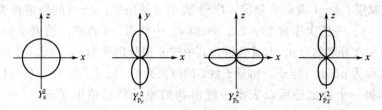

图 8-7　s，p 电子云角度分布平面示意图

另外，化学反应是与电子运动状态的变化有关，而波函数就是描述电子运动状态的，因此在讨论化学键形成时，波函数的性质，尤其是原子轨道角度分布的正负号是十分重要的。而原子轨道的形状，在讨论分子的几何构型时就非常有用。

8.2.3　四个量子数

在量子力学中，通过解薛定谔方程，三个量子数❶（n，l，m）选用一定取值时，可以求得一种相应的波函数 Ψ，知道了波函数 Ψ 也就解决了核外电子运动状态的问题，即三个量子数就可以描绘出核外电子运动的状态。除了量子力学直接给出的描述波函数（原子轨道）特征的 n，l，m 三个量子数外，还有一个描述电子自旋运动特征的量子数 m_s 叫自旋量子数。这些量子数对描述核外电子的运动状态，确定原子中电子的能量、原子轨道或电子云的形状和伸展方向，以及多电子原子核外电子的排布是非常重要的。

(1) 主量子数 (n)

主量子数取值为 1，2，3，…，n 等正整数。用它可描述原子中电子出现几率最大区域离核的远近，或者说它是决定电子层数的。例如，$n=1$ 代表电子离核的平均距离最近的一层，即第一电子层；$n=2$ 代表电子离核的平均距离比第一层稍远的一层，即第二电子层，依此类推。

在光谱学上也常用大写拉丁字母 K、L、M、N、O、P 来代表 $n=1$、2、3、4、5、6 等电子层数。

主量子数 n 是决定电子能量高低的主要因素。对单电子原子（或离子）来说，n 值越大，电子的能量越高。对多电子原子来说，由于核外电子的能量除了主要同 n 有关以外，还同原子轨道的形状有关。因此，n 值越大电子的能量越高这句话，只有在原子轨道（或电子云）的形状相同的条件下，才是正确的。

(2) 角量子数 (l)

角量子数 l 可确定原子轨道的形状并在多电子原子中和主量子数 n 一起决定电子的能量。
l 的每一个数值表示一个亚层。l 数值与光谱学规定的亚层符号之间的对应关系为：

角量子数(l)　　0　1　2　3　4　5…
亚层符号　　　　s　p　d　f　g　h…

---

❶ 波函数 $\Psi(x, y, z)$ 是薛定谔方程的合理解。在 $\Psi(x, y, z)$ 的数学表达式中包括三个参数项，这三个数只有取某些特定数值时，才能使其有物理意义。在量子力学中将这三个参数称为量子数，用 n、l、m 表示，每一组特定的 n、l、m 对应一个特定的 $\Psi(x, y, z)$ 的数学表达式。

如 $l=0$ 表示 s 亚层，$l=1$ 表示 p 亚层，$l=2$ 表示 d 亚层等。$l=0$ 的轨道称为 s 轨道，其中按 $n=1$、2、3、4、…依次称为 1s、2s、3s、4s、…轨道。s 轨道内的电子称为 s 电子。$l=1$、2、3 的轨道依次分别称为 p、d、f 轨道，其中按 n 值分别称为 np、nd、nf 轨道。p、d、f 轨道内的电子依次称为 p、d、f 电子。角量子数 l 的取值为 0、1、2、3、…、$(n-1)$ 的整数。

另外，l 的每一个数值还可以表示一种形状的原子轨道或电子云。$l=0$，表示圆球形的；$l=1$，表示哑铃形的；$l=2$，表示花瓣形等。

(3) 磁量子数 (m)

实验发现，激发态原子在外磁场作用下，原来的一条谱线往往会分裂成若干条，这说明在同一亚层中往往还包含着若干个空间伸展方向不同的原子轨道。磁量子数就是用来描述原子轨道或电子云在空间的伸展方向的。

m 值可为从 $-l$ 经过 0 到 $+l$ 的整数，受 l 值的限制，不能小于 $-l$ 和大于 $+l$。例如 $l=0$ 时，m 为 0；$l=1$ 时，m 为 -1、0、$+1$ 三个取值，依此类推。

m 的每一个数值表示具有某种空间方向的一个原子轨道或电子云。一个亚层中，m 有几个可能的取值，这亚层就只能有几个不同伸展方向的同类原子轨道或电子云。例如：$l=0$ 时，m 为 0，表示 s 亚层只有一个轨道，即 s 轨道；$l=1$ 时，m 有 0、±1 三个取值，表示 p 亚层有三个分别以 z、x、y 轴为对称轴的 p_z、p_x、p_y 原子轨道，这三个轨道伸展方向相互垂直；$l=2$ 时，m 有 0、±1、±2 五个取值，表示 d 亚层有五个不同伸展方向的 d_{z^2}、d_{xz}、d_{yz}、$d_{x^2-y^2}$、d_{xy} 轨道。l，m 取值与轨道符号对应关系见表 8-1。

表 8-1　l，m 取值与轨道符号的对应关系①

l	0	1	1	2	2	2
m	0	0	±1	0	±1	±2
原子轨道符号	s	p_z	p_x，p_y	d_{z^2}	d_{xz}，d_{yz}	$d_{x^2-y^2}$，d_{xy}

① 具体哪一个轨道对应哪一个 m 值，一般习惯上将 p_z，d_{z^2} 轨道磁量子数 m 的取值定为零。例如：p_z 轨道对应的 $m=0$，而 p_x 或 p_y 轨道的 $m=\pm1$，则没有一一对应关系。同样，$d_{x^2-y^2}$ 或 d_{xy} 的 $m=\pm2$，d_{xz} 或 d_{yz} 的 $m=\pm1$ 也没有一一对应关系。

在没有外加磁场情况下，同一亚层的原子轨道，能量是相等的，叫等价轨道或简并轨道，其准确定义见 8.3.1。

亚层	p	d	f
等价轨道	3 个 p 轨道	5 个 d 轨道	7 个 f 轨道

(4) 自旋量子数 (m_s)

1925 年乌仑贝克（Uhlenbeck）和高斯米特（Goudsmit）根据前人实验提出电子自旋的概念，认为电子除绕核运动外，还有绕自身的轴旋转的运动，称为电子自旋。为了描述核外电子的自旋状态，需要引入第四个量子数——自旋量子数（m_s）。根据量子力学的计算规定，m_s 值只可能有两个数值，即 $-\frac{1}{2}$ 和 $+\frac{1}{2}$。其中每一个数值表示电子的一种自旋方向，即逆时针和顺时针方向。

量子力学认为要描述原子中每一个电子的运动状态，需要用四个量子数才能完全表达清楚。若知道主量子数（n），只能确定该电子是处在哪个电子（主）层上。若还知道角量子数（l），就可以进一步知道该电子是在这电子层的哪一个亚层上以及对应的原子轨道、电子云的形状。又因为各亚层中还有伸展方向不同的原子轨道，若要了解这一电子所在原子轨道的伸展方向，还必须知道它的磁量子数（m）。若还想最后确定该电子的自旋方向，还要知道它的自旋量子数（m_s）。这样才能确切地知道该电子的运动状态，或者说知道是哪一个电子。例如若已知核外某电子的四个量子数为：$n=2$、$l=1$、$m=0$、$m_s=+\frac{1}{2}$，那么，就可以知道这是指第二电子层 p 亚层 $2p_z$ 轨道上自旋方向以 $(+\frac{1}{2})$ 为特征的那一个电子。

研究表明，在同一原子中不可能有运动状态完全相同的电子存在。也就是说，在同一原子中，各个电子的四个量子数不可能完全相同。按此理论，每一个轨道只能容纳两个自旋方向相反的电子。

根据量子数，可推出各电子层所能容纳电子的最大容量（表 8-2）。

表 8-2 量子数与电子层最大容量

主量子数 n	角量子数 l	磁量子数 m	轨道名称	n 相同的轨道总数 n^2	可容纳电子数
1	0	0	1s	1	2
2	0 1	0 $-1,0,+1$	2s 2p	$\left.\begin{array}{c}1\\3\end{array}\right\}2^2$	8
3	0 1 2	0 $-1,0,+1$ $-2,-1,0,+1,+2$	3s 3p 3d	$\left.\begin{array}{c}1\\3\\5\end{array}\right\}3^2$	18
4	0 1 2 3	0 $-1,0,+1$ $-2,-1,0,+1,+2$ $-3,-2,-1,0,+1,+2,+3$	4s 4p 4d 4f	$\left.\begin{array}{c}1\\3\\5\\7\end{array}\right\}4^2$	32

量子力学原子模型克服了玻尔原子理论的缺陷，能够解释多电子原子光谱，因而能较好地反映核外电子层的结构，电子运动的状态和规律，还能解释化学键的形成。它是至今为止半个世纪以来为世人所公认的成功理论，当然它绝非完善，有待继续发展。

8.3 多电子原子核外电子的分布

8.3.1 多电子原子轨道的能级

(1) 鲍林的原子轨道近似能级图

鲍林（L. Pauling）根据光谱实验的结果，提出了多电子原子中原子轨道的近似能级图，以表示各原子轨道之间能量的相对高低顺序，见图 8-8。

多电子原子的近似能级图有以下几个特点：

① 近似能级图是按原子轨道能量高低的顺序而不是按原子轨道离核远近的顺序排列起来的。图 8-8 中把能量相近的能级划为一组，称为能级组。通常分为七个能级组，能量依 1，

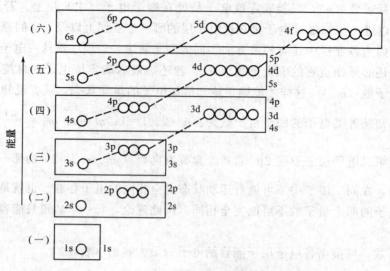

图 8-8 鲍林近似能级图

2，3，…能级组的顺序逐次增加。

1s	为第 1 能级组
2s，2p	为第 2 能级组
3s，3p	为第 3 能级组
4s，3d，4p	为第 4 能级组
5s，4d，5p	为第 5 能级组
6s，4f，5d，6p	为第 6 能级组
7s，5f，6d，7p	为第 7 能级组

对于第 4，5，6，7 能级组来说，在一个能级组中可能包含不同电子层的能级，如第 6 能级组中除了有属于第 6 电子层的 6s，6p 能级以外，还有第四电子层的 4f 和第五电子层的 5d 能级。这种能级交错现象对核外电子排布有很大影响。此外，在能级图中，一般相邻的两个能级组之间的能量差较大，而在同一能级组内各能级的能量差较小。这种能级组划分是造成元素周期表中元素划分为周期的本质原因。

② 在近似能级图中，每个小圆圈代表一个原子轨道。s 亚层中有一个圆圈，表示此亚层只有一个原子轨道，p 亚层中有三个圆圈，表示此亚层有三个原子轨道。由于三个 p 轨道的能量是相同的，所以又叫简并轨道或等价轨道。在量子力学中把能量相同的状态叫简并状态，把能量相同的轨道数称简并度。所谓等价轨道是指其能量相同，成键能力相同，只是空间取向不同的原子轨道。同理，d 亚层有五个能量相同的 d 轨道，即 d 轨道是五重简并；f 亚层有七个能量相同的 f 轨道，即 f 轨道是七重简并的。

③ 角量子数 l 相同的能级，其能量由主量子数 n 决定，n 越大，能量越高。例如：

$$E_{1s}<E_{2s}<E_{3s}<E_{4s}$$
$$E_{2p}<E_{3p}<E_{4p}$$

这是因为 n 越大，电子离核越远，核对电子的吸引越小的缘故。

④ 主量子数 n 相同，角量子数 l 不同的能级，其能量随 l 的增大而升高。例如：

$$E_{ns}<E_{np}<E_{nd}<E_{nf}$$
$$E_{4s}<E_{4p}<E_{4d}<E_{4f}$$

⑤ 主量子数 n 和角量子数 l 同时变动时，从图 8-8 中可知，能级的能量变化情况是比较复杂的。例如：

$$E_{4s} < E_{3d} < E_{4p}$$
$$E_{5s} < E_{4d} < E_{5p}$$
$$E_{6s} < E_{4f} < E_{5d} < E_{6p}$$

这种"能级交错"的现象和主量子数 n 相同时能级的能量随 l 的增大而升高的现象，都可以用屏蔽效应和钻穿效应来解释。

（2）屏蔽效应和钻穿效应

在多电子原子中，每一个电子都受着原子核的吸引，同时又受到其他电子的相互排斥。例如内层电子对外层电子的排斥以及外层电子之间的排斥作用，势必会削弱核电荷对外层电子的引力。在多电子原子中，核电荷（Z）对某个电子的吸引力，因其他电子对该电子的排斥而被削弱的作用称为屏蔽效应。

对同一原子来说，离核越近的电子（主）层内的电子，受其他电子层电子的屏蔽程度越小，对外层电子的屏蔽作用越大。即各电子层电子屏蔽作用大小顺序为：K>L>M>N>O>P>…。

由此可推知：同一原子不同电子层相同类型亚层上的电子，其屏蔽作用大小顺序为：

1s>2s>3s>4s>5s>6s>…
2p>3p>4p>5p>6p>…
3d>4d>5d>…
4f>5f…

因此，各亚层能级相对高低的顺序必然与屏蔽作用大小顺序正好相反，这与根据光谱数据归纳所得的近似能级图是吻合的。

多电子原子外层电子所受屏蔽作用的大小与该电子的电子云径向分布有关。在距离核 r 处的球面积为 $4\pi r^2$，薄球壳的体积为 $4\pi r^2 dr$，那么在离核 r 到 $r+dr$ 之间的薄球壳中电子出现的几率则为 $4\pi r^2 |\Psi|^2 dr$。令 $D(r) = 4\pi r^2 |\Psi|^2$，以 $D(r)$ 对 r 作图，得到的即为电子云径向分布图。图 8-9 为 3d、4s、4p 电子云径向分布图。

从图中可以看出：4s 电子云径向分布有一个高峰、三个低峰；4p 电子云径向分布有一个高峰、两个低峰。前者的高峰位置比后者的高峰离核近些，电子在核外出现几率最大的区域离核比 4p 电子近些，而且 4s 电子云比 4p 电子云钻得更靠核一些，或者说钻得更深一些（4s 有一个小峰离核最近，说明 4s 电子的"钻穿能力"比 4p 电子强），因此，4s 电子受其他电子的屏蔽作用就比 4p 电子小一些，受核引力大一些，能量低一些。这种由于电子的角量子数不同，其几率的径向分布不同，电子钻到核附近的几率较大者受核的吸引作用较大，因而能量不同的现象，称为电子的钻穿效应。

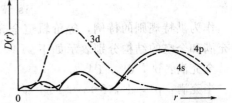

图 8-9　3d、4s、4p 电子云径向分布图

对于 n 值相同、l 值不同的电子云，正是由于钻穿能力不同，从而使相应原子轨道能量不同程度地降低而造成同层能级的分裂。根据量子力学计算表明，在同一电子层中，凡第一个峰离核越近、峰数越多的电子云，其钻穿能力越强。由于钻穿能力 $ns>np>nd>nf$，所

以电子云被屏蔽程度：$ns < np < nd < nf$。

电子受核场的吸引力：$ns > np > nd > nf$。

轨道能量相对高低：$ns < np < nd < nf$。

譬如第四周期的 $_{19}$K 元素，价电子是分布在 4s 轨道上而不是在 3d 轨道上，亦即 4s 轨道的能级反而比 3d 轨道能级低，原因是 4s 电子云的钻穿能力比 3d 电子云要强，钻得更深些，使 4s 轨道和 3d 轨道能级发生交错现象，即轨道能级高低顺序为：

$$4s < 3d < 4p$$

8.3.2 基态原子中电子的分布原理

（1）能量最低原理

多电子原子处在基态时，核外电子的排布总是尽可能先分布在能量较低的轨道，以使原子处于能量最低的状态。

（2）泡利（Pauli）不相容原理

在同一原子中，不可能有四个量子数完全相同的电子存在。每一个轨道内最多只能容纳两个自旋方向相反的电子。例如氦原子的 1s 轨道中有两个电子，其中一个电子的量子数 n，l，m，m_s 如果是 $(1, 0, 0, +\frac{1}{2})$，则另一个电子的量子数必然是 $(1, 0, 0, -\frac{1}{2})$，即两个电子的自旋方向必定相反，否则就违反泡利不相容原理。

（3）洪特（Hund）规则

原子中核外电子在等价轨道上分布时，将尽可能单独分占不同的轨道，而且自旋方向相同（或称自旋平行）。这样分布时，原子的能量较低，体系较稳定。例如 C 原子（$1s^2 2s^2 2p^2$）的轨道表示式为：

$$\text{C} \quad \underset{1s}{\circled{\uparrow\downarrow}} \quad \underset{2s}{\circled{\uparrow\downarrow}} \quad \underset{2p}{\circled{\uparrow}\circled{\uparrow}\circled{\,}}$$

作为洪特规则的特例，等价轨道全充满、半充满或全空的状态是比较稳定的。全充满、半充满和全空的结构分别表示如下。

全充满：p^6，d^{10}，f^{14}

半充满：p^3，d^5，f^7

全空：p^0，d^0，f^0

例如 N 原子（$1s^2 2s^2 2p^3$）的轨道表示式为：

$$\text{N} \quad \underset{1s}{\circled{\uparrow\downarrow}} \quad \underset{2s}{\circled{\uparrow\downarrow}} \quad \underset{2p}{\circled{\uparrow}\circled{\uparrow}\circled{\uparrow}}$$

8.3.3 基态原子中电子的分布

（1）核外电子填入轨道的顺序

核外电子的分布是客观事实，本来不存在人为地向核外原子轨道填入电子以及填充电子的先后次序问题，但这作为研究原子核外电子运动状态的一种科学假想，对了解原子电子层的结构是有益的。

应用鲍林近似能级图，并根据能量最低原理，可以设计出核外电子填入轨道顺序图（图8-10）。有了核外电子填入轨道顺序图，再根据泡利不相容原理，洪特规则和能量最低原理，就可以分别讨论周期系中各元素原子的电子层结构。

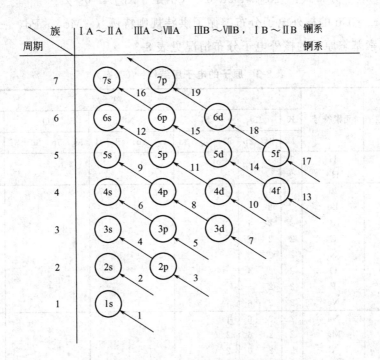

图8-10　电子填入轨道顺序图

(2) 基态原子核外电子分布式

根据基态原子核外电子分布的基本原理，结合鲍林近似能级图，就可以写出多电子原子的核外电子分布式。

例如：5号元素B、18号元素Ar、21号元素Sc、30号元素Zn的核外电子分布式如下。

$_5$B：$1s^2 2s^2 2p^1$

$_{18}$Ar：$1s^2 2s^2 2p^6 3s^2 3p^6$

$_{21}$Sc：$1s^2 2s^2 2p^6 3s^2 3p^6 3d^1 4s^2$

$_{30}$Zn：$1s^2 2s^2 2p^6 3s^2 3p^6 3d^{10} 4s^2$

在书写核外电子分布式时，为简便起见，可用该元素前一周期的稀有气体元素符号作为原子实，代替相应的电子分布部分。例如：$_{21}$Sc、$_{30}$Zn的核外电子分布式可简化为：

$_{21}$Sc：[Ar]$3d^1 4s^2$　　　　$_{30}$Zn：[Ar]$3d^{10} 4s^2$

应该指出的是，核外电子分布原理是概括了大量事实后提出的一般结论，因此，绝大多数核外电子的分布与这些原理是一致的，但是也有少数副族元素的电子分布情况有例外。在元素周期表前109号元素中，电子分布例外的有19种，它们是：$_{24}$Cr、$_{29}$Cu、$_{41}$Nb、$_{42}$Mo、

$_{44}$Ru、$_{45}$Rh、$_{46}$Pd、$_{47}$Ag、$_{57}$La、$_{58}$Ce、$_{64}$Gd、$_{78}$Pt、$_{79}$Au、$_{89}$Ac、$_{90}$Th、$_{91}$Pa、$_{92}$U、$_{93}$Np、$_{96}$Cm。

例如　$_{24}$Cr 电子分布式：[Ar]3d^{5}4s^1（不是 [Ar]3d^{4}4s^2）

$_{29}$Cu 电子分布式：[Ar]3d^{10}4s^1（不是 [Ar]3d^{9}4s^2）

$_{58}$Ce 电子分布式：[Xe]4f^{1}5d^{1}6s^2（不是 [Xe]4f^{2}6s^2）

实际上 $_{24}$Cr、$_{29}$Cu 的核外电子分布遵循了洪特规则特例（$_{42}$Mo、$_{46}$Pd、$_{47}$Ag、$_{79}$Au 等也是如此）。各元素基态原子的核外电子分布情况见表 8-3。

表 8-3　原子的电子层结构*（基态）

周期	原子序数	元素符号	K	L		M			N				O				P			Q
			1s	2s	2p	3s	3p	3d	4s	4p	4d	4f	5s	5p	5d	5f	6s	6p	6d	7s
1	1	H	1																	
	2	He	2																	
2	3	Li	2	1																
	4	Be	2	2																
	5	B	2	2	1															
	6	C	2	2	2															
	7	N	2	2	3															
	8	O	2	2	4															
	9	F	2	2	5															
	10	Ne	2	2	6															
3	11	Na	2	2	6	1														
	12	Mg	2	2	6	2														
	13	Al	2	2	6	2	1													
	14	Si	2	2	6	2	2													
	15	P	2	2	6	2	3													
	16	S	2	2	6	2	4													
	17	Cl	2	2	6	2	5													
	18	Ar	2	2	6	2	6													
4	19	K	2	2	6	2	6		1											
	20	Ca	2	2	6	2	6		2											
	21	Sc	2	2	6	2	6	1	2											
	22	Ti	2	2	6	2	6	2	2											
	23	V	2	2	6	2	6	3	2											
	24	Cr	2	2	6	2	6	5	1											
	25	Mn	2	2	6	2	6	5	2											
	26	Fe	2	2	6	2	6	6	2											
	27	Co	2	2	6	2	6	7	2											
	28	Ni	2	2	6	2	6	8	2											
	29	Cu	2	2	6	2	6	10	1											
	30	Zn	2	2	6	2	6	10	2											
	31	Ga	2	2	6	2	6	10	2	1										
	32	Ge	2	2	6	2	6	10	2	2										
	33	As	2	2	6	2	6	10	2	3										
	34	Se	2	2	6	2	6	10	2	4										
	35	Br	2	2	6	2	6	10	2	5										
	36	Kr	2	2	6	2	6	10	2	6										

续表

周期	原子序数	元素符号	电子层															
			K	L		M			N				O				P			Q
			1s	2s	2p	3s	3p	3d	4s	4p	4d	4f	5s	5p	5d	5f	6s	6p	6d	7s
5	37	Rb	2	2	6	2	6	10	2	6			1							
	38	Sr	2	2	6	2	6	10	2	6			2							
	39	Y	2	2	6	2	6	10	2	6	1		2							
	40	Zr	2	2	6	2	6	10	2	6	2		2							
	41	Nb	2	2	6	2	6	10	2	6	4		1							
	42	Mo	2	2	6	2	6	10	2	6	5		1							
	43	Tc	2	2	6	2	6	10	2	6	5		2							
	44	Ru	2	2	6	2	6	10	2	6	7		1							
	45	Rh	2	2	6	2	6	10	2	6	8		1							
	46	Pd	2	2	6	2	6	10	2	6	10									
	47	Ag	2	2	6	2	6	10	2	6	10		1							
	48	Cd	2	2	6	2	6	10	2	6	10		2							
	49	In	2	2	6	2	6	10	2	6	10		2	1						
	50	Sn	2	2	6	2	6	10	2	6	10		2	2						
	51	Sb	2	2	6	2	6	10	2	6	10		2	3						
	52	Te	2	2	6	2	6	10	2	6	10		2	4						
	53	I	2	2	6	2	6	10	2	6	10		2	5						
	54	Xe	2	2	6	2	6	10	2	6	10		2	6						
6	55	Cs	2	2	6	2	6	10	2	6	10		2	6			1			
	56	Ba	2	2	6	2	6	10	2	6	10		2	6			2			
	57	La	2	2	6	2	6	10	2	6	10		2	6	1		2			
	58	Ce	2	2	6	2	6	10	2	6	10	1	2	6	1		2			
	59	Pr	2	2	6	2	6	10	2	6	10	3	2	6			2			
	60	Nd	2	2	6	2	6	10	2	6	10	4	2	6			2			
	61	Pm	2	2	6	2	6	10	2	6	10	5	2	6			2			
	62	Sm	2	2	6	2	6	10	2	6	10	6	2	6			2			
	63	Eu	2	2	6	2	6	10	2	6	10	7	2	6			2			
	64	Gd	2	2	6	2	6	10	2	6	10	7	2	6	1		2			
	65	Tb	2	2	6	2	6	10	2	6	10	9	2	6			2			
	66	Dy	2	2	6	2	6	10	2	6	10	10	2	6			2			
	67	Ho	2	2	6	2	6	10	2	6	10	11	2	6			2			
	68	Er	2	2	6	2	6	10	2	6	10	12	2	6			2			
	69	Tm	2	2	6	2	6	10	2	6	10	13	2	6			2			
	70	Yb	2	2	6	2	6	10	2	6	10	14	2	6			2			
	71	Lu	2	2	6	2	6	10	2	6	10	14	2	6	1		2			
	72	Hf	2	2	6	2	6	10	2	6	10	14	2	6	2		2			

续表

周期	原子序数	元素符号	电子层 K		L		M			N				O				P			Q
			1s	2s	2p	3s	3p	3d	4s	4p	4d	4f	5s	5p	5d	5f	6s	6p	6d	7s
6	73	Ta	2	2	6	2	6	10	2	6	10	14	2	6	3		2			
	74	W	2	2	6	2	6	10	2	6	10	14	2	6	4		2			
	75	Re	2	2	6	2	6	10	2	6	10	14	2	6	5		2			
	76	Os	2	2	6	2	6	10	2	6	10	14	2	6	6		2			
	77	Ir	2	2	6	2	6	10	2	6	10	14	2	6	7		2			
	78	Pt	2	2	6	2	6	10	2	6	10	14	2	6	9		1			
	79	Au	2	2	6	2	6	10	2	6	10	14	2	6	10		1			
	80	Hg	2	2	6	2	6	10	2	6	10	14	2	6	10		2			
	81	Tl	2	2	6	2	6	10	2	6	10	14	2	6	10		2	1		
	82	Pb	2	2	6	2	6	10	2	6	10	14	2	6	10		2	2		
	83	Bi	2	2	6	2	6	10	2	6	10	14	2	6	10		2	3		
	84	Po	2	2	6	2	6	10	2	6	10	14	2	6	10		2	4		
	85	At	2	2	6	2	6	10	2	6	10	14	2	6	10		2	5		
	86	Rn	2	2	6	2	6	10	2	6	10	14	2	6	10		2	6		
7	87	Fr	2	2	6	2	6	10	2	6	10	14	2	6	10		2	6		1
	88	Ra	2	2	6	2	6	10	2	6	10	14	2	6	10		2	6		2
	89	Ac	2	2	6	2	6	10	2	6	10	14	2	6	10		2	6	1	2
	90	Th	2	2	6	2	6	10	2	6	10	14	2	6	10		2	6	2	2
	91	Pa	2	2	6	2	6	10	2	6	10	14	2	6	10	2	2	6	1	2
	92	U	2	2	6	2	6	10	2	6	10	14	2	6	10	3	2	6	1	2
	93	Np	2	2	6	2	6	10	2	6	10	14	2	6	10	4	2	6	1	2
	94	Pu	2	2	6	2	6	10	2	6	10	14	2	6	10	6	2	6		2
	95	Am	2	2	6	2	6	10	2	6	10	14	2	6	10	7	2	6		2
	96	Cm	2	2	6	2	6	10	2	6	10	14	2	6	10	7	2	6	1	2
	97	Bk	2	2	6	2	6	10	2	6	10	14	2	6	10	9	2	6		2
	98	Cf	2	2	6	2	6	10	2	6	10	14	2	6	10	10	2	6		2
	99	Es	2	2	6	2	6	10	2	6	10	14	2	6	10	11	2	6		2
	100	Fm	2	2	6	2	6	10	2	6	10	14	2	6	10	12	2	6		2
	101	Md	2	2	6	2	6	10	2	6	10	14	2	6	10	13	2	6		2
	102	No	2	2	6	2	6	10	2	6	10	14	2	6	10	14	2	6		2
	103	Lr	2	2	6	2	6	10	2	6	10	14	2	6	10	14	2	6	1	2
	104	Rf	2	2	6	2	6	10	2	6	10	14	2	6	10	14	2	6	2	2
	105	Ha	2	2	6	2	6	10	2	6	10	14	2	6	10	14	2	6	3	2
	106	Unh	2	2	6	2	6	10	2	6	10	14	2	6	10	14	2	6	4	2
	107	Uns	2	2	6	2	6	10	2	6	10	14	2	6	10	14	2	6	5	2

* 单框中的元素是过渡元素；双框中的元素是镧系或锕系元素。

(3) 基态原子的价层电子构型

价电子所在的亚层统称为价层。原子的价层电子构型是指价层中的电子分布式，它能反映出该元素原子电子层结构的特征。但价层中的电子并非一定全是价电子，例如 Ag 的价层电子构型为 $4d^{10}5s^1$，而其氧化值只有 +1、+2、+3。表 8-4 列出了某些元素原子的价层电子构型。

表 8-4　某些元素原子的价层电子构型

元素	电子分布式	价层电子构型
$_3$Li	[He]$2s^1$	$2s^1$
$_{16}$S	[Ne]$3s^2 3p^4$	$3s^2 3p^4$
$_{25}$Mn	[Ar]$3d^5 4s^2$	$3d^5 4s^2$
$_{35}$Br	[Ar]$3d^{10} 4s^2 4p^5$	$4s^2 4p^5$
$_{47}$Ag	[Kr]$4d^{10} 5s^1$	$4d^{10} 5s^1$
$_{80}$Hg	[Xe]$4f^{14} 5d^{10} 6s^2$	$5d^{10} 6s^2$
$_{82}$Pb	[Xe]$4f^{14} 5d^{10} 6s^2 6p^2$	$6s^2 6p^2$
$_{92}$U	[Rn]$5f^3 6d^1 7s^2$	$5f^3 6d^1 7s^2$

8.3.4　简单基态阳离子的电子分布

根据鲍林能级图，基态原子外层轨道能级高低顺序为：$ns<(n-2)f<(n-1)d<np$。若按此顺序，Fe^{2+} 的电子分布式似应为：[Ar]$3d^4 4s^2$，但根据实验证实，Fe^{2+} 的电子分布式实为：[Ar]$3d^6 4s^0$。原因是阳离子的有效核电荷比原子的多，造成基态阳离子的轨道能级与基态原子的轨道能级有所不同。

通过对基态原子和离子内轨道能级的研究，从大量光谱数据中归纳出如下经验规律：

基态原子外层电子填充顺序：$\rightarrow ns \rightarrow (n-2)f \rightarrow (n-1)d \rightarrow np$

价电子电离顺序：$\rightarrow np \rightarrow ns \rightarrow (n-1)d \rightarrow (n-2)f$

例如：$_{50}$Sn 的核外电子分布式为 [Kr]$4d^{10} 5s^2 5p^2$，失去 2 个价电子后成为 Sn^{2+}，根据价电子电离顺序可以得出：Sn^{2+} 的电子分布式为 [Kr]$4d^{10} 5s^2 5p^0$。

8.4　元素周期系和元素基本性质的周期性

8.4.1　原子的电子层结构和元素周期系

(1) 周期的划分

从原子核外电子排布的规律可知，原子的电子层数与该元素所在周期数是相对应的，而各周期数又是与各能级组对应的。根据原子的电子层结构不同，可把周期系中各元素划为七个周期：第一周期为特短周期，有 2 个元素；第二、三周期为短周期，各有 8 个元素；第四、五周期是长周期，各有 18 个元素；第六周期是特长周期，有 32 个元素；第七周期以前被称为不完全周期，现已充满，也有 32 个元素；各周期元素的数目恰好等于相应能级组中原子轨道所能容纳的电子总数。各周期与对应的能级组关系见表 8-5。

表 8-5 周期与最外能级组的对应关系

周期	能级组	最外能级组内各轨道电子分布顺序			容纳电子数	各周期内元素种数
1(特短周期)	1	$1s^{1\to 2}$			2	2
2 (短周期)	2	$2s^{1\to 2}$		$2p^{1\to 6}$	8	8
3	3	$3s^{1\to 2}$		$3p^{1\to 6}$	8	8
4 (长周期)	4	$4s^{1\to 2}$	$3d^{1\to 10}$	$4p^{1\to 6}$	18	18
5	5	$5s^{1\to 2}$	$4d^{1\to 10}$	$5p^{1\to 6}$	18	18
6 (特长周期)	6	$6s^{1\to 2}$	$4f^{1\to 14}$ $5d^{1\to 10}$	$6p^{1\to 6}$	32	32
7	7	$7s^{1\to 2}$	$5f^{1\to 14}$ $6d^{1\to 10}$	$7p^{1\to 6}$	32	32

（2）区的划分

根据元素原子价层电子构型的不同，可以把元素周期系中的元素所在位置分成 s、p、d、ds 和 f 五个区（图 8-11）。

各区元素原子核外电子分布的特点，如表 8-6 所示。

表 8-6 各区元素原子核外电子分布特点

区	原子价层电子构型	最后填入电子的亚层	包括的元素
s	$ns^{1\to 2}$	最外层的 s 亚层	ⅠA，ⅡA 族
p	$ns^2 np^{1\to 6}$	最外层的 p 亚层	ⅢA～ⅦA 族，零族
d	$(n-1)d^{1\to 9} ns^{1\to 2}$	一般为次外层的 d 亚层	ⅢB～ⅦB 族，Ⅷ族（过渡元素）
ds	$(n-1)d^{10} ns^{1\to 2}$	同上	ⅠB，ⅡB 族（过渡元素）
f	$(n-2)f^{0\to 14}(n-1)d^{0\to 2}ns^2$	一般为外数第三层的 f 亚层（有个别例外）	镧系元素 锕系元素（内过渡元素）

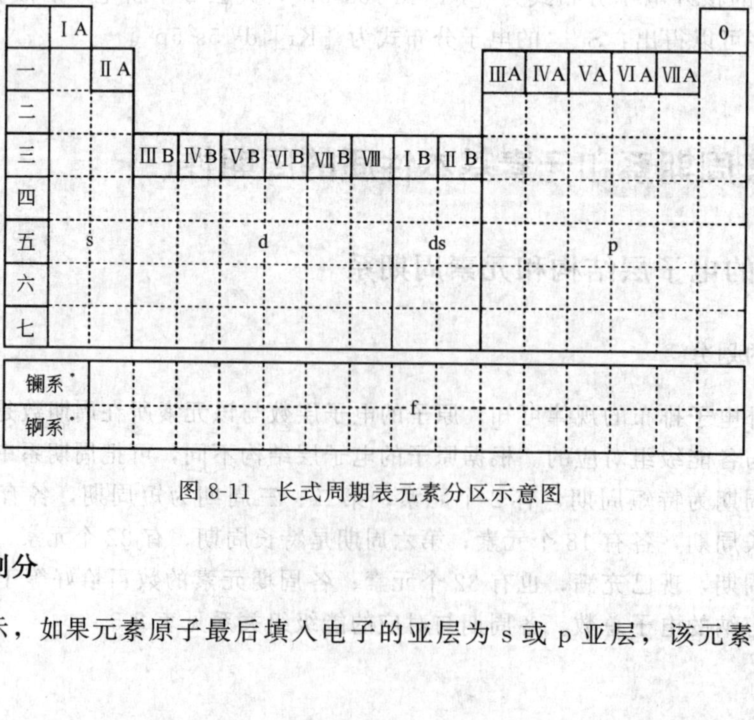

图 8-11 长式周期表元素分区示意图

（3）族的划分

如上表所示，如果元素原子最后填入电子的亚层为 s 或 p 亚层，该元素便属于主族元素；如果最后填入电子的亚层为 d 或 f 亚层，该元素便于属副族元素，又称过渡元素（其中填入 f 亚层的又称内过渡元素）。

书写时，以 A 表示主族元素，以 B 表示副族元素。如 ⅡA 表示第二主族元素，ⅢB 表示第三副族元素。[1]

元　　素	族　　数
s,p,ds 区	等于最外层电子数（零族除外）
d 区（其中Ⅷ族只适用于 Os,Fe,Ru）	等于最外层电子数＋次外层的 d 电子数
f 区	都属ⅢB 族

由此可见，元素在周期系中的位置（周期、区、族），是由该元素原子核外电子的分布所决定的。

8.4.2 元素基本性质的周期性

由于原子电子层结构的周期性，因此与电子层结构有关的元素的基本性质如原子半径、电离能、电子亲合能、电负性等，也呈现明显的周期性。

(1) 原子半径

通常所说的原子半径是根据该原子存在的不同形式来定义的。常用的有三种：

① 共价半径：两个相同原子形成共价键时，其核间距离的一半，称为原子的共价半径。例如：把 Cl—Cl 分子核间距的一半 99pm 定为 Cl 原子的共价半径。

② 金属半径：金属单质的晶体中，两个相邻金属原子核间距离的一半，称为该金属原子的金属半径。例如把金属铜中两个相邻 Cu 原子核间距的一半（128pm）定为 Cu 原子的半径。

③ 范德华半径：在分子晶体中，分子之间是以范德华力（即分子间力）结合的。例如稀有气体晶体，相邻分子核间距的一半，称为该原子的范德华半径。例如氖（Ne）的范德华半径为 160pm。

表 8-7 列出了周期系中各元素的原子半径 ［零族除外］。

在短周期中，从左到右原子半径减少，这是因为同一短周期中，电子层数并无变化，这时由核电荷增加而导致的收缩作用占主导地位。

过渡元素从左到右，原子半径变化的幅度不大。这是因为同一周期元素原子的电子层数相同，增加的电子填充在次外层 $(n-1)$d 轨道上，内层 d 电子对核的屏蔽作用很大，减弱了核电荷对最外层电子的吸引，表现出收缩作用变小。影响过渡元素原子半径的因素较复杂，所呈现出的规律不十分明显，总的趋势是变小，但幅度不大。

s 区、p 区的各族元素，原子半径由上而下逐渐增大。这是因为随着电子层数的增加，原子半径呈增大的趋势，虽然核电荷也相应增加，起到吸引电子、缩小原子半径的作用，但由于屏蔽效应，使这种缩小的趋势小于增大的趋势，最后的结果还是原子半径逐渐增大。d 区各族元素由上而下原子半径有增大的趋势，但幅度小，且不很规律。

---

[1] 1988 年 IUPAC 建议分成 18 个族，不分 A，B 族，这样可以把外围电子构型的特征与族号紧密地联系起来，有利于原子价理论的发展。在元素周期系中，该族号划分从左到右序列依次为 1，2，3，4，…，18 族。

表 8-7 周期表中各元素的原子半径* (nm)

周期	IA	IIA	IIIB	IVB	VB	VIB	VIIB	VIII	VIII	VIII	IB	IIB	IIIA	IVA	VA	VIA	VIIA	0
1	H 0.037																	He
2	Li 0.152	Be 0.111											B 0.080	C 0.077	N 0.074	O 0.074	F 0.071	Ne
3	Na 0.186	Mg 0.160											Al 0.143	Si 0.118	P 0.110	S 0.103	Cl 0.099	Ar
4	K 0.227	Ca 0.197	Sc 0.161	Ti 0.145	V 0.131	Cr 0.125	Mn 0.137	Fe 0.124	Co 0.125	Ni 0.129	Cu 0.128	Zn 0.133	Ga 0.122	Ge 0.123	As 0.125	Se 0.116	Br 0.114	Kr
5	Rb 0.248	Sr 0.215	Y 0.178	Zr 0.159	Nb 0.143	Mo 0.136	Tc 0.135	Ru 0.133	Rh 0.135	Pd 0.138	Ag 0.145	Cd 0.149	In 0.163	Sn 0.141	Sb 0.145	Te 0.143	I 0.133	Xe
6	Cs 0.265	Ba 0.217	Lu 0.172	Hf 0.150	Ta 0.143	W 0.137	Re 0.137	Os 0.134	Ir 0.130	Pt 0.139	Au 0.114	Hg 0.150	Tl 0.170	Pb 0.175	Bi 0.155	Po 0.118	At	Rn

| La 0.187 | Ce 0.183 | Pr 0.182 | Nb 0.181 | Pm 0.181 | Sm 0.180 | Eu 0.180 | Gd 0.178 | Tb 0.176 | Dy 0.175 | Ho 0.174 | Er 0.173 | Tm 0.173 | Yb 0.104 |

*表中黑点大小，表示原子半径相对大小。

(2) 电离能（电离势）

气态原子在基态时失去最外层第一个电子成为 +1 价气态离子所需的能量叫做第一电离能 (I_1)，再继续逐个失去电子所需的能量则依次称为第二，第三，…… 电离能 (I_2, I_3, …)。例如：

$$Mg(g) - e^- \longrightarrow Mg^+(g) \quad I_1 = 738 \text{kJ} \cdot \text{mol}^{-1}$$
$$Mg^+(g) - e^- \longrightarrow Mg^{2+}(g) \quad I_2 = 1451 \text{kJ} \cdot \text{mol}^{-1}$$
$$Mg^{2+}(g) - e^- \longrightarrow Mg^{3+}(g) \quad I_3 = 7733 \text{kJ} \cdot \text{mol}^{-1}$$

对于同一原子，I_1 最小，因为从正离子中电离出电子远比从中性原子中电离出电子困难。电离能的大小反映了原子失去电子的难易程度。电离能愈大，原子失去电子时需要吸收的能量愈大，原子失去电子也就愈难。表 8-8 列出了各元素的第一电离能。元素的第一电离能越小，表示它越易失去电子，即该元素的金属性越强，因此，元素的第一电离能是该元素金属活泼性的一种衡量尺度。

电离能的大小，主要决定于原子的有效核电荷、原子半径和原子的电子层结构。有效核电荷愈大，原子半径愈小，外围电子构型愈稳定，原子就愈难失去电子，电离能就愈大。

在同一周期中，从左至右，从碱金属到卤素，元素的有效核电荷增加，原子半径逐渐减小，原子最外层电子数逐渐增多，总的趋势是元素的电离能逐渐增大。

稀有气体由于具有稳定的电子层结构，在同一周期的元素中，电离能最大。长周期的 d 区元素由于电子填入到次外层，有效核电荷增加不多，原子半径减小缓慢，故电离能增加不显著且不甚规则。

表 8-8 元素的第一电离能 (kJ·mol^{-1})

H 1312																	He 2372
Li 520	Be 899											B 801	C 1086	N 1402	O 1314	F 1631	Ne 2081
Na 496	Mg 738											Al 578	Si 786	P 1012	S 1000	Cl 1251	Ar 1521
K 419	Ca 590	Sc 631	Ti 658	V 650	Cr 623	Mn 717	Fe 759	Co 758	Ni 737	Cu 745	Zn 906	Ga 579	Ge 762	As 947	Se 941	Br 1140	Kr 1351
Rb 403	Sr 550	Y 616	Zr 660	Nb 664	Mo 685	Tc 702	Ru 711	Rh 720	Pd 805	Ag 804	Cd 868	In 558	Sn 709	Sb 834	Te 869	I 1008	Xe 1170
Cs 376	Ba 503	Lu 523	Hf 675	Ta 761	W 770	Re 760	Os 839	Ir 878	Pt 868	Au 890	Hg 1007	Tl 589	Pb 716	Bi 703	Po 812	At	Rn 1041
Fr	Ra 509	Lr															

虽然同一周期元素的第一电离能有增大趋势，但中间仍稍有起伏。例如第三周期中的 Mg 和 P 虽分别位于 Al 和 S 的左侧，但它们的电离能反而比 Al 和 S 的高。这是由于 Mg 的外围电子构型为 $3s^2$，电子已成对，s 轨道全充满；P 的外围电子构型为 $3s^2 3p^3$，p 轨道处于半充满状态，因此它们的电离能就分别比其右侧元素 Al 和 S 的电离能大一些。

在 s 区、p 区的同族元素中，从上到下电离能变小，这是由于从上往下核电荷数虽然增多，但电子层数也相应增多，原子半径的增大起着主要作用。因此，核对最外层电子的吸引力逐渐减弱，电子趋向易失去，电离能逐渐减小。

注意：电离能的大小只能衡量气态原子失去电子变为气态离子的难易程度，至于金属在溶液中发生化学反应形成阳离子的倾向，还是应该根据金属的电极电势来进行估量。

(3) 电子亲合能 (Y)

与电离能恰好相反，元素原子的第一电子亲合能是指一个基态的气态原子得到一个电子形成气态阴离子所释放出的能量。如：

$$O(g) + e^- \longrightarrow O^-(g) \qquad Y_1 = -141 \text{kJ} \cdot \text{mol}^{-1}$$

元素原子的第一电子亲合能一般都为负值，因为电子落入中性原子的核场里势能降低，体系能量减少。唯稀有气体原子 ($ns^2 np^6$) 和第 ⅡA 族原子 (ns^2) 最外电子亚层已全充满，要加合上一个电子，需吸收能量才能实现，所以其第一电子亲合能为正值。所有元素原子的第二电子亲合能都为正值，因为阴离子本身是个负电场，对外加电子有排斥作用，要再加合电子时，必须吸收能量。例如：

$$O^-(g) + e^- \longrightarrow O^{2-}(g) \qquad Y_2 = 780 \text{kJ} \cdot \text{mol}^{-1}$$

显然，元素原子的第一电子亲合能代数值越小，原子就越容易得到电子，非金属性也就越强，反之，元素原子的第一电子亲合能代数值越大，原子就越难得到电子，非金属性就越弱。

由于电子亲合能的测定比较困难，所以目前测得的数据较少，准确性也较差，有些数据还只是计算值。表 8-9 提供了一些元素原子的电子亲合能数据。

从表中可以看出，无论是在周期或族中，电子亲合能的代数值一般都是随着原子半径的减小而减小的。因为半径减小，核电荷对电子的引力增大，故电子亲合能在周期中从左向右过渡时，总的变化趋势是减小的。主族元素从上往下过渡时，总的变化趋势是增大的。也应注意，电子亲合能也只是表征孤立气态原子或离子得、失电子的能力。

表 8-9 元素原子的电子亲合能（kJ·mol^{-1}）

H -72.375									He (+21.33)
Li -59.83	Be (+241.25)			B -23.16	C -122.555	N -0.0	O -141.855	F -322.31	Ne (+28.95)
Na -53.075	Mg (+231.6)			Al -44.39	Si -119.66	P -74.305	S -200.72	Cl -348.365	Ar (+34.74)
K -48.25	Ca (+156.33)		Cu -123.52	Ga -35.705	Ge -115.8	As -77.2	Se -194.93	Br -324.24	Kr (+38.6)
Rb -47.285	Sr (+119.66)		Ag -125.45	In -33.775	Sn -120.625	Sb -101.325	Te -190.105	I -295.29	Xe (+40.53)
Cs -45.355	Ba (+52.11)		Au -222.915	Tl -48.25	Pb -101.325	Bi -101.325	Po (-173.7)	At (-270.2)	Rn (+40.53)
Fr (-44.39)									

（4）电负性

电离能和电子亲合能各自都只能从一个侧面反映了得失电子的能力。为了能比较全面地描述不同元素原子在分子中对成键电子吸引的能力，鲍林提出了电负性的概念。所谓电负性是指分子中元素原子吸引电子的能力，他指定最活泼的非金属元素原子的电负性 $X(F)=4.0$，然后通过计算得到其他元素原子的电负性。

从表 8-10 可知，元素原子的电负性呈周期性变化。一般来说，同一周期从左到右，电负性逐渐增大；在同一主族中，从上往下电负性逐渐减小。至于副族元素原子，电负性变化不规律。

表 8-10 元素原子的电负性*

H 2.2 2.20																H 2.2 2.20	He 3.2
Li 1.0 0.97	Be 1.6 1.47											B 2.0 2.01	C 2.6 2.50	N 3.0 3.07	O 3.4 3.50	F 4.0 4.20	Ne 5.1
Na 0.9 1.01	Mg 1.3 1.23											Al 1.6 1.47	Si 1.9 1.74	P 2.2 2.06	S 2.6 2.44	Cl 3.2 2.83	Ar 3.3
K 0.8 0.91	Ca 1.0 1.04	Sc 1.3 1.20	Ti 1.5 1.32	V 1.6 1.45	Cr 1.6 1.56	Mn 1.5 1.6	Fe 1.8 1.64	Co 1.9 1.70	Ni 1.9 1.75	Cu 1.9 1.75	Zn 1.6 1.66	Ga 1.8 1.82	Ge 2.0 2.02	As 2.2 2.20	Se 2.6 2.48	Br 3.0 2.74	Kr 2.9 3.1
Rb 0.8 0.89	Sr 1.0 0.99	Y 1.2 1.1	Zr 1.4 1.22	Nb 1.6 1.23	Mo 1.8 1.30	Tc 1.9 1.36	Ru 2.2 1.42	Rh 2.2 1.45	Pd 2.2 1.35	Ag 1.9 1.42	Cd 1.7 1.46	In 1.8 1.49	Sn 1.9 1.72	Sb 2.1 1.82	Te 2.1 2.01	I 2.7 2.21	Xe 2.6 2.4
Cs 0.8 0.86	Ba 0.9 0.97	Lu 1.2 1.14	Hf 1.3 1.23	Ta 1.5 1.33	W 1.7 1.40	Re 1.9 1.46	Os 2.2 1.52	Ir 2.2 1.55	Pt 2.2 1.44	Au 2.4 1.42	Hg 1.9 1.44	Tl 1.8 1.44	Pb 2.1 1.55	Bi 2.0 1.67	Po 2.0 1.76	At 2.2 1.90	Rn

*表中第一行数据是鲍林的电负性，录自 L. Pauling, P. Pauling, *Chemistry*, 175(1975)，其中主族元素录自 Bruce M. Mahan & Rollie J. Myers, *University Chemistry*, 4th ed., 664(1987)。第二行数据是何莱-罗周的电负性数据，录自 James E. Huheey, *Inorganic Chemistry: Principles of Structure and Reactivity*, 2nd ed.

某元素的电负性越大，它的原子在分子中吸引成键电子的能力越强。

还应注意：①电负性是一个相对值，本身没有单位。②自从 1932 年鲍林提出电负性概念后，有不少人对这个问题进行探讨，由于计算方法不同，现在已经有几套元素原子电负性数据。因此，使用数据时，要注意出处，并尽量采用同一套电负性数据。

1. 选择题

(1) 对于 4s 轨道上的某一电子运动状态的描述，下列几组量子数中正确的是（　　）。

A. 4, 0, 1, 1/2　　B. 4, 0, 0, −1/2　　C. 4, 1, 0, 1/2　　D. 3, 1, 0, −1/2

(2) 4p 电子的磁量子数为（　　）。

A. 4, 1, 0
B. −1, 0, +1
C. 1, 2, 3
D. −2, −1, 0, +1, +2

(3) 对于某一多电子原子，描述其中四个电子的量子数如下：A(4, 3, 1, 1/2)；B(4, 2, −1, 1/2)；C(3, 1, −1, −1/2)；D(3, 0, 0, −1/2)，其能量由低到高的顺序为（　　）。

A. DCBA
B. ABCD
C. CBAD
D. BADC

(4) 基态 Fe 原子的价层电子构型为（　　）。

A. $3d^6 4s^2$
B. $4s^2$
C. $3s^2 3p^6 3d^6 4s^2$
D. $3d^6$

(5) 元素性质的周期性变化取决于（　　）。

A. 原子半径的周期性变化
B. 原子中核电荷数的变化
C. 原子中价电子数的变化
D. 原子中核外电子分布的周期性变化

(6) 已知某元素氧化值为 +2 的阳离子的电子分布式为 $[Ar]3d^5$，则该元素在周期表中的位置为（　　）。

A. 第四周期，ⅦB，d 区
B. 第三周期，ⅦB，d 区
C. 第四周期，ⅤB，d 区
D. 第三周期，ⅤA，p 区

2. 在下列各组量子数中，恰当填入尚缺的量子数。

(1)　$n=?$　$l=2$　$m=0$　$m_s=+\dfrac{1}{2}$

(2)　$n=2$　$l=?$　$m=-1$　$m_s=-\dfrac{1}{2}$

(3)　$n=4$　$l=2$　$m=0$　$m_s=?$

(4)　$n=2$　$l=0$　$m=?$　$m_s=+\dfrac{1}{2}$

3. 量子数 $n=3$，$l=1$ 的原子轨道的符号是什么？该类原子轨道的形状如何？有几种空间取向？共有几个轨道？可容纳多少个电子？

4. (1) 下列轨道中哪些是等价轨道？

2s　3s　$3p_x$　$4p_x$　$2p_x$　$2p_y$　$2p_z$

(2) 量子数 $n=4$ 的电子层有几个亚层？各亚层有几个轨道？第四电子层最多能容纳多少个电子？

5. 下列说法是否正确，不正确者应如何改正？
(1) s 电子绕核运动，其轨道为一圆圈，而 p 电子是走∞形的。
(2) 主量子数 n 为 1 时，有自旋相反的两条轨道。
(3) 主量子数 n 为 4 时，其轨道总数为 16，电子层电子最大容量为 32。
(4) 主量子数 n 为 3 时有 3s，3p，3d 三条轨道。
(5) 元素周期表中，s 区、p 区、d 区元素的最外层电子数等于其族序数。
(6) 量子力学的一个轨道指 n、l 和 m 具有一定数值时的一个波函数。
(7) 第一电离能的大小可以说明元素原子得失电子的难易。
(8) Ni 原子的价层电子构型为 $3d^84s^2$，则 Ni^{2+} 的价层电子构型为 $3d^64s^2$。
(9) 某元素的最外层只有一个 $l=0$ 的电子，则该元素不可能是 p 区的元素。

6. 分别写出下列元素原子的电子分布式，并分别指出各元素在周期表中的位置。
$_9F$ $_{10}Ne$ $_{25}Mn$ $_{29}Cu$ $_{24}Cr$ $_{55}Cs$ $_{71}Lu$

7. 写出下列离子的电子分布式：
S^{2-} K^+ Pb^{2+} Ag^+ Mn^{2+} Co^{2+}

8. 试填写下表：

原子序数	电子分布式	各层电子数	周期	族	区	金属(非金属)
11						
21						
53						
60						
80						

9. 填写下表：

元素	周期	族	最高氧化值	价层电子构型	电子分布式	原子序数
甲	3	ⅡA				
乙	6	ⅦB				
丙	4	ⅥA				
丁	5	ⅡB				

10. 有第四周期的 A、B、C 三种元素，其价电子数依次为 1、2、7，其原子序数按 A、B、C 顺序增大。已知 A、B 次外层电子数为 8，而 C 的次外层电子数为 18，根据结构判断：
(1) 哪些是金属元素？
(2) C 与 A 简单离子是什么？
(3) 哪一元素的氢氧化物碱性最强？
(4) B 与 C 两元素间能形成何种化合物？试写出化学式。

11. 有 A、B、C、D 四种元素，其价电子数依次为 1、2、6、7，其电子层数依次减少。已知 D^- 的电子层结构与 Ar 原子相同，A 和 B 次外层各只有 8 个电子，C 次外层只有 18 个电子。试判断这四种元素。

(1) 原子半径由小到大的顺序；
(2) 第一电离能由小到大的顺序；
(3) 电负性由小到大的顺序；
(4) 金属性由弱到强的顺序；
(5) 分别写出各元素原子最外层的 $l=0$ 的电子的量子数。

第 9 章
分子结构与晶体结构

在自然界里，人们通常所遇到的物质，除稀有气体是以单原子分子的形式存在外，其余的基本上是以原子之间相互结合而成的分子或晶体的形式存在。在第八章里，介绍了原子结构方面的知识。根据物质的原子结构可以解释物质的一些宏观性质，如元素的金属性、非金属性及其递变规律等。但却无法解释物质的同素异性、同分异构等现象。因为物质的性质不仅与原子的结构有关，还与物质的分子结构或晶体结构有关。

本章是在原子结构理论的基础上，介绍分子结构的基本理论。主要讨论化学键的本质、分子或晶体的空间构型、分子之间的相互作用力及分子结构、晶体结构同物质性质之间的关系。

9.1 键参数

化学键的性质可以用某些物理量来描述。例如比较键极性的相对强弱可以用成键两元素电负性差值来衡量；比较键的强度可以用键能。总之，凡能表征化学键性质的物理量都可称为键参数。

9.1.1 键能

键能一般就是指气体分子每断裂单位物质的量的某键（6.022×10^{23} 个化学键）时的焓变。例如 298.15K，标准态下，H—Cl 键的键能 $E_{H-Cl}^{\ominus}$ 为 $431 \text{kJ} \cdot \text{mol}^{-1}$。

根据能量守恒定律，断裂一个化学键所需的能量与形成该键时所释放出来的能量是一样的。因此，键能可作为衡量化学键牢固程度的键参数，键能越大，键越牢固。

对双原子分子来说，键能在数值上就等于键的离解能（D）。例如：

$$H_2(g) \xrightarrow[\text{标准态下}]{298.15K} 2H(g)$$

$$E_{H-H}^{\ominus} = \Delta_r H_m^{\ominus} = D_{H-H}^{\ominus} = 436 \text{kJ} \cdot \text{mol}^{-1}$$

对多原子分子而言，若某键不止一个（例如 CH_4），则该键键能为同种键逐级离解能的平均值。通常共价键的键能指的是平均键能。

除可通过光谱实验测定离解能以确定键能外,还可以利用生成焓计算键能。

9.1.2 键长

分子内成键两原子核间的平衡距离称为键长(L_b),键长可以用分子光谱或 X 射线衍射方法测得(表 9-1)。

表 9-1　几种双原子分子的键长

键	L_b/pm	键	L_b/pm
H—H	74.0	H—F	91.8
Cl—Cl	198.8	H—Cl	127.4
Br—Br	228.4	H—Br	140.8
I—I	266.6	H—I	160.8

从分析大量实验数据发现,同一种键在不同分子中的键长数值基本上是个定值。这说明一个键的性质主要取决于成键原子的本性。

两个确定的原子之间,如果形成不同的化学键,其键长越短,键能就越大,键就越牢固。如表 9-2 所示。

表 9-2　一些化学键的键长与键能

化学键	C—C	C=C	C≡C	N—N	N=N	N≡N	C—N	C=N	C≡N
L_b/pm	154	134	120	146	125	109.8	147	—	116
$E^{\ominus}$/kJ·mol^{-1}	356	598	813	160	418	946	285	616	866

两个相同原子所组成的共价单键键长的一半长度,即为该原子的共价半径(有时简称原子半径)。A—B 键的键长约等于 A 和 B 共价半径之和。

9.1.3 键角

在分子中两个相邻化学键之间的夹角称为键角。

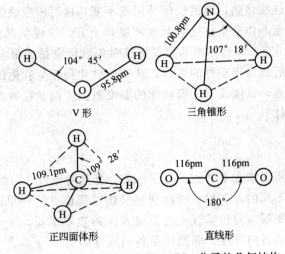

图 9-1　H_2O,NH_3,CH_4,CO_2 分子的几何结构

像键长一样,键角数据可以用分子光谱或 X 射线衍射法测得。

如果知道了某分子内全部化学键的键长和键角数据,那么这个分子的几何构型就确定了,如图 9-1 所示。可见,键角和键长是描述分子几何结构的两个要素。

9.2 晶体及其内部结构

物体通常呈气、液、固三种聚集态。固体又可分为晶体和非晶体两种。

9.2.1 晶体的特征

与非晶体相比较,晶体通常有如下特征。

(1) 一定的几何外形

从外观看,晶体一般都具有一定的几何外形。如图 9-2 所示,食盐(NaCl)晶体是立方体,石英(SiO_2)晶体是六角柱体,方解石($CaCO_3$)晶体是棱面体。

非晶体如玻璃、松香、石蜡、动物胶、沥青、琥珀等,因没有一定的几何外形,所以又叫无定形体。

有一些物质(如炭黑和化学反应中刚析出的沉淀等)从外观看虽然不具备整齐的外观,但结构分析证明,它们是由极微小的晶体组成的,物质的这种状态称为微晶体。微晶体仍属晶体的范畴。

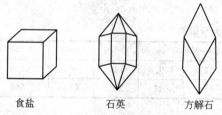

图 9-2 几种晶体的外形

(2) 固定的熔点

在一定压力下将晶体加热,只有达到某一温度(熔点)时,晶体才开始熔化,在晶体没有全部熔化之前,即使继续加热,温度仍保持恒定不变,这时所吸收的热能都消耗在使晶体从固态转变为液态,直至晶体完全熔化后温度才继续上升,这说明晶体都具有固定的熔点,例如常压下冰的熔点为 0℃。非晶体则不同,加热时先软化成黏度很大的物质,随着温度的升高黏度不断变小,最后成为流动性的熔体,从开始软化到完全软化的过程中,温度是不断上升的,没有固定的熔点,只能说有一段软化的温度范围。例如松香在 50~70℃ 之间软化,70℃ 以上才基本成为熔体。

(3) 各向异性

一块晶体的某些性质,如光学性质、力学性质、导热导电性、溶解性等,从晶体的不同方向去测定时,常常是不同的,例如云母特别容易按纹理面(称解里面)的方向裂成薄片;石墨晶体内,平行于石墨层方向比垂直于石墨层方向的热导率要大 4~6 倍,电导率要大万倍。晶体的这种性质称为各向异性。非晶体是各向同性的。

晶体和非晶体性质上的差异,反映了两者内部结构上的差别。应用 X 射线研究表明,晶体内部微粒（原子、离子或分子）的排列是有次序、有规律的，它们总是在不同方向上按某些确定的规律重复性地排列，这种有次序的、周期性的排列规律贯穿整个晶体内部（微粒分布的这种特点称为远程有序），而且在不同方向上的排列方式往往不同，因此造成晶体的各向异性。非晶体内部微粒的排列是无次序、不规律的。如图 9-3 为石英晶体和硅石玻璃（非晶体）中微粒排列示意图。

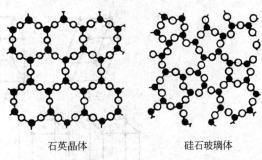

图 9-3　石英晶体与硅石玻璃结构特点示意图

晶体与非晶体之间并不存在着不可逾越的鸿沟。在一定条件下，晶体与非晶体可以相互转化，例如把石英晶体熔化并迅速冷却，可以得到硅石玻璃。涤纶熔体若迅速冷却，可得无定形体；若慢慢冷却，则可得晶体。由此可见，晶体和非晶体是物质在不同条件下形成的两种不同的固体状态。从热力学角度来说，晶态比非晶态稳定。有些有机物质的晶体熔化后在一定温度范围内微粒分布部分地保留着远程有序，因而部分地仍具有各向异性，这种介于液态和晶态之间的各向异性的凝聚液体称为液态晶体，简称液晶。由于液晶对光、电磁变化非常敏感，作为各种信息的显示和记忆材料，被广泛应用于科技工作中，对生命科学的研究更有特殊意义。

晶体又分为单晶体和多晶体两种。单晶体是由一个晶核（微小的晶体）各向均匀生长而形成的。例如半导体材料中的单晶硅就属于单晶体。单晶体在自然界较少见，可以人工制造，通常所见的晶体是由很多单晶颗粒杂乱地聚集而成的。尽管每颗小单晶的结构都是相同的，是各向异性的，但由于单晶之间排列杂乱，各向异性相互抵消，一般是整个晶体不表现各向异性，这种晶体称为多晶体。多数晶体和合金都是多晶体。

动物体内无机阴、阳离子在有机物的参与下生成的矿物质多数是极有序的晶体。如人的骨骼和牙齿的主要组成是羟基磷灰石 $Ca_{10}(PO_4)_6(OH)_2$，蛋壳和软体动物的硬壳是碳酸钙 $CaCO_3$，病理矿化所形成的尿结石（草酸钙 CaC_2O_4）和胆结石（胆红素钙盐）等都是晶体。

9.2.2　晶体的内部结构

(1) 晶格

为了便于研究晶体中微粒（原子、分子或离子）的排列规律，法国结晶学家布拉维（A. Bravais）提出：把晶体中规则排列的微粒抽象成为几何学中的点，并称为结点。这些结点的总和称为空间点阵。沿着一定的方向按某种规则把结点联结起来，则可得到描述各种晶体内部结构的几何图像——晶体的空间格子（简称为晶格）。图 9-4 为最简单立方晶格示意图。

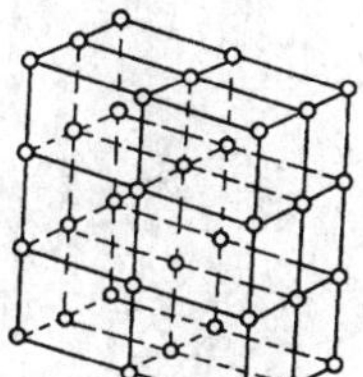

晶体有千万种，根据晶体外形的对称性不同，可将晶体分成七个晶系：立方晶系、四方晶系、正交晶系、单斜晶系、三斜晶系、六方晶系、三方晶系。按晶格结点在空间的位置，又可分为十四种式样，称为十四种晶格，见图 9-5。其中立方体晶格具有最简单的结构，它可分为三种类型，见图 9-6。

图 9-4　晶格

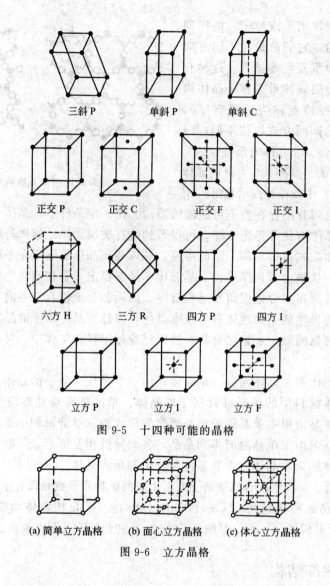

图 9-5 十四种可能的晶格

(a) 简单立方晶格　(b) 面心立方晶格　(c) 体心立方晶格

图 9-6 立方晶格

（2）晶胞

在晶格中，能表现出其结构一切特征的最小重复单位称为晶胞。如果某晶体的晶格如图 9-4 所示，那么图中每一个最小的平行六面体均为该晶体的晶胞。NaCl 晶体的晶胞如图 9-7 所示。

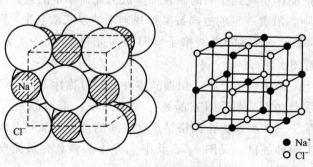

图 9-7 NaCl 晶体的晶胞

(3) 晶体的基本类型

用 X 射线不仅能测定晶体内微粒在空间的排列方式，并且还能测出在晶格结点上的微粒是离子、原子或是分子。根据排列在晶格结点上的微粒种类的不同，又可以把晶体分为四种基本类型：离子晶体、原子晶体、分子晶体和金属晶体。本章先讨论离子晶体。

9.3 离子键和离子晶体

活泼的金属原子与活泼的非金属原子所形成的化合物如 NaCl、KCl、CsCl、CaO 等，都是离子型化合物。离子是构成离子化合物的基本微粒，离子化合物的性质取决于离子的结构和正、负离子间的吸引作用。离子化合物一般熔点较高，硬度较大，易溶于水，溶解或熔融时都能导电。

9.3.1 离子的特征

离子具有三个重要的特征：离子的电荷、离子的电子层构型和离子半径。

(1) 离子的电荷

离子的电荷指原子在形成离子化合物过程中失去和获得的电子数。

(2) 离子的电子构型

所有简单阴离子（如 F^-、Cl^-、S^{2-} 等）最外层电子结构为 ns^2np^6，即具有 8 电子构型。阳离子的情况比较复杂（见表 9-3）。

表 9-3 阳离子的电子构型

离子外电子层电子排布通式	离子的电子构型	阳离子实例
$1s^2$	2	Li^+、Be^{2+}
ns^2np^6	8	Na^+、Mg^{2+}、Al^{3+}、Sc^{3+}
$ns^2np^6nd^{1\sim9}$	9~17	Cr^{3+}、Mn^{2+}、Fe^{2+}、Cu^{2+}、Fe^{3+}
$ns^2np^6nd^{10}$	18	Cu^+、Zn^{2+}、Cd^{2+}、Hg^{2+}
$(n-1)s^2(n-1)p^6(n-1)d^{10}ns^2$	18+2	Sn^{2+}、Pb^{2+}、Sb^{3+}、Bi^{3+}

2 电子和 8 电子构型的离子可以稳定存在，但其他几种非稀有气体构型的离子也有一定程度的稳定性。

(3) 离子的半径

离子和原子一样，它们的电子云弥漫在核的周围而无确定的边界，因此，离子的真实半径实际上是难以确定的。通常所说的离子半径是：当正、负离子通过离子键而形成离子晶体时，把正、负离子看成是互相接触的两个球体，两个原子核间的平衡距离（核间距）就等于两个球体的半径之和，即 $d=r_1+r_2$（如图 9-8 所示）。这个半径便叫做离子的有效半径，

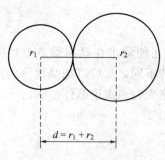

图 9-8 正负离子半径与核间距的关系

简称离子半径。

核间距的大小是可以通过实验测出的，如果能知道其中一个离子的半径，另一个离子的半径则可求出。

离子半径大致有如下的变化规律：

阳离子半径一般小于阴离子半径。如总电子数相等的 Na^+ 离子半径为 95pm，F^- 半径为 136pm。

阳离子半径小于该元素的原子半径，而阴离子半径大于该元素的原子半径。

同一周期电子层结构相同的阳离子，随着阳离子的电荷数增大，离子半径依次减小，如：$r_{Na^+} > r_{Mg^{2+}} > r_{Al^{3+}}$。

周期表各主族元素中，自上而下电子层数依次增多，所以具有相同电荷数的同族离子半径依次增大。如 $r_{Na^+} < r_{K^+} < r_{Rb^+} < r_{Cs^+}$；$r_{F^-} < r_{Cl^-} < r_{Br^-} < r_{I^-}$。

同一元素形成不同电荷的阳离子时，离子半径随电荷数增大而减小。如：$r_{Fe^{3+}} < r_{Fe^{2+}}$；$r_{Pb^{2+}} > r_{Pb^{4+}}$。

周期表中处于相邻族的右下角和左上角斜对角线上的阳离子半径近似相等。如：r_{Li^+}（60pm）—$r_{Mg^{2+}}$（65pm）；$r_{Sc^{3+}}$（81pm）—$r_{Zr^{4+}}$（80pm）。

9.3.2 离子键的形成及特征

(1) 离子键的形成

1916 年德国化学家柯赛尔（W. Kossel）提出离子键的概念，他认为离子键的本质是阴、阳离子之间的静电引力。即当电负性小的金属原子和电负性较大的非金属原子相遇时，很容易发生电子的转移，形成具有类似稀有气体原子稳定结构的阴、阳离子。阴、阳离子靠静电引力相互接近，形成稳定的化学键。

这种由于原子间发生电子的转移，形成正、负离子，并通过静电引力作用而形成的化学键叫离子键。由离子键形成的化合物叫离子型化合物。

离子键的强弱与离子所带电荷及离子间距离大小有关。一般离子所带电荷越多，离子间距离越小，则正负离子间作用力越大，所形成的离子键越牢固。

异号电荷离子间除了静电引力外，当它们相互接近时，电子云之间还将产生排斥作用。当离子间距达一定时，离子间的排斥力和静电吸引力达到暂时平衡，正负离子在平衡位置上振动，此时体系能量最低，形成了稳定的离子键。

(2) 离子键的特征

由于离子电场具有球形对称性，阴、阳离子之间的静电引力与方向无关，离子在其任何方向上均可以与相反电荷的离子相互吸引而形成离子键，因此离子键无方向性。当两个异电荷离子例如 Na^+ 和 Cl^- 彼此吸引形成 Na^+Cl^- 离子型分子后，由于离子的电场力无方向性，各自仍具有吸引异电荷离子的能力，只要空间条件许可，每种离子均可结合更多的异电荷离子，因此离子键无饱和性。

必须指出的是，在离子键形成的过程中，并不是所有的离子都必须形成稀有气体原子的

8电子构型。通常这种8电子构型只适用于ⅠA，ⅡA族的金属和非金属所形成的化合物。过渡元素以及锡、铅等类的金属在形成离子时，不符合8电子构型。它们的离子也能稳定存在，并形成稳定的离子晶体。

9.3.3 离子晶体的特征和性质

凡靠离子间静电引力结合而成的晶体统称离子晶体。常温下离子化合物一般为离子晶体。

在离子晶体中，晶格结点上有规则地交替排列着阴、阳离子，氯化钠晶体就是一种典型的离子晶体（如图9-7所示）。Na^+和Cl^-按一定的规则在空间相隔排列着，每一个Na^+的周围有六个Cl^-，而每一个Cl^-周围也有六个Na^+。通常把晶体内（或分子内）某一粒子周围最接近的粒子数目，称为该粒子的配位数。在NaCl晶体中，Na^+和Cl^-的配位数都是6，Na^+和Cl^-数目比为1∶1，其化学组成习惯上以"NaCl"表示。所以NaCl称为化学式更确切。

离子晶体中晶格结点上阴、阳离子间静电引力较大，破坏离子晶体就需要克服这种引力，因此离子晶体物质一般熔点较高，硬度较大，难于挥发。

例如： 离子化合物　　　　　硬度　　　　　熔点
NaF　　　　　　　　2～2.5　　　　993℃
MgF_2　　　　　　　5　　　　　　1261℃

离子晶体物质质脆，原因是当离子晶体物质受机械力作用时，若晶格结点上离子发生了位移，原来异性离子相间排列的稳定状态变为同性离子相邻接触的排斥状态，晶体结构即被破坏。

离子晶体物质一般易溶于水，其水溶液或熔融态都能导电。

9.3.4 离子晶体的稳定性

(1) 离子晶体的晶格能

在离子晶体中，离子键的强度和晶体的稳定性可以用晶格能的大小来衡量。标准态下，拆开单位物质的量的离子晶体使其变为气态组分离子所需要吸收的能量，称为该离子晶体的晶格能（U）。❶

例如：298.15K、标准态下拆开单位物质的量的NaCl晶体变为气态Na^+和气态Cl^-时能量变化为：

$$NaCl(s) \xrightarrow[\text{标准态下}]{298.15K} Na^+(g) + Cl^-(g)$$

则NaCl晶体的晶格能为：

$$U = 786 \text{kJ} \cdot \text{mol}^{-1}$$

晶格能的大小可作为衡量某种离子晶体裂解为气态正、负离子难易程度的标度。

---

❶ 关于晶格能的定义，目前并不统一。有不少人把标准态下由气态阳离子和气态阴离子结合成单位物质的量的离子晶体所放出的能量称为晶格能。

晶格能可以通过实验测得，也可以通过理论计算求得，现在还可借助量子力学的方法直接进行计算。

(2) 离子晶体的稳定性

对晶体构型相同的离子化合物，离子电荷数越多，核间距越短，晶格能就越大。熔化或压碎离子晶体要消耗能量，晶格能大的离子晶体，必然是熔点较高，硬度较大。从表 9-4 可以看到一些 AB 型离子晶体物质的物理性质与晶格能的对应关系。

表 9-4　物理性质与晶格能的对应关系

NaCl 型晶体	NaI	NaBr	NaCl	NaF	BaO	SrO	CaO	MgO
离子电荷	1	1	1	1	2	2	2	2
核间距/pm	318	294	279	231	277	257	240	210
晶格能/kJ·mol^{-1}	704	747	785	923	3054	3223	3401	3791
熔点/℃	661	747	801	993	1918	2430	2614	2852
硬度(金刚石=10)	—	—	2.5	2～2.5	3.3	3.5	4.5	5.5

因此，利用晶格能数据可以解释和预测离子晶体物质的某些物理性质。晶格能值大小可作为衡量某种离子晶体稳定性的标志，晶格能（U）越大，该离子晶体越稳定。

9.3.5　三种典型的 AB 型离子晶体

离子晶体中，正、负离子在空间排列的情况是多种多样的。这里主要介绍属于立方晶格的二元离子化合物中最常见的三种典型结构，即 NaCl 型，CsCl 型和立方 ZnS 型，见图 9-9。

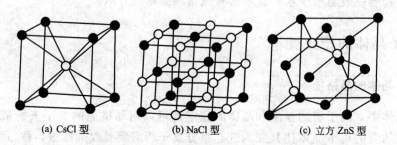

(a) CsCl 型　　　(b) NaCl 型　　　(c) 立方 ZnS 型

图 9-9　CsCl 型，NaCl 型和立方 ZnS 型晶体

① NaCl 型。AB 型离子化合物中最常见的晶体构型就是 NaCl 型晶体。属于面心立方晶格，正、负离子的配位数都是 6（正八面体型）❶。许多晶体如 NaBr、KI、LiF、MgO 等都属于 NaCl 型。

② CsCl 型。CsCl 晶体属于体心立方晶格，离子排列在正立方体的八个顶角和体心上。其中每个正离子周围有八个负离子，每个负离子周围同样也有八个正离子。正负离子的配位数都是 8（立方体型）。CsBr、CsI、TiCl 等晶体都属于 CsCl 型。

---

❶ 将与正离子相配位的诸负离子中心互相连接起来而形成的多面体称为配位多面体。例如在 NaCl 型离子晶体中，配位多面体就是正八面体。

③ ZnS 型。属于面心立方晶格。由图 9-9(c) 可以看出，每个离子都相邻四个相反电荷的离子。因此，立方 ZnS 型晶格的配位数等于 4（正四面体型）。BeO、ZnSe、ZnO、HgS 等晶体都是 ZnS 型。

离子晶体的构型与外界条件有关。当外界条件变化时，晶体构型也可能改变。例如最简单的 CsCl 晶体，在常温下是 CsCl 型，但在高温下可能转变为 NaCl 型。这种化学组成相同而晶体构型不同的现象称为同质多晶现象。

9.3.6 离子半径比与晶体构型

离子晶体不同的结构类型不仅取决于正、负离子的大小，而且与离子的电荷及离子的电子构型有关。这里着重讨论正、负离子半径比和离子晶体构型的关系。

在离子晶体中，只有当正、负离子紧密接触时，晶体才是最稳定的。离子能否完全紧靠与正负离子半径之比 r_+/r_- 有关。取配位数比为 6∶6 的晶体构型的某一层为例（图 9-10）。

令 $r_- = 1$，则

$$\overline{ac} = 4, \overline{ab} = \overline{bc} = 2 + 2r_+,$$
$$\overline{ac}^2 = \overline{ab}^2 + \overline{bc}^2$$
$$4^2 = 2(2 + 2r_+)^2$$

可以解出 $r_+ = 0.414$

即 $r_+/r_- = 0.414$ 时，正、负离子及负离子之间都能紧密接触。由图 9-11 可见，如果 $r_+/r_- < 0.414$，负离子互相接触而正、负离子不能接触，这样吸引力小而排斥力大，体系能量较高，这种构型不稳定，晶体被迫转入配位数较少的构型，例如转入 4∶4 配位，这样正负离子才能接触得较好。如果 $r_+/r_- > 0.414$，负离子接触不良，正、负离子接触良好，吸引力大而排斥力小，这样的结构可以稳定存在。但当 $r_+/r_- > 0.732$ 时，若空间条件允许，则正离子周围有可能容纳更多的负离子，使其配位数变为 8。

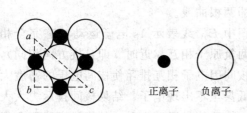
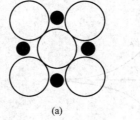
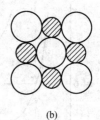

图 9-10 配位数为 6 的晶体中正、负离子半径比　　图 9-11 半径比与配位数的关系
(a) $r_+/r_- < 0.414$；(b) $r_+/r_- > 0.414$

AB 型离子晶体离子半径比与晶体构型的关系见表 9-5。

表 9-5　离子半径比与晶体构型的关系

r_+/r_-	配位数	构　型
0.225～0.414	4	ZnS 型
0.414～0.732	6	NaCl 型
0.732～1.00	8	CsCl 型

除此以外，离子晶体的构型还与离子的电荷、电子构型以及外界条件有关。

9.4 共价键和原子晶体

应用离子键理论虽然可以说明离子型化合物的形成特点，但它却不能恰当地解释对于两个相同的原子或电负性相差不大的原子之间的成键问题。为此，早在 1914 年到 1916 年间，美国化学家路易斯（G. N. Lewis）就提出了"共价键"的设想，认为这类原子之间是通过共用电子对结合成键的。路易斯理论可以成功地解释性质相同或相近原子是如何形成分子的，但许多事实仍难以解释。如：两个带负电荷的电子是如何配对的？为什么有些化合物，像 PCl_5，BF_3 等，不满足 8 电子规则仍能稳定存在？为解决上述问题，1927 年英国物理学家海特勒（W. Heitler）和法国物理学家伦敦（F. London）应用量子力学研究了氢分子的形成，初步揭示了共价键的本质。

现代共价键理论是以量子力学为基础的，但因分子的薛定谔方程比较复杂，对它严格求解至今十分困难，为此只好采用某些近似的假定以简化计算。不同的假定产生了不同的物理模型。1931 年美国化学家鲍林等人将量子力学处理氢分子的方法推广应用于其他分子体系而发展成价键理论。1932 年美国的密立根等人又从不同角度提出了用于解释共价键分子形成的分子轨道理论，从而使共价键理论日趋完善。

9.4.1 现代价键理论

(1) 共价键的形成

海特勒等人研究了两个氢原子形成氢分子时所形成的共价键的本质。他们将两个氢原子相互作用时的能量 E，作为两个氢原子核间距离 R 的函数，进行了计算，得到了如图 9-12 所示的两根曲线。

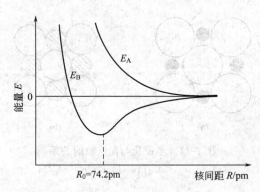

图 9-12 氢分子的能量与核间距的关系曲线
E_A：排斥态的能量曲线；
E_B：基态的能量曲线

图中 E_A 线表示 1s 电子运动状态完全相同的两氢原子相互靠近时（即自旋方向相同），原子核间因电子相互排斥使核间电子的密度大大降低甚至不出现电子，结果核间排斥力大大增强，体系能量迅速上升，其能量高于两个氢原子单独存在时的能量，故不能形成稳定的分子。这种状态时氢分子处于排斥态。反之，若两个氢原子间各自的一个 1s 电子的运动状态不相同（自旋方向相反），则它们相互靠近时，两原子间存在一种吸引力使核间某区域中电子出现的几率大大增加，在两核间形成了负电荷区域，从而对两核间的斥力起到了屏蔽作用，增强了核间吸引力，体系能量大大降低（见图 9-12 中 E_B 线）。当核间距 R 为 74.2pm 时，体系能量最低，从而形成了稳定的氢分子（见图 9-12 中 R_0 位置）。但若核间距继续缩小，斥力迅速增大，体系能量急剧上升。

实验测知，H_2 分子中的核间距为 74.2pm，而 H 原子的玻尔半径却为 53pm，可见 H_2 分子的核间距比两个 H 原子玻尔半径之和要小。这一事实表明，在 H_2 分子中两个 H 原子的 1s 轨道必然发生了重叠。

由此可知，两个电子所以能配对，形成稳定的氢分子，其关键在于配对的两个氢原子各自的 1s 电子的运动状态必须不同，电子的自旋方向必须相反，且成键电子的原子轨道必须重叠。这个研究结果，为现代价键理论的建立，提供了理论基础。

(2) 价键理论的基本要点

把上述处理 H_2 分子体系所得的结果推广应用于其他分子研究中，从而发展成为价键理论，它的基本要点如下：

① 两原子接近时，自旋方向相反的未成对的价电子可能配对，形成共价键。

若 A，B 两个原子各有一个自旋方向相反的电子，当它们靠近时，可以形成共价单键（A—B）。若 A，B 两原子各有 2 个或 3 个未成对价电子，且自旋方向相反，则可形成双键（A═B）或叁键（A≡B）。共用电子对的数目在 2 个以上的称为多重键。

② 形成共价键时，必须满足原子轨道的最大重叠。

电子配对是通过成键原子的原子轨道重叠而成的，为了形成稳定的共价键，要求原子轨道尽可能达到最大程度重叠，使电子对在原子核间出现的机会尽可能大，原子轨道重叠越多，则形成的键越牢固。

上述两条也即是共价键的成键条件。综上所述，所谓共价键是指原子间由于成键电子的原子轨道重叠而形成的化学键。

(3) 原子轨道的重叠

是否任意的原子轨道重叠，两原子间都会成键呢？不是的。只有当原子轨道对称性相同的部分重叠，两原子间电子出现的几率密度才会增大，才能形成化学键（称为对称性原则）。现以 A，B 原子的两个原子轨道沿着 x 轴方向重叠为例，具体说明之。

① 当两个原子轨道以对称性相同的部分（即"+"与"+"，"-"与"-"）相重叠时，由于原子间电子出现的概率密度比重叠前增大，结果使两个原子间的结合力大于两核间的排斥力，导致体系能量降低，从而可能形成共价键。这种重叠对成键是有效的，称为有效重叠或正重叠。由于原子轨道角度分布突出部位往往是有利于实现最大重叠的地方，故讨论问题时，常借用原子轨道角度分布图来表示原子轨道。图 9-13 给出原子轨道几种正重叠的示意图。

② 当两个原子轨道以对称性不同部分（即"+"与"-"）相重叠时，两原子间电子出现的几率密度比重叠前减小，其结果在两原子核之间形成了一个垂直于 x 轴、电子的几率密度几乎等于零的平面（称节面），由于核间排斥力占优势，使体系能量升高，难以成键。这种重叠对成键是无效的，称为非有效重叠或负重叠。图 9-14 给出原子轨道几种负重叠的示意图。

(4) 共价键的特征

① 共价键的饱和性

共价键是通过两原子中两个运动状态不同的单电子配对而成，由于两个原子所具有的单

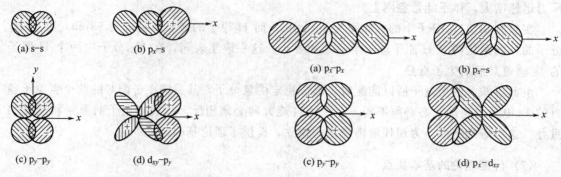

图 9-13　原子轨道几种正重叠示意图　　　　图 9-14　原子轨道几种负重叠示意图

电子数目是一定的，因而它能形成的共价键数目也是一定的。即一个原子有几个成单电子（包括激发后形成的单电子），就可与几个自旋相反的成单电子配对成键，所以说共价键有饱和性。

例如水分子的形成，由于氧原子的最外层电子中，具有两个未成对的 2p 电子。而每个氢原子最外层中仅有一个 1s 电子。因而要形成水分子时，只能是一个氧原子提供的两个 2p 电子，分别与两个氢原子各自提供的一个 1s 电子相互配对，形成两个共价键，一个氧原子绝不可能与 3 个氢原子形成 3 个共价键。又如 HF 分子只能通过一个共价键相结合，它是由氢原子的一个 1s 电子和氟原子的一个 2p 电子相互配对而成。

② 共价键的方向性

在原子结构的研究中已知，各种不同的原子轨道在空间有一定的取向。成键时，原子间总是尽可能沿着原子轨道最大重叠的方向成键，则形成的共价键也必然会存在一定的方向性。

例如氢与氯结合成 HCl 分子时，因为氯原子的最外层 $3p_x$ 原子轨道，与氢原子的 1s 原子轨道有三种重叠方式，只有当 H 原子的 1s 原子轨道沿 x 轴向 Cl 原子的 $3p_x$ 原子轨道接近时，才会发生同号轨道的最大程度的重叠，最后结合而形成稳定的分子，如图 9-15(a) 所示。

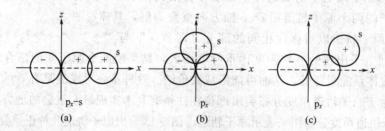

图 9-15　HCl 分子成键示意图

若氢原子的 1s 轨道沿 z 轴向氯原子的 $3p_x$ 轨道接近时，形成了 1s 原子轨道与 $3p_x$ 原子轨道的异号部分轨道等同重叠，使重叠部分正好相互抵消，则轨道不发生有效重叠。因而，氢与氯在这个方向不能结合，如图 9-15(b) 所示。

若氢原子的 1s 轨道沿另一个方向向氯原子的 $3p_x$ 轨道靠近时，虽重叠部分同号，但轨道重叠较少，结合不稳定，这时氢原子有移向 x 轴的倾向。如图 9-15(c) 所示。

(5) 共价键的类型

由于原子轨道形状不同，重叠方式不同，因此可以形成不同类型的共价键。

① σ 键

两个原子轨道沿键轴方向（即核间连线方向）以"头碰头"方式发生重叠，成键轨道重叠部分围绕键轴呈圆柱形对称分布，这种键称 σ 键，其特征是重叠程度大，键牢固程度大。如：两个 s 轨道的重叠，或一个 s 轨道与一个 p 轨道的有效重叠及两个 p_x 原子轨道对称性相同的有效重叠属此类。见图 9-16。

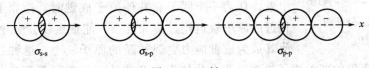

图 9-16 σ 键

② π 键

两个原子轨道在核间连线两侧以"肩并肩"方式发生轨道重叠形成 π 键。如图 9-17 所示。重叠部分是以键轴一个平面为对称面，以镜面反对称形式垂直于键轴。这种键的特征是电子云分散成上下两层，重叠不够充分，重叠程度小于 σ 键。由于原子核对 π 键的束缚力小，故键的活泼性大。现以 N_2 分子为例说明，N 原子的外层电子构型为 $2s^2 2p^3$，参与成键的是 2p 原子轨道上的 3 个单电子。3 个 2p 原子轨道是相互垂直的。当两个 N 原子相互接近时，每个 N 原子上各有一个 2p 原子轨道以"头碰头"的方式相互重叠形成 N—N σ 键，

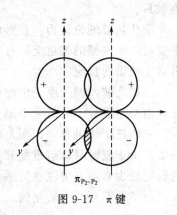

图 9-17 π 键

另两个 2p 原子轨道则以"肩并肩"的方式重叠形成两个 π 键（如图 9-18 所示）。必须注意，π 键不能单独存在，它总是和 σ 键相伴才能形成。N_2 分子的价键结构可用价键结构式表示。

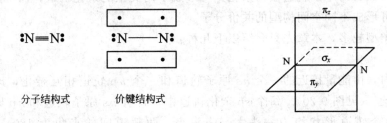

图 9-18 N_2 分子中化学键示意图

式中短横线表示 σ 键，两个长方框分别表示 π 键，框内电子表示 π 电子，元素符号侧旁的电子表示 2s 轨道上未成键的孤对电子。

9.4.2 杂化轨道理论

现代价键理论运用"电子配对"的概念简单地解释了共价键的本质和特征，并为化学键的深入研究提供了理论基础，但在解释分子的空间结构方面却遇到了一些困难。

例如甲烷（CH_4）分子结构是一个正四面体的空间构型（图 9-19），碳原子位于四面体的中心，四个氢原子占据四面体的四个顶点，在 CH_4 分子中形成了四个等同的 C—H 键。

但是 C 原子在基态时，外层电子构型是 $2s^2 2p^2$，即只有 2 个未成对的 p 电子，怎么能形成 4 个 C—H 键呢？而且形成的四个 C—H 键键长、键能又没有任何区别。为了解释多原

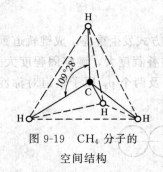

图 9-19 CH₄ 分子的空间结构

子分子的几何构型，1931 年鲍林提出了杂化轨道理论，进一步补充和发展了价键理论。

（1）杂化轨道理论的基本要点

杂化轨道的概念是从电子具有波动性，波可以叠加的观点出发，认为一个原子和其他原子成键时，该原子中若干个能量相近的原子轨道经过叠加混杂，能量重新分配并调整空间方向，使其成为成键能力更强的新的原子轨道。这种过程称为原子轨道的"杂化"，所得的新的原子轨道称为杂化轨道。杂化轨道的数目等于参与杂化的原子轨道数目。

杂化轨道理论认为：在形成共价分子时，中心原子首先经历被激发的过程。即中心原子中成对电子占据的轨道上，有一个电子可能被激发到某空轨道中去，从而形成多个单电子分占多个轨道的状况。

成键之前，同一原子中能量相近而形状不同的原子轨道会发生"杂化"，经杂化后，杂化轨道与组成分子的另一个原子的原子轨道相互重叠成键，组成分子。

在轨道杂化过程中，激发和杂化虽需吸收能量，但它可通过成键过程所释放的能量予以补偿。由于成键时轨道重叠部分增加，成键能力增强，故形成分子时系统的能量降低，分子的稳定性也增强。应注意的是，原子轨道的杂化，只有在形成分子的过程中才会发生，而孤立的原子是不会发生杂化的。

（2）杂化类型和分子空间构型

不同类型和数目的原子轨道参与杂化，可形成不同类型的杂化轨道，而不同类型的杂化轨道成键，就可形成不同空间构型的共价分子。

杂化轨道类型较多，本章先只介绍以下几种：

① sp 杂化

同一原子内，由能量接近的一个 ns 原子轨道和一个 np 原子轨道相互杂化，即可形成两个等性 sp 杂化轨道（见图 9-20）。每个 sp 杂化轨道中，含有 ns 原子轨道和 np 原子轨道的成分各为 1/2。每个轨道形状均为一头大，一头小。两轨道间的夹角为 180°，成线性，如图 9-21 所示。

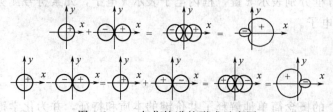

图 9-20 sp 杂化轨道的形成示意图

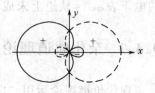

图 9-21 sp 杂化轨道

实验测知，气态 $BeCl_2$ 是一个直线型分子。Be 原子位于两个 Cl 原子的中间，键角 180°，两个 Be—Cl 键的键长和键能都相等：

$$Cl—Be—Cl$$

基态 Be 原子的价层电子构型为 $2s^2$，表面上看来似乎是不能形成共价键的。但杂化轨道理论认为，成键时 Be 原子中的一个 2s 电子可以被激发到 2p 空轨道上去，使基态 Be 原子转变为激发态 Be 原子（$2s^1 2p^1$）：

与此同时，Be 原子的 2s 轨道和一个刚跃进电子的 2p 轨道发生杂化，形成两个能量等同的 sp 杂化轨道：

成键时，Be 原子是以杂化轨道比较大的一头与 Cl 原子的成键轨道重叠而形成两个 σ 键。这两个 sp 杂化轨道正好互成 $180°$，亦即在同一直线上，这样推断的结果与实验相符。

此外，周期系中ⅡB 族 Zn，Cd，Hg 元素的某些共价化合物，其中心原子也多采取 sp 杂化。

② sp^2 杂化

同一原子内由一个 $n s$ 轨道和两个 $n p$ 轨道发生的杂化，称为 sp^2 杂化。杂化后形成的轨道称为 sp^2 杂化轨道。sp^2 杂化可形成三个 sp^2 杂化轨道。

实验测知，气态氟化硼（BF_3）具有平面三角形的结构。B 原子位于三角形的中心，三个 B—F 键是等同的，键角为 $120°$，如图 9-22 所示。

基态 B 原子的价层电子构型为 $2s^2 2p^1$，表面看来似乎只能形成一个共价键。但杂化轨道理论认为，成键时 B 原子中的一个 2s 电子可以被激发到一个空的 2p 轨道上去，使基态的 B 原子转变为激发态的 B 原子（$2s^1 2p^2$）；与此同时，B 原子的 2s 轨道与各填有一个电子的两个 2p 轨道发生 sp^2 杂化，形成三个能量等同的 sp^2 杂化轨道。

图 9-22　BF_3 分子的空间结构

其中每一个 sp^2 杂化轨道都含有 $\dfrac{1}{3}$ s 轨道和 $\dfrac{2}{3}$ p 轨道的成分，形状和 sp 杂化轨道类似，如图 9-23 所示。成键时，以杂化轨道比较大的一头与 F 原子的 2p 轨道重叠而形成 3 个 σ 键，键角为 $120°$。BF_3 分子中的四个原子都在同一平面上，这一推断结果与实验事实完全相符。

除 BF_3 外，其他气态卤化硼分子内，B 原子也是采取 sp^2 杂化方式成键的。

③ sp^3 杂化

同一原子内由一个 $n s$ 轨道和三个 $n p$ 轨道发生杂化，称为 sp^3 杂化，杂化后组成的轨道称为 sp^3 杂化轨道。sp^3 杂化可以而且只能得到四个 sp^3 杂化轨道。

CH_4 中的 C 原子就是采取了这种杂化方式。当 C 原子与四个 H 原子结合时，由于 C 原子的 2s 和 2p 轨道能量比较接近，2s 轨道的成对电子有一个被激发到 2p 轨道上，与此同时

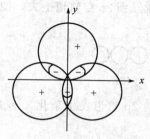

图 9-23　sp^2 杂化轨道

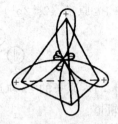

图 9-24　sp^3 杂化轨道

一个 s 轨道与三个 p 轨道杂化而形成能量等同的四个 sp^3 杂化轨道。杂化过程示意如下：

其中每一个 sp^3 杂化轨道都含有 $\frac{1}{4}$ s 轨道和 $\frac{3}{4}$ p 轨道的成分，其空间分布如图 9-24。它们分别指向正四面体的四个顶点，各个 sp^3 杂化轨道之间的夹角为 $109°28'$，C 原子的四个 sp^3 杂化轨道较大的一头分别与四个 H 原子的 1s 轨道发生"头碰头"重叠，形成四个等同的 C—H σ 键。键角为 $109°28'$，所以 CH_4 分子具有正四面体的空间构型，这与实验测定的结果完全相符。

除 CH_4 分子外，CCl_4、CF_4、$SiCl_4$、SiH_4 等分子也是采取 sp^3 杂化方式成键的。

(3) 等性杂化与不等性杂化

杂化轨道的类型较多。若按所组成轨道的成分和能量是否相同来划分，可将杂化轨道分为两类：等性杂化和不等性杂化。

① 等性杂化

当能量相近的几个原子轨道相互杂化后，所形成的几个成分完全相等、能量等同的新轨道称为等性杂化轨道，该杂化称为等性杂化。如上面讨论的三种 s—p 杂化方式中，每一种方式的杂化轨道之间的能量、成分都相同，成键能力相等，因此为等性杂化。

② 不等性杂化

中心原子中若有孤对电子占有的原子轨道参与杂化，就可形成能量不等或成分不完全相同的新原子轨道，这类杂化即为不等性杂化，而形成的杂化轨道即为不等性杂化原子轨道。

例如：H_2O 分子和 NH_3 分子，都是以不等性杂化轨道参与成键的。实验测定 NH_3 分子中 N—H 键的键角为 $107°18'$，与 $109°28'$ 很接近。人们经过深入研究认为，在 NH_3 分子成键过程中，中心原子也是采取 sp^3 杂化方式成键的。

N 原子的外电子层结构为 $2s^2 2p^3$，成键时这 5 个价电子占有的轨道发生 sp^3 杂化，形成了四个 sp^3 杂化轨道。其中三个 sp^3 杂化轨道各有一个未成对电子，这三个 sp^3 杂化轨道分别与三个 H 原子的 1s 轨道重叠，形成三个 N—H 键，剩余一个 sp^3 杂化轨道上的电子对没有参加成键，这一对孤对电子并未与其他原子共用，它靠近 N 原子，电子云较密集于 N 原子的周围，因此该孤对电子对成键电子对所占据的杂化轨道有较大的排斥作用，使键角从 $109°28'$ 压缩到 $107°18'$，故分子呈三角锥形。见图 9-25(a)、(b)。

孤对电子的电子云由于靠近N原子,因此其所在的杂化轨道含有较多的s轨道成分,而其余三个杂化轨道则含有较多的p轨道成分,因此,NH$_3$中的N原子采取的是不等性sp^{3}杂化。

又如,实验测得H$_2$O分子中H—O—H键角为104°45′,H$_2$O分子的空间构型为V型。运用杂化轨道理论解释,可以认为O原子也发生了sp^{3}杂化过程。其中2个sp^{3}杂化轨道中各有一个未成对电子,另两个sp^{3}杂化轨道则各有一对孤对电子。只有2个单电子占据的杂化轨道分别与2个H原子的1s轨道重叠,形成2个H—O共价键。2个孤对电子占据的杂化轨道不参与成键,其电子云在O原子外占据着更大的空间,对2个O—H σ键的电子云有更大的静电排斥力,使键角从109°28′压缩到104°45′,所以H$_2$O的空间结构呈V形,见图9-26。

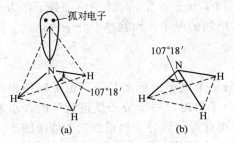

图 9-25 NH$_3$ 分子的空间结构

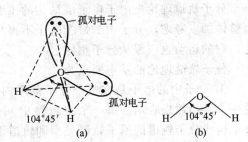

图 9-26 H$_2$O 分子的空间结构

以上介绍了s轨道和p轨道的三种杂化形式,现简要归纳于表9-6中。

表 9-6 s—p 杂化与分子几何构型

杂化类型	sp	sp^2	sp^3		
杂化轨道几何构型	直线形	三角形	四面体		
杂化轨道中电子对数	0	0	0	1	2
分子几何构型	直线形	正三角形	正四面体	三角锥	折线(V)形
实例	BeCl$_2$,CO$_2$	BF$_3$,BCl$_3$	CH$_4$,CCl$_4$ SiH$_4$	NH$_3$	H$_2$O,H$_2$S
键角	180	120°	109°28′	107°18′	104°45′
分子极性	无	无	无	有	有

第三周期及其后的元素原子,价层中有d轨道,若($n-1$)d或nd轨道与ns、np轨道能级比较接近,成键时有可能发生s-p-d(或d-s-p)型杂化。第六周期及其后的元素原子,价层中有f轨道,成键时还可能发生f-d-s-p型杂化。

从以上介绍可以看出,当多原子分子的几何构型已被实验所确定之后,杂化轨道理论能给以较好的解释。但是,就一般非结构化学研究人员来说,由于对不同轨道之间能级差别的大小缺乏了解,难以对某些轨道杂化的可能性做出判断。因此,如果直接应用杂化轨道理论去预测分子的几何构型,未必都能得到满意的结果。因此,继杂化轨道理论之后,历史上又出现了各种理论或方法来解释实验事实,确定并预测分子的几何构型。

9.4.3 分子轨道理论

价键理论和杂化轨道理论都是以电子配对为基础的,因此形成分子后不应有未成对的单电子,一切分子都应呈现反磁性。以O$_2$分子为例,按价键理论,O$_2$分子中的电子都是成对的,应该有一个σ键和一个π键,其结构式应为:[:O=O:]。但是,对O$_2$分子的磁性研究表明，O_2 分子有两个自旋方向相同的成单电子，这是价键理论无法解释的。又如经光谱实验证实，只有一个电子的氢分子离子 H_2^+ 是可以稳定存在的（其结构式为 [H·H]$^+$），此两例均与价键理论的基本观点相违背，暴露了价键理论的局限性。

为了克服价键理论所遇到的困难，分子轨道理论应运而生。近年来，由于电子计算机的应用，分子轨道理论发展较快，已成功地说明很多分子的结构和反应性能问题，在共价键理论中占有非常重要的地位。

(1) 分子轨道理论的基本要点

分子轨道理论把原子电子层结构的主要概念推广到了分子体系中。该理论把分子作为一个整体加以考虑，分子中的每个电子不再从属于原来所属的原子，而在整个分子内运动。因此，它的运动也应服从分子整体。

分子轨道理论的基本要点为：

① 分子中的电子是在整个分子范围内运动的，每一个电子的运动状态，也可以用相应的一个波函数来表示。每一个波函数 Ψ 可代表一个分子轨道。每个分子轨道能量的大小取决于构成分子轨道的原子轨道类型和轨道重叠情况，由此可得到分子轨道的近似能级图。

② 分子轨道（MO）是由原子轨道（AO）线性组合而成。即 n 个原子轨道经线性组合，可形成 n 个分子轨道。

③ 分子中的电子将遵循能量最低原理、泡利不相容原理和洪特规则，依次填入分子轨道之中。

④ 原子轨道要有效地组成分子轨道必须符合能量近似原则、轨道最大重叠原则及对称性相同原则。电子进入分子轨道后，若体系总能量有所降低，即能成键。

(2) 分子轨道的形成

两个原子轨道组合成分子轨道时，因为原子轨道的波函数有正值与负值之分，所以正值部分与正值部分、负值部分与负值部分组合，为对称性相符。按分子轨道理论，对称性相符，可形成成键分子轨道；对称性不符即正值部分与负值部分组合，则形成反键分子轨道。

分子轨道的形状可以通过原子轨道的重叠，进行近似地描述。

① s-s 原子轨道的组合

一个原子的 ns 原子轨道与另一个原子的 ns 原子轨道组合成两个分子轨道的情况，如图 9-27 所示。

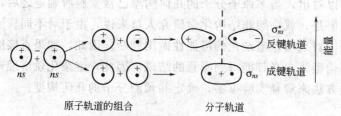

图 9-27　s-s 原子轨道组合成分子轨道示意图

由 s-s 原子轨道组合而生成的这两种分子轨道，其电子云沿键轴（两原子核间的连线）对称分布，这类分子轨道称为 σ 分子轨道。图中 σ_{ns} 称为 σ_{ns} 成键分子轨道，因为电子若进入 σ_{ns} 分子轨道，则电子云在核间的分布密集，对两核的吸引能有效地抵消两核间的斥力，使分子中原子间发生键合作用；图中 σ_{ns}^* 称为 σ_{ns}^* 反键分子轨道，因为电子若进入上面那种分子轨道，其电子云的分布偏于两核外侧，在核间的分布稀疏，不能抵消两核间斥力，对分子中原子间的键合会起反作用。

理论计算和实验测定表明：σ_{ns} 分子轨道的能量比组合成该分子轨道的 ns 原子轨道的能量要低；而 σ_{ns}^* 分子轨道的能量则比 ns 原子轨道的能量要高。电子进入 σ_{ns} 成键轨道会使体系能量降低，而电子进入 σ_{ns}^* 反键轨道则会使体系能量升高。

例如氢分子轨道和氢原子轨道能量关系可用图 9-28 表示。图中每一实线表示一个轨道。当来自两个氢原子的自旋方向相反的两个 1s 电子成键时，根据能量最低原理，将进入能量较低的 σ_{1s} 成键分子轨道，体系能量降低的结果形成一个以 σ 键结合的 H_2 分子。

② p-p 原子轨道的组合

一个原子的 np 原子轨道与另一原子的 np 原子轨道组合成分子轨道时稍微复杂些。因 p 轨道在空间有三种取向 p_x、p_y、p_z，可以有"头碰头"和"肩并肩"两种组合方式。如果两个原子沿着 x 轴彼此接近，那么两个 np_x 原子轨道会"头碰头"重叠，产生沿键轴对称分布的 σ_{np} 成键轨道和 σ_{np}^* 反键轨道。σ_{np} 成键轨道能量比组合成该分子轨道的 np 原子轨道的能量要低；而 σ_{np}^* 反键轨道的能量比组合成该分子轨道的 np 原子轨道的能量要高。如图 9-29 所示。

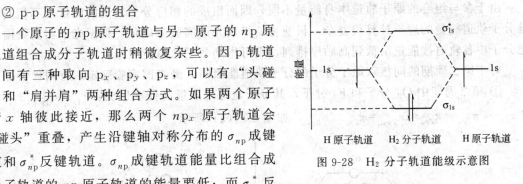

图 9-28 H_2 分子轨道能级示意图

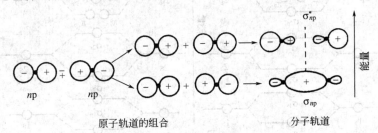

图 9-29 p-p 原子轨道组合成 σ 分子轨道示意图

当 np_x 和 np_x 形成 σ 键后，np_z 和 np_z 就不能再形成 σ 分子轨道，而只能采取"肩并肩"的组合方式组合成两个相应的分子轨道，如图 9-30 所示。

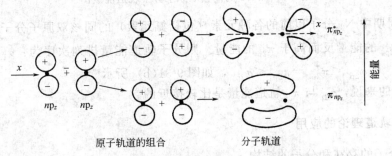

图 9-30 p-p 原子轨道组合成 π 分子轨道示意图

这两个分子轨道其电子云的分布有一对称面，此平面通过 x 轴，电子云对称地分布在此平面的上下两侧，这类分子轨道称为 π 分子轨道。这两个 π 分子轨道中，能量比组合成该分子轨道的 np 原子轨道高的称 $\pi_{np_z}^*$ 反键分子轨道；另一个能量比组合成该分子轨道的 np

原子轨道低的称 π_{np_z} 成键分子轨道。

同理，np_y 轨道也只能以"肩并肩"的方式彼此接近组成另一组 π 轨道，即 π_{np_y} 成键分子轨道和 $\pi^*_{np_y}$ 反键分子轨道，它们与 π_{np_z} 和 $\pi^*_{np_z}$ 轨道相互垂直。两个成键 π 轨道是简并的，两个反键 π^* 轨道也是简并的。

这样，两个原子的各三个 p 轨道共组成了六个分子轨道：σ_{np_x} 和 $\sigma^*_{np_x}$，π_{np_z} 和 $\pi^*_{np_z}$ 以及 π_{np_y} 和 $\pi^*_{np_y}$。

(3) 分子轨道的能级

由于参与组合的原子轨道本身能量不同，因而组成的相应分子轨道的能量也不相同。但是分子轨道能量的理论计算很复杂，目前主要借助光谱实验来确定。根据光谱实验数据，若把分子中各轨道按能量由低到高顺序排列，则可得到分子轨道能级图。

对于第二周期的同核双原子分子的分子轨道能级图，经光谱实验确定，有两种情况：

① 第二周期中 O_2 分子和 F_2 分子，其分子轨道的能量高低次序为：$\sigma_{1s} < \sigma^*_{1s} < \sigma_{2s} < \sigma^*_{2s} < \sigma_{2p_x} < \pi_{2p_y} = \pi_{2p_z} < \pi^*_{2p_y} = \pi^*_{2p_z} < \sigma^*_{2p_x}$，如图 9-31(a) 所示。

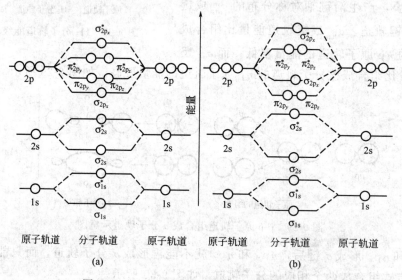

图 9-31　$n=2$ 的同核双原子分子轨道能级图

② 第二周期中 N_2 分子以前的各种元素（包括氮元素）的同核双原子分子与 O_2、F_2 有所不同，其 σ_{2p_x} 的能量反而高于 π_{2p} 的能量。则分子轨道能量排列次序为：$\sigma_{1s} < \sigma^*_{1s} < \sigma_{2s} < \sigma^*_{2s} < \pi_{2p_y} = \pi_{2p_z} < \sigma_{2p_x} < \pi^*_{2p_y} = \pi^*_{2p_z} < \sigma^*_{2p_x}$，如图 9-31(b) 所示。

但是，总的来说，σ_{2p} 与 π_{2p} 轨道能量是比较接近的。

(4) 分子轨道理论的应用

① 推测分子的存在和分子的结构

分子轨道理论用键级来描述分子结构的稳定性。键级定义为分子中净成键电子数的一半。

$$\text{键级} = \frac{\text{成键轨道的电子数} - \text{反键轨道的电子数}}{2}$$

键级的多少与键能的大小有关。一般而论，键级越大，分子结构越稳定；如果键级等于零，则分子不可能存在。下面举几个例子应用分子轨道理论加以说明：

例 9-1 H_2^+ 分子离子与 Li_2 分子。

H_2^+ 分子离子只有一个电子，根据同核双原子分子轨道能级图可写出其分子轨道式：$H_2^+[(\sigma_{1s})^1]$。由于有一个电子进入 (σ_{1s}) 成键轨道，体系能量降低了。H_2^+ 中，键级 = (1−0)/2 = 1/2，因此从理论上推测 H_2^+ 分子离子是可能存在的。[H·H]$^+$ 分子离子中的键称单电子 σ 键。

Li_2 分子有 6 个电子，同理可写出其分子轨道式：$Li_2[KK(\sigma_{2s})^2]$❶。由于有 2 个价电子进入 (σ_{2s}) 轨道，体系能量也降低。Li_2 分子的键级 = (2−0)/2 = 1，因此从理论上推测 Li_2 分子也是可能存在的。Li：Li 分子中的键称单 (σ) 键。

H_2^+ 分子离子的存在，实验已经证实，对于解释这类化学事实，价键理论是无能为力的。

例 9-2 He_2 分子和 He_2^+ 分子离子。

He 分子有 4 个电子，其分子轨道式为：$He_2[(\sigma_{1s})^2(\sigma_{1s}^*)^2]$，进入 (σ_{1s}) 和 (σ_{1s}^*) 轨道的电子均为 2 个，对体系能量变化相互抵消，He_2 分子键级 (2−2)/2 = 0，故不存在 He_2 分子，这正是稀有气体为单原子分子的原因。

He_2^+ 分子轨道式为：$He_2^+[(\sigma_{1s})^2(\sigma_{1s}^*)^1]$，体系总能量降低，键级 = (2−1)/2 = 1/2，故 He_2^+ 可以存在，已为光谱实验所证实。He_2^+ 分子离子中的化学键为三电子 σ 键。

例 9-3 Be_2 分子与 Ne_2 分子。

Be_2 分子有 8 个电子；Ne_2 分子有 20 个电子。假如这两种分子都能存在，根据同核双原子分子轨道能级图可分别写出他们各自的分子轨道式：

$Be_2[KK(\sigma_{2s})^2(\sigma_{2s}^*)^2]$

$Ne_2[KK(\sigma_{2s})^2(\sigma_{2s}^*)^2(\sigma_{2p_x})^2(\pi_{2p_y})^2(\pi_{2p_z})^2(\pi_{2p_y}^*)^2(\pi_{2p_z}^*)^2(\sigma_{2p_x}^*)^2]$

由于进入成键轨道和反键轨道的电子数目一样多，能量变化上相互抵消，键极均等于零，因此从理论上推测 Be_2 分子和 Ne_2 分子不是高度不稳定就是根本不存在。事实上 Be_2 和 Ne_2 分子至今尚未被发现。

---

❶ 量子力学认为，内层电子由于离核近，受到核的束缚，在形成分子时实际上不起作用，可以认为它们基本上仍留在原来的原子轨道中运动。因此 Li_2 的分子轨道式 $Li_2[(\sigma_{1s})^2(\sigma_{1s}^*)^2(\sigma_{2s})^2]$ 中的 $(\sigma_{1s})^2(\sigma_{1s}^*)^2$ 可用 KK 表示。

② 预测分子的顺磁性和反磁性

物质的磁性实验发现，凡有未成对电子的分子，在外加磁场中必顺着磁场方向排列，分子的这种性质叫顺磁性。具有这种性质的物质叫顺磁性物质。反之，电子完全配对的分子则具有反磁性。

例 9-4 N_2 分子的结构及磁性。

按照同核双原子分子轨道能级图 9-31(b)，N_2 分子的分子轨道式和键级为：

N_2 [KK $(\sigma_{2s})^2(\sigma_{2s}^*)^2$ $(\pi_{2p_y})^2(\pi_{2p_z})^2$ $(\sigma_{2p_x})^2$]

键级 = (8−2)/2 = 3

其中成键的 $(\sigma_{2s})^2$ 和反键的 $(\sigma_{2s}^*)^2$ 能量相互抵消，所以实际上成键电子有 6 个，即 $(\pi_{2p_y})^2(\pi_{2p_z})^2(\sigma_{2p_x})^2$。它们形成了一个 σ 键和两个 π 键，这一点与价键理论的结论一致。由于 N_2 分子中存在叁键 N≡N，所以 N_2 分子具有特殊的稳定性。另外，因 N_2 分子中无未成对电子，预言 N_2 分子应具有反磁性。

例 9-5 O_2 分子的结构及磁性。

O_2 分子比 N_2 分子多两个电子，其分子轨道能级见图 9-31(a) 所示。按分子轨道理论，最后的两个电子应按洪特规则分别进入 $\pi_{2p_y}^*$ 和 $\pi_{2p_z}^*$，并保持自旋平行。因此 O_2 分子轨道表示式为：

O_2 [KK $(\sigma_{2s})^2(\sigma_{2s}^*)^2(\sigma_{2p_x})^2(\pi_{2p_y})^2(\pi_{2p_z})^2(\pi_{2p_y}^*)^1(\pi_{2p_z}^*)^1$]

在 O_2 的分子轨道中，成键的 $(\sigma_{2s})^2$ 能量和反键 $(\sigma_{2s}^*)^2$ 能量大致抵消，所以对成键不起作用，实际上对成键起作用的是：$(\sigma_{2p_x})^2$ 形成的 σ 键，$(\pi_{2p_y})^2$ 和 $(\pi_{2p_y}^*)^1$ 构成的三电子 π 键，以及 $(\pi_{2p_z})^2$ 和 $(\pi_{2p_z}^*)^1$ 构成的另一个三电子 π 键。因此在 O_2 分子中共有一个 σ 键，两个三电子 π 键，它们是互相垂直的。O_2 分子的价键结构式可以如下表示：

上述的三电子键中只有一个净的成键电子，它的键能仅是单键键能的一半，因此两个三电子 π 键的总能量相当于一个普通 π 键。键级 = (8−4)/2 = 2。由于氧分子中含有两个单电子，所以表现出顺磁性。

由此可见，分子轨道理论能预言分子的顺磁性与反磁性，这是价键理论办不到的。

综上所述，分子轨道理论可以弥补价键理论的不足，对分子内部结构能较好地进行定性描述，并能说明价键理论不能说明的某些现象，但分子轨道理论是量子力学的一种近似计算法，其价键概念不明显，计算方法比较复杂，对分子几何结构的描述也不够直观，因而它与价键理论相辅相成。

9.4.4 原子晶体

当晶格结点上排列着一个个中性原子，原子之间以强大的共价键相结合，并且成键电子均定域在原子之间不能自由运动时，可形成网络式结构的晶体——原子晶体（又称共价型晶体）。金刚石（见图 9-32）、石英（SiO_2）晶体（见图 9-33）、金刚砂（SiC）等都是原子晶体。

图 9-32 金刚石的晶体结构

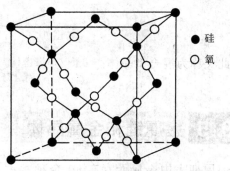
图 9-33 SiO_2 的晶体结构

(1) 原子晶体的特征

① 在各个方向上的共价键是相同的。这类晶体不存在独立的小分子，整个晶体实际上是一个巨大分子。因而，没有确定的分子量。这类晶体的化学式如 SiC，仅仅代表晶体中两种元素的原子个数比，而不代表一个独立分子的分子式。

② 由于原子之间以共价键结合，因而键牢固，故原子晶体稳定性好，熔点高、硬度大。例如金刚石：硬度 10，熔点约 3570℃；金刚砂：硬度 9～10，熔点约 2700℃（升华）。原子晶体一般是电的不良导体，即使熔融状态时，导电能力也极弱，但可以在一定条件下导电。如 Si、SiC 为半导体。另外原子晶体溶解度小，在大多数溶剂中均不能溶解。

(2) 石墨的特殊结构

石墨虽也由碳原子组成，但它的结构与金刚石不同。石墨晶体中碳原子先发生 sp^2 杂化，形成三个等价的 sp^2 杂化轨道，与同平面上的三个碳原子以键角 120°方式形成共价单键，并排成六角平面网状结构。而每个碳原子还留下一个未参与杂化、但有一个单电子占据的 2p 轨道，此轨道垂直于 sp^2 杂化轨道所在的平面，而且所有的 2p 轨道互相平行连成一个包含有无数碳原子和 2p 电子的离域 π 键。在离域 π 键中电子是非定域的，可以在碳原子平面上活动，但电子不容易从一个平面运动到另一个平面，这又使网状结构被连成相互平行的层状结构，因此石墨晶体属层状原子晶体。这种结构使它具有金属光泽，沿碳原子的平面方向有导电导热性，而垂直平面方向是绝缘体。同时，由于石墨中各层间不直接键合，结合力弱，故具有在各层间相对滑动等特性。石墨晶体结构见图 9-34 所示。

正是由于石墨晶体内部同时存在若干种不同的作用力，具有若干种晶体的结构和性质，

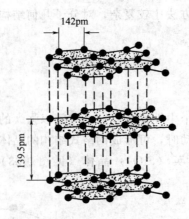

图 9-34 石墨的层状晶体结构示意图

因此又称为混合型晶体。

9.5 金属键和金属晶体

周期表中金属元素有 80 余种，占已知元素的 4/5。它们的电子层结构特征是：绝大多数金属原子外层价电子数少于 4。由于结构上的相似，使它们表现出许多共性。如：它们几乎全以固体形式存在（液汞除外），都有特殊的金属光泽，具有良好的导电性、导热性和良好的机械加工性能。为了研究金属的性质，有必要先讨论一下金属的内部结构。

9.5.1 金属晶体

金属晶体中，晶格结点上排列的粒子是金属原子和金属离子。对于金属单质而言，晶体中原子在空间的排布情况，可以近似地看成是等径圆球的堆积。为了形成稳定的结构，金属原子将尽可能采取最紧密的方式堆积起来（简称金属密堆积），所以金属一般密度较大，而且每个原子都被较多的相同原子包围着，配位数较大。

根据研究，等径圆球的密堆积有三种基本构型：六方最密堆积、面心立方最密堆积和体心立方密堆积（如图 9-35 所示）。

这三种典型密堆积的晶格如图 9-36 所示。

一些金属单质所属的晶格类型列于表 9-7 中。其中有些金属可以有几种不同的构型，例如 α-Fe 是体心立方密堆积，γ-Fe 是面心立方最密堆积。

表 9-7 一些金属单质的晶格类型

晶格类型	配位数	金属单质
六方	12	Mg,Ca,Co,Ni,Zn,Cd 及部分镧系元素等
面心立方	12	Ca,Al,Cu,Au,Ag,γ-Fe 等
体心立方	8	Ba,Ti,Cr,Mo,W,α-Fe 及碱金属等

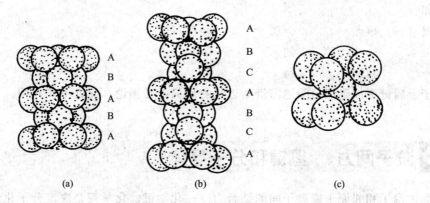

图 9-35　等径圆球密堆积
（a）六方最密堆积；（b）面心立方最密堆积；（c）体心立方密堆积

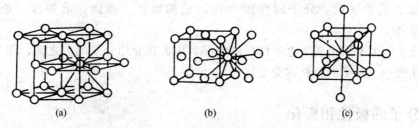

图 9-36　三种典型密堆积的晶格
（a）六方密堆积；（b）面心立方密堆积；（c）体心立方密堆积

9.5.2　金属键——改性共价键理论

在金属晶体中，金属原子或金属离子间的结合力称为金属键。

金属晶体中的金属键常被看成是一种特殊的共价键，因此金属键又被称为金属的改性共价键。因为金属键有些像共价键，其本质是晶体内晶格结点上的金属原子和离子共用晶体内的自由电子，但它又和一般的共价键有所不同。首先，它们共用的电子不属于某个或几个原子，而是属于整个晶体，它们没有一定的窄小运动范围，因此称为非定域的自由电子。其次，由于在金属晶体内自由电子大都是 s 电子，也就是说金属键是由数目众多的 s 轨道组成，而 s 轨道是没有方向的，这样的金属键也没有方向性。所以，金属键和共价键不同，它不具有方向性和饱和性。

应用金属的改性共价键理论，可以解释金属的许多特殊性质。例如：由于金属中的自由电子可以吸收可见光，然后把各种波长的光大部分反射出来，所以大部分金属显示出银白色的光泽，而且对各种辐射均有较好的反射性。虽然金属中自由电子的运动是无规则的，但在外电场的影响下，可按一定方向（向正极）运动，因此金属具有良好的导电性。由于金属晶格结点上的原子和离子的振动会妨碍自由电子的流动，所以金属具有一定的电阻，当温度升高时，原子和离子的振动加剧，电阻加大，导电性降低；如果降低温度，则电阻减小。金属的改性共价键理论还可解释金属的延展性，当金属受到外力作用时，由于自由电子存在，各层的原子和离子容易相对滑动，但仍保持着金属键的结合力，因此金属发生变形时不易破裂，表现出较好的延展性。但金属结构毕竟是很复杂的，致使某些金属的熔点、硬度相差很大。例如：

金属	熔点	金属	硬度
汞	－38.87℃	钠	0.4
钨	3410℃	铬	9.0

关于金属键更加确切的阐述需借助近代物理的能带理论，此处不作介绍。

9.6 分子间力、氢键和分子晶体

前面讨论了相邻原子或离子间的结合力——化学键。化学键是决定分子化学性质的主要因素。但影响物质性质的因素，除了化学键的作用以外，还取决于分子与分子之间的一些较弱的作用力——分子间力。这种作用能大小约几到几十千焦每摩尔，比化学键能小约两个数量级。实验证明，分子间作用力对物质的熔点、沸点、溶解度、稳定性等都有相当大的影响。

由于分子间力本质上属于电学性质的范畴，因此在介绍分子间力之前，须先熟悉分子的两种电学性质——分子的极性和变形性。

9.6.1 分子的极性和极化

(1) 分子的极性

在共价型分子中，共价键有极性键和非极性键之分。成键原子在形成共价键时，若其电负性不同，则共用电子对会偏向电负性大的原子，产生偶极，此类键就是极性共价键；反之，若成键原子电负性相同，共用电子对不偏离，则不产生偶极，形成的键就是非极性共价键。总之，共价键的极性取决于成键原子电负性的差异。

共价键有极性键和非极性键之分，共价分子也有极性分子和非极性分子之分。对于任何一种分子，都存在着带负电荷的电子和带正电荷的核。假定它们中的正、负电荷各集中于一点，这样在分子中就存在着一个正电荷的重心和负电荷的重心。根据分子中正、负电荷重心相对位置的不同，可将分子分为两类：若分子中正、负电荷重心重合，整个分子不显极性，这类分子称为非极性分子。反之，若分子中正、负电荷重心不重合，整个分子显极性，这类分子称为极性分子。

例如 H_2O 分子中 O—H 键为极性键，而且由于 H_2O 分子不是直线型分子，分子中正、负电荷重心不重合，因此，水分子是极性分子，如图 9-37 所示。

但是在二氧化碳（O=C=O）分子中，虽然 C=O 键为极性键，由于 CO_2 是一个直线形分子，两个 C=O 键的极性相互抵消，整个 CO_2 分子中正、负电荷重心重合，所以 CO_2 分子则是非极性分子。

总之，分子是否有极性，取决于整个分子中正、负电荷重心是否重合。

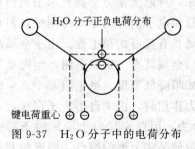

图 9-37　H_2O 分子中的电荷分布

分子极性的强弱常用偶极矩来衡量。所谓偶极矩

(μ)是假设某分子中存在着分别带有$+q$和$-q$电荷的两个重心,正、负电荷重心间距离为l(一般为10^{-10}m左右)称为偶极长度,则该分子的偶极矩μ等于偶极长度l与电荷q的乘积:

$$\mu = l \cdot q$$

偶极矩是一个矢量,化学上规定其方向从正指向负。它的值可由实验测得,它的单位是库·米(C·m)。μ值既可说明分子极性的强弱,也可提供判断分子空间构型的信息。表9-8为部分物质分子的偶极矩数据。

表9-8 一些分子偶极矩

物质	$\mu/10^{-30}$ C·m	物质	$\mu/10^{-30}$ C·m	物质	$\mu/10^{-30}$ C·m	物质	$\mu/10^{-30}$ C·m
H_2	0	CH_4	0	HI	1.27	H_2O	6.23
N_2	0	CCl_4	0	HBr	2.63	H_2S	3.67
CO_2	0	CO	0.33	HCl	3.61	NH_3	4.33
CS_2	0	NO	0.53	HF	6.40	SO_2	5.33

显然,某种分子如果经实验测定其偶极矩等于零,那么这种分子即为非极性分子;反之偶极矩不等于零的分子,就是极性分子。偶极矩越大,分子的极性越强。因而可以根据偶极矩数值的大小比较分子极性的相对强弱。例如:

HX	$\mu/10^{-30}$ C·m	分子极性相对强弱
HF	6.40	
HCl	3.61	依次减弱
HBr	2.63	
HI	1.27	

(2) 分子的极化

当分子处于外电场中时,由于外电场的作用,使分子中的电子和原子核产生相对位移,使分子发生变形,分子中原有的正负电荷重心的位置会发生改变,分子的极性也会随之改变,这种过程称为分子的极化。

当非极性分子处于外电场中时,在外电场的作用下,非极性分子中的电子和原子核会发生相对位移,使原来重合的正、负电荷重心彼此分离。正电荷重心向负电极靠近,而负电荷重心向正电极靠近,因而产生了偶极。这个偶极称为诱导偶极。这一过程引起了分子形状的改变,称为分子的变形极化,见图9-38(b)。分子中因电子云与核发生相对位移而使分子外形发生变化的性质,就称为分子的变形性。电场越强,分子的变形极化越显著,产生的诱导偶极越大。当外电场消失时,诱导产生的偶极也随之消失,见图9-38(a)。

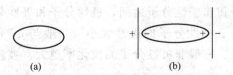

图9-38 非极性分子在电场中的变形极化

极性分子本身就存在着偶极,这种偶极称为固有偶极。在气态及液态时,若没有外电场的作用,极性分子一般都做无规则运动。受外电场的作用,极性分子的正极一端转向电场的负电极,负极一端转向电场的正电极,这一过程称为定向极化。在外电场的进一步作用下,极性分子的形状也会发生改变，分子中的正、负电荷重心将分得更开，产生了诱导偶极。因此极性分子的偶极矩将增大，如图 9-39 所示。

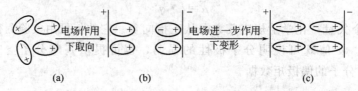

(a)　　　　　　(b)　　　　　　　　　(c)

图 9-39　极性分子在电场中的极化

分子被极化的程度，可用分子极化率表示[1]，极化率越大，则表示该分子的变形性越大。分子的变形性与分子的大小有关，分子越大，分子的变形性越大。[2]

9.6.2　分子间作用力

无外电场的作用时，若将分子与分子相互靠近，则也会因分子间的相互影响而产生分子的极化现象。分子极化的结果使分子间产生一种作用力，即分子间力。分子间作用力由范德华首先提出并进行了较为系统的研究，因而称范德华力。

(1) 分子间力的种类

根据分子间作用力起因的不同，将其分为以下三种。

① 取向力

极性分子本身正、负电荷重心不重合，其具有固有偶极。当极性分子与极性分子相互接近时，由于固有偶极的作用引起同极相斥、异极相吸，使极性分子克服自身热运动的影响，在空间转向形成异极相邻状态，这种由于固有偶极的作用使分子经空间取向所形成的作用力称为取向力。

取向力只存在于极性分子和极性分子之间，其大小主要取决于极性分子本身固有偶极的大小和分子间距。

② 诱导力

极性分子的固有偶极可使其周围其他分子极化，产生诱导偶极。诱导偶极与固有偶极之间产生的作用力称为诱导力。

例如：当非极性分子接近极性分子时，由于受到极性分子固有偶极所产生的微电场的影响，非极性分子正、负电荷重心发生相对位移形成偶极即诱导偶极。极性分子和非极性分子之间的相互作用如图 9-40。

诱导力存在于极性分子和非极性分子之间，极性分子和极性分子之间。

诱导力的强弱不仅取决于极性分子的极性大小（一般与 μ^2 成正比），而且也与被极化的非极性分子的极化率有关。一般非极性分子的极化率越大，被诱导而发生的变形越大，分

---

[1] $\mu_{诱导偶极矩} \propto E_{电场强度}$，引入比例常数 α，$\mu_{诱导偶极矩} = \alpha \cdot E_{电场强度}$。显然 α 可作为衡量分子在电场作用下变形性大小的标度，叫分子的诱导极化率，简称极化率。

[2] 离子和分子一样，也会发生极化。离子的极化是指在外电场或其他离子微电场的作用下，某离子的电子云与核发生相对位移，导致该离子发生变形而产生诱导偶极的过程。离子极化对键型、晶体模型、溶解度、颜色等物质结构和性质均可产生一定影响。

图 9-40 极性分子与非极性分子相互作用示意图

子间的诱导力越大。

③ 色散力

由于分子内电子和原子核均处于不断运动中，因而某一瞬间会出现原子核和电子的相对位移，使得分子正、负电荷重心发生相对位移而产生偶极，这类偶极称为瞬时偶极。分子间因瞬时偶极而产生的作用力称为色散力。

例如：当两个非极性分子相互靠近至几百皮米时，由于瞬时偶极的作用，使分子由原来正、负电荷重心重合的非极性状态［见图 9-41(a)］在瞬间处于异极相邻状态［见图 9-41(b)、(c)］，从而产生色散力。

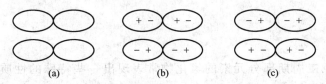

图 9-41 非极性分子相互作用示意图

色散力存在于一切分子之间，其大小与分子的极化率有关，极化率越大色散力越大。

综上所述，极性分子之间的作用力实际上由色散力、诱导力、取向力三种作用力加和而成。除了偶极矩很大的分子以取向力为主以外（如水分子），一般分子中色散力是分子间最主要的作用力。表 9-9 中列出了一些物质的分子间力。

表 9-9 一些物质的分子间力

（分子间距离为 500pm，温度为 298.15K）

分子	取向力/kJ·mol^{-1}	诱导力/kJ·mol^{-1}	色散力/kJ·mol^{-1}	总作用力/kJ·mol^{-1}
Ar	0.000	0.000	8.49	8.49
CO	0.003	0.008	8.74	8.75
HI	0.025	0.113	25.8	25.9
HBr	0.686	0.502	21.9	23.1
HCl	8.30	1.00	16.8	21.1
NH_3	13.3	1.55	14.9	29.8
H_2O	36.3	1.92	8.99	47.2

(2) 分子间力的特点

分子间力有以下几个特点：

① 分子间力是一种电性作用力；

② 分子间力既无方向性，又无饱和性；

③ 分子间力作用范围仅为几百皮米；

④ 分子间力作用能大小一般为几到几十千焦每摩尔。

分子间力可对物质性质产生较大影响，现归纳如下。

① 对物质熔、沸点的影响

任何一种物质需要气化或液化均需吸收外界能量以克服液体或固体中分子间的吸引力，因而随着分子间作用力的增强，往往使物质的熔、沸点相应升高。

分子间作用力的大小，取决于分子本身的大小、分子的摩尔质量大小及分子中含有电子数的多少。随着分子体积的增大，分子摩尔质量的增加，分子中电子数的增多，分子间力也相应增大，克服分子间力使物质气化或熔化所需能量也随之增加，物质的熔、沸点也就升高。

② 对物质溶解度的影响

物质的溶解度大小随溶质分子间、溶剂分子间及溶质和溶剂分子间的相互作用力不同而不同。一般极性相似的分子间作用力比较大，因而极性溶质易溶于极性溶剂之中，反之亦然。极性分子在非极性溶剂中，由于分子间力较小，故溶解度也较小。如：CCl_4 分子与 H_2O 分子不能互溶，而 NH_3 分子却可溶于 H_2O 中。如果溶质分子和溶剂分子均为极性分子或非极性分子，则溶解度的大小取决于分子间作用力的相对大小。

9.6.3 氢键

在周期表中，第二周期部分元素的氢化物常表现出一些特殊的性质。如 NH_3、H_2O、HF 分子与各自同族其他元素的氢化物相比，有着特别高的熔、沸点（见图 9-42）。这表明这些分子间必然存在着另一种作用力，这种特殊的作用力即为氢键。

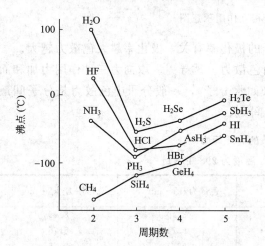

图 9-42　IVA～VIIA 氢化物沸点递变情况

（1）氢键的形成

现以 HF 为例说明氢键的形成，在 HF 分子中，由于 F 的电负性（4.0）很大，共用电子对强烈偏向 F 原子一边，而 H 原子核外只有一个电子，其电子云向 F 原子偏移的结果，使得它几乎要呈质子状态。这个半径很小、无内层电子又带部分正电荷的氢原子，使附近另一个 HF 分子中含有孤对电子并带部分负电荷的 F 原子有可能充分靠近它，从而产生静电吸引作用。这种静电吸引作用力就是所谓氢键。例如：

氢键通常可以用 X—H⋯Y 表示，X 和 Y 代表 F，O，N 等电负性大且半径较小的原子。X 和 Y 可以是两种相同的元素，也可以是不同的元素。另外，不仅同种分子之间可存在氢键，某些不同种分子之间也可以形成氢键。例如 NH_3 与 H_2O 之间：

因此形成氢键的条件是：①有一个与电负性很大的原子 X 形成共价键的氢原子；②有

一个电负性很大并具有孤对电子的原子 Y。

(2) 氢键的特征

① 方向性

氢键的方向性是指形成的氢键一般是与原来氢的共价键成一直线，即两个电负性大的元素在氢的两侧，相距最远、斥力最小，因而形成的氢键最强，体系更稳定。

② 饱和性

氢键的饱和性是指已经形成氢键的氢原子，由于其他电负性强的元素与该氢原子间的引力远小于 X、Y 原子对 H 原子的引力，且氢原子体积又小，不可能再形成第二个氢键。

氢键的形成不受物质形态的限制，不论物质处于固、液或气态，只要满足氢键形成条件，均可形成氢键，因而能形成氢键的物质相当多，如水、醇、胺、氨合物和一些无机酸均可形成氢键。而且氢键也存在于生物体内，如蛋白质、核酸、脂肪、糖类等物质中均含氢键。

(3) 氢键对物质性质的影响

① 熔点、沸点

分子间有氢键的物质熔化或气化时，除了要克服纯粹的分子间力外，还必须提高温度，额外地供应一份能量来破坏分子间氢键，所以这些物质的熔点、沸点比同系列氢化物的熔点、沸点高。

② 溶解度

在极性溶剂中，如果溶质分子与溶剂分子之间可以形成氢键，则溶质的溶解度增大，HF 和 NH_3 在水中的溶解度比较大，就是这个缘故。

③ 黏度

分子间有氢键的液体，一般黏度较大。例如甘油、磷酸、浓硫酸等多羟基化合物，由于分子间可形成众多的氢键，所以，这些物质通常为黏稠状液体。

④ 密度

液体分子间若形成氢键，有可能发生缔合现象。例如液态 HF，在通常条件下，除了正常简单的 HF 分子外，还有通过氢键联系在一起的复杂分子 $(HF)_n$。

$$n HF \rightleftharpoons (HF)_n$$

其中 n 可以是 2、3、4、…。这种由若干个简单分子联成复杂分子而又不会改变原物质化学性质的现象，称为分子缔合，分子缔合的结果会影响液体的密度。

H_2O 分子之间也有缔合现象：

$$n H_2O \rightleftharpoons (H_2O)_n$$

常温下液态水中除了简单 H_2O 分子外，还有 $(H_2O)_2$、$(H_2O)_3$、…、$(H_2O)_n$ 等缔合分子存在。降低温度，有利于水分子的缔合，温度降至 0℃ 时，全部水分子结成巨大的缔合物——冰。

9.6.4 分子晶体

(1) 分子晶体的特征

当晶体的晶格结点上排列的是分子，分子之间以较弱的分子间力相结合时，形成的晶体为分子晶体。由于分子间力比化学键弱得多，因而分子晶体的熔点低于离子晶体和原子晶体，而且硬度也小（若含氢键时，则熔、沸点和硬度均要增大）。同时因结点上排列的是中性分子，故分子晶体即使熔化时，其导电能力也极弱。例如：非金属单质和许多有机化合物大多可形成分子晶体，但它们几乎没有导电能力。

(2) 分子晶体的分类

按分子的极性不同分成两类。

① 由非极性分子构成的分子晶体

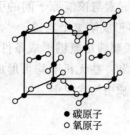

图 9-43 干冰的晶体结构

这类分子晶体的作用力主要是色散力，因而熔、沸点低，硬度小，完全无导电能力。如固体 CO_2（干冰）、固体氢、氧、氯等。以干冰为例：它可由气体 CO_2 在 300K 时，先加压液化成液态 CO_2，然后蒸发，使部分液态 CO_2 被冷凝而成干冰。它是个典型的非极性分子组成的分子晶体（如图 9-43 所示）。干冰能吸收外界大量的热而直接升华成气态 CO_2，因而可用作制冷剂，尤其当它与氯仿、乙醚、丙酮等有机溶剂混合时，制冷效果特佳，可使温度降低至 $-73℃$。

② 由极性分子构成的分子晶体

这类分子晶体的作用力有取向力、诱导力、色散力。如冰，固态 HCl，NH_3 等，它们能溶于极性溶剂。其中某些极性较强的分子晶体，当溶于极性溶剂后，在溶剂作用下，可产生一定量可移动的离子，会显示出一定的导电能力。如 HCl 溶于 H_2O 后，就能表现出导电性。

9.6.5 晶体的四种基本类型对比

以上先后介绍了晶体的四种基本类型，表 9-10 将其内部结构及主要性质特征归纳如下。

表 9-10 四类晶体的内部结构及性质特征

晶体类型	离子晶体	原子晶体	分子晶体		金属晶体
结点上的粒子	正、负离子	原子	极性分子	非极性分子	原子、正离子（间隙处有自由电子）
结合力	离子键	共价键	分子间力、氢键	分子间力	金属键
熔、沸点	高	很高	低	很低	
硬度	硬	很硬	软	很软	
机械性能	脆	很脆	软	很软	有延展性
导电、导热性	熔融态及其水溶液导电	非导体	固态、液态不导电，但水溶液导电	非导体	良导体
溶解性	易溶于极性溶剂	不溶性	易溶于极性溶剂	易溶于非极性溶剂	不溶性
实例	NaCl，MgO	金刚石，SiC	HCl，NH_3	CO_2，I_2	W，Ag，Cu

9.7 配合物的化学键理论

配合物中的化学键，是指配合物内形成体（中心离子或原子）与配体之间的化学键。关于这种化学键的本质，直到建立起近代原子和分子结构理论之后，用现代的价键理论、晶体场理论和配位场理论才得到较好的阐明。本节只简单介绍价键理论和晶体场理论。

9.7.1 价键理论

1931 年，鲍林（Pauling）在前人工作的基础上把杂化轨道理论应用于研究配合物，从而形成比较完整的近代配合物价键理论。

(1) 价键理论的基本要点

价键理论认为：配合物的形成体（中心离子或原子）M 与配体 L 形成配合物时，形成体以适当空的杂化轨道，接受配体提供的孤对电子，形成 σ 配位键[❶]（一般用 M←:L 表示）。即形成体空的杂化轨道与配位原子的充满孤对电子的原子轨道相互重叠而形成配位共价键。形成体的杂化轨道类型可决定配合物的空间构型和配位键型。

配合物的配位键型包括外轨配键和内轨配键两种。形成体以最外层的轨道（ns，np，nd）组成杂化轨道后，与配体中的配位原子形成的配位键称为外轨配键，其对应的配合物称为外轨型配合物；若形成体以部分次外层轨道如 $(n-1)d$ 轨道参与组成杂化轨道，则形成内轨配键，其对应的配合物称为内轨型配合物。

(2) 配合物的几何构型

在配位键的形成过程中，形成体需提供一定数目的经杂化后能量相同的空轨道。由于形成体的杂化轨道有一定的方向性，所以配合物具有一定的几何构型。下面介绍几种常见配合物的几何构型：

① $[Ag(NH_3)_2]^+$ 配离子

[❶] 若共价键的共用电子对是由一个原子单方面提供的，则称为配位共价键，简称配位键或配价键。形成配位键必须具备两个条件：一个原子其价电子层有孤对电子，另一个原子其价电子层有空轨道。
如 CO 分子的形成：

碳原子与氧原子形成 CO 分子时，除形成一个 σ 键、一个 π 键外，氧原子的 p 电子对还可以和 C 原子空的 p 轨道形成一个配位 π 键。其结构式表示如下：

:O—C: 或 :O⋮⋮C: 或 O⇌C

表示 π 配键，这长方框内的电子对点在 O 原子的上方

Ag⁺ 和 NH₃ 欲形成配位键，则需 Ag⁺ 提供两个空轨道。由 Ag⁺ 的核外电子排布可知，Ag⁺ 的价层电子构型为 $4d^{10}$，因此可提供出 5s，5p 的空轨道。

当 Ag⁺ 与 NH₃ 分子结合为 [Ag(NH₃)₂]⁺ 时，Ag⁺ 的外层能级相近的一个 5s 和一个 5p 空轨道进行杂化，组成两个等价的 sp 杂化轨道，容纳两个 NH₃ 分子中的 N 原子提供的两对孤对电子，从而形成两个外轨配键（虚线内杂化轨道中的共用电子对由氮原子提供）：

② [Ni(NH₃)₄]²⁺ 和 [Ni(CN)₄]²⁻

在 [Ni(NH₃)₄]²⁺ 和 [Ni(CN)₄]²⁻ 配离子形成过程中，都要求形成体 Ni²⁺ 提供四个经杂化的空轨道，而 Ni²⁺ 离子的价层电子构型为 $3d^8$。

当 Ni²⁺ 与四个 NH₃ 结合为 [Ni(NH₃)₄]²⁺ 时，Ni²⁺ 的一个 4s 和三个 4p 空轨道进行 sp^3 杂化，组成四个 sp^3 杂化轨道，容纳四个 NH₃ 中的 N 原子提供的四对孤对电子，从而形成四个外轨配键：

所以 [Ni(NH₃)₄]²⁺ 的几何构型为正四面体形，Ni²⁺ 位于正四面体的中心，四个配位原子 N 在正四面体的四个顶角上。

当 Ni²⁺ 与四个 CN⁻ 结合为 [Ni(CN)₄]²⁻ 时，Ni²⁺ 在配体 CN⁻ 的影响下，3d 电子发生重排，原有自旋平行的电子数减少，空出一个 3d 轨道与一个 4s、两个 4p 空轨道进行 dsp^2 杂化，组成四个 dsp^2 杂化轨道，容纳四个 CN⁻ 中的四个 C 原子所提供的四对孤对电子，从而形成四个内轨配键：

各 dsp^2 杂化轨道间夹角为 90°，在一个平面上，各杂化轨道的方向是从平面正方形中心指向四个顶角，所以 [Ni(CN)₄]²⁻ 的几何构型为平面正方形。Ni²⁺ 在正方形的中心，四个配位原子 C 在四个顶点上。

因此，对于配位数为 4 的配离子，形成体（中心离子）可形成两种杂化类型，即 sp^3 和 dsp^2 杂化，而不同的杂化类型对应不同的几何构型。

③ [FeF₆]³⁻ 和 [Fe(CN)₆]³⁻

Fe³⁺ 的价层电子构型为 $3d^5$。

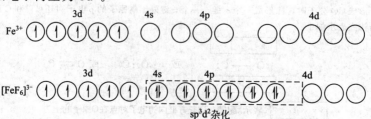

当 Fe^{3+} 与六个 F^- 形成 $[FeF_6]^{3-}$ 时，Fe^{3+} 的一个 4s、三个 4p 和两个 4d 空轨道进行杂化，组成六个 sp^3d^2 杂化轨道，容纳由六个 F^- 提供的六对孤对电子，形成六个外轨配键。六个 sp^3d^2 杂化轨道在空间是对称分布的，指向八面体的六个顶角。轨道夹角为 90°。所以 $[FeF_6]^{3-}$ 的几何构型为正八面体形，Fe^{3+} 位于正八面体的中心，六个 F^- 在正八面体的六个顶点上。

但当 Fe^{3+} 与六个 CN^- 结合为 $[Fe(CN)_6]^{3-}$ 时，Fe^{3+} 在配体 CN^- 的影响下，3d 电子重新分布，发生电子归并，原有未成对电子数减少，空出两个 3d 轨道，这两个 3d 轨道和一个 4s 轨道、三个 4p 轨道进行 d^2sp^3 杂化，组成六个 d^2sp^3 杂化轨道（也是正八面体形），容纳六个 CN^- 中的六个 C 原子所提供的六对孤对电子，从而形成六个内轨配键。

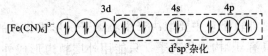

因此在配位数为 6 的配离子中，中心离子也有两种杂化形式，即 sp^3d^2 杂化和 d^2sp^3 杂化，并且相应配离子的几何构型均为正八面体形。

通过前述几个配离子的形成过程可以看出以下两点结论。

① 在形成外轨型配合物时，形成体的电子分布不受配体的影响，仍保持自由离子的电子层构型，所以配合物形成体的未成对电子数和自由离子中未成对电子数相同。

② 在形成内轨型配合物时，形成体的电子分布在配体的影响下发生变化，进行电子归并，共用电子对深入到形成体的内层轨道，所以配合物形成体的未成对电子数比自由离子的未成对电子数少。

表 9-11 中列出常见的轨道杂化类型与配合物几何构型的对应关系。

表 9-11 轨道杂化类型与配位个体的几何构型

配位数	杂化类型	几何构型	实例
2	sp	直线形	$[Ag(NH_3)_2]^+$, $[Ag(CN)_2]^-$, $[CuCl_2]^-$
3	sp^2	平面等边三角形	$[CuCl_3]^{2-}$, $[HgI_3]^-$
4	sp^3	正四面体形	$[Ni(NH_3)_4]^{2+}$, $[Zn(NH_3)_4]^{2+}$, $[HgI_4]^{2-}$, $[Ni(CO)_4]$, $[CoCl_4]^{2-}$
4	dsp^2	正方形	$[Ni(CN)_4]^{2-}$, $[Cu(NH_3)_4]^{2+}$, $[PtCl_4]^{2-}$, $[Cu(CN)_4]^{2-}$, $[PtCl_2(NH_3)_2]$
5	dsp^3	三角双锥形	$[Fe(CO)_5]$, $[Co(CN)_5]^{3-}$

配位数	杂化类型	几何构型	实例
6	sp^3d^2	正八面体形	$[FeF_6]^{3-}$,$[Fe(H_2O)_6]^{3+}$,$[CoF_6]^{3-}$
	d^2sp^3		$[Fe(CN)_6]^{3-}$,$[Fe(CN)_6]^{4-}$,$[Co(NH_3)_6]^{3+}$,$[PtCl_6]^{2-}$

注：●为形成体，○为配体。

(3) 影响配合物类型的主要因素

配合物是内轨型还是外轨型，主要取决于中心离子（形成体）的电子构型，离子所带的电荷和配位体的性质。具有 d^{10} 构型的离子，只能用外层轨道形成外轨型配合物；具有 d^8 构型的离子如 Ni^{2+}、Pt^{2+}、Pd^{2+} 等，大多数情况下形成内轨型配合物；具有其他构型的离子，既可形成内轨型，也可形成外轨型配合物。

中心离子电荷的增多有利于形成内轨型配合物。因为中心离子的电荷较多时，它对配位原子的孤对电子的引力较强。另外，$(n-1)d$ 轨道中电子较少，也有利于中心离子空出内层 d 轨道参与成键。如 $[Co(NH_3)_6]^{2+}$ 为外轨型，而 $[Co(NH_3)_6]^{3+}$ 为内轨型。

通常电负性大的原子如 F、O 等，与电负性较小的 C 原子比较，不易提供孤对电子，作为配位原子，中心离子以外层轨道与之成键，因此形成外轨型配合物。C 原子作配位原子时（如在 CN^- 中）则常形成内轨型配合物。

(4) 配合物的稳定性与磁性

① 稳定性

对于相同的中心离子，由于 sp^3 杂化轨道能量比 dsp^2 杂化轨道能量高，sp^3d^2 杂化轨道能量比 d^2sp^3 杂化轨道能量高，当形成相同配位数的配离子时，一般内轨型比外轨型稳定。例如：在溶液中 $[Fe(CN)_6]^{3-}$ 和 $[Ni(CN)_4]^{2-}$ 分别比 $[FeF_6]^{3-}$ 和 $[Ni(NH_3)_4]^{2+}$ 难解离。即内轨型比外轨型配离子较难解离。配合物的键型除了影响配合物在溶液中的解离程度外，也影响配合物的氧化还原稳定性。

② 磁性

配合物的价键理论不仅成功地说明了配合物的几何构型和某些化学性质，而且能根据配合物中未成对电子数的多少较好地解释配合物的磁性。

物质的磁性与组成物质的原子、分子或离子中电子自旋运动有关。如果物质中正自旋电子数和反自旋电子数相等（即电子皆已成对），电子自旋所产生的磁效应相互抵消，该物质就表现出反磁性。而当物质中正、反自旋电子数不等时（即有成单电子），则总磁效应不能相互抵消，整个原子或分子就具有磁性，所以，物质的磁性强弱与物质内部未成对的电子数多少有关。物质磁性强弱可用磁矩（μ）来表示：

$\mu=0$ 的物质，其中电子皆已成对，具有反磁性；

$\mu>0$ 的物质，其中有未成对电子，具有顺磁性。

磁矩 μ 的数值随物质中未成对电子数（n）的增多而增大。假定配离子中配体内的电子皆已成对，则 d 区过渡元素所形成的配离子的磁矩可用下式作近似计算（磁矩的单位为波尔磁子，单位符号为 B. M.）：

$$\mu=\sqrt{n(n+2)}$$

根据上式可计算出未成对电子数 $n=1\sim5$ 的理论 μ 值。因此，测定配合物的磁矩，就可以了解中心离子未成对电子数，从而可以确定该配合物是内轨型还是外轨型。

例如 Fe^{3+} 中有 5 个未成对 d 电子，根据 $\mu=\sqrt{n(n+2)}$ 可以计算出 Fe^{3+} 的磁矩理论值为：

$$\mu_{理}=\sqrt{5(5+2)}=5.92(B. M.)$$

实验测得 $[FeF_6]^{3-}$ 的磁矩为 5.90B. M.，由表 9-12 可知，在 $[FeF_6]^{3+}$ 中，Fe^{3+} 仍保留 5 个未成对电子，以 sp^3d^2 杂化轨道与配位原子 F 形成外轨配键。而实验测得，$[Fe(CN)_6]^{3-}$ 的磁矩为 2.0B. M.，此数值与具有一个未成对电子的磁矩理论值 1.73B. M. 很接近，表明在成键过程中，中心离子的未成对电子数减少，d 电子重新分布，而以 d^2sp^3 杂化轨道与配位原子 C 形成内轨配键。

表 9-12　磁矩的理论值

未成对电子数	$\mu_{理}$/B. M.
1	1.73
2	2.83
3	3.87
4	4.90
5	5.92

价键理论根据配离子所采用的杂化轨道类型成功地说明了配离子的几何构型和形成体的配位数，解释了外轨型与内轨型配合物的稳定性和磁性差别。该理论在配合物化学的发展过程中，起了一定的作用。但是其应用价值有较大的局限性，到目前为止还不能定量地说明配合物的性质。如无法定量地说明过渡金属配离子的稳定性随中心离子的 d 电子数变化而变化的事实，也不能解释配离子的吸收光谱和特征颜色。此外，价键理论对具有 d^1、d^2、d^3 和 d^9 构型的中心离子所形成的配合物，因未成对电子数无论在内轨型还是外轨型配合物中均无差别，根据磁矩无法区别。因此，从 20 世纪 50 年代后期以来，价键理论的地位，已逐渐为配合物的晶体场理论和配位场理论所取代。

*9.7.2　晶体场理论

晶体场理论是由皮赛（H. Bethe）和范·费雷克（J. H. Van Vleck）于 1929 年首先提出，该理论是一种静电理论，当用于对配合物化学键的研究后，成功地解释了配合物的磁性、光学性质及结构等。

(1) 晶体场理论的基本要点

① 中心离子和配体阴离子（或极性分子）之间的相互作用，类似离子晶体中阳、阴离子之间（或离子与偶极分子之间）的静电排斥和吸引，而不形成共价键。

② 中心离子的五个能量相同的 d 轨道由于受周围配体负电场不同程度的排斥作用，能级发生分裂，有些轨道能量较高，有些轨道能量较低。

③ 由于 d 轨道能级发生分裂，d 轨道上的电子将重新分布，体系能量降低，即给配合物带来了额外的稳定化能。

(2) 正八面体场中中心离子 d 轨道的能级分裂

为了弄清 d 轨道能级分裂情况，我们先来研究五个 d 轨道的空间取向（图 9-44）。

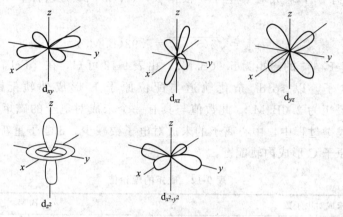

图 9-44 d 轨道的角度分布图

配体作用前，作为中心离子的五个 d 轨道虽然空间取向不同，但具有相同的能量（E_0）。如果该离子处在一个带负电荷的球形场中心，则中心离子的五个 d 轨道都垂直地指向球壳，并受到球形场的静电排斥，各个 d 轨道的能量都升高到 E_s（见图 9-45），由于受到静电排斥的程度相同，因而能级并不发生分裂。

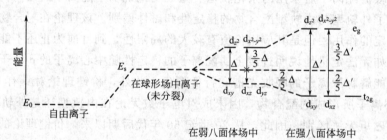

图 9-45 在正八面体场中中心离子 d 轨道能级的分裂

如果有六个相同的配体 L，各沿着 $\pm x$、$\pm y$、$\pm z$ 坐标轴接近中心离子（见图 9-46），形成八面体配离子时，带正电的中心离子与作为配体的阴离子（或极性分子带负电的一端）相互吸引；同时中心离子 d 轨道上的电子受到配体的排斥，五个 d 轨道的能量相应于前面所述的 E_s 皆升高。由于 $d_{x^2-y^2}$ 和 d_{z^2} 轨道处于和配体迎头相碰的位置，因而这两个 d 轨道中的电子受到静电斥力较大，能量升高。而 d_{xy}、d_{yz}、d_{xz} 这三个轨道正好插在配体的空隙中间，因而处于这些轨道中的电子受到静电排斥力较小，它们的能量相应比前两个轨道的能量低，但仍比中心离子处于自由状态时 d 轨道能量高。即在配体的影响下，原来能量相等的 d 轨道能级分裂为两组（见图 9-45）：一组为能量较高的 d_{z^2} 和 $d_{x^2-y^2}$ 轨道，称为 e_g 轨道，它们二者的能量相等；另一组为能量较低的 d_{xy}、d_{yz}、d_{xz} 轨道，称为 t_{2g} 轨道，它们三者的能量相等。

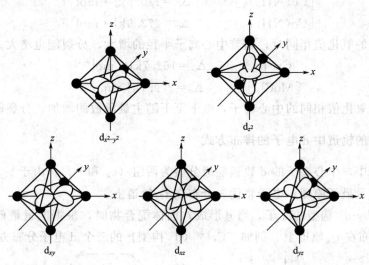

图 9-46 正八面体配合物内中心离子 d 轨道和配体的相对位置示意图

(3) 分裂能及其影响因素

中心离子的 d 轨道受不同构型配体电场的影响，能级发生分裂，分裂后最高能级和最低能级之差称为分裂能（Δ）。如在正八面体场中分裂能（通常用 Δ_o[1] 表示）为 $E_{e_g}-E_{t_{2g}}$，即：

$$\Delta_o = E_{e_g} - E_{t_{2g}}$$

这相当于一个电子由 t_{2g} 轨道跃迁到 e_g 轨道所需要的能量。分裂能可通过配合物的光谱实验测得。

影响分裂能大小的主要因素如下。

① 配合物的几何构型

在同种配体中，接近中心离子距离相同的条件下，根据计算得出，正四面体场中 d 轨道的分裂能（Δ_t[2]）仅为八面体场的 4/9，即：

$$\Delta_t = \frac{4}{9}\Delta_o$$

② 配体的性质

同种中心离子，与不同配体形成相同构型的配离子时，其分裂能 Δ 值随配体场强弱不同而变化。

配体场强愈强，Δ_o 值就愈大。配体场强的强弱顺序排列如下：

弱场配体	场强增强	强场配体

$$I^-<Br^-<S^{2-}<SCN^-\sim Cl^-<ONO_2^-<F^-<OH^-<ONO^-<C_2O_4^{2-}$$
$$<H_2O<NCS^-<edta<NH_3<en<NO_2^-<CN^-<CO$$

这个顺序是从配合物的光谱实验确定的，故称为光谱化学序列。

③ 中心离子的电荷和半径

在配体相同的情况下，同一种中心离子所带的电荷越高，分裂能越大。例如：

---

[1] Δ_o 中的角标"o"表示八面体。图 9-45 中的"Δ"省略了角标"o"。

[2] Δ_t 中的角标"t"表示四面体。

$$[Co(NH_3)_6]^{2+} \quad \Delta_o = 120.8 \text{kJ} \cdot \text{mol}^{-1}$$
$$[Co(NH_3)_6]^{3+} \quad \Delta_o = 273.9 \text{kJ} \cdot \text{mol}^{-1}$$

当中心离子的氧化值相同时，随着中心离子半径的增大，分裂能也增大。例如：

$$[CrCl_6]^{3-} \quad \Delta_o = 162.7 \text{kJ} \cdot \text{mol}^{-1}$$
$$[MoCl_6]^{3-} \quad \Delta_o = 229.7 \text{kJ} \cdot \text{mol}^{-1}$$

对于同族的氧化值相同的中心离子，由上至下随主量子数的增加，分裂能将增大。

（4）分裂后的轨道中 d 电子的排布方式

在八面体场中，中心离子的 d 轨道能级分裂为两组（e_g 和 t_{2g}），由于 t_{2g} 轨道比 e_g 轨道能量低，按照能量最低原理，电子将优先分布在 t_{2g} 轨道上。

对于具有 $d^1 \sim d^3$ 构型的离子，当其形成八面体配合物时，根据能量最低原理和洪特规则，d 电子应分布在 t_{2g} 轨道上。例如，Cr^{3+}（d^3 构型）的三个 d 电子分布方式只有一种：

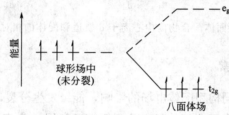

对于 $d^4 \sim d^7$ 构型的离子，当其形成八面体配合物时，d 电子可以有两种分布方式。

具有 d^4 构型的离子（如 Cr^{2+}、Mn^{3+}），其第 4 个电子可进入 e_g 轨道，形成高自旋配合物，此时需要克服分裂能 Δ_o；这个电子也可进入已被 d 电子占据的 t_{2g} 轨道之一，并和原来占据轨道的电子成对，形成低自旋配合物，此时需要克服电子成对能。所谓电子成对能（E_p），是指当一个轨道上已有一个电子时，如果另有一个电子进入该轨道与之成对，为克服电子间的排斥作用所需要的能量。

因 $\Delta_o < E_p$，电子较难成对，而尽可能占据较多的 d 轨道，保持较多的自旋平行电子，形成高自旋型配合物。

因 $\Delta_o' > E_p$❶，电子尽可能占据能量低的 t_{2g} 轨道而自旋配对，成单电子数减少，形成低自旋型配合物。

具有 d^5、d^6、d^7 构型的离子，其 d 电子也有高自旋和低自旋两种分布方式。而具有 d^8、d^9、d^{10} 构型的离子，其 d 电子分别只有一种分布方式，无高低自旋之分（见表 9-13）。

表 9-13 正八面体场中中心离子电子的可能分布情况

d 电子数	弱场 （按洪特规则排布）		单电子数	强场 （按能量最低原理排布）		单电子数
	t_{2g}	e_g		t_{2g}	e_g	
1	↓		1	↓		1
2	↓ ↓		2	↓ ↓		2
3	↓ ↓ ↓		3	↓ ↓ ↓		3

---

❶ Δ_o' 表示强八面体场中的分裂能（见图 9-45），图中的 "Δ'" 省略了角标 "o"。

续表

d电子数	弱场（按洪特规则排布）					单电子数	强场（按能量最低原理排布）					单电子数
	t$_{2g}$			e$_g$			t$_{2g}$			e$_g$		
4	↓	↓	↓	↓		4	↿⇂	↓	↓			2
5	↓	↓	↓	↓	↓	5	↿⇂	↿⇂	↓			1
6	↿⇂	↓	↓	↓	↓	4	↿⇂	↿⇂	↿⇂			0
7	↿⇂	↿⇂	↓	↓	↓	3	↿⇂	↿⇂	↿⇂	↓		1
8	↿⇂	↿⇂	↿⇂	↓	↓	2	↿⇂	↿⇂	↿⇂	↓	↓	2
9	↿⇂	↿⇂	↿⇂	↿⇂	↓	1	↿⇂	↿⇂	↿⇂	↿⇂	↓	1
10	↿⇂	↿⇂	↿⇂	↿⇂	↿⇂	0	↿⇂	↿⇂	↿⇂	↿⇂	↿⇂	0

由以上讨论可知，中心离子 d 轨道上的电子究竟按哪种方式分布，取决于分裂能 Δ 值和电子成对能 E_p 的相对大小。在强场配体（如 CN^-）作用下，分裂能 Δ 值较大，此时 $\Delta > E_p$，易形成低自旋配合物。在弱场配体（如 H_2O、F^-）作用下，分裂能 Δ 值较小，此时 $\Delta < E_p$，则易形成高自旋配合物。

除上述两种情况外，少数情况下，Δ 和 E_p 值相近，这时高自旋和低自旋两种状态具有相近的能量，在外界条件（如温度、溶剂）的影响下，这两种状态可以互变。

常见的八面体配合物的 E_p，Δ_o 及自旋状态见表 9-14。

表 9-14　某些正八面体配合物中中心离子的 d 电子自旋状态

d电子数	中心离子	配位体	$E_p/kJ \cdot mol^{-1}$	$\Delta_o/kJ \cdot mol^{-1}$	自旋类型
4	Cr^{3+}	$6H_2O$	239.2	166.3	高
4	Mn^{3+}	$6H_2O$	284.7	251.2	高
5	Mn^{2+}	$6H_2O$	259.9	93.3	高
5	Fe^{3+}	$6H_2O$	316.9	163.9	高
6	Fe^{2+}	$6H_2O$	179.4	124.4	高
6	Fe^{2+}	$6CN^-$	212.9	394.7	低
6	Co^{3+}	$6F^-$	212.9	155.5	高
6	Co^{3+}	$6H_2O$	212.9	222.5	低
6	Co^{3+}	$6NH_3$	212.9	275.1	低
6	Co^{3+}	$6CN^-$	212.9	406.7	低
7	Co^{2+}	$6H_2O$	269.1	116.0	高

(5) 晶体场稳定化能

中心离子 d 轨道在八面体场中能级分裂为两组（e_g 和 t_{2g}）。d 轨道在分裂前后总能量应当不变，若以分裂前的球形场中的离子为基准，设其能量为零（$E_s = 0$），则：

$$2E_{e_g} + 3E_{t_{2g}} = 0$$

而 t_{2g} 和 e_g 能量差等于分裂能：

$$E_{e_g} - E_{t_{2g}} = \Delta_o$$

由上二式可以解出：

$$E_{e_g} = +\frac{3}{5}\Delta_o = +0.6\Delta_o$$

$$E_{t_{2g}} = -\frac{2}{5}\Delta_o = -0.4\Delta_o$$

即在八面体场中 d 轨道能级分裂的结果，与球形场中分裂前比较，e_g 轨道的能量上升了 $0.6\Delta_o$，而 t_{2g} 轨道的能量下降了 $0.4\Delta_o$。d 电子进入分裂的轨道比处于未分裂轨道时的总能量有所降低。总能量降低值称为晶体场稳定化能（用符号 CFSE[❶] 表示）。如 Ti^{3+}（d^1）在八面体场中，其电子分布为 t_{2g}^1，相应的晶体场稳定化能 CFSE＝$1\times(-0.4\Delta_o)$＝$-0.4\Delta_o$。Cr^{3+}（d^3）在八面体场中，其电子分布为 t_{2g}^3，相应的晶体场稳定化能 CFSE＝$3\times(-0.4\Delta_o)$＝$-1.2\Delta_o$，见表 9-15。

表 9-15　中心离子的 d 电子在八面体场中的分布及其对应的晶体场稳定化能（CFSE）

d^n	弱　场				强　场		
	d 电子排布方式		未成对电子数	CFSE	d 电子排布方式	未成对电子数	CFSE
	t_{2g}	e_g			t_{2g}　　e_g		
d^1	1		1	$-0.4\Delta_o$	1	1	$-0.4\Delta_o'$
d^2	2		2	$-0.8\Delta_o$	2	2	$-0.8\Delta_o'$
d^3	3		3	$-1.2\Delta_o$	3	3	$-1.2\Delta_o'$
d^4	3	1	4	$-0.6\Delta_o$	4	2	$-1.6\Delta_o' + E_p$
d^5	3	2	5	$0.0\Delta_o$	5	1	$-2.0\Delta_o' + 2E_p$
d^6	4	2	4	$-0.4\Delta_o$	6	0	$-2.4\Delta_o' + 2E_p$
d^7	5	2	3	$-0.8\Delta_o$	6	1	$-1.8\Delta_o' + E_p$
d^8	6	2	2	$-1.2\Delta_o$	6	2	$-1.2\Delta_o'$
d^9	6	3	1	$-0.6\Delta_o$	6	3	$-0.6\Delta_o'$
d^{10}	6	4	0	$0.0\Delta_o$	6	4	$0.0\Delta_o'$

晶体场稳定化能与中心离子的 d 电子数有关，也与晶体场的场强有关，此外还与配合物的几何构型有关。晶体场稳定化能越负（代数值越小），体系越稳定。

（6）晶体场理论的应用

① 解释配合物的磁性

由于电子成对能 E_p 和分裂能 Δ 可通过光谱实验数据求得，从而可推测配合物中心离子的电子分布及自旋状态。例如 Co^{3+}（d^6 构型）与弱场配体 F^- 形成 $[CoF_6]^{3-}$ 测知其 $\Delta_o = 155 kJ \cdot mol^{-1}$，$E_p = 251 kJ \cdot mol^{-1}$，根据 $\Delta_o < E_p$，可推知中心离子 Co^{3+} 的 d 电子处于高自旋状态，d 电子分布方式为：

[❶] CFSE 表示 crystal field stabilization energy。

未成对电子有 4 个。若再应用价键理论，根据 $\mu_{理}$ 与 n 的关系，还可估算 $[CoF_6]^{3-}$ 的磁矩为 4.90 B.M.。

② 解释配合物的颜色

晶体场理论能较好地解释配合物的颜色。过渡元素水合离子为配离子，其中心离子在配体水分子的影响下，d 轨道能级分裂。而 d 轨道又常没有填满电子，当配离子吸收可见光区某一部分波长的光时，d 电子可从能级低的 d 轨道跃迁到能级较高的 d 轨道（例如八面体场中由 t_{2g} 轨道跃迁到 e_g 轨道），这种跃迁称为 d-d 跃迁。发生 d-d 跃迁所需的能量即为轨道的分裂能 Δ_o。吸收光的波长越短，表示电子被激发而跃迁所需要的能量越大，即分裂能 Δ_o 值越大。例如 $[Ti(H_2O)_6]^{3+}$，中心离子 Ti^{3+} 因吸收光能而使 d 电子发生 d-d 跃迁，其吸收光谱（如图 9-47 所示）显示最大吸收峰在 490nm 处（蓝绿光），最少吸收的光区为紫区和红区，所以它呈现与蓝绿光相应的补色——紫红色。对于不同的中心离子，虽然配体相同（都是水分子），但 e_g 与 t_{2g} 能级差不同，d-d 跃迁时吸收不同波长的可见光，故显不同颜色。如果中心离子 d 轨道全空（d^0）或全满（d^{10}），则不可能发生上面所讨论的那种 d-d 跃迁，故其水合离子是无色的（如 $[Zn(H_2O)_6]^{2+}$、$[Sc(H_2O)_6]^{3+}$ 等）。

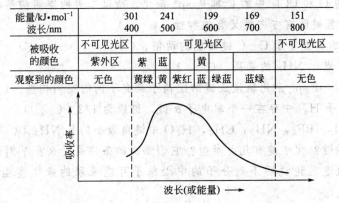

图 9-47 $[Ti(H_2O)_6]^{3+}$ 的吸收光谱

总之，晶体场理论能较好地解释配合物的自旋状态、磁性、颜色及配合物的稳定性等，并有一定的定量准确性，因而比价键理论更进一步。但此理论也有不足之处，晶体场理论将配体和中心离子之间的作用仅看作静电作用，却忽视了中心离子和配体之间形成配位键时有部分轨道重叠的事实。因而，该理论也不能满意地解释一些现象，如无法解释它所导出的光谱化学序，无法解释中性原子和中性分子形成的羰基化合物等。

习题

1. 选择题

(1) 对非极性分子下列描述错误的是（　　）。
A. 其偶极矩等于零　　　　　　　B. 分子的空间构型对称
C. 分子中的化学键都是非极性键　　D. 分子间只存在色散力

(2) 下列各物质中除了存在分子间力还存在氢键的是（　　）。
A. HCl　　　B. H_2S　　　C. CH_3CH_2OH　　　D. CCl_4

(3) 下列离子中属于 9～17 电子构型的是（　　）。

A. Cu^{2+}　　　　B. Sn^{2+}　　　　C. Zn^{2+}　　　　D. Cl^-

(4) 对下列配离子稳定性判断错误的是（　　）。
A. $[Cu(NH_3)_4]^{2+} < [Cu(en)_2]^{2+}$　　B. $[FeF_6]^{3-} < [Fe(CN)_6]^{3-}$
C. $[Co(NH_3)_6]^{2+} < [Co(NH_3)_6]^{3+}$　　D. $[Ni(NH_3)_4]^{2+} > [Ni(CN_4)]^{2-}$

(5) 晶体 NaF、TiC、MgO、ScN 的核间距相差不大，熔点最高的是（　　）。
A. NaF　　　　B. TiC　　　　C. MgO　　　　D. ScN

(6) 配离子 $[Mn(CN)_6]^{4-}$ 的磁矩为 1.8B.M.，则 Mn^{2+} 杂化轨道类型和配离子空间构型为（　　）。
A. sp^3d^2，正八面体　　　　B. d^2sp^3，正八面体
C. sp^3，正四面体　　　　D. sp^3d^2，正四面体

(7) 关于配离子 $[Zn(NH_3)_4]^{2+}$，下列说法正确的是（　　）。
A. 属外轨型，具有顺磁性　　　　B. 属内轨型，具有顺磁性
C. 属外轨型，具有反磁性　　　　D. 属内轨型，具有反磁性

2. 判断题

(1) H_2O 中的 O 和 CCl_4 中的 C 都是 sp^3 杂化，所以二者的空间构型相同。（　　）

(2) 共价键、氢键既有方向性又有饱和性。（　　）

(3) C=C 键的键能等于 C—C 键键能的两倍。（　　）

(4) PH_3 的沸点比 NH_3 的要高。（　　）

(5) 以 sp^3d^2 和 d^2sp^3 杂化轨道成键的配离子具有不同的空间构型。（　　）

(6) 氢分子离子 H_2^+ 中存在一个单电子 σ 键，键级为 1/2。（　　）

(7) 分子 $BeCl_2$，BF_3，NH_3，CH_4，H_2O 中键角最小的是 NH_3。（　　）

3. 什么是化学键？化学键有几种类型？它们形成的条件是什么？举例说明。

4. 试用杂化轨道理论说明下列分子的中心原子可能采取的杂化类型及其分子的几何构型。

PH_3　　BCl_3　　H_2S　　CO_2　　$SiCl_4$

5. 试指出下列分子中哪些含有极性键？

Br_2　　CO_2　　H_2O　　H_2S　　CH_4

6. 已知 H—F、H—Cl、H—Br、H—I 键的键能分别为 569、431、366，及 $299 kJ \cdot mol^{-1}$。试比较 HF、HCl、HBr 及 HI 气体分子的热稳定性。

7. 写出下列物质的分子结构式并指明是 σ 键还是 π 键。

HCl　　CO_2　　BBr_3　　C_2H_2

8. 按键的极性由强到弱的次序，重新排列下列物质。

O_2　　H_2S　　H_2O　　H_2Se　　Na_2S

9. 应用同核双原子分子轨道能级图，从理论上推断下列离子或分子是否可能存在？

O_2^+　　O_2^-　　O_2^{2-}　　H_2^+　　He_2　　C_2

10. 写出 B_2，C_2，F_2，O_2 的分子轨道电子排布式，计算键级，指出哪些分子有顺磁性。

11. 根据键的极性和分子的几何构型，判断下列分子哪些是极性分子？哪些是非极性分子？

Br_2　NO　HF　He　H_2S（V形）　$CHCl_3$（四面体）　CS_2（直线型）

CCl₄   BF₃（平面三角形）   NF₃（三角锥形）

12. 判断下列各组物质中不同种分子间存在着什么形式的分子间力？
① 氨气和水   ② 苯和四氯化碳   ③ 甲醇和水

13. 分别写出下列各离子的电子分布式，并指出各属于何种离子电子构型：
Mn^{2+} Ag^+ Ca^{2+} Pb^{2+} Pb^{4+} Li^+ Bi^{3+} I^-

14. 根据所学晶体结构知识，填出下表：

物质	晶格结点上的粒子	晶格结点上粒子间作用力	晶体类型	熔点(高或低)
O_2				
SiC				
Cu				
冰				
$BaCl_2$				

15. 从分子间力说明下列事实：
(1) 常温下 F_2、Cl_2 是气体，溴是液体而碘是固体；
(2) 稀有气体 He、Ne、Ar、Kr、Xe 沸点随分子量增大而升高；
(3) HCl、HBr、HI 的熔点和沸点随分子量增大而升高。

第 10 章
主族元素

元素化学是无机化学的主体部分，在迄今发现的所有化学元素中，除了位于周期表上方的 22 种非金属元素之外，其余均为金属元素。根据元素原子的电子层构型，在周期表中位于 s 区、p 区的元素为主族元素；位于 d 区、ds 区、f 区的元素为过渡元素。其中 f 区由于元素原子的最后一个电子填充在倒数第三层的 4f、5f 轨道上，因此也统称为内过渡元素。

本章主要介绍主族元素中非金属元素通论和常见的重要主族元素及其化合物。

10.1 非金属元素通论

已经发现的非金属元素有 22 种，除氢外都位于长周期表的右上方，B—Si—As—Te—At 是这部分的边缘元素，称为准金属（既有金属性又有非金属性），这些准金属构成了一条与金属元素的分界线。虽然非金属元素只占元素总数的 1/5 左右，但是无机化合物中的酸、碱、盐、单质、氢化物、氧化物；有机化合物中的烷烃、烯烃、炔烃、醇和醚等都与非金属元素有着密切的关系。

ⅢA	ⅣA	ⅤA	ⅥA	ⅦA	0
				H*	He
B	C	N	O	F	Ne
Al	Si	P	S	Cl	Ar
	Ge	As	Se	Br	Kr
		Sb	Te	I	Xe
			Po	At	Rn

* 氢在周期表中，一般位于左上角，为ⅠA族元素，也可列入ⅦA族的第一个元素。0族在有些书中也称为ⅧA族。

10.1.1 非金属单质

(1) 非金属单质的结构和物理性质

非金属单质按其单质的结构和物理性质，大致可分为三类：

① 小分子物质：例如单原子分子的稀有气体和双原子分子卤素（X_2）、氧、氮、氢等，在通常情况下大多呈气态，其固态为分子晶体，熔、沸点都很低。

② 多原子分子物质：例如 S_8、P_4、As_4 等，在通常状况下呈固态，为分子晶体，熔、沸点不高，但比第一类物质高，易挥发。其结构见图 10-1。

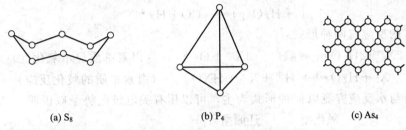

(a) S_8 (b) P_4 (c) As_4

图 10-1　某些非金属单质的结构

③ 大分子物质：例如金刚石、晶体硅等为原子晶体，熔、沸点都很高，不易挥发。非金属元素的基本性质见表 10-1。

表 10-1　非金属元素的性质

项目	硼	碳	硅	氮	磷	氧
原子序数	5	6	14	7	15	8
价电子层结构	$2s^22p^1$	$2s^22p^2$	$3s^23p^2$	$2s^22p^3$	$3s^23p^3$	$2s^22p^4$
主要氧化值	0,+3	0,+4,+2	0,+4	0,+1,+2,±3,+4,+5	0,±3,+5	0,-1,-2
原子半径/pm	88	77	117	70	110	66
熔点/K	2573	金刚石 3823 石墨 3925	1683	63.1	317.2	54.3
沸点/K	2830	金刚石 5100 石墨 5100	2628	77.3	553.6	90.1
电离能 I_1/kJ·mol^{-1}	805	1096	792	1406	1066	1316
电负性	2.04	2.55	1.90	3.04	2.19	3.44
项目	硫	氟	氯	溴	碘	
原子序数	16	9	17	35	53	
价电子层结构	$3s^23p^4$	$2s^22p^5$	$3s^23p^5$	$4s^24p^5$	$5s^25p^5$	
主要氧化值	0,-2,+4,+6	-1,0	±1,0,+3,+5,+7	±1,0,+3,+5,+7	±1,0,+3,+5,+7	
原子半径/pm	94	64	99	114	133	
熔点/K	387.6	55.2	172.2	265.9	387.2	
沸点/K	717.7	85.2	299.1	231.8	451	
电离能 I_1/kJ·mol^{-1}	1006	1686	1266	1146	1016	
电负性	2.58	3.98	3.16	2.96	2.66	

另外，某些非金属单质有多种同素异形体。如碳的同素异形体：金刚石、石墨；磷的同素异形体：白磷、红磷；硫的同素异形体：斜方硫、单斜硫和弹性硫等。

(2) 非金属单质的主要化学性质

活泼的非金属元素容易与金属元素形成卤化物、氧化物、硫化物、氢化物或含氧酸盐等，且非金属元素之间亦可形成卤化物、氧化物、无氧酸或含氧酸。非金属单质发生的化学反应涉及范围较广，下面主要介绍它们与水、碱和酸的反应。

① 与水作用

非金属元素中 B，C 等在高温下可与水蒸气反应：

$$2B+6H_2O(g) \Longrightarrow 2H_3BO_3+3H_2 \uparrow$$

$$C+H_2O(g) \Longrightarrow CO+H_2 \uparrow$$

卤素与水的反应有两种形式：

$$2X_2+2H_2O \Longrightarrow 4H^++4X^-+O_2 \uparrow \quad \text{（卤素单质显示氧化性）}$$

$$X_2+H_2O \Longrightarrow H^++X^-+HXO \quad \text{（卤素单质的歧化反应）}$$

卤素单质与水反应究竟以何种形式为主，可以用有关电极电势予以说明。

氧化型　　还原型

氧化性增强 $\left\{\begin{array}{l} F_2+2e^- \Longrightarrow 2F^- \\ Cl_2+2e^- \Longrightarrow 2Cl^- \\ Br_2+2e^- \Longrightarrow 2Br^- \\ I_2+2e^- \Longrightarrow 2I^- \end{array}\right.$ 还原性增强　$\varphi^\ominus_{F_2/F^-}=2.87\text{ V}$
$\varphi^\ominus_{Cl_2/Cl^-}=1.36\text{ V}$
$\varphi^\ominus_{Br_2/Br^-}=1.065\text{ V}$
$\varphi^\ominus_{I_2/I^-}=0.535\text{ V}$

可以看出，卤素单质中 F_2 的氧化性最强，I_2 最弱，所以 F_2 能和 H_2O 剧烈反应放出 O_2：

$$2F_2+2H_2O \Longrightarrow 4H^++4F^-+O_2 \uparrow$$

事实表明，虽然氯、溴氧化水生成氧的反应能进行，但反应进行的速度极慢，实际上它们和水进行的是歧化反应：

$$X_2+H_2O \Longrightarrow H^++X^-+HXO \quad (X=Cl,Br,I)$$

② 与碱作用

许多非金属单质能与强碱作用（或发生歧化反应）。例如：

$$3S+6OH^- \Longrightarrow 2S^{2-}+SO_3^{2-}+3H_2O$$

$$4P+3OH^-+3H_2O \Longrightarrow 3H_2PO_2^-+PH_3$$

$$Si+2OH^-+H_2O \Longrightarrow SiO_3^{2-}+2H_2 \uparrow$$

$$2B+2OH^-+2H_2O \Longrightarrow 2BO_2^-+3H_2 \uparrow$$

而碳、氧、氟等的单质无此类反应。

氯气与冷碱性溶液发生的反应为：

$$Cl_2+2NaOH(\text{冷}) \Longrightarrow NaCl+NaClO+H_2O$$

当氯气通入热的碱溶液时，主要产物是氯酸盐：

$$3Cl_2+6NaOH(\text{热}) \Longrightarrow 5NaCl+NaClO_3+3H_2O$$

氯在碱溶液中的歧化反应非常完全，溴、碘也能发生上述类似反应。

③ 与酸作用

许多非金属单质不与盐酸或稀硫酸反应，但可以与浓硫酸或浓硝酸反应。在这些反应中，非金属单质一般被氧化成所在族的最高氧化值，而浓硫酸或浓硝酸则分别被还原成 SO_2 或 NO_2。例如：

$$B+3HNO_3(浓) =\!=\!= H_3BO_3+3NO_2\uparrow$$

$$2B+3H_2SO_4(浓) =\!=\!= 2H_3BO_3+3SO_2\uparrow$$

$$C+4HNO_3(浓) =\!=\!= CO_2\uparrow+4NO_2\uparrow+2H_2O$$

$$C+2H_2SO_4(浓) =\!=\!= CO_2\uparrow+2SO_2\uparrow+2H_2O$$

$$P+5HNO_3(浓) =\!=\!= H_3PO_4+5NO_2\uparrow+H_2O$$

$$S+6HNO_3(浓) =\!=\!= H_2SO_4+6NO_2\uparrow+2H_2O$$

$$I_2+10HNO_3(浓) =\!=\!= 2HIO_3+10NO_2\uparrow+4H_2O$$

但硅不溶于任何单一酸中，而混酸（$HF-HNO_3$）能溶解它：

$$3Si+4HNO_3+18HF =\!=\!= 3H_2SiF_6+4NO\uparrow+8H_2O$$

（3）非金属单质的一般制备方法

非金属元素大都以负氧化值或正氧化值化合物的形式存在，若以负氧化值的化合物为原料，则需采用氧化的办法制取单质；若以正氧化值化合物为原料，则需用还原的办法制取。当不能够或不便于用普通氧化剂或还原剂使之氧化或还原时，则可采用电解的方法。

① 氧化法

以从黄铁矿提取硫为例，原料 FeS_2 中 S 的氧化值为 -1，用空气氧化而生成单质硫：

$$3FeS_2+12C+8O_2(空气) \stackrel{\triangle}{=\!=\!=} Fe_3O_4+12CO\uparrow+6S$$

反应后将气体导出冷却，S 即凝成固体。

又如，实验室制备氯气，用 MnO_2 将浓 HCl 中的 Cl^- 氧化成 Cl_2：

$$4HCl+MnO_2 \stackrel{\triangle}{=\!=\!=} MnCl_2+2H_2O+Cl_2\uparrow$$

② 还原法

例如用还原法从磷酸钙制备单质磷。磷酸钙中磷的氧化值为 $+5$，该法是将碳粉、砂和磷酸钙混合加热至 1300℃ 以上，发生如下反应：

$$2Ca_3(PO_4)_2+10C+6SiO_2 \stackrel{\triangle}{=\!=\!=} 6CaSiO_3+10CO\uparrow+P_4$$

形成硅酸钙熔渣，将气体导入冷水中，CO 逸出，磷凝成固体。这样制得的磷有杂质，精制时将此固体置于水中用铬酸处理，杂质被氧化后形成浮渣，去除后可得黄磷。

硼的制备亦可用还原法。将化合物中氧化值为 $+3$ 的硼用活泼金属（Na、K、Mg 和 Al 等）还原。

③ 置换反应

用较强的非金属单质将次强的非金属从其化合物中置换出来，这也是典型的氧化还原反应。例如溴和碘的生产，就是用氯与溴化物或碘化物反应：

$$2KBr+Cl_2 =\!=\!= 2KCl+Br_2$$

$$2KI+Cl_2 =\!=\!= 2KCl+I_2$$

④ 电解法

用一般的化学氧化剂或还原剂无法实现的氧化还原反应，可采用电解的方法强制进行。例如：氟的化学性质异常活泼，与水、电解槽、电极材料等都会发生剧烈的反应，氟的制备曾经难倒许多化学家。由于氟的电负性最大，与电子结合能力最强，因此，只有用最强有力的氧化手段，即电解氧化法才能使氟从氟化物中游离出来。但是，如果用氟化物或氟化氢的水溶液电解，由于氟要和水剧烈反应，得到的不是氟而是氧；用熔融的氟化物电解也不行，因金属氟化物熔点高（例如，KF 的熔点为 846℃），高温会加剧氟对电解槽、电极材料等的腐蚀；而无水 HF 液体又不导电。经过人们几十年的研究，直到 1886 年，莫桑（H. Moissan）才解决了这个问题。莫桑发现，可以用铂铱合金做电解槽和电极，氟在阳极上析出：

$$KF + HF = KHF_2$$

$$2KHF_2 \xrightarrow{电解} 2KF + H_2\uparrow + F_2\uparrow$$

现在制氟是电解熔融的 KHF_2 与 HF 的混合物，KHF_2 与 HF 的摩尔比通常为 3∶2，其熔点为 72℃，以铜制或铜镍合金做容器或电解槽（因表面生成致密的 CuF_2 覆盖层而防腐），以石墨为阳极、钢做阴极，在 100℃ 进行电解（见图 10-2）。

氯是一个不太强的氧化剂，因此制备时既可以用电化学氧化法，又可以用化学氧化法。工业上制氯大都采用电解饱和食盐水溶液的方法。在以石墨为阳极、铁丝网为阴极的电解槽中进行电解，得到氯气、氢气和烧碱。

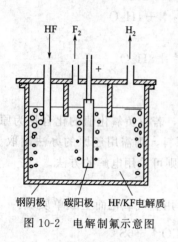

图 10-2 电解制氟示意图

$$2NaCl + 2H_2O \xrightarrow{电解} \underbrace{Cl_2\uparrow}_{(阳极)} + \underbrace{2NaOH + H_2\uparrow}_{(阴极)}$$

从 20 世纪 80 年代起，电解槽中的石棉隔膜已被离子交换隔膜所代替。离子膜电解槽主要由阳极、阴极和离子交换膜所组成，这种膜的特点是只允许 Na^+ 离子通过，Cl^- 离子不能通过。因此，阳极室盐水中的 Na^+ 离子可以通过膜进入阴极室，与阴极室产生的 OH^- 离子结合生成 NaOH，同时在阳极室产生 Cl_2，阴极室产生 H_2。运用离子膜电解法制得的 NaOH 浓度大、含盐最少、纯度高，而且此法还有节约能源（比普通隔膜法节约能源 1/3 左右）、占地面积小等优点。

近年来单质硼也有用熔盐电解法进行生产的。该法是将无水 B_2O_3 溶于熔化的 KBF_4 和 KCl 混合盐中进行电解。

$$2B_2O_3 \xrightarrow[电解]{KBF_4 + KCl} 4B(阴极) + 3O_2(阳极)$$

纯的氢气和氧气也可用电解法来制备（一般是电解 15%KOH 的水溶液）。

10.1.2 非金属元素的氢化物

非金属元素除稀有气体外，与氢都能以共价键结合形成分子型氢化物，通常情况下呈气体或挥发性液体。它们的熔点、沸点、极性等随着非金属元素在周期表中所处的位置不同而出现规律性变化。如非金属氢化物的沸点在同一周期从左到右依次递增，同一族从上到下其沸点依次递增。但其中 H_2O，HF，NH_3 的沸点异常得高，这是因为在它们各自的分子中存在较强的氢键（见第 9 章图 9-42）。

(1) 氢化物的酸碱性

$$\begin{array}{lllll} B_2H_6 & CH_4 & NH_3 & H_2O & HF \\ & SiH_4 & PH_3 & H_2S & HCl \\ & & AsH_3 & H_2Se & HBr \\ & & & H_2Te & HI \end{array}$$

酸性增强 ↓

酸性增强 →

非金属元素氢化物水溶液的酸碱性变化规律为：同一族从上到下，同一周期从左到右，酸性依次增强。如氢卤酸的酸性按 HF、HCl、HBr、HI 顺序逐渐增强。

(2) 氢化物的还原性

非金属元素氢化物大多具有不同程度的还原性，而且随非金属元素电负性的减小而增强。需要指出的是，在 SiH_4 和 PH_3 中，由于 Si 和 P 的电负性比 H 小，所以氢显示 -1 氧化值，它们与氧化剂反应时能表现出较强的还原性。如：

$$SiH_4 + 2KMnO_4 = K_2SiO_3 + 2MnO_2 + H_2\uparrow + H_2O$$
$$2PH_3 + 4O_2 = P_2O_5 + 3H_2O$$

而 H_2S 和 HCl，以及 HBr，HI 等，显示还原性的是非金属元素本身。例如：

$$2H_2S + 3O_2 = 2SO_2\uparrow + 2H_2O$$

氢化物	B_2H_6	CH_4	NH_3	H_2O	HF	还原性增强
		SiH_4	PH_3	H_2S	HCl	
			AsH_3	H_2Se	HBr	
				B_2Te	HI	
空间构型举例	H-B-B-H (H上下)	H-C-H (H上下)	N with 3H	Ö with 2H	F—H	

氢化物的还原性减弱 →

在卤化氢中，HF 一般不显示还原性，HCl 虽具还原性但较弱，而 HBr、HI 则具较强的还原性。正因如此，实验室里用 KBr 或 KI 和浓硫酸反应不能得到相应的 HBr、HI。

$$NaCl(s) + H_2SO_4(浓) = NaHSO_4 + HCl$$
$$2KBr(s) + 3H_2SO_4(浓) = 2KHSO_4 + SO_2\uparrow + Br_2 + 2H_2O$$
$$8KI(s) + 9H_2SO_4(浓) = 8KHSO_4 + H_2S\uparrow + 4I_2 + 4H_2O$$

从上述一系列反应可知，HCl 不能还原浓硫酸，而 HBr 能将浓硫酸还原成 SO_2，HI 甚至能将浓硫酸还原成 H_2S。

10.1.3 非金属含氧酸及其盐

(1) 非金属含氧酸的酸性

含氧酸是无机化合物的一大类物质，含氧酸的酸性强弱程度是其主要性质之一。影响含氧酸酸性强度的因素是多方面的，至今还没有衡量酸强度的统一标度，下面介绍当今用于衡量含氧酸强度的几种基本方法。

① 鲍林规则

鲍林通过实验事实总结出了酸强度的规律。例如：H_2SO_4 和 H_2SO_3 在水溶液中分两步解离，对于 H_2SO_4，第一步解离时将一个质子转移给水分子，这一步基本上是完全的。但对 H_2SO_3 而言，第一步解离只以很有限的程度发生（对 $1mol \cdot L^{-1}$ 而言，约为 11%）。在这两种酸分子中，硫原子都与两个羟基键合。然而，在 H_2SO_4 分子中，硫原子同时与两个非羟基氧原子键合，而 H_2SO_3 分子中的硫原子只与一个这样的氧原子键合。由于氧是电负性很大的元素，可以预测这些 S—O 键具有极性，并且负电荷偏向氧原子一方而使其部分地带上负电荷（δ^-），硫原子则部分地带正电荷（δ^+），由于 H_2SO_4 中的 S 原子带有更多的正电荷，因而更强地吸引 O—H 键中的 O 原子而排斥 H 原子，结果使 O—H 键更容易断裂。所以在 H_2SO_4 中的氢原子比 H_2SO_3 中的氢原子更容易以 H^+ 形式解离，使 H_2SO_4 比 H_2SO_3 具有更强的酸性。

$$H-O-\overset{O^{\delta-}}{\underset{O^{\delta-}}{S^{2\delta+}}}-O-H \quad 和 \quad H-O-\overset{O^{\delta-}}{S^{\delta+}}-O-H$$

类似的情况也可从氯的含氧酸看到：

次氯酸	HClO	H—O—Cl
亚氯酸	$HClO_2$	H—O—Cl=O
氯酸	$HClO_3$	H—O—Cl=O 下带一个=O
高氯酸	$HClO_4$	H—O—Cl 上下各一个=O，右侧一个=O

这些含氧酸的酸性，随着氯原子周围非羟基氧原子数的增多而增强：HClO 是一种很弱的酸，$HClO_2$ 酸性比 HClO 稍强，$HClO_3$ 在水中几乎完全解离，而 $HClO_4$ 则是最强的无机酸。

鲍林从大量实验结果中总结了无机含氧酸强度的两条经验规则：

ⅰ. 多元酸的逐级解离常数之间的关系为：

$$K_1^\ominus : K_2^\ominus : K_3^\ominus \approx 1 : 10^{-5} : 10^{-10}$$

例如磷酸 H_3PO_4，$K_1^\ominus : K_2^\ominus : K_3^\ominus = 7.6 \times 10^{-3} : 6.3 \times 10^{-8} : 4.4 \times 10^{-13}$。

ⅱ. 对于组成为 $XO_m(OH)_n$ 的含氧酸（X 为含氧酸的成酸元素），其第一级解离常数取决于 m 的数值：

当 $m=0$ 极弱酸　　　　　　　　　　　　　　$K_1^\ominus \leqslant 10^{-7}$
　　　　例如　次氯酸 Cl(OH)　　　　　　　$K_1^\ominus = 2.88 \times 10^{-8}$
　　　　　　　次溴酸 Br(OH)　　　　　　　$K_1^\ominus = 2.51 \times 10^{-9}$
当 $m=1$ 中强酸　　　　　　　　　　　　　　$K_1^\ominus \approx 10^{-2}$
　　　　例如　亚硫酸 $SO(OH)_2$　　　　　　$K_1^\ominus = 1.5 \times 10^{-2}$

砷酸 $AsO(OH)_3$　　　　$K_1^{\ominus}=5.6\times10^{-3}$

亚硝酸 $NO(OH)$　　　　$K_1^{\ominus}=4.6\times10^{-4}$

当 $m=2$　强酸　　　　　　　　　　$K_1^{\ominus}$ 值较大

例如　硝酸 $NO_2(OH)$　　　　$K_1^{\ominus}\approx10^1$

氯酸 $ClO_2(OH)$　　　　$K_1^{\ominus}\approx10^2$

硫酸 $SO_2(OH)_2$　　　　$K_1^{\ominus}\approx10^3$

当 $m=3$　极强酸　　　　　　　　　$K_1^{\ominus}$ 值很大

例如　高氯酸 $ClO_3(OH)$　　　　$K_1^{\ominus}\approx10^8$

鲍林规则反映了上述分子中非羟基氧原子数愈多则酸愈强的规律。

值得注意的是次磷酸（H_3PO_2）、亚磷酸（H_3PO_3）与磷酸（H_3PO_4）一样，都是中等强度的酸，它们的 $K_1^{\ominus}$ 值分别为 5.89×10^{-2}、6.31×10^{-2} 及 7.6×10^{-3}。看起来似乎与鲍林的第二条经验规则不符，但是通过对它们的化学性质和结构研究表明，在亚磷酸和次磷酸中都存在 P—H 键，所以磷的三种含氧酸可更精确地写作 $PO(OH)_3$（磷酸），$H_2PO(OH)$（次磷酸）及 $HPO(OH)_2$（亚磷酸），它们都相当于 $m=1$ 的含氧酸。三种磷酸的分子结构示意图和它们的酸强度如下：

分子式	命名	结构	酸强度
H_3PO_2	次磷酸	HO—P(=O)(H)—H	一元酸 $K^{\ominus}=5.89\times10^{-2}$
H_3PO_3	亚磷酸	HO—P(=O)(H)—OH	二元酸 $K_1^{\ominus}=6.31\times10^{-2}$ $K_2^{\ominus}=1.99\times10^{-7}$
H_3PO_4	正磷酸	HO—P(=O)(OH)—OH	三元酸 $K_1^{\ominus}=7.6\times10^{-3}$ $K_2^{\ominus}=6.3\times10^{-8}$ $K_3^{\ominus}=4.4\times10^{-13}$

② R—O—H 规则

含氧酸和氢氧化物都可以用通式 ROH 表示。从结构上分析，它们在水溶液中可以有 I 和 II 两种解离方式。如果按 I 式解离（即 R—O 键断裂），该物质显碱性；如果以 II 式解离（即 O—H 键断裂），该物质显酸性；如果I式和II式解离的可能性差不多，则该物质显两性。

ROH 型物质究竟采取哪种方式解离？根据离子键概念，可以把 ROH 看成是 R^{n+}、O^{2-} 和 H^+，当 R^{n+} 对 O^{2-} 的作用力强于 H^+ 对 O^{2-} 的作用力时，ROH 采取酸式解离；相反，当 H^+ 对 O^{2-} 的作用力强于 R^{n+} 对 O^{2-} 的作用力时，则 ROH 采取碱式解离。据此有人提出用 R^{n+} 的"离子势"来判断 ROH 的酸碱性。离子势用符号 Φ 表示，它等于 R^{n+} 的电荷与其半径之比（R^{n+} 的半径以 pm 为单位）。

$$R\overset{\text{I}}{|}O\overset{\text{II}}{|}H \qquad \Phi=\frac{\text{阳离子电荷}}{\text{阳离子半径}}=\frac{Z}{r}$$

当 R^{n+} 离子的电荷数小、半径大，Φ 值小时，R—O 键比 O—H 键弱，ROH 显碱性；当 R^{n+} 离子的电荷数大、半径小，Φ 值大时，R—O 键比 O—H 键强，ROH 显酸性。

用离子势判断 ROH 酸碱性的半定量经验规则为：

$\sqrt{\Phi} < 0.22$ ROH 呈碱性

$\sqrt{\Phi}$ 在 0.22～0.32 之间   ROH 呈两性

$\sqrt{\Phi} > 0.32$ ROH 呈酸性

此规则俗称 ROH 规则。下面列出了第三周期元素氧化物水合物的离子势及其酸碱性。

R^{n+}	Na^+	Mg^{2+}	Al^{3+}	Si^{4+}	P^{5+}	S^{6+}	Cl^{7+}
半径/pm	95	65	50	41	34	29	26
$\sqrt{\Phi}$	0.10	0.17	0.24	0.31	0.38	0.45	0.52
酸碱性	强碱	中强碱	两性	弱酸	中强酸	强酸	强酸

从上表有关数据可知，第三周期元素 R^{n+} 的半径从左到右逐渐变小，电荷数逐渐增大，Φ 值也逐渐增大，所以，它们的氧化物的水合物从左到右酸性逐渐增强。此外，也可用 ROH 规则说明 HClO、HBrO、HIO 的酸性依次减弱，$HClO_3$、$HBrO_3$、HIO_3 亦如此。

(2) 非金属含氧酸及其盐的氧化还原性

第ⅢA，ⅣA 族的非金属元素含氧酸及其盐一般不显示氧化还原性，第ⅤA 族的 HNO_3 具有氧化性，第ⅥA 族的浓 H_2SO_4 显示强氧化性，H_2SO_3 及其盐（Na_2SO_3）常作还原剂。

在氯的各种含氧酸及其盐中，随着氧化值的升高，含氧酸及其盐氧化性减弱，这可以用它们在酸性介质中的标准电极电势值比较说明：

$2HClO + 2H^+ + 2e^- \rightleftharpoons Cl_2 + 2H_2O \quad \varphi^{\ominus}_{HClO/Cl_2} = 1.63V$

$2ClO_3^- + 12H^+ + 10e^- \rightleftharpoons Cl_2 + 6H_2O \quad \varphi^{\ominus}_{ClO_3^-/Cl_2} = 1.47V$

$2ClO_4^- + 16H^+ + 14e^- \rightleftharpoons Cl_2 + 8H_2O \quad \varphi^{\ominus}_{ClO_4^-/Cl_2} = 1.34V$

氧化型物质的氧化性减弱

也可以用它们在碱性介质中的电极电势值予以说明：

$ClO^- + H_2O + 2e^- \rightleftharpoons Cl^- + 2OH^- \quad \varphi^{\ominus}_{ClO^-/Cl^-} = 0.89V$

$ClO_3^- + 3H_2O + 6e^- \rightleftharpoons Cl^- + 6OH^- \quad \varphi^{\ominus}_{ClO_3^-/Cl^-} = 0.63V$

$ClO_4^- + 4H_2O + 8e^- \rightleftharpoons Cl^- + 8OH^- \quad \varphi^{\ominus}_{ClO_4^-/Cl^-} = 0.51V$

氧化型物质的氧化性减弱

上述两组标准电极电势值还可以说明含氧酸及其盐的氧化性在酸性溶液比在碱性溶液中强。

10.2 常见的重要非金属元素及其化合物

关于常见的非金属单质的主要性质、一般制备方法等在前面非金属通论中已作介绍，除卤素单质外在此不再赘述。

10.2.1 常见的卤素及其化合物

周期表中第ⅦA族元素氟、氯、溴、碘、砹称为卤素，因其均可与金属化合成盐类又称"成盐元素"。其中砹直到 20 世纪 40 年代才被制得，又因砹为放射性元素，在此不予讨论。

(1) 卤素单质的主要化学性质

① 氧化性

卤素单质是很活泼的非金属，其主要性质是氧化性。它们的氧化性递变顺序为：

$$F_2 > Cl_2 > Br_2 > I_2$$

相应卤素离子的还原性递变顺序为：

$$I^- > Br^- > Cl^- > F^-$$

② 与水的反应

卤素难溶于水，单质同水发生的反应有两种类型：一类是对水的氧化作用，另一类是对水的歧化作用 [见 10.1.1(2)]。

③ 与氢的反应

卤素单质都能和氢直接化合生成卤化氢。氟与氢在阴冷处就能化合，放出大量热并引起爆炸。氯和氢的混合物在常温下缓慢化合，在强光照射时反应加快，甚至会发生爆炸反应。溴和氢化合反应程度比氯缓和。碘和氢在高温下才能化合。

$$H_2 + F_2 \xrightarrow{\text{黑暗}} 2HF \quad (\text{反应剧烈})$$

$$H_2 + Cl_2 \xrightarrow{\text{见光}} 2HCl \quad (\text{反应倾向很大，但必须在光照下})$$

$$H_2 + Br_2 \xrightarrow{\text{加热}} 2HBr \quad (\text{反应必须加热})$$

$$H_2 + I_2 \xrightarrow{\text{高温}} 2HI \quad (\text{反应在高温下才能进行且反应是可逆的})$$

④ 与金属、非金属反应

氟能剧烈地和所有金属化合；氯几乎能和所有金属化合，但有时需加热；溴比氯不活泼，能和除贵金属以外的所有其他金属化合；碘比溴更不活泼。即卤素与金属反应的难易程度按 F_2、Cl_2、Br_2、I_2 的顺序依次减弱。卤素和非金属的作用，也出现这样的规律。

$$\left. \begin{array}{l} 3X_2 + 2Fe == 2FeX_3 \\ X_2 + Mg == MgX_2 \\ 3X_2 + 2P == 2PX_3 \end{array} \right\} \quad (X = F, Cl, Br, I)$$

⑤ 卤素间的置换反应

因卤素离子的还原性顺序为：$I^- > Br^- > Cl^- > F^-$。所以，每种卤素都可以把电负性比它小的卤素从后者的卤化物中置换出来，氟可以从固态氯化物、溴化物、碘化物中分别置换氯、溴、碘；氯可以从溴化物、碘化物的溶液中置换出溴、碘；而溴只能从碘化物的溶液中置换出碘。例如：当在无色的 KI 溶液中滴加氯水时，出现的现象为：无色——棕色——紫黑色——无色，反应为：

$$2KI + Cl_2(\text{少量}) == I_2 + 2KCl$$

$$I_2 + KI == KI_3$$

$$I_2 + 5Cl_2 + 6H_2O == 10HCl + 2HIO_3 \quad (\text{无色})$$

氟的特殊性：由于氟单质具有异常活泼的化学性质，是最强的氧化剂，故大多数热的金属能在氟中燃烧。而且当氟与其他多种物质相遇时，也能立即点燃。氟与稀有气体如 Kr，

Xe 或金属反应可生成多种化合物,例如 CuF_4,AuF_5,XeF_2 等。

(2) 卤化氢和氢卤酸

① 性质

卤素都能与氢直接化合而生成卤化氢。卤化氢均是无色气体,具有刺激性的臭味,其中以氟化氢的毒性最大,在潮湿的空气中能和水作用形成酸雾。随着原子序数的增加,卤化氢的性质呈现出规律性的变化。

卤化氢都是极性分子,随着卤素电负性的减小,极性按 HF>HCl>HBr>HI 的顺序递减。其熔、沸点则按 HCl 到 HI 递增,其中 HF 由于存在氢键,具有反常的熔点和沸点。

卤化氢在水中的溶解度很大,在 273K 时,1 体积水可以溶解 500 体积氯化氢,溴化氢和碘化氢的溶解度与氯化氢接近,氟化氢能无限制地溶于水。卤化氢的水溶液称为氢卤酸。

卤化氢的化学性质主要表现为:热稳定性、酸性、还原性。其变化规律为:

$$HF \quad HCl \quad HBr \quad HI$$

$\xrightarrow{\text{热稳定性减弱}}$

$\xrightarrow{\text{酸性增强}}$
$\xrightarrow{\text{还原性增强}}$

氢卤酸均是挥发性的酸,都是强酸(除氢氟酸)。且除氢氟酸以外,都具有还原性。

HF 和氢氟酸的性质有其特殊性。HF 分子在常温下,由于氢键的存在,能形成缔合分子,因此当晶体熔化或液体挥发时,需消耗额外的能量来克服氢键,故氟化氢的熔、沸点与其他卤化氢相比显得特别高。

氢氟酸的酸性特别小。这是由于氟原子的半径很小,它和氢原子形成了较牢固的共价键;另外,在氢氟酸溶液中,由于氢键的存在,部分 F^- 还和 HF 作用生成 HF_2^-:

$$HF \rightleftharpoons H^+ + F^- \quad K_a^{\ominus} = 3.50 \times 10^{-4}$$

$$F^- + HF \rightleftharpoons HF_2^-$$

但在极浓的氢氟酸溶液中,酸性反而急剧增大。因为在溶液中当 HF 浓度增大时,二聚分子(H_2F_2)的浓度也增大,其酸性要比单体 HF 强。

$$H_2F_2 \rightleftharpoons H^+ + HF_2^-$$

氢氟酸最特殊的性质是它能和二氧化硅或硅酸盐作用,生成气态的四氟化硅:

$$SiO_2 + 4HF \rightleftharpoons SiF_4 \uparrow + 2H_2O$$

$$CaSiO_3 + 6HF \rightleftharpoons CaF_2 + SiF_4 \uparrow + 3H_2O$$

因此,氢氟酸可用于溶解各种硅酸盐,刻划玻璃以及制造各种毛玻璃。但须注意氢氟酸应储存于塑料容器内。

② 制备

如前所述,卤素与氢可以直接化合生成卤化氢。

制备氟化氢以及少量氯化氢时,可用浓硫酸与相应的卤化物如 CaF_2 和 NaCl 等作用,加热使卤化氢气体从反应的混合物中逸出:

$$NaCl + H_2SO_4(浓) \xrightarrow{\triangle} NaHSO_4 + HCl \uparrow$$

$$NaCl + NaHSO_4(浓) \xrightarrow{>500℃} Na_2SO_4 + HCl \uparrow$$

浓硫酸和溴化物、碘化物作用,虽然也产生类似反应,但由于 HBr、HI 的还原性增强，能被浓硫酸氧化成单质溴或碘，同时还有 SO_2，H_2S 等生成：

$$2HBr + H_2SO_4 (浓) = SO_2\uparrow + Br_2 + 2H_2O$$

$$8HI + H_2SO_4 (浓) = H_2S\uparrow + 4I_2 + 4H_2O$$

因此不能用浓硫酸和溴化物或碘化物反应来制备 HBr 或 HI。但可以用非氧化性酸如磷酸来代替硫酸制备 HBr 或 HI：

$$NaBr + H_3PO_4 (浓) = NaH_2PO_4 + HBr$$

实验室中还常用非金属卤化物水解的方法制备溴化氢和碘化氢：

$$PBr_3 + 3H_2O = H_3PO_3 + 3HBr$$

实际应用时，并不需要先制成非金属卤化物，而是将溴或碘与红磷混合，再将水逐渐加入混合物中，就可制得 HBr，HI：

$$3Br_2 + 2P + 6H_2O = 2H_3PO_3 + 6HBr$$

$$3I_2 + 2P + 6H_2O = 2H_3PO_3 + 6HI$$

（3）卤化物

卤化物可分为离子型卤化物和共价型卤化物两类。卤素与碱金属、碱土金属所形成的是离子型卤化物，卤素和非金属及氧化值较高的金属所形成的是共价型卤化物。非金属卤化物水解常生成相应的氢卤酸和该非金属的含氧酸：

$$PCl_5 + 4H_2O = 5HCl + H_3PO_4$$

$$SiCl_4 + 3H_2O = 4HCl + H_2SiO_3$$

大多数金属卤化物易溶于水，而 $AgCl$、Hg_2Cl_2、$PbCl_2$ 难溶于水。金属氟化物与其他卤化物不同，碱土金属的氟化物（特别是 CaF_2）难溶于水，而碱土金属的其他卤化物却易溶于水。氟化银易溶于水，而银的其他卤化物则不溶于水。

（4）含氧酸及其盐

除氟以外，氯、溴、碘几乎均可形成氧化值为 +1、+3、+5 和 +7 的次卤酸（HXO）、亚卤酸（HXO_2）、卤酸（HXO_3）和高卤酸（HXO_4）及其盐。卤素含氧酸多数仅能在水溶液中存在。卤素的含氧酸及其盐中，以氯的含氧酸及其盐实际应用较多，下面主要介绍氯的含氧酸及其盐的性质。

氯元素的电极电势图如下：

$$\varphi_A^{\ominus}/V: ClO_4^- \xrightarrow{+1.19} ClO_3^- \xrightarrow{+1.21} HClO_2 \xrightarrow{+1.64} HClO \xrightarrow{+1.63} Cl_2 \xrightarrow{+1.36} Cl^-$$

上方连线：+1.45，+1.49，+1.47

$$\varphi_B^{\ominus}/V: ClO_4^- \xrightarrow{+0.36} ClO_3^- \xrightarrow{+0.33} ClO_2^- \xrightarrow{+0.59} ClO^- \xrightarrow{+0.42} Cl_2 \xrightarrow{+1.36} Cl^-$$

上方连线：+0.63，+0.89；下方连线：+0.50，+0.48

由图中可以看出：氯的各种含氧酸均有较强的氧化性；含氧酸盐的氧化性弱于其相应酸（惟 NaClO 仍有较强氧化性）；氯在碱性介质中易歧化。

① 次氯酸及其盐

氯气和水作用生成次氯酸和盐酸：

$$Cl_2 + H_2O \rightleftharpoons HClO + HCl$$

上述反应为可逆反应，因氯在水中溶解度不大，反应中又有强酸生成，所以上述反应进行不完全，所得的次氯酸浓度很低。次氯酸是很弱的酸，$K_a^{\ominus} = 2.9 \times 10^{-8}$，只能存在于溶液中。次氯酸性质不稳定，分解有以下两种基本方式：

$$2HClO \xrightarrow{\text{光}} 2HCl + O_2 \uparrow$$

$$3HClO \xrightarrow{\triangle} 2HCl + HClO_3$$

把氯气通入冷碱溶液，可生成次氯酸盐：

$$Cl_2 + 2NaOH \Longrightarrow NaClO + NaCl + H_2O$$

$$2Cl_2 + 2Ca(OH)_2 \xrightarrow{<40℃} Ca(ClO)_2 + CaCl_2 + 2H_2O$$

$Ca(ClO)_2$ 和 $CaCl_2$、$Ca(OH)_2$、H_2O 的混合物是漂白粉，其有效成分是 $Ca(ClO)_2$。次氯酸（或漂白粉）的漂白作用主要基于次氯酸的氧化性。漂白粉中的 $Ca(ClO)_2$ 可以说只是潜在的强氧化剂，使用时必须加酸，使之转变成 HClO 后才能有强氧化性，发挥其漂白、消毒的作用。例如：棉织物的漂白是先将其浸入漂白粉液，然后再用稀酸溶液处理。

漂白粉在潮湿的空气中受 CO_2 作用逐渐分解析出次氯酸：

$$Ca(ClO)_2 + CO_2 + H_2O \Longrightarrow CaCO_3 + 2HClO$$

漂白粉是强氧化剂，是廉价的消毒、杀菌剂，广泛用于漂白棉、麻、纸浆等。

② 氯酸及其盐

氯酸 $HClO_3$ 可利用次氯酸加热使之发生歧化反应制得。也可利用氯酸钡与稀硫酸反应制得：

$$Ba(ClO_3)_2 + H_2SO_4 \Longrightarrow BaSO_4 \downarrow + 2HClO_3$$

氯酸仅存在于溶液中，若将其含量提高到 40%，即分解；含量再高，就会迅速分解并发生爆炸。

氯酸是强酸，其强度接近于盐酸和硝酸。氯酸又是强氧化剂，例如它能将单质碘氧化：

$$2HClO_3 + I_2 \Longrightarrow 2HIO_3 + Cl_2 \uparrow$$

工业上采用无隔膜槽电解氯化钾热溶液（60~70℃）的方法制备氯酸钾：

$$2KCl + 2H_2O \Longrightarrow \underset{\text{(阳极)}}{Cl_2\uparrow} + \underset{\text{(阴极)}}{H_2\uparrow + 2KOH}$$

因两极距离较近，又无隔膜，故阳极区产生的氯气会进一步与阴极区积聚的 OH^- 反应生成 ClO_3^- 和 Cl^-，Cl^- 又被阳极氧化成氯气，再生成 ClO_3^-。如此往复，充分利用了原料中的氯，电解液中的 ClO_3^- 浓度越来越高，最后得到 $KClO_3$ 浓溶液，冷却至室温，即得到 $KClO_3$ 晶体。氯酸钾和氯酸钠是重要的氯酸盐。在催化剂存在时，200℃ 下 $KClO_3$ 即可分解为氯化钾和氧气；如果没有催化剂，400℃ 左右主要分解成高氯酸钾和氯化钾：

$$4KClO_3 \xrightarrow{400℃} 3KClO_4 + KCl$$

$$2KClO_3 \xrightarrow[200℃]{MnO_2} 2KCl + 3O_2 \uparrow$$

固体氯酸钾是强氧化剂,与易燃物质(如硫、磷、碳)混合后,经摩擦或撞击就会爆炸,因此可用来制造炸药、火柴及烟火等。

氯酸盐溶液通常在酸性溶液中显氧化性。例如 $KClO_3$ 在中性溶液中不能氧化 KI,但酸化后即可将 I^- 氧化为 I_2:

$$ClO_3^- + 6I^- + 6H^+ \Longrightarrow 3I_2 + Cl^- + 3H_2O$$

③ 高氯酸及其盐

用高氯酸钾与浓硫酸反应,然后进行减压蒸馏,即可得到高氯酸:

$$KClO_4 + H_2SO_4 \Longrightarrow KHSO_4 \downarrow + HClO_4$$

无水高氯酸是无色、黏稠状液体,是极强的无机酸和氧化剂。冷的稀溶液没有明显氧化性,比较稳定。但浓的高氯酸不稳定,受热分解:

$$4HClO_4 \xrightarrow{\triangle} 2Cl_2 \uparrow + 7O_2 \uparrow + 2H_2O$$

高氯酸在储存时必须远离有机物质,否则会发生爆炸。高氯酸的水溶液在氯的含氧酸中最稳定,但氧化性比 $HClO_3$ 弱。

高氯酸盐则较稳定,$KClO_4$ 的热分解温度高于 $KClO_3$:

$$KClO_4 \xrightarrow{525℃} KCl + 2O_2 \uparrow$$

固态高氯酸盐在高温下是强氧化剂,但氧化能力比氯酸盐弱,所以高氯酸盐可用于制造较为安全的炸药。

高氯酸盐一般是可溶的,但 K^+、Rb^+、Cs^+、NH_4^+ 的高氯酸盐溶解度却很小。有些高氯酸盐有较显著的水合作用,例如高氯酸镁和高氯酸钡可用作优良的吸水剂和干燥剂。

现将氯的含氧酸及其盐的氧化性、热稳定性和酸性变化的一般规律总结如下:

(5) 卤素离子的鉴定

常见无机离子的鉴定反应是元素化学部分的主要内容。离子的鉴定是根据离子的性质,选择离子的特征反应,运用定性分析的方法去确证。

① Cl^- 的鉴定

a. 与 $AgNO_3$ 溶液作用　在氯化物溶液中加入 $AgNO_3$,即有白色沉淀生成,此沉淀溶于稀氨水,但不溶于 HNO_3:

$$Cl^- + Ag^+ \Longrightarrow AgCl \downarrow (白)$$
$$AgCl + 2NH_3 \Longrightarrow [Ag(NH_3)_2]^+ + Cl^-$$

b. 与 $KMnO_4$ 或 MnO_2 作用　在氯化物溶液中加入 $KMnO_4$(或 MnO_2)和稀 H_2SO_4,加热即有氯气放出。Cl_2 使 KI 淀粉试纸显蓝色:

$$2Cl^- + MnO_2 + 4H^+ \xrightarrow{\triangle} Mn^{2+} + Cl_2 \uparrow + 2H_2O$$

$$Cl_2 + 2I^- \rightleftharpoons 2Cl^- + I_2$$

② Br^- 的鉴定

a. 与 $AgNO_3$ 作用　在溴化物溶液中加入 $AgNO_3$，即有淡黄色沉淀生成，此沉淀微溶于稀氨水，不溶于 HNO_3：

$$Br^- + Ag^+ \rightleftharpoons AgBr\downarrow （淡黄）$$

b. 与氯水作用　在溴化物溶液中加入氯水，再加氯仿（$CHCl_3$）振荡，氯仿层显黄色或红棕色：

$$2Br^- + Cl_2 \rightleftharpoons Br_2 + 2Cl^-$$

③ I^- 的鉴定

a. 与 $AgNO_3$ 作用　在碘化物溶液中加入 $AgNO_3$，即有黄色沉淀生成，此沉淀不溶于氨水和 HNO_3：

$$I^- + Ag^+ \rightleftharpoons AgI\downarrow （黄）$$

b. 与氯水或铁(Ⅲ)盐溶液作用　在碘化物溶液中加入少量氯水或 $FeCl_3$ 溶液，即有 I_2 生成。I_2 在 CCl_4 中显紫色，如加淀粉溶液则显蓝色：

$$2I^- + Cl_2 \rightleftharpoons I_2 + 2Cl^-$$
$$2I^- + 2Fe^{3+} \rightleftharpoons I_2 + 2Fe^{2+}$$

10.2.2　常见的氧和硫的主要化合物

(1) 氢化物

① 过氧化氢

过氧化氢（H_2O_2）的水溶液俗称双氧水，纯品为无色黏稠液体。商品浓度有 30%，3% 两种。

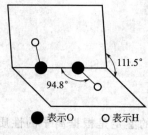

图 10-3　H_2O_2 分子的空间结构示意图

过氧化氢分子中有一过氧基（—O—O—），每个氧原子各连着一个氢原子。光谱研究和理论计算表明分子中两个氢原子和氧原子不在一个平面上，在气态时，H_2O_2 的空间结构如图 10-3 所示，两个氢原子像在半展开书本的两页纸上，二面角为 111.5°，氧原子在书的夹缝上，键角 ∠OOH 为 94.8°，O—O 和 O—H 的键长分别为 148pm 和 95pm。凝聚态过氧化氢分子间有氢键，且分子的极性比水强，在固态和液态时分子缔合程度比水大。所以其沸点（150℃）远比水高。另外，过氧化氢与水可以任意比例互溶。

过氧化氢的化学性质主要表现为对热的不稳定性、氧化还原性和酸性。

a. 不稳定性：纯的过氧化氢溶液较稳定，但光照、加热和增大溶液的碱度都能促使其分解，重金属离子（如 Mn^{2+}、Cr^{3+}、Fe^{3+}）及 MnO_2 等对 H_2O_2 的分解有催化作用。为防止分解，通常把 H_2O_2 溶液保存在棕色瓶中，并存放于阴凉处。

b. 氧化还原性：在 H_2O_2 分子中氧的氧化值为 -1，处于中间价态，所以它既有氧化性又有还原性。例如 H_2O_2 在酸性溶液中可将 I^- 氧化为 I_2：

$$H_2O_2 + 2I^- + 2H^+ \rightleftharpoons I_2 + 2H_2O$$

在碱性溶液中，H_2O_2 可把 $[Cr(OH)_4]^-$ 氧化为 CrO_4^{2-}：
$$2[Cr(OH)_4]^- + 3H_2O_2 + 2OH^- = 2CrO_4^{2-} + 8H_2O$$

过氧化氢可将黑色的 PbS 氧化为白色的 $PbSO_4$：
$$PbS + 4H_2O_2 = PbSO_4\downarrow + 4H_2O$$

这一反应可用于油画的漂白。

过氧化氢的还原性较弱，只是遇到比它更强的氧化剂时才表现出还原性。例如：
$$2MnO_4^- + 5H_2O_2 + 6H^+ = 2Mn^{2+} + 5O_2\uparrow + 8H_2O$$
$$Cl_2 + H_2O_2 = 2HCl + O_2\uparrow$$

过氧化氢的氧化性比还原性要显著，故常用作氧化剂。H_2O_2 作为氧化剂的主要优点是它的还原产物是水，不会给反应体系引入新的杂质，而且过量部分很容易在加热条件下分解成 H_2O 和 O_2，O_2 可以从体系中逸出，也不会增加新的物质。3%的 H_2O_2 用作消毒剂，稀的和30%的 H_2O_2 是实验室中常用试剂，过氧化氢能将有色物质氧化为无色，所以可用作漂白剂。

c. 弱酸性：过氧化氢是一种二元弱酸，在水溶液中按下式解离：
$$H_2O_2 \rightleftharpoons H^+ + HO_2^- \quad K_{a1}^{\ominus} = 2.2\times 10^{-12}$$
$$HO_2^- \rightleftharpoons H^+ + O_2^{2-} \text{（过氧离子）}$$

H_2O_2 的 $K_{a2}^{\ominus}$ 更小，其数量级约为 10^{-25}。过氧化氢作为酸可与一些碱反应，例如：
$$H_2O_2 + Ba(OH)_2 = BaO_2 + 2H_2O$$

生成的过氧化钡（BaO_2）可视为 H_2O_2 的盐。

② 硫化氢

硫化氢是无色有腐蛋臭味的有毒气体，为大气污染物。工业上 H_2S 在空气中的最大允许含量为 $0.01mg\cdot L^{-1}$。空气中含 0.1% 的 H_2S 就会引起头晕，大量吸入会造成死亡。H_2S 有麻醉中枢神经的作用，经常接触会引起慢性中毒，为此大量使用 H_2S 的岗位必须两人同时上岗，以防不测。

实验室中常用硫化亚铁与稀硫酸作用来制备硫化氢气体：
$$FeS + 2H^+ = Fe^{2+} + H_2S\uparrow$$

硫化氢气体能溶于水，在 20℃ 时，一体积水能溶解 2.6 体积的硫化氢，硫化氢饱和溶液的浓度约为 $0.1mol\cdot L^{-1}$。

硫化氢中硫原子处于最低氧化值（-2）状态，因此硫化氢具有还原性。当硫化氢溶液在空气中放置时，容易被空气中的氧所氧化而析出游离的硫，使溶液变浑浊：
$$2H_2S + O_2 = 2S\downarrow + 2H_2O$$

S^{2-} 易被氧化为单质硫，但强氧化剂可使它氧化为 H_2SO_4。例如：
$$H_2S + 2FeCl_3 = S\downarrow + 2FeCl_2 + 2HCl$$
$$H_2S + 4Cl_2 + 4H_2O = H_2SO_4 + 8HCl$$

硫化氢还能与许多金属离子发生沉淀反应。例如：
$$Cu^{2+} + H_2S = CuS\downarrow\text{（黑色）} + 2H^+$$
$$Zn^{2+} + H_2S = ZnS\downarrow\text{（白色）} + 2H^+$$

总之，H_2S 最主要的化学性质是还原性、弱酸性，并能与许多金属离子发生沉淀反应。

(2) 金属硫化物

因氢硫酸是二元酸，故生成两类盐：酸式盐（硫氢化物）和正盐（硫化物）。其酸式盐均易溶于水；碱金属（包括 NH_4^+）硫化物易溶于水；碱土金属中 BaS 易溶于水，MgS、CaS、SrS 微溶于水，BeS 难溶于水；其余金属硫化物难溶于水，并有特征的颜色。另外，两类盐都易水解。

① 硫化物的分类

因大多数金属硫化物难溶于水，所以通常将硫化物按其在酸中的溶解情况，将其分为四类（表 10-2）。

a. 不溶于水但溶于稀盐酸的硫化物：此类硫化物的 $K_{sp}^{\ominus} > 10^{-24}$，与稀盐酸反应即可有效地降低 S^{2-} 浓度而使之溶解。例如：

$$ZnS + 2H^+ = Zn^{2+} + H_2S\uparrow$$

b. 不溶于水和稀盐酸，但溶于浓盐酸的硫化物：此类硫化物的 $K_{sp}^{\ominus}$ 在 $10^{-30} \sim 10^{-25}$ 之间，与浓盐酸作用除产生 H_2S 外，还生成配合物，降低了金属离子的浓度而使之溶解。例如：

$$PbS + 4HCl(浓) = H_2[PbCl_4] + H_2S\uparrow$$

c. 不溶于水和盐酸，但溶于浓硝酸的硫化物：此类硫化物的 $K_{sp}^{\ominus} < 10^{-30}$，虽不溶于水和盐酸，但可与浓硝酸发生氧化还原反应，使溶液中的 S^{2-} 被氧化为 S，则 S^{2-} 浓度大为降低从而使硫化物溶解。例如：

$$3CuS + 8HNO_3(浓) = 3Cu(NO_3)_2 + 3S\downarrow + 2NO\uparrow + 4H_2O$$

d. 仅溶于王水的硫化物：对于 $K_{sp}^{\ominus}$ 更小的硫化物如 HgS 来说，必须用王水才能溶解，因为王水不仅使 S^{2-} 氧化，还能使 Hg^{2+} 与 Cl^- 结合，从而使之溶解：

$$3HgS + 2HNO_3(浓) + 12HCl(浓) = 3H_2[HgCl_4] + 3S\downarrow + 2NO\uparrow + 4H_2O$$

表 10-2 硫化物的分类

溶于稀盐酸 ($0.3 mol \cdot L^{-1}$ HCl)		难溶于稀盐酸			
		溶于浓盐酸		难溶于浓盐酸	
				溶于浓硝酸	仅溶于王水
MnS（肉色）	CoS（黑色）	SnS（褐色）	Sb_2S_3（橙色）	CuS（黑色）	As_2S_3（浅黄）	HgS（黑色）
ZnS（白色）	NiS（黑色）	SnS_2（黄色）	Sb_2S_5（橙色）	Cu_2S（黑色）	As_2S_5（浅黄）	Hg_2S（黑色）
FeS（黑色）		PbS（黑色）	CdS（黄色）	Ag_2S（黑色）		
		Bi_2S_3（暗棕）				

② 硫化物的水解

由于氢硫酸为弱酸，故所有硫化物都有不同程度的水解。碱金属硫化物水解，溶液呈碱性。例如工业上常用价格便宜的 Na_2S 代替 NaOH 作为碱使用，所以硫化物俗称"硫化碱"。其水解反应如下：

$$S^{2-} + H_2O \rightleftharpoons HS^- + OH^-$$

碱土金属硫化物遇水也会发生水解。例如：

$$2CaS + 2H_2O \rightleftharpoons Ca(HS)_2 + Ca(OH)_2$$

还有一些金属硫化物如 Al_2S_3、Cr_2S_3 等遇水发生完全水解：

$$Al_2S_3 + 6H_2O \rightleftharpoons 2Al(OH)_3\downarrow + 3H_2S\uparrow$$
$$Cr_2S_3 + 6H_2O \rightleftharpoons 2Cr(OH)_3\downarrow + 3H_2S\uparrow$$

因此，制备这些硫化物必须用干法。

另外，难溶硫化物如 CuS、PbS 等在水中也会程度不同地发生水解。

硫化物与盐酸作用，放出 H_2S 气体，它可以使醋酸铅试纸变黑，这也是鉴别 S^{2-} 的方法之一。

$$S^{2-} + 2H^+ \rightleftharpoons H_2S\uparrow$$
$$Pb(Ac)_2 + H_2S \rightleftharpoons PbS\downarrow(黑) + 2HAc$$

(3) 多硫化物

① 形成和结构

在可溶性硫化物的溶液中加入硫粉，硫溶解而生成相应的多硫化物：

$$S^{2-} + (x-1)S \longrightarrow S_x^{2-}$$

多硫化物的颜色一般呈黄色，随着 x 值的增加颜色逐渐加深，由黄色、橙色而至红色。多硫离子具有链状结构，硫原子是通过共用电子对相连成硫链，S_3^{2-}、S_5^{2-} 的结构分别如下：

$$\left[\begin{array}{c}S\\S \diagdown S\end{array}\right]^{2-} \quad \left[\begin{array}{c}S \quad S\\S \diagdown S \diagup S\end{array}\right]^{2-}$$

② 化学性质

a. 不稳定性　多硫化物在酸性溶液中很不稳定，易分解为 H_2S 和单质硫：

$$S_x^{2-} + 2H^+ \rightleftharpoons H_2S + (x-1)S$$

b. 氧化还原性　多硫化物与过氧化物相似，都具有氧化还原性。

氧化性：$S_2^{2-} + SnS \rightleftharpoons SnS_2 + S^{2-}$

还原性：$4FeS_2 + 11O_2 \rightleftharpoons 2Fe_2O_3 + 8SO_2\uparrow$

(4) 硫的重要含氧酸及其盐

硫的含氧酸数量较多，本节主要介绍亚硫酸及其盐、硫酸及其盐以及硫代硫酸盐的主要性质。

① 亚硫酸及其盐

亚硫酸是一种不稳定的二元中强酸，游离态的亚硫酸尚未制得。

二氧化硫溶于水，部分与水作用生成亚硫酸：

$$SO_2 + H_2O \rightleftharpoons H_2SO_3$$

H_2SO_3 仅存在于溶液中，在溶液中分步解离：

$$H_2SO_3 \rightleftharpoons H^+ + HSO_3^- \quad K_{a1}^\ominus = 1.5\times10^{-2}$$
$$HSO_3^- \rightleftharpoons H^+ + SO_3^{2-} \quad K_{a2}^\ominus = 1.0\times10^{-7}$$

亚硫酸可形成两类盐：正盐和酸式盐，如 Na_2SO_3，$Ca(HSO_3)_2$ 等。用酸处理这些盐时可产生 SO_2，这是实验室制取 SO_2 的方法，也是鉴定 SO_3^{2-} 的方法。

由于亚硫酸及其盐中硫的氧化值为+4，所以其既有氧化性又有还原性，但以还原性为主，只有遇到强还原剂时，才表现氧化性。例如：

$$2H_2S + 2H^+ + SO_3^{2-} \Longrightarrow 3S\downarrow + 3H_2O$$

$$2NaHSO_3 + Zn \Longrightarrow Na_2S_2O_4(连二亚硫酸钠) + Zn(OH)_2$$

连二亚硫酸钠是一种白色粉状固体，以二水合物形式存在（$Na_2S_2O_4 \cdot 2H_2O$），是一种很强的还原剂。主要用于印染工业，它能保证印染质量，使染织品色泽鲜艳，不致被空气中的氧氧化，因而被称为保险粉。

亚硫酸及其盐中，还原性以亚硫酸盐为最强，其次为亚硫酸。空气中的氧可氧化亚硫酸及亚硫酸盐：

$$2H_2SO_3 + O_2 \Longrightarrow 2H_2SO_4$$

$$2Na_2SO_3 + O_2 \Longrightarrow 2Na_2SO_4$$

因此，保存亚硫酸或亚硫酸盐时，应防止空气的进入。

此外，亚硫酸盐受热易分解。如：

$$4Na_2SO_3 \xrightarrow{\triangle} 3Na_2SO_4 + Na_2S$$

亚硫酸及其盐还易迅速被强氧化剂所氧化。例如：

$$Na_2SO_3 + Br_2 + H_2O \Longrightarrow Na_2SO_4 + 2HBr$$

SO_3^{2-} 还能使 I_2-淀粉溶液蓝色褪去：

$$SO_3^{2-} + I_2 + H_2O \Longrightarrow SO_4^{2-} + 2I^- + 2H^+$$

亚硫酸盐在工业上有很多用途，如印染工业常用亚硫酸钠或亚硫酸氢钠作除氯剂，除去布漂白后残留的氯：

$$SO_3^{2-} + Cl_2 + H_2O \Longrightarrow SO_4^{2-} + 2Cl^- + 2H^+$$

另外，它们还可用作消毒剂、食品添加剂等。

② 硫酸及其盐

硫酸是重要的化工产品之一，大约有上千种化工产品需用硫酸作为原料。硫酸近一半的产量用于化肥生产，此外还大量用于农药、染料、医药、化学纤维、石油、冶金、国防和轻工业等部门。

纯硫酸是无色油状液体，10.4℃时凝固。98%的浓硫酸沸点是338℃。浓硫酸吸收 SO_3 就得到发烟硫酸（因其暴露于空气中时，挥发出来的 SO_3 和空气中的水蒸气形成硫酸的细小露滴而冒烟）。通常以游离 SO_3 的含量标明不同浓度的发烟硫酸，如20%，40%等发烟硫酸即表示在100%硫酸中含有20%或40%游离的 SO_3。当加热硫酸时，它会放出 SO_3 直至酸的浓度降低至98.3%为止，这时它成为恒沸溶液，沸点为338℃。

$$H_2SO_4 + xSO_3 \Longrightarrow H_2SO_4 \cdot xSO_3$$

用水稀释发烟硫酸就可得到任何浓度的硫酸。

硫酸是二元酸中酸性最强的酸，它的第一步解离是完全的，但第二步解离并不完全：

$$H_2SO_4 \Longrightarrow H^+ + HSO_4^-$$

$$HSO_4^- \Longrightarrow H^+ + SO_4^{2-} \quad K_{a2}^{\ominus} = 1.2 \times 10^{-2}$$

在含氧酸中 H_2SO_4 是比较稳定的，在一般温度下并不分解，但在其沸点以上的高温下可分解为三氧化硫和水。

a. 浓硫酸具有强吸水性　它与水混合时，由于形成水合物而放出大量的热，可使水局部沸腾而飞溅。所以稀释浓硫酸时，只能在搅拌下将酸慢慢倒入水中，切不可将水倒入浓硫酸中。利用浓硫酸的吸水性，常用其作干燥剂，可用来干燥不与其起反应的各种气体，如氯气、氢气、二氧化碳等。

b. 浓硫酸具有强脱水性　能将有机物分子中的氢和氧按水的比例脱去，使有机物炭化。例如，蔗糖与浓硫酸作用：

$$C_{12}H_{22}O_{11} \xrightarrow{浓 H_2SO_4} 12C + 11H_2O$$

因此，浓硫酸能严重地破坏动植物组织，如损坏衣物和烧伤皮肤。使用时应注意安全。

c. 浓硫酸具有强氧化性　在加热时，能氧化很多金属和非金属，而本身被还原为 SO_2，S 或 H_2S。它和金属作用时，其被还原程度和金属的活泼性有关。不活泼金属的还原性弱，只能将硫酸还原为 SO_2；活泼金属的还原性强，可将硫酸还原为单质 S 甚至 H_2S：

$$Cu + 2H_2SO_4 = CuSO_4 + SO_2\uparrow + 2H_2O$$

$$Zn + 2H_2SO_4 = ZnSO_4 + SO_2\uparrow + 2H_2O$$

$$3Zn + 4H_2SO_4 = 3ZnSO_4 + S + 4H_2O$$

$$4Zn + 5H_2SO_4 = 4ZnSO_4 + H_2S\uparrow + 4H_2O$$

浓硫酸和非金属作用时，一般被还原为 SO_2。如：

$$C + 2H_2SO_4 \xrightarrow{\triangle} CO_2\uparrow + 2SO_2\uparrow + 2H_2O$$

铝、铁、铬在冷的浓硫酸中被钝化，而稀硫酸与较活泼的金属反应放出氢气（稀硫酸中 H^+ 是氧化剂）。如：

$$Zn + H_2SO_4(稀) = ZnSO_4 + H_2\uparrow$$

硫酸是二元酸，可生成两类盐：酸式盐和正盐。除碱金属和铵能得到酸式盐外，其他金属只能得到正盐。酸式硫酸盐和大多数硫酸盐都易溶于水，但 $PbSO_4$、$CaSO_4$ 等难溶于水，而 $BaSO_4$ 既难溶于水也难溶于酸。因此，常用可溶性的钡盐溶液鉴定溶液中是否存在 SO_4^{2-}。可溶性硫酸盐从溶液中析出的晶体常常带有结晶水，如 $CuSO_4 \cdot 5H_2O$、$FeSO_4 \cdot 7H_2O$ 等。

酸式硫酸盐受热到熔点以上时，首先转变为焦硫酸盐：

$$2KHSO_4 \xrightarrow{\triangle} K_2S_2O_7 + H_2O$$

把焦硫酸盐进一步加热，则失去 SO_3 而生成硫酸盐：

$$K_2S_2O_7 \xrightarrow{\triangle} K_2SO_4 + SO_3\uparrow$$

为了使某些不溶于水也不溶于酸的金属矿物（如 Cr_2O_3，Al_2O_3 等）溶解，常用 $K_2S_2O_7$ 与这些金属共熔，生成可溶性的该金属的硫酸盐。例如：

$$Al_2O_3 + 3K_2S_2O_7 = Al_2(SO_4)_3 + 3K_2SO_4$$

$$Cr_2O_3 + 3K_2S_2O_7 = Cr_2(SO_4)_3 + 3K_2SO_4$$

分析化学中常用焦硫酸盐作为熔矿剂，就是基于此性质。

K^+、Na^+、NH_4^+ 的硫酸盐和 Al^{3+}、Cr^{3+}、Fe^{2+} 的硫酸盐易生成复盐。如摩尔盐 $(NH_4)_2SO_4 \cdot FeSO_4 \cdot 12H_2O$，铝钾矾 $K_2SO_4 \cdot Al_2(SO_4)_3 \cdot 24H_2O$ 等。

许多硫酸盐具有很重要的用途，如明矾是常用的净水剂；胆矾（$CuSO_4 \cdot 5H_2O$）是消毒杀菌剂和农药；绿矾（$FeSO_4 \cdot 7H_2O$）是农药、药物等的原料；芒硝（$Na_2SO_4 \cdot 10H_2O$）是主要的化工原料。

③ 硫代硫酸盐

硫代硫酸钠（$Na_2S_2O_3 \cdot 5H_2O$）俗称大苏打，商品名为海波。将硫粉溶于沸腾的亚硫酸钠碱性溶液中可以得到 $Na_2S_2O_3$：

$$Na_2SO_3 + S \Longrightarrow Na_2S_2O_3$$

硫代硫酸钠是无色透明晶体，易溶于水，水溶液呈弱碱性。它在中性、碱性溶液中很稳定，在酸性溶液中由于生成不稳定的硫代硫酸而分解。

$$S_2O_3^{2-} + 2H^+ \Longrightarrow S\downarrow + SO_2\uparrow + H_2O$$

常用此反应鉴定 $S_2O_3^{2-}$ 的存在。

硫代硫酸根可以看成是 SO_4^{2-} 中的一个氧原子被硫原子所取代的产物，$S_2O_3^{2-}$ 中的两个 S 原子的平均氧化值为 +2。$S_2O_3^{2-}$ 具有一定的还原性。

硫代硫酸钠是一个中等强度的还原剂，与强氧化剂如氯、溴等作用被氧化成硫酸盐；与较弱的氧化剂作用被氧化成连四硫酸盐：

$$S_2O_3^{2-} + 4Cl_2 + 5H_2O \Longrightarrow 2SO_4^{2-} + 8Cl^- + 10H^+$$
$$2S_2O_3^{2-} + I_2 \Longrightarrow S_4O_6^{2-} + 2I^-$$

上述两个反应，前一反应在纺织和造纸工业中可用来除氯，后一反应在定量分析"碘量法"中可定量测碘。

硫代硫酸根有很强的配位能力。如在照相技术中，常用硫代硫酸钠（定影剂）将未曝光的溴化银溶解：

$$2S_2O_3^{2-} + AgBr \Longrightarrow [Ag(S_2O_3)_2]^{3-} + Br^-$$

重金属的硫代硫酸盐难溶并且不稳定。例如 Ag^+ 与 $S_2O_3^{2-}$ 生成的白色沉淀 $Ag_2S_2O_3$（当 $S_2O_3^{2-}$ 过量时，即生成可溶性 $[Ag(S_2O_3)_2]^{3-}$），在溶液中会迅速分解，颜色由白色经黄色、棕色，最后成黑色 Ag_2S。用此反应可鉴定 $S_2O_3^{2-}$：

$$S_2O_3^{2-} + 2Ag^+ \Longrightarrow Ag_2S_2O_3\downarrow$$
$$Ag_2S_2O_3 + H_2O \Longrightarrow Ag_2S\downarrow + H_2SO_4$$

10.2.3 氮和磷及其常见的重要化合物

氮和磷位于周期系第 ⅤA 族属氮族元素。氮族元素价电子层构型为 ns^2np^3，与 ⅥA，ⅦA 两族元素相比，形成正氧化值化合物的趋势较明显。它们和电负性较大的元素结合时，氧化值主要为 +3 和 +5。

在氮族元素中随着核电荷的增加，其价电子层的 ns^2 电子稳定性增加，即氮族元素从上到下氧化值为 +3 的物质稳定性增强，氧化值为 +5 的物质稳定性减弱。常称此为"惰性电子对效应"。

氮族元素的原子与其他元素原子化合时，主要以共价键结合，且氮族元素原子越小，形成共价键的趋势越大。在氧化值为 -3 的二元化合物中，只有活泼金属的氮化物和磷化物是离子型的。

(1) 常见氮的重要化合物

① 氨

氨是氮的重要化合物，工业上是在高温高压和催化剂存在下，由 H_2 和 N_2 合成氨。在实验室中，通常用铵盐和碱反应来制备少量氨气：

$$2NH_4Cl + Ca(OH)_2 =\!=\!= CaCl_2 + 2NH_3\uparrow + 2H_2O$$

NH_3 是有特殊刺激性气味的无色气体，分子呈三角锥形且有极性。NH_3 与 H_2O 分子间能生成氢键，因而氨在水中的溶解度很大。

液氨作为溶剂的一个特点就是能溶解碱金属，形成深蓝色的金属液氨溶液，这种溶液能导电。一般认为在此溶液中存在着"氨合电子"和金属离子：

$$Na + xNH_3(l) \rightleftharpoons Na^+ + e^-(NH_3)_x$$

若将此溶液蒸干，又可以得到原来的碱金属。液氨气化时吸热，因此可作为制冷剂。

氨可以有以下三类反应：

a. 加合反应 氨分子具有孤对电子，能和有空轨道的其他分子或离子以配位键结合，形成各种形式的氨合物。

例如：氨分子能和酸中的 H^+（如 HCl，H_2SO_4 等）加合形成 NH_4^+。此外，氨分子还可与 Ag^+、Cu^{2+} 等许多金属离子加合而形成 $[Ag(NH_3)_2]^+$、$[Cu(NH_3)_4]^{2+}$ 等配离子。

$$H^+ + :NH_3 \rightleftharpoons NH_4^+$$
$$BF_3 + :NH_3 =\!=\!= F_3B \leftarrow NH_3$$
$$Ag^+ + 2NH_3 \rightleftharpoons [Ag(NH_3)_2]^+$$

b. 取代反应 在一定条件下，液氨分子中的氢原子可依次被取代，生成一系列氨的衍生物：氨基（—NH_2）的衍生物，如 $NaNH_2$；亚氨基（=NH）的衍生物，如 Ag_2NH；氮化物（ N— ），如 Li_3N。

c. 氧化反应 氨分子中的氮处于最低氧化值（-3）状态，只有还原性，在一定条件下，可被氧化剂氧化成氮气或氧化值比较高的氮的化合物。

氨在空气中不能燃烧，但氨可在纯氧中燃烧，火焰显黄色：

$$4NH_3 + 3O_2 \xrightarrow{\triangle} 2N_2 + 6H_2O$$

在铂催化剂作用下，NH_3 还可被氧化为一氧化氮：

$$4NH_3 + 5O_2 \xrightarrow[Pt]{800℃} 4NO + 6H_2O$$

此反应是工业上制造硝酸的基础反应。

常温下氨能与许多氧化剂（如 Cl_2、H_2O_2、$KMnO_4$ 等）直接作用。例如：

$$3Cl_2 + 2NH_3 =\!=\!= N_2 + 6HCl$$

② 铵盐

铵盐主要有以下三个性质。

a. 大多数铵盐易溶于水 NH_4^+ 的离子半径（143pm）与 K^+ 的离子半径（133pm）差别不大。NH_4^+(aq) 半径（537pm）与 K^+(aq) 半径（530pm）更为接近，因此铵盐在晶型、颜色、溶解度等方面都与相应的钾盐类似，在化合物的分类上通常把铵盐和碱金属盐列在一起。

b. 铵盐易水解 由于氨水的弱碱性，铵盐都有一定程度的水解。强酸的铵盐水溶液显酸性：

$$NH_4^+ + H_2O \rightleftharpoons NH_3 \cdot H_2O + H^+$$

c. 受热易分解 固态铵盐加热极易分解，其分解产物与铵盐中阴离子所对应的酸是否有氧化性有关，此外还与分解温度有关。

非氧化性酸组成的铵盐，分解产生一般为氨和相应的酸：

$$NH_4HCO_3 \xrightleftharpoons{\text{常温}} NH_3\uparrow + H_2CO_3$$
$$\searrow CO_2\uparrow + H_2O$$

$$NH_4Cl \xrightleftharpoons{\triangle} NH_3\uparrow + HCl\uparrow \quad (\text{遇冷又结合成 } NH_4Cl)$$

氧化性酸组成的铵盐，热分解产物是 N_2 或氮的氧化物：

$$NH_4NO_2 \xrightleftharpoons{\triangle} N_2\uparrow + 2H_2O\uparrow$$

$$(NH_4)_2Cr_2O_7 \xrightleftharpoons{\triangle} N_2\uparrow + Cr_2O_3 + 4H_2O\uparrow$$

$$NH_4NO_3 \xrightleftharpoons{\sim 210℃} N_2O\uparrow + 2H_2O\uparrow$$

$$2NH_4NO_3 \xrightleftharpoons{>300℃} 2N_2\uparrow + O_2\uparrow + 4H_2O\uparrow$$

由于 NH_4NO_3 分解时可产生大量的气体和热量，若反应在密封容器中进行，则会引起爆炸，因此硝酸铵可用于制造炸药。另外，铵盐都可用作化学肥料。

鉴定铵根离子常用两种方法。

与强碱作用：$NH_4^+ + OH^- \xrightleftharpoons{\triangle} NH_3\uparrow + H_2O$

反应生成的 NH_3 有特殊气味，能使红色石蕊试纸变蓝色。

与奈斯勒试剂（$K_2[HgI_4]$ 的 KOH 溶液）作用：

$$NH_4^+ + 2[HgI_4]^{2-} + 4OH^- = \left[O\genfrac{}{}{0pt}{}{Hg}{Hg}NH_2\right]I\downarrow（红棕）+ 7I^- + 3H_2O$$

反应生成红棕色沉淀，表明有 NH_4^+ 存在。

③ 亚硝酸及其盐

将相等物质的量的 NO 和 NO_2 的混合物溶解在冷水中，或在亚硝酸盐的冷溶液中加入硫酸，均可生成亚硝酸：

$$NO + NO_2 + H_2O \xrightleftharpoons{\text{冷冻}} 2HNO_2$$
$$Ba(NO_2)_2 + H_2SO_4 = BaSO_4\downarrow + 2HNO_2$$

亚硝酸是弱酸（$K_a^{\ominus} = 4.6 \times 10^{-4}$），比醋酸略强。它很不稳定，仅能存在于冷的稀溶液中，在较浓的溶液中即分解：

$$2HNO_2 \rightleftharpoons N_2O_3（蓝色）+ H_2O \rightleftharpoons NO_2\uparrow + NO\uparrow + H_2O$$

将 HNO_2 稀溶液微热，则发生下述歧化反应：

$$3HNO_2 \rightleftharpoons HNO_3 + 2NO\uparrow + H_2O$$

亚硝酸虽然不稳定，但亚硝酸盐却是稳定的。亚硝酸盐广泛应用于有机合成中。

在亚硝酸及其盐中，氮的氧化值为 +3，处于中间氧化态，所以它们既有氧化性又有还原性：

$$HNO_2 + H^+ + e^- \rightleftharpoons NO + H_2O \quad \varphi_{HNO_2/NO}^{\ominus} = 0.98V$$

$$NO_3^- + 3H^+ + 2e^- \rightleftharpoons HNO_2 + H_2O \quad \varphi_{NO_3^-/HNO_2}^{\ominus} = 0.96V$$

在酸性介质中，它们主要表现为氧化性。例如：

$$2HNO_2 + 2KI + 2HCl = 2NO\uparrow + I_2 + 2KCl + 2H_2O$$

$$2NaNO_2 + 2KI + 4HCl = 2NO\uparrow + I_2 + 2KCl + 2NaCl + 2H_2O$$

这个反应可以定量地进行,所以在分析化学中可用于测定亚硝酸盐的含量。

亚硝酸及其盐作为还原剂时,须在强氧化剂(如 $KMnO_4$)的作用下,才能被氧化:

$$5HNO_2 + 2KMnO_4 + 3H_2SO_4 = 5HNO_3 + K_2SO_4 + 2MnSO_4 + 3H_2O$$

$$5NaNO_2 + 2KMnO_4 + 3H_2SO_4 = 5NaNO_3 + K_2SO_4 + 2MnSO_4 + 3H_2O$$

亚硝酸盐一般易溶于水,但 $AgNO_2$ 微溶。

④ 硝酸及其盐

硝酸是化学工业中最重要的三大无机酸之一,在国民经济和国防工业中均有极其重要的用途,其产量仅次于硫酸居第二位。工业上硝酸的制备普遍采用氨催化氧化法:

$$4NH_3 + 5O_2 \xrightarrow[800℃]{Pt-Rh} 4NO + 6H_2O$$

$$2NO + O_2 = 2NO_2$$

$$3NO_2 + H_2O = 2HNO_3 + NO$$

反应所得的硝酸其百分浓度仅达 50%～55%,需与浓硫酸混合,经加热、蒸馏,即可制得浓 HNO_3。

在实验室中将硝酸盐和浓硫酸的混合物加热可制得硝酸:

$$NaNO_3 + H_2SO_4(浓) \xrightarrow{>393K} HNO_3 + NaHSO_4$$

硝酸是一种挥发性酸,可从反应体系中蒸馏出来。

硝酸的分子结构中,以氮原子为中心。氮原子的三个 sp^2 杂化轨道分别和三个氧原子的 $2p$ 原子轨道重叠形成三个 σ 键。另外两个氧原子上的两个 p 轨道中的成单电子与氮原子上未参加杂化的 p 轨道上的一对电子,形成垂直于 sp^2 杂化轨道平面的三中心四电子大 π 键。因此它的结构如图 10-4 所示。

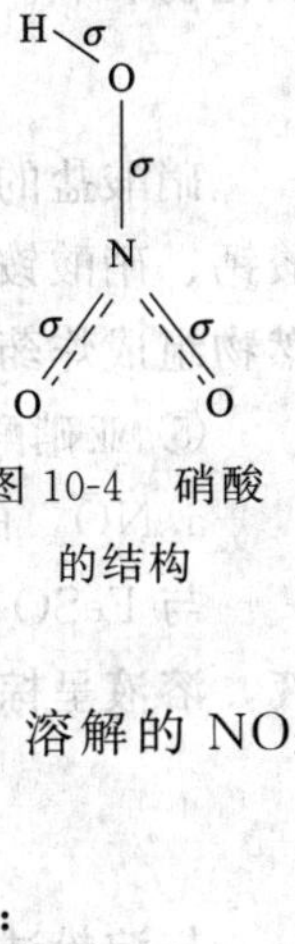

纯硝酸是无色透明的油状液体,溶有 NO_2(10%～15%)的浓 HNO_3(含 86% HNO_3 以上)称为发烟硝酸。沸点为 83℃,易挥发。硝酸能以任何比例和水混合。实验室常用的浓硝酸约含 68% HNO_3,其比重为 1.40 左右,浓度约为 $16mol \cdot L^{-1}$。硝酸不稳定,受热、见光均会部分分解:

图 10-4 硝酸的结构

$$4HNO_3 \xrightarrow{光或\triangle} 4NO_2\uparrow + O_2\uparrow + 2H_2O$$

HNO_3 分解时产生的红棕色 NO_2 溶于硝酸可使 HNO_3 呈黄到红的颜色。溶解的 NO_2 越多,HNO_3 颜色越深。

硝酸具有强氧化性,很多非金属都能被硝酸氧化成相应的氧化物或含氧酸:

$$3C + 4HNO_3 = 3CO_2\uparrow + 4NO\uparrow + 2H_2O$$

$$3P + 5HNO_3 + 2H_2O = 3H_3PO_4 + 5NO\uparrow$$

$$S + 2HNO_3 = H_2SO_4 + 2NO\uparrow$$

硝酸作为氧化剂,主要还原产物如下:

$$\overset{+5}{HNO_3} \longrightarrow \overset{+4}{NO_2} \longrightarrow \overset{+3}{HNO_2} \longrightarrow \overset{+2}{NO} \longrightarrow \overset{+1}{N_2O} \longrightarrow \overset{0}{N_2} \longrightarrow \overset{-3}{NH_4^+}$$

HNO_3 在氧化还原反应中,其还原产物常常是混合物,而混合物中以哪种物质为主,取决于硝酸的浓度,还原剂的强度,反应的温度等。

浓硝酸作氧化剂时,还原产物主要是 NO_2;稀硝酸作氧化剂时,还原产物主要是 NO;

极稀的硝酸作氧化剂时,只要还原剂足够活泼,还原产物主要是 NH_4^+。例如:

$$Cu+4HNO_3(浓) = Cu(NO_3)_2+2NO_2\uparrow+2H_2O$$
$$Mg+4HNO_3(浓) = Mg(NO_3)_2+2NO_2\uparrow+2H_2O$$
$$3Cu+8HNO_3(稀) = 3Cu(NO_3)_2+2NO\uparrow+4H_2O$$
$$4Mg+10HNO_3(极稀) = 4Mg(NO_3)_2+NH_4NO_3+3H_2O$$

一体积的浓硝酸与三体积浓盐酸组成的混合酸称为王水。不溶于硝酸的金和铂能溶于王水:

$$Au+HNO_3+4HCl = H[AuCl_4]+NO\uparrow+2H_2O$$
$$3Pt+4HNO_3+18HCl = 3H_2[PtCl_6]+4NO\uparrow+8H_2O$$

硝酸盐大多是无色易溶的晶体。室温下,所有硝酸盐都十分稳定,加热时固体硝酸盐则发生分解,分解产物因金属离子的不同而有差别。

硝酸盐的热分解可分为三类(NH_4NO_3 除外):

a. 碱金属、碱土金属的硝酸盐加热时,分解产物为亚硝酸盐和氧:

$$2KNO_3 \xrightarrow{\triangle} 2KNO_2+O_2\uparrow$$

b. 在活动性顺序中位于镁和铜之间的金属硝酸盐在加热时,可分解为金属氧化物、氮的氧化物和氧。例如:

$$2Pb(NO_3)_2 \xrightarrow{\triangle} 2PbO+4NO_2\uparrow+O_2\uparrow$$

c. 位于活动顺序 Cu 以后活泼性更小的金属硝酸盐,加热时,可分解为金属单质、氮的氧化物和氧。例如:

$$2AgNO_3 \xrightarrow{\triangle} 2Ag\downarrow+2NO_2\uparrow+O_2\uparrow$$

硝酸盐的水溶液几乎无氧化性,但在高温时是强氧化剂。最重要的硝酸盐是硝酸钾、硝酸钙、硝酸铵等。硝酸钾用来制造黑色火药。硝酸钙、硝酸铵可用作肥料。硝酸铵还可和可燃物组成炸药。

⑤ 亚硝酸根和硝酸根离子的鉴定

a. NO_2^- 的鉴定

与 $FeSO_4$ 作用:亚硝酸盐溶液加醋酸酸化,然后沿容器壁加入新鲜配制的 $FeSO_4$ 溶液,溶液呈棕色:

$$NO_2^-+Fe^{2+}+2HAc = NO\uparrow+Fe^{3+}+2Ac^-+H_2O$$
$$Fe^{2+}+NO = [Fe(NO)]^{2+}(棕色)$$

与淀粉试液作用:亚硝酸盐溶液加稀 H_2SO_4 酸化,加入淀粉-KI 试液,即显蓝色:

$$2NO_2^-+4H^++2I^- = 2NO+I_2+2H_2O$$

b. NO_3^- 的鉴定——棕色环反应

向硝酸盐溶液中加入少量 $FeSO_4$ 溶液,混匀,沿试管壁缓缓加入浓 H_2SO_4,在两液界面处出现棕色环:

$$NO_3^-+3Fe^{2+}+4H^+ = 3Fe^{3+}+NO\uparrow+2H_2O$$
$$Fe^{2+}+NO = [Fe(NO)]^{2+}(棕色)$$

此反应与亚硝酸根离子的区别是:硝酸盐在醋酸条件下无棕色环生成,必须在浓 H_2SO_4 条件下反应才能发生。

(2) 磷和磷的含氧酸及其盐

常见的磷的同素异形体有白磷和红磷。白磷的化学性质较活泼，易溶于有机溶剂。白磷经轻微摩擦就会引起燃烧，必须保存在水中。白磷是剧毒物质，致死量约 0.1g。红磷无毒，它的化学性质也比白磷稳定得多，红磷可用于制造安全火柴，在农业上还可用于制备杀虫剂。

磷的活泼性远高于氮，易与氧、卤素、硫等许多非金属直接化合。

磷有多种含氧酸，有正磷酸（H_3PO_4）、焦磷酸（$H_4P_2O_7$）、三聚磷酸（$H_5P_3O_{10}$）、偏磷酸（HPO_3）、亚磷酸（H_3PO_3）和次磷酸（H_3PO_2），其中以磷酸最重要和最稳定。

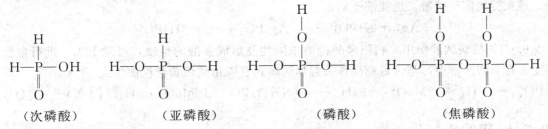

（次磷酸）　　　　　（亚磷酸）　　　　　（磷酸）　　　　　（焦磷酸）

① 磷酸和磷酸盐

纯净的磷酸是无色透明晶体，熔点 42.35℃，它和水能以任何比例混合。通常市售的磷酸是一种黏稠状的浓溶液，内含 83%～98% 的 H_3PO_4。磷酸是一种无氧化性、不挥发的三元中强酸，其逐级解离常数依次为：$K_{a1}^{\ominus}=7.6\times10^{-3}$，$K_{a2}^{\ominus}=6.3\times10^{-8}$，$K_{a3}^{\ominus}=4.4\times10^{-13}$。

磷酸有很强的配位能力，能与许多金属离子形成配合物。分析化学中为了掩蔽 Fe^{3+} 的干扰，常用 H_3PO_4 与 Fe^{3+} 生成无色可溶性配合物，如 $H[Fe(HPO_4)_2]$、$H_3[Fe(PO_4)_2]$ 等。

磷酸可形成三种类型的磷酸盐：

磷酸正盐：Na_3PO_4　　　　　磷酸三钠或第三磷酸钠

磷酸一氢盐：Na_2HPO_4　　　　磷酸氢二钠或第二磷酸钠

磷酸二氢盐：NaH_2PO_4　　　　磷酸二氢钠或第一磷酸钠

所有的磷酸二氢盐都溶于水，在磷酸一氢盐和磷酸正盐中，只有碱金属盐和铵盐能溶于水。当加入强酸时，所有不溶的磷酸盐都可变成磷酸二氢盐，因此它们都能溶于强酸中。例如：

$$Ca_3(PO_4)_2 + 4HNO_3 \Longrightarrow Ca(H_2PO_4)_2 + 2Ca(NO_3)_2$$

由于三种可溶性磷酸盐的水解方式不同，因而可使其水溶液呈现不同的酸碱性。磷酸正盐的水溶液呈较强的碱性。因为 PO_4^{3-} 仅发生获得质子的反应：

$$PO_4^{3-} + H_2O \Longrightarrow HPO_4^{2-} + OH^- \text{（呈碱性）}$$

磷酸一氢盐的水溶液呈弱碱性。因为在下述两反应中 HPO_4^{2-} 释放质子的能力很小，而获得质子的能力则较大，故溶液显碱性：

$$HPO_4^{2-} + H_2O \Longrightarrow PO_4^{3-} + H_3O^+$$

$$HPO_4^{2-} + H_2O \Longrightarrow H_2PO_4^- + OH^-$$

磷酸二氢盐的水溶液显酸性。因为磷酸二氢盐溶于水时，存在两种平衡：

$$H_2PO_4^- + H_2O \Longrightarrow HPO_4^{2-} + H_3O^+$$

$$H_2PO_4^- + H_2O \Longrightarrow H_3PO_4 + OH^-$$

在上述两个平衡中，由于 $H_2PO_4^-$ 离子释放质子的能力比其获得质子的能力大，因此溶液显酸性。

基于上述原理，在实际工作中可以利用不同磷酸盐水解方式的差异，配制出不同 pH 值的标准缓冲溶液。

磷酸盐除用作化肥外，还可作洗涤剂、动物饲料的添加剂，在电镀和有机合成上也有用途。对一切生物来说，磷酸盐在所有能量传递过程，如新陈代谢、光合作用、神经功能和肌肉活动中都起着重要作用。

② 磷酸根离子的鉴定

a. 与 $AgNO_3$ 试液作用　向磷酸盐溶液中加入 $AgNO_3$ 试液，即有黄色的磷酸银沉淀生成，该沉淀能溶于硝酸，也能溶于氨水：

$$3Ag^+ + 2HPO_4^{2-} \rightleftharpoons Ag_3PO_4 \downarrow (黄) + H_2PO_4^-$$

b. 与钼酸铵试液作用　利用磷酸盐的难溶性及形成多酸的性质，可对 PO_4^{3-} 进行定性鉴定。在硝酸溶液中，与过量钼酸铵一起加热时，有磷钼酸铵黄色沉淀生成：

$$PO_4^{3-} + 3NH_4^+ + 12MoO_4^{2-} + 24H^+ \rightleftharpoons (NH_4)_3PO_4 \cdot 12MoO_3 \cdot 6H_2O \downarrow (黄) + 6H_2O$$

10.2.4 硼的重要化合物

硼位于周期系中 ⅢA 族，价层电子构型为 $2s^2 2p^1$，最高氧化值为 +3（硼一般只形成氧化值为 +3 的化合物）。

(1) 硼的氢化物

硼与氢不能直接化合，但可以通过间接的方法使它们化合，得到在结构和组成上相当特殊的一系列化合物。因为这些化合物的物理性质与碳的氢化物（烷烃）相似，所以硼氢化合物称为硼烷。据报道目前已经合成出二十多种硼烷，最简单的硼烷是乙硼烷。

① 乙硼烷的结构

从 B 原子仅有 3 个价电子来看，最简单的分子似乎应该是甲硼烷 BH_3，但气体密度实验表明，最简单的硼烷是乙硼烷 B_2H_6。根据原子结构可以看出，硼与碳不同，其价电子数（3 个）少于价轨道数（4 个），被称为缺电子原子，故不能形成正常的四个共价键。乙烷 C_2H_6 中存在 7 个共价键，共有 14 个价电子，B_2H_6 中只有 12 个价电子（两个 B 原子提供 6 个价电子，六个 H 原子也提供 6 个价电子），像这种分子中的价电子数少于其形成正常共价键所需电子数的化合物称为缺电子化合物。

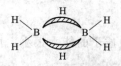

图 10-5　乙硼烷的结构

结构实验表明，B_2H_6 分子中具有桥状结构，如图 10-5 所示。在 B_2H_6 分子中，B 原子采取不等性 sp^3 杂化，每个 B 原子的 4 个 sp^3 杂化轨道中有两个用于与两个 H 原子的 s 轨道形成正常 σ 键，位于两侧的这四个 H 原子和两个 B 原子处在同一平面上；两个 B 原子之间利用每个 B 原子的另外两个 sp^3 杂化轨道（一个有电子，另一个没有电子）同另两个 H 原子的 s 轨道形成两个 $\overset{H}{\underset{B\ B}{\frown}}$ 键，犹如两个 B 原子通过 H 原子作为桥梁联结，故这种键也称为氢桥键（氢桥键与氢键不同）。两个氢桥键位于平面上、下两侧，并垂直于平面，如图 10-6 所示。氢桥键由于是由两个电子把三个原子键合起来的，所以又称为三中心二电子键（简称三中心键）。

根据测定，氢桥键的键能比一般共价键要弱得多，所以硼烷的性质比烷烃活泼。

② 硼烷的性质 在常温下，B_2H_6 及 B_4H_{10} 为气体，B_5H_9、B_6H_{10} 为液体，$B_{10}H_{14}$ 及其他高硼烷为固体。随着 B 原子数目的增加和相对分子质量的增大，分子变形性也增大，熔点、沸点升高。它们的物理性质与具有相应组成的碳烷很相似，但化学性质接近于硅烷，在通常情况下，比硅烷更不稳定，乙硼烷在空气中能自燃，并放出大量的热：

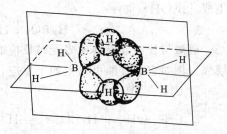

图 10-6 乙硼烷分子的空间结构

$$B_2H_6(g) + 3O_2 \rightleftharpoons B_2O_3(s) + 3H_2O(g)$$
$$\Delta_r H_m^\ominus = -2033.79 \text{kJ} \cdot \text{mol}^{-1}$$

由于硼烷燃烧时放出大量的热，且反应速率快，因此硼烷可作为高能喷射燃料，用于火箭和导弹上。硼烷也很容易水解，也可用作水下火箭燃料。

$$B_2H_6(g) + 6H_2O(l) \rightleftharpoons 2H_3BO_3(aq) + 6H_2\uparrow$$
$$\Delta_r H_m^\ominus = -465 \text{kJ} \cdot \text{mol}^{-1}$$

氨、一氧化碳是具有孤对电子的分子，它们能与硼烷发生加合作用：

$$B_2H_6 + 2CO \rightleftharpoons 2[H_3B \leftarrow CO]$$
$$B_2H_6 + 2NH_3 \rightleftharpoons 2[H_3B \leftarrow NH_3]$$

纯硼烷的毒性很大，远远超过通常已知的有毒物质，如氰化氢、光气（$COCl_2$）等，因此现有的硼烷燃料不是纯硼烷而是硼烷的衍生物。例如：$(C_2H_5)_3B_5H_6$ 是液体高能燃料，$(C_2H_5)_2B_{10}H_{12}$ 和 $(C_4H_9)_2B_{10}H_{12}$ 等是固体高能燃料。

(2) 硼酸和硼酸盐

① 硼酸

硼酸的晶体结构单位 $B(OH)_3$ 为平面三角形，硼原子位于三角形的中心，硼酸晶体的片状结构如图 10-7 所示。

分子内每一个 B 原子通过 sp^2 杂化与三个 O 原子以共价键结合形成平面三角形结构；分子间再通过氢键形成接近六角形的对称层状结构，层与层之间借助微弱的范德华力联系在一起。因此，硼酸晶体为鳞片状，具有解理性，可用作润滑剂。

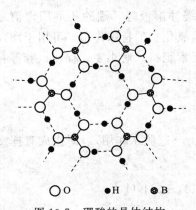

○ O　● H　⊙ B

图 10-7 硼酸的晶体结构

硼酸是一种固体酸，微溶于冷水。随着温度的升高，硼酸中的部分氢键断裂，故在热水中的溶解度明显增大。H_3BO_3 受热会脱水，依次生成 HBO_2 和 B_2O_3，它们溶于水，又能生成硼酸：

$$H_3BO_3 \xrightarrow[+H_2O]{\triangle,-H_2O} HBO_2 \xrightarrow[+H_2O]{\triangle,-H_2O} B_2O_3$$

硼酸是一元弱酸（$K_a^\ominus = 5.7 \times 10^{-10}$），在水中所以呈酸性，是由于硼酸中的硼原子是缺电子原子，具有空轨道，能接受水中解离出的具有孤对电子的 OH^-，以配位键的形式加合

生成 $[B(OH)_4]^-$：

$$H_3BO_3 + H_2O \rightleftharpoons [B(OH)_4]^- + H^+$$

硼酸与甘油或与其他多元醇反应时，可生成稳定的配合物，从而使 H_3BO_3 溶液的酸性增强。例如它与甘油可发生如下反应：

$$2 \begin{array}{c} CH_2-OH \\ CH-OH \\ CH_2-OH \end{array} + H_3BO_3 \rightleftharpoons H^+ + \left[\begin{array}{c} CH_2-O \quad O-CH_2 \\ HO-CH \quad B \quad CH-OH \\ CH_2-O \quad O-CH_2 \end{array} \right]^- + 3H_2O$$

硼酸主要用于搪瓷和玻璃工业，也可作为防腐剂和医药用的消毒剂。

② 硼酸盐

硼酸盐有偏硼酸盐、正硼酸盐和多硼酸盐等。

最重要的硼酸盐是四硼酸钠，俗称硼砂（$Na_2B_4O_7 \cdot 10H_2O$）。硼砂是硼在自然界的一种主要存在形式，硼砂是无色透明晶体，在干燥的空气中易风化失水。受热时先失去结晶水成为蓬松状物质，故体积膨胀；加热至 623~673K 时，将失去全部结晶水而成为无水盐 $Na_2B_4O_7$；在 1151K 时熔融，冷却后成为透明的玻璃状物质（称为硼砂玻璃）。

铁、钴、镍、锰等金属氧化物，可以溶解在硼砂的熔体中，并依金属的不同而显不同的特征颜色。例如：

$$Na_2B_4O_7 + CoO \rightleftharpoons Co(BO_2)_2 \cdot 2NaBO_2（蓝色）$$

$$Na_2B_4O_7 + MnO \rightleftharpoons Mn(BO_2)_2 \cdot 2NaBO_2（绿色）$$

分析化学中常利用硼砂的这一性质，鉴定某些金属离子的存在（叫做硼砂珠实验）。

硼砂易溶于水，先生成偏硼酸钠，再水解成 NaOH 和 H_3BO_3，溶液显碱性：

$$Na_2B_4O_7 + 3H_2O \rightleftharpoons 2NaBO_2 + 2H_3BO_3$$

$$NaBO_2 + 2H_2O \rightleftharpoons NaOH + H_3BO_3$$

在实验室中常用硼砂作为校准酸浓度的基准物及制备缓冲溶液等。硼砂还可用作消毒剂、防腐剂和洗涤剂的填料。另外，由于其在高温下同金属氧化物的特殊作用，可用于陶瓷工业、玻璃工业、烧焊技术等方面。在农业上可用作微量元素肥料，对小麦、棉花、麻等有增产效果。

③ BO_2^-（含 H_3BO_3 和 $Na_2B_4O_7$）的鉴定

a. 生成酯的反应

向硼酸或硼酸盐溶液中加入甲醇（或乙醇）和浓 H_2SO_4（起脱水作用），即生成有挥发性的硼酸三甲酯，用火点燃，火焰边缘呈绿色：

$$H_3BO_3 + 3CH_3OH \xrightarrow{浓 H_2SO_4} B(OCH_3)_3 + 3H_2O$$

b. 姜黄试纸反应

将酸化过的硼酸盐溶液滴在姜黄试纸上，放置干燥，试纸显棕红色；再用 NaOH 溶液湿润，试纸显墨绿色。

10.2.5 碳的重要化合物

(1) 碳的氧化物

① 一氧化碳

CO 是无色、无臭、有毒的气体。空气中 CO 的含量仅为 0.1%（体积比）时即会使人中毒（因为 CO 能与血液中携带 O_2 的血红蛋白结合，破坏血液的输氧功能）。CO 是良好的气体燃料，也是重要的化工原料。因其具有还原性，所以还是冶金工业中常用的还原剂。

$$Fe_2O_3 + 3CO \xrightleftharpoons{\triangle} 2Fe + 3CO_2$$

CO 具有配位性，可以作为配体与金属形成羰基配合物：

$$Fe + 5CO \rightleftharpoons Fe(CO)_5$$

CO 与 N_2 互为等电子体（二者的电子数相同，其分子轨道表达式也相同），分子中均存在一个 σ 键和 2 个 π 键。

② 二氧化碳

CO_2 分子偶极矩为零，是非极性分子，所以可推知 CO_2 是直线型分子（参见第 9 章）。CO_2 是无色、无臭的气体，不助燃，易液化（常温下加压到 5.65MPa 时就能液化）。

若将液态二氧化碳减压膨胀，一部分液态二氧化碳气化时从另一部分液态二氧化碳吸收大量的热，后者被冷却成雪花状固体，这种固态二氧化碳称为干冰。通常条件下干冰易升华，可作低温制冷剂。

大气中 CO_2 的正常含量约占 0.03%（体积）。CO_2 主要来自煤、石油、天然气及其他含碳化合物的燃烧、碳酸钙的分解、动物的呼吸及发酵过程。自然界通过植物的光合作用和海洋中的浮游生物可将 CO_2 转变为 O_2，维持着大气中 O_2 与 CO_2 的平衡。但是 20 世纪 60 年代后由于工业、交通迅猛发展，再加上人为地乱砍乱伐森林，使地表上 CO_2 含量增多，其温室效应导致全球气温升高，因此大气中二氧化碳的平衡成为生态平衡研究的重要课题。

CO_2 大量用于生产 Na_2CO_3、$NaHCO_3$ 和 NH_4HCO_3，也可用作冷冻剂。CO_2 由于不能自燃，又不助燃，比重大于空气，所以常用作灭火剂。

(2) 碳酸和碳酸盐

① 碳酸

CO_2 可溶于水。溶于水中的 CO_2 部分与水作用生成碳酸。

碳酸是二元弱酸，其解离平衡为：

$$H_2CO_3 \rightleftharpoons H^+ + HCO_3^- \qquad K_{a1}^{\ominus} = 4.2 \times 10^{-7}$$

$$HCO_3^- \rightleftharpoons H^+ + CO_3^{2-} \qquad K_{a2}^{\ominus} = 5.6 \times 10^{-11}$$

蒸馏水放置在空气中因溶入 CO_2 而使其 pH 值小于 7，若需用无 CO_2 的蒸馏水时，应将蒸馏水煮沸，加盖后迅速冷却。

碳酸极不稳定，只存在于水溶液中，从未制得过纯碳酸。

② 碳酸盐

因碳酸是二元酸，所以碳酸能形成两种类型的盐：正盐（碳酸盐）和酸式盐（碳酸氢盐）。碳酸盐的主要性质归纳如下：

a. 溶解性　除铵和碱金属（锂除外）的碳酸盐外，多数碳酸盐难溶于水；大多数酸式碳酸盐易溶于水。

对难溶碳酸盐来说，其相应的酸式盐比正盐的溶解度大，例如：

$$CaCO_3(难溶) + CO_2 + H_2O \rightleftharpoons Ca(HCO_3)_2$$

对易溶碳酸盐来说，其相应的酸式盐的溶解度却相对较小。例如，向浓 Na_2CO_3 溶液

中通入 CO_2 至饱和,可以析出 $NaHCO_3$:

$$2Na^+ + CO_3^{2-} + CO_2 + H_2O \Longrightarrow 2NaHCO_3$$

b. 水解性　碳酸盐在水溶液中与水发生反应:

$$CO_3^{2-} + H_2O \rightleftharpoons HCO_3^- + OH^-$$

$$HCO_3^- + H_2O \rightleftharpoons H_2CO_3 + OH^-$$

碱金属碳酸盐的水溶液呈强碱性,而其酸式碳酸盐的水溶液则呈弱碱性。

正是由于碳酸盐的水解性,常常把碳酸盐当作碱使用。在实际工作中,可溶性碳酸盐即可作为碱又可作为沉淀剂用于溶液中某些金属离子的分离。

金属离子与可溶性碳酸盐作用,可生成三类不同的沉淀:

若金属 [如 Al(Ⅲ)、Fe(Ⅲ)、Cr(Ⅲ)] 氢氧化物的溶解度小于相应的碳酸盐,则生成氢氧化物沉淀。例如:

$$2Fe^{3+} + 3CO_3^{2-} + 3H_2O \Longrightarrow 2Fe(OH)_3 \downarrow + 3CO_2 \uparrow$$

$$2Al^{3+} + 3CO_3^{2-} + 3H_2O \Longrightarrow 2Al(OH)_3 \downarrow + 3CO_2 \uparrow$$

若金属 [如 Bi(Ⅲ)、Cu(Ⅱ)、Mg(Ⅱ)、Pb(Ⅱ) 等] 氢氧化物与碳酸盐溶解度差不多,则生成碱式碳酸盐沉淀。例如:

$$2Cu^{2+} + 2CO_3^{2-} + H_2O \Longrightarrow Cu_2(OH)_2CO_3 \downarrow + CO_2 \uparrow$$

若金属 [如 Ca(Ⅱ)、Sr(Ⅱ)、Ba(Ⅱ)、Cd(Ⅱ)、Mn(Ⅱ)、Ag(Ⅰ) 等] 碳酸盐的溶解度小于其氢氧化物,则加入 Na_2CO_3 即得正盐沉淀。例如:

$$Ba^{2+} + CO_3^{2-} \Longrightarrow BaCO_3 \downarrow$$

c. 热稳定性。碳酸盐热稳定性的一般规律为:碱金属盐>碱土金属盐>过渡金属盐>铵盐;而碳酸、碳酸氢盐和碳酸盐的热稳定性顺序为:$H_2CO_3 < MHCO_3 < M_2CO_3$。例如:

$$Na_2CO_3 \xrightarrow{灼烧} Na_2O + CO_2 \uparrow$$

$$2NaHCO_3 \xrightarrow{543K} Na_2CO_3 + CO_2 \uparrow + H_2O$$

$$H_2CO_3 \xrightarrow{\triangle} CO_2 \uparrow + H_2O \text{(稍加热就分解)}$$

③ CO_3^{2-} 和 HCO_3^- 离子的鉴定

a. 与酸的反应

向碳酸盐或碳酸氢盐溶液中加入稀酸,即有 CO_2 气体放出,将此气体通入氢氧化钙溶液中,即有 $CaCO_3$ 白色沉淀生成:

$$CO_3^{2-} + 2H^+ \Longrightarrow CO_2 \uparrow + H_2O$$

$$HCO_3^- + H^+ \Longrightarrow CO_2 \uparrow + H_2O$$

$$CO_2 + Ca(OH)_2 \Longrightarrow CaCO_3 \downarrow (白) + H_2O$$

b. 与硫酸镁的反应

碳酸盐溶液中加入硫酸镁溶液,即有 $Mg_2(OH)_2CO_3$ 白色沉淀生成:

$$2Mg^{2+} + 2CO_3^{2-} + H_2O \Longrightarrow Mg_2(OH)_2CO_3 \downarrow + CO_2 \uparrow$$

碳酸氢盐溶液中加入硫酸镁溶液,冷时无沉淀生成,加热煮沸后,即有 $MgCO_3$ 白色沉淀生成:

$$Mg(HCO_3)_2 \xrightarrow{\triangle} MgCO_3 \downarrow + CO_2 \uparrow + H_2O$$

10.2.6 硅的重要化合物

(1) 二氧化硅

二氧化硅是硅的主要氧化物，有晶形和无定形两种。石英是最常见的二氧化硅晶体，无色透明的纯石英称为水晶。二氧化硅为大分子的原子晶体，其晶体结构在第9章已经作了较为详细的介绍，在此不再赘述。石英玻璃的热膨胀系数小，能耐高温，且能透过紫外光；另外，在高温时石英还是良好的绝缘体。因此，石英可用于制造耐高温仪器和医学、光学仪器等。

二氧化硅化学性质很不活泼，不溶于强酸，在室温下仅 HF 能与它反应：

$$SiO_2 + 4HF = SiF_4 \uparrow + 2H_2O$$

高温时，二氧化硅和氢氧化钠或纯碱共熔即得硅酸钠：

$$SiO_2 + 2NaOH \xrightarrow{共熔} Na_2SiO_3 + H_2O$$

$$SiO_2 + Na_2CO_3 \xrightarrow{共熔} Na_2SiO_3 + CO_2 \uparrow$$

用酸同上述得到的硅酸盐作用可得硅酸：

$$Na_2SiO_3 + 2HCl = H_2SiO_3 + 2NaCl$$

(2) 硅酸和硅胶

硅酸的形式很多，其组成（常以通式 $xSiO_2 \cdot yH_2O$ 来表示）随形成的条件而异。表 10-3 中列出在一定条件下能稳定存在的硅酸。

表 10-3 几种能稳定存在的硅酸

硅酸名称	化学式	x	y
正硅酸	H_4SiO_4	1	2
偏硅酸	H_2SiO_3	1	1
二偏硅酸	$H_2Si_2O_5$	2	1
三偏硅酸	$H_4Si_3O_8$	3	2
焦硅酸	$H_6Si_2O_7$	2	3

其中 $x>2$ 的硅酸统称为多硅酸。因为在各种硅酸中，以偏硅酸的组成最为简单，所以通常以 H_2SiO_3 代表硅酸。

硅酸为二元弱酸，$K_{a1}^{\ominus}=1.7\times 10^{-10}$，$K_{a2}^{\ominus}=1.6\times 10^{-12}$。在实验室中，用盐酸与可溶性硅酸盐作用即可制得硅酸：

$$SiO_3^{2-} + 2H^+ = H_2SiO_3$$

硅酸在水中溶解度不大，但刚生成的硅酸并不一定立刻形成沉淀。因为开始生成的是可溶于水的单分子硅酸，这些单分子硅酸可逐渐缩合成为硅酸溶胶：

$$\begin{array}{c} \text{OH} \\ | \\ \text{HO—Si—O} \\ | \\ \text{OH} \end{array} \boxed{\text{H + HO}} \begin{array}{c} \text{OH} \\ | \\ \text{—Si—OH} \\ | \\ \text{OH} \end{array} \longrightarrow \begin{array}{c} \text{OH} \\ | \\ \text{HO—Si—O} \\ | \\ \text{OH} \end{array} \begin{array}{c} \text{OH} \\ | \\ \text{—Si—OH} \\ | \\ \text{OH} \end{array} + H_2O$$

若在稀的硅酸溶胶内加入电解质，或在适当浓度的硅酸盐溶液内加酸，则生成硅酸凝胶（胶状沉淀)。

硅酸凝胶为多硅酸,其含水量高,软而透明,有弹性。将硅酸凝胶中大部分水脱去即得到硅酸干胶(硅胶)。

硅胶是一种稍透明的白色固态物质。硅胶的内部有许多微小的孔隙,内表面积很大,所以硅胶有很强的吸附性能,可用作吸附剂、干燥剂和催化剂的载体。例如实验室常用变色硅胶作精密仪器的干燥剂。因变色硅胶内含有氯化钴,无水时呈蓝色,吸水时呈粉红色,变色硅胶颜色的改变可显示硅胶吸湿的情况。硅胶的吸附作用是一种物理吸附,所以变色硅胶可干燥再生,循环使用。

硅酸盐按其水溶性分为可溶于水和不溶于水的两大类,除碱金属盐外,其他硅酸盐不溶于水。碱金属硅酸盐在水中能强烈水解,溶液呈碱性。当在 Na_2SiO_3 溶液中加入铵盐时,则使 Na_2SiO_3 与水反应更完全:

$$SiO_3^{2-} + 2NH_4^+ + 2H_2O \rightleftharpoons H_2SiO_3\downarrow + 2NH_3 \cdot H_2O$$
$$\hookrightarrow 2NH_3\uparrow + 2H_2O$$

硅酸钠的浓溶液又称水玻璃(俗名泡花碱),是一种黏稠状的液体,常用作黏合剂和防腐剂,是造纸、纺织、铸造、制皂等工业的重要原料。

(3) 分子筛

分子筛是一类多孔性的硅铝酸盐,有天然的和人工合成的两大类。泡沸石就是一种天然的分子筛,其组成为 $Na_2O \cdot Al_2O_3 \cdot SiO_2 \cdot nH_2O$。分子筛可用于化合物的干燥、分离、提纯,以及作催化剂或催化剂载体。

人们模拟天然分子筛,以氢氧化钠、铝酸钠和水玻璃为原料制成分子筛。分子筛经过适当方法处理脱水后,就具有直径固定均一的孔穴,孔穴内表面积很大,具有很强的吸附能力,能让气体或液体混合物中直径比孔穴直径小的分子进入孔穴,而直径大的分子留在孔穴外,从而起到"筛分"分子的作用。分子筛有很强的吸附性,一般而言,分子的极性越强越容易被吸附。分子筛的热稳定性很好,又有耐酸性,可活化再生连续使用。分子筛的类型和孔径大小主要是由 SiO_2 与 Al_2O_3 的摩尔比决定的。此外分子筛组成中金属离子的种类(Na^+,K^+,Ca^{2+})对孔径大小也有影响。

10.3 主族金属元素

在已知的 100 多种元素中,除了 22 种非金属元素之外,其余的都是金属元素。在周期表中,它们分别处于 s 区、p 区、d 区、ds 区和 f 区,其中 s 区和 p 区的金属元素为主族金属元素,其他的为副族金属元素。本节主要介绍 s 区除 Fr、Ra 以外的碱金属和碱土金属以及 p 区的常见金属 Al、Sn、Pb、As、Sb、Bi 等主族金属元素。

10.3.1 主族金属元素的基本性质和单质的主要性质

在主族金属元素中,s 区的碱金属和碱土金属元素原子的价层电子构型为 $ns^{1\sim2}$,而 p 区的 Al,Sn,Pb,As,Sb,Bi 等元素的价层电子构型为 $ns^2np^{1\sim3}$。

(1) 主族金属元素的基本性质

主族常见金属元素的一些基本性质列于表 10-4 中。

表 10-4a 碱金属元素的性质

元素	锂(Li)	钠(Na)	钾(K)	铷(Rb)	铯(Cs)
原子序数	3	11	19	37	55
价层电子构型	$2s^1$	$3s^1$	$4s^1$	$5s^1$	$6s^1$
氧化值	+1	+1	+1	+1	+1
固体密度/kg·m^{-3}	0.53	0.97	0.86	1.53	1.88
熔点/℃	180.5	97.81	63.25	38.89	28.40
沸点/℃	1342	882.9	760	686	669.3
硬度(金刚石=10)	0.6	0.4	0.5	0.3	0.2
金属半径/pm	155	190	235	248	267
离子半径/pm	60	95	133	148	169
第一电离能 I_1/kJ·mol^{-1}	520.3	495.8	418.9	403	375.7
第二电离能 I_2/kJ·mol^{-1}	7298	4562	3051	2633	2230
电负性	1.0	0.9	0.9	0.8	0.7
$\varphi^{\ominus}_{M^+/M}$/V	−3.045	−2.714	−2.925	−2.93	−2.92

表 10-4b 碱土金属元素的性质

元素	铍(Be)	镁(Mg)	钙(Ca)	锶(Sr)	钡(Ba)
原子序数	4	12	20	38	56
价层电子构型	$2s^2$	$3s^2$	$4s^2$	$5s^2$	$6s^2$
氧化值	+2	+2	+2	+2	+2
固体密度/kg·m^{-3}	1.85	1.74	1.54	2.6	3.51
熔点/℃	1278	648.8	839	769	725
沸点/℃	2970	1107	1484	1384	1640
硬度(金刚石=10)	4	2.0	1.5	1.8	—
金属半径/pm	112	160	197	215	222
离子半径/pm	31	65	99	113	135
第一电离能 I_1/kJ·mol^{-1}	899.5	737.7	589.8	549.5	502.9
第二电离能 I_2/kJ·mol^{-1}	1757	1450.7	1145.4	1064.3	965.3
第三电离能 I_3/kJ·mol^{-1}	14849	7732.8	4912	4210	—
电负性	1.5	1.2	1.0	1.0	0.9
$\varphi^{\ominus}_{M^{2+}/M}$/V	−1.85	−2.37	−2.87	−2.89	−2.91

表 10-4c p 区常见金属元素的性质

元素	铝(Al)	锡(Sn)	铅(Pb)	砷(As)	锑(Sb)	铋(Bi)
原子序数	13	50	82	33	51	83
价层电子构型	$3s^2 3p^1$	$5s^2 5p^2$	$6s^2 6p^2$	$4s^2 4p^3$	$5s^2 5p^3$	$6s^2 6p^3$
主要氧化值	0,+3	0,+2,+4	0,+2,+4	−3,0,+3,+5	0,(−3),+3,+5	0,(−3),+3,+5
熔点/℃	660	231.88(白锡)	327.5	817 2.84MPa	630.5	271.3
沸点/℃	2467	2260(白锡)	1740	613(升华)	1750	1560
原子半径/pm	143	162	175	121	159	170
离子半径/pm	50	71(M^{4+}) 294(M^{2+})	84(M^{4+}) —(M^{2+})	222(M^{3-}) 58(M^{3+}) 47(M^{5+})	245(M^{3-}) 76(M^{3+}) 62(M^{5+})	—(M^{3-}) 96(M^{3+}) 74(M^{5+})
电离能 I/kJ·mol^{-1}	577.6	708.6	715.5	944	831.6	703.3
电子亲合能/kJ·mol^{-1}	−44	−121	−100	−77	−101	−100
电负性	1.5	1.8	1.8	2.0	1.9	1.9

(2) s 区金属元素的主要性质

碱金属、碱土金属都是具有银白色光泽的（除 Be 呈钢灰色）轻金属，具有密度小，硬度小，熔、沸点低，导电性强等特点。碱金属中 Li、Na、K 的密度均小于水，因而它们能浮于水面上，其中 Li（密度仅 0.53）是最轻的金属。碱金属、碱土金属的硬度均很小（除 Be、Mg 外），可以用小刀切割，其中最软的是 Cs。

s 区金属有很强的金属活泼性，几乎都能与氢、卤素、水及其他非金属发生反应，表现出较强的还原性。如在熔融状态下，大部分 s 区元素在加热时能与氢直接化合，生成相应的氢化物。如：

$$Ca + H_2 =\!=\!= CaH_2$$

部分 s 区元素能与 O_2 反应直接生成相应的过氧化物。如在熔融钠中通入去除 CO_2 的干燥空气可以制得过氧化钠：

$$2Na + O_2 =\!=\!= Na_2O_2$$

表 10-5、表 10-6 中分别列出了 s 区金属元素（碱金属、碱土金属）的主要化学性质。

表 10-5 碱金属的主要化学性质（M 代表碱金属）

反 应	说 明
(1) 与非金属元素的反应	
$2M + X_2 =\!=\!= 2MX$	X_2（指所有的卤素），反应激烈，生成物绝大多数是离子型化合物
$6Li + N_2 =\!=\!= 2Li_3N$	只有 Li 可发生这类反应
$12M + P_4 =\!=\!= 4M_3P$	M 与 As、Sb 的反应也类同
$2M + S =\!=\!= M_2S$	
(2) 与氧的反应	
$4Li + O_2 =\!=\!= 2Li_2O$	

续表

反　应	说　明
$2Na+O_2 =\!=\!= Na_2O_2$	
$M+O_2 =\!=\!= MO_2$	$M=K,Rb,Cs$（其中氧以 O_2^- 形式存在）
（3）与水反应	
$2M+2H_2O =\!=\!= 2MOH+H_2$	（室温条件下）反应时放出大量热，激烈程度从 Li⟶Cs 增强
（4）与氢的反应	
$2M+H_2 =\!=\!= 2MH$	所形成离子型氢化物为白色固体（离子晶体），熔点高，导电能力强
$2M+2H^+ =\!=\!= 2M^+ +H_2$	反应相当激烈
（5）与氨的反应	
$2M+2NH_3 =\!=\!= 2MNH_2+H_2$	当 Fe 作催化剂时氨为液态，氨以气态反应时须加热

表 10-6　碱土金属的主要化学性质（M 代表碱土金属）

反　应	说　明
（1）与非金属元素的反应	
$M+X_2 =\!=\!= MX_2$	X_2 指所有的卤素，反应激烈，生成物是离子型化合物
$M+S =\!=\!= MS$	M 同 Se、Te 的反应也类同
$3M+N_2 =\!=\!= M_3N_2$	在高温条件下反应（当 M 在空气中燃烧时与 MO 同时生成）
$6M+P_4 =\!=\!= 2M_3P_2$	
（2）与氧的反应	
$2M+O_2 =\!=\!= 2MO$	除了 Ba 与 O_2 反应生成 BaO_2（过氧化钡）以外，其余 M 与 O_2 反应均生成正常氧化物
（3）与水的反应	
$M+2H_2O =\!=\!= M(OH)_2+H_2$	室温下，$M=Ca,Sr,Ba$，激烈程度仅次于碱金属（$Mg+H_2O =\!=\!= MgO+H_2$）
$Be+2OH^-+2H_2O =\!=\!= [Be(OH)_4]^{2-}+H_2$	只有 Be 有此反应
（4）与氢的反应	
$M+H_2 =\!=\!= MH_2$	$M=Ca,Sr,Ba$，在高温时反应
$M+2H^+ =\!=\!= M^{2+}+H_2$	
（5）与氨的反应	
$M+2NH_3 =\!=\!= M(NH_2)_2+H_2$	$M=Ca,Sr,Ba$（在催化剂存在下以液态氨参与反应）
$3M+2NH_3 =\!=\!= M_3N_2+3H_2$	在高温下，以气态氨参与反应

由表 10-6 可知，碱金属较碱土金属更活泼，还原性更强。同族元素自上而下金属活泼性增强。

在高温干态下，碱金属、碱土金属可夺取某些氧化物或氯化物中的氧或氯，从而制取某些稀有金属或非金属。例如：

$$TiCl_4+4Na \xrightarrow{\triangle} Ti+4NaCl$$

$$SiO_2+2Mg \xrightarrow{\triangle} Si+2MgO$$

$$ZrO_2+2Ca \xrightarrow{\triangle} Zr+2CaO$$

碱金属、碱土金属单质有着多方面的用途。碱金属在常温下能形成液态合金。如钠钾合金（含22.8%的Na和77.2%的K），它有比热容高、液化范围宽的特点，故被用作核反应堆的冷却剂。钠汞齐是有机合成及工业中常用的较缓和的还原剂，铯是这两族元素中最活泼的金属，失电子能力强，在光照下其表面电子易逸出，产生光电效应，故经常被用于制造各种光电管。

(3) p区金属元素的主要性质

p区金属元素的性质与s区相比有较大的差别，而且p区金属之间也存在明显的不同。

① 铝

铝是周期表中ⅢA族的元素之一，也是地壳中含量最丰富的金属元素。在自然界中，铝主要以铝硅酸盐矿石存在，如正长石（$K_2O \cdot Al_2O_3 \cdot 6SiO_2$），白云母（$K_2O \cdot 3Al_2O_3 \cdot 6SiO_2 \cdot 2H_2O$）和高岭土等，也存在于铝矾土（$Al_2O_3 \cdot 2H_2O$），冰晶石（$Na_3AlF_6$）和刚玉（$Al_2O_3$）中。

单质铝是呈银白色的轻金属，有良好的延展性及导电性，有一定的强度，且耐化学腐蚀。因而铝及其铝合金被广泛应用于机械制造，还可用于石油化工、食品工业、国防工业、体育设备及民用的炊事工具等诸多方面。

单质铝是活泼的金属，它与氧的亲合力较大，在空气和氧气中极易和氧作用，表面形成一层致密的氧化膜，这层膜不溶于水和酸（但氯离子能破坏铝的氧化膜），因而可阻止内层的铝被氧化。所以铝在空气及水中都是稳定的，在浓硝酸、浓硫酸中铝易钝化，因此铝制容器可用于储运浓硝酸、浓硫酸。

铝是典型的两性元素，既能溶于酸也能溶于碱：

$$2Al + 6HCl = 2AlCl_3 + 3H_2\uparrow$$

$$2Al + 2NaOH + 6H_2O = 2NaAl(OH)_4 + 3H_2\uparrow$$

在加热条件下，铝能与很多非金属元素（如B、C、P、As、S、Cl_2、Br_2、I_2等）直接化合生成相应的化合物。如：

$$4Al + 3C \xrightarrow{2273K} Al_4C_3$$

铝也具有强的还原性，可以还原许多金属氧化物以制取金属单质，这在金属的冶炼上称为"铝热法"。如：

$$2Al + Fe_2O_3 = Al_2O_3 + 2Fe \quad \Delta_rH_m^{\ominus} = -845kJ \cdot mol^{-1}$$

这个反应的热效应很大，所以还原出来的铁呈红热熔融状态。此法常用于野外焊接铁轨和在炼钢工业中作脱氧剂。

铝还可以用来制取耐高温的金属陶瓷，如将铝粉、石墨、TiO_2或其他高熔点金属氧化物按一定比例混合，涂在金属表面后在高温下煅烧：

$$4Al + 3TiO_2 + 3C \xrightarrow{煅烧} 2Al_2O_3 + 3TiC$$

煅烧后金属表面可形成一层耐高温的涂层，这种涂层可用于制作火箭、导弹。

② 锡、铅

锡、铅是周期表中ⅣA族的金属元素，二者在地壳中的含量并不高。在自然界中锡、铅均以化合态存在，锡的主要矿石是锡石（SnO_2），铅的矿石主要有方铅矿（PbS）、白铅矿（$PbCO_3$）和硫酸铅矿（$PbSO_4$），我国铅的储藏量居世界前列。

锡、铅的价层电子构型为 ns^2np^2，因此常可形成具有（18+2）电子构型的+2价离子和具有18电子构型的+4价离子。

锡、铅都是中等活泼的金属。常温下锡表面有一层保护膜，因此在空气和水中较稳定。铅在空气中表面可形成一层碱式碳酸铅，从而保护内层的铅不被进一步氧化，因此铅在空气和水中也较稳定。但铅在有空气存在时，能与水缓慢作用生成 $Pb(OH)_2$：

$$2Pb+O_2+2H_2O =\!=\!= 2Pb(OH)_2$$

锡、铅都显两性，它们与酸、碱的反应情况见表10-7。

表 10-7 锡、铅与酸、碱的反应

项目	Sn	Pb
HCl	$Sn+2H^+ =\!=\!= Sn^{2+}+H_2\uparrow$ （与稀酸反应慢，与热的浓 HCl 反应生成 $H_2[SnCl_4]$）	$Pb+2HCl \xrightarrow{\triangle} PbCl_2+H_2\uparrow$ （由于产物 $PbCl_2$ 覆盖在 Pb 表面而使反应中止）
H_2SO_4	$Sn+4H_2SO_4(浓)\xrightarrow{\triangle} Sn(SO_4)_2+2SO_2\uparrow+4H_2O$ （与稀酸难作用）	$Pb+3H_2SO_4(浓)\xrightarrow{\triangle} Pb(HSO_4)_2+SO_2\uparrow+2H_2O$ （与稀酸反应，会因产物 $PbSO_4$ 覆盖在 Pb 表面上而使反应中止）
HNO_3	$4Sn+10HNO_3(稀) =\!=\!= 4Sn(NO_3)_2+NH_4NO_3+3H_2O$ $Sn+4HNO_3(浓) =\!=\!= H_2SnO_3\downarrow+4NO_2\uparrow+H_2O$ （与浓酸反应生成白色沉淀 β锡酸）	$Pb+4HNO_3(浓)=\!=\!= Pb(NO_3)_2+2NO_2\uparrow+2H_2O$ [与稀酸反应也得到 $Pb(NO_3)_2$]
NaOH	$Sn+2NaOH+2H_2O =\!=\!= Na_2[Sn(OH)_4]+H_2\uparrow$	$Pb+NaOH+2H_2O =\!=\!= Na[Pb(OH)_3]+H_2\uparrow$

锡和稀 HCl、稀 H_2SO_4 反应得到 $Sn(II)$ 化合物，和氧化性酸（浓 HNO_3，浓 H_2SO_4）反应则生成 $Sn(IV)$ 化合物。其他非金属如氧、卤素也能直接和锡反应：

$$Sn+O_2 =\!=\!= SnO_2$$
$$Sn+2X_2 =\!=\!= SnX_4$$

锡、铅有着广泛的用途，如焊锡是 Sn 和 Pb 的合金，在铁皮表面镀锡可制成马口铁。铅大量用于制造铅蓄电池、电缆和耐酸设备，铅因其密度大且能有效吸收 γ 射线而作为放射性保护材料用于原子能工业中。

③ 砷、锑、铋

砷、锑、铋是第ⅤA族中的元素，其中砷、锑是准金属，铋是金属元素。它们的价层电子构型为 ns^2np^3，故可形成+3和+5氧化值的化合物。在自然界中砷、锑、铋主要以硫化物矿的形式存在。

砷、锑、铋的单质常温下活泼性较弱，在水和空气中较稳定，加热时可在空气中燃烧生成相应的氧化物（M_2O_3）。在高温下砷、锑、铋还能与氧、硫、卤素等反应生成相应的氧化物、硫化物和卤化物。如：

$$4M+3O_2 =\!=\!= M_4O_6(2Bi_2O_3)$$
$$2M+3S =\!=\!= M_2S_3$$
$$2M+3X_2 =\!=\!= 2MX_3(M=As, Sb, Bi)$$

砷、锑、铋都不溶于稀酸，但溶于氧化性酸，如硝酸、热浓硫酸、王水等。如：

$$3As + 5HNO_3 + 2H_2O \xrightarrow{\triangle} 3H_3AsO_4 + 5NO\uparrow$$

$$2Sb + 6H_2SO_4(浓) \xrightarrow{\triangle} Sb_2(SO_4)_3 + 3SO_2\uparrow + 6H_2O$$

$$Bi + 4HNO_3(浓) \xrightarrow{\triangle} Bi(NO_3)_3 + NO\uparrow + 2H_2O$$

砷还可与熔融的 NaOH 反应：

$$2As + 6NaOH(熔融) = 2Na_3AsO_3 + 3H_2\uparrow$$

锑、铋不与 NaOH 反应。

砷、锑、铋能和绝大多数金属形成合金或化合物。砷、锑是合金中的加硬剂，如铅中加 10%～20% 的锑可使铅的硬度增加，可用于制造子弹或轴承。熔融的锑或铋具有在凝固时体积膨胀的特性，可制保险丝或锅炉安全塞等。高纯铋用于核反应堆中作载体或冷却剂。

10.3.2 主族金属元素氧化物和氢氧化物的酸碱性

碱金属和碱土金属及 Al，Sn，Pb，Sb，Bi 的氧化物相对应的氢氧化物均为白色固体，由于碱金属和碱土金属及铝的氧化物比较熟悉，这里不作讨论。下面列出主族常见金属元素的氢氧化物：

ⅠA	ⅡA	ⅢA	ⅣA	ⅤA
LiOH	Be(OH)$_2$			
NaOH	Mg(OH)$_2$	Al(OH)$_3$		
KOH	Ca(OH)$_2$			
RbOH	Sr(OH)$_2$		Sn(OH)$_2$, Sn(OH)$_4$	Sb(OH)$_3$
CsOH	Ba(OH)$_2$		Pb(OH)$_2$	Bi(OH)$_3$

氢氧化物的酸碱性可用 ROH 规则判断。对于同一主族（ⅠA，ⅡA）元素，其离子的最外层电子构型相同，离子的电荷也相同，从上到下，离子半径增大，Φ 值变小，因而氢氧化物碱性增强。碱金属与同周期的碱土金属相比，离子的电荷小，半径大，Φ 相对较小，所以它们氢氧化物的碱性比相邻碱土金属氢氧化物的碱性更强。例如，第三周期的 Na、Mg、Al 中，NaOH 为强碱性，Mg(OH)$_2$ 为中强碱，而 Al(OH)$_3$ 则为典型的两性氢氧化物。

元素	$\sqrt{\Phi}$	
Na	0.10	↑
Mg	0.17	氢氧化物
Al	0.24	碱性增强

Al(OH)$_3$ 既能溶于稀酸，也能溶于碱：

$$Al(OH)_3 + 3HCl = AlCl_3 + 3H_2O$$

$$Al(OH)_3 + NaOH = Na[Al(OH)_4]$$

或

$$Al(OH)_3 + NaOH = NaAlO_2 + 2H_2O$$

锡、铅都能形成氧化值为 +2 和 +4 的稳定氧化物，它们都是两性氧化物，酸碱性强弱

关系如下:

$$\text{碱性} \quad SnO < PbO$$
$$\text{酸性} \quad SnO_2 > PbO_2$$

锡、铅的氢氧化物也是两性氢氧化物,它们的酸碱性相对强弱也可用 ROH 规则予以说明:

$$Sn(OH)_4 \xleftarrow{\text{酸性增大}} Sn(OH)_2$$
$$\uparrow \text{酸性增大} \qquad \downarrow \text{碱性增大}$$
$$Pb(OH)_4^* \xrightarrow{\text{碱性增大}} Pb(OH)_2$$

* $Pb(OH)_4$ 或 $H_2[Pb(OH)_6]$ 还未曾制得,但有相应于 $H_2[Pb(OH)_6]$ 的盐 $M_2PbO_3 \cdot 3H_2O$ 存在。

在锡、铅的氢氧化物中常见的是 $Sn(OH)_2$ 和 $Pb(OH)_2$,而且高氧化值氢氧化物的酸性强于低氧化值氢氧化物的酸性。它们与酸、碱发生的有关反应如下:

$$Sn(OH)_2 + 2HCl = SnCl_2 + 2H_2O$$
$$Sn(OH)_2 + 2NaOH = Na_2[Sn(OH)_4] \text{(或 } NaSnO_2\text{)(亚锡酸钠)}$$
$$Sn(OH)_4 + 4HCl = SnCl_4 + 4H_2O$$
$$Sn(OH)_4 + 2NaOH = Na_2[Sn(OH)_6] \text{(或 } Na_2SnO_3\text{)(锡酸钠)}$$
$$Pb(OH)_2 + 2HNO_3 = Pb(NO_3)_2 + 2H_2O$$
$$Pb(OH)_2 + 2NaOH = Na_2[Pb(OH)_4] \text{或} [Na_2PbO_2]$$

可以看出锡在酸性介质中易以 Sn^{2+} 离子或 Sn^{4+} 离子存在,而在碱性介质中则是以 SnO_2^{2-}(或 $[Sn(OH)_4]^{2-}$)和 SnO_3^{2-}(或 $[Sn(OH)_6]^{2-}$)形式存在。

总之,锡和铅的氧化物、氢氧化物都是两性的,其中高氧化值的 MO_2 和 $M(OH)_4$ 以酸性为主,低氧化值的 MO 和 $M(OH)_2$ 以碱性为主。

10.3.3 主族金属元素主要化合物的氧化还原性

(1) 锡（Ⅱ）盐的还原性

在此主要讨论锡、铅、铋化合物的主要氧化还原性。锡（Ⅱ）盐是常用的还原剂。

$$Sn^{4+} + 2e^- \rightleftharpoons Sn^{2+} \qquad \varphi^{\ominus}_{Sn^{4+}/Sn^{2+}} = 0.154V$$
$$[Sn(OH)_6]^{2-} + 2e^- \rightleftharpoons [Sn(OH)_4]^{2-} + 2OH^- \qquad \varphi^{\ominus}_{[Sn(OH)_6]^{2-}/[Sn(OH)_4]^{2-}} = -0.93V$$

从标准电极电势可知,在碱性介质中,$[Sn(OH)_4]^{2-}$ 的还原能力比酸性介质中的 Sn^{2+} 强。如:

$$2Bi(OH)_3 + 3Na_2[Sn(OH)_4] = 2Bi\downarrow + 3Na_2[Sn(OH)_6]$$

这是检验 Bi^{3+} 离子的特征反应。

$SnCl_2$ 能与 $HgCl_2$ 反应,生成的产物呈现先白后灰的现象:

$$SnCl_2 + 2HgCl_2 = SnCl_4 + Hg_2Cl_2\downarrow \text{（白色）}$$
$$SnCl_2 + Hg_2Cl_2 = SnCl_4 + 2Hg\downarrow \text{（黑色）}$$

这是鉴定 Sn^{2+} 的特征反应。

由于 $SnCl_2$ 有还原性,所以易被空气中的氧氧化,为防止 $SnCl_2$ 溶液氧化变质,常加入少量锡粒:

$$Sn^{4+} + Sn = 2Sn^{2+}$$

(2) PbO_2 和 $NaBiO_3$ 的强氧化性

铅、铋的高价化合物具有强氧化性。如 PbO_2 和 $NaBiO_3$ 是实验室常用的氧化剂,它们在酸性介质中可将还原性较弱的 Mn^{2+} 或 Cr^{3+} 分别氧化成紫红色的 MnO_4^- 或橙色的 $Cr_2O_7^{2-}$:

$$5PbO_2 + 2Mn^{2+} + 4H^+ \Longrightarrow 2MnO_4^- + 5Pb^{2+} + 2H_2O$$

$$3NaBiO_3 + 2Cr^{3+} + 4H^+ \Longrightarrow Cr_2O_7^{2-} + 3Bi^{3+} + 3Na^+ + 2H_2O$$

PbO_2 能将浓 HCl 氧化成 Cl_2:

$$PbO_2 + 4HCl(浓) \Longrightarrow 2H_2O + PbCl_4$$
$$\downarrow PbCl_2 + Cl_2 \uparrow$$

锡、铅化合物氧化还原性递变规律归纳如下:

性质 \ 介质	酸性介质	碱性介质
还原性	$Sn^{2+} > Pb^{2+}$	$[Sn(OH)_4]^{2-} > [Pb(OH)_3]^-$
氧化性	$SnO_2 < PbO_2$	$[Sn(OH)_6]^{2-} < PbO_2$

10.3.4 主族金属元素的重要盐类

(1) 碱金属、碱土金属的盐类

碱金属、碱土金属常见的盐类有卤化物、硫酸盐、硝酸盐和碳酸盐等。它们大多数是离子型化合物(除 Li,Be 的某些盐有一定的共价性外),具有较高的熔点,熔融时能导电,在水中能完全解离,离子都是无色的。其主要性质归纳如下。

① 焰色反应

碱金属和碱土金属中 Ca,Sr,Ba 的挥发性盐在灼烧时都能使火焰呈现特征的颜色。利用火焰的特征颜色来鉴定元素的方法称为焰色反应,各元素在焰色反应中所呈现的特征颜色见表 10-8。

表 10-8 碱金属、碱土金属的焰色

元素	Li	Na	K	Rb	Cs	Ca	Sr	Ba
焰色	深红	黄	紫	紫	紫红	橙红	红	黄绿

② 溶解性

碱金属的大部分盐都易溶于水,仅少数碱金属盐难溶于水。如锂由于离子半径特别小,故 LiF、Li_2CO_3、Li_3PO_4 等都难溶于水。另外,醋酸铀酰锌钠($NaAc \cdot Zn(Ac)_2 \cdot 3UO_2(Ac)_2 \cdot 9H_2O$),锑酸二氢钠($NaH_2SbO_4$),高氯酸钾($KClO_4$),六氯合铂(Ⅱ)酸钾($K_2[PtCl_6]$),酒石酸氢钾($KHC_4H_4O_6$),钴亚硝酸钠钾($K_2Na[Co(NO_2)_6]$)等具有较大阴离子的盐也都难溶于水。利用这些难溶盐可鉴定碱金属离子。

碱土金属盐类中,除硝酸盐、醋酸盐、氯化物外,其他的如碳酸盐、硫酸盐、铬酸盐、草酸盐等都是难溶的,这是碱土金属有别于碱金属的特点之一,可用于两族离子的分离。另外，钙、锶、钡的硫酸盐、铬酸盐的溶解度呈依次减小的递变规律。$BaSO_4$、$BaCrO_4$ 的溶解度很小。草酸盐中，CaC_2O_4 的溶解度最小。$BaCrO_4$、CaC_2O_4 的难溶性可用于定性鉴定 Ba^{2+}、Ca^{2+}。$BaSO_4$、CaC_2O_4 还可用于重量分析法测定 Ba^{2+}、Ca^{2+}。

③ 热稳定性

碱金属、碱土金属的大部分盐都有较高的热稳定性，但碱金属中的硝酸盐在高温下会分解。例如：

$$4LiNO_3 \xrightarrow{973K} 2Li_2O + 4NO_2\uparrow + O_2\uparrow$$

$$2NaNO_3 \xrightarrow{1003K} 2NaNO_2 + O_2\uparrow$$

碱土金属中的碳酸盐在强热时，也会分解：

$$MCO_3(s) \xrightarrow{\triangle} MO(s) + CO_2(g) \quad (M=碱土金属)$$

用实验方法可测得 MCO_3 在 100kPa 压力下的分解温度依次为：

$BeCO_3$	$MgCO_3$	$CaCO_3$	$SrCO_3$	$BaCO_3$
<373K	813K	1173K	1563K	1633K

由此可见，分解温度从铍到钡依次升高，则其热稳定性由铍到钡也依次增强。

(2) 铝盐

铝盐，尤其是弱酸盐都易水解。常见的铝盐有卤化铝、硫酸铝和明矾（$K_2SO_4 \cdot Al_2(SO_4)_3 \cdot 12H_2O$）。

在卤化铝中，除 AlF_3 是离子型化合物外，其余都是共价化合物。AlF_3 是一种白色难溶物质，但 Al^{3+} 和过量的 F^- 易形成配离子：

$$Al^{3+} + 6F^- \rightleftharpoons [AlF_6]^{3-}$$

自然界中存在的冰晶石就是六氟合铝（Ⅲ）酸钠（$Na_3[AlF_6]$）。

在卤化铝中 $AlCl_3$ 最为重要，它易升华，溶于非极性有机溶剂时以及在蒸气状态或熔融时均以共价的二聚分子形式存在（Al_2Cl_6）。其结构为：

$$\begin{array}{ccc} Cl & Cl & Cl \\ \diagdown & \diagup\diagdown & \diagup \\ & Al \quad Al & \\ \diagup & \diagup\diagdown & \diagdown \\ Cl & Cl & Cl \end{array}$$

双聚 Al_2Cl_6 在高温下可离解成 $AlCl_3$。$AlCl_3$ 呈平面三角形构型。常温下为白色晶体，遇水后强烈水解，遇空气中微量水气也会因分解而发烟（水和 $AlCl_3$ 反应产生 HCl 雾滴）。因此，在水溶液中无法制得无水 $AlCl_3$。无水 $AlCl_3$ 可通过在氯气或氯化氢气体中加热金属铝来制得：

$$2Al + 3Cl_2 \rightleftharpoons 2AlCl_3$$

$$2Al + 6HCl \rightleftharpoons 2AlCl_3 + 3H_2\uparrow$$

接触无水 $AlCl_3$ 时应避免遇水，否则会因其强烈水解而大量放热灼伤皮肤。

硫酸铝是铝的另一重要化合物，多数硫酸盐有形成复盐的趋势，如果复盐中的两种硫酸盐有相同的晶型，则称为矾。硫酸铝和碱金属（Li 除外）硫酸盐或 $(NH_4)_2SO_4$ 作用可形成复盐，通式为：$MAl(SO_4)_2 \cdot 12H_2O$。如：明矾硫酸铝钾 $[KAl(SO_4)_2 \cdot 12H_2O]$ 是一种无色晶体，在水中以离子形式存在，性质与 $Al_2(SO_4)_3$ 相同。$Al_2(SO_4)_3$ 和 $KAl(SO_4)_2 \cdot 12H_2O$ 都极易水解，其水解产物 $Al(OH)_3$ 为胶状沉淀，有较强的吸附性能，故可用作净水剂及媒染料等。

(3) 锡、铅的盐类

锡、铅的盐分两类：一类是M(Ⅱ)，M(Ⅳ)的化合物，另一类是MO_2^{2-}和MO_3^{2-}的化合物。Sn(Ⅱ)显还原性，Pb(Ⅳ)显氧化性。它们的主要性质归纳如下。

① 锡、铅的盐类与水的作用

锡、铅的盐类都易与水反应，尤其是锡盐。如$SnCl_2$和水反应生成碱式盐沉淀：

$$SnCl_2 + H_2O \Longrightarrow Sn(OH)Cl \downarrow + HCl$$

因此在配制$SnCl_2$溶液时，需先将$SnCl_2$溶于少量浓HCl中，再加水稀释以防止上述反应发生。

$SnCl_4$与水作用可生成胶状的H_2SnO_3沉淀，此外由于$SnCl_4$强烈水解而在潮湿的空气中冒烟。

$PbCl_2$一般在冷水中较稳定，溶解度较小，而在热水中溶解度增大。

$PbCl_4$在室温下已极不稳定，易分解成$PbCl_2$和Cl_2。

② 锡、铅盐类的溶解性和颜色

大多数铅盐都难溶于水和稀酸，且铅盐的沉淀大多具有特征的颜色：

$PbCl_2$	$PbSO_4$	$PbCO_3$	PbI_2	$PbCrO_4$	PbS
（白色）	（白色）	（白色）	（金黄色）	（黄色）	（黑色）

$PbCl_2$可溶于热水和浓HCl中：

$$PbCl_2 + 2HCl(浓) \Longrightarrow H_2[PbCl_4]$$

$PbSO_4$可溶于浓硫酸或饱和的$(NH_4)Ac$溶液中：

$$PbSO_4 + H_2SO_4(浓) \Longrightarrow Pb(HSO_4)_2$$

$$PbSO_4 + 2Ac^- \Longrightarrow Pb(Ac)_2 + SO_4^{2-}$$

PbI_2能溶于沸水或KI溶液中：

$$PbI_2 + 2KI \Longrightarrow K_2[PbI_4]$$

$PbCrO_4$因其具有特征的颜色且溶解度小，常被用于定性鉴定Pb^{2+}，它和其他黄色难溶盐的区别在于能溶于碱：

$$PbCrO_4 + 3OH^- \Longrightarrow Pb(OH)_3^- + CrO_4^{2-}$$

锡、铅的硫化物也都难溶于水和稀酸，且具有特征的颜色：

SnS	SnS_2	PbS
（棕色）	（黄色）	（黑色）

锡、铅的低氧化值的硫化物呈碱性，高氧化值的硫化物呈两性，因此，SnS、PbS能溶于酸而不溶于碱：

$$SnS + 3HCl \Longrightarrow H[SnCl_3] + H_2S \uparrow$$

$$PbS + 4HCl(浓) \Longrightarrow H_2[PbCl_4] + H_2S \uparrow$$

$$3PbS + 8HNO_3 \Longrightarrow 3Pb(NO_3)_2 + 3S \downarrow + 2NO \uparrow + 4H_2O$$

而SnS_2既能溶于酸也能溶于碱或Na_2S溶液中：

$$SnS_2 + 6HCl \Longrightarrow H_2[SnCl_6] + 2H_2S \uparrow$$

$$3SnS_2 + 6NaOH \Longrightarrow 2Na_2SnS_3 + Na_2[Sn(OH)_6]$$

$$SnS_2 + Na_2S \Longrightarrow Na_2SnS_3 （硫代锡酸钠）$$

利用 SnS 和 SnS$_2$ 在碱金属硫化物中溶解度不同可鉴别 Sn^{4+} 和 Sn^{2+} 离子。

由于多硫离子具有氧化性和碱性，所以 SnS 可溶于含有 (NH$_4$)$_2$S$_2$ 的 (NH$_4$)$_2$S 溶液中：

$$SnS + S_2^{2-} \Longleftrightarrow SnS_3^{2-}$$

SnS$_3^{2-}$ 在酸中不稳定，分解析出 SnS$_2$ 沉淀：

$$SnS_3^{2-} + 2H^+ \Longleftrightarrow SnS_2\downarrow + H_2S\uparrow$$

(4) 砷、锑、铋的盐类

砷、锑、铋的盐类有两种形式，即阳离子盐 (M^{3+}、M^{5+}) 和阴离子盐 (MO$_3^{3-}$、MO$_4^{3-}$)。对砷和锑来说，主要形成 MO$_3^{3-}$ 类型的盐，只有少数的卤化物及硫化物能形成 As^{5+}、Sb^{5+} 盐。铋主要形成 Bi^{3+} 类型的盐。

As(Ⅲ)、Sb(Ⅲ)、Bi(Ⅲ) 的氯化物在水中极易水解，其中 AsCl$_3$ 水解生成 H$_3$AsO$_3$，SbCl$_3$、BiCl$_3$ 水解均生成白色碱式盐沉淀：

$$AsCl_3 + 3H_2O \Longleftrightarrow H_3AsO_3 + 3HCl$$
$$SbCl_3 + H_2O \Longleftrightarrow SbOCl\downarrow + 2HCl$$
$$BiCl_3 + H_2O \Longleftrightarrow BiOCl\downarrow + 2HCl$$

故配制这些盐的溶液时，要加相应的酸，以抑制其水解。

砷、锑、铋都是亲硫元素，在自然界中都以硫化物的形式存在。

As$_2$S$_3$	Sb$_2$S$_3$	Bi$_2$S$_3$
(黄色)	(橙色)	(棕黑色)
两性偏酸性	两性	弱碱性
As$_2$S$_5$	Sb$_2$S$_5$	
(黄色)	(橙色)	
酸性	两性偏酸性	

砷、锑、铋的硫化物其酸性从 As$_2$S$_3$、Sb$_2$S$_3$ 到 Bi$_2$S$_3$ 依次减弱；As$_2$S$_5$、Sb$_2$S$_5$ 的酸性强于相应的 As$_2$S$_3$、Sb$_2$S$_3$。

这些硫化物的溶解性随性质的不同而有差异，除 Bi$_2$S$_3$ 以外，其余均能溶于碱金属硫化物或 (NH$_4$)$_2$S 中，生成相应的硫代亚酸盐及硫代酸盐：

$$As_2S_3 + 3Na_2S \Longleftrightarrow 2Na_3AsS_3 \text{（硫代亚砷酸钠）}$$
$$Sb_2S_3 + 3Na_2S \Longleftrightarrow 2Na_3SbS_3$$
$$As_2S_5 + 3Na_2S \Longleftrightarrow 2Na_3AsS_4 \text{（硫代砷酸钠）}$$

硫代酸盐和硫代亚酸盐都可与酸反应，析出相应的硫化物并产生 H$_2$S 气体，因此这类盐只存在于碱性及近中性溶液中：

$$2AsS_3^{3-} + 6H^+ \Longleftrightarrow As_2S_3\downarrow + 3H_2S\uparrow$$
$$2AsS_4^{3-} + 6H^+ \Longleftrightarrow As_2S_5\downarrow + 3H_2S\uparrow$$

上述性质常被用于元素的定性分析。

另外，As$_2$S$_3$ 呈两性偏酸性，不溶于浓 HCl 但溶于碱；Sb$_2$S$_3$ 呈两性，既溶于浓 HCl 又溶于 NaOH；Bi$_2$S$_3$ 呈碱性，可溶于浓 HCl 中。

$$As_2S_3 + 6NaOH \Longleftrightarrow Na_3AsO_3 + Na_3AsS_3 + 3H_2O$$
$$Sb_2S_3 + 12HCl \Longleftrightarrow 2H_3[SbCl_6] + 3H_2S\uparrow$$

$$Sb_2S_3 + 6NaOH = Na_3SbO_3 + Na_3SbS_3 + 3H_2O$$
$$Bi_2S_3 + 6HCl = 2BiCl_3 + 3H_2S\uparrow$$

1. 选择题

(1) 关于 $Na_2S_2O_3$ 的性质，下列说法错误的是（　　）。
A. 具有很强的配位能力
B. 在碘量法中可做标准溶液用来滴定 I_2
C. 具有一定的还原性
D. 在酸性溶液中能稳定存在

(2) 对 H_3BO_3，H_3PO_2，H_3PO_3，H_3PO_4 酸性的描述，下列说法正确的是（　　）。
A. 均为一元弱酸
B. H_3BO_3，H_3PO_2 为一元酸，
C. H_3PO_3，H_3PO_4 为三元酸
D. 均为三元酸

(3) 下列物质既有氧化性又有还原性的是（　　）。
A. PbO_2
B. $NaBiO_3$
C. $NaNO_2$
D. $SnCl_2$

(4) 下列物质不溶于 Na_2S 溶液的是（　　）。
A. SnS_2
B. Bi_2S_3
C. Sb_2S_5
D. As_2S_3

(5) 难溶铅盐 $PbCrO_4$ 的颜色是（　　）。
A. 白色
B. 黑色
C. 黄色
D. 砖红色

(6) 下列非金属单质不溶于浓硝酸的是（　　）。
A. Si
B. P
C. B
D. I_2

(7) H_2O_2 不具备以下哪种性质（　　）？
A. 热不稳定性
B. 弱碱性
C. 既有氧化性又有还原性
D. 弱酸性

(8) 下列各物质在酸性溶液中能共存的是（　　）。
A. $FeCl_3$ 和 Br_2 水
B. $FeCl_3$ 和 KI 溶液
C. KI 和 KIO_3 溶液
D. Sn^{2+} 和 Hg^{2+}

2. 说明 X_2 氧化性和 X^- 还原性强弱的递变规律。

3. 根据 R—O—H 规律，分别比较下列各组化合物酸性的相对强弱。
① HClO，$HClO_2$，$HClO_3$，$HClO_4$；
② HClO，HBrO，HIO；
③ H_3PO_4，H_2SO_4，$HClO_4$。

4. 用一种简便方法将下列五种固体加以区别，并写出有关反应式。
Na_2S，Na_2S_2，Na_2SO_3，Na_2SO_4，$Na_2S_2O_3$。

5. 完成下列反应方程式：
① $Cl_2 + KOH$（冷）$\longrightarrow$
② $Cl_2 + KOH$（热）$\longrightarrow$
③ $HCl + KMnO_4 \longrightarrow$
④ $KNO_3 \xrightarrow{\triangle}$

⑤ $KClO_3 \xrightarrow[MnO_2]{\triangle}$

⑥ $KClO_3 + HCl \longrightarrow$

⑦ $I_2 + H_2O_2 \longrightarrow$

⑧ $KClO_3 + KI + H_2SO_4 \longrightarrow$

⑨ $NO_2^- + I^- + H^+ \longrightarrow$

⑩ $NO_2^- + MnO_4^- + H^+ \longrightarrow$

6. Na_3PO_4，Na_2HPO_4，NaH_2PO_4 盐溶液的酸碱性如何，并分析原因。

7. 稀 HNO_3 与浓 HNO_3 比较，哪个氧化性强？举例说明。为什么一般情况下浓 HNO_3 被还原成 NO_2，而稀 HNO_3 被还原成 NO？这与它们氧化能力的强弱是否矛盾？

8. 如何鉴定 NH_4^+，PO_4^{3-}，NO_3^-，SiO_3^{2-}，Sn^{2+}，Pb^{2+}？

9. 实验室如何配制和保存 $SnCl_2$ 溶液？为什么？

10. 在焊接金属时使用硼砂的原理是什么？什么叫硼砂珠试验？

11. 何谓矾？哪些金属离子容易形成矾？

12. 将某一金属溶于热的浓盐酸，所得溶液分成三份。其一加入足量水，产生白色沉淀；其二加碱中和，也产生白色沉淀，此白色沉淀溶于过量碱后，再加入 $Bi(OH)_3$，则产生黑色沉淀；其三加入 $HgCl_2$。溶液，产生灰黑色沉淀。试判断该金属是什么？

13. 以化学方程式表示下列物质之间的作用：

① $PbO_2 + HNO_3 + H_2O_2 \longrightarrow$

② $PbO_2 + MnSO_4 + HNO_3 \longrightarrow$

③ $Na_2[Sn(OH)_4] + Bi(OH)_3 \longrightarrow$

④ $SnS + (NH_4)_2S_2 \longrightarrow$

⑤ $HgCl_2 + SnCl_2 \longrightarrow$

⑥ $PCl_5 + H_2O \longrightarrow$

14. 在 $AlCl_3$ 溶液中加入下列各物质，各有何反应？
① Na_2S；② 过量的 $NaOH$ 溶液；③ 过量 $NH_3 \cdot H_2O$；④ Na_2CO_3 溶液。

15. 浓硫酸能干燥下列何种气体？

H_2S，NH_3，H_2，Cl_2，CO_2。

16. 某物质水溶液（A）既有氧化性又有还原性：

① 向此溶液加入碱时生成盐；

② 将①所得溶液酸化，加入适量 $KMnO_4$，可使 $KMnO_4$ 溶液褪色；

③ 在②所得溶液中加入 $BaCl_2$ 得白色沉淀。

判断（A）是什么溶液。

17. 用化学方法区别下列各对物质：

① SnS 与 SnS_2；② $Pb(NO_3)_2$ 与 $Bi(NO_3)_3$；③ $Sn(OH)_2$ 与 $Pb(OH)_2$；
④ $SnCl_2$ 与 $SnCl_4$；⑤ $SnCl_2$ 与 $AlCl_3$；⑥ $SbCl_3$ 与 $SnCl_2$。

18. 举出既能与浓 HNO_3 作用又能与浓 $NaOH$ 溶液作用的四种非金属单质，并分别写出对应的反应方程式。

19. 完成下列反应方程式：

① $H_2O_2 \xrightarrow{\triangle}$

② $H_2O_2 + KI + H_2SO_4 \longrightarrow$

③ $H_2O_2 + KMnO_4 + H_2SO_4 \longrightarrow$

④ $H_2S + FeCl_3 \longrightarrow$

⑤ $Na_2S_2O_3 + I_2 \longrightarrow$

⑥ $AgBr + Na_2S_2O_3$（过量）$\longrightarrow$

20. 从卤化物制取 HF，HCl，HBr，HI 时，各采用什么酸？为什么？

21. 实验室为什么不能长久保存 H_2S，Na_2S 和 Na_2SO_3 溶液？

22. 某白色固体 A 不溶于水，当加热时，猛烈地分解而产生一固体 B 和无色气体 C（此气体可使澄清的石灰水变浑浊）。固体 B 不溶于水，但溶于 HNO_3 得一溶液 D。向 D 溶液中加入 HCl 产生白色沉淀 E。E 易溶于热水，E 溶液与 H_2S 反应得一黑色沉淀 F 和滤出液 G。沉淀 F 溶解于 60% HNO_3 中产生一淡黄色沉淀 H、溶液 D 和一无色气体 I，气体 I 在空气中被氧化为红棕色气体 J。根据以上实验现象，判断各代号物质的名称。

第 11 章 过渡元素

按照元素原子的价层电子构型特点,在长式周期表的中部,自ⅢB至Ⅷ族,为d区元素(不包括镧系和锕系元素),ⅠB和ⅡB两族为ds区元素,ⅢB中的镧系和锕系元素为f区元素。d区、ds区、f区元素均为过渡元素,其中,d区和ds区元素统称为外过渡系元素,f区元素称为内过渡系元素。由于过渡元素均为金属,故有时也称为过渡金属。

过渡元素按周期可分成三个过渡系:第四周期的钪(Sc)至锌(Zn)为第一过渡系;第五周期的钇(Y)至镉(Cd)为第二过渡系;第六周期的镧(La)至汞(Hg)为第三过渡系。

过渡元素从左向右(即从ⅢB族至ⅡB族)依次是钪副族、钛副族、钒副族、铬副族、锰副族、第Ⅷ族元素、铜副族和锌副族。其中第Ⅷ族的九种元素在性质上横向比纵向更为相似,故按横向第Ⅷ族又可分为铁系(Fe, Co, Ni)和铂系(Ru, Rh, Pd, Os, Ir, Pt)。

项目	ⅢB	ⅣB	ⅤB	ⅥB	ⅦB	Ⅷ			ⅠB	ⅡB	过渡系
第四周期	Sc^{21}	Ti^{22}	V^{23}	Cr^{24}	Mn^{25}	Fe^{26}	Co^{27}	Ni^{28}	Cu^{29}	Zn^{30}	一
第五周期	Y^{39}	Zr^{40}	Nb^{41}	Mo^{42}	Tc^{43}	Ru^{44}	Rh^{45}	Pd^{46}	Ag^{47}	Cd^{48}	二
第六周期	La^{57}	Hf^{72}	Ta^{73}	W^{74}	Re^{75}	Os^{76}	Ir^{77}	Pt^{78}	Au^{79}	Hg^{80}	三
第七周期	Ac^{89}										

注:第Ⅷ族在有些教材中又叫第ⅧB族。

由于第一过渡系元素、铜副族和锌副族元素及其化合物应用较广,所以本章重点介绍第一过渡系元素、铜副族及锌副族。

11.1 过渡元素的通性

11.1.1 原子的电子层结构

过渡元素原子电子层结构上的共同特点是随着核电荷的增加,电子依次填充在次外层的

d 轨道上，而最外层只有 1~2 个电子，其价层电子构型通式为 $(n-1)d^{1\sim10}ns^{1\sim2}$，但其中有个别例外，如 Pd 的价层电子构型为 $4d^{10}5s^0$。由于过渡元素的原子最外层只有 1~2 个电子，故较易失去电子。

在过渡元素中，除 ⅠB，ⅡB 族元素的 $(n-1)$ d 轨道全为电子填满外，其余元素（Pd 除外）原子的 d 轨道皆未填满。

11.1.2 原子半径和离子半径

过渡元素的原子半径以及它们随原子序数和周期变化的情况如图 11-1 所示。

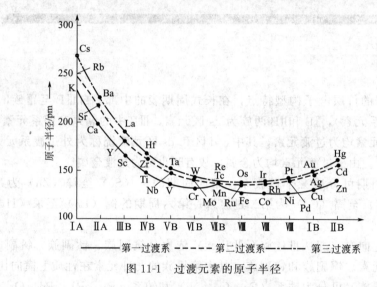

图 11-1 过渡元素的原子半径

由图 11-1 可看出，在各周期中从左向右，随着原子序数的增加，原子半径变化的总趋势是缓慢地减小，直至铜族前后又稍增大。此外，同族元素从上往下，原子半径增大，但第五、六周期（ⅢB 族附近外）由于镧系收缩（详见 11.7 节）的影响，几乎抵消了同族元素由上往下周期数增加的影响，使这两周期同族元素原子半径十分接近，导致第二和第三过渡系同族元素在性质上的差异比第一和第二过渡系相应的元素要小。

过渡元素的离子半径变化规律和原子半径变化规律相似，即同周期中氧化值相同元素的离子半径自左向右随核电荷的增加总趋势是逐渐变小的。同族元素最高氧化值的离子半径从上向下随电子层数增加而增大。同样由于镧系收缩的缘故，第五、六周期同族元素的离子半径值很相近。离子半径数据参看表 11-1 和表 11-2。

表 11-1 第一过渡系元素的 M^{2+} 离子半径（pm）

元素	Sc	Ti	V	Cr	Mn	Fe	Co	Ni	Cu	Zn
原子序数	21	22	23	24	25	26	27	28	29	30
M^{2+} 离子半径		94	88	89	80	74	72	69	72	74

11.1.3 氧化值

过渡元素最显著的特征之一是它们具有多种氧化值。过渡元素最外层 s 电子与次外层 d

表 11-2　ⅢB～ⅦB族元素最高氧化值的离子半径（pm）

ⅢB	ⅣB	ⅤB	ⅥB	ⅦB
Sc^{3+} 81	Ti^{4+} 68	V^{5+} 59	Cr^{6+} 52	Mn^{7+} 46
Y^{3+} 93	Zr^{4+} 80	Nb^{5+} 70	Mo^{6+} 62	Tc^{7+} 97.9
La^{3+} 115	Hf^{4+} 78	Ta^{5+} 68	W^{6+} 62	Re^{7+} 56

电子能级接近，因此除了最外层 s 电子参与成键外，d 电子也可以部分或全部参与成键，形成多种氧化值。表 11-3 列出了过渡元素的氧化值。

表 11-3　过渡元素的氧化值

族	第一过渡系					第二过渡系					第三过渡系				
	元素	氧化值				元素	氧化值				元素	氧化值			
ⅢB	Sc	+3*				Y	+3				La	+3			
ⅣB	Ti	+2	+3	+4		Zr	+2	+3	+4		Hf		+3	+4	
ⅤB	V	+2	+3	+4	+5	Nb	+2	+3	+4	+5	Ta	+2	+3	+4	+5
ⅥB	Cr	+2	+3		+6	Mo	+2	+3	+4	+5 +6	W	+2	+3	+4	+5 +6
ⅦB	Mn	+2 +7	+3	+4	+6	Tc	+2 +6	+3 +7	+4	+5	Re	+6	+3 +7	+4	+5
Ⅷ	Fe	+2	+3	+6		Ru	+2 +6	+3 +7	+4 +8	+5	Os	+2 +6	+3	+4 +8	+5
	Co	+2	+3			Rh	+2 +6	+3	+4	+5	Ir	+2 +6	+3	+4	+5
	Ni	+2	+3			Pd	+2	+3	+4		Pt	+2 +6	+3	+4	+5
ⅠB	Cu	+1	+2	+3		Ag	+1	+2			Au	+1		+3	
ⅡB	Zn	+2				Cd	+2				Hg	+1	+2	+3	

注：底部画横线的氧化值为常见氧化值。

由表 11-3 可见，第一过渡系元素随着原子序数的增加，最高氧化值是升高的，但当 3d 轨道中电子数超过 5 时，最高氧化值又逐渐降低。

第二、三过渡系元素在周期表中从左向右过渡，其氧化值变化趋势与第一过渡系元素是一致的，不同点是这些元素的最高氧化值化合物是稳定的，而低氧化值化合物不常见。

在同族过渡元素中，第一过渡系元素容易呈现低氧化值，第二、三过渡系元素则趋向于形成高氧化值化合物，即从上向下过渡，高氧化值化合物趋向于稳定。

11.1.4　过渡元素单质的金属活泼性变迁

过渡金属元素单质在水溶液中的活泼性，可根据其相对于水溶液中低氧化值离子的标准电极电势（$\varphi_A^\ominus$）来判断。

表 11-4 数据表明，过渡金属的标准电极电势基本上从左向右 $\varphi_{M^{2+}/M}^\ominus$ 值逐渐增大，这和

它们的金属性逐渐减弱是一致的，但有个别例外。其中 $\varphi^{\ominus}_{Mn^{2+}/Mn} < \varphi^{\ominus}_{Cr^{2+}/Cr}$，这与 Mn 失去两个 4s 电子后可形成更稳定的 $3d^5$ 构型（d 层电子为半充满）有关。另外，$\varphi^{\ominus}_{Zn^{2+}/Zn}$ 的代数值也较小，这主要是由于金属锌的升华焓数值较小所致。从表 11-4 数据中还可看出，第一过渡系金属除铜外，$\varphi^{\ominus}_{M^{2+}/M}$ 均为负值，说明其单质可从非氧化性酸中置换出氢。

表 11-4　第一过渡系元素的标准电极电势

元素	Sc	Ti	V	Cr	Mn	Fe	Co	Ni	Cu	Zn
$\varphi^{\ominus}_{M^{2+}/M}$(V)	—	−1.63	−1.2	−0.86	−1.17	−0.44	−0.29	−0.23	+0.34	−0.763

11.1.5　配位性质

过渡元素原子或离子具有 $(n-1)d$、ns 和 np 共 9 个价电子轨道。对于过渡金属离子而言，其中 ns 和 np 是空轨道，$(n-1)d$ 轨道为部分空或全空，过渡金属原子也存在空的 np 轨道和部分填充的 $(n-1)d$ 轨道。这种电子层构型具有接受弧对电子的条件，因此过渡元素的原子或离子都是良好的形成体，具有很强的形成配合物的倾向，可以与多种配体形成配合物。例如 $[Fe(CO)_5]$、$K_2[MnF_6]$、$K_2[HgI_4]$ 等，过渡元素的配位性质是它们的主要化学性质之一。

11.1.6　过渡元素配合物的颜色

过渡元素所形成的配离子常显示出一定的颜色，这是过渡元素的一个重要特征。表 11-5 列出了第一过渡系元素低氧化值水合离子的颜色。

表 11-5　第一过渡系元素低氧化值水合离子的颜色

元素	Sc	Ti	V	Cr	Mn	Fe	Co	Ni	Cu	Zn
$[M(H_2O)_6]^{2+}$ 颜色	—	褐	紫	天蓝	浅桃红	浅绿	粉红	绿	浅蓝	无色
$[M(H_2O)_6]^{3+}$ 颜色	无色	紫	绿	蓝紫	红	浅紫❶	绿	粉红		

过渡元素水合离子大多具有颜色的原因，主要是与过渡元素离子存在未成对的 d 电子有关。过渡金属离子的 d 轨道在水分子配位场的影响下，产生了能级分裂。当 d 电子吸收了与分裂能相同能量的可见光后，就可以从原来低能量的 d 轨道跃迁至高能量的 d 轨道，产生了 d-d 跃迁。不同的过渡元素离子在与水分子配位时，由于产生 d-d 跃迁所需的能量不同，吸收可见光的波长范围不同，所以其水合离子呈现出的颜色不同。若某元素电子构型中的 d 轨道全空或全满时，则该元素的水合离子就不呈现颜色。例如 Sc^{3+}、Zn^{2+} 的水合离子无色，正是因为 Sc^{3+} 中无 d 电子，而 Zn^{2+} 的 d 轨道已充满之故。

另外，同一过渡元素离子在与不同配体配位时，由于晶体场分裂能不同，则 d-d 跃迁所需能量不同，吸收光的波长也不同，因此所形成的配合物显示出不同的颜色。例如 $[Cu(H_2O)_6]^{2+}$ 显蓝色，而 $[Cu(NH_3)_4]^{2+}$ 则显很深的蓝紫色。

---

❶ pH<0 时呈浅紫色，pH 提高到 2~3 时，Fe(Ⅲ)的水解趋势明显，聚合倾向增大，溶液呈棕黄色。

11.1.7 其他物理化学性质

(1) 具有较高的熔、沸点

由于过渡金属元素原子半径较小，其最外层的 s 电子和次外层的 d 电子都可以参与成键，形成的金属键强度较大，所以大多数过渡金属都具有较高的熔沸点和硬度。例如钛的熔点为 1946K，铬的熔点为 2163K，钼的熔点为 2883K，而钨的熔点高达 3683K，是所有金属中最难熔的。

(2) 具有顺磁性

过渡金属及其化合物一般都具有顺磁性，因为过渡金属一般都有未充满的 d 轨道，在其原子或离子中，一般都有成单的 d 电子，过渡金属及其化合物的顺磁性就是由其成单 d 电子产生的，而且成单 d 电子数越多，磁矩 μ 也越大。若物质中不具有成单电子，则该物质就具有反磁性。

(3) 催化性

许多过渡元素及其化合物具有独特的催化性能。例如在反应过程中，过渡元素可形成不稳定的配合物，这些配合物作为中间产物可起到配位催化作用。又如过渡元素也可通过提供适宜的反应表面，起到接触催化作用，以 V_2O_5 为触媒制 H_2SO_4 即为一例。

除以上所述性质外，过渡元素的纯金属还具有较好的延展性和机械加工性，并且彼此之间以及与非过渡金属可组成具有多种特性的合金，它们都是电和热的较良好导体，因而过渡金属在工程材料方面有着广泛的应用。

11.2 钛、钒

11.2.1 钛

钛是ⅣB族第一个元素，它在地壳中的含量为 0.45%。钛的重要矿物有金红石（主要成分为 TiO_2）和钛铁矿（主要成分为 $FeTiO_3$），其次是组成复杂的钒钛铁矿。我国四川攀枝花地区有大量的钒钛铁矿，该地区 TiO_2 储量占全国的 92% 以上。

(1) 单质钛

单质钛为银白色金属，纯金属钛可塑性强，含杂质时变得硬而脆。钛的密度仅为铁的一半，具有良好的机械加工性能、耐热性和亲生物性能。

在室温下，钛的还原性强，表面易形成一层致密的氧化薄膜，使钛在水和空气中十分稳定，具有优良的抗腐蚀能力。

虽然室温下钛较稳定，但受热时钛可与许多非金属如氧、氮、碳、卤素等反应。钛在室温下不能与水或稀酸反应，但可溶于浓盐酸或热的稀盐酸中形成 Ti^{3+}：

$$2Ti + 6HCl = 2TiCl_3 + 3H_2\uparrow$$

钛与硝酸反应，钛表面可形成一层偏钛酸（H_2TiO_3）而使钛钝化：

$$Ti + 4HNO_3 = H_2TiO_3\downarrow + 4NO_2\uparrow + H_2O$$

钛也可溶于氢氟酸形成配合物：

$$Ti + 6HF = 2H^+ + [TiF_6]^{2-} + 2H_2\uparrow$$

钛的制备可采用氯化法，主要反应如下：

$$TiO_2 + 2C + 2Cl_2 = TiCl_4 + 2CO$$

$$TiCl_4 + 2Mg \xrightarrow{[Ar]} Ti + 2MgCl_2$$

由于钛具有重量轻、强度高和耐腐蚀等优点，因此钛已成为科研和生产上最主要的金属结构材料之一，常被称为"第三金属"。钛被广泛地应用于航天、航海、化工等高科技中，如可用作飞机的结构材料，化工设备中优良的耐腐蚀金属材料。钛有亲生物性能，可用它来代替损坏的骨骼，制成人工关节等。钛合金的用途也十分广泛，例如 TiNb 合金是超导材料，钛锆合金对空气有强大的吸引力，可制成真空泵，可将空气抽至只剩下十亿分之一；钛合金还可用来制成超音速飞机。随着钛化学工业的发展，钛在科技生产中的应用将日益广泛。

（2）钛的重要化合物

$$\varphi_A^\ominus /V \quad TiO^{2+} \xrightarrow{+0.1} Ti^{3+} \xrightarrow{-0.37} Ti^{2+} \xrightarrow{-1.63} Ti$$

$$\varphi_B^\ominus /V \quad TiO_2 \xrightarrow{-1.69} Ti$$

钛的价层电子构型为 $3d^24s^2$，因而可以形成氧化值为 +2，+3，+4 的化合物。氧化值为 +2 的化合物极不稳定，但当钛原子失去四个电子后，3d 轨道处于全空状态，体系能量比较低，故钛的氧化值为 +4 的化合物比较稳定和常见。

钛的氧化值为 +4 的化合物中最主要的是 TiO_2 和 $TiOSO_4$ 等。

① 二氧化钛（TiO_2）

TiO_2 在自然界中有三种晶型：金红石、锐钛矿和板钛矿。其中最重要的为金红石，它由于含有少量杂质而呈红色或橙色。纯二氧化钛为白色固体，受热变黄，冷却又变白。

TiO_2 难溶于水，具有两性（以碱性为主），由 Ti(Ⅳ) 溶液与碱反应所制得的 TiO_2（实际为水合物）可溶于稀酸和浓碱：

$$TiO_2 + H_2SO_4(浓) \xrightarrow{\triangle} TiOSO_4(硫酸氧钛) + H_2O$$

$$TiO_2 + 2NaOH(浓) = Na_2TiO_3 + H_2O$$

由于 Ti^{4+} 电荷多、半径小、极易水解，所以溶液中不存在 Ti^{4+}。TiO^{2+} 可看成是由 Ti^{4+} 二级水解产物脱水而形成的。TiO_2 也可与碱共熔，生成偏钛酸盐。此外，TiO_2 还可溶于氢氟酸中：

$$TiO_2 + 6HF = [TiF_6]^{2-} + 2H^+ + 2H_2O$$

由于 TiO_2 的化学性质不活泼，且覆盖能力强，折射率高，因此可用于制造高级白色油漆。TiO_2 在工业上称为"钛白"，它比铅白的性能好得多，其中最大的优点是无毒。TiO_2 可用作纸张中的填充剂，还可用于制作增白尼龙。在陶瓷中加入 TiO_2，可提高陶瓷的耐酸性。此外，TiO_2 也可用作乙醇脱水、脱氢的催化剂。

生产 TiO_2 的方法主要有硫酸法和氯化法。目前我国生产 TiO_2 主要用硫酸法，其主要反应如下：

$$FeTiO_3 + 2H_2SO_4（浓） \xrightarrow[煮沸]{分解} FeSO_4 + TiOSO_4 + 2H_2O$$
（钛铁矿）

$$TiOSO_4 + 2H_2O \xrightarrow[煮沸]{分解} H_2TiO_3 \downarrow + H_2SO_4$$

$$H_2TiO_3 \xrightarrow[焙烧]{烘干} TiO_2 + H_2O$$

氯化法是利用 $TiCl_4$ 与空气在高温下反应来制得 TiO_2：

$$TiCl_4 + O_2 \xrightarrow[\triangle]{1000℃} TiO_2 + 2Cl_2 \uparrow$$

② 钛酸盐和钛氧盐

TiO_2 的水合物（$TiO_2 \cdot xH_2O$）称为钛酸，常写成 $Ti(OH)_4$ 或 H_4TiO_4，为难溶于水的白色固体。钛酸具有两性，但较难溶于酸。钛酸溶于强碱，可形成难溶于水的偏钛酸盐，如 $CaTiO_3$、$BaTiO_3$、Na_2TiO_3 等。它们可作提取钛的原料，其中人工合成的 $BaTiO_3$ 具有高的介电常数，由它制成的电容器有较大的容量，此外它还是制造超声波发生器的材料。

将 TiO_2 和 $BaCO_3$ 一起熔融（加入 $BaCl_2$ 或 Na_2CO_3 作助熔剂）可得偏钛酸钡：

$$TiO_2 + BaCO_3 \xrightarrow[\triangle]{熔融} BaTiO_3 + CO_2 \uparrow$$

若将 TiO_2 溶于强酸，则可生成相应的钛氧盐，其中以 $TiOSO_4$ 最重要。$TiOSO_4$ 为白色粉末，可溶于冷水。

TiO_2 为两性氧化物，其酸、碱性都很弱，对应的钛酸盐和钛氧盐皆易水解，水解后可形成白色的偏钛酸 H_2TiO_3 沉淀：

$$Na_2TiO_3 + 2H_2O = H_2TiO_3 \downarrow + 2NaOH$$

$$TiOSO_4 + 2H_2O \xrightarrow{\triangle} H_2TiO_3 \downarrow + H_2SO_4$$

在 Ti(Ⅳ) 盐的酸性溶液中加入 H_2O_2，可生成较稳定的橙色配合物 $[TiO(H_2O_2)]^{2+}$：

$$TiO^{2+} + H_2O_2 = [TiO(H_2O_2)]^{2+}（橙）$$

可用此反应测定钛或过氧化氢。若在上述离子中加入氨水，则可生成黄色的过氧钛酸（H_4TiO_5）沉淀，该法是一个十分灵敏的钛的定性鉴定方法。

③ 四氯化钛（$TiCl_4$）

$TiCl_4$ 是钛最重要的卤化物，它是共价化合物，其熔点和沸点分别为 $-25℃$ 和 $136.4℃$。在常温下为无色或淡黄色液体，易挥发，具有刺激气味，易溶于有机溶剂。$TiCl_4$ 极易吸湿，在潮湿空气中由于水解而冒烟：

$$TiCl_4 + 3H_2O = H_2TiO_3 \downarrow + 4HCl \uparrow$$

利用此反应可以制造烟幕。

$TiCl_4$ 应密封储存，严格防潮、防水，并选用玻璃钢、聚四氟乙烯或不锈钢材料作储器。

$TiCl_4$ 与碱金属或碱土金属反应，可被还原成 Ti、$TiCl_3$ 等产物，因此它是制备钛及钛化合物的主要原料。此外由于 $TiCl_4$ 可溶解多种有机物如塑料、橡胶和合成树脂等，因而它是一种优良的溶剂。

$TiCl_4$ 的制备通常是由 TiO_2、氯气和碳在高温下反应制得：

$$TiO_2 + 2Cl_2 + 2C \stackrel{\triangle}{=\!=\!=} TiCl_4 + 2CO \uparrow$$

④ 三氯化钛（$TiCl_3$）

$TiCl_3$ 为紫色固体，能溶于乙醇、盐酸，微溶于氯仿。$TiCl_3$ 遇水和空气立即分解为 HCl 和钛的氧化物、氢氧化物和氯氧化物，并冒白烟。在空气中流动时，能自燃并冒火星，因此它必须储存于 CO_2 等惰性气体中。

$TiCl_3$ 具有较强的还原性，Ti^{3+} 易被空气氧化，也能被多种氧化剂氧化，生成 TiO^{2+}：

$$4Ti^{3+} + O_2 + 2H_2O =\!=\!= 4TiO^{2+} + 4H^+$$

工业上，$TiCl_3$ 常用作还原剂，也可作为某些有机合成反应的催化剂。

工业上制备 $TiCl_3$ 是以 $TiCl_4$ 为原料，通过氢还原法或铝还原法来制备，主要反应为：

$$2TiCl_4 + H_2 \stackrel{\triangle}{=\!=\!=} 2TiCl_3 + 2HCl$$

$$3TiCl_4 + Al \stackrel{409K}{=\!=\!=} 3TiCl_3 + AlCl_3$$

其中铝热法最常用。

11.2.2 钒

钒是第ⅤB族中第一个元素，在地壳中钒的含量为 0.009%，但分布很分散，属稀有元素。它主要以钒(Ⅲ)和钒(Ⅴ)氧化值存在于矿石中，钒的主要矿物有钒钛铁矿、绿硫钒矿 VS_5 或 V_2S_5，铅钒矿 $Pb_5[VO_4]_3Cl_3$ 等。

(1) 单质钒

钒是一种银灰色金属，有极强的金属键，故熔、沸点较高。纯钒具有延展性，不纯时硬而脆。

常温下，钒易钝化，故活泼性不强。块状钒在常温下不与空气、水、苛性碱作用，也不和一般非氧化性酸作用，但溶于氢氟酸。它也能溶于强氧化性酸中，如硝酸和王水。

在高温下，钒具有较强的反应活性，能和大多数非金属反应。如与碳、氮、硅等反应，可生成硬度高、熔点高的化合物如 VC、VN、VSi 等。钒在高温下能与氧、卤素等直接反应生成相应的氧化物、卤化物。如 V_2O_5、VF_5、VCl_4、VBr_3、VI_3 等。

工业上制备钒常以各种含钒矿石为原料。例如在钒炉渣中加入 NaCl，经空气焙烧后，先生成 $NaVO_3$：

$$2V_2O_5 + 4NaCl + O_2 =\!=\!= 4NaVO_3 + 2Cl_2$$

产物呈烧结块形式，用水浸出 $NaVO_3$，经酸中和后可制得 V_2O_5 的水合物，产物经脱水后，用金属热还原法制得钒：

$$V_2O_5 + 5Ca =\!=\!= 2V + 5CaO$$

也可采用镁还原三氯化钒（VCl_3）的方法制备。

钒主要用于冶炼钒钢。含钒的钢具有很大的强度、弹性以及优良的抗磨损和抗冲击性能，因而广泛用于制造优良的工具钢、结构钢、弹簧钢、装甲钢和钢轨等，尤其对汽车、飞机制造业有重要的意义。

(2) 钒的主要化合物

钒的价层电子构型为 $3d^34s^2$，有 5 个价电子可参与成键，可形成氧化值为 +2、+3、+4、+5 的各种化合物，其中以氧化值为 +5 的化合物最稳定。钒元素在酸性溶液中的元素标准电极电势图如下：

$$\varphi_A^\ominus/V \quad VO_2^+ \xrightarrow{+0.999} VO^{2+} \xrightarrow{+0.34} V^{3+} \xrightarrow{-0.225} V^{2+} \xrightarrow{-1.2} V$$

在氧化值为 +5 的化合物中，以五氧化二钒和钒酸最重要。

① 五氧化二钒（V_2O_5）

V_2O_5 为橙黄至砖红色粉末，无味有毒。它约在 923K 时熔融。V_2O_5 微溶于水，每 100g 水能溶解 0.07g V_2O_5，溶液呈淡黄色并显酸性。V_2O_5 为两性偏酸性化合物，可溶于冷的强碱溶液并形成无色的正钒酸盐：

$$V_2O_5 + 6OH^- (冷) = 2VO_4^{3-} + 3H_2O$$

在热的强碱溶液中则生成偏钒酸盐：

$$V_2O_5 + 2OH^- (热) = 2VO_3^- + H_2O$$

V_2O_5 可溶于强酸如 H_2SO_4，但得不到 V^{5+}，而是形成淡黄色的 VO_2^+（钒酰离子）：

$$V_2O_5 + 2H^+ = 2VO_2^+ (淡黄) + H_2O$$

当 V_2O_5 与沸腾的浓盐酸反应时，V(V) 可被还原为 V(Ⅳ) 并放出 Cl_2：

$$V_2O_5 + 6H^+ + Cl^- = 2VO^{2+} (蓝) + Cl_2\uparrow + 3H_2O$$

V_2O_5 可通过灼烧偏钒酸铵而制得：

$$2NH_4VO_3 \xrightarrow{\triangle} V_2O_5 + 2NH_3\uparrow + H_2O$$

在工业上，V_2O_5 广泛用于制备金属钒和钒合金的中间体，在硫酸工业中可用作催化剂。另外，V_2O_5 在油漆工业、织物染色、瓷釉、照相显影剂、生产抗紫外线玻璃、制造黑墨水、医药、农药等许多方面也有广泛的应用。

② 钒酸及其盐

由于 V_2O_5 微溶于水，所形成的钒酸浓度很低，故钒酸实用价值不大，而钒酸盐则用途较广，也较重要，它是制取其他钒化合物的原料。

钒酸盐可分为偏钒酸盐、正钒酸盐、焦钒酸盐和多钒酸盐等。正钒酸根 VO_4^{3-} 只能存在于强碱性溶液中，其结构为四面体构型。向正钒酸盐中加酸，随着 pH 值的下降，可生成不同缩合度的多钒酸盐，而且 pH 值越低，缩合度越大，溶液颜色也越深，从无色到黄色到深红色。当 pH 值约为 2 时，有砖红色五氧化二钒水合物析出，当 pH 值<1 时，该水合物溶解，形成稳定的淡黄色 VO_2^+。上述过程如下：

主要离子	VO_4^{3-}	$\xrightarrow{H^+}$	$V_2O_7^{4-}$	$\xrightarrow{H^+}$	$V_3O_9^{3-}$	$\xrightarrow{H^+}$	$V_{10}O_{28}^{6-}$	$\xrightarrow{H^+}$	$V_2O_5 \cdot xH_2O$	$\xrightarrow{H^+}$	VO_2^+
V:O	1:4		1:3.5		1:3		1:2.8		1:2.5		1:2
pH 值	≥13		≥8.4		8~3		~2.2		~2		<1

此缩合平衡只出现在溶液中钒的总浓度大于 $10^{-4} mol \cdot L^{-1}$ 时，若浓度低于 $10^{-4} mol \cdot L^{-1}$，则出现下述平衡：

$$VO_4^{3-} \xrightleftharpoons{H^+} HVO_4^{2-} \xrightleftharpoons{H^+} H_2VO_4^- \xrightleftharpoons{H^+} H_3VO_4 \xrightleftharpoons{H^+} VO_2^+ + 2H_2O$$

钒酸盐在强酸性溶液中以 VO_2^+ 形式存在，VO_2^+ 是一较强氧化剂：

$$VO_2^+ + 2H^+ + e^- \rightleftharpoons VO^{2+} + H_2O \quad \varphi_{VO_2^+/VO^{2+}}^{\ominus} = 0.999V$$

VO_2^+ 可被 Fe^{2+}、草酸、酒石酸和乙醇等还原为 VO^{2+}：

$$VO_2^+ + Fe^{2+} + 2H^+ \rightleftharpoons VO^{2+} + Fe^{3+} + H_2O$$
（亚钒酰离子）

$$2VO_2^+ + H_2C_2O_4 + 2H^+ \xrightarrow{\triangle} 2VO^{2+} + 2CO_2\uparrow + 2H_2O$$

上述反应可用于氧化还原滴定法测定钒。

在钒酸盐的酸性溶液中加锌，可以观察到溶液颜色由黄（VO_2^+）变为蓝（VO^{2+}）、绿（V^{3+}）最后变为紫色（V^{2+}）。

在钒酸盐的溶液中加过氧化氢，在弱碱性、中性、弱酸性条件下，得到的是黄色的二过氧钒离子$[VO_2(O_2)_2]^{3-}$；在强酸性条件下，得到的则是红棕色的过氧钒离子$[V(O_2)]^{3+}$，二者之间存在以下平衡：

$$[VO_2(O_2)_2]^{3-} + 6H^+ \rightleftharpoons [V(O_2)]^{3+} + H_2O_2 + 2H_2O$$

钒酸盐和过氧化氢的反应可用于钒的定性鉴定和比色法测定钒。

11.3 铬、锰

11.3.1 铬

铬为ⅥB族中第一个元素，在地壳中的含量为 0.0083%，它在自然界的主要矿物是铬铁矿（$FeO \cdot Cr_2O_3$ 或 $FeCr_2O_4$）。

(1) 单质铬

铬是具有银白色光泽的金属。由于铬外层有 6 个价电子可参与形成金属键，因此铬的熔、沸点及硬度都很高，它是硬度最大的金属。纯铬有延展性，含有杂质的铬硬而脆。

铬的表面极易钝化，故化学性质比较稳定。常温下，铬在空气和水中都很稳定，不能溶于硝酸和王水。当铬与浓硝酸和磷酸作用时，会因产生更紧密的氧化膜而呈钝态，而未钝化的铬的化学性质比较活泼，具有很强的还原性。

铬可以与稀硫酸和稀盐酸反应生成蓝色的 Cr^{2+}，并伴随放出 H_2：

$$Cr + 2H^+ \rightleftharpoons Cr^{2+} + H_2\uparrow$$

当溶液接触空气后，Cr^{2+} 可被空气中的氧氧化为绿色的 Cr^{3+}：

$$4Cr^{2+} + 4H^+ + O_2 \rightleftharpoons 4Cr^{3+} + 2H_2O$$

铬还可与浓热硫酸作用，生成 $Cr_2(SO_4)_3$ 和 SO_2：

$$2Cr + 6H_2SO_4 \rightleftharpoons Cr_2(SO_4)_3 + 3SO_2\uparrow + 6H_2O$$

工业上铬的制备常以铬铁矿为原料，先制得 $Na_2Cr_2O_7$，然后用热碳还原法制得三氧化二铬 Cr_2O_3，Cr_2O_3 经铝热法还原，即可制得金属铬，主要反应如下：

$$4Fe(CrO_2)_2 + 7O_2 + 8Na_2CO_3 \rightleftharpoons 2Fe_2O_3 + 8Na_2CrO_4 + 8CO_2\uparrow$$

$$2Na_2CrO_4 + H_2SO_4 \rightleftharpoons Na_2Cr_2O_7 + Na_2SO_4 + H_2O$$

$$Na_2Cr_2O_7 + 2C \xrightarrow{\triangle} Cr_2O_3 + Na_2CO_3 + CO\uparrow$$

$$Cr_2O_3 + 2Al \xrightarrow{\triangle} 2Cr + Al_2O_3$$

还可以 Na_2CrO_4 和 Na_2S 为原料，先使之反应生成 $Cr(OH)_3$，然后加热 $Cr(OH)_3$，使它分解为 Cr_2O_3，最后仍用铝热法制得金属铬。

由于铬具有漂亮的金属光泽和耐腐蚀性能，因而常被镀在其他金属的表面上作为金属表面的抗腐蚀保护层。如一些精密仪器的零部件、汽车、自行车等表面上就有铬镀层。此外大量的铬还用于制造合金，例如含铬 0.5% 以上的铬钢，既硬又带有一定韧性，是机器制造业的重要原料。在具有极强耐腐蚀性能的不锈钢中，就含有 12%～14% 的铬。铬是一种十分重要的合金元素，在化工设备制造业中占有很重要的地位。

(2) 铬的主要化合物

铬的价层电子构型为 $3d^5 4s^1$，可形成氧化值为 +6，+5，+4，+3，+2，+1 的各种化合物。其中以氧化值为 +6，+3 的铬化合物尤为重要。铬的元素电势图如下：

$$\varphi_A^{\ominus}/V \quad Cr_2O_7^{2-} \xrightarrow{+1.33} Cr^{3+} \xrightarrow{-0.41} Cr^{2+} \xrightarrow{-0.86} Cr$$
$$\underset{-0.74}{\underline{\qquad\qquad\qquad\qquad}}$$

$$\varphi_B^{\ominus}/V \quad CrO_4^{2-} \xrightarrow{-0.12} [Cr(OH)_4]^- \xrightarrow{-0.80} Cr(OH)_2 \xrightarrow{-1.4} Cr$$
$$\underset{-1.2}{\underline{\qquad\qquad\qquad\qquad}}$$

由铬的元素电势图可知，在酸性溶液中，氧化值为 +6 的 $Cr_2O_7^{2-}$ 有强氧化性，可被还原为 Cr^{3+}。Cr^{2+} 有较强还原性，易被氧化为 Cr^{3+}。在碱性溶液中，氧化值为 +6 的 CrO_4^{2-} 氧化性很弱，$Cr(Ⅲ)$ 化合物易被氧化为 $Cr(Ⅵ)$ 化合物。

① 三氧化二铬（Cr_2O_3）和氢氧化铬 [$Cr(OH)_3$]

Cr_2O_3 是一种有金属光泽，具有磁性的绿色固体。熔点高达 2708K，微溶于水，对光、空气、高温腐蚀性气体如 SO_2，H_2S 等均极为稳定。

Cr_2O_3 是两性氧化物，既可溶于酸又可溶于碱。

Cr_2O_3 具有两性。能溶于酸，当溶于硫酸时，可生成硫酸铬：

$$Cr_2O_3 + 3H_2SO_4 = Cr_2(SO_4)_3 + 3H_2O$$

Cr_2O_3 溶于强碱时可形成绿色的亚铬酸盐：

$$Cr_2O_3 + 2NaOH = 2NaCrO_2 + H_2O$$

高温灼烧后的 Cr_2O_3 既不溶于酸也不溶于碱，但与酸性熔剂如焦硫酸钾 $K_2S_2O_7$ 共熔时，可转变成可溶性铬(Ⅲ)盐：

$$Cr_2O_3 + 3K_2S_2O_7 \xrightarrow{共熔} Cr_2(SO_4)_3 + 3K_2SO_4$$

工业上制备 Cr_2O_3 常采取在高温下通过金属铬与氧直接化合，重铬酸铵或三氧化铬的热分解，用硫还原重铬酸钠（或重铬酸钾）等方法来获得绿色的 Cr_2O_3：

$$4Cr + 3O_2 \xrightarrow{\triangle} 2Cr_2O_3$$
$$(NH_4)_2Cr_2O_7 \xrightarrow{\triangle} Cr_2O_3 + N_2\uparrow + 4H_2O$$
$$4CrO_3 \xrightarrow{\triangle} 2Cr_2O_3 + 3O_2\uparrow$$
$$Na_2Cr_2O_7 + S = Cr_2O_3 + Na_2SO_4$$

Cr_2O_3 不但可作为冶炼金属铬的原料，还可用作生产绿色油漆的颜料（铬绿）。Cr_2O_3

还可用作有机合成的催化剂，玻璃、搪瓷、陶瓷、水泥、橡胶等的着色剂。另外，Cr_2O_3 在电镀、医药工业、通讯或能源方面也有重要用途。

向铬(Ⅲ)盐溶液中加入碱，可得到灰绿色胶状水合氧化铬沉淀 $Cr_2O_3 \cdot xH_2O$，习惯上称之为氢氧化铬，以 $Cr(OH)_3$ 表示。

$Cr(OH)_3$ 难溶于水，具有两性，易溶于酸形成 Cr^{3+}，易溶于碱形成亮绿色的 $[Cr(OH)_4]^-$：

$$Cr(OH)_3 + 3H^+ \Longleftrightarrow Cr^{3+} + 3H_2O$$

$$Cr(OH)_3 + OH^- \Longleftrightarrow [Cr(OH)_4]^-$$

② 铬(Ⅲ)盐和亚铬酸盐

重要的铬(Ⅲ)盐有紫色的十八水合硫酸铬 $Cr_2(SO_4)_3 \cdot 18H_2O$ 及蓝紫色的铬钾矾 $KCr(SO_4)_2 \cdot 12H_2O$，它们皆易溶于水。

在浓硫酸的冷溶液中加入 Cr_2O_3，即可制得 $Cr_2(SO_4)_3 \cdot 18H_2O$，同时伴随着有 $Cr_2(SO_4)_3 \cdot 6H_2O$（绿色）和 $Cr_2(SO_4)_3$（桃红色）。硫酸铬与碱金属的硫酸盐可形成铬矾 $MCr(SO_4)_2 \cdot 12H_2O$（$M=Na^+$、K^+、Rb^+、Cs^+、NH_4^+）。

用二氧化硫还原重铬酸钾的酸性溶液，可以制得铬钾矾：

$$K_2Cr_2O_7 + H_2SO_4 + 3SO_2 \Longleftrightarrow K_2SO_4 \cdot Cr_2(SO_4)_3 + H_2O$$

蓝紫色的 $KCr(SO_4)_2 \cdot 12H_2O$ 在空气中易风化，加热可逐步失去结晶水同时伴随着颜色变化。失去全部结晶水时呈现黄绿色。铬钾矾可广泛用于纺织工业和鞣革工业，此外还可用于照相定影等方面。

在酸性溶液中 Cr^{3+} 是稳定的，它的还原性很弱：

$$Cr_2O_7^{2-} + 14H^+ + 6e^- \Longleftrightarrow 2Cr^{3+} + 7H_2O \quad \varphi^{\ominus}_{Cr_2O_7^{2-}/Cr^{3+}} = 1.33V$$

因此在酸性溶液中，只有很强的氧化剂如过硫酸盐才能将 Cr^{3+} 氧化为氧化值为 +6 的铬化合物 $Cr_2O_7^{2-}$：

$$2Cr^{3+} + 3S_2O_8^{2-} + 7H_2O \xrightarrow{Ag^+催化} Cr_2O_7^{2-} + 6SO_4^{2-} + 14H^+$$

而在碱性溶液中，氧化值为 +3 的亚铬酸盐 $[Cr(OH)_4]^-$ 或 CrO_2^- 却有较强的还原性：

$$CrO_4^{2-} + 2H_2O + 3e^- \Longleftrightarrow CrO_2^- + 4OH^- \quad \varphi^{\ominus}_{CrO_4^{2-}/CrO_2^-} = -0.12V$$

用过氧化氢即可将铬(Ⅲ)化合物 $[Cr(OH)_4]^-$ 氧化为铬(Ⅵ)化合物 CrO_4^{2-}：

$$2[Cr(OH)_4]^- + 3H_2O_2 + 2OH^- \Longleftrightarrow 2CrO_4^{2-} + 8H_2O$$

在工业上利用该性质可从铬铁矿制备铬酸盐。

另外，由于氢氧化铬为难溶两性氢氧化物，其酸性、碱性都很弱，因而其对应的 Cr^{3+} 和 $[Cr(OH)_4]^-$ 所形成的盐均易水解。例如将含有 $[Cr(OH)_4]^-$ 的盐溶液加热煮沸，可完全水解为水合氧化铬沉淀：

$$2[Cr(OH)_4]^- + (x-3)H_2O \xrightarrow{\triangle} Cr_2O_3 \cdot xH_2O \downarrow + 2OH^-$$

③ 铬(Ⅲ)配合物

Cr(Ⅲ)形成配合物的能力很强，除少数外，Cr(Ⅲ)的配位数均为 6，而且这些配合物大多具有颜色。Cr(Ⅲ)在水溶液中实际上是以 $[Cr(H_2O)_6]^{3+}$ 形式存在，为了方便，一般将其简写为 Cr^{3+}。

Cr(Ⅲ)配合物数目众多，Cr(Ⅲ)可与 H_2O、Cl^-、NH_3、$C_2O_4^{2-}$、OH^-、CN^-、SCN^- 等形成单配体配合物如黄色的 $[Cr(NH_3)_6]^{3+}$，还能形成含有两种或两种以上配体的

配合物如浅红色的 $[Cr(NH_3)_3(H_2O)_3]^{3+}$ 等。此外对于同一组成的配合物，还可能存在多种异构体。例如 $CrCl_3 \cdot 6H_2O$ 就有三种异构体：紫色的 $[Cr(H_2O)_6]Cl_3$，蓝绿色的 $[Cr(H_2O)_5Cl]Cl_2 \cdot H_2O$ 和绿色的 $[Cr(H_2O)_4Cl_2]Cl \cdot 2H_2O$。

④ 三氧化铬（CrO_3）

CrO_3 俗名"铬酐"，为暗红色物质，有毒。它易溶于水，溶于水后主要生成黄色的二元强酸铬酸（H_2CrO_4）。CrO_3 的熔点为 196℃，对热不稳定，加热超过熔点时则分解放出氧：

$$4CrO_3 \xrightarrow{\triangle} 2Cr_2O_3 + 3O_2 \uparrow$$

CrO_3 有强氧化性，与有机物如酒精可剧烈反应，甚至着火爆炸。此外，CrO_3 还具有强腐蚀性，接触皮肤可损伤皮下组织，所以应密封保存。

CrO_3 是酸性氧化物，溶于碱可生成铬酸盐：

$$CrO_3 + 2NaOH \Longrightarrow Na_2CrO_4 + H_2O$$

CrO_3 是一种重要的氧化剂，广泛用于纺织工业、皮革工业和电镀工业中，也可用于制取高纯铬。此外，在合成橡胶、有机染料方面也常用到 CrO_3。

⑤ 铬酸盐及重铬酸盐

由于铬(Ⅵ)的含氧酸无游离状态，因而工业上和实验室中常用其盐。铬酸盐中最常见的是铬酸钾 K_2CrO_4 和铬酸钠 Na_2CrO_4，它们均为黄色晶体。碱金属的铬酸盐易溶于水，碱土金属的铬酸盐溶解度从 Mg 到 Ba 依次递减。重金属的铬酸盐都难溶于水，且大多具有特殊颜色。例如：

$$Ba^{2+} + CrO_4^{2-} \Longrightarrow BaCrO_4 \downarrow （柠檬黄）$$
$$Pb^{2+} + CrO_4^{2-} \Longrightarrow PbCrO_4 \downarrow （铬黄）$$
$$2Ag^+ + CrO_4^{2-} \Longrightarrow Ag_2CrO_4 \downarrow （砖红）$$

上述三个反应可用于鉴定 CrO_4^{2-} 的存在。

柠檬黄，铬黄可作为制造油漆、油墨、水彩的颜料，还可用于纸张、橡胶、塑料制品的着色。

重铬酸盐中以重铬酸钾 $K_2Cr_2O_7$ 和重铬酸钠 $Na_2Cr_2O_7$ 最为重要，二者均为橙红色晶体。$Na_2Cr_2O_7$ 俗称红矾钠，可溶于水，不溶于醇。有毒，易潮解，是一种强氧化剂，与有机物接触时，会引起燃烧。$K_2Cr_2O_7$ 俗称红矾钾，可溶于水，不易潮解，有毒。$K_2Cr_2O_7$ 在低温下溶解度小，不含结晶水，而且随温度升高其溶解度能增大很多，因此易通过重结晶法提纯，常用作分析化学中的基准物。

在铬酸盐或重铬酸盐的溶液中，都存在着 CrO_4^{2-} 和 $Cr_2O_7^{2-}$ 之间的平衡：

$$2CrO_4^{2-}（黄） + 2H^+ \Longrightarrow Cr_2O_7^{2-}（橙） + H_2O$$

向铬酸盐溶液中加酸，平衡右移，$Cr_2O_7^{2-}$ 浓度升高，CrO_4^{2-} 浓度降低，溶液颜色由黄变为橙，故在酸性溶液中，$Cr_2O_7^{2-}$ 占优势；在重铬酸盐溶液中加碱，则平衡左移，CrO_4^{2-} 浓度升高，$Cr_2O_7^{2-}$ 浓度降低，溶液的颜色由橙变为黄。可见在碱性溶液中 CrO_4^{2-} 占优势。

除了加酸或加碱可以使上述平衡发生移动外，向溶液中加入 Ba^{2+}、Pb^{2+}、Ag^+，由于这些离子与 CrO_4^{2-} 反应可以生成溶解度较低的铬酸盐，所以能使上述平衡向生成 CrO_4^{2-} 的方向移动，即使是向重铬酸盐的溶液中加入上述离子，得到的也是相应的铬酸盐沉淀而非重铬酸盐沉淀：

$$Cr_2O_7^{2-} + H_2O + 2Ba^{2+} \rightleftharpoons 2BaCrO_4\downarrow + 2H^+$$
$$Cr_2O_7^{2-} + H_2O + 2Pb^{2+} \rightleftharpoons 2PbCrO_4\downarrow + 2H^+$$
$$Cr_2O_7^{2-} + H_2O + 4Ag^+ \rightleftharpoons 2Ag_2CrO_4\downarrow + 2H^+$$

由铬的元素电势图可知，在酸性介质中重铬酸盐有强氧化性，可与多种还原剂反应，本身被还原为 Cr^{3+}：

$$Cr_2O_7^{2-} + 3SO_3^{2-} + 8H^+ \rightleftharpoons 2Cr^{3+} + 3SO_4^{2-} + 4H_2O$$
$$Cr_2O_7^{2-} + 6Fe^{2+} + 14H^+ \rightleftharpoons 2Cr^{3+} + 6Fe^{3+} + 7H_2O$$
$$Cr_2O_7^{2-} + 6Cl^- + 14H^+ \rightleftharpoons 2Cr^{3+} + 3Cl_2\uparrow + 7H_2O$$

在酸性介质中，$K_2Cr_2O_7$ 可与有机物发生氧化还原反应，例如它能将乙醇氧化为乙酸：

$$3C_2H_5OH + 2K_2Cr_2O_7 + 8H_2SO_4 \rightleftharpoons 3CH_3COOH + 2Cr_2(SO_4)_3 + 2K_2SO_4 + 11H_2O$$

该反应可用于检查司机是否酒后驾车。当将司机呼出的气体通入载有 $K_2Cr_2O_7$ 溶液的硅胶时，若气体中含有酒精，则会发生上述反应，观察到颜色由橙色转变为绿色的现象。

由于 $K_2Cr_2O_7$ 具有强氧化能力，在分析化学上常选用 $K_2Cr_2O_7$ 作滴定剂，利用氧化还原法测定一些物质的含量。在实验室中，也常利用 $K_2Cr_2O_7$ 与浓硫酸配成氧化能力极强的铬酸洗液，用以洗涤化学玻璃器皿器壁上粘附的还原性污物。铬酸洗液经多次反复使用后，溶液颜色若由暗红色变为绿色，表明 Cr(Ⅵ) 已转变为 Cr(Ⅲ)，洗液就已失效了。

工业上制取重铬酸钠是以铬铁矿为原料。先通过铬铁矿与碳酸钠混合在空气中煅烧，使铬铁矿氧化为可溶性的铬酸钠，再往铬酸钠溶液中加入适量的硫酸，经浓缩、冷却后即可析出结晶 $Na_2Cr_2O_7$（有关反应见前文铬的制备）。

重铬酸钾的制备，则是利用其在低温下溶解度小的特点，由重铬酸钠与氯化钾或硫酸钾进行复分解反应而得到：

$$Na_2Cr_2O_7 + 2KCl \rightleftharpoons K_2Cr_2O_7 + 2NaCl$$

重铬酸钾和重铬酸钠在工业上常被用作制备其他铬化合物的原料。此外它们在制造火柴、炸药、颜料及在电镀、媒染、鞣革、医药、合成香料、搪瓷、印刷油墨等方面都有重要应用。

⑥ 过氧化铬 [$CrO(O_2)_2$]

在铬酸盐的酸性溶液中加入过氧化氢和乙醚后，在乙醚层中可看到深蓝色的过氧化铬 $CrO(O_2)_2$ 的生成：

$$CrO_4^{2-} + 2H_2O_2 + 2H^+ \xrightarrow{\text{乙醚}} CrO(O_2)_2(\text{蓝}) + 3H_2O$$

或

$$Cr_2O_7^{2-} + 4H_2O_2 + 2H^+ \xrightarrow{\text{乙醚}} 2CrO(O_2)_2 + 5H_2O$$

过氧化铬

以上反应可用于鉴定 CrO_4^{2-}、$Cr_2O_7^{2-}$ 和 H_2O_2 的存在。过氧化铬的结构相当于 CrO_3 中两个氧被过氧基取代。$CrO(O_2)_2$ 很不稳定，极易分解为 Cr^{3+} 和 O_2。由于 $CrO(O_2)_2$ 在乙醚或戊醇溶液中较稳定，所以上述反应中要加入乙醚或戊醇。

(3) 含铬废水的处理

在铬矿冶炼、电镀、金属加工、制革、油漆颜料、印染等工业废水中都含有铬。由于这类工厂很多，所以含铬废水的处理对于环境保护十分重要。

铬的化合物都有毒，其中以 Cr(Ⅵ) 毒性最大，Cr(Ⅲ) 次之，Cr(Ⅱ) 和金属铬的毒性最小。Cr(Ⅵ)有致癌作用,对消化道和皮肤具有刺激性,饮用被铬污染的水还会引起贫血、肾炎、神经炎等。无论 Cr(Ⅵ)或 Cr(Ⅲ),对鱼类、农作物也皆有害。我国规定废水中铬〔以 Cr(Ⅵ)计〕的最高容许排放量为 $0.1\text{mg} \cdot \text{L}^{-1}$。

处理含铬废水的方法大体上可分为还原法和离子交换法两大类。

① 还原法

主要是以还原剂如 $FeSO_4$、$NaHSO_3$、水合肼 $N_2H_4 \cdot 2H_2O$ 等将 Cr(Ⅵ)还原为 Cr(Ⅲ),然后以石灰乳调节 pH 值使 Cr(Ⅲ)沉淀为氢氧化物而除去。

② 离子交换法

Cr(Ⅵ)在废水中主要是以 CrO_4^{2-} 或 $Cr_2O_7^{2-}$ 存在。让含 Cr(Ⅵ)废水流经阴离子交换树脂,由于离子交换而将 Cr(Ⅵ)留在树脂上,然后以 NaOH 溶液处理树脂,将 Cr(Ⅵ)洗脱并回收,同时树脂也得到再生。用这个方法可以处理大量的含铬(Ⅵ)废水。

关于含铬废水的处理,除上述两种主要方法外,还有电解法、生化法和溶剂萃取法等。

11.3.2 锰

锰是ⅦB族的第一个元素,在地壳中含量为 0.1%,仅次于铁和钛。锰在自然界中一般是以氧化物形式存在,例如软锰矿(MnO_2),水锰矿(Mn_2O_3)以及褐锰矿(Mn_3O_4)等,在深海海底也发现了大量被黏土层层包围的团块形式的锰矿——锰结核,因此锰的资源是相当丰富的。

(1) 单质锰

锰外形与铁相似,金属锰有块状锰和粉状锰两种,块状锰是银白色,质硬而脆,粉状锰呈灰色。

锰的化学性质比较活泼。在常温下锰可以缓慢地溶于水,当锰与热水反应时生成 $Mn(OH)_2$ 并放出 H_2:

$$Mn + 2H_2O(热) \Longrightarrow Mn(OH)_2 \downarrow + H_2 \uparrow$$

常温下,锰还可与稀酸反应生成 Mn(Ⅱ)盐并放出 H_2。在有氧化剂存在时,锰与熔融的碱反应生成锰酸盐:

$$2Mn + 4KOH + 3O_2 \xrightarrow{\text{熔融}} 2K_2MnO_4 + 2H_2O$$

在高温下,锰可与氧、硫、氮、卤素等非金属反应,生成相应的氧化物、硫化物、氮化物、卤化物等。

锰的制备一般以软锰矿为原料,用铝热法或一氧化碳还原法制得。制备过程是先将软锰矿加热燃烧成 Mn_3O_4,再将铝粉加入混合并燃烧,即可制得金属锰:

$$3MnO_2 \xrightarrow{\triangle} Mn_3O_4 + O_2 \uparrow$$

$$3Mn_3O_4 + 8Al \xrightarrow{\triangle} 9Mn + 4Al_2O_3$$

此外还可用电解法制得纯锰。

纯锰用途不大,但它的合金很重要。例如含锰 12%~15%的锰钢坚硬,耐磨损,抗冲击,可用制造钢轨、粉碎机等。在镁铝合金中加入锰可提高镁铝合金的抗腐蚀性和机械性能。在钢铁工业中锰可以作去氧剂和去硫剂,锰也能代替镍制造不锈钢。

(2) 锰的主要化合物

锰的价层电子构型为 $3d^5 4s^2$，具有多种氧化值。常见的氧化值为 $+7$，$+6$，$+4$，$+3$ 和 $+2$。锰的元素电势图如下：

$$\varphi_A^\ominus/V \quad MnO_4^- \xrightarrow{+0.57} MnO_4^{2-} \xrightarrow{+2.235} MnO_2 \xrightarrow{+0.95} Mn^{3+} \xrightarrow{+1.488} Mn^{2+} \xrightarrow{-1.17} Mn$$

（上方跨接：$MnO_4^- \xrightarrow{+1.68} MnO_2$，$MnO_2 \xrightarrow{+1.23} Mn^{2+}$；下方跨接：$MnO_4^{2-} \xrightarrow{+1.51} MnO_2$）

$$\varphi_B^\ominus/V \quad MnO_4^- \xrightarrow{+0.57} MnO_4^{2-} \xrightarrow{+0.60} MnO_2 \xrightarrow{-0.23} Mn(OH)_3 \xrightarrow{+0.1} Mn(OH)_2 \xrightarrow{-1.55} Mn$$

（上方跨接：$MnO_4^- \xrightarrow{+0.588} MnO_2$，$MnO_2 \xrightarrow{-0.05} Mn(OH)_2$）

由锰的元素电势图可知，在酸性介质中，Mn^{2+} 较稳定，不易被氧化和还原，而 MnO_4^- 和 MnO_2 则具有强氧化性，Mn^{3+} 和 MnO_4^{2-} 易发生歧化反应：

$$2Mn^{3+} + 2H_2O \Longrightarrow Mn^{2+} + MnO_2 \downarrow + 4H^+$$

$$3MnO_4^{2-} + 4H^+ \Longrightarrow 2MnO_4^- + MnO_2 \downarrow + 2H_2O$$

在碱性介质中，$Mn(OH)_3$ 可以歧化为 $Mn(OH)_2$ 和 MnO_2，MnO_2 较稳定。

① 锰（Ⅱ）化合物

常见的锰（Ⅱ）化合物有 MnO，$Mn(OH)_2$ 和 $Mn(Ⅱ)$ 盐。

MnO 为绿色粉末，难溶于水，易溶于酸。工业上制备 MnO 是将软锰矿与煤粉以一定质量比混合，在 1073K 焙烧制得。主要反应为：

$$MnO_2 + C \Longrightarrow MnO + CO \uparrow$$

$$2MnO_2 + C \Longrightarrow 2MnO + CO_2 \uparrow$$

MnO 可作为涂料和清漆的干燥剂，制备有机溶剂的催化剂，此外还可用于织物印染、陶瓷玻璃着色、医药、焊接、干电池制造等方面。

在 $Mn(Ⅱ)$ 盐中加入碱，则可得到白色的 $Mn(OH)_2$：

$$Mn^{2+} + 2OH^- \Longrightarrow Mn(OH)_2 \downarrow \text{（白）}$$

$Mn(OH)_2$ 在碱性介质中不稳定，它具有还原性，易被空气中的氧及水中的溶解氧氧化，生成棕色的水合二氧化锰：

$$2Mn(OH)_2 + O_2 \Longrightarrow 2MnO(OH)_2$$

利用此反应可测定水中的少量溶解氧。

锰（Ⅱ）的强酸盐均溶于水。从溶液中结晶出来的锰（Ⅱ）盐是带有结晶水的粉红色晶体，例如：$MnCl_2 \cdot 4H_2O$、$MnSO_4 \cdot 7H_2O$、$Mn(NO_3)_2 \cdot 6H_2O$、$Mn(ClO_4)_2 \cdot 6H_2O$ 等。

不溶性锰盐有 $MnCO_3$、MnS 等，$MnCO_3$ 是白色粉末，可用作白色颜料（锰白）；$(NH_4)_2S$ 溶液与 Mn^{2+} 作用，可生成无定型肉色 MnS 沉淀。MnS 的溶度积（$K_{sp}^\ominus = 2 \times 10^{-10}$）较大，连醋酸也可使它溶解，因此 MnS 不能在酸性介质中沉淀。

前已说明，在酸性介质中 Mn^{2+} 是较稳定的，因此若要把 Mn^{2+} 氧化为 MnO_4^- 则比较困难，只有在高酸度的热溶液中，采用强氧化剂如过二硫酸铵 $(NH_4)_2S_2O_8$，二氧化铅 PbO_2，铋酸钠 $NaBiO_3$ 等才能使 Mn^{2+} 氧化为 MnO_4^-：

$$2Mn^{2+} + 5S_2O_8^{2-} + 8H_2O \xrightarrow[\triangle]{Ag^+} 2MnO_4^- \text{（紫红）} + 10SO_4^{2-} + 16H^+$$

$$2Mn^{2+} + 5PbO_2 + 4H^+ \xrightarrow{\triangle} 2MnO_4^- + 5Pb^{2+} + 2H_2O$$

$$2Mn^{2+} + 5NaBiO_3 + 14H^+ \xrightarrow{\triangle} 2MnO_4^- + 5Bi^{3+} + 5Na^+ + 7H_2O$$

上述反应可用于鉴定 Mn^{2+} 的存在。

在可溶性的锰(Ⅱ)盐中，以硫酸锰最稳定也较重要。在碳的参与下，二氧化锰与浓硫酸反应即可得硫酸锰：

$$2MnO_2 + C + 2H_2SO_4 = 2MnSO_4 \cdot H_2O + CO_2\uparrow$$

无水硫酸锰是白色的，从溶液中可析出粉红色晶体。硫酸锰是制备其他锰盐的原料，也常用作种子发芽的促进剂，植物合成叶绿素的催化剂。适量加入到饲料中可使动物骨骼发育正常并催肥。硫酸锰还常被用于造纸、陶瓷、印染、医药、油漆油墨催干剂、有机合成的催化剂、电解锰的生产等方面。

② 锰(Ⅳ)化合物

唯一重要的锰(Ⅳ)化合物是 MnO_2，为黑色粉末状物质，不溶于水，具有两性，MnO_2 在酸性溶液中具有强氧化性，例如它与浓盐酸反应可得到氯气：

$$MnO_2 + 4HCl(浓) \xrightarrow{\triangle} MnCl_2 + Cl_2\uparrow + 2H_2O$$

实验室中常用该反应制备氯气。

MnO_2 还可与浓硫酸作用放出 O_2：

$$2MnO_2 + 2H_2SO_4(浓) \xrightarrow{\triangle} 2MnSO_4 + O_2\uparrow + 2H_2O$$

MnO_2 在碱性介质中，有氧化剂存在时，可被氧化为锰(Ⅵ)化合物。例如：

$$2MnO_2 + 4KOH + O_2 \xrightarrow{熔融} 2K_2MnO_4 + 2H_2O$$

$$3MnO_2 + 6KOH + KClO_3 \xrightarrow{熔融} 3K_2MnO_4 + KCl + 3H_2O$$

二氧化锰在工业上有很重要的用途。例如：在玻璃工业中，将它加入到熔态玻璃中可除去带色杂质（硫化物和亚铁盐）。在油漆工业中可用它作干燥剂，在火柴工业上可作助燃剂，在电子工业中可用以制造锰锌铁氧磁性材料。此外，它还大量用于干电池中以氧化在电极上产生的氢，它也是一种催化剂和制备其他锰化合物的原料。

③ 锰(Ⅵ)化合物

锰(Ⅵ)化合物中，比较稳定的是锰酸盐如锰酸钾 K_2MnO_4，它可由 MnO_2 和 KOH 在空气中加热而制得。

锰酸盐溶于水后，深绿色的 MnO_4^{2-} 只有在强碱性（pH＞13.5）溶液中才能稳定存在。在酸性、中性或弱碱性溶液中 MnO_4^{2-} 都可发生歧化反应，但反应趋势及速率不同。其中在酸性溶液中发生的歧化反应速率较大：

$$3MnO_4^{2-} + 4H^+ = 2MnO_4^- + MnO_2\downarrow + 2H_2O$$

$$3MnO_4^{2-} + 2H_2O = 2MnO_4^- + MnO_2\downarrow + 4OH^-$$

④ 锰(Ⅶ)化合物

在锰(Ⅶ)化合物中，Mn_2O_7 和 $HMnO_4$ 不稳定，常见和应用较广的是高锰酸盐，其中最重要的是高锰酸钾 $KMnO_4$。

$KMnO_4$ 俗名灰锰氧，为暗紫色晶体，易溶于水，水溶液呈紫红色。

固体 $KMnO_4$ 对热不稳定，加热到200℃以上即分解放出氧气：

$$2KMnO_4 \xrightarrow{\triangle} K_2MnO_4 + MnO_2 + O_2\uparrow$$

实验室中常用该反应制取少量氧气。

$KMnO_4$ 的水溶液也不十分稳定,在酸性溶液中 $KMnO_4$ 会缓慢分解,放出 O_2 和析出棕色 MnO_2:

$$4MnO_4^- + 4H^+ = 4MnO_2\downarrow + 3O_2\uparrow + 2H_2O$$

在中性或弱碱性溶液中 $KMnO_4$ 也会分解放出 O_2 和析出 MnO_2,但分解速率很慢。光对 $KMnO_4$ 的分解有催化作用,所以配制好的 $KMnO_4$ 溶液应保存在棕色瓶中。

在 $KMnO_4$ 溶液中加入浓碱,则有 O_2 放出,MnO_4^- 本身被还原为 MnO_4^{2-},溶液由紫红色变绿色:

$$4MnO_4^- + 4OH^- = 4MnO_4^{2-} + O_2\uparrow + 2H_2O$$

$KMnO_4$ 是一重要且常用的氧化剂,它的还原产物因溶液的酸碱性不同而异。

在酸性溶液中,MnO_4^- 是一强氧化剂,其还原产物为 Mn^{2+}:

$$2MnO_4^- + 5SO_3^{2-} + 6H^+ = 2Mn^{2+} + 5SO_4^{2-} + 3H_2O$$
$$2MnO_4^- + 10Cl^- + 16H^+ = 2Mn^{2+} + 5Cl_2\uparrow + 8H_2O$$
$$MnO_4^- + 5Fe^{2+} + 8H^+ = Mn^{2+} + 5Fe^{3+} + 4H_2O$$

如果 MnO_4^- 过量,则它可能与 Mn^{2+} 发生如下反应:

$$2MnO_4^- + 3Mn^{2+} + 2H_2O = 5MnO_2\downarrow + 4H^+$$

在中性、微酸性或微碱性溶液中,MnO_4^- 的还原产物是 MnO_2:

$$2MnO_4^- + I^- + H_2O = 2MnO_2\downarrow + IO_3^- + 2OH^-$$
$$2MnO_4^- + 3SO_3^{2-} + H_2O = 2MnO_2\downarrow + 3SO_4^{2-} + 2OH^-$$

在强碱性溶液中,MnO_4^- 过量时,其还原产物是 MnO_4^{2-}:

$$2MnO_4^- + SO_3^{2-} + 2OH^- = 2MnO_4^{2-} + SO_4^{2-} + H_2O$$

若 MnO_4^- 量不足,则上述反应中过剩的还原剂 SO_3^{2-} 可使 MnO_4^{2-} 还原为 MnO_2:

$$MnO_4^{2-} + SO_3^{2-} + H_2O = MnO_2\downarrow + SO_4^{2-} + 2OH^-$$

在工业上常采用电解锰酸钾的碱性溶液或采用氧化剂(如 Cl_2)氧化锰酸钾来制备高锰酸钾:

$$2MnO_4^{2-} + 2H_2O \xrightarrow{电解} 2MnO_4^- + H_2\uparrow + 2OH^-$$
$$2MnO_4^{2-} + Cl_2 = 2MnO_4^- + 2Cl^-$$

高锰酸钾是一种大规模生产的无机盐,用途广泛。它可用于无机盐产品提纯和一些有机化合物(如安息香酸、维生素 C、糖精、尼古丁酸等)的制备中,还可用作织物、草秆、油脂、树脂、蜡等的漂白剂,木材和铜的着色剂,防毒面具中的吸附剂,水的净化剂,硫化氢气体的脱硫剂等。此外在医药工业上 $KMnO_4$ 还广泛用作防腐剂、除臭剂和解毒剂。它的稀溶液(0.1%)可用作水果、餐具的消毒剂,5% 的 $KMnO_4$ 溶液可用于治疗烫伤。在分析化学上,$KMnO_4$ 是氧化还原滴定法中常用的滴定剂,可用以测定一些还原性物质的含量。

11.4 铁、钴、镍

铁、钴、镍为Ⅷ族元素,因它们性质很相似,故称为铁系元素,在铁系元素中,以铁分布最广，约占地壳质量的 5.1%，居元素分布序列中第四位，仅次于氧、硅、铝。钴、镍在地壳中的丰度为 0.001% 和 0.016%。铁的主要矿物有赤铁矿 Fe_2O_3，磁铁矿 Fe_3O_4 和黄铁矿 FeS_2 等。钴和镍在自然界中常共生，主要矿物有辉钴矿 CoAsS 和镍黄铁矿 $NiS \cdot FeS$。

11.4.1 铁、钴、镍单质

铁、钴、镍单质都是白色而有光泽的金属，有较大的密度和很高的熔、沸点。从铁到镍，其 3d 原子轨道上的成单电子数减少，金属键减弱，相应熔、沸点也依次下降。此外，铁和镍均有极好的延展性，钴却比较脆而硬。它们均表现有铁磁性，是很好的磁性材料。

就化学性质而言，铁、钴、镍均是中等活泼的金属，这可从它们的标准电极电势看出：

$$Fe^{2+}+2e^- \rightleftharpoons Fe \quad \varphi^{\ominus}_{Fe^{2+}/Fe}=-0.440(V)$$

$$Co^{2+}+2e^- \rightleftharpoons Co \quad \varphi^{\ominus}_{Co^{2+}/Co}=-0.29V$$

$$Ni^{2+}+2e^- \rightleftharpoons Ni \quad \varphi^{\ominus}_{Ni^{2+}/Ni}=-0.255V$$

在潮湿空气中，含杂质的铁可形成松脆多孔的棕色铁锈 $Fe_2O_3 \cdot xH_2O$，但在同样条件下，钴、镍和块状铁却不发生类似反应。在高温时，块状铁和钴可与水汽反应生成 M_3O_4：

$$3M+4H_2O \xrightarrow{高温} M_3O_4+4H_2\uparrow \quad (M=Fe,Co)$$

在常温下，铁、钴、镍不与氧、硫、卤素、碳等非金属单质起显著作用，但在高温时它们却能和上述非金属发生剧烈反应：

$$3M+C \xrightarrow{高温} M_3C \quad (M=Fe,Co,Ni)$$

$$3M+2O_2 \xrightarrow{\triangle} M_3O_4 \quad (M=Fe,Co)$$

$$2Fe+3X_2 \xrightarrow{\triangle} 2FeX_3 \quad (X=F,Cl,Br)$$

$$M+X_2 \xrightarrow{\triangle} MX_2 \quad (M=Co,Ni)$$

铁和镍易溶于稀的无机酸中，而钴在无机酸中溶解缓慢，它们均能从非氧化性酸中置换出氢气，并生成相应 M(Ⅱ) 盐。

在常温下，铁与浓硝酸和浓硫酸不起作用，这是因为在铁的表面生成了一种致密的保护膜使铁钝化，因此可用铁制品盛放浓硝酸和浓硫酸。虽然在常温下铁不与浓硝酸作用，但铁可溶于热、稀的硝酸和冷、稀的硝酸：

$$4Fe+10HNO_3(冷、稀) = 4Fe(NO_3)_2+NH_4NO_3+3H_2O$$

$$4Fe+10HNO_3(热、稀) = 4Fe(NO_3)_2+N_2O+5H_2O$$

钴、镍与铁相似，在冷的浓硝酸中钝化。

金属铁能被浓碱侵蚀，而钴、镍在碱液中的稳定性比铁高，因此可用镍制成耐碱熔的镍制坩埚。

铁是最重要的金属材料，纯铁在工业上用途很少，但铁合金用途广泛。钴和镍也主要用于制造合金。例如铁、钴、镍的合金是很好的磁性材料，镍是不锈钢的主要成分之一，钴、铬、钨的合金硬度很高，可用作制造切削刀具和钻头等。

11.4.2 铁、钴、镍的主要化合物

铁、钴、镍价层电子构型分别为 $3d^64s^2$、$3d^74s^2$、$3d^84s^2$，3d 电子超过了 5 个，全部 d

电子参与成键的可能性减小。一般情况下，铁的常见氧化值为+2和+3，钴也可形成氧化值为+2、+3的化合物，而镍主要形成氧化值为+2的化合物。

(1) 氧化物和氢氧化物

① 氧化物

铁系元素可形成氧化值为+2，+3的氧化物：

MO：	FeO	CoO	NiO
	（黑）	（灰绿）	（暗绿）
M_2O_3：	Fe_2O_3	Co_2O_3	Ni_2O_3
	（砖红）	（黑）	（黑）

FeO、CoO、NiO均为碱性氧化物，难溶于水和碱而易溶于酸，溶于酸后可形成相应的盐。FeO、CoO、NiO均可由相应的草酸盐或碳酸盐在隔绝空气的情况下加热制得：

$$MC_2O_4 = MO + CO\uparrow + CO_2\uparrow \quad (M=Fe,Co,Ni)$$

CoO可用于钴盐的制备，还可用于玻璃、陶瓷的着色。NiO可用于制取镍丝、镍催化剂，也可用于玻璃着色及陶瓷釉料等。

Fe_2O_3为难溶于水的两性偏碱性氧化物，与酸反应可生成铁(Ⅲ)盐，与碱金属氢氧化物、碳酸盐或氧化物共熔，可生成铁(Ⅲ)酸盐：

$$Fe_2O_3 + Na_2CO_3 \xrightarrow{熔融} 2NaFeO_2 + CO_2\uparrow$$

Fe_2O_3俗称铁红，可用作红色颜料，它有很强的着色能力，主要用于制造防锈底漆，陶瓷、涂料的颜料，橡胶工业中轮胎、三角带等橡胶制品的着色剂。此外，Fe_2O_3还可作为磨光剂，某些反应的催化剂和制造磁性材料的原料，如国际市场上的商品磁带所使用的磁粉中γ-Fe_2O_3占99%。

Co_2O_3和Ni_2O_3有强氧化性，与盐酸反应会释放出氯气，而本身被还原为钴(Ⅱ)和镍(Ⅱ)盐：

$$M_2O_3 + 6H^+ + 2Cl^- = 2M^{2+} + Cl_2\uparrow + 3H_2O \quad (M=Co,Ni)$$

Fe_2O_3，Co_2O_3，Ni_2O_3可以通过在空气中加热铁、钴、镍的硝酸盐、草酸盐、碳酸盐而制得。例如：

$$4Fe(NO_3)_3 \xrightarrow{\triangle} 2Fe_2O_3 + 12NO_2\uparrow + 3O_2\uparrow$$

$$4NiCO_3 + O_2 \xrightarrow{\triangle} 2Ni_2O_3 + 4CO_2\uparrow$$

铁和钴除可形成FeO，Fe_2O_3和CoO，Co_2O_3外，还可形成Fe_3O_4和Co_3O_4。其中Fe_3O_4又称磁性氧化铁，它具有强磁性和良好的导电性。过去曾认为它是FeO和Fe_2O_3的混合物，现经X射线研究证明它的结构为Fe(Ⅱ)Fe(Ⅲ)$_2O_4$，Co_3O_4的情况类似。

② 氢氧化物

在Fe(Ⅱ)、Co(Ⅱ)和Ni(Ⅱ)的盐溶液中加入强碱，均能得到相应的氢氧化物沉淀M(OH)$_2$(M=Fe,Co,Ni)，其性质如下：

Fe(OH)$_2$	Co(OH)$_2$	Ni(OH)$_2$
（白色）	（粉红色或蓝色）	（苹果绿）
两性偏碱性	两性偏碱性	碱性

← 还原性增强

Fe(OH)$_2$ 极不稳定,在空气中易被氧化,使沉淀变为灰绿色,最后成为红棕色 Fe(OH)$_3$:

$$4Fe(OH)_2 + O_2 + 2H_2O = 4Fe(OH)_3 \downarrow$$

Co(OH)$_2$ 沉淀的颜色由生成条件而定,粉红色 Co(OH)$_2$ 比蓝色 Co(OH)$_2$ 稳定,将后者加热或放置即可转变为前者。

Co(OH)$_2$ 在空气中可缓慢地被氧化为棕黑色的 Co(OH)$_3$。而 Ni(OH)$_2$ 不能被空气氧化,它只能在强碱性溶液中被强氧化剂如 NaClO、Cl$_2$、Br$_2$ 等氧化为黑色的 Ni(OH)$_3$:

$$2Ni(OH)_2 + Br_2 + 2OH^- = 2Ni(OH)_3 \downarrow + 2Br^-$$

$$2Ni(OH)_2 + ClO^- + H_2O = 2Ni(OH)_3 \downarrow + Cl^-$$

以上表明,M(OH)$_2$(M=Fe、Co、Ni)的还原能力由 Fe(OH)$_2$→Co(OH)$_2$→Ni(OH)$_2$ 依次减弱。

Fe(OH)$_2$ 和 Co(OH)$_2$ 略显两性,在浓的强碱溶液中可分别形成 [Fe(OH)$_6$]$^{4-}$ 和 [Co(OH)$_4$]$^{2-}$。

碱作用于 Fe(Ⅲ) 盐可析出 Fe(OH)$_3$。Fe(OH)$_3$ 略有两性,但碱性强于酸性,只有新沉淀出来的 Fe(OH)$_3$ 能溶于浓热强碱中,生成 [Fe(OH)$_6$]$^{3-}$:

$$Fe(OH)_3 + 3OH^- \xrightarrow{\Delta} [Fe(OH)_6]^{3-}$$

Fe(OH)$_3$ 溶于盐酸,可生成铁(Ⅲ)盐,而 Co(OH)$_3$,Ni(OH)$_3$ 与盐酸反应,得不到相应的钴(Ⅲ)盐和镍(Ⅲ)盐,而是被还原为钴(Ⅱ)盐和镍(Ⅱ)盐,此外反应中还有 Cl$_2$ 生成,这是因为 Co(OH)$_3$、Ni(OH)$_3$ 都是强氧化剂,故它们与盐酸发生的反应是氧化还原反应:

$$2M(OH)_3 + 6H^+ + 2Cl^- = 2M^{2+} + Cl_2 \uparrow + 6H_2O \quad (M=Co,Ni)$$

就氧化能力而言,M(OH)$_3$(M=Fe,Co,Ni)的氧化性由 Fe(OH)$_3$→Co(OH)$_3$→Ni(OH)$_3$ 依次增强。

氧化值为 +3 的铁、钴、镍的氢氧化物性质归纳如下:

Fe(OH)$_3$	Co(OH)$_3$	Ni(OH)$_3$
(红棕色)	(棕黑色)	(黑色)
难溶于水	难溶于水	难溶于水

→ 氧化性增强

(2) 盐类

① 铁(Ⅱ),钴(Ⅱ),镍(Ⅱ) 盐

氧化值为 +2 的铁、钴、镍的盐类有许多共性。它们的强酸盐如硝酸盐、硫酸盐、氯化物、高氯酸盐等均易溶于水,并在水中微弱水解而使溶液显酸性,而它们的弱酸盐如碳酸盐硫化物等均难溶于水。

可溶性铁(Ⅱ)、钴(Ⅱ)、镍(Ⅱ) 盐从溶液中析出时常带有相同数目的结晶水并具有一定颜色,其颜色即为相应 [M(H$_2$O)$_6$]$^{2+}$(M=Fe,Co,Ni)水合离子的颜色。例如:

绿色:	FeSO$_4$·7H$_2$O	Fe(NO$_3$)$_2$·6H$_2$O	[Fe(H$_2$O)$_6$]$^{2+}$
粉红色:	CoSO$_4$·7H$_2$O	Co(NO$_3$)$_2$·6H$_2$O	[Co(H$_2$O)$_6$]$^{2+}$
苹果绿色:	NiSO$_4$·7H$_2$O	Ni(NO$_3$)$_2$·6H$_2$O	[Ni(H$_2$O)$_6$]$^{2+}$

铁(Ⅱ)、钴(Ⅱ)、镍(Ⅱ)的硫酸盐还均能和碱金属或铵的硫酸盐形成复盐,其中典型的复盐为硫酸亚铁铵 $(NH_4)_2SO_4·FeSO_4·6H_2O$(俗称摩尔盐)。

Fe^{2+}有还原性,而Co^{2+}和Ni^{2+}比较稳定,并按$Fe^{2+}\rightarrow Co^{2+}\rightarrow Ni^{2+}$的顺序还原性依次减弱。

比较重要的铁(Ⅱ)、钴(Ⅱ)、镍(Ⅱ)盐有硫酸亚铁、二氯化钴、硫酸镍等。

七水硫酸亚铁 $FeSO_4·7H_2O$ 俗称绿矾,在空气中可逐渐失去结晶水而风化,其表面容易氧化为黄褐色碱式硫酸铁 $Fe(OH)SO_4$:

$$4FeSO_4+2H_2O+O_2 \Longrightarrow 4Fe(OH)SO_4$$

在加热的情况下,$FeSO_4·7H_2O$ 可失去结晶水形成白色粉状的无水硫酸亚铁,若继续加热,则可分解为 Fe_2O_3 和硫的氧化物:

$$FeSO_4·7H_2O(绿色) \xrightarrow{\triangle} FeSO_4(白色) \xrightarrow{\triangle} Fe_2O_3(红色)+SO_2\uparrow+SO_3\uparrow$$

硫酸亚铁的制备可采用废铁硫酸法。将废铁屑与硫酸作用后的溶液,经浓缩、冷却,即可析出绿色的 $FeSO_4·7H_2O$ 晶体。此外也可采用氧化黄铁矿的方法来制取:

$$2FeS_2+7O_2+2H_2O \Longrightarrow 2FeSO_4+2H_2SO_4$$

硫酸亚铁是比较重要的亚铁盐,在工业上可用作制备铁红和其他铁盐的原料。例如硫酸亚铁与鞣酸作用可生成易溶的鞣酸亚铁,它在空气中易被氧化为黑色的鞣酸铁,所以可用来制造蓝黑墨水。硫酸亚铁在农业上可作杀虫剂,也可作为木材的防腐剂、皮革的鞣革剂、织物媒染剂、水质的净化剂等。硫酸亚铁所含的铁是人体合成血红朊的主要原料,因而它在医药上常用作补血剂和局部收敛剂。硫酸亚铁与硫酸铵可形成复盐 $(NH_4)_2SO_4·FeSO_4·6H_2O$,它比绿矾稳定得多,是分析化学中常用的还原剂,可用于标定高锰酸钾的浓度。

二氯化钴 $CoCl_2$ 是常用的钴(Ⅱ)盐,它有三种主要水合物,它们的相互转变温度及颜色变化如下:

$$CoCl_2·6H_2O(粉红) \xrightleftharpoons{52.25℃} CoCl_2·2H_2O(紫红) \xrightleftharpoons{90℃} CoCl_2·H_2O(蓝紫) \xrightleftharpoons{120℃} CoCl_2(蓝)$$

$CoCl_2$ 除了可作为陶瓷着色剂外,还可作为干燥剂的干湿指示剂。例如干燥剂变色硅胶中就含有 $CoCl_2$,根据硅胶在吸水和脱水时发生的颜色变化,可以说明它的吸湿情况。当干燥硅胶吸水时,它的颜色由蓝色逐渐变为粉红色;当烘干时,粉红色的硅胶又因失水而变为蓝色的干燥硅胶,因此干燥剂硅胶可重复使用。

$CoCl_2$ 易溶于水和有机溶剂,它在乙醚或丙酮中的溶解度比 $NiCl_2$ 大得多,利用这一性质可以分离钴和镍。

镍(Ⅱ)盐中以硫酸镍 $NiSO_4·7H_2O$ 最为常见,它为绿色晶体,易溶于水。将 NiO 或 $NiCO_3$ 溶于稀硫酸中,在室温下即可结晶析出 $NiSO_4·7H_2O$ 晶体。硫酸镍大量用于电镀,制镍电池和媒染剂等。

② 铁(Ⅲ),钴(Ⅲ),镍(Ⅲ)盐

铁系元素中只有铁(Ⅲ)盐能在水溶液中稳定存在,钴(Ⅲ),镍(Ⅲ)盐因氧化性太强,在水溶液中不能稳定存在。其中钴(Ⅲ)盐只能以固态形式存在,而镍(Ⅲ)盐仅能制得极不稳定的 NiF_3。

$M(Ⅲ)(M=Fe,Co,Ni)$具有氧化性,其氧化性按 $Fe^{3+}\rightarrow Co^{3+}\rightarrow Ni^{3+}$ 依次增强。在氧化值为+3的铁、钴、镍的盐中比较重要的是三氯化铁 $FeCl_3$。

$FeCl_3$ 为黑棕色晶体,熔点为555K,沸点为588K,易溶于水和有机溶剂如乙醚、丙酮中，它基本上属于共价化合物，能升华，在其蒸气中以双聚分子存在，其结构为：

$$\begin{array}{c} Cl \quad Cl \quad Cl \\ \diagdown \; \diagup \diagdown \; \diagup \\ Fe \qquad Fe \\ \diagup \; \diagdown \diagup \; \diagdown \\ Cl \quad Cl \quad Cl \end{array}$$

无水 $FeCl_3$ 在空气中易潮解。

Fe^{3+} 在酸性溶液中具有较强的氧化性：

$$Fe^{3+}+e^- \rightleftharpoons Fe^{2+} \quad \varphi^{\ominus}_{Fe^{3+}/Fe^{2+}}=0.771V$$

Fe^{3+} 可与一些还原性物质发生反应，如：

$$2Fe^{3+}+Cu \rightleftharpoons 2Fe^{2+}+Cu^{2+}$$
$$2Fe^{3+}+Sn^{2+} \rightleftharpoons 2Fe^{2+}+Sn^{4+}$$
$$2Fe^{3+}+2I^- \rightleftharpoons 2Fe^{2+}+I_2$$
$$2Fe^{3+}+H_2S \rightleftharpoons 2Fe^{2+}+S\downarrow+2H^+$$

$FeCl_3$ 常被用作制备其他铁盐、墨水和颜料的原料。由于 Fe^{3+} 水解程度很大，它的水解产物 $Fe(OH)_3$ 可与水中悬浮的杂质一起沉降，使水澄清，故 $FeCl_3$ 常被用作水处理剂。在无线电工业上，常利用 $FeCl_3$ 溶液来刻蚀铜板制造印刷线路。在染料工业上，$FeCl_3$ 可作氧化剂和媒染剂。在医疗上，可利用 $FeCl_3$ 能使蛋白质迅速凝聚的特点作伤口的止血剂。此外 $FeCl_3$ 还可作为有机溶剂的氧化剂和有机合成的催化剂。

(3) 铁、钴、镍的配合物

铁、钴、镍都是很好的配合物形成体，可形成多种配合物，下面主要介绍氨配合物、氰配合物、硫氰配合物和羰基配合物。

① **氨配合物**

Fe^{2+}、Co^{2+}、Ni^{2+} 与氨形成的配合物的稳定性按 $Fe^{2+} \rightarrow Co^{2+} \rightarrow Ni^{2+}$ 的顺序依次增强。其中，Fe^{2+} 难以在水中形成稳定的氨配合物。在无水状态下 $FeCl_2$ 与 NH_3 形成的 $[Fe(NH_3)_6]Cl_2$ 遇水则分解：

$$[Fe(NH_3)_6]Cl_2+6H_2O \rightleftharpoons Fe(OH)_2\downarrow+4NH_3 \cdot H_2O+2NH_4Cl$$

Co^{2+}，Ni^{2+} 可与过量氨水形成较稳定的氨配合物：

$$Co^{2+}+6NH_3 \rightleftharpoons [Co(NH_3)_6]^{2+}（土黄色）$$
$$Ni^{2+}+6NH_3 \rightleftharpoons [Ni(NH_3)_6]^{2+}（蓝紫色）$$

其中，土黄色的 $[Co(NH_3)_6]^{2+}$ 在空气中可被缓慢氧化为更稳定的红褐色 $[Co(NH_3)_6]^{3+}$：

$$4[Co(NH_3)_6]^{2+}+O_2+2H_2O \rightleftharpoons 4[Co(NH_3)_6]^{3+}+4OH^-$$

Ni^{2+} 的氨配合物比较稳定，不会被空气氧化。

Fe^{3+} 由于强烈水解，所以当 Fe^{3+} 与过量氨水作用时，不形成氨配合物而是生成 $Fe(OH)_3$ 沉淀。

② **硫氰配合物**

Fe^{2+}、Co^{2+}、Ni^{2+} 与 SCN^- 形成的配合物在水溶液中均不稳定。其中，Co^{2+} 与 SCN^- 形成的蓝色 $[Co(SCN)_4]^{2-}$ 能较稳定地存在于乙醚、戊醇和丙酮中：

$$Co^{2+}+4SCN^- \xrightarrow{乙醚} [Co(SCN)_4]^{2-}（蓝色）$$

该反应在定性分析中可用于鉴定 Co^{2+} 的存在。

Fe^{3+} 与 SCN^- 反应，可形成血红色的 $[Fe(SCN)_n]^{3-n}$：

$$Fe^{3+} + nNCS^- \rightleftharpoons [Fe(SCN)_n]^{3-n} \quad (n=1 \sim 6)$$

n 取决于溶液中的 SCN^- 浓度和酸度。该反应很灵敏，常用来鉴定 Fe^{3+} 的存在及比色法测定 Fe^{3+} 的含量

③ 氰配合物

Fe^{2+}，Co^{2+}，Ni^{2+}，Fe^{3+} 均能和 CN^- 形成稳定配合物。其中，Fe(Ⅱ) 盐与 KCN 溶液作用可得到白色 $Fe(CN)_2$ 沉淀，KCN 过量时 $Fe(CN)_2$ 沉淀溶解，形成稳定的 $[Fe(CN)_6]^{4-}$ 配离子：

$$Fe^{2+} + 2CN^- \rightleftharpoons Fe(CN)_2 \downarrow$$
$$Fe(CN)_2 + 4CN^- \rightleftharpoons [Fe(CN)_6]^{4-}$$

从溶液中析出来的黄色晶体 $K_4[Fe(CN)_6] \cdot 3H_2O$，俗称黄血盐，主要用于制造颜料、油墨。

$[Fe(CN)_6]^{4-}$ 可被氯气或其他氧化剂氧化为 $[Fe(CN)_6]^{3-}$：

$$2[Fe(CN)_6]^{4-} + Cl_2 \rightleftharpoons 2[Fe(CN)_6]^{3-} + 2Cl^-$$

从溶液中析出来的深红色晶体 $K_3[Fe(CN)_6]$，俗名赤血盐，主要用于印刷制版、照片显影及洗印、制晒蓝图纸等。

在 $K_4[Fe(CN)_6]$ 和 $K_3[Fe(CN)_6]$ 溶液中，分别加入 Fe^{3+} 和 Fe^{2+}，可产生蓝色沉淀，前者为普鲁士蓝沉淀，后者为滕氏蓝沉淀，近年来研究表明，二者为同一物质：

$$Fe^{2+} + K^+ + [Fe(CN)_6]^{3-} \rightleftharpoons KFe[Fe(CN)_6] \downarrow \text{（滕氏蓝）}$$
$$Fe^{3+} + K^+ + [Fe(CN)_6]^{4-} \rightleftharpoons KFe[Fe(CN)_6] \downarrow \text{（普鲁士蓝）}$$

上述反应可用于定性分析中鉴定 Fe^{2+} 和 Fe^{3+} 的存在。

若 Fe^{2+} 与 $K_4[Fe(CN)_6]$ 反应则可生成白色沉淀：

$$Fe^{2+} + [Fe(CN)_6]^{4-} + 2K^+ \rightleftharpoons K_2Fe[Fe(CN)_6] \text{（白色）}$$

若 Fe^{3+} 与 $K_3[Fe(CN)_6]$ 反应溶液变为暗棕色：

$$Fe^{3+} + [Fe(CN)_6]^{3-} \rightleftharpoons Fe[Fe(CN)_6] \text{（暗棕色）}$$

与 Fe^{2+} 类似，Co^{2+} 与 KCN 作用时，先生成氰化亚钴红棕色沉淀。当 KCN 过量时，即可析出紫红色晶体 $K_4[Co(CN)_6]$。$[Co(CN)_6]^{4-}$ 还原性很强而且稳定性较差，将含有 $[Co(CN)_6]^{4-}$ 的溶液稍微加热，$[Co(CN)_6]^{4-}$ 就能使 H^+ 还原产生氢气，其本身则被氧化为稳定的 $[Co(CN)_6]^{3-}$：

$$2[Co(CN)_6]^{4-} + 2H_2O \rightleftharpoons 2[Co(CN)_6]^{3-} \text{（黄色）} + 2OH^- + H_2 \uparrow$$

在 Ni^{2+} 的溶液中加入过量 KCN，则生成橙黄色的 $K_2[Ni(CN)_4]$，$[Ni(CN)_4]^{2-}$ 十分稳定，难以被氧化。

④ 羰基配合物

铁、钴、镍均能形成羰基配合物，如 $Fe(CO)_5$、$Ni(CO)_4$、$Co_2(CO)_8$ 等。这类配合物的特点是金属的氧化值为零，该类配合物的熔沸点都较低，易挥发，不溶于水，一般易溶于有机溶剂，受热时易分解，释放出 CO 同时生成金属单质。例如：将 $Ni(CO)_4$ 加热至 200℃，即可分解得到金属镍：

$$Ni(CO)_4 \xrightarrow{200℃} Ni + 4CO \uparrow$$

利用羰基配合物的这一性质可以制备高纯金属。

羰基化合物可用新还原出来的活泼金属粉末与 CO 直接化合获得。例如：镍在 325K 和 100kPa 下同 CO 作用可生成无色液体 $Ni(CO)_4$：

$$Ni + 4CO \Longrightarrow Ni(CO)_4$$

铁在约 473K 和 200kPa 下同 CO 作用可生成淡黄色液体 $Fe(CO)_5$。除直接化合外，还可通过其他方法制备羰基配合物。例如：在 393~473K 和 25~30MPa 下用 $CoCO_3$ 在氢气氛中同 CO 作用可制得橙黄色晶体 $Co_2(CO)_8$：

$$2CoCO_3 + 2H_2 + 8CO \Longrightarrow Co_2(CO)_8 + 2CO_2\uparrow + 2H_2O$$

特别值得注意的是羰基配合物有毒，因此制备羰基配合物必须在与外界隔绝的系统中进行。

羰基配合物除了可用来制备、提纯金属外，在有机化工中还主要用于配位催化。

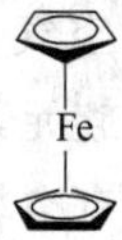

图 11-2　二茂铁的结构示意图

⑤ 夹心配合物

Fe(Ⅱ)、Co(Ⅱ)、Ni(Ⅱ) 可与环戊二烯基（C_5H_5-，又称茂）形成夹心配合物。在这类配合物中，中心离子被嵌夹在上下两层平行的配位体之间，典型的夹心配合物为环戊二烯基铁(Ⅱ)$(C_5H_5)_2Fe$，俗名二茂铁，其结构如图 11-2 所示。

二茂铁为橙黄色固体，不溶于水，易溶于乙醚、苯、乙醇等有机溶剂。二茂铁及其衍生物可用作汽油的抗震剂、硅树脂和橡胶的熟化剂、紫外光的吸收剂和火箭燃料的添加剂等。

11.5　铜族元素

铜族元素位于元素周期表中ⅠB族，包括铜、银、金三个元素。在自然界中，铜主要是以多种形式的铜矿存在，如辉铜矿 Cu_2S，黄铜矿 $CuFeS_2$，赤铜矿 Cu_2O，孔雀石 $Cu_2(OH)_2CO_3$，蓝铜矿 $2CuCO_3 \cdot Cu(OH)_2$ 等，银主要是以闪银矿 Ag_2S 形式存在，硫化银常与方铅矿共生，我国含银的方铅矿非常丰富。金主要是以单质金形式分布于岩石和砂砾中，我国的黑龙江、新疆和山东都盛产金。

11.5.1　铜、银、金单质

铜、银、金单质依次是紫红色、银白色和黄色并带有光泽的金属，其中铜和金是所有金属中呈现特殊颜色的两种金属。铜族元素的密度、熔点、沸点、硬度均较高，导电性和导热性在所有金属中也是最好的，其中银占首位，铜次之。此外，铜族元素还有很好的延展性。

铜族元素之间以及和其他金属之间容易形成合金。例如：黄铜（60%Cu，40%Zn）是常用的 Cu-Zn 合金，它具有良好的抗腐蚀性能和机械加工性能，因而广泛用作仪器零件。青铜（80%Cu，15%Sn，5%Zn）为 Cu-Sn-Zn 合金，质地坚韧，易于铸造。白铜 Cu-Ni-Zn 合金（50%~70%Cu，18%~20%Ni，13%~15%Zn）可用于制作刀具。

银合金在电子工业中可用作荧光材料的激活剂，能提高发光效率和改变发光颜色。银镁合金由于硬度大可用于制作继电器的弹簧构件。此外，银和金由于价格较贵，因而主要用于制造器皿、饰物和货币等。

铜、银、金是不活泼金属，化学活性按 Cu→Ag→Au 顺序依次减弱。

铜在干燥空气中比较稳定，也不与水作用，与含有 CO_2 的潮湿空气接触，在其表面会逐渐生成一层绿色的铜锈：

$$2Cu+O_2+H_2O+CO_2 = Cu(OH)_2 \cdot CuCO_3$$

在空气中将铜加热，能生成黑色 CuO。

银和金在常温或加热时，均不与水作用，也不会与空气中的氧化合。银若接触含有 H_2S 的空气，则会在表面形成一层 Ag_2S 的黑色薄膜，而使银失去银白色光泽。

铜族元素的标准电极电势均大于氢，因此，它们都不能与稀硫酸或稀盐酸作用放出氢气，但有空气存在时，铜和银可缓慢溶于这些酸中：

$$2Cu+4HCl+O_2 = 2CuCl_2+2H_2O$$
$$4Ag+4HCl+O_2 = 4AgCl\downarrow+2H_2O$$
$$2Cu+2H_2SO_4+O_2 = 2CuSO_4+2H_2O$$

在加热时，铜也能与浓 HCl 反应：

$$2Cu+8HCl \xrightarrow{\triangle} 2H_3[CuCl_4]+H_2\uparrow$$

铜和银能溶于硝酸和热的浓硫酸等氧化性酸中，但金则只能溶于王水：

$$Au+4HCl+HNO_3 = H[AuCl_4]+NO\uparrow+2H_2O$$

铜、银、金在强碱中均很稳定，但铜能溶于浓的碱金属氰化物（如 NaCN、KCN）的溶液中，同时放出氢气：

$$2Cu+8NaCN+2H_2O = 2Na_3[Cu(CN)_4]+2NaOH+H_2\uparrow$$

在有氧气存在时，铜可溶于氨水中：

$$2Cu+8NH_3+O_2+2H_2O = 2[Cu(NH_3)_4]^{2+}+4OH^-$$

银和金均可溶于含有空气的 NaCN 溶液中：

$$4M+8NaCN+O_2+2H_2O = 4Na[M(CN)_2]+4NaOH \quad (M=Ag,Au)$$

该反应是氰化法提取金的主要反应。

在氧化剂（如 Fe^{3+}）存在下，金能溶于酸性硫脲溶液中：

$$Au+Fe^{3+}+2SC(NH_2)_2 = [Au(SC(NH_2)_2)_2]^++Fe^{2+}$$

该反应是硫脲法提取金的主要反应。由于硫脲无毒，且溶解金、银的速率比氰化物快，因此硫脲法提金的方式已引起人们的重视。

11.5.2　铜族元素的主要化合物

铜族元素的价层电子构型为 $(n-1)d^{10}ns^1$，由于最外层 ns 电子和次外层 $(n-1)d$ 电子能量相差不大，在一定条件下，1~2 个次外层 $(n-1)d$ 电子也可以参与形成化学键，所以铜族元素与碱金属元素不同，它能形成氧化值为+1、+2、+3 的化合物。其中铜常见的氧化值为+1、+2，银是+1，金是+1、+3。由于金是一种不常见的金属，它的化合物相对比较次要，故本节重点介绍 Cu(Ⅰ)、Ag(Ⅰ)和 Cu(Ⅱ)的化合物。

在酸性溶液中，铜和银的元素电势图如下：

$$\varphi_A^\ominus/V \quad Cu^{2+} \xrightarrow{+0.17} Cu^+ \xrightarrow{+0.52} Cu$$
$$\underrightarrow{+0.34}$$

$$\varphi_A^\ominus/V \quad Ag^{2+} \xrightarrow[\substack{4\ mol\cdot L^{-1}\\ HClO_4}]{+2.00} Ag^+ \xrightarrow{+0.7999} Ag$$

从中可以看出，在酸性溶液中 Cu^+ 不稳定，易发生歧化反应，而 Ag^+ 能稳定存在。

(1) 铜(Ⅰ)，银(Ⅰ) 氧化物和氢氧化物

铜(Ⅰ) 和银(Ⅰ) 可形成以下氧化物和氢氧化物：

Cu_2O	Ag_2O	$CuOH$	$AgOH$
(黄或红)	(暗棕)	(黄)	(白)

Cu_2O 和 Ag_2O 皆为难溶于水的碱性氧化物。其中，Ag_2O 在 300℃ 时即分解为单质银和氧，而 Cu_2O 对热比较稳定，在 1235℃ 熔化而不分解。

Cu_2O 溶于稀硫酸，立即发生歧化反应：

$$Cu_2O + H_2SO_4 \rightleftharpoons Cu_2SO_4 + H_2O$$
$$Cu_2SO_4 \xrightarrow{歧化} CuSO_4 + Cu$$

但 Cu_2O 溶于盐酸时，由于生成了难溶于水的白色 $CuCl$ 沉淀，则不发生歧化反应：

$$Cu_2O + 2HCl \rightleftharpoons 2CuCl\downarrow(白) + H_2O$$

Ag_2O 可与硝酸、盐酸反应生成相应的盐，分别为 $AgNO_3$ 和 $AgCl$。

除能与酸反应外，Cu_2O 和 Ag_2O 还能溶于氨水，分别形成无色的配离子 $[Cu(NH_3)_2]^+$ 和 $[Ag(NH_3)_2]^+$：

$$Cu_2O + 4NH_3 + H_2O \rightleftharpoons 2[Cu(NH_3)_2]^+ + 2OH^-$$
$$Ag_2O + 4NH_3 + H_2O \rightleftharpoons 2[Ag(NH_3)_2]^+ + 2OH^-$$

其中 $[Cu(NH_3)_2]^+$ 遇到空气则被氧化为深蓝色的 $[Cu(NH_3)_4]^{2+}$：

$$4[Cu(NH_3)_2]^+ + O_2 + 8NH_3 + 2H_2O \rightleftharpoons 4[Cu(NH_3)_4]^{2+} + 4OH^-$$

利用此反应可除去气体中的氧。

Cu_2O 的实验室制备，可由 CuO 热分解得到：

$$4CuO \xrightarrow{1000℃} 2Cu_2O + O_2\uparrow$$

也可利用铜(Ⅱ) 盐的碱性溶液与葡萄糖作用而生成 Cu_2O：

$$2[Cu(OH)_4]^{2-} + CH_2OH(CHOH)_4CHO \rightleftharpoons$$
$$Cu_2O\downarrow + 4OH^- + CH_2OH(CHOH)_4COOH + 2H_2O$$

分析化学上利用此反应可测定醛，医学上用这个反应来检查糖尿病。

可溶银盐与强碱反应可生成 Ag_2O：

$$2Ag^+ + 2OH^- \rightleftharpoons Ag_2O\downarrow + H_2O$$

Cu_2O 主要用作玻璃、搪瓷工业上的红色颜料，由于 Cu_2O 具有半导体性质，故可用它和铜制造亚铜整流器。例如：Ag_2O 可用作电子器件材料、催化剂和防腐剂等。

铜(Ⅰ) 和银(Ⅰ) 的氢氧化物 $CuOH$ 和 $AgOH$ 均不稳定，易脱水变为相应的氧化物。

(2) 铜(Ⅱ) 氧化物和氢氧化物

① 氧化铜

CuO为黑褐色难溶于水的碱性氧化物。它对热较稳定,加热至1000℃才分解为Cu_2O和O_2。CuO具有氧化性,在高温下可作氧化剂,有机分析中常使有机物气体从热的CuO上通过,将气体氧化为CO_2和H_2O。CuO可作为玻璃、陶瓷的着色剂及用于制造染料、催化剂及其他铜的化合物。

CuO可由碳酸铜(或硝酸铜)加热分解或在氧气中加热铜粉制得:

$$CuCO_3 \xrightleftharpoons{\triangle} CuO + CO_2 \uparrow$$

$$2Cu + O_2 \xrightleftharpoons{\triangle} 2CuO$$

② 氢氧化铜

向可溶性铜(Ⅱ)盐的冷溶液中加入强碱,可得到浅蓝色的$Cu(OH)_2$沉淀,它受热易脱水变为黑褐色CuO。

$Cu(OH)_2$显两性偏碱性,易溶于酸,也能溶于浓的强碱溶液中并生成亮蓝色的$[Cu(OH)_4]^{2-}$:

$$Cu(OH)_2 + 2OH^- \rightleftharpoons [Cu(OH)_4]^{2-}$$

$Cu(OH)_2$也易溶于氨水,生成深蓝色的$[Cu(NH_3)_4]^{2+}$。

$Cu(OH)_2$具有氧化性,加热时能将甲醛或葡萄糖等氧化成酸,而本身被还原为Cu_2O。例如:

$$2Cu(OH)_2 + HCHO \rightleftharpoons Cu_2O \downarrow + HCOOH + 2H_2O$$

(3) 盐类

① 铜(Ⅰ),银(Ⅰ)盐

常见的铜(Ⅰ),银(Ⅰ)盐为氯化亚铜CuCl,卤化银和硝酸银。

a. 氯化亚铜

CuCl为白色难溶于水的物质,不溶于硫酸和稀硝酸,但可溶于氨水、浓盐酸及碱金属的氯化物溶液中,相应可形成配离子:$[Cu(NH_3)_2]^+$、$[CuCl_2]^-$、$[CuCl_3]^{2-}$、$[CuCl_4]^{3-}$。

CuCl的盐酸溶液能吸收CO,形成氯化羰基亚铜(Ⅰ) $Cu(CO)Cl \cdot H_2O$,在$[CuCl_2]^-$过量时,该溶液对CO的吸收有定量关系,故据此反应可测定气体混合物中CO的含量。

CuCl可用以下方法制得:

$$Cu^{2+} + Cu + 4Cl^- \xrightleftharpoons{\triangle} 2[CuCl_2]^- (土黄色)$$

$$2[CuCl_2]^- \xrightarrow{稀释} 2CuCl \downarrow + 2Cl^-$$

总反应: $$Cu^{2+} + Cu + 2Cl^- \rightleftharpoons 2CuCl \downarrow$$

即在热的浓盐酸溶液中,先用铜粉还原$CuCl_2$,生成$[CuCl_2]^-$,然后用水稀释就可得到难溶于水的CuCl沉淀。

CuCl在有机合成工业中可用作催化剂和还原剂,在石油工业中可用作脱硫剂和脱色剂。此外,CuCl也可用作杀虫剂和防腐剂,肥皂、脂肪和油类的凝聚剂。

b. 卤化银

卤化银AgX(X=F、Cl、Br、I)中只有AgF易溶于水,其余的卤化银AgCl、AgBr、AgI均难溶于水且溶解度依次降低,颜色依次加深。

卤化银具有感光性，在光照下被分解为单质，先变为紫色，最后变为黑色：

$$2AgX \xrightarrow{光照} 2Ag + X_2$$

基于卤化银的感光性，可用它作照相底片上的感光物质。例如照相底片上就敷有一层含有 AgBr 胶体粒子的明胶，在光照下，AgBr 被分解为"银核"（银原子）：

$$AgBr \xrightarrow{光子} Ag + Br$$

由于底片各处所受光照强度不同，则各处 AgBr 颗粒分解程度不同，光强的部分分解得多，光暗的部分分解得少，这个过程叫"曝光"。然后用显影剂（主要含有机还原剂如氢醌）处理底片，使含银核的 AgBr 粒子被还原为金属而变为黑色，曝光强的地方黑度深，曝光弱的地方黑度浅，未曝光的 AgBr 颗粒保持无色，此过程叫"显影"。最后把底片浸入定影液中（主要含有 $Na_2S_2O_3$），在定影液的作用下，未感光的 AgBr 则形成 $[Ag(S_2O_3)_2]^{3-}$ 而溶解，此过程称为"定影"。底片经曝光、显影和定影后，就可得到一张有负像的底片，把底片附在洗相纸上重复一次曝光、显影和定影的手续，就可得到有正像的照片。

基于卤化银的感光性还可把它用于变色眼镜的制作。另外，AgI 在人工降雨中可用作冰核形成剂。

c. 硝酸银

$AgNO_3$ 是一常见的重要试剂，它易溶于水，在 0℃ 时溶解度为 122g/100g 水，25℃ 时溶解度为 243g/100g 水。$AgNO_3$ 对热不稳定，加热至 440℃ 时即按下式分解：

$$2AgNO_3 \xrightarrow{\triangle} 2Ag + 2NO_2\uparrow + O_2\uparrow$$

光照下或微量有机物的存在均可促进 $AgNO_3$ 的分解。因此 $AgNO_3$ 常保存在棕色瓶中。此外 $AgNO_3$ 能使蛋白质凝固成黑色的蛋白银，故对皮肤有腐蚀作用。

工业上制备 $AgNO_3$ 是将银溶于中等浓度（约 65%）的硝酸中，所得溶液经蒸发、结晶，即可得到无水硝酸银晶体。

$AgNO_3$ 主要用于制造照相底片上所需的 AgBr，10% 的稀 $AgNO_3$ 溶液在医药上可作杀菌剂，此外它还可用于镀银、印刷、制造银镜及电子行业中。

② 铜（Ⅱ）盐

常见的铜（Ⅱ）盐有氯化铜 $CuCl_2$ 和硫酸铜 $CuSO_4$。

a. 氯化铜

无水 $CuCl_2$ 是棕黄色固体，易溶于水和一些有机溶剂如乙醇、乙醚及丙酮等，它是共价化合物。在 $CuCl_2$ 很浓的溶液中，可形成黄色的 $[CuCl_4]^{2-}$：

$$Cu^{2+} + 4Cl^- \Longrightarrow [CuCl_4]^{2-}（黄色）$$

而 $CuCl_2$ 的稀溶液为蓝色，这是因为水分子取代了 $[CuCl_4]^{2-}$ 中的 Cl^-，形成了 $[Cu(H_2O)_4]^{2+}$：

$$[CuCl_4]^{2-} + 4H_2O \Longrightarrow [Cu(H_2O)_4]^{2+}（浅蓝）+ 4Cl^-$$

$CuCl_2$ 的浓溶液通常为黄绿色或绿色，这是因为溶液中同时含有 $[CuCl_4]^{2-}$ 和 $[Cu(H_2O)_4]^{2+}$ 之故。氯化铜主要用于制造玻璃、陶瓷用颜料及用于消毒剂、媒染剂和催化剂中。

b. 硫酸铜

五水硫酸铜 $CuSO_4 \cdot 5H_2O$ 为蓝色晶体，俗称胆矾或蓝矾，在不同温度下其受热失水情况如下：

$$CuSO_4 \cdot 5H_2O \xrightleftharpoons{375K} CuSO_4 \cdot 3H_2O \xrightleftharpoons{386K} CuSO_4 \cdot H_2O \xrightleftharpoons{531K} CuSO_4 \xrightleftharpoons{923K} CuO$$

无水 $CuSO_4$ 为白色粉末，易溶于水，不溶于乙醇和乙醚。由于其吸水性强，吸水后即能显示出特征的蓝色，故可利用该性质检验有机液体中的微量水分，也可用作干燥剂，从有机溶剂中除去水分。

实验室制备 $CuSO_4$，可通过 CuO 与硫酸反应，或 Cu 和热浓硫酸反应，或在有氧存在时用铜屑和稀硫酸反应制得：

$$CuO + H_2SO_4 \Longrightarrow CuSO_4 + H_2O$$

$$Cu + 2H_2SO_4(浓) \xrightarrow{\triangle} CuSO_4 + SO_2\uparrow + 2H_2O$$

$$2Cu + O_2 + 2H_2SO_4(稀) \xrightarrow{\triangle} 2CuSO_4 + 2H_2O$$

$CuSO_4$ 为制取其他铜盐的重要原料，在电解或电镀中可用作电解液或电镀液。在纺织工业中可用作媒染剂。由于 $CuSO_4$ 具有杀菌能力，所以用于蓄水池、游泳池中可防止藻类生长。硫酸铜和石灰乳混合而成的"波尔多"液（通常配方是 $CuSO_4 \cdot 5H_2O : CaO : H_2O = 1 : 1 : 100$）可用于消灭植物病虫害。

（4）配合物

Cu^+ 和 Ag^+ 均可和单齿配体 Cl^-、SCN^-、NH_3、$S_2O_3^{2-}$、CN^- 等形成配位数为 2 的直线型配离子，较重要的有 $[Cu(NH_3)_2]^+$、$[Ag(NH_3)_2]^+$、$[Ag(S_2O_3)_2]^{3-}$ 和 $[Ag(CN)_2]^-$ 等。其中，$[Cu(NH_3)_2]^+$ 吸收 CO 的能力很强，它与 CO 可发生如下反应：

$$[Cu(NH_3)_2]^+ + CO \Longrightarrow [Cu(NH_3)_2CO]^+$$

合成氨厂常用此反应除去能导致合成氨催化剂中毒的 CO 气体。

此外，$[Ag(NH_3)_2]^+$ 具有氧化性，它可被醛或葡萄糖还原为金属 Ag，其反应为：

$$2[Ag(NH_3)_2]^+ + RCHO + 3OH^- \Longrightarrow 2Ag\downarrow + RCOO^- + 4NH_3\uparrow + 2H_2O$$
$$\text{（甲醛或葡萄糖）}$$

工业上利用此反应制造镜子和保温瓶镀银，在有机化学中利用该反应鉴定醛基。

在金属上镀银常用 $[Ag(CN)_2]^-$ 的溶液作电镀液，可使银镀层光洁、致密、牢固。因氰化物剧毒，故近年来逐渐由无毒镀银液如 $[Ag(SCN)_2]^-$ 等所代替。

Ag(Ⅰ) 的许多难溶于水的化合物可以通过使其转化为配离子而溶解。例如 AgCl 可溶于氨水，更易溶于 $Na_2S_2O_3$ 和 NaCN 溶液中，生成相应配离子 $[Ag(NH_3)_2]^+$、$[Ag(S_2O_3)_2]^{3-}$、$[Ag(CN)_2]^-$。AgBr 微溶于氨水却易溶于 $Na_2S_2O_3$ 溶液，更易溶于 NaCN 溶液。AgI 不溶于氨水，微溶于 $Na_2S_2O_3$ 溶液，但却易溶于 NaCN 溶液。

与 Cu^+ 不同，Cu^{2+} 与单齿配体一般形成配位数为 4 的正方形配合物，例如前已提及的 $[Cu(H_2O)_4]^{2+}$、$[CuCl_4]^{2-}$、$[Cu(NH_3)_4]^{2+}$ 等。其中 $[Cu(NH_3)_4]^{2+}$ 简称铜氨液，它具有溶解纤维的能力，在溶解了纤维素的溶液中加水或酸时，纤维又可析出，工业上利用这种性质来制造人造丝，用铜氨纤维织成的织物，适作内衣，穿着舒适。

（5）铜(Ⅰ) 和铜(Ⅱ) 的相互转化

由铜的元素电势图可知，在酸性溶液中 Cu^+ 易发生歧化反应：

$$2Cu^+ \Longrightarrow Cu^{2+} + Cu$$

$$K^{\ominus}=\frac{[Cu^{2+}]}{[Cu^+]^2}=8.2\times10^5$$

该歧化反应的 $K^{\ominus}$ 很大，说明反应进行得很彻底，溶液中只要有微量的 Cu^+ 存在，就几乎全部转化为 Cu^{2+} 和 Cu，因此在水溶液中 Cu^{2+} 是可稳定存在的。

为使 $Cu(Ⅱ)$ 转化为 $Cu(Ⅰ)$，必须有还原剂存在，同时要降低溶液中 Cu^+ 的浓度，使之成为难溶物或难解离的配合物。

例如 $CuSO_4$ 与 KI 溶液反应，得到的是 CuI 白色沉淀而不是 CuI_2：

$$2Cu^{2+}+4I^-\Longrightarrow 2CuI\downarrow+I_2$$

在该反应中，由于 $\varphi^{\ominus}_{Cu^{2+}/CuI}>\varphi^{\ominus}_{I_2/I^-}$，因此，$I^-$ 是还原剂，可将 Cu^{2+} 还原为 Cu^+，同时 I^- 又是沉淀剂，可与 Cu^+ 结合成难溶的 CuI 沉淀，由于 $\varphi^{\ominus}_{Cu^{2+}/CuI}>\varphi^{\ominus}_{CuI/Cu}$，因此 CuI 较稳定，不会发生歧化反应。

$$\varphi^{\ominus}_A/V \quad Cu^{2+}\xrightarrow{+0.86V}CuI\xrightarrow{-0.188V}Cu$$

同理，在热的 $Cu(Ⅱ)$ 盐溶液中加入 KCN，可得到白色 $CuCN$ 沉淀：

$$2Cu^{2+}+4CN^-\Longrightarrow 2CuCN\downarrow+(CN)_2\uparrow$$

若继续加入过量的 KCN，则 $CuCN$ 则因形成 $[Cu(CN)_x]^{1-x}$ 而溶解：

$$CuCN+(x-1)CN^-\Longrightarrow[Cu(CN)_x]^{1-x} \quad (x=2\sim4)$$

综上所述，在水溶液中，$Cu(Ⅰ)$ 化合物除了以难溶沉淀或难解离的配合物形式存在外，其余形式都是不稳定的。

11.6 锌族元素

锌族元素位于元素周期表中ⅡB族，包括锌、镉、汞三个元素。锌在地壳中的含量约为 $0.005\%\sim0.02\%$，它主要以硫化物或含氧化合物存在于自然界中，例如闪锌矿 ZnS，红锌矿 ZnO 等。我国的锌矿一般与铅矿共生在一起。镉在地壳中含量为 $2\times10^{-5}\%$，一般以 CdS 形式存在于闪锌矿中，是锌矿熔炼和精制的副产品。汞在地壳中的含量约为 $5\times10^{-5}\%$，主要的汞矿是辰砂 HgS（即朱砂）。有时也以汞单质与辰砂伴生。

11.6.1 锌、镉、汞单质

锌、镉、汞单质都是银白色金属，其中锌略带蓝色。它们均为低熔点金属，其熔沸点不仅低于碱土金属，还低于铜族，并按 $Zn\rightarrow Cd\rightarrow Hg$ 的顺序下降。金属汞是熔点最低的金属，也是常温下唯一呈液态的金属，它具有流动性，故有"水银"之称。此外汞还具有挥发性，汞蒸气吸入人体会产生慢性中毒，引起牙齿动摇、毛发脱落、神经错乱等，因此使用汞时不许洒落在实验桌上或地面上。万一洒落，必须尽量收集起来，然后在可能还有汞的地方撒上硫黄粉，使其转化为难溶的 HgS。

锌和镉的化学性质相近，而汞与它们差别较大。

常温下，锌、镉、汞在干燥空气中都很稳定，在有 CO_2 存在的潮湿空气中，锌表面易生成一层碱式碳酸锌：

$$4Zn+2O_2+3H_2O+CO_2 \Longrightarrow ZnCO_3 \cdot 3Zn(OH)_2$$

这层薄膜较紧密，可作保护膜，能阻止锌进一步被氧化。

在加热条件下，锌和镉能和空气中的氧反应生成相应的氧化物，而汞则氧化得很慢。锌与硫黄共热可形成硫化锌，汞与硫黄粉研磨即能形成硫化汞，这种反常的活泼性是由于汞是液态，研磨时汞与硫接触面增大，使反应容易进行。

从标准电极电势看，$\varphi^{\ominus}_{Zn^{2+}/Zn}=-0.763V<0$，$\varphi^{\ominus}_{Cd^{2+}/Cd}=-0.403V<0$，$\varphi^{\ominus}_{Hg^{2+}/Hg}=0.854V>0$，表明锌和镉可溶于非氧化性酸中并置换出氢气，而汞则不溶于非氧化性酸。

锌、镉、汞均易溶于硝酸。例如汞溶于过量的硝酸中可产生硝酸汞 $Hg(NO_3)_2$：

$$3Hg+8HNO_3(过量) \Longrightarrow 3Hg(NO_3)_2+2NO\uparrow+4H_2O$$

过量的汞与冷稀硝酸反应，得到的则是硝酸亚汞 $Hg_2(NO_3)_2$：

$$6Hg(过量)+8HNO_3(冷、稀) \Longrightarrow 3Hg_2(NO_3)_2+2NO\uparrow+4H_2O$$

和镉、汞不同，锌是两性金属，它不仅能溶于酸，也能溶于强碱溶液中：

$$Zn+2NaOH+2H_2O \Longrightarrow Na_2[Zn(OH)_4]+H_2\uparrow$$

锌还能溶于氨水，可与氨生成 $[Zn(NH_3)_4]^{2+}$：

$$Zn+4NH_3+2H_2O \Longrightarrow [Zn(NH_3)_4]^{2+}+H_2\uparrow+2OH^-$$

锌、镉、汞及其合金都有重要的用途。例如：锌能耐大气腐蚀，可作防腐镀层，其产量的 35%～40% 用于制锌铁板（俗名白铁皮）。大量锌片还可用于制作干电池外壳和银-锌电池的电极。由于镉既耐大气腐蚀，对碱和海水又有较好的抗腐蚀性，易于焊接并有良好的延展性，因此广泛用于飞机和船舶零件的防腐镀层。镉还具有中子俘获截面大的性能，可用于核反应堆控制棒。镉镍电池可用于军用飞机、导弹和火车冷藏箱。汞有很大的热膨胀系数，在 273～473K 范围内体积膨胀系数与温度之间有很好的线性关系，又不润湿玻璃，故广泛用于制作温度计，汞的蒸气在电弧中能导电，并辐射出紫外光，可用于制作太阳灯、日光灯和高压水银灯等。

锌、镉、汞与其他金属容易形成合金。锌最重要的合金是黄铜，黄铜广泛用于制造仪器零件。镉能熔于大部分金属制成合金，例如：在铜中加入 0.8% 的镉，可明显提高其力学强度和耐磨性能，镉铜合金可用于铁路的架空线。在锡铅合金中加入少量镉可明显降低熔点，可用于制作活字金属及易熔模具等。汞可以溶解许多金属，如 Na、K、Ag、Au、Zn、Cd、Sn、Pb 等而形成汞齐，因组成不同，汞齐可以呈液态或固态。汞齐在化学、化工和冶金中都有重要用途，如钠汞齐与水反应，可缓慢放出氢气，有机化学中常用它作还原剂。利用汞能溶解金、银的性质，在冶金中能用汞来提炼这些贵金属。

11.6.2 锌族元素的主要化合物

锌族元素的价层电子构型为 $(n-1)d^{10}ns^2$，它们能形成氧化值为 +2 的化合物，其 M^{2+} (M=Zn, Cd, Hg) 为 18 电子型离子，均无色。锌族元素还能形成氧化值为 +1 的化合物，在这些化合物中，锌、镉、汞是以双聚离子 M_2^{2+} (M=Zn, Cd, Hg) 形式存在。在 M_2^{2+} 内两个 M^+ 间以共价键结合，与 Zn_2^{2+}、Cd_2^{2+} 相比较，Hg_2^{2+} 较稳定。

(1) 氧化物和氢氧化物

锌、镉、汞均能形成难溶于水的 MO 型氧化物：

MO:	ZnO	CdO	HgO
	（白色）	（棕黄色）	（红或黄色）

红色的 HgO 和黄色的 HgO 晶体结构相同，颜色不同是由于颗粒大小不同所致，颗粒小时呈黄色，颗粒大时呈红色。

上述氧化物的碱性按 ZnO→CdO→HgO 依次增强，而热稳定性依次减弱。其中 ZnO 具有两性，溶于酸得到相应锌盐，溶于碱得到配离子 $[Zn(OH)_4]^{2-}$。CdO 和 HgO 则为碱性氧化物。在高温下 ZnO 和 CdO 升华而不分解，HgO 对热不稳定，在 500℃时即分解为单质 Hg 和 O_2。

ZnO 和 CdO 可由金属在空气中燃烧制得，也可由锌、镉的碳酸盐和硝酸盐加热分解制得，如：

$$ZnCO_3 \xrightleftharpoons{568K} ZnO+CO_2$$

$$CdCO_3 \xrightleftharpoons{600K} CdO+CO_2$$

将 $Hg(NO_3)_2$ 晶体加热分解，可得到红色 HgO。

ZnO 俗称锌白，可用作白色颜料。它的优点是遇到 H_2S 气体不变黑，因为 ZnS 也是白色。由于 ZnO 无毒且有收敛性和一定的杀菌力，在医药上常调制成软膏使用。此外，ZnO 还可用作橡胶填料和作催化剂。CdO 和 HgO 可用作有机反应的催化剂，其中，CdO 还用于制电池和镀镉等。

在锌盐和镉盐中加入适量强碱，可以得到相应的氢氧化物白色沉淀。汞（Ⅱ）盐与碱反应，生成的不是 $Hg(OH)_2$，而是黄色的 HgO：

$$Hg^{2+}+2OH^- \rightleftharpoons HgO\downarrow+H_2O$$

$Zn(OH)_2$ 显两性，可溶于酸和过量强碱中，如：

$$Zn(OH)_2+2OH^- \rightleftharpoons [Zn(OH)_4]^{2-}$$

$Cd(OH)_2$ 也显两性，但酸性很弱，仅缓慢溶于热浓的强碱中，并生成 $[Cd(OH)_4]^{2-}$。

$Zn(OH)_2$ 和 $Cd(OH)_2$ 均能溶于氨水，形成氨配合物：

$$M(OH)_2+4NH_3 \rightleftharpoons [M(NH_3)_4]^{2+}+2OH^- \quad (M=Zn,Cd)$$

(2) 盐类

① 氯化物

锌族元素较主要的氯化物有氯化锌、氯化汞和氯化亚汞等。

a. 氯化锌

无水氯化锌 $ZnCl_2$ 是白色易潮解的固体，其溶解度很大，吸水性很强，有机化学中常用它作去水剂和催化剂。

用 Zn、ZnO 或 $ZnCO_3$ 与盐酸反应，经过浓缩冷却，就有 $ZnCl_2 \cdot H_2O$ 晶体析出。若将 $ZnCl_2$ 溶液蒸干只能得到碱式氯化锌而得不到无水氯化锌，这是由于 $ZnCl_2$ 水解的结果造成的：

$$ZnCl_2+H_2O \xrightleftharpoons{\triangle} Zn(OH)Cl+HCl\uparrow$$

因此要制备无水 $ZnCl_2$，一般要在干燥 HCl 气氛中加热脱水。

$ZnCl_2$ 的浓溶液中，由于生成了配合酸 $H[ZnCl_2(OH)]$ 而具有显著酸性，它能溶解金属氧化物：

$$ZnCl_2 + H_2O \Longleftrightarrow H[ZnCl_2(OH)]$$
$$Fe_2O_3 + 6H[ZnCl_2(OH)] \Longleftrightarrow 2Fe[ZnCl_2(OH)]_3 + 3H_2O$$

焊接金属用的"熟镪水"就是 $ZnCl_2$ 的浓溶液。焊接金属时，用 $ZnCl_2$ 清除金属表面的氧化物即是根据上述性质。

$ZnCl_2$ 除了在有机合成工业中用作去水剂、催化剂外，还可作染料工业中的媒染剂、丝光剂和石油工业中的石油净化剂。此外，$ZnCl_2$ 还可用于干电池、电镀、医药、木材防腐和农药等方面。

b. 氯化汞

氯化汞 $HgCl_2$ 为白色针状晶体，微溶于水，剧毒，内服 0.2～0.4g 可致死。在医院里 $HgCl_2$ 的稀溶液可作手术刀剪等的消毒剂，中药上把它称作"白降丹"，可用于治疗疔毒。

$HgCl_2$ 熔融时不导电，是共价型分子，熔点较低（549K），易升华，故俗名升汞。它在水溶液中解离常数很小，大量以 $HgCl_2$ 分子存在，所以 $HgCl_2$ 又有"假盐"之称。

$HgCl_2$ 在水中稍有水解：

$$HgCl_2 + H_2O \Longleftrightarrow Hg(OH)Cl + HCl$$

$HgCl_2$ 遇到氨水则可析出白色难溶的氨基氯化汞 $Hg(NH_2)Cl$：

$$HgCl_2 + 2NH_3 \Longleftrightarrow Hg(NH_2)Cl \downarrow (白) + NH_4Cl$$

在酸性溶液中，$HgCl_2$ 是一较强氧化剂（$\varphi^{\ominus}_{HgCl_2/Hg_2Cl_2} = 0.63V$），适量的 $SnCl_2$ 可将其还原为白色难溶物质 Hg_2Cl_2，过量的 $SnCl_2$ 则可将其进一步还原为黑色 Hg：

$$2HgCl_2 + SnCl_2(适量) \Longleftrightarrow Hg_2Cl_2 \downarrow (白色) + SnCl_4$$
$$Hg_2Cl_2 + SnCl_2 \Longleftrightarrow 2Hg \downarrow (黑) + SnCl_4$$

在分析化学上，利用上述反应可鉴定 Sn^{2+} 和 Hg^{2+} 的存在。

c. 氯化亚汞

氯化亚汞 Hg_2Cl_2 无毒，为白色粉末，不溶于水，因味略甜，俗称甘汞。医药上可用作轻泻剂，外用治疗慢性溃疡及皮肤病。此外，化学上用于制作甘汞电极。在光的照射下，Hg_2Cl_2 容易分解为毒性很大的 Hg 和 $HgCl_2$，所以 Hg_2Cl_2 应保存在棕色瓶中。

Hg_2Cl_2 与氨水反应，可生成氨基氯化汞和汞：

$$Hg_2Cl_2 + 2NH_3 \Longleftrightarrow Hg(NH_2)Cl \downarrow (白) + Hg \downarrow (黑) + NH_4Cl$$

$Hg(NH_2)Cl$ 是白色的，由于其中分散有黑色的金属汞而呈灰色，该反应可用于检验 Hg_2^{2+} 离子。

② 硫化物

在 Zn^{2+}、Cd^{2+}、Hg^{2+} 的盐溶液中，分别通入 H_2S，则会生成相应的硫化物沉淀，依次为 ZnS（白）、CdS（黄）、HgS（黑）。其中 Cd^{2+} 与 H_2S 作用可生成黄色 CdS：

$$Cd^{2+} + H_2S \Longleftrightarrow CdS \downarrow (黄) + 2H^+$$

该反应在定性分析中可用于鉴定 Cd^{2+} 的存在。

从 $ZnS \to CdS \to HgS$ 溶解度依次减小，ZnS 可溶于稀 HCl 或 H_2SO_4 中，而 CdS 难溶于稀酸，它可溶于浓的 HCl 中：

$$CdS + 2H^+ + 4Cl^- \Longleftrightarrow CdCl_4^{2-} + H_2S$$

HgS 只溶于王水和 Na_2S 溶液中：

$$3HgS + 12HCl + 2HNO_3 \Longleftrightarrow 3H_2[HgCl_4] + 3S \downarrow + 2NO \uparrow + 4H_2O$$
$$HgS + Na_2S \Longleftrightarrow Na_2[HgS_2]$$

ZnS 可作白色颜料，它同 BaSO₄ 共沉淀所形成的混合物 ZnS·BaSO₄，叫做锌钡白，俗称立德粉，是一种优良的白色颜料。在 H₂S 气氛中灼烧无定形的 ZnS 能把它转变为晶体 ZnS。在 ZnS 晶体中，加入微量锰、铜、银的化合物作活化剂，经紫外光或可见光的照射后或加热至 1073～1473K 时，能发出各色的荧光（如加锰呈橙色，加铜呈黄绿色，加银呈蓝色），可制作成荧光粉，广泛用于电视屏幕、夜光表和阴极射线管等。

CdS 呈黄色，又称镉黄，可作黄色颜料，颜色鲜亮，经久不变，可用于油画的彩色。在制备荧光粉时，也用到 CdS。高纯度的 CdS 是良好的半导体材料，可被用于太阳能电池、光致发光、电致发光、阴极射线发光材料等的制造中。

③ 硝酸盐

a. 硝酸汞

比较重要的硝酸盐是硝酸汞和硝酸亚汞。

硝酸汞 $Hg(NO_3)_2$ 是易溶于水的汞盐之一，常用作化学试剂。将 HgO 溶于硝酸或将 Hg 溶于过量的硝酸中即可得 $Hg(NO_3)_2$：

$$HgO + 2HNO_3 = Hg(NO_3)_2 + H_2O$$

$$Hg + 4HNO_3(过量) = Hg(NO_3)_2 + 2NO_2\uparrow + 2H_2O$$

硝酸汞从溶液中析出时常带有结晶水，$Hg(NO_3)_2·H_2O$ 是其最常见的水合物。由于 $Hg(NO_3)_2$ 可在水中强烈水解生成碱式盐沉淀，故配制溶液时，应将它溶解在稀硝酸溶液中。

$$2Hg(NO_3)_2 + H_2O = HgO·Hg(NO_3)_2\downarrow + 2HNO_3$$

$Hg(NO_3)_2$ 受热可分解为红色 HgO：

$$2Hg(NO_3)_2 \xrightarrow{\triangle} 2HgO + 4NO_2 + O_2$$

b. 硝酸亚汞

硝酸亚汞 $Hg_2(NO_3)_2$ 是最重要的易溶于水的亚汞盐，可由过量 Hg 与硝酸反应或将 $Hg(NO_3)_2$ 溶液与金属 Hg 一起振荡而制得：

$$6Hg(过量) + 8HNO_3(稀) = 3Hg_2(NO_3)_2 + 2NO\uparrow + 4H_2O$$

$$Hg(NO_3)_2 + Hg = Hg_2(NO_3)_2$$

$Hg_2(NO_3)_2$ 与 $Hg(NO_3)_2$ 一样，也易水解，因此配制溶液时需加入稀 HNO_3 以抑制其水解：

$$Hg_2(NO_3)_2 + H_2O = Hg_2(OH)NO_3\downarrow(浅黄) + HNO_3$$

$Hg_2(NO_3)_2$ 受热时也会分解，生成 HgO 和 NO_2：

$$Hg_2(NO_3)_2 \xrightarrow{\triangle} 2HgO + 2NO_2\uparrow$$

另外，$Hg_2(NO_3)_2$ 溶液与空气接触时易被氧化为 $Hg(NO_3)_2$：

$$2Hg_2(NO_3)_2 + O_2 + 4HNO_3 = 4Hg(NO_3)_2 + 2H_2O$$

(3) 配合物

Hg_2^{2+} 形成配合物的倾向较小，而 Zn^{2+}、Cd^{2+}、Hg^{2+} 则可与 Cl^-、I^-、CN^-、NH_3 等形成配合物。在配体相同的情况下，Hg^{2+} 的配合物比 Zn^{2+} 和 Cd^{2+} 的配合物稳定得多。

Zn^{2+} 和 Cd^{2+} 与过量氨水反应，可生成氨配合物 $[M(NH_3)_4]^{2+}$（M=Zn、Cd）。Hg^{2+} 只有在含有过量 NH_4Cl 的氨水中，才能与 NH_3 形成难溶的白色氨配合物 $HgO·NH_2HgNO_3$

(碱式氨基硝酸汞)：

$$2Hg(NO_3)_2 + 4NH_3 + H_2O \Longrightarrow HgO \cdot NH_2HgNO_3 \downarrow + 3NH_4NO_3$$

Zn^{2+}、Cd^{2+}、Hg^{2+} 均可与 KCN 溶液作用，生成稳定的氰配合物 $[M(CN)_4]^{2-}$（M＝Zn、Cd、Hg）。其中，$[Zn(CN)_4]^{2-}$ 和 $[Cd(CN)_4]^{2-}$ 溶液可用于电镀工业。

Hg^{2+} 与卤素离子、SCN^- 等可形成一系列配离子，如 $[HgCl_4]^{2-}$、$[HgBr_4]^{2-}$、$[HgI_4]^{2-}$、$[Hg(SCN)_4]^{2-}$ 等，其中 Hg^{2+} 与卤素离子形成配合物的倾向按 Cl→Br→I 的顺序依次增强。

在 $Hg(NO_3)_2$ 溶液中加入 KI，可产生橘红色 HgI_2 沉淀，HgI_2 可溶于过量 KI 中形成无色的 $[HgI_4]^{2-}$：

$$Hg^{2+} + 2I^- \Longrightarrow HgI_2 \downarrow \text{（橘红）}$$

$$HgI_2 + 2I^- \Longrightarrow [HgI_4]^{2-}$$

在 $Hg_2(NO_3)_2$ 溶液中加入 KI，先生成绿色的 Hg_2I_2 沉淀，Hg_2I_2 可溶于过量的 KI 中，形成 $[HgI_4]^{2-}$ 的同时有 Hg 析出：

$$Hg_2^{2+} + 2I^- \Longrightarrow Hg_2I_2 \downarrow \text{（浅绿）}$$

$$Hg_2I_2 + 2I^- \Longrightarrow [HgI_4]^{2-} + Hg$$

$[HgI_4]^{2-}$ 的碱性溶液，称为奈斯勒（Nessler）试剂，如溶液中有微量 NH_4^+ 存在，滴入该试剂会立刻生成红棕色的碘化氨基·氧合二汞（Ⅱ）沉淀：

$$NH_4^+ + 2[HgI_4]^{2-} + 4OH^- \Longrightarrow \left[O \begin{array}{c} Hg \\ \\ Hg \end{array} NH_2 \right] I \downarrow \text{（红棕）} + 7I^- + 3H_2O$$

该反应常用来鉴定 NH_4^+ 的存在。

（4）汞（Ⅰ）和汞（Ⅱ）的相互转化

在酸性溶液中，汞的元素电势图如下：

$$\varphi_A^\ominus/V \quad Hg^{2+} \xrightarrow{+0.907} Hg_2^{2+} \xrightarrow{+0.792} Hg$$
$$\xrightarrow{+0.854}$$

由于 $\varphi^\ominus_{Hg^{2+}/Hg_2^{2+}} > \varphi^\ominus_{Hg_2^{2+}/Hg}$，故在溶液中 Hg^{2+} 可氧化 Hg 而生成 Hg_2^{2+}：

$$Hg^{2+} + Hg \Longrightarrow Hg_2^{2+}$$

$$K^\ominus = \frac{[Hg_2^{2+}]}{[Hg^{2+}]} \approx 88$$

可以看出，达到平衡时，Hg^{2+} 基本上都转变为 Hg_2^{2+}。因此汞（Ⅱ）化合物用金属汞还原即可得到汞（Ⅰ）化合物。

例如，Hg_2Cl_2 的制备可利用 $HgCl_2$ 与 Hg 混合在一起研磨而成：

$$HgCl_2 + Hg \Longrightarrow Hg_2Cl_2$$

但上述可逆反应 $Hg^{2+} + Hg \Longrightarrow Hg_2^{2+}$ 的方向，在不同条件下是可以改变的。如果加入一种试剂与 Hg^{2+} 形成沉淀或配合物，使 Hg^{2+} 浓度大大降低，就可使 Hg_2^{2+} 的歧化反应能够进行。例如：

$$Hg_2^{2+} + 2OH^- \Longrightarrow HgO \downarrow + Hg \downarrow + H_2O$$

$$Hg_2^{2+} + S^{2-} \Longrightarrow HgS \downarrow + Hg \downarrow$$

$$Hg_2Cl_2 + 2NH_3 \rightleftharpoons Hg(NH_2)Cl\downarrow + Hg\downarrow + NH_4Cl$$

$$Hg_2^{2+} + 2CN^- \rightleftharpoons Hg(CN)_2\downarrow + Hg\downarrow$$

$$Hg_2^{2+} + 4I^- \rightleftharpoons [HgI_4]^{2-} + Hg\downarrow$$

综上所述，汞（Ⅰ）和汞（Ⅱ）在一定条件下是能够相互转化的。

11.7 镧系元素和锕系元素

周期表ⅢB族共有32种元素，包括钪、钇、镧系和锕系元素。镧系元素（包括镧）共15种，其中只有钷是人工合成的，它具有放射性。锕系元素（包括锕）共有15种，都是放射性元素。

镧系元素和钇称为稀土元素，这是18世纪沿用下来的名称，因为当时认为这些元素稀有，它们的氧化物既难溶又难熔（似"土"的性质），因而得名。稀土元素性质相似，并在矿物中共生，难以分离。镧系元素的化学符号统一用Ln代表，稀土元素统一用RE代表。

11.7.1 镧系元素的通性

15个镧系元素的化学性质十分相似，组成第一内过渡系，位于周期表第ⅢB族，第6周期的同一格内。镧系元素相继填充4f能级，但由于5d和4f能级的能量比较接近，个别元素有时电子也填入5d能级。镧系元素的结构和性质列于表11-6。

表11-6 镧系元素的一些性质

原子序数	名称	符号	价层电子构型	主要氧化值	原子半径/pm	Ln^{3+}半径/pm	Ln^{3+} 4f 亚层电子数	$\sum I(I_1+I_2+I_3)$/kJ·mol^{-1}	熔点/℃
57	镧	La	$5d^16s^2$	+3	187	117.2	$[Xe]4f^0$	3455.4	921
58	铈	Ce	$4f^15d^16s^2$	+3,+4	181	115	$4f^1$	3524	799
59	镨	Pr	$4f^36s^2$	+3,+4	182	113	$4f^2$	3627	931
60	钕	Nd	$4f^46s^2$	+3	182	112.3	$4f^3$	3694	1021
61	钷	Pm	$4f^56s^2$	+3	—	111	$4f^4$	3738	1168
62	钐	Sm	$4f^66s^2$	+2,+3	181	109.8	$4f^5$	3871	1077
63	铕	Eu	$4f^76s^2$	+2,+3	199	108.7	$4f^6$	4032	822
64	钆	Gd	$4f^75d^16s^2$	+3	179	107.8	$4f^7$	3752	1313
65	铽	Tb	$4f^96s^2$	+3,+4	180	106.3	$4f^8$	3786	1356
66	镝	Dy	$4f^{10}6s^2$	+3,+4	180	105.2	$4f^9$	3898	1412
67	钬	Ho	$4f^{11}6s^2$	+3	179	104.1	$4f^{10}$	3920	1474
68	铒	Er	$4f^{12}6s^2$	+3	178	103	$4f^{11}$	3930	1529
69	铥	Tm	$4f^{13}6s^2$	+2,+3	177	102	$4f^{12}$	4043.7	1545
70	镱	Yb	$4f^{14}6s^2$	+2,+3	194	100.8	$4f^{13}$	4193.4	819
71	镥	Lu	$4f^{14}5d^16s^2$	+3	175	100.1	$4f^{14}$	3885.5	1663

11.7.2 镧系收缩

从上表可以看出，镧系元素的原子半径和离子半径在总的趋势上都随着原子序数的增加而缩小，这叫做镧系收缩现象。镧系收缩的结果，使ⅣB族中的Zr和Hf，VB族中的Nb和Ta，ⅥB族中的Mo和W以及ⅦB族中的Tc和Re分别在原子半径和离子半径上极为接近，性质也极为相似。而Fe、Co、Ni与Ru、Rh、Pd性质差别较大，而Ru、Rh、Pd和Os、Ir、Pt性质却很相似。

镧系元素相继填充处于内层的4f能级，为什么还会发生镧系收缩的现象呢？总的说来，是由于4f电子对原子核的屏蔽作用比较弱。4f电子虽然处于内层，但由于f轨道的形状太分散，在空间伸展得又比较远，以致4f电子对原子核的屏蔽不完全，不能像轨道形状比较集中的内层电子那样有效地屏蔽核电荷，结果随着原子序数的递增，外层电子所经受的有效核电荷缓慢地增加，外电子壳层依次有所缩小。此外，由于f轨道的形状太分散，4f电子互相之间的屏蔽也非常不完全，在填充f电子的同时，每个4f电子所经受的有效核电荷也在逐渐增加，结果$4f^n$壳层也逐渐缩小，整个电子壳层依次收缩的积累造成总的镧系收缩。

11.7.3 镧系元素的重要化合物

(1) Ln(Ⅲ)的化合物

Ln^{3+}与相同氧化值的其他金属离子相比，体积较大，对阴离子的吸引力小，而且4f电子被外层的5s，5p电子所遮蔽，使4f轨道不易与其他原子的轨道发生重叠形成σ键和π键，因此，镧系元素化合物绝大部分是离子型的。

(2) 氧化物和氢氧化物

镧系元素均可形成Ln_2O_3型氧化物。Ln_2O_3均为离子型化合物，熔点相当高（皆在2000℃以上），因此它们都是很好的耐火材料。

Ln_2O_3均具有碱性（其碱性随原子序数的增加由La到Lu递减），难溶于水，而易溶于酸，并能从空气中吸收二氧化碳和水蒸气而形成碱式碳酸盐。Ln_2O_3生成时放热皆很多，例如$\Delta_f H_m^{\ominus}(La_2O_3) = -1794 kJ \cdot mol^{-1}$、$\Delta_f H_m^{\ominus}(Sm_2O_3) = -1823 kJ \cdot mol^{-1}$，因而它们具有很高的化学稳定性。镧系金属是比铝还好的还原剂。

在Ln(Ⅲ)的盐溶液中加入NaOH，均可析出$Ln(OH)_3$沉淀。$Ln(OH)_3$皆为离子型碱性氢氧化物，其碱性由$La(OH)_3$到$Lu(OH)_3$递减。总的来说，碱性比$Ca(OH)_2$弱，但比$Al(OH)_3$强，$Yb(OH)_3$和$Lu(OH)_3$略显两性。$Lu(OH)_3$的溶度积从La到Lu逐渐减小。此外，$Ln(OH)_3$的热稳定性也随Ln^{3+}半径从La^{3+}到Lu^{3+}逐渐减小而降低。

(3) 盐类

重要的Ln(Ⅲ)盐有卤化物、硫酸盐、硝酸盐和草酸盐等。氯化物、硫酸盐、硝酸盐易溶于水，草酸盐、碳酸盐、氟化物、磷酸盐难溶于水。盐类的溶解度一般随原子序数增加而增大。很多稀土元素的硫酸盐、硝酸盐能与碱金属或铵的相应的盐形成复盐，如$M(Ⅰ)_2SO_4 \cdot Ln_2(SO_4)_3 \cdot xH_2O$。其溶解度由La到Lu依次增大。

根据硫酸复盐的溶解度大小不同，可将其分为三组：

铈组（或轻稀土组）：包括La^{3+}，Ce^{3+}，Pr^{3+}，Nd^{3+}，Sm^{3+}

铽组（次重稀土组）：包括Eu^{3+}，Gd^{3+}，Tb^{3+}，Dy^{3+}

钇组（重稀土组）：包括 Y^{3+}，Ho^{3+}，Er^{3+}，Tm^{3+}，Yb^{3+}，Lu^{3+}

硫酸复盐溶解性的差异常用于稀土元素的粗分离（分组分离）。铈组在冷溶液中先析出，滤液加热后，铽组析出，而钇组仍留在溶液中。有时也可分为两组，即铈组（轻稀土由 La 到 Sm）和钇组（重稀土由 Eu 到 Lu）。

镧系元素的硝酸盐极易溶于水，也能溶于乙醇、乙醚、丙酮等许多有机溶剂中。在用溶剂萃取分离法分离稀土时，通常用稀土的硝酸盐。

镧系元素草酸盐不仅难溶于水，也难溶于稀的无机酸中，利用这些性质可把镧系元素和其他元素分开。化工生产上提取镧系元素化合物，多是先把镧系元素沉淀为草酸盐，然后经烘干、灼烧得其氧化物。

与 d 区过渡元素比较，Ln^{3+} 形成配合物的能力并不很强，除水合离子外，Ln^{3+} 形成的配合物为数不多。只有与某些强场配体或螯合剂所形成的配合物才是稳定的。虽然镧系元素配合物不多，但其配合物在镧系元素的分离和分析中起着重要的作用。

(4) Ln(Ⅳ) 的化合物

镧系元素中，只有 Ce(Ⅳ) 的化合物较常见，也较重要。

二氧化铈（CeO_2）为白色固体，可由 $Ce(OH)_3$、$Ce(NO_3)_3$、$Ce_2(CO_3)_3$ 或 $Ce_2(C_2O_4)_3$ 在空气中加热而制得。在 Ce(Ⅳ) 盐溶液中加入 NaOH，可析出黄色凝胶状水合二氧化铈 $CeO_2 \cdot xH_2O$ 沉淀。$Ce(OH)_3$ 在空气中也可被氧化为 $CeO_2 \cdot xH_2O$。

常见的 Ce(Ⅳ) 盐有二水合硫酸铈 $Ce(SO_4)_2 \cdot 2H_2O$ 和三水合硝酸铈 $Ce(NO_3)_4 \cdot 3H_2O$，其中以硫酸铈(Ⅳ) 为最稳定，它在酸性溶液中是一强氧化剂。

11.7.4 锕系元素的通性

锕系元素包括锕(Ac)、钍(Th)、镤(Pa)、铀(U)、镎(Np)、钚(Pu)、镅(Am)、锔(Cm)、锫(Bk)、锎(Cf)、锿(Es)、镄(Fm)、钔(Md)、锘(No)、铹(Lr)共 15 种元素，它们都具有放射性。铀以后的元素称为超铀元素，它们都是 1940 年以后用人工核反应合成的。

锕系元素的原子光谱很复杂，确定锕系元素基态原子的电子层结构也是很困难的。表 11-7 列出了价层电子构型等性质。

由上表可看出，同镧系元素的价层电子构型相似，锕系元素新增加的电子依次填入外数第三层 5f 轨道，且随着原子序数的增加，原子半径和离子半径递减，即也有锕系收缩现象。

锕系元素均为活泼金属和强还原剂，它们易与氧、卤素、酸等反应，因而只能用电解其熔融盐或高温下用活泼金属（如 Ca）还原其卤化物的方法，来制取锕系元素。锕系元素的离子大都有颜色。

与镧系元素比较，其最大的差异是锕系元素均具有放射性。它们不断自发地放射出 α 或 β 射线，有的并伴随着放出 γ 射线。例如：天然铀的最主要的组分是质量数为 238 的同位素（简写为铀-238），它可自发地放出射线，现仅写出头两步反应：

$$^{238}_{92}U \longrightarrow {}^{234}_{90}Th \quad +{}^{4}_{2}He$$
铀-238　　钍-234　　氦核（α 粒子）

$$^{234}_{90}Th \longrightarrow {}^{234}_{91}Pa \quad +{}^{0}_{-1}e$$
　　　　　镤-234　　电子（β 粒子）

表 11-7 锕系元素的通性

原子序数	名称	符号	价层电子构型	原子半径(pm)	离子半径(pm)		氧化值
					M^{3+}	M^{4+}	
89	锕	Ac	$6d^17s^2$	188	126	—	+3
90	钍	Th	$6d^27s^2$	180		108	+3, +4
91	镤	Pa	$5f^26d^17s^2$	161	118	104	+3, +4, +5
92	铀	U	$5f^36d^17s^2$	138	116.5	103	+3, +4, +5, +6
93	镎	Np	$5f^46d^17s^2$	130	115	101	+3, +4, +5, +6, +7
94	钚	Pu	$5f^67s^2$	173	114	100	+3, +4, +5, +6, +7
95	镅	Am	$5f^77s^2$	173	111.5	99	+2, +3, +4, +5, +6
96	锔	Cm	$5f^76d^17s^2$	174	111	99	+3, +4
97	锫	Bk	$5f^97s^2$	170.4	110	97	+2, +3
98	锎	Cf	$5f^{10}7s^2$	169.4	109	96.1	+2, +3
99	锿	Es	$5f^{11}7s^2$	(169)			+2, +3
100	镄	Fm	$5f^{12}7s^2$	(194)			+2, +3
101	钔	Md	$5f^{13}7s^2$	(194)			+2, +3
102	锘	No	$5f^{14}7s^2$	(194)			+2, +3
103	铹	Lr	$5f^{14}6d^17s^2$	(171)			+3

11.7.5 镧系和锕系元素的用途

(1) 镧系元素的用途

镧系元素应用极为广泛。化学工业上主要用作催化剂。例如混合镧系元素的氯化物和磷酸盐用作催化剂,可加速石油的裂化分解。$LaNi_5$、La_2Mg_{17} 等吸氢能力极强,可作为储氢材料。混合稀土氧化物广泛用作玻璃抛光材料和玻璃的脱色剂,还可用来制造耐辐射玻璃和激光玻璃。用 Y_2O_3 和 Dy_2O_3 可制得耐高温透明陶瓷,这种陶瓷被用于火箭、激光、电真空等技术工程上。此外,电视工业中大量使用的荧光粉为某些稀土化合物,此荧光粉用于制造电视荧光屏。

钢铁中加入少量稀土元素,可大大改善钢的机械性能,因此稀土元素可称为钢铁的"维生素"。例如在生铁中加入铈,可得到球墨铸铁,使生铁具有韧性且耐磨,可以铁代钢,以铸代锻。

$SmCo_5$、Sm_2Co_{17} 的磁性极强,为普通碳钢的百倍,因而用作高磁性材料。此外,农业上用稀土元素可使粮食增产 10%~20%,白菜增产 29%,大豆增产 50%,还可提高西瓜的产量和甜度,因此可作高效微量肥料。

(2) 锕系元素的用途

钍有很好的发射性能,可用于放电管及光电管中。ThO_2 与 Co_2O_3 共同用作水煤气合成汽油的催化剂。含钍的镁合金质量轻、强度高,可制作飞机骨架,Th-232 被中子照射后可蜕变为原子燃料 U-233,U-235 可作为核反应堆的燃料。

超铀元素的应用，主要是利用它们的核性质而不是化学性质。其中 ^{235}Pu 作为核燃料极为重要。近来，某些超铀元素作为放射源（中子源和 γ 辐射源）和能源，也获得了进展。如 ^{252}Cf 可自发裂变释放出中子，作为中子源比起一般的 (α, n) 反应中的中子源有许多优点，如体积小，仅靠自发裂变产生中子，不需要引进其他物质。所以 ^{252}Cf 是核反应堆启动的理想中子源。某些超铀元素可作为能源，其中一种是将核变的热能转变为电能，核电池就是这种热能转换为电能的装置。核电池具有体积小，寿命长等优点。例如美国向月球发射的"阿波罗-12"飞船中的核电池，其中就装有超铀元素 ^{238}Pu，由于 ^{238}Pu 半衰期较长（86.4 年），因而能量供应恒定，无 γ 辐射，是理想的能源材料，^{238}Pu 电池也用作心脏起搏器。

习 题

1. 选择题

(1) 在中性介质中，MnO_4^- 被还原的产物主要是（   ）。

　　A. Mn^{3+}　　　　B. MnO_2　　　　C. MnO_4^{2-}　　　　D. Mn^{2+}

(2) 氧化值为 +3 的铬在过量强碱中的存在形式是（   ）。

　　A. $Cr(OH)_3$　　B. CrO_2^-　　　C. Cr^{3+}　　　　D. CrO_4^{2-}

(3) 下列试剂中，既可以用来鉴定 Fe^{3+} 又可以用来鉴定 Cu^{2+} 的是（   ）。

　　A. NaOH　　　　B. $NH_3 \cdot H_2O$　　C. $K_4[Fe(CN)_6]$　　D. $K_3[Fe(CN)_6]$

(4) 下列哪种物质与浓 HCl 作用不能产生 Cl_2（   ）？

　　A. Ni_2O_3　　　B. $Co(OH)_3$　　　C. MnO_2　　　　D. $Fe(OH)_3$

(5) 在酸性溶液中能稳定存在的是（   ）。

　　A. $Cr_2O_7^{2-}$　　B. MnO_4^-　　　C. MnO_4^{2-}　　　D. Cu^+

(6) 下列物质不具有两性的是（   ）。

　　A. $Cr(OH)_3$　　B. $Ni(OH)_2$　　　C. $Sn(OH)_2$　　　D. $Cu(OH)_2$

2. 过渡元素的水合离子为何多数有颜色，而 Sc^{3+}，Ti^{4+}，Ag^+，Zn^{2+} 等水合离子却无色？

3. 简述由钛铁矿制备钛白的方法，写出有关反应方程式。

4. 完成并配平下列反应方程式。

(1) $Ti + HF \longrightarrow$

(2) $TiO_2 + H_2SO_4$（浓）$\longrightarrow$

(3) $TiCl_4 + H_2O \longrightarrow$

(4) $Ti^{3+} + O_2 + H_2O \longrightarrow$

(5) $TiO_2 + C + Cl_2 \longrightarrow$

5. 钒酸盐在强碱性和强酸性溶液中各以何种形式存在？

6. 完成并配平下列反应方程式。

(1) $NH_4VO_3 \xrightarrow{\triangle}$

(2) $V_2O_5 + OH^-$（冷）$\longrightarrow$

(3) $V_2O_5 + HCl$（浓）$\longrightarrow$

(4) $V_2O_5 + H_2SO_4 \longrightarrow$

(5) $VO_2^+ + Fe^{2+} + H^+ \longrightarrow$

7. 选择适当的试剂，完成下列各步反应式。

$$K_2CrO_4 \xrightarrow{?} K_2Cr_2O_7 \xrightarrow{?} CrCl_3 \xrightarrow{?} Cr(OH)_3 \xrightarrow{?} KCrO_2$$

8. 完成并配平下列反应方程式。

(1) $Cr(OH)_4^- + H_2O_2 + OH^- \longrightarrow$

(2) $Cr_2O_7^{2-} + H^+ + Fe^{2+} \longrightarrow$

(3) $K_2Cr_2O_7 + HCl(浓) \longrightarrow$

(4) $Cr_2O_3 + K_2S_2O_7 \xrightarrow{\triangle}$

(5) $Cr^{3+} + S^{2-} + H_2O \longrightarrow$

(6) $Cr_2O_7^{2-} + Pb^{2+} + H_2O \longrightarrow$

9. 将 $K_2Cr_2O_7$ 溶液加入以下各溶液中，会发生什么现象？写出实验现象和主要产物。

$$NaNO_2 \quad H_2O_2 \quad NaOH \quad Ba(NO_3)_2 \quad H_2S$$

10. 把煅烧过的 Cr_2O_3 变为 Cr(Ⅲ) 和 Cr(Ⅵ) 的化合物，采用什么办法？写出其反应方程式。

11. 铬的某化合物 A 是橙红色溶于水的固体，将 A 用浓 HCl 处理产生黄绿色刺激性气体 B 和生成暗绿色溶液 C。在 C 中加入 KOH 溶液，先生成灰绿色沉淀 D，继续加入过量的 KOH 溶液则沉淀消失，变成绿色溶液 E。在 E 中加入 H_2O_2，加热则生成黄色溶液 F，F 用稀酸酸化，又变为原来的化合物 A 的溶液。问 A，B，C，D，E，F 各是什么？写出每步变化的反应方程式。

12. 完成并配平下列反应方程式。

(1) $MnO_4^- + NO_2^- + H^+ \longrightarrow$

(2) $MnO_4^- + NO_2^- + OH^- \longrightarrow$

(3) $Mn^{2+} + NaBiO_3 + H^+ \longrightarrow$

(4) $MnO_4^- + H_2O_2 + H^+ \longrightarrow$

(5) $MnO_4^{2-} + Cl_2 \longrightarrow$

(6) $MnO_4^- + OH^- \longrightarrow$

(7) $MnO_2 + H_2SO_4(浓) \longrightarrow$

13. 有一锰的化合物，是不溶于水且很稳定的黑色粉末状物质 A，该物质与浓盐酸反应得到溶液 B，且有刺激性气体 C 放出。向 B 溶液中加入强碱，可以得到白色沉淀 D。此沉淀在碱性介质中很不稳定，易被空气氧化成棕色物质 E。若将 A 与 KOH，$KClO_3$ 一起混合加热熔融可得到一绿色物质 F。将 F 溶于水并通入 CO_2，则得到紫色溶液 G，且又析出 A。试问 A，B，C，D，E，F，G 各为何物，并写出相应的反应方程式。

14. 在酸性溶液中，过量的 SO_3^{2-} 可将 MnO_4^- 还原成什么？若 MnO_4^- 过量，则产物又是什么？

15. 完成并配平下列反应方程式。

(1) $Fe^{3+} + I^- \longrightarrow$

(2) $Fe + HNO_3(冷、稀) \longrightarrow$

(3) $Co_2O_3 + HCl \longrightarrow$

(4) $Ni(OH)_2 + Br_2 + OH^- \longrightarrow$

(5) $[Co(NH_3)_6]^{2+} + O_2 + H_2O \longrightarrow$

(6) $Ni^{2+} + NH_3$（过量）$\longrightarrow$

(7) $Ni(OH)_3 + HCl \longrightarrow$

(8) $Fe^{3+} + K^+ + [Fe(CN)_6]^{4-} \longrightarrow$

16. (1) 在 Fe^{2+}、Co^{2+}、Ni^{2+} 盐的溶液中加入 NaOH 溶液，在空气中放置后各得到何种产物？写出有关反应方程式；

(2) 在 Fe^{2+}、Co^{2+}、Ni^{2+} 盐的溶液中加入过量氨水时，有何现象产生？写出有关反应方程式；

(3) 用盐酸处理 $Fe(OH)_3$、$Co(OH)_3$ 和 $Ni(OH)_3$ 时各发生什么反应？写出反应方程式。

17. 某氧化物 A，溶于浓盐酸得溶液 B 和气体 C。C 通入 KI 溶液后用 CCl_4 萃取生成物，CCl_4 层出现紫色。B 加入 KOH 溶液后析出粉红色沉淀 D。B 遇过量氨水，得不到沉淀而得土黄色溶液 E，放置后则变为红褐色溶液 F。B 中加入 KSCN 及少量丙酮时生成宝石蓝溶液 G。判断 A，B，C，D，E，F，G 各是什么，写出有关反应方程式。

18. Fe^{2+}、Fe^{3+}、Co^{2+}、Ni^{2+} 各是什么颜色？写出其鉴定反应，所用的主要试剂及产物颜色。

19. 如何分离 Fe^{3+}、Cr^{3+}、Al^{3+}、Ni^{2+} 离子？

20. 完成并配平下列反应方程式。

(1) $Cu + H_2SO_4$（稀）$+ O_2 \longrightarrow$

(2) $Au + NaCN + O_2 + H_2O \longrightarrow$

(3) $Zn + NH_3 + H_2O \longrightarrow$

(4) Hg（过量）$+ HNO_3$（冷、稀）$\longrightarrow$

(5) $Cu_2O + HCl$（稀）$\longrightarrow$

(6) $Cu_2O + H_2SO_4$（稀）$\longrightarrow$

(7) $CuSO_4 + KI \longrightarrow$

(8) $[Ag(NH_3)_2]^+ + HCHO + OH^- \longrightarrow$

(9) $AgBr + Na_2S_2O_3 \longrightarrow$

(10) $Hg^{2+} + I^-$（适量）$\longrightarrow$

(11) $Hg_2^{2+} + I^-$（过量）$\longrightarrow$

(12) $HgCl_2 + SnCl_2$（过量）$\longrightarrow$

(13) $HgS + Na_2S \longrightarrow$

21. (1) 在 Cu^{2+}，Ag^+，Zn^{2+}，Hg^{2+}，Hg_2^{2+} 的溶液中各加入适量 NaOH 有何现象？再加入过量 NaOH 又有何现象？写出有关反应方程式；

(2) 选用适当的酸溶解下列硫化物，并写出反应方程式。

$$ZnS, \quad Ag_2S, \quad CuS, \quad CdS, \quad HgS$$

(3) 选用适当的配位剂溶解下列沉淀物，并写出有关反应方程式。

$$Cu(OH)_2, \quad Ag_2O, \quad AgI, \quad CuCl, \quad Zn(OH)_2, \quad Cd(OH)_2, \quad HgI_2$$

22. 化合物 A 是一白色固体，加热能升华，微溶于水。(1) 加入 NaOH 于 A 的溶液中，产生黄色沉淀 B，B 不溶于碱可溶于 HNO_3；(2) 通 H_2S 于 A 的溶液中，产生黑色沉淀 C，C 不溶于浓 HNO_3，但可溶于 Na_2S 溶液，得溶液 D；(3) 加 $AgNO_3$ 于 A 的溶液中，产生白色沉淀 E，E 不溶于 HNO$_3$，但可溶于氨水，得溶液 F；(4) 在 A 的溶液中滴加 SnCl$_2$ 溶液，产生白色沉淀 G，继续滴加，最后得黑色沉淀 H。试确定 A，B，C，D，E，F，G，H 各为何物？

23. 分离下列各组混合物：

① MgCl$_2$ 和 ZnCl$_2$ ② ZnCl$_2$ 和 CdCl$_2$ ③ CuSO$_4$ 和 ZnSO$_4$

④ AgCl 和 Hg$_2$Cl$_2$ ⑤ HgCl$_2$ 和 Hg$_2$Cl$_2$ ⑥ CdS 和 HgS

24. 写出下列物质的化学式：

甘汞，升汞，孔雀石，辰砂，铁红，铬绿，钛白，灰锰氧，红矾钾，黄血盐。

25. 什么叫"镧系收缩"？分析出现这种现象的原因，说明它对第五、六周期中各副族元素性质所产生的影响。

第 12 章
吸光光度法概述

吸光光度法是基于被测物质对光具有选择性吸收而建立起来的分析方法。它包括比色法、可见分光光度法和紫外分光光度法。与化学分析法相比，吸光光度法具有以下特点。

① 灵敏度高。适用于微量组分的测定，一般测定下限可达 $10^{-5}\%\sim10^{-4}\%$。

② 准确度高。其相对误差可达 $2\%\sim5\%$，如分光光度法。若使用精密仪器，误差可降至 $1\%\sim2\%$，完全能满足微量组分的测定要求。

③ 应用广泛。几乎所有的无机物质和许多有机化合物都可直接或间接地用吸光光度法进行测定。此外该法还可用来研究化学反应的机理以及溶液化学平衡等理论。

④ 仪器设备简单，操作简便、快速。

本章主要介绍可见分光光度法。

12.1 吸光光度法的基本原理

12.1.1 物质对光的选择性吸收

可见光是指人眼能感觉到的、波长范围在 $400\sim750nm$ 的光。具有同一波长的光为单色光，由不同波长组合而成的光称为复合光，太阳光、白炽灯光等白光就是复合光。如果将两种适当颜色的单色光按照一定强度比例混合能形成白光，那么这两种单色光则被称为互补色光，例如黄光和蓝光即为互补色光。

物质呈现的颜色是物质对不同波长的光选择性吸收的结果。当一束白光（如太阳光）照射某溶液时，如果该溶液对各种波长的可见光均不吸收，即入射光全部透过，则溶液透明无色。如果溶液选择性吸收了可见光中某一波段的光，而让其他波段的光全部透过，则溶液呈现出透射光的颜色。在透射光中，只有与溶液选择性吸收光色的互补色光才能引起人们视觉的特殊色感，所以溶液呈现的颜色是它吸收光色的互补色。例如，$CuSO_4$ 溶液因吸收了白光中的黄色光而呈现蓝色。表 12-1 中列出了溶液颜色与吸收光颜色的互补关系。

表 12-1　溶液颜色与吸收光颜色的互补关系

溶液颜色	吸收光	
	颜色	波长范围(nm)
黄绿	紫	400～450
黄	蓝	450～480
橙	绿蓝	480～490
红	蓝绿	490～500
红紫	绿	500～560
紫	黄绿	560～580
蓝	黄	580～600
绿蓝	橙	600～650
蓝绿	红	650～750

以上简单地说明了物质呈现的颜色是物质对不同波长的光选择性吸收的结果。由于物质对不同波长的光吸收程度不同，如果以波长为横坐标，以每一波长下某物质对光的吸收程度即吸光度（A）为纵坐标，则可得到一条曲线，该曲线称为吸收曲线或吸收光谱，它能更清楚地描述物质对光的吸收情况。图 12-1 即为 $KMnO_4$ 溶液的吸收曲线：

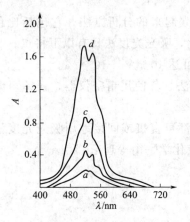

图 12-1　$KMnO_4$ 溶液的吸收曲线

从图中可以看出，$KMnO_4$ 溶液在可见光范围内对波长 525nm 附近的绿光吸收最强，对紫色和红色光几乎不吸收。通常将吸收曲线的峰值处称为最大吸收，其所对应的波长称为最大吸收波长，以 λ_{max} 表示，例如 $KMnO_4$ 溶液的 $\lambda_{max}=525nm$。

吸收曲线的形状与物质的分子结构有关。由于各种物质的分子结构不同，对不同波长的光具有选择性吸收，因此各物质具有各自的特征吸收光谱，据此可以对物质进行初步定性分析。

另外，对于不同浓度的同一物质，其最大吸收波长和吸收曲线形状不变，只是吸光度随浓度增大而增大。若在最大吸收波长处测吸光度，则灵敏度最高。因此，吸收曲线是吸光光度法中选择测量波长的重要依据。在对物质进行定量分析时，若没有其他干扰物质存在，一般选择最大吸收波长作为测量波长。

12.1.2　光的吸收基本定律——朗伯-比耳定律

早在 1729 年，波格（Bouguer）首先发现物质对光的吸收与吸光物质的厚度有关。他的学生朗伯（Lambert）又进行了进一步的研究，并于 1760 年指出：若溶液的浓度一定，则光的吸收程度与液层的厚度成正比，这个关系称为朗伯定律，用下式表示：

$$A=\lg \frac{I_0}{I}=k_1 b \tag{12-1}$$

式中，A 为吸光度；I_0 为入射光强度；I 为透射光强度；k_1 为比例常数；b 为液层厚度（光程长度）。

1852 年，比耳（Beer）研究了各种无机盐水溶液对红光的吸收后指出：当单色光通过液层厚度一定的有色溶液时，溶液的吸光度与溶液的浓度成正比，这个关系称为比耳定律，用下式表示：

$$A = \lg \frac{I_0}{I} = k_2 c \tag{12-2}$$

式中，c 为有色溶液的浓度；k_2 为比例系数。

将朗伯定律与比耳定律合并起来，就称为朗伯-比耳定律（简称比耳定律），其数学表达式为：

$$A = \lg \frac{I_0}{I} = abc \tag{12-3}$$

式中，比例系数 a 称为吸光系数。b 通常以 cm 为单位，若 c 以 g·L^{-1} 为单位，则 a 的单位为 L·g^{-1}·cm^{-1}。如 c 以 mol·L^{-1} 为单位，则此时的吸光系数称为摩尔吸光系数，用符号 ε 表示，单位为 L·mol^{-1}·cm^{-1}。式（12-3）可改写为：

$$A = \lg \frac{I_0}{I} = \varepsilon b c \tag{12-4}$$

ε 是吸光物质在特定波长和溶剂情况下的一个特征常数，在数值上等于 1mol·L^{-1} 吸光物质在 1cm 光程中的吸光度，它是吸光物质吸光能力的量度，也可用以估量定量方法的灵敏度。ε 值越大，方法的灵敏度越高。由实验结果计算 ε 时，常以被测物质的总浓度代替吸光物质的浓度，这样计算出来的 ε 值实际上是表观摩尔吸光系数。

ε 与 a 均能反映吸光物质吸光能力的大小，它们之间的相互关系为：

$$\varepsilon = Ma$$

式中，M 为被测物质的摩尔质量。

在吸光度的测量中，有时也用透光度 T 表示物质对光的吸收程度和进行有关计算。透光度 T 是透射光强度 I 与入射光强度 I_0 之比，即

$$T = \frac{I}{I_0} \tag{12-5}$$

结合式（12-4）可得

$$A = \lg \frac{1}{T} = \varepsilon b c \tag{12-6}$$

朗伯-比耳定律不仅适用于溶液，也适用于其他均匀非散射的吸光物质（气体或固体），是各类吸光光度法定量分析的依据。

例 12-1 用 1,10-邻二氮杂菲光度法测定铁，已知 Fe^{2+} 浓度为 5.0×10^{-4} g·L^{-1}，吸收池厚度为 2cm，在波长 508nm 处测得吸光度 $A = 0.380$，计算吸光系数 a 和摩尔吸光系数 ε。

解： 已知铁原子的摩尔质量为 55.85 g·mol^{-1}，根据比耳定律可得：

$$a = \frac{A}{bc} = \frac{0.380}{2 \times 5.0 \times 10^{-4}} = 3.8 \times 10^2 \, \text{L·g}^{-1}\text{·cm}^{-1}$$

$$\varepsilon = Ma = 55.85 \times 3.8 \times 10^2 = 2.1 \times 10^4 \, \text{L·mol}^{-1}\text{·cm}^{-1}$$

在含有多组分体系的吸光分析中，往往各组分都会对同一波长的光有吸收作用。如果各组分的吸光质点没有相互作用，在入射光强度 I_0 和波长 λ 都固定的前提下，体系的总吸光度等于各组分吸光度之和，即：

$$A_总 = A_1 + A_2 + \cdots + A_n = \varepsilon_1 bc_1 + \varepsilon_2 bc_2 + \cdots + \varepsilon_n bc_n \tag{12-7}$$

这一规律称为吸光度的加和性,根据这一规律可进行多组分的测定。

12.1.3 偏离朗伯-比耳定律的因素

光电比色法和分光光度法最常用的分析方法为标准曲线法。根据朗伯-比耳定律,当液层厚度 b 固定后,溶液的吸光度 A 与溶液的浓度 c 呈正比。如果配制一系列不同浓度的标准溶液,并测其吸光度值,以吸光度为纵坐标,以标准溶液的浓度为横坐标作图,应得到一条通过原点的直线,该直线称为标准曲线或工作曲线。在同样的条件下,测定被测样品溶液的吸光度 A_x,由所得到的 A_x 在标准曲线上可查出相应被测样品中待测组分的浓度 c_x,如图 12-2 所示。

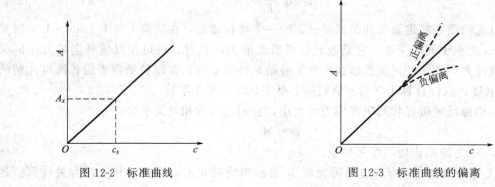

图 12-2 标准曲线　　　　图 12-3 标准曲线的偏离

在实际工作中,常常会出现标准曲线偏离直线而发生上弯或下弯的现象,如图 12-3 所示。这种现象称为偏离朗伯-比耳定律。采用光度法测量样品时,如果被测样品的吸光度值落在标准曲线的弯曲部分,由此得到的测量结果将会产生较大的测量误差。因此有必要对偏离朗伯-比耳定律的原因有所了解,以便在实际测定中正确地控制和选择测量条件。发生偏离的原因主要有两方面。

(1) 非单色光的影响

严格地说,朗伯-比耳定律只适用于单色光,但目前所使用的光度分析仪器所提供的入射光,实际上是有一定波长范围的光谱带而非单色光。由于物质对不同波长光的吸收程度不同,因而造成了对朗伯-比耳定律的偏离。

实验证明,若能选用一束吸光度随波长变化不大的复合光作入射光来进行测定,由于 ε 变化不大,所引起的偏离就小,标准曲线基本上呈直线。因此,在光度分析中,选择适当的入射波长很关键。一般情况下,总是选择吸光物质的最大吸收波长的光为入射光,这样不仅可以获得最大的灵敏度,而且吸光物质的吸收曲线在此处有一个较小的平坦区,ε 值基本相等,因此能够得到较好的线性关系。

(2) 化学因素的影响

当待测溶液的浓度较高时,标准曲线常发生弯曲现象,这是由于吸光质点的相互作用直接影响了它的吸光能力。浓度越高,吸光质点相互作用越大,标准曲线偏离比耳定律的程度越严重。因此朗伯-比耳定律只适用于稀溶液。

另外，吸光质点往往不够稳定，常因环境或介质条件的变化而形成新的化合物或改变原来吸光质点的浓度，例如吸光物质的缔合、离解、互变异构、配合物的逐级形成以及与溶剂的相互作用等，都将导致偏离朗伯-比耳定律。

12.2 可见分光光度法简介

12.2.1 分光光度计的基本构造

可见分光光度法使用的主要仪器是分光光度计，目前分光光度计虽然种类和型号很多，但均由以下四大部分组成。

现将各部分简介如下。

(1) 光源

理想光源的发射强度应足够强，而且发射的各波段光的强度分布均匀、稳定。在可见光区测量时通常使用 6~12V 低压钨丝灯作光源，其发射波段为 360~1100nm。由于钨丝灯光源强度分布受电源电压变化的影响较大，所以需要使用稳压器提供稳定的电源电压，以保证光源输出的稳定性。

在近紫外区测定时，常采用氢灯或氘灯产生的 180~375nm 的连续光谱作光源。

(2) 单色器

将光源发出的连续光谱分解为单色光的装置称为单色器。单色器主要是由棱镜或光栅等色散元件及狭缝和透镜等组成。

棱镜一般是由玻璃或石英材料制成，其分光原理是根据光的折射原理。即不同波长的光通过棱镜时，具有不同的折射率。因此棱镜能将复合光按波长顺序分解为单色光。玻璃棱镜的适用波长范围为 350~3200nm，适用于可见光分光光度计。石英棱镜的适用波长范围约为 185~4000nm，因此可适用于紫外-可见分光光度计。

光栅是利用光的衍射和干涉原理达到色散目的。其优点是适用波长范围宽、色散均匀、分辨本领高。

复合光经过色散元件色散后，要经过一狭缝，它是单色器的组成部分，用以截取分光后光谱中某一狭窄波段的光。由于狭缝很窄，只有几个纳米宽，因此得到的单色光比较纯。

(3) 吸收池

亦称比色皿，是由无色透明的光学玻璃或石英制成的，用来盛放被测溶液。可见光分光光度法使用玻璃制的吸收池，紫外区分光光度法则需使用石英制的吸收池。吸收池的规格有 0.5cm, 1.0cm, 2.0cm, 3.0cm 等。使用时应保持吸收池的光洁，特别要注意透光面不受磨损。

(4) 检测系统

检测系统包括光电转换元件和指示器。测量物质的吸光度时，不是直接测量透过吸收池的光强度，而是利用光电转换元件将光强度转换成光电流进行测量，因此要求光电转换元件对测定波长范围内的光有快速、灵敏的响应，而且最重要的是产生的光电流应与照射于检测器上的光强度成正比。常用的光电转换元件有硒光电池、光电管和光电倍增管等。

① 硒光电池

它对光的敏感范围为 300~800nm，但以 500~600nm 最灵敏，其结构简单，价格便宜，更换方便，但易出现"疲劳现象"。常用于光电比色计及低档的分光光度计。

② 光电管

光电管是由一个阳极和一个光敏阴极组成的真空（或充少量惰性气体）二极管，阴极表面镀有碱金属或碱金属氧化物等光敏材料。由于所采用的阴极材料光敏性能不同，可分为红敏和紫敏两种。红敏的适用波长范围为 625~1000nm，紫敏的适用波长范围是 200~625nm，与光电池比较，光电管具灵敏度高、光敏范围广、不易疲劳等优点。另外，光电倍增管也被广为采用，其灵敏度比光电管更高，本身还具有放大作用。

③ 指示器

指示器可以测量并记录光电流的大小。普通光度计的指示器是一个较灵敏的检流计，但其面板上标度的不是电流值，而是透光度 T 和吸光度 A，如图 12-4 所示。由于吸光度与透光度是负对数关系，因此透光度的标尺刻度是均匀的，而吸光度的标尺刻度是不均匀的。中高档的分光光度计采用记录仪、数字显示器或电传打字机记录吸光度值。目前，许多光度计都配有工作站和激光打印机。

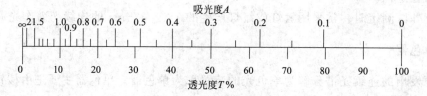

图 12-4 吸光度与透光度的关系

12.2.2 显色反应和显色条件的选择

(1) 显色反应

在光度分析中，首先要将被测组分转变为有色化合物，所用的试剂称为显色剂，所对应的反应称为显色反应。

在光度分析中，显色反应一般可分为两大类，即配位反应和氧化还原反应，其中配位反应是最常用的显色反应。在实际分析中，同一待测组分常可与多种显色剂发生显色反应，生成不同的有色物质。为了保证测定的灵敏度和准确度，在分析时常需对显色反应进行选择，选择原则是：

① 灵敏度高。光度分析一般用于微量组分的测定，因此显色反应的灵敏度要高。摩尔吸光系数 ε 是衡量显色反应灵敏度高低的重要指标，因此应当选择 ε 较大的显色反应。一般

来说，当 ε 值为 $10^4 \sim 10^5$ 时，可以认为该显色反应灵敏度较高。

② 选择性好。选择性好是指显色剂仅与一个离子或少数几个离子发生显色反应。显色剂仅与某一种离子发生的显色反应称为特效反应。由于在实际分析中这种特效反应的显色剂难以找到，因此通常选用的是干扰较少或干扰易于除去的显色反应。

③ 生成的有色化合物组成恒定，化学性质稳定。这样可以保证至少在测定过程中吸光度值基本不变，否则将影响吸光度测定的准确度和重现性。

④ 有色化合物与显色剂之间应有明显的颜色差别。这样试剂空白较小，可以保证测量的灵敏度。通常将有色化合物的最大吸收波长与显色剂的最大吸收波长之差称为对比度，一般要求对比度 $\Delta\lambda$ 在 60nm 以上。

⑤ 显色反应条件易于控制。这样可以保证测量具有良好的重现性。

(2) 显色条件的选择

实际上能够满足上述要求的显色反应是比较少的，因此当显色反应初步确定之后，要适当地选择显色条件，以保证显色反应完全，满足光度分析的要求。影响显色反应的因素主要有以下几种。

① 显色剂用量

显色反应一般可用下式表示：

$$M + R \rightleftharpoons MR$$
（被测离子）（显色剂）（有色化合物）

根据平衡移动原理，显色剂 R 过量越多，越有利于被测离子形成有色化合物。但对于某些不稳定或形成逐级配合物的反应，显色剂过量太多反而会引起副反应，对测定不利。显色剂的适宜用量要通过实验来确定。方法是：固定被测离子浓度及其他条件，分别加入不同量的显色剂，测其吸光度，然后绘制出吸光度对显色剂浓度的关系曲线，一般可得到如图 12-5 所示的三种形状的曲线。

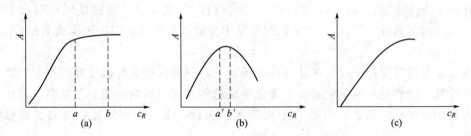

图 12-5 吸光度与显色剂浓度的关系曲线

曲线 (a) 表明：开始随着显色剂用量的增加，吸光度逐渐增大，当显色剂用量增加到一定程度后，吸光度趋于平缓，曲线上出现平坦区，说明此时被测离子已全部转化为有色化合物，反应完全。因此在实际测定时可以在 $a \sim b$ 平坦区选择一个合适的显色剂用量。这类反应生成的有色化合物稳定，对显色剂用量不需严格控制，适用于光度分析。

曲线 (b) 表明：当显色剂用量增加时，被测物的吸光度值也增加，但当显色剂用量增至一定程度后，吸光度出现最大值，在 $a' \sim b'$ 这一较窄的范围内时，吸光度值才较稳定，此后显色剂用量再增加，吸光度反而下降。这种情况可能是由于显色剂浓度较大时，被测离子形成了不同配位数的配合物之故。例如：SCN^- 与 $Mo(V)$ 的反应：

$$\text{Mo(SCN)}_3^{2+}\text{(浅红)} \underset{-\text{SCN}^-}{\overset{+\text{SCN}^-}{\rightleftharpoons}} \text{Mo(SCN)}_5\text{(橙红)} \underset{-\text{SCN}^-}{\overset{+\text{SCN}^-}{\rightleftharpoons}} [\text{Mo(SCN)}_6]^-\text{(浅红)}$$

显色剂 SCN^- 浓度太低或太高，生成配位数低或高的配合物，其吸光度都降低。因此在测定时必须严格控制显色剂用量。

曲线（c）表明：随着显色剂浓度的增大，吸光度值不断增大。例如 SCN^- 与 Fe^{3+} 反应，将会生成逐级配合物 $[Fe(NCS)_n]^{3-n}$（$n=1,2,\cdots,6$），随着 SCN^- 浓度的增大，可生成颜色越来越深的高配位数的配合物，在这种情况下必须十分严格地控制显色剂用量。

② 溶液的酸度

酸度对显色反应的影响是多方面的。大多数显色剂是有机弱酸且带有酸碱指示剂的性质，在溶液中存在下列平衡：

$$\text{HR} \rightleftharpoons \text{H}^+ + \text{R}^-$$
（显色剂） $+$
$$\text{M}^{n+} \rightleftharpoons \text{MR}_n$$
（有色化合物）

酸度改变，将引起平衡移动，从而影响显色剂的浓度及显色反应的完全程度，还可能引起配位基团 R^- 数目的改变以致改变溶液的颜色。此外，酸度对待测离子存在状态及是否发生水解也是有影响的。因此在进行显色反应时，控制溶液的酸度是十分重要的。

显色反应最适宜的酸度也需要通过实验进行选择。方法是：固定被测离子及显色剂浓度，改变溶液 pH 值，测其吸光度，然后绘制吸光度对 pH 值的关系曲线，如图 12-6 所示。实际测定时，可选择曲线平坦区域的某一 pH 值作为测定时的最佳酸度条件。

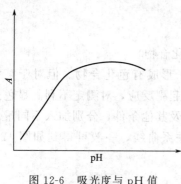

图 12-6 吸光度与 pH 值的关系曲线

③ 显色温度

多数显色反应在室温下即可进行，只有少数反应需要加热，以加速显色反应的进行。加热温度高低对显色反应有一定影响，温度低，反应速度慢；温度高，某些显色剂会发生分解，最适宜的温度范围应通过实验获得。

④ 显色时间

大多数显色反应需经一段时间才能完全反应，时间的长短又与温度高低有关。有的有色物质在放置时，受到空气的氧化或发生光化学反应等因素的影响会使颜色减弱。因此必须通过条件实验作出在一定温度下的吸光度-时间关系曲线，求出适宜的显色时间及测量吸光度的时刻。

⑤ 干扰物质的影响及消除方法

在光度分析中，体系内存在的干扰物质的影响有以下几种情况：干扰物质本身有颜色或与显色剂形成有色化合物，并在测量条件有吸收；在显色条件下，干扰物质水解，析出沉淀使溶液浑浊，从而致使吸光度的测量无法进行；与待测离子或显色剂形成更稳定的配合物，使显色反应不能进行完全。

为消除上述干扰可以采取以下几种方法。

a. 控制酸度。主要根据配合物的稳定性不同，通过控制酸度的方法提高反应的选择性。例如用磺基水杨酸测定 Fe^{3+} 时，Cu^{2+} 与试剂形成黄色配合物，干扰测定，但如控制 pH 值在 2.5 左右，则 Cu^{2+} 不与显色剂反应，即可消除 Cu^{2+} 的干扰。

b. 选择适当掩蔽剂。使用掩蔽剂是消除干扰的常用方法，广泛用于分光光度法中。选取的条件是掩蔽剂不与待测离子作用，且掩蔽剂以及它与干扰物质形成的配合物的颜色应不干扰待测离子的测定。例如用 NH_4SCN 作显色剂测定 Co^{2+} 时，Fe^{3+} 的干扰可借加入 NaF 使之生成无色的 $[FeF_6]^{3-}$ 而消除。

c. 选择适当的光度测量波长。例如在 λ_{max} 为 525nm 处测 MnO_4^-，共存离子 $Cr_2O_7^{2-}$ 产生吸收干扰，若改用 545nm 作为测量波长，虽然测得 MnO_4^- 的灵敏度有所下降，但在此波长下 $Cr_2O_7^{2-}$ 不产生吸收，因而干扰被消除。

d. 选择适当的参比溶液。基于吸光度的加和性，可选择适当的参比溶液扣除干扰。如果显色剂或其他试剂对测量波长也有吸收时，应选用试剂空白为参比溶液；如果显色剂与试液中其他组分发生反应且反应产物对测量波长有吸收，当该组分的量是已知的且干扰不严重时，可把等量的该组分加到参比溶液中；还可选择合适的掩蔽剂加到待测液中将待测组分掩蔽起来，然后按相同的操作方法加显色剂和其他试剂，以此来作参比溶液消除干扰。例如以铬天青 S 光度法测定 Al^{3+} 时，Ni^{2+}、Co^{2+} 等有色离子对测定有干扰。可加适量 F^- 到待测溶液中掩蔽 Al^{3+}，使之生成无色的 AlF_6^{3-} 配离子，然后按操作方法加显色剂和其他试剂，以此溶液为参比，即可消除 Co^{2+}、Ni^{2+} 等离子的干扰。

e. 分离干扰离子。若上述方法均不宜采用时，可采用沉淀、离子交换或溶剂萃取等分离方法除去干扰离子。

12.2.3 光度测量条件的选择

在光度分析中，当显色反应和显色条件确定后，为保证测定的准确度和灵敏度，还需从仪器的角度出发，选择适当的测量条件。光度分析的测量条件主要包括以下几个方面：

(1) 入射光波长的选择

在光度分析中，一般根据吸收曲线选择溶液的最大吸收波长 λ_{max} 为测量波长。这是因为在此波长处摩尔吸光系数值最大，使测定有较高的灵敏度。同时，在此波长处的一个较小范围内，吸光度变化不大，因此能够减小或消除由于单色光不纯而引起的对朗伯-比耳定律的偏离，使测定有较高的准确度。但如果在最大吸收波长 λ_{max} 处有其他物质的吸收干扰时，为消除干扰，可选用其他波长为测量波长，选择的原则是既能保证测定的灵敏度又能避免其他物质的吸收干扰。

(2) 参比溶液的选择

在吸光度的测量中必须将溶液装入比色皿中，由于比色皿及所加溶剂、试剂对入射光的反射和吸收也会造成透射光强度的减弱，为了使光强度的减弱仅与溶液中待测物质的浓度有关，必须配制参比溶液，对上述影响进行校正。

测定时，首先要用参比溶液来调节仪器的零点，这样就可以消除比色皿及溶剂、试剂对入射光的反射和吸收带来的误差。此外，适当的参比溶液还可消除一些干扰物质的影响。参比溶液的选择很重要，若选择不当，则会给测定结果带来一定误差。

选择参比溶液的总原则是使试液的吸光度真正反映待测物的浓度。例如：当使用的其他试剂、显色剂及试液均无吸收，仅是显色配合物有吸收时，可直接用纯溶剂作参比溶液，如蒸馏水。若显色剂或其他试剂对测量波长有一些吸收,应采用不加被测离子的试剂和显色剂的混合溶液即试剂空白作为参比液。如果试样中其他组分有吸收,但不与显色剂反应,则当显色剂无吸收时,可用试样溶液作参比溶液。

(3) 吸光度读数范围的选择

① 仪器的测量误差

任何光度计都有一定的测量误差,这是由于光源不稳定,读数不准确等因素造成的。在不同吸光度范围内读数对测定可带来不同程度的误差。

对于给定的分光光度计来说,透光度读数误差 ΔT 约为 $\pm 0.2\% \sim \pm 2\%$,由于透光度 T 与待测物质浓度呈负对数关系,因此相同的 ΔT 的读数误差造成的浓度相对误差是不一样的,如图 12-7 所示。

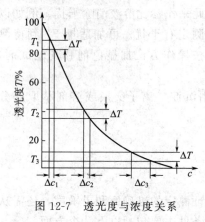

图 12-7 透光度与浓度关系

图 12-7 表明:当被测溶液浓度 c_1 较低时,由 ΔT 引起的浓度绝对误差 Δc_1 是很小的,但浓度的相对误差 $\dfrac{\Delta c_1}{c_1}$ 并不小。当被测溶液浓度 c_3 较大时,相同 ΔT 所引起的浓度绝对误差 Δc_3 也很大,故 $\dfrac{\Delta c_3}{c_3}$ 仍然较大。只有当被测溶液的浓度在适当范围内,即透光度在一定范围内由仪器测量引起的浓度相对误差 $\dfrac{\Delta c}{c}$ 才最小(如图 12-7 中 c_2 附近)。

研究表明:浓度测量的相对误差 $\dfrac{\Delta c}{c}$ 不仅与仪器的读数误差 ΔT 有关,也与被测溶液的透光度有关。表 12-2 列出了在不同仪器读数误差和不同透光度时浓度测量的相对误差。

表 12-2 不同 T(或 A)值时浓度测量的相对误差

透光度 $T/\%$	吸光度 A	浓度相对误差 $\Delta c/c/\%$	
		$\Delta T = \pm 1.0\%$	$\Delta T = \pm 0.5\%$
95	0.022	20.5	10.3
90	0.046	10.5	5.3
80	0.097	5.6	2.8
70	0.155	4.0	2.0
60	0.222	3.26	1.63
50	0.301	2.88	1.44
40	0.398	2.73	1.37
36.8	0.434	2.72	1.36
30	0.523	2.77	1.39
20	0.699	3.11	1.56
10	1.000	4.34	2.17
5	1.301	6.7	3.34

根据表中数据作图，便可得到浓度测量的相对误差与溶液透光度之间的关系曲线，如图 12-8 所示。

由表 12-2 和图 12-8 可知，若仪器的读数误差 ΔT 为 1％时，若要求浓度测量的相对误差小于 5％，则被测溶液的透光度应控制在 10％～70％（A 为 0.15～1.00）之间，其中当透光度为 36.8％（$A=0.434$）时，浓度测量的相对误差最小，即图 12-8 中曲线中的最低点。

② 吸光度读数范围的选择

根据以上讨论可知，当吸光度在 0.15～1.00 范围内，测量结果的准确度较高。实际工作中常根据对测量准确度的要求，将被测溶液的吸光度值控制在 0.2～0.7 范围内。为此，根据朗伯-比耳定律，可以通过改变吸收池厚度或待测液浓度等办法，使吸光度读数处于适宜范围内。

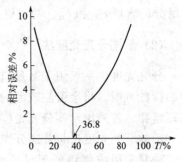

图 12-8　浓度测量的相对误差与透光度关系

12.2.4　分光光度法的应用

分光光度法的应用十分广泛，不仅可用于微量组分的测定，也可以用于常量组分的测定，多组分的同时测定以及有关化学平衡、配合物的组成等方面的研究。下面就分光光度法的应用作部分简单介绍。

(1) 多组分的同时测定

根据吸光度的加和性，可以在同一试样溶液中不经分离同时测定两个以上的组分。

假定溶液中同时存在 A，B 两种组分，在一定条件下将其转化为有色化合物，分别绘制各自的吸收曲线，将会得到以下两种情况，如图 12-9 所示。

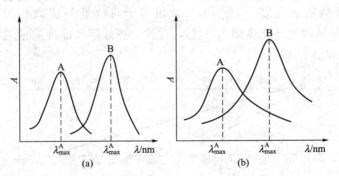

图 12-9　多组分的吸收曲线

图 12-9(a) 表明：A，B 组分互不干扰，因此可分别在 λ_{max}^A 与 λ_{max}^B 处测定 A，B 组分的吸光度，从而求出各自的含量。图 12-9(b) 则说明溶液中 A，B 组分彼此相互干扰，这时可在波长 λ_{max}^A 与 λ_{max}^B 处分别测定 A，B 两组分的总的吸光度 A_1 和 A_2，然后再根据吸光度的加和性列联立方程：

$$A_1 = \varepsilon_1^A b c_A + \varepsilon_1^B b c_B$$
$$A_2 = \varepsilon_2^A b c_A + \varepsilon_2^B b c_B$$

式中，ε_1^A、ε_1^B、ε_2^A、ε_2^B 分别为组分 A 和 B 在波长 λ_{max}^A 和 λ_{max}^B 处的摩尔吸光系数，其值可由已知准确浓度的纯组分 A 和纯组分 B 在两种波长处测得，然后解联立方程即可求出 A，B 组分的含量 c_A 和 c_B。对于更复杂的多组分体系，可用计算机处理测定结果。

(2) 示差分光光度法

分光光度法一般用于微量组分的测定，当待测组分含量高时，由于吸光度超出了准确测量的读数范围，将会引起较大的测量误差；同时当待测组分含量高时，也会导致偏离朗伯-比耳定律。若采用示差分光光度法则能克服上述缺点。

示差分光光度法与普通分光光度法的主要区别在于它所使用的参比溶液不同。示差分光光度法是采用浓度稍低于试液浓度的标准溶液作为参比溶液，以此调节仪器的透光度为 100%（$A=0$），然后再测定试液的吸光度 A，根据测得的吸光度 A 计算试样的含量。设标准溶液浓度为 c_s，被测试液浓度为 c_x 且 $c_x > c_s$，根据朗伯-比耳定律：

$$A_s = \varepsilon b c_s$$

$$A_x = \varepsilon b c_x$$

$$A = \Delta A = A_x - A_s = \varepsilon b (c_x - c_s) = \varepsilon b \Delta c$$

上式表明：在符合朗伯-比耳定律的浓度范围内，两溶液的吸光度之差 ΔA 与两溶液的浓度之差 Δc 成正比，这就是示差分光光度法的测定原理。如果用上述浓度为 c_s 的标准溶液作参比溶液，测定一系列 Δc 已知的标准溶液的吸光度 ΔA，绘制 ΔA-Δc 标准曲线，由测得的 ΔA_x 值即可在标准曲线上查得 Δc_x 值。然后根据 $\Delta c_x = c_x - c_s$ 计算出试样中 c_x 值。即 $c_x = \Delta c_x + c_s$。

示差光度法的优点是能够提高测量结果的准确度。原因是假设以试剂空白为参比溶液时，若浓度为 c_s 的标准溶液的透光度 $T_s = 10\%$，浓度为 c_x 的试样溶液的透光度 $T_x = 5\%$，此读数已超出了准确测量的读数范围。如采用示差分光光度法，用浓度为 c_s 的标准溶液作参比溶液，调节仪器的透光度 T 为 100%，相当于将仪器的读数标尺扩大了 10 倍，如图 12-10 所示，这时试液的透光度即为 50%，此读数正好落入准确测量的读数范围内，从而提高了测量的准确度。

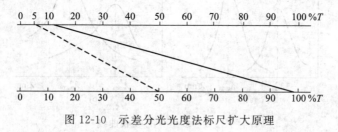

图 12-10　示差分光光度法标尺扩大原理

(3) 配合物组成的测定

分光光度法是测定配合物组成的有效方法之一，下面简单地介绍常用的摩尔比法。

假设金属离子 M 与配位剂 R 的反应为：

$$M + nR \rightleftharpoons MR_n$$

固定金属离子浓度 c_M 而逐渐改变配位剂浓度 c_R，测定一系列 c_M 一定，c_R 不同的溶液的吸光度。以吸光度为纵坐标，c_R/c_M 为横坐标作图，如图 12-11 所示。

当 $c_R/c_M<n$ 时，金属离子没有完全转化为 MR_n，随着配位剂量的不断增加，生成的配合物便不断增多，相应吸光度值也不断增大。当 $c_R/c_M>n$ 时，金属离子已几乎全部转化为 MR_n，此时，配位剂量再增多，吸光度值也不再改变，曲线呈水平直线。将曲线上升部分和平台部分两直线延长，其交点所对应的横坐标 c_R/c_M 比值即是配合物的组成比 n，若配合物稳定，则转折点明显，反之则不明显，这时可用外推法求得两直线的交点所对应的 c_R/c_M 值，即是 n 值。

(4) 酸碱解离常数的测定

分析化学中所使用的指示剂或显色剂大多是有机弱酸或弱碱，通常可用光度法测定它们的解离常数 $K_a^\ominus$ 或 $K_b^\ominus$，该法特别适用于测定溶解度较小的有色弱酸或弱碱的解离常数。

例如一元弱酸 HB 在水中的解离平衡可表示为：

$$HB \rightleftharpoons H^+ + B^-$$

$$K_a^\ominus = \frac{[H^+][B^-]}{[HB]}$$

当 $[HB]=[B^-]$ 时：

$$K_a^\ominus = [H^+]$$

$$pK_a^\ominus = pH$$

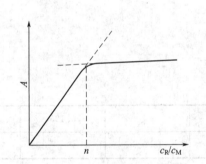

图 12-11　摩尔比法测配合物组成

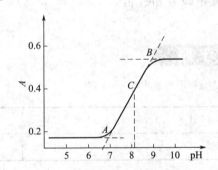

图 12-12　作图法测定离解常数

因此，只要找到 $[HB]=[B^-]$ 时溶液的 pH 值，即可求出该弱酸的 $pK_a^\ominus$ 值。

具体方法是：配制一系列总浓度 c 相等而 pH 值不同的 HB 溶液，各溶液的 pH 值用酸度计精确测定。在某一确定波长下，用 1cm 比色皿测定各溶液的吸光度，以吸光度为横坐标，pH 值为横坐标作图，便可得到如图 12-12 所示的一条曲线。曲线 A 点之前，溶液中全部为弱酸 HB，B 点之后，则全部为其共轭碱 B^-，A、B 点之间，溶液中 HB 和 B^- 共存，中点 C 处为 $[HB]=[B^-]$ 时的吸光度，则 C 点所对应的 pH 值即为 $pK_a^\ominus$ 值。

酸碱解离常数还可用计算方法求得，计算公式推导如下：

以一元弱酸 HB 为例，若在某一波长下其酸色型和碱色型均有吸收，则根据吸光度的加和性，某一 pH 值下该物质的总吸光度等于其酸色型吸光度和碱色型吸光度之和。假设用 1cm 比色皿测定溶液的吸光度，则：

$$A = \varepsilon_{HB}[HB] + \varepsilon_{B^-}[B^-]$$

根据分布系数的概念：

$$A = \varepsilon_{HB}\frac{[H^+]c}{[H^+]+K_a^\ominus} + \varepsilon_{B^-}\frac{K_a^\ominus c}{[H^+]+K_a^\ominus} \qquad (12\text{-}8)$$

在高酸度时，可以认为弱酸全部以酸式存在（即 $c=[HB]$）测得的吸光度为 A_{HB}，则：

$$A_{HB} = \varepsilon_{HB}c \qquad (12\text{-}9)$$

在低酸度时，弱酸全部以碱式存在（即 $c=[B^-]$）测得吸光度为 A_{B^-}，则：

$$A_{B^-} = \varepsilon_{B^-}c \qquad (12\text{-}10)$$

将式（12-9）、式（12-10）代入式（12-8），得：

$$A = \frac{A_{HB}[H^+]}{K_a^\ominus + [H^+]} + \frac{A_{B^-}K_a^\ominus}{K_a^\ominus + [H^+]}$$

整理得：

$$K_a^\ominus = \frac{A_{HB}-A}{A-A_{B^-}}[H^+]$$

取负对数；则：

$$pK_a^\ominus = pH + \lg\frac{A-A_{B^-}}{A_{HB}-A} \qquad (12\text{-}11)$$

上式即为用光度法测定一元弱酸解离常数的基本公式，将实验数据代入，即可计算 $pK_a^\ominus$ 值。

也可利用上述不同 pH 值溶液所测得的 A 值，作 $\lg\frac{A-A_{B^-}}{A_{HB}-A} - pH$ 关系曲线，则横轴或纵轴的截矩即为 $pK_a^\ominus$ 值。

习 题

1. 完成下列表格：

吸光度 A	1.70		0.530		0.125	
透光度 $T\%$		5.0%		45.0%		90.0%

$[A: 1.30, 0.347, 0.046; T: 2.0\%, 29.5\%, 75.0\%]$

2. 某金属离子 X 与试剂 R 形成一有色配合物，若溶液中 X 的浓度为 1.0×10^{-4} mol·L^{-1}，用 1cm 比色皿在 525nm 处测得吸光度为 0.400，则此配合物在 525nm 处的摩尔吸光系数是多少？

$[4\times10^3 L\cdot mol^{-1}\cdot cm^{-1}]$

3. 用双硫腙光度法测定 Pb^{2+}，Pb^{2+} 的浓度为 0.080mg/50mL，用 2cm 比色皿在 520nm 下测得 $T=53\%$，求吸光系数 a 及 ε。

$[a=86 L\cdot g^{-1}\cdot cm^{-1}, \varepsilon=1.8\times10^4 L\cdot mol^{-1}\cdot cm^{-1}]$

4. 以邻二氮菲光度法测定 Fe(Ⅱ)，称取试样 0.500g，经处理后，加入显色剂，最后定容至 50.0mL，用 1cm 比色皿在 510nm 处测得吸光度为 0.430，计算试样中铁的百分含量。当溶液稀释一倍后透光度是多少？已知 $\varepsilon_{510}=1.1\times10^4 L\cdot mol^{-1}\cdot cm^{-1}$。

$[0.022\%, 61.0\%]$

5. 某钢样含镍约 0.12%，用丁二酮肟比色法（$\varepsilon=1.3\times10^4 L\cdot mol^{-1}\cdot cm^{-1}$）进行测

定。试样溶解后，转入 100mL 容量瓶中，显色，再加水稀释至刻度。取部分试液于波长 470nm 处用 1cm 比色皿进行测量，如希望此时的测量误差最小，应称取试样多少克？

[0.16g]

6. 测定金属钴中微量锰时，在酸性液中用 KIO_3 将锰氧化为 MnO_4^- 后再进行吸光度的测定。若用 $KMnO_4$ 配制标准系列，在测定标准系列及试液的吸光度时应选什么作参比溶液？

7. 根据下列数据绘制磺基水杨酸光度法测定 Fe(Ⅲ) 的工作曲线。标准溶液是由 0.432g 铁铵矾 $[NH_4Fe(SO_4)_2 \cdot 12H_2O]$ 溶于水定容至 500.0mL 配制成的。取下列不同量标准溶液于 50.0mL 容量瓶中，加显色剂后定容，测其吸光度。

$V_{Fe(Ⅲ)}$/mL	1.00	2.00	3.00	4.00	5.00	6.00
A	0.097	0.200	0.304	0.408	0.510	0.618

测定某试液含铁量时，吸取试液 5.00mL，稀释至 250.0mL，再取此稀溶液 2.00mL 置于 50.0mL 容量瓶中，与上述工作曲线相同条件下显色后定容，测得吸光度为 0.450，计算试液中 Fe(Ⅲ) 含量（以 $mg \cdot mL^{-1}$ 表示）。

[$10.9 mg \cdot mL^{-1}$]

8. 判断下列说法是否正确，若有错误应如何改正？
(1) 可见光的波长范围是 200～750nm。（　）
(2) 硫酸铜溶液呈现蓝色是由于它吸收了可见光中的蓝光。（　）
(3) 符合比耳定律的有色溶液稀释后，其最大吸收峰的波长位置不移动。（　）
(4) 在一般的分光光度法测定中，被测物质浓度的相对误差（$\Delta c/c$）大小与透光度的绝对误差（ΔT）成正比。（　）
(5) 在分光光度法中，宜选用的吸光度读数范围为 0.1～2.0。（　）
(6) 示差光度法采用的参比溶液是浓度比被测试液浓度稍高的标准溶液。（　）

9. NO_2^- 在 355nm 处 $\varepsilon_{355}=23.3$，$\varepsilon_{355}/\varepsilon_{302}=2.50$；$NO_3^-$ 在 355nm 波长处的吸收可以忽略，在波长 302nm 处，$\varepsilon_{302}=7.24$。今有一含 NO_2^- 和 NO_3^- 的试液，用 1cm 比色皿测得 $A_{302}=1.010$、$A_{355}=0.730$，计算试液中 NO_2^- 和 NO_3^- 的浓度。

[$0.0313 mol \cdot L^{-1}$，$0.0992 mol \cdot L^{-1}$]

10. 用分光光度法测定含有两种配合物 X 与 Y 的溶液的吸光度（使用的是 1cm 比色皿），获得如下数据：

溶液	浓度 c/mol $\cdot L^{-1}$	吸光度 A_1(285nm)	吸光度 A_2(365nm)
X	5×10^{-4}	0.053	0.430
Y	1.0×10^{-3}	0.950	0.050
X+Y	未知	0.640	0.370

计算未知溶液中 X 与 Y 的浓度。

[$3.9 \times 10^{-4} mol \cdot L^{-1}$，$6.3 \times 10^{-4} mol \cdot L^{-1}$]

11. 用一般分光光度法测量 $0.00100 mol \cdot L^{-1}$ 锌标准溶液和含锌试液，分别测得 $A=0.700$ 和 $A=1.000$，两种溶液的透光度相差多少？如果用 $0.00100 mol \cdot L^{-1}$ 标准溶液作参比溶液，则试液的吸光度是多少？示差分光光度法与一般的分光光度法相比较，读数标尺放大了多少倍？

[10.0%，0.301，5倍]

12. 在下列不同 pH 值的缓冲溶液中，甲基橙的浓度均为 2.0×10^{-4} mol·L^{-1}，用 1cm 比色皿，在 520nm 处测得下列数据：

pH	0.88	1.17	2.99	3.41	3.95	4.89	5.50
A	0.890	0.890	0.692	0.552	0.385	0.260	0.260

试用代数法和图解法求甲基橙的 $pK_a^{\ominus}$ 值。   [3.34]

第 13 章
常见混合离子的定性分析

13.1 概述

定性分析的任务是确定物质由哪些元素或原子团组成,或者鉴定某一物质是属于单质、化合物还是矿物。

对于无机物的定性分析,目前应用最多的是发射光谱法。但化学分析法也有它的优越性,如方法灵活性大,不需要特殊的仪器设备,并且对于综合分析、辩证思维等能力的锻炼具有重要的意义。采用化学分析法进行定性分析,多是首先将要进行分析的样品制成溶液,根据加入试剂后在溶液中所发生的化学反应,作出有无某种元素或原子团的判断(这类分析方法称为湿法,如试样和试剂均为固体则称为干法)。因此,定性分析一般是在检出有无某种阴、阳离子,得知样品的组成成分之后,就可以断定样品是属于什么物质了。

在实际工作中所遇到要进行分析的物质,很少是一种纯净的单质或化合物,往往是组成比较复杂的。因此,在定性分析或定量分析中,对某一成分进行检出或测定时,常常会遇到其他共存组分的干扰。于是,在分析工作中又时常要进行分离处理,或将产生干扰的成分转化为不发生干扰作用的存在形态来掩蔽。故此,在定性分析化学中所讨论的问题有两个:一是有关离子鉴定反应的问题;二是有关离子的分离问题。但前者是定性分析的中心问题,后者是派生的。讨论分离总是为了完成鉴定的目的。

本章主要讨论 25 种常见阳离子和 14 种常见阴离子。其中阳离子有:Ag^+,Hg_2^{2+},Pb^{2+},Cu^{2+},Cd^{2+},Bi^{3+},Hg^{2+},$As(Ⅲ,Ⅴ)$,$Sb(Ⅲ,Ⅴ)$,$Sn(Ⅱ,Ⅳ)$,Fe^{3+},Fe^{2+},Al^{3+},Cr^{3+},Mn^{2+},Zn^{2+},Co^{2+},Ni^{2+},Ba^{2+},Sr^{2+},Ca^{2+},Mg^{2+},Na^+,K^+ 和 NH_4^+;阴离子有:SO_4^{2-},SO_3^{2-},$S_2O_3^{2-}$,CO_3^{2-},PO_4^{3-},AsO_4^{3-},SiO_3^{2-},Cl^-,Br^-,I^-,S^{2-},NO_3^-,NO_2^- 和 Ac^-。

13.1.1 鉴定反应进行的条件

离子的鉴定反应是指用于鉴定组分组成的化学反应。离子的鉴定反应大都在水溶液中进行,作为鉴定反应,必须具有一些明显的外观变化,如:溶液颜色改变、有沉淀生成或溶解、有特殊标志的气体产生等，另外，鉴定反应的速度必须较快才有实用价值。

和其他化学反应一样，鉴定反应也必须在一定条件下才能进行，如溶液的酸度和温度、反应离子的浓度、催化剂和溶剂等。下面分别讨论之。

(1) 溶液的酸度

许多鉴定反应都要求在一定的酸度下进行。例如生成黄色 $PbCrO_4$ 沉淀的反应，要求在中性或微酸性溶液中进行。若酸度较高，由于 CrO_4^{2-} 大部分转化为 $HCrO_4^-$，从而降低了溶液中 CrO_4^{2-} 的浓度，以致得不到 $PbCrO_4$ 沉淀，反之，若酸度较低，则可能出现 $Pb(OH)_2$ 沉淀，甚至可能转化为 PbO_2^{2-}，同样也得不到 $PbCrO_4$ 沉淀。

(2) 反应离子浓度

增大离子浓度，有利于鉴定反应的进行。对于沉淀反应，不仅要求溶液中反应离子浓度的离子积大于该温度下沉淀的溶度积，以析出沉淀，而且要求析出足够的沉淀，以便于观察。对于生成溶解度较大的沉淀，这一点尤其重要。

(3) 溶液的温度

溶液的温度对鉴定反应的影响较大。有少数沉淀的溶解度随温度的升高而迅速增大，例如 $PbCl_2$ 沉淀在 100g 水中的溶解度，100℃时为 3.34g，20℃时为 0.99g，相差两倍多。另一方面，有些鉴定反应尤其是某些氧化还原反应的反应速度随温度的升高而加快，有时要将溶液加热以加快反应速度。如 $S_2O_8^{2-}$ 氧化 Mn^{2+} 的反应，就需加热：

$$2Mn^{2+} + 5S_2O_8^{2-} + 8H_2O \xrightarrow[\text{加热}]{Ag^+ \text{催化}} 2MnO_4^- + 10SO_4^{2-} + 16H^+$$

(4) 催化剂

某些氧化还原反应还需在催化剂作用下进行。例如上述氧化还原反应除需加热外，还需加入 Ag^+ 作催化剂，否则 $S_2O_8^{2-}$ 只能把 Mn^{2+} 氧化成 $Mn(Ⅳ)$，形成 $MnO(OH)_2$ 沉淀。

(5) 溶剂

大部分无机微溶化合物在有机溶剂中的溶解度比在水中小，所以往水溶液中加入适当的有机溶剂，可降低其溶解度。例如向水溶液中加入乙醇，$CaSO_4$ 的溶解度就显著降低。

13.1.2 鉴定反应的灵敏度

鉴定反应的灵敏度一般同时用"检出限量"和"最低浓度"来表示。

"检出限量"是指在一定条件下，利用其反应能检出某离子的最小质量，通常用 μg 表示（$1\mu g = 10^{-6} g$）。

"最低浓度"是指在一定条件下，被检出离子能得到肯定结果的最低浓度，用 ppm 表示。1ppm 相当于 10^6 份质量的试样中含 1 份质量的被检出离子。

例如：用 CrO_4^{2-} 鉴定 Pb^{2+} 时，将含有 Pb^{2+} 的试样稀释到 Pb^{2+} 与水的质量比为 1∶200000，至少要取此试液 0.03mL 才能观察到黄色的 $PbCrO_4$ 沉淀析出，试液少于

0.03mL，或者稀于 1∶200000，就观察不到 $PbCrO_4$ 沉淀析出。这个鉴定反应的灵敏度可表示如下（由于溶液很稀，1mL 溶液按 1g 计）：

(1) 检出限量

$$1\colon 200000 = m\colon 0.03$$
$$m = 1.5 \times 10^{-7}g = 0.15\mu g$$

(2) 最低浓度

$$1\colon 200000 = x\colon 10^6$$
$$x = 5ppm$$

检出限量愈低，最低浓度愈小，则此鉴定反应愈灵敏。

对于同一离子，不同鉴定反应具有不同的灵敏度。即：每一鉴定反应所能检出的离子，都有一定的量的限度。利用某一反应鉴定某一离子，若得到否定的结果，只能说明此离子的存在量小于该反应所示的灵敏度，不能说明此离子不存在。所以，每一个鉴定反应都包含量的意义。

文献上通常用"检出限量"（绝对量）和"最低浓度"（相对量）两种方式来表明一个鉴定反应的灵敏度，而不指明试液的体积。如果不知道试液的体积，只用一种方式来表示是不全面的。因为尽管试液中试样的存在量足够多，但溶液太稀时，就达不到"最低浓度"，反应不会发生，或者观察不到反应产物。另一方面，试液浓度虽达到"最低浓度"，如果试液取样太少，其中被检离子含量达不到"检出限量"，反应的外观特征也难以觉察。

13.1.3 鉴定反应的选择性

一种试剂往往能与多种离子起作用。若这几种离子共存时，就不能断定为哪一种离子。

一种试剂若只与为数不多的离子起反应，则这种反应称为选择性反应。与试剂起反应的离子愈少，反应的选择性愈高。若一种试剂只与一种离子反应，则该反应称为离子的专属反应。例如：在阳离子中，只有 NH_4^+ 与 NaOH 作用，生成有特殊性质的 NH_3（能使红色石蕊试纸变蓝），通常认为这是 NH_4^+ 的专属反应。

事实上，实际分析工作中真正的专属反应是不多的，如上述用 NaOH 检查 NH_4^+ 的反应，严格地讲也不是专属反应，因为 CN^- 在热的 NaOH 介质中也会放出 NH_3，反应式为：

$$CN^- + 2H_2O = HCOO^- + NH_3\uparrow$$

如果已知试样中含有 CN^-，可先加入 Hg^{2+} 与 CN^- 形成配合物，以消除其干扰，从而使该反应成为 NH_4^+ 的专属反应。应该指出的是 Hg^{2+} 的浓度不能太大，否则由于下述反应，影响 NH_4^+ 的检出：

$$HgCl_2 + 2NH_3 = HgNH_2Cl\downarrow + NH_4^+ + Cl^-$$

提高鉴定反应选择性的途径主要有以下几个。

(1) 控制溶液的酸度

例如：用 CrO_4^{2-} 检验 Ba^{2+}，生成黄色的 $BaCrO_4$ 沉淀，Sr^{2+} 有干扰。若在反应中加入

HAc-NaAc 缓冲溶液，由于溶液的酸度足以使 CrO_4^{2-} 的平衡浓度降低，从而使 $SrCrO_4$ 沉淀不能析出。由于 $BaCrO_4$ 的溶解度比 $SrCrO_4$ 小，这时仍能析出，从而提高了反应的选择性。

(2) 加入掩蔽剂

例如：用 SCN^- 检验 Co^{2+}，生成天蓝色的 $[Co(SCN)_4]^{2-}$，当有 Fe^{3+} 存在时，由于 Fe^{3+} 与 SCN^- 生成血红色的 $[Fe(SCN)_n]^{3-n}$，干扰 Co^{2+} 的检出。如果加入大量 F^- 作为掩蔽剂，使 Fe^{3+} 形成稳定的无色的 $[FeF_6]^{3-}$，从而消除 Fe^{3+} 的干扰。

(3) 分离干扰离子

例如：用 $C_2O_4^{2-}$ 检验 Ca^{2+}，生成白色的 CaC_2O_4 沉淀，Ba^{2+} 也发生同样的反应。这时若加入 CrO_4^{2-}，使 Ba^{2+} 生成 $BaCrO_4$ 沉淀分出，从而消除 Ba^{2+} 干扰。

必须指出，在选用鉴定反应时，应同时考虑反应的灵敏度和选择性。应该在灵敏度能够满足要求的条件下，尽量采用选择性高的反应。

13.1.4 系统分析和分别分析

化学分析中，如果对试样的组成已有了大致了解，仅需确定指定范围内某些离子是否存在时，通常用分别分析法。所谓分别分析法是指在其他离子共存时，不需经过分离，直接检测待检出离子的方法。理想的分别分析法需采用专属试剂或创立专属反应条件。

对于组分较为复杂的试样，当要求其中每种离子都要检出时，用分别分析法去检出离子就不方便了，这时宜采用系统分析法。所谓系统分析法是按一定的步骤和顺序，将离子加以分组分离，然后进行鉴定，在系统分析中，首先用几种试剂将溶液中性质相近的离子分成若干组，然后在每一组中用适当的反应鉴定某种离子是否存在，也可在各组内进一步分离和鉴定。将各组离子分开的试剂叫"组试剂"。利用组试剂将反应相似的离子整组分出，可以简化分析过程。

组试剂一般为沉淀剂，理想的组试剂一般要符合以下要求：①分离完全，即某些离子完全沉淀，而另外的离子完全进入溶液；②沉淀与溶液易于分离；③反应迅速；④组内离子种类不太多，以便于鉴定。

本章介绍混合离子的定性分析，其中阳离子分析采用系统分析法，阴离子分析主要介绍分别分析法。实际分析中，通常是二种分析方法的灵活结合。

13.1.5 空白实验和对照实验

在定性分析中，由于经常采用灵敏度较高的鉴定反应，故当试样中不含某种离子时，若试剂或蒸馏水中含有这种杂质离子，则会被误认为试样中有这种离子。另外，当试样中有某一离子时，由于试剂变质失效，或反应条件控制不当，则会误认为这种离子不存在。为了避免这种情况，正确判断分析结果，通常要做空白实验和对照实验。

(1) 空白实验

用蒸馏水代替试液，用同样的方法进行实验，称为空白实验。空白实验用于检查试剂或蒸馏水中是否含有被鉴定的离子。

例如：在试样的 HCl 溶液中用 NH_4SCN 鉴定 Fe^{3+} 时，得到浅红色溶液，说明有微量 Fe^{3+} 存在。但不知此 Fe^{3+} 是试样中原有的，还是试剂或水中带入的。为此，可做一空白实验。取少量配制试样溶液的蒸馏水，加入同量的 HCl 和 NH_4SCN 溶液，若得到同样的浅红色，说明试样并不含 Fe^{3+}；若得到的是更浅的红色或无色，说明试样中确有微量 Fe^{3+}。

当空白实验颜色很深时，说明试剂或蒸馏水不合要求，此时应查明原因，并加以更换。

(2) 对照实验

用已知溶液代替试液，以同样方法进行实验，称为对照实验。对照实验用于检查试剂是否失效，或反应条件是否控制正确。

例如：用 $SnCl_2$ 溶液鉴定 Hg^{2+} 时，未出现灰黑色的沉淀，一般认为无 Hg^{2+} 存在。但是，考虑到 $SnCl_2$ 溶液容易被空气氧化而失效，故取少量已知 Hg^{2+} 溶液，加入 $SnCl_2$ 溶液，如未出现灰黑色沉淀，说明 $SnCl_2$ 溶液失效，此时应重新配制溶液。

空白实验及对照实验对于正确判断分析结果、及时纠正错误具有重要的意义。

13.2 常见阳离子的系统分析

由于阳离子数目较多，共存的情况也较多，个别定性分析时容易发生相互干扰，因而它们分别分析前的分离是非常重要的。通常我们采用系统分析法给混合离子分组，即选择适当的组试剂，将反应相似的金属离子分成若干组，使各组离子按顺序分批沉淀下来，然后在每一组中进一步分离和鉴定。

13.2.1 常见阳离子与常用试剂的反应

给阳离子分组的依据是阳离子与几种常用试剂的反应，现将常见阳离子与常用试剂的反应列于表 13-1 中。

13.2.2 常用的系统分析法

从表 13-1 可见，阳离子的反应有许多相似之处，如 Ag^+、Hg_2^{2+}、Pb^{2+} 都和盐酸反应生成白色沉淀，而其他离子则不能。同时，这些离子的反应又有相异之处，如 Ag^+、Hg_2^{2+}、Pb^{2+} 与过量 NaOH 或过量 $NH_3 \cdot H_2O$ 的反应。根据阳离子与各种试剂反应的相似性和差异性，采用不同的组试剂，可以提出多种分组方案，即多种系统分析法。

例如：以硫化物溶解度不同为基础，用 HCl、H_2S、$(NH_4)_2S$ 和 $(NH_4)_2CO_3$ 为组试剂的硫化氢系统分析法；以两酸（HCl，H_2SO_4）、两碱（$NH_3 \cdot H_2O$，NaOH）为组试剂的两酸两碱系统分析法；以及用 HCl、H_2SO_4、NaOH、$NH_3 \cdot H_2O$、$(NH_4)_2S$ 为组试剂

表 13-1 常见阴离子与常用试剂的反应

试剂 \ 离子	Ag⁺	Hg₂²⁺	Pb²⁺	Bi³⁺	Cu²⁺	Cd²⁺	Hg²⁺	As³⁺	Sb³⁺	Sn²⁺	Sn⁴⁺	Al³⁺	Cr³⁺
HCl	AgCl↓白	Hg₂Cl₂↓白	PbCl₂↓白										
H₂SO₄	Ag₂SO₄↓白 Ag⁺浓度大时析出	Hg₂SO₄↓白	PbSO₄↓白										
H₂S~0.3mol·L⁻¹HCl	Ag₂S↓黑	HgS↓黑+Hg↓黑	PbS↓黑	Bi₂S₃↓棕黑	CuS↓黑	CdS↓亮黄	HgS↓黑	As₂S₃↓黄	Sb₂S₃↓橙	SnS↓棕	SnS₂↓黄		
硫化物沉淀加Na₂S	不溶	HgS₂²⁻+Hg↓黑	不溶	不溶	不溶	不溶	HgS₂²⁻	AsS₃³⁻	SbS₃³⁻	不溶	SnS₃²⁻		
(NH₄)₂S	Ag₂S↓黑	HgS↓黑+Hg↓黑	PbS↓黑	Bi₂S₃↓棕黑	CuS↓黑	CdS↓亮黄	HgS↓黑	As₂S₃↓黄	Sb₂S₃↓橙	SnS↓棕	SnS₂↓黄		
(NH₄)₂CO₃	Ag₂CO₃↓白 [Ag(NH₃)₂]⁺ 过量试剂	Hg₂CO₃↓白→ HgO↓黄+Hg↓黑	Pb₂(OH)₂CO₃↓白	Bi(OH)CO₃↓白	Cu₂(OH)₂CO₃↓浅蓝	Cd₂(OH)₂CO₃↓白	碱式盐↓白			Sn(OH)₂↓白	Sn(OH)₄↓白	Al(OH)₃↓白	Cr(OH)₃↓灰绿
NaOH 适量	Ag₂O↓褐	Hg₂O↓黑	Pb(OH)₂↓白	Bi(OH)₃↓白	Cu(OH)₂↓浅蓝	Cd(OH)₂↓白	HgO↓黄		HSbO₂↓白	Sn(OH)₂↓白	Sn(OH)₄↓白	Al(OH)₃↓白	Cr(OH)₃↓灰绿
NaOH 过量	不溶	不溶	PbO₂²⁻	不溶	部分CuO₂²⁻	不溶	不溶		SbO₂⁻	SnO₂²⁻	SnO₃²⁻	AlO₂⁻	CrO₂⁻ 亮绿
NH₃ 适量	Ag₂O↓褐	HgNH₂Cl 白+Hg↓黑	Pb(OH)₂↓白	Bi(OH)₃↓白	Cu(OH)₂↓浅蓝	Cd(OH)₂↓白	HgNH₂Cl↓白		HSbO₂↓白	Sn(OH)₂↓白	Sn(OH)₄↓白	Al(OH)₃↓白	Cr(OH)₃↓灰绿
NH₃ 过量	[Ag(NH₃)₂]⁺	不溶	不溶	不溶	[Cu(NH₃)₄]²⁺ 深蓝	[Cd(NH₃)₄]²⁺	不溶		不溶	不溶	不溶	不溶	部分溶解

续表

离子\试剂	Fe³⁺	Fe²⁺	Co²⁺	Ni²⁺	Zn²⁺	Mn²⁺	Ba²⁺	Sr²⁺	Ca²⁺	Mg²⁺	Na⁺	K⁺	NH₄⁺
HCl													
H_2SO_4							$BaSO_4\downarrow$ 白	$SrSO_4\downarrow$ 白	$CaSO_4\downarrow$ 白				
H_2S~0.3 mol·L⁻¹ HCl													
硫化物沉淀加 Na_2S													
$(NH_4)_2S$	$Fe_2S_3\downarrow$ 黑 + $FeS\downarrow$ 黑	$FeS\downarrow$ 黑	$CoS\downarrow$ 黑	$NiS\downarrow$ 黑	$ZnS\downarrow$ 白	$MnS\downarrow$ 肉色							
$(NH_4)_2CO_3$	$Fe(OH)CO_3\downarrow$ 红褐	$Fe_2(OH)_2CO_3\downarrow$ 白逐渐变褐	$Co_2(OH)_2CO_3\downarrow$ 蓝	$Ni_2(OH)_2CO_3\downarrow$ 浅绿	$Zn_2(OH)_2CO_3\downarrow$ 白	$MnCO_3\downarrow$ 白	$BaCO_3\downarrow$ 白	$SrCO_3\downarrow$ 白	$CaCO_3\downarrow$ 白	$Mg_2(OH)_2CO_3\downarrow$ NH_4^+ 浓度大时不沉淀			
NaOH 适量	$Fe(OH)_3\downarrow$ 红棕	$Fe(OH)_2$ 绿渐变红棕	$Co(OH)_2$ 碱式盐↓蓝 粉红	$Ni(OH)_2$ 碱式盐↓浅绿	$Zn(OH)_2\downarrow$ 白	$Mn(OH)_2$ 肉色变棕褐			少量 $Ca(OH)_2\downarrow$ 白	$Mg(OH)_2\downarrow$ 白			
NaOH 过量	不溶	不溶	碱式盐↓蓝	碱式盐↓浅绿	ZnO_2^{2-}	不溶			不溶	不溶			
NH_3 适量	$Fe(OH)_3\downarrow$ 红棕	$Fe(OH)_2$ 绿渐变红棕	$Co(OH)_2$ 碱式盐↓蓝	$Ni(OH)_2$ 碱式盐↓浅绿	$Zn(OH)_2\downarrow$ 白	$Mn(OH)_2$ 肉色变棕褐				部分成 $Mg(OH)_2\downarrow$ 白			
NH_3 过量	不溶	不溶	$[Co(NH_3)_6]^{2+}$ 土黄渐氧化成红褐色 $[Co(NH_3)_6]^{3+}$	$[Ni(NH_3)_6]^{2+}$ 蓝紫	$[Zn(NH_3)_4]^{2+}$	不溶				不溶			

的两酸三碱系统分析法。对于离子种类不多的混合溶液，还可以根据离子和常用试剂的反应选择更加灵活、简单的系统分析法。下面介绍几种分组方案。

（1）两酸两碱系统分析法分组方案

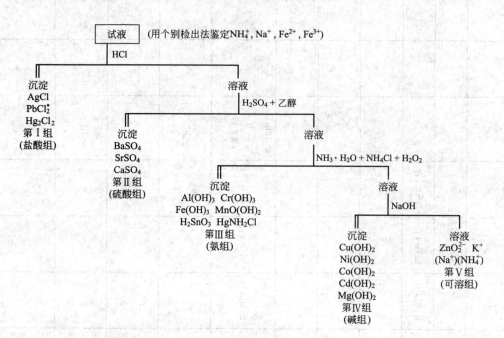

（2）两酸三碱系统分析法分组方案

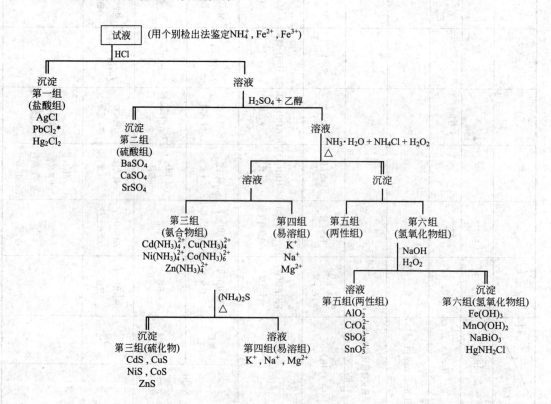

(3) 硫化氢系统分析法分组方案

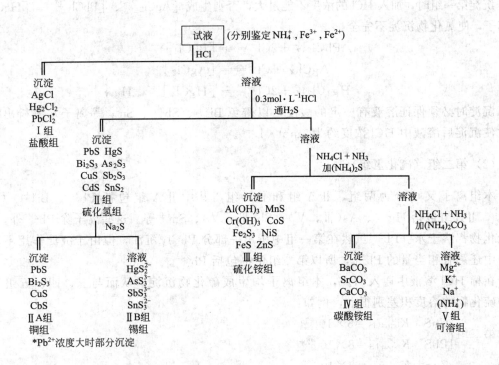

13.2.3 硫化氢系统分析法的详细讨论

硫化氢系统分析法是比较成熟的一种系统分析法。

上述分组方案表明，在含有金属离子的混合试液中，首先在酸性条件下加入 HCl，使第一组金属离子（Ag^+、Hg_2^{2+}、Pb^{2+}）生成氯化物沉淀。将沉淀与溶液分离，调节溶液的酸度至 HCl 浓度为 $0.3mol·L^{-1}$，通入 H_2S 或加硫代乙酰胺（CH_3CSNH_2）溶液，此时第二组金属离子 [Pb^{2+}、Bi^{3+}、Cu^{2+}、Cd^{2+}、Hg^{2+}、As(Ⅲ，Ⅴ)、Sb(Ⅲ，Ⅴ)、Sn^{4+}] 以硫化物沉淀形式与溶液分离。在分出沉淀后的溶液中加 $NH_3·H_2O$ 至呈碱性，加 $(NH_4)_2S$ 后第三组金属离子（Al^{3+}、Cr^{3+}、Fe^{3+}、Fe^{2+}、Mn^{2+}、Zn^{2+}、Co^{2+}、Ni^{2+}）沉淀为硫化物或氢氧化物。分离后的溶液中加入 $(NH_4)_2CO_3$，第四组金属离子（Ba^{2+}、Sr^{2+}、Ca^{2+}）以碳酸盐沉淀。最后剩下的溶液中含有第五组金属离子（K^+、Na^+、NH_4^+、Mg^{2+}）。

下面讨论分组分离中的一些主要问题，如沉淀的条件、沉淀的溶解、组内离子的分离等。

(1) 第一组（盐酸组）

本组离子包括 Ag^+，Hg_2^{2+}，Pb^{2+}。

由于 $PbCl_2$ 的溶解度较大，故只有当 Pb^{2+} 浓度较高时才产生沉淀，而且沉淀不完全。在热溶液中 $PbCl_2$ 的溶解度相当大，利用此性质，可使 $PbCl_2$ 与 AgCl 和 Hg_2Cl_2 分离。

AgCl 可溶于氨水中,形成 $[Ag(NH_3)_2]^+$,利用此性质可使 AgCl 与 Hg_2Cl_2 分离。但此时 Hg_2Cl_2 转变为 $HgNH_2Cl$ 和 Hg 混合物沉淀。

沉淀第一组时,加入 HCl 的浓度不能过大,否则生成 $[AgCl_2]^-$、$[PbCl_4]^{2-}$、$[HgCl_4]^{2-}$ 配离子,使氯化物沉淀不完全:

$$PbCl_2 \downarrow + 2Cl^- \Longleftrightarrow [PbCl_4]^{2-}$$

$$AgCl \downarrow + Cl^- \Longleftrightarrow [AgCl_2]^-$$

$$Hg_2Cl_2 \downarrow + 2Cl^- \Longleftrightarrow [HgCl_4]^{2-} + Hg \downarrow$$

沉淀时必须保证溶液有一定的酸度,以避免 Bi^{3+}、Sb^{3+}、Sn^{4+} 等离子水解析出沉淀,通常使沉淀后溶液中 HCl 浓度约为 $1 mol \cdot L^{-1}$。

(2) 第二组(硫化氢组)

本组离子又可分为两组,ⅡA 组和ⅡB 组。其中ⅡA 组包括 Pb^{2+}、Bi^{3+}、Cu^{2+}、Cd^{2+},ⅡB 组包括 Hg^{2+}、As(Ⅲ,Ⅴ)、Sb(Ⅲ,Ⅴ)、Sn^{4+} 等。这些离子除 Pb^{2+} 外,它们的氯化物都溶于水。Pb^{2+} 虽然在第一组中析出一部分 $PbCl_2$ 沉淀,但由于沉淀作用不完全,溶液中还剩有相当量的 Pb^{2+},所以第二组中也包括 Pb^{2+}。

在稀 HCl 溶液中通入 H_2S,本组离子均生成硫化物沉淀,从而与三、四、五组分离。各种硫化物的溶度积差别很大,例如:

第二组 $\begin{cases} CuS & K_{sp,CuS}^{\ominus} = 6 \times 10^{-36} \\ PbS & K_{sp,PbS}^{\ominus} = 8 \times 10^{-28} \end{cases}$

第三组 $\begin{cases} ZnS & K_{sp,ZnS}^{\ominus} = 2 \times 10^{-22} \\ MnS & K_{sp,MnS}^{\ominus} = 2 \times 10^{-10} \end{cases}$

前面已经求得 H_2S 饱和溶液中 $[S^{2-}]$ 与 $[H^+]$ 的关系为:

$$[S^{2-}] = \frac{K_{a1,H_2S}^{\ominus} \cdot K_{a2,H_2S}^{\ominus} \cdot [H_2S]}{[H^+]^2} = \frac{0.1 \times 9.2 \times 10^{-22}}{[H^+]^2} = \frac{9.2 \times 10^{-23}}{[H^+]^2}$$

该式表明饱和溶液中 S^{2-} 浓度与 H^+ 浓度的平方成反比。因此,改变 H^+ 的浓度,可以使 S^{2-} 的浓度在很大范围内变化。由于各种硫化物沉淀完全所需的 S^{2-} 浓度是不同的,因此允许的最高酸度也不同。所以,根据分步沉淀的原理,通过调节溶液的 H^+ 浓度来控制 S^{2-} 浓度,可使第二组硫化物沉淀完全,而第三组离子不产生沉淀。

下面通过粗略计算 Pb^{2+} 与 Zn^{2+} 的分离条件就可确定一合适的 H^+ 浓度。

设 Pb^{2+},Zn^{2+} 的浓度为 $0.1 mol \cdot L^{-1}$,当溶液中某种离子沉淀后的残余浓度降至 $10^{-5} mol \cdot L^{-1}$ 时,即可认为已沉淀完全。对于 Pb^{2+} 来说,此时溶液中的 S^{2-} 浓度为:

$$[S^{2-}] = \frac{K_{sp,PbS}^{\ominus}}{[Pb^{2+}]} = \frac{8 \times 10^{-28}}{10^{-5}} = 8 \times 10^{-23} mol \cdot L^{-1}$$

相应的 H^+ 浓度为:

$$[H^+] = \sqrt{\frac{9.2 \times 10^{-23}}{[S^{2-}]}} = \sqrt{\frac{9.2 \times 10^{-23}}{8 \times 10^{-23}}} = 1.1 mol \cdot L^{-1}$$

要使 Zn^{2+} 不沉淀,溶液中 $[S^{2-}]$ 应小于:

$$[S^{2-}] = \frac{K_{sp,ZnS}^{\ominus}}{0.1} = \frac{2 \times 10^{-22}}{0.1} = 2 \times 10^{-21} mol \cdot L^{-1}$$

相应的 $[H^+]$ 为:

$$[H^+]=\sqrt{\frac{9.2\times 10^{-23}}{2\times 10^{-21}}}=0.21\text{mol}\cdot L^{-1}$$

可见，第二组离子沉淀后，溶液中 H^+ 浓度应保持在 $0.21\sim 1.1\text{mol}\cdot L^{-1}$ 之间。

实验证明，在 HCl 溶液中，用硫化物分离二、三组离子的最合适的 H^+ 浓度为 $0.3\text{mol}\cdot L^{-1}$ 左右。应该指出，硫化物沉淀的有关计算结果，并不十分准确，它的价值只在于帮助我们对问题有一个概括的理解。事实上，由于存在下述几种原因，无法进行较为准确的计算。

① 缺乏准确的硫化物溶度积数据，来源不同的数据常常彼此出入很大。

② H_2S 的解离常数尤其是 $K_{a2}^{\ominus}$ 没有准确的数据，且饱和 H_2S 溶液的浓度也不总是 $0.1\text{mol}\cdot L^{-1}$，它随介质和温度而变。

③ 溶液中金属离子的浓度由于受到配位效应的影响，特别是 Cl^- 的影响而降低，但计算时未考虑这种影响。

④ 没有考虑离子强度的影响。

⑤ 还有其他一些复杂因素，如沉淀反应的平衡不能迅速建立，有些沉淀易发生共沉淀、后沉淀的现象等。

还必须指出：在生成硫化物沉淀过程中，不断有 H^+ 释出：

$$M^{2+}+H_2S\Longleftrightarrow MS\downarrow +2H^+$$

故溶液中的 H^+ 浓度不断增高，如果溶液的体积不大，应适当稀释，以免酸度太高，沉淀不完全。

在热溶液中通入 H_2S 进行沉淀，可以减小硫化物生成胶体的倾向，但 H_2S 的溶解度将会减小，因而 S^{2-} 浓度也会减小。为了保证溶解度较大的 PbS，CdS 等沉淀完全，又不至于生成胶体，应首先加热通入 H_2S，然后冷却、稀释，再通入 H_2S。

ⅡA 组和ⅡB 组是根据其硫化物的酸碱性分开的。ⅡA 组的硫化物属于碱性，它们不溶于碱性试剂中；ⅡB 组的硫化物具有酸性，能溶于碱性试剂中。本书采用 Na_2S 为分离ⅡA 组与ⅡB 组的试剂。

ⅡB 组的硫化物能溶于 Na_2S 中，形成硫代酸盐 HgS_2^{2-}，AsS_3^{3-}，AsS_4^{3-}，SbS_3^{3-}，SbS_4^{3-}，SnS_3^{2-}，从而可以与ⅡA 组分离，但 SnS 不能溶于 Na_2S 中。

硫代酸盐与酸作用时重新析出硫化物沉淀，并产生 H_2S：

$$HgS_2^{2-}+2H^+ \Longleftrightarrow HgS\downarrow +H_2S\uparrow$$
$$2AsS_3^{3-}+6H^+ \Longleftrightarrow As_2S_3\downarrow +3H_2S\uparrow$$
$$2AsS_4^{3-}+6H^+ \Longleftrightarrow As_2S_5\downarrow +3H_2S\uparrow$$
$$2SbS_3^{3-}+6H^+ \Longleftrightarrow Sb_2S_3\downarrow +3H_2S\uparrow$$
$$2SbS_4^{3-}+6H^+ \Longleftrightarrow Sb_2S_5\downarrow +3H_2S\uparrow$$
$$SnS_3^{2-}+2H^+ \Longleftrightarrow SnS_2\downarrow +H_2S\uparrow$$

ⅡB 组硫化物的溶解度仍有差别，用稍浓的 HCl 处理，SnS_2 和 SnS 即可溶解；用热浓 HCl 处理，Sb_2S_3 和 Sb_2S_5 可溶解；As_2S_5 只能溶于 HNO_3 中，而 HgS 则溶于王水或 KI-HCl 混合溶液中（由于生成 $[HgI_4]^{2-}$）。

ⅡA 组的硫化物均可溶于稀 HNO_3 中，生成相应的硝酸盐，并析出硫。如：

$$3CuS + 8H^+ + 2NO_3^- \rightleftharpoons 3Cu^{2+} + 3S\downarrow + 2NO\uparrow + 4H_2O$$

(3) 第三组（硫化铵组）

本组包括 Al^{3+}、Cr^{3+}、Fe^{3+}❶、Fe^{2+}、Mn^{2+}、Zn^{2+}、Co^{2+}、Ni^{2+} 等金属离子，这些离子的氯化物都溶于水，在 $0.3mol \cdot L^{-1}$ HCl 溶液中也不被 H_2S 所沉淀，但在 pH≈9 ($NH_3 + NH_4Cl$) 的介质中通入 H_2S 或加 $(NH_4)_2S$，则会分别生成硫化物和氢氧化物沉淀。

进行沉淀时，溶液的酸度不能太高，否则本组离子沉淀不完全；溶液的酸度也不能太低，否则第五组的 Mg^{2+} 可能部分生成 $Mg(OH)_2$ 沉淀，且本组中具有两性的 $Al(OH)_3$ 沉淀可部分溶解。于溶液中加入 NH_4Cl 降低其 pH 值，可防止 $Mg(OH)_2$ 的生成和 $Al(OH)_3$ 的溶解。NH_4Cl 是电解质，能促进硫化物和氢氧化钠胶体的凝聚。

进行沉淀时，必须将溶液加热，以促进胶体的凝聚，并保证 Cr^{3+} 沉淀完全。

本组离子鉴定前常需再分成小组。由于本组离子性质多种多样，故可拟定不同的小组分组方案。下面介绍两种分组方案。

① 氨法

该法是根据本组离子对 $NH_3 + NH_4Cl$ 溶液有不同反应而进行分组的。

将本组沉淀洗净，加入 $6mol \cdot L^{-1}$ HNO_3，加热溶解后再向溶液中加入 $NH_3 + NH_4Cl$ 溶液和适量 H_2O_2，控制溶液的 pH 为 7～8，这时生成的沉淀为 $Al(OH)_3$、$Cr(OH)_3$、$Fe(OH)_3$ 和 $MnO(OH)_2$，溶液为 $[Co(NH_3)_6]^{2+}$、$[Ni(NH_3)_6]^{2+}$ 和 $[Zn(NH_3)_4]^{2+}$。

② $NaOH—H_2O_2$ 法

该法是根据本组离子对过量 NaOH 有不同的反应而进行分组的。

本组沉淀中，CoS 和 NiS 的性质比较特殊，它们在稀酸溶液中不能形成沉淀，但在氨性溶液中形成 CoS 和 NiS 沉淀后，便不再溶于稀 HCl 中，这是由于初生的亚稳态 CoS 和 NiS 转变为稳定态的 CoS 和 NiS 所致。因此，第三组的沉淀用冷稀 HCl 处理，CoS 和 NiS 不溶，其他沉淀都溶解，从而可以相互分离，但 NiS 和 CoS 能溶于 H_2O_2 和浓 HCl 中。

在分离出 CoS 和 NiS 的溶液中加入 NaOH 和 H_2O_2，则生成 $Fe(OH)_3$ 和 $MnO(OH)_2$ 沉淀，而 AlO_2^-，ZnO_2^{2-} 和 CrO_4^{2-} 等留在溶液中。

(4) 第四组（碳酸铵组）

本组包括 Ba^{2+}、Sr^{2+}、Ca^{2+}，它们由于形成碳酸盐沉淀而与第五组分离。于分离第三组后的氨性溶液中加入 $(NH_4)_2CO_3$，Ba^{2+}、Sr^{2+}、Ca^{2+} 即析出沉淀。

$(NH_4)_2CO_3$ 在水溶液中有下列水解反应：

$$NH_4^+ + CO_3^{2-} \underset{}{\overset{H_2O}{\rightleftharpoons}} NH_3 + HCO_3^-$$

可见当有大量 NH_4Cl 存在时，反应向右进行，CO_3^{2-} 的浓度随之降低，因此可能使 CO_3^{2-} 浓度与 Mg^{2+} 浓度乘积不能达到 $MgCO_3$ 的溶度积（3.5×10^{-6}），从而使 Mg^{2+} 不生成沉淀，这样 Mg^{2+} 就属第五组。

---

❶ 因为 Fe^{2+} 遇氧化剂时易被氧化成 Fe^{3+}，而沉淀第二组离子时，在酸性溶液中通 H_2S，Fe^{3+} 被还原成 Fe^{2+}，以后检出时就无法区别铁原来的价态，所以通常用分别分析法直接从试液中鉴定 Fe^{3+} 和 Fe^{2+}。

$(NH_4)_2CO_3$ 试剂中含有相当量的 NH_2COONH_4（氨基甲酸铵），加热到60℃时，可使氨基甲酸铵变成碳酸铵：

$$NH_2COONH_4 + H_2O \rightleftharpoons (NH_4)_2CO_3$$

加热溶液还可破坏过饱和现象，促使本组沉淀的生成，并得到较大的晶形沉淀。但溶液的温度不易过高，否则碳酸铵发生分解：

$$(NH_4)_2CO_3 \rightleftharpoons 2NH_3\uparrow + CO_2\uparrow + H_2O$$

本组离子的硫酸盐和铬酸盐的溶度积差别较大，故可利用分步沉淀的原理进行组内分离。

(5) 第五组（可溶组）

分离出第一、二、三、四组金属离子后，溶液中只剩下 Mg^{2+}、K^+、Na^+ 和 NH_4^+，这几种离子属于第五组。这些离子在溶液中无色，它们的盐类大多溶于水，所以叫"可溶组"。

Mg^{2+} 在周期表中属于第二主族，故与第四组金属离子的化学性质有不少相似的地方。但 Mg^{2+} 在 NH_4^+ 大量存在时，没有 $Mg(OH)_2$、$MgCO_3$ 沉淀生成，因此划分在本组讨论。

还需指出，在系统分析中，分离出第一、二、三、四组金属离子后，NH_4^+ 已大量存在，将会对 K^+、Na^+、Mg^{2+} 的鉴定产生干扰，因此必须先除 NH_4^+ 才能进行本组其他离子的鉴定。

13.2.4 硫化氢气体的代用品——硫代乙酰胺简介

硫化氢气体是阳离子系统分析中常用的组试剂，但由于其具有毒性和臭味，所以实验时常采用它的代用品。一种办法是用新配制的 H_2S 饱和水溶液，另一种办法是用硫代乙酰胺。

硫代乙酰胺易溶于水，水溶液比较稳定，水解极慢，能放置2~3周不变。但水解作用随着溶液中酸度或碱度的增加以及温度升高而加快。水解反应如下：

酸性溶液中：$CH_3CSNH_2 + 2H_2O \rightleftharpoons NH_4^+ + CH_3COO^- + H_2S$

碱性溶液中：$CH_3CSNH_2 + 2OH^- \rightleftharpoons NH_3 + CH_3COO^- + HS^-$

由于在酸性溶液中水解生成 H_2S，因此可代替 H_2S 沉淀第二组离子；由于在碱性溶液中水解生成 HS^-，因此可代替 $(NH_4)_2S$ 沉淀第三组离子。

另外，$As(V)$ 被硫代乙酰胺还原为 $As(III)$，在90℃，$[H^+]=0.30 mol\cdot L^{-1}$ 时，不到10min，As_2S_3 即可以沉淀完全，故不必先用 NH_4I 还原 $As(V)$ 为 $As(III)$。同时，实验证明，用硫代乙酰胺沉淀 $Sn(II)$ 得到的硫化亚锡沉淀可溶于 NaOH 或 CH_3CSNH_2+ NaOH 中。可能发生了如下反应：

$$2SnS + 4OH^- \rightleftharpoons SnO_2^{2-} + SnS_2^{2-} + 2H_2O$$

故沉淀第Ⅱ组硫化物前，不必加 H_2O_2 氧化 $Sn(II)$ 为 $Sn(IV)$，即 $Sn(II)$ 仍属ⅡB组。

用硫代乙酰胺作沉淀剂时，要注意以下几点：

① 在加入硫代乙酰胺以前，氧化性物质应预先除去，以免部分 CH_3CSNH_2 被氧化成 SO_4^{2-}，而使第四组金属离子在此时沉淀。

② 硫代乙酰胺的用量应适当过量，使水解后溶液中有足够的 H_2S 以保证硫化物沉淀完全。

③ 沉淀作用应在沸水浴中加热进行，并且应该在沸腾的温度下经过适当长的时间，以促进硫代乙酰胺的水解，保证硫化物沉淀完全。

④ 在第三组金属离子沉淀以后，溶液中尚留有相当量的硫代乙酰胺，为了避免它被氧化成 SO_4^{2-} 而使第四组金属离子过早沉淀，应立刻进行第四组金属离子分析，或蒸至刚好干涸，以便保存。

13.2.5 常见阳离子的鉴定反应

常见阳离子的鉴定反应，在前面几章中有部分涉及，为方便起见，归纳如表13-2。

表 13-2 常见阳离子的鉴定反应

离子	试剂	鉴定反应	介质条件	主要干扰离子
NH_4^+	NaOH	$NH_4OH \xrightarrow{\triangle} NH_3 + H_2O$ NH_3 使湿润的红色石蕊试纸变蓝或 pH 试纸显碱性反应	强碱性介质	$CN^- + 2H_2O \xrightarrow{OH^-} HCOO^- + NH_3 \uparrow$
	奈斯勒试剂	$NH_4^+ + 2[HgI_4]^{2-} + 4OH^- \longrightarrow$ [Hg-O-Hg-NH$_2$环] $I + 7I^- + 3H_2O$（棕色）	碱性介质	Fe^{3+}、Cr^{3+}、Co^{2+}、Ni^{2+}、Ag^+、Hg^{2+} 等离子能与奈斯勒试剂生成有色沉淀，妨碍 NH_4^+ 检出
Na^+	KH_2SbO_4	$Na^+ + H_2SbO_4^- \longrightarrow NaH_2SbO_4 \downarrow$（白色）	中性或弱碱性介质	1. 强酸的铵盐水解后所带的微酸性能促使产生白色的 $HSbO_3$ 沉淀，干扰 Na^+ 检出 2. 碱金属外的金属离子亦能生成白色沉淀干扰 Na^+ 检出
	醋酸铀酰锌	$Na^+ + Zn^{2+} + 3UO_2^{2+} + 9Ac^- + 9H_2O \longrightarrow NaAc \cdot Zn(Ac)_2 \cdot 3UO_2(Ac)_2 \cdot 9H_2O \downarrow$（淡黄绿色）	中性或醋酸性溶液	大量 K^+ 存在有干扰（生成 $KAc \cdot UO_2(Ac)_2$ 针状结晶），Ag^+、Hg_2^{2+}、$Sb(III)$ 存在亦有干扰
	焰色反应	挥发性钠盐在煤气灯的无色火焰中灼烧时，火焰呈黄色		
K^+	钴亚硝酸钠	$2K^+ + Na^+ + [Co(NO_2)_6]^{3-} \longrightarrow K_2Na[Co(NO_2)_6] \downarrow$（亮黄色）	中性或弱酸性	Rb^+、Cs^+、NH_4^+ 能与试剂形成相似的化合物，妨碍鉴定
	焰色反应	挥发性钾盐在煤气灯的无色火焰中灼烧时，火焰呈紫色		Na^+ 存在时，K^+ 所显示的紫色被黄色遮盖，为消除黄色火焰的干扰，可透过蓝玻璃去观察
Mg^{2+}	镁试剂	镁试剂被 $Mg(OH)_2$ 吸附后呈天蓝色，故反应结果形成天蓝色沉淀	强碱性介质	1. 除碱金属外，在强碱性介质中形成有色沉淀的离子，如 Ag^+、Hg^{2+}、Ni^{2+}、Co^{2+}、Cr^{3+}、Cu^{2+}、Mn^{2+}、Fe^{3+} 等离子对反应均有干扰 2. 大量 NH_4^+ 存在，降低了溶液中 OH^- 浓度，使 $Mg(OH)_2$ 难以析出，降低了反应的灵敏度

续表

离子	试剂	鉴定反应	介质条件	主要干扰离子
Sr^{2+}	浓$(NH_4)_2SO_4$溶液	$Sr^{2+}+SO_4^{2-} \rightleftharpoons SrSO_4 \downarrow$ 白	中性或弱酸性	Ba^{2+}，Pb^{2+} 有干扰，可用 K_2CrO_4 除去。Ca^{2+} 由于生成 $(NH_4)_2[Ca(SO_4)_2]$，无干扰
	玫瑰红酸钠	生成红棕色沉淀	中性	Ba^{2+} 有干扰，可用 K_2CrO_4 除去
	焰色反应	挥发性锶盐（主要用 $SrCl_2$）使火焰呈猩红色		Ca^{2+} 有干扰
Ca^{2+}	$(NH_4)_2C_2O_4$	$Ca^{2+}+C_2O_4^{2-} \longrightarrow CaC_2O_4 \downarrow$（白色）	醋酸介质	Sr^{2+}、Pb^{2+}、Ag^+、Ni^{2+}、Zn^{2+} 等离子与 $C_2O_4^{2-}$ 能生成沉淀
	焰色反应	挥发性钙盐使火焰呈砖红色		Sr^{2+} 有干扰
Ba^{2+}	K_2CrO_4	$Ba^{2+}+CrO_4^{2-} \longrightarrow BaCrO_4 \downarrow$（黄色）	中性或弱酸性介质	Sr^{2+}、Pb^{2+}、Ag^+、Ni^{2+}、Zn^{2+} 等离子与 CrO_4^{2-} 能生成有色沉淀
	焰色反应	挥发性钡盐使火焰呈黄绿色		
Al^{3+}	铝试剂	形成红色絮状沉淀	弱酸性介质	Fe^{3+}、Cr^{2+}、Bi^{3+}、Pb^{2+}、Cu^{2+} 等离子能生成与铝相类似的红色沉淀
	茜素-S	（反应生成玫瑰红色配合物）	$pH=4\sim 9$	Fe^{3+}、Cr^{3+}、Mn^{2+} 及大量 Cu^{2+} 等离子存在对反应有干扰
Cr^{3+}	用 H_2O_2 氧化后加可溶性 Pb^{2+} 盐（或加 Ag^+ 盐或加 Ba^{2+} 盐）	$Cr^{3+}+4OH^- \longrightarrow [Cr(OH)_4]^-$ $2[Cr(OH)_4]^- + 3H_2O_2 + 2OH^- \longrightarrow 2CrO_4^{2-} + 8H_2O$ $CrO_4^{2-}+Pb^{2+} \longrightarrow PbCrO_4 \downarrow$（黄色） $CrO_4^{2-}+2Ag^+ \longrightarrow Ag_2CrO_4$（砖红色） $CrO_4^{2-}+Ba^{2+} \longrightarrow BaCrO_4 \downarrow$（黄色）	碱性介质 弱酸性介质（HAc 酸化）	凡能与 CrO_4^{2-} 生成有色沉淀的金属离子均有干扰
	在 NaOH 条件下用 H_2O_2 氧化后再酸化，并用乙醚（或戊醇）萃取	$Cr^{3+}+4OH^- \longrightarrow [Cr(OH)_4]^-$ $2[Cr(OH)_4]^- + 3H_2O_2 + 2OH^- \longrightarrow 2CrO_4^{2-} + 8H_2O$ $H^++CrO_4^{2-} \rightleftharpoons HCrO_4^-$ $HCrO_4^- + 2H_2O_2 + H^+ \longrightarrow CrO(O_2)_2$（蓝色）$+3H_2O$	碱性介质 酸性介质	

续表

离子	试剂	鉴定反应	介质条件	主要干扰离子
Mn^{2+}	$NaBiO_3$	$2Mn^{2+} + 5NaBiO_3 + 14H^+ \longrightarrow 2MnO_4^-$（紫红色）$+ 5Na^+ + 5Bi^{3+} + 7H_2O$	HNO_3 介质	
Fe^{3+}	NH_4SCN（或 $KSCN$）	$Fe^{3+} + nSCN^- \rightleftharpoons [Fe(SCN)_n]^{3-n}$	酸性介质	氟化物、磷酸、草酸、酒石酸、柠檬酸、含 α-OH 或 β-OH 的有机酸均能与 Fe^{3+} 生成稳定的配离子，妨碍 Fe^{3+} 检出。大量 Cu^{2+} 存在时能与 SCN^- 生成黑绿色 $Cu(SCN)_2$ 沉淀，干扰 Fe^{3+} 检出
	$K_4[Fe(CN)_6]$	$K^+ + Fe^{3+} + [Fe(CN)_6]^{4-} \longrightarrow K[Fe^{II}(CN)_6Fe^{III}] \downarrow$ [普鲁士蓝(靛蓝)]	酸性介质	
Fe^{2+}	$K_3[Fe(CN)_6]$	$K^+ + Fe^{2+} + [Fe(CN)_6]^{3-} \longrightarrow K[Fe^{III}(CN)_6Fe^{II}] \downarrow$ [滕氏蓝(纯蓝)]	酸性介质	
Co^{2+}	饱和或固体 NH_4SCN 并用丙酮或戊醇萃取	$Co^{2+} + 4SCN^- \rightleftharpoons [Co(NCS)_4]^{2-}$（蓝色或绿色）	酸性介质	Fe^{3+} 干扰 Co^{2+} 的检出
Zn^{2+}	二苯硫腙	$Zn^{2+} + 2S=C(NH-NH-C_6H_5)(N=N-C_6H_5) \rightleftharpoons$ Zn 的二苯硫腙配合物 $+ 2H^+$（水层呈玫瑰粉红色）	强碱性	在中性或弱酸性条件下，许多金属离子都能与二苯硫腙生成有色的配合物，因而必须注意鉴定时的介质条件
	$(NH_4)_2S$ 或碱金属硫化物	$Zn^{2+} + S^{2-} \longrightarrow ZnS \downarrow$（白色）	$[H^+] < 0.3\,mol \cdot L^{-1}$	凡能与 S^{2-} 生成有色硫化物的金属离子均有干扰
Ni^{2+}	丁二酮肟	$Ni^{2+} + 2\,CH_3-C(=N-OH)-C(=N-OH)-CH_3 \longrightarrow$ Ni(丁二酮肟)$_2$（鲜红色沉淀）$+ 2H^+$	$pH = 5\sim10$，在氨性或 NaAc 溶液中进行	Co^{2+}（与本试剂反应生成棕色可溶性化合物），Fe^{2+}（与本试剂作用呈红色），Bi^{3+}（与本试剂作用生成黄色沉淀），Fe^{3+}、Mn^{2+}（在氨性溶液中与 $NH_3 \cdot H_2O$ 作用产生有色沉淀）等离子的存在干扰 Ni^{2+} 检出

续表

离子	试剂	鉴定反应	介质条件	主要干扰离子
Hg^{2+}	$SnCl_2$	$SnCl_2 + 2HgCl_2 \longrightarrow Hg_2Cl_2 \downarrow$（白色）$+ SnCl_4$ $SnCl_2 + Hg_2Cl_2 \longrightarrow 2Hg \downarrow$（黑色）$+ SnCl_4$	酸性介质	
	KI 和 $NH_3 \cdot H_2O$	(1) 先加入过量 KI $Hg^{2+} + 2I^- \longrightarrow HgI_2 \downarrow$ $HgI_2 + 2I^- \longrightarrow [HgI_4]^{2-}$ (2) 在上述溶液中加入 $NH_3 \cdot H_2O$ 或 NH_4^+ 盐溶液并加入浓碱溶液，则生成红棕色沉淀（见 NH_4^+ 鉴定反应）		凡能与 I^-、OH^- 生成深色沉淀的金属离子均有干扰
Sn^{2+}	$HgCl_2$	见 Hg^{2+} 的鉴定反应		
Pb^{2+}	K_2CrO_4	$Pb^{2+} + CrO_4^{2-} \longrightarrow PbCrO_4 \downarrow$（黄色）	中性或弱碱性介质	Ba^{2+}、Sr^{2+}、Ag^+、Ni^{2+}、Zn^{2+} 等离子与 CrO_4^{2-} 亦能生成有色沉淀，影响 Pb^{2+} 检出
As(Ⅲ)	Zn 片 $AgNO_3$ 试纸	$AsO_3^{3-} + 9H^+ + 3Zn \longrightarrow AsH_3 \uparrow + 3Zn^{2+} + 3H_2O$ $AsH_3 + 6AgNO_3 \longrightarrow AsAg_3 \cdot 3AgNO_3$（黄色）$+ 3HNO_3$ $AsAg_3 \cdot 3AgNO_3 + 3H_2O \longrightarrow H_3AsO_3 + 6Ag \downarrow$（黑色）$+ 3H^+ + 3NO_3^-$	强酸性介质	
Sb^{3+}	锡片	$2Sb^{3+} + 3Sn \longrightarrow 2Sb \downarrow$（黑色）$+ 3Sn^{2+}$	酸性介质	Ag^+、AsO_2^-、Bi^{3+} 等离子也能与 Sn 发生氧化还原反应，析出相应的黑色金属，妨碍 Sb^{3+} 的检出
Bi^{3+}	$Na_2[Sn(OH)_4]$	$2Bi^{3+} + 3[Sn(OH)_4]^{2-} + 6OH^- \longrightarrow 2Bi \downarrow$（黑色）$+ 3[Sn(OH)_6]^{2-}$	强碱性介质	Hg_2^{2+}、Hg^{2+}、Pb^{2+} 等离子存在时，亦会慢慢地被 $[Sn(OH)_4]^{2-}$ 还原而析出黑色金属，干扰 Bi^{3+} 的检出
Cd^{2+}	H_2S 或 Na_2S	$Cd^{2+} + S^{2-} \longrightarrow CdS \downarrow$（黄色）		凡能与 H_2S（或 Na_2S）生成有色沉淀的金属离子均有干扰
Cu^{2+}	$K_4[Fe(CN)_6]$	$2Cu^{2+} + [Fe(CN)_6]^{4-} \longrightarrow Cu_2[Fe(CN)_6]$（红褐色）	中性或酸性	能与 $[Fe(CN)_6]^{4-}$ 生成深色沉淀的金属离子（如 Fe^{3+}、Bi^{3+}、Co^{2+} 等）均有干扰
Ag^+	$HCl-NH_3 \cdot H_2O-HNO_3$	$Ag^+ + Cl^- \longrightarrow AgCl \downarrow$（白色） $AgCl + 2NH_3 \cdot H_2O \longrightarrow [Ag(NH_3)_2]^+ + Cl^- + 2H_2O$ $[Ag(NH_3)_2]^+ + 2H^+ + Cl^- \longrightarrow AgCl \downarrow + 2NH_4^+$	酸性介质	Pb^{2+}、Hg_2^{2+} 与 Cl^- 生成 $PbCl_2$、Hg_2Cl_2 白色沉淀，干扰 Ag^+ 的鉴定，但 $PbCl_2$、Hg_2Cl_2 难溶于氨水，可与 AgCl 分离
	K_2CrO_4	$2Ag^+ + CrO_4^{2-} \longrightarrow Ag_2CrO_4 \downarrow$（砖红色）	中性或微酸性介质	凡能与 CrO_4^{2-} 生成深色沉淀的金属离子（如 Hg_2^{2+}、Ba^{2+}、Pb^{2+} 等）均有干扰

13.3 常见阴离子的分别分析

本节主要讨论常见的 SO_4^{2-}，SO_3^{2-}，$S_2O_3^{2-}$，CO_3^{2-}，PO_4^{3-}，AsO_4^{2-}，SiO_3^{2-}，Ac^-，Cl^-，Br^-，I^-，S^{2-}，NO_3^-，NO_2^- 等14种阴离子的定性分析。阴离子与常见试剂的反应列于表13-3中。

表 13-3　常见阴离子与常用试剂的反应

试剂＼离子	SO_4^{2-}	SO_3^{2-}	$S_2O_3^{2-}$	CO_3^{2-}	PO_4^{3-}	AsO_4^{2-}	SiO_3^{2-}
$BaCl_2$	$BaSO_4\downarrow$（白）不溶于酸	$BaSO_3\downarrow$（白）	$BaS_2O_3\downarrow$（白）浓溶液中析出	$BaCO_3\downarrow$（白）	$Ba_3(PO_4)_2\downarrow$（白）	$Ba_3(AsO_4)_2\downarrow$（白）	$BaSiO_3\downarrow$（白）溶于酸（析出硅酸）
		溶于强酸及醋酸					
$AgNO_3$	$Ag_2SO_4\downarrow$（白）浓溶液中析出	$Ag_2SO_3\downarrow$（白）溶于强酸及醋酸	$Ag_2S_2O_3\downarrow$→Ag_2S（白→黄→棕→黑）溶于HNO_3（析出S）	$Ag_2CO_3\downarrow$（白）	$Ag_3PO_4\downarrow$（黄）	$Ag_3AsO_4\downarrow$（棕）	$Ag_2SiO_3\downarrow$（白）溶于酸（析出硅酸）
				溶于强酸及醋酸			
稀 H_2SO_4	—	SO_2	SO_2+S	CO_2	HPO_4^{2-} 及 $H_2PO_4^-$	$HAsO_4^{2-}$ 及 $H_2AsO_4^-$	$H_2SiO_3\downarrow$ 白色凝胶
浓 H_2SO_4	—	SO_2	SO_2	CO_2	H_3PO_4	H_3AsO_4	同上
氧化剂	—	SO_4^{2-}（酸性溶液中与$KMnO_4$作用）SO_4^{2-}（与I_2作用）	SO_4^{2-} $S_4O_6^{2-}$	—	—	—	—
还原剂	—		S,S^{2-}（被Al,Mg等金属还原）	—	—	在硫酸介质中被KI还原，生成I_2和AsO_3^{3-}	—

试剂＼离子	Ac^-	Cl^-	Br^-	I^-	S^{2-}	NO_3^-	NO_2^-
$BaCl_2$	不产生沉淀						
$AgNO_3$（稀HNO_3）	Ac^-浓度大时生成白色$AgAc\downarrow$（溶于稀酸）	$AgCl\downarrow$（白）溶于氨水	$AgBr\downarrow$（淡黄）部分溶于氨水	$AgI\downarrow$（黄）不溶于氨水	$Ag_2S\downarrow$（黑）不溶于氨水不溶于KCN溶于热HNO_3	—	NO_2^-浓度大时生成浅黄色$AgNO_2\downarrow$（溶于稀酸）
		溶于KCN，不溶于酸					
稀 H_2SO_4	—	HCl	HBr	HI	H_2S	—	$NO+HNO_3$
浓 H_2SO_4	HAc	HCl	HBr 及 Br_2	I_2	H_2S,SO_2	NO_2	$NO+NO_2$

续表

试剂 \ 离子	Ac^-	Cl^-	Br^-	I^-	S^{2-}	NO_3^-	NO_2^-
氧化剂	—	Cl_2 (酸性溶液中与 $KMnO_4$ 作用)	Br_2	I_2,IO_3^-	S,SO_2,SO_4^{2-} (酸性及碱性溶液中与 $KMnO_4$ 作用) S(与 I_2 作用)	—	HNO_3(酸性溶液中与 $KMnO_4$ 作用)
还原剂如 Al、Zn 等	—	—	—	—	—	NO_2、NO、N_2、NH_3	NO、N_2、NH_3

13.3.1 阴离子分析试液的制备

在阳离子分析中，通常将试样制成酸性溶液。但对于阴离子的分析，试样不宜于制成酸性溶液，因为有些阴离子在酸性溶液中会生成气体逸出，或发生氧化还原反应改变价态，或受到许多阳离子的干扰等。因此，在阴离子分析中，通常将试样制成碱性溶液。分解试样时，注意不要加入氧化剂或还原剂。另外，要设法消除溶液中干扰的阳离子。

阴离子分析试液的制备，一般是将试样与 Na_2CO_3 溶液共煮，使之通过复分解反应，将阴离子转入溶液中。这样许多重金属离子由于生成氢氧化物、碳酸盐或碱式碳酸盐沉淀而被除去；又因为 Na_2CO_3 使溶液呈碱性，避免了阴离子间的氧化还原反应。

应该指出，在用 Na_2CO_3 溶液处理试样时，某些两性氢氧化物部分溶解，使溶液中出现某些金属离子；某些难溶试样的阴离子不能转化出来，或转化不完全等；另外，由于试样中加入 Na_2CO_3，故需另取原试样鉴定 CO_3^{2-}。

13.3.2 阴离子的初步分析

由于各种阴离子间的相互作用，使阴离子的共存种类减少，因此在阴离子分析中，可以采用分别分析法进行鉴定。在阴离子中，有的与酸作用生成挥发性物质，有的与试剂作用生成沉淀，有的表现出氧化还原性质，以此为依据，我们通常采用"消去法"进行初步检验。即在混合离子中加入某些试剂，根据反应现象来检验试样中可能存在的阴离子，消除某些离子存在的可能性。

(1) 与稀 H_2SO_4 作用

在固体试样上加稀 H_2SO_4 并加热，若产生气泡，表示可能含有 CO_3^{2-}，SO_3^{2-}，S^{2-}，$S_2O_3^{2-}$，NO_2^- 等。根据气泡的性质，可以初步判断含有什么阴离子：

CO_2：无色无味，使 $Ba(OH)_2$ 溶液变浑浊，可能有 CO_3^{2-} 存在。

SO_2：有刺激性气味（燃烧硫磺时可嗅到此气味），能使 $K_2Cr_2O_7$ 溶液变绿，可能有 SO_3^{2-} 或 $S_2O_3^{2-}$ 存在。

H_2S：腐蛋味，能使润湿的 $Pb(Ac)_2$ 试纸变黑，可能有 S^{2-} 存在。

NO_2：红棕色气体，与 KI 作用生成 I_2，可能有 NO_2^- 存在。

(2) 与 $BaCl_2$ 的作用

试液用 HCl 酸化，加热除去 CO_2，加氨水使呈碱性，加 $BaCl_2$ 溶液，生成白色沉淀，表示可能有 SO_4^{2-}、PO_4^{3-}、SiO_3^{2-}、AsO_4^{3-} 等存在。若没有沉淀生成，表示这些离子不存在。

(3) 与 HNO_3+AgNO_3 的作用

试液中加 $AgNO_3$ 溶液，然后加稀 HNO_3，生成黑色 Ag_2S、白色 AgCl、淡黄色 AgBr、黄色 AgI 沉淀，表示 S^{2-}、Cl^-、Br^-、I^- 可能存在。如果生成白色沉淀，很快变为橙黄色、棕褐色，最后变为黑色，表示 $S_2O_3^{2-}$ 存在。

(4) 氧化性阴离子的检验

试液用 H_2SO_4 酸化，加入 KI 溶液，NO_2^- 能把 I^- 氧化为 I_2，加入淀粉，溶液显蓝色。当 $[H^+]>1mol \cdot L^{-1}$ 时，AsO_4^{3-} 亦能把 I^- 氧化为 I_2。

(5) 还原性阴离子的检验

试液用 H_2SO_4 酸化，加入 0.03% $KMnO_4$ 溶液，如有 SO_3^{2-}、$S_2O_3^{2-}$、S^{2-}、Cl^-、Br^-、I^-、NO_2^- 存在，$KMnO_4$ 的紫红色褪去（其中 Cl^- 必须在酸度较大时才能使 $KMnO_4$ 褪色）。

(6) 强还原性阴离子的检验

试液用 H_2SO_4 酸化，加含 KI 的 0.1% 碘-淀粉溶液，SO_3^{2-}、$S_2O_3^{2-}$、S^{2-} 能使碘-淀粉溶液的紫色褪去。

13.3.3 常见阴离子的鉴定

通过初步试验可判断出溶液中不可能存在的阴离子，然后即可对可能存在的阴离子进行个别检出。如果某些离子会发生相互干扰，还要适当地采取分离措施。

常见阴离子的鉴定反应列于表 13-4 中。

表 13-4 常见阴离子的鉴定反应

离子	试剂	鉴定反应	介质条件	主要干扰离子
F^-	浓 H_2SO_4	$CaF_2+H_2SO_4 \xrightarrow{\triangle} CaSO_4+2HF\uparrow$ 放出的 HF 与硅酸盐或 SiO_2 作用，生成 SiF_4 气体。当 SiF_4 与水作用时，立即分解并转化为不溶性硅酸沉淀使水变浑 $Na_2SiO_3 \cdot CaSiO_3 \cdot 4SiO_2+28HF \longrightarrow 4SiF_4\uparrow +Na_2SiF_6+CaSiF_6+14H_2O$ $SiF_4+4H_2O \longrightarrow H_4SiO_4\downarrow +4HF$	酸性介质	
Cl^-	$AgNO_3$	$Cl^-+Ag^+ \longrightarrow AgCl\downarrow$（白色） AgCl 溶于过量氨水或 $(NH_4)_2CO_3$ 中，用 HNO_3 酸化，沉淀重新析出	酸性介质	

续表

离子	试剂	鉴定反应	介质条件	主要干扰离子
Br^-	氯水，CCl_4（或苯）	$2Br^- + Cl_2 \longrightarrow Br_2 + 2Cl^-$ 析出的 Br_2 溶于 CCl_4（或苯）溶剂中呈橙黄色（或橙红色）	中性或酸性介质	
I^-	氯水，CCl_4（或苯）	$2I^- + Cl_2 \longrightarrow I_2 + 2Cl^-$ 析出的 I_2 溶于 CCl_4（或苯）中呈紫红色	中性或酸性介质	
Ac^-	浓 H_2SO_4，戊醇	$CH_3COOH + C_5H_{11}OH \xrightarrow[\text{水浴}\triangle 1\sim 2\min]{\text{浓 }H_2SO_4} CH_3COOC_5H_{11}$ 将反应产物倒入冷水中，可闻到酯的香味	强酸性介质	
S^{2-}	稀 HCl	$S^{2-} + 2H^+ \longrightarrow H_2S\uparrow$ H_2S 的检验：(1) H_2S 气体的腐蛋臭味 (2) H_2S 气体可使蘸有 $Pb(Ac)_2$ 或 $Pb(NO_3)_2$ 的试纸变黑	酸性介质	
	$Na_2[Fe(CN)_5NO]$	$S^{2-} + [Fe(CN)_5NO]^{2-} \longrightarrow [Fe(CN)_5NOS]^{4-}$（紫红色）	碱性介质	
SO_4^{2-}	$BaCl_2$	$SO_4^{2-} + Ba^{2+} \longrightarrow BaSO_4\downarrow$（白色）	酸性介质	
SO_3^{2-}	稀 HCl	$SO_3^{2-} + 2H^+ \longrightarrow SO_2\uparrow + H_2O$ SO_2 的检验：(1) SO_2 可使稀 $KMnO_4$ 溶液还原而褪色 (2) SO_2 可将 I_2 还原为 I^-，使淀粉-I_2 试纸褪色 (3) 可使品红溶液褪色	酸性介质	$S_2O_3^{2-}$、S^{2-} 存在干扰 SO_3^{2-} 鉴定
	$ZnSO_4$ $K_4[Fe(CN)_6]$ $Na_2[Fe(CN)_5NO]$	$2Zn^{2+} + [Fe(CN)_6]^{4-} \longrightarrow Zn_2[Fe(CN)_6]\downarrow$（浅黄色） $Zn_2[Fe(CN)_6] + [Fe(CN)_5NO]^{2-} + SO_3^{2-} \longrightarrow Zn_2[Fe(CN)_5NOSO_3]\downarrow$（红色）$+ [Fe(CN)_6]^{4-}$	酸性介质	S^{2-} 与 $Na_2[Fe(CN)_5NO]$ 生成紫红色配合物，干扰 SO_3^{2-} 鉴定
$S_2O_3^{2-}$	稀 HCl	$S_2O_3^{2-} + 2H^+ \longrightarrow SO_2\uparrow + S\downarrow + H_2O$ 反应中因有硫析出而使溶液变浑浊	酸性介质	SO_3^{2-}、S^{2-} 存在干扰 $S_2O_3^{2-}$ 鉴定
	$AgNO_3$	$2Ag^+ + S_2O_3^{2-} \longrightarrow Ag_2S_2O_3\downarrow$（白） $Ag_2S_2O_3$ 沉淀不稳定，立即发生水解反应，颜色发生变化，由白→黄→棕，最后变为黑色的 Ag_2S 沉淀：$Ag_2S_2O_3 + H_2O \longrightarrow Ag_2S\downarrow$（黑色）$+ 2H^+ + SO_4^{2-}$	中性介质	S^{2-} 存在干扰鉴定
CO_3^{2-}	稀 HCl，饱和 $Ba(OH)_2$	$CO_3^{2-} + 2H^+ \longrightarrow CO_2\uparrow + H_2O$ CO_2 气体使饱和 $Ba(OH)_2$ 变浑浊；$CO_2 + 2OH^- + Ba^{2+} \longrightarrow BaCO_3\downarrow$（白色）$+ H_2O$	酸性介质	
SiO_3^{2-}	饱和 NH_4Cl	$SiO_3^{2-} + 2NH_4^+ + 2H_2O \longrightarrow H_2SiO_3\downarrow$（白色胶状沉淀）$+ 2NH_3\uparrow + 2H_2O$	碱性介质	

续表

离子	试剂	鉴定反应	介质条件	主要干扰离子
NO_2^-	对氨基苯磺酸+α-萘胺	$HNO_2 + H_2N$—(萘)+ H_2N—C_6H_4—SO_3H ⇌ H_2N—(萘)—N=N—C_6H_4—SO_3H (红色染料) + $2H_2O$	中性或醋酸介质	MnO_4^- 等强氧化剂存在有干扰
NO_3^-	$FeSO_4$	$NO_3^- + 3Fe^{2+} + 4H^+ \longrightarrow 3Fe^{3+} + NO + 2H_2O$ $[Fe(H_2O)_6]^{2+} + NO \longrightarrow [Fe(NO)(H_2O)_5]^{2+}$（棕色）$+ H_2O$ 在混合液与浓 H_2SO_4 分层处形成棕色环	酸性介质	NO_2^- 有同样的反应,妨碍鉴定
PO_4^{3-}	$AgNO_3$	$3Ag^+ + PO_4^{3-} \longrightarrow Ag_3PO_4\downarrow$（黄色）	中性或酸性介质	CrO_4^{2-}, AsO_4^{3-}, S^{2-}, AsO_3^{3-}, I^-, $S_2O_3^{2-}$ 等离子能与 Ag^+ 生成有色沉淀,妨碍鉴定
PO_4^{3-}	镁混合试剂（$MgCl_2+NH_4Cl+NH_3$） $(NH_4)_2MoO_4$ 酒石酸	$PO_4^{3-} + MgCl_2 + NH_4Cl \longrightarrow MgNH_4PO_4\downarrow + 3Cl^-$ 取沉淀用醋酸溶解,加酒石酸和钼酸铵,在 60~70℃ 保温数分钟,析出黄色沉淀	弱碱性（NH_3 性）介质	CO_3^{2-} 有干扰,可加酸加热除去；SiO_3^{2-} 有干扰,可用饱和 NH_4Cl 除去
AsO_4^{3-}	镁混合试剂（$MgCl_2+NH_4Cl+NH_3$） HCl, KI, CCl_4	$AsO_4^{3-} + MgCl_2 + NH_4Cl \longrightarrow MgNH_4AsO_4\downarrow + 3Cl^-$ 取沉淀加 HCl、KI 和 CCl_4,如 CCl_4 层变紫,表示 AsO_4^{3-} 存在	弱碱性（NH_3 性）介质	CO_3^{2-} 有干扰,可加酸加热除去；SO_3^{2-} 有干扰,可用饱和 NH_4Cl 除去

习 题

1. 用 $K_4Fe(CN)_6$ 检出 Cu^{2+} 的最低浓度是 0.4×10^{-6} g·mL^{-1},检出限量是 $0.02\mu g$,试验时所取的试液是多少毫升？ [0.05mL]

2. 取含铁的试样 $0.01g$ 制成 $2mL$ 试液,若用 1 滴 NH_4SCN 饱和溶液与 1 滴试液作用,仍可肯定检出 Fe^{3+},试液再稀释,反应即不可靠。已知此反应的检出限量为 $0.5\mu g$ Fe^{3+},最低浓度为 $5\mu g·mL^{-1}$,估算此试样中铁的质量分数。 [0.2%]

3. 用一种试剂分离下列各对离子和沉淀：
① Al^{3+} 与 Fe^{3+} ② Zn^{2+} 与 Cr^{3+} ③ Fe^{3+} 与 Mn^{2+}
④ Pb^{2+} 与 Cu^{2+} ⑤ Pb^{2+} 与 Ba^{2+} ⑥ Pb^{2+} 与 Zn^{2+}
⑦ $BaSO_4$ 与 $PbSO_4$ ⑧ $Fe(OH)_3$ 与 $Zn(OH)_2$ ⑨ CuS 与 HgS

⑩ ZnS 与 Ag₂S

4. 试用 6 种溶剂，把下列 6 种固体从混合物中逐一溶解，每种溶剂只能溶解一种物质，并说明溶解次序。

$BaCO_3$，$AgCl$，KNO_3，SnS_2，CuS，$PbSO_4$

5. 由 $Pb(NO_3)_2$、$Zn(NO_3)_2$、K_2CO_3 混合而成的试样，依次按下列步骤处理，试说明试样在各项步骤中所经历的变化。

① 以水处理；

② 加稀 HCl；

③ 调节酸度至 $0.3 mol \cdot L^{-1}$，通入 H_2S；

④ 煮沸除去 H_2S 后，加 NH_4Cl 和 NH_3；

⑤ 取残余溶液进行焰色反应。

6. 有未知酸性溶液 5 种，定性分析结果报告如下，试指出其是否合理（不合理的要说明原因）。

① Fe^{3+}，K^+，Cl^-，SO_3^{2-}；② Cu^{2+}，Sn^{2+}，Cl^-，Br^-；

③ Na^+，Mg^{2+}，S^{2-}，SO_4^{2-}；④ Ba^{2+}，NH_4^+，Cl^-，SO_4^{2-}；

⑤ Ag^+，K^+，I^-，NO_3^-。

7. 某一试液能使 $KMnO_4$ 的酸性溶液褪色，但不能使碘-淀粉溶液褪色，哪些阴离子可能存在？

8. 某阴离子未知液的初步试验结果如下，试予以判断。

① 试液酸化时无气体发生；

② 中性溶液中加 $BaCl_2$，无沉淀；

③ 硝酸溶液中加 $AgNO_3$，有黄色沉淀；

④ 酸性溶液中加 $KMnO_4$，褪色；加碘-淀粉，不褪色。

附录

附录 1　本书所用单位制的几点说明

国际单位制（SI）是从米制发展而成的一各计量单位制，是 1960 年 11 届国际计量大会定名并决定推广的。1969～1975 年，国际标准化组织和国际计量大会经过修订、补充，正式推荐使用。我国国务院决定在采用先进的国际单位制的基础上，进一步统一我国的计量单位，并于 1984 年 2 月 27 日发布了《关于在我国统一实行法定计量单位的命令》，规定我国的计量单位一律采用《中华人民共和国的法定计量单位》，因此，本书采用国家法定计量单位（以下简称法定单位）。

一、法定计量单位

法定单位包括：
1. 国际单位制的基本单位（见表 1）。
2. 国际单位制中具有专门名称的导出单位（见表 2）。
3. 国家选定的非国际单位制单位（见表 3）。
4. 用于构成十进倍数和分数单位的词头（见表 4）。

表 1　国际单位制的基本单位

量	单位名称	单位符号
长度	米	m
质量	千克(公斤)	kg
时间	秒	s
电流	安[培]	A
热力学温度	开[尔文]	K
物质的量	摩[尔]	mol
发光强度	坎[德拉]	cd

注：表中单位名称，去掉方括号时为单位名称的全称，去掉方括号及其中的字即成为单位名称的简称；无方括号的单位名称与全称同。圆括号的名称与它前面的名称是同义词。下同。

表 2　国际单位制导出单位（摘录）

量	单位名称	单位符号
频率	赫[兹]	Hz
力、重力	牛[顿]	N
压力、压强	帕[斯卡]	Pa
能量、功、热	焦[尔]	J
电荷量	库[仑]	C
电位、电压、电动势	伏[特]	V
摄氏温度	摄氏度	℃
电阻	欧[姆]	Ω
电导	西[门子]	S
[物质的量]浓度	摩尔每立方米或摩尔每升	$mol \cdot m^{-3}$, $mol \cdot L^{-1}$
摩尔熵	焦[尔]每摩[尔]开[尔文]	$J \cdot mol^{-1} \cdot K^{-1}$
偶极矩	库[仑]米	$C \cdot m$

表 3　国家选定的非国际单位制单位（摘录）

量	单位名称	单位符号
时间	分	min
	[小]时	h
	天（日）	d
质量	吨	t
	原子质量单位	u
体积	升	L, (l)
能	电子伏特	eV

表 4　用于构成十进倍数和分数单位的词头（摘录）

所表示的因数	词头名称	符号
10^6	兆（méga）	M
10^3	千（kilo）	k
10^2	百（hecto）	h
10^{-1}	分（déci）	d
10^{-2}	厘（centi）	c
10^{-3}	毫（milli）	m
10^{-6}	微（micro）	μ
10^{-9}	纳[诺]（nano）	n
10^{-12}	皮[可]（pico）	p

二、一些基本的物理常数（见表 5）

表 5　一些基本的物理常数

物理量	符号	国际单位数值
电子的电荷	e	$1.6021892 \times 10^{-19}$ C
阿伏伽德罗（Avogadro）常数	N_A	6.022045×10^{23} mol^{-1}
摩尔气体常数	R	$8.31441 J \cdot mol^{-1} \cdot K^{-1}$
标准压力和温度	$p^{\ominus}$ 和 T_0	100kPa 和 273.15K
理想气体的标准摩尔体积	$V_m^{\ominus}$	$2.241383 \times 10^{-2} m^3 \cdot mol^{-1}$
普朗克（Planck）常数	h	$6.626176 \times 10^{-34} J \cdot s$
法拉第（Faraday）常数	F	$9.648456 \times 10^4 C \cdot mol^{-1}$

三、物质的量及其单位——摩尔(mol)

摩尔是国际单位制中"物质的量"的单位,其定义为:"摩尔是一系统的物质的量,该系统中所包含的基本单元数与 0.012kg ^{12}C 的原子数目(6.022045×10^{23})相同"。在使用摩尔时,基本单元应予指明,可以是原子、分子、离子、电子及其他粒子,或是这些粒子的特定组合。

附录 2 标准热力学数据(298.15K)

物质(状态)	$\dfrac{\Delta_f H_m^\ominus}{kJ \cdot mol^{-1}}$	$\dfrac{\Delta_f G_m^\ominus}{kJ \cdot mol^{-1}}$	$\dfrac{S_m^\ominus}{J \cdot mol^{-1} \cdot K^{-1}}$
Ag(s)	0	0	42.55
Ag^+(aq)	105.58	77.124	72.68
AgCl(s)	−127.07	−109.80	96.2
AgBr(s)	−100.4	−96.90	107.1
AgI(s)	−61.84	−66.19	115.5
AgO_2(s)	−31.0	−11.2	121.3
$AgNO_3$(s)	−124.4	−33.5	140.9
Al(s)	0	0	28.3
Al^{3+}(aq)	−531	−485	−322
$AlCl_3$(s)	−705.63	−630.07	109.3
Al_2O_3(α,刚玉)	−1676	−1582	50.92
Al_2O_3(γ)	−1657	−1563.9	52.3
$Al(OH)_3$(s)	−1285	−1306	71
Br_2(l)	0	0	152.23
Br_2(g)	30.91	3.14	245.35
Br^-(aq)	−121.6	−104.0	82.4
HBr(g)	−36.4	−53.51	198.6
Ca(s)	0	0	41.4
Ca^{2+}(aq)	−542.83	−553.54	−53.1
CaF_2(s)	−1219.6	−1167.3	68.87
$CaCl_2$(s)	−795.8	−748.1	105
CaO(s)	−635.13	−604.54	38.2
$CaCO_3$(方解石)	−1206.9	−1128.8	92.9
$Ca(OH)_2$(s)	−986.17	−898.51	83.39
C(石墨)	0	0	5.694
C(金刚石)	1.897	2.900	2.38
CO(g)	−110.54	−137.3	197.9
CO_2(g)	−393.5	−394.4	213.7
H_2CO_3(aq)	−699.65	623.16	187

续表

物质(状态)	$\dfrac{\Delta_f H_m^\ominus}{kJ\cdot mol^{-1}}$	$\dfrac{\Delta_f G_m^\ominus}{kJ\cdot mol^{-1}}$	$\dfrac{S_m^\ominus}{J\cdot mol^{-1}\cdot K^{-1}}$
HCO_3^- (aq)	−691.99	586.85	91.2
CS_2 (l)	89.70	65.27	151.3
CS_2 (g)	117.1	66.90	237.8
Cs(s)	0	0	85.14
Cs^+ (aq)	−258.3	−292.0	133.1
HCN(l)	108.9	125.1	112.8
HCN(g)	135	125	201.7
CN^- (aq)	151	172	94.1
Cl_2 (g)	0	0	222.97
Cl^- (aq)	−167.2	−131.3	56.5
HCl(g)	−92.30	−95.31	186.8
KCl(s)	−436.73	−409.2	82.59
CrO_4^{2-} (aq)	−881.15	−727.85	50.21
$Cr_2O_7^{2-}$ (aq)	−1490	−1301	262
Cu(s)	0	0	33.15
Cu^+ (aq)	71.67	50.00	41
Cu^{2+} (aq)	64.77	65.52	−99.6
CuO(s)	−157	−130	42.64
Cu_2O(s)	−169	−146	93.14
$Cu(OH)_2$(s)	−450.2	−373	108
CuS(s)	−53.1	−53.6	66.5
Cu_2S(s)	−79.5	−86.2	117
F_2 (g)	0	0	202.7
F^- (g)	−255.6	−262.3	145.5
HF(g)	−271.1	−273.2	173.7
HF_2^- (aq)	−649.94	−578.15	92.5
Fe(α,s)	0	0	27.3
Fe^{2+} (aq)	−89.1	−78.87	−138
Fe^{3+} (aq)	−48.5	−4.6	−316
$FeCl_2$(s)	−341.8	−302.3	118.0
$FeCl_3$(s)	−399.5	−334.1	142
FeO(s)	−272	−251.5	60.75
Fe_2O_3(赤铁矿)	−824.2	−742.2	87.40
Fe_3O_4(磁铁矿)	−1118	−1016	146
FeS(s)	−100	−100	60.29
$FeSO_4$(s)	−928.4	−825.1	121
H_2 (g)	0	0	130.59
H^+ (aq)	0	0	0
H_2O(l)	−285.83	−237.18	69.92
H_2O(g)	−241.82	−228.59	188.72
H_2O_2(l)	−187.8	−120.4	110

续表

物质(状态)	$\dfrac{\Delta_f H_m^\ominus}{kJ\cdot mol^{-1}}$	$\dfrac{\Delta_f G_m^\ominus}{kJ\cdot mol^{-1}}$	$\dfrac{S_m^\ominus}{J\cdot mol^{-1}\cdot K^{-1}}$
HgO(红,斜方晶形)	−90.84	58.555	70.29
HgO(红,六方晶形)	−89.5	−58.24	71.1
HgO(黄,s)	−90.46	−58.43	71.1
$I_2(s)$	0	0	116.1
$I_2(g)$	62.438	19.36	260.6
I^-(aq)	−55.19	−51.59	111
I_3^-(aq)	−51.5	−51.5	239
HI(g)	26.5	1.7	206.5
K(s)	0	0	64.18
K^+(aq)	−252.4	−283.3	103
Li(s)	0	0	29.1
Li^+(aq)	−278.5	−293.3	13.4
Mg(s)	0	0	32.69
Mg^{2+}(aq)	−466.85	−454.8	−138
$MgCl_2$(s)	−641.62	−592.12	89.62
MgO(方镁石)	−601.66	−569.02	26.9
MgO(微晶)	−597.98	−565.97	27.9
$Mg(OH)_2$(s)	−924.7	−833.9	63.18
$MgSO_4$(s)	−1285	−1171	91.6
Mn^{2+}(aq)	−220.8	−228	−73.6
MnO_2(s)	−520.0	−465.2	53.05
MnO_4^-(aq)	−541.4	−447.3	191
Na(s)	0	0	51.21
Na^+(aq)	−240.1	−261.9	59.0
NaF(s)	−573.67	−543.50	51.46
NaCl(s)	−411.1	−384.1	72.13
NaBr(s)	−361.1	−349.0	86.82
NaI(s)	−287.8	−286.1	98.53
Na_2O(s)	−414.2	−375.5	75.06
NaOH(s)	−425.60	379.5	64.48
$NaNO_3$(s)	−467.85	−367.1	116
Na_2SO_4(s)	−1387.1	−1270.2	149.6
Na_2CO_3(s)	−1130.8	−1044.5	135.0
$NaHCO_3$(s)	−950.81	−851.0	102
CO_3^{2-}(aq)	−677.14	−527.60	−56.9
ClO^-(aq)	−107	−37	42
HClO(aq)	−121	−79.9	142
ClO_3^-(aq)	−104.0	−8.03	162
$KClO_3$(s)	−399.7	−296.3	143
ClO_4^-(aq)	−129.3	−8.62	182
N_2(g)	0	0	191.5

物质(状态)	$\dfrac{\Delta_f H_m^\ominus}{\text{kJ}\cdot\text{mol}^{-1}}$	$\dfrac{\Delta_f G_m^\ominus}{\text{kJ}\cdot\text{mol}^{-1}}$	$\dfrac{S_m^\ominus}{\text{J}\cdot\text{mol}^{-1}\cdot\text{K}^{-1}}$
$NH_3(g)$	−46.11	−16.5	192.3
$NH_4^+(aq)$	−132.5	−79.37	113
$N_2H_4(l)$	50.63	149.2	121.2
$NO(g)$	90.25	86.57	210.65
$NO_2(g)$	33.2	51.30	240.0
$N_2O(g)$	82.05	104.2	219.7
$N_2O_3(g)$	83.72	139.4	312.2
$N_2O_4(g)$	9.16	97.82	304.2
$N_2O_5(g)$	11.3	117.7	347.2
$NO_2^-(aq)$	−105	−32	123
$NO_3^-(aq)$	−207.4	−111.3	146
$NH_4Cl(s)$	−314.4	−203.0	94.6
$HNO_3(l)$	−173.2	−79.91	155.6
$NH_4NO_3(s)$	−365.6	−184.0	151.1
$(NH_4)_2SO_4(s)$	−1180.9	−901.90	220
$NH_4HCO_3(s)$	−849.4	−666.1	121
$O_2(g)$	0	0	205.03
$O_3(g)$	143	163	238.8
$OH^-(aq)$	−230.0	−157.3	−10.8
P(红磷)	−17.6	−12.1	22.8
P(α,白磷)	0	0	41.1
$P_4(g)$	129	72.4	129
$PCl_3(g)$	−287	−268	311.7
$PCl_5(g)$	−343	−278	364.5
$POCl_3(g)$	−542.2	−502.5	325.3
P_4O_{10}(六方晶形)	−2940	−2675	228.9
P_4O_{10}(斜方晶形)	−2984	—	228.9
$H_3PO_4(s)$	−1267	−1113	110.5
$H_3PO_4(l)$	−1254	−1112	151
$PO_4^{3-}(aq)$	−1277	−1019	222
$HPO_4^{2-}(aq)$	−1292.1	−1089.3	−34
$H_2PO_4^-(aq)$	−1296.3	−1130.4	90.4
$Rb(s)$	0	0	76.78
$Rb^+(aq)$	−251.2	−284.0	121.5
S(s,正交)	0	0	31.9
$S_8(g)$	101.3	49.16	430.2
$S^{2-}(aq)$	33	85.8	−14.6
$H_2S(g)$	−20.17	−33.1	205.8
$H_2S(aq)$	−40	−27.9	121
$HS^-(aq)$	−18	12.1	62.8
$SCN^-(aq)$	76.44	92.68	144

续表

物质(状态)	$\dfrac{\Delta_f H_m^\ominus}{kJ \cdot mol^{-1}}$	$\dfrac{\Delta_f G_m^\ominus}{kJ \cdot mol^{-1}}$	$\dfrac{S_m^\ominus}{J \cdot mol^{-1} \cdot K^{-1}}$
$SO_2(g)$	−296.83	−300.19	248.1
$SO_3(g)$	−395.7	−371.1	256.6
$S_2O_3^{2-}(aq)$	−652.3	−522.6	67
$S_4O_6^{2-}(aq)$	−1224.2	−1041	257
$H_2SO_4(l)$	−814.00	−690.07	156.9
$SO_4^{2-}(aq)$	−909.27	−744.63	20
$SO_3^{2-}(aq)$	−635.6	−486.6	−29
$Si(s)$	0	0	18.8
$SiCl_4(l)$	−687.0	−619.90	240
$SiCl_4(g)$	−662.7	−622.6	330.6
$SiF_6^{2-}(aq)$	−2389	−2200	122
$SiH_4(g)$	34.3	56.9	204.5
$SiO_2(石英)$	−910.94	−856.67	41.84
$SiO_2(无定形)$	−903.49	−850.73	46.9
$Sn(g)$	302	267	168.38
$Sn(s,白)$	0	0	51.55
$Sn(s,灰)$	−2.1	0.13	44.14
$SnO_2(s)$	−580.7	−519.7	52.3
$SbCl_3(g)$	−314	−301	337.7
$SbCl_5(g)$	−394.3	−334.3	401.8
$Zn(s)$	0	0	41.6
$ZnCl_2(s)$	−415.1	−369.43	108
$ZnO(s)$	−348.3	−318.3	43.64
$Zn(OH)_2(s,\beta)$	−641.9	−553.59	81.17
$ZnCO_3(s)$	−394.4	−731.57	82.4
$CH_4(g)$	−74.85	−50.79	186.2
$C_2H_6(g)$	−84.68	−32.8	229.1
$C_2H_2(g)$	226.7	209.2	200.8
$C_3H_8(g)$	−103.9	−23.6	270.2
$C_6H_6(l)$	49.00	124.4	173.3
$CH_3COOH(l)$	−484.13	−390	160
$C_2H_5OH(l)$	−235.3	−168.6	282

附录 3 弱酸和弱碱的解离常数

一、酸

名称	温度/℃	解离常数 $K_a^\ominus$	$pK_a^\ominus$
砷酸 H_3AsO_4	18	$K_{a1}^\ominus = 5.6 \times 10^{-3}$	2.25
		$K_{a2}^\ominus = 1.7 \times 10^{-7}$	6.77
		$K_{a3}^\ominus = 3.0 \times 10^{-12}$	11.50

续表

名　称	温度/℃	解离常数 $K_a^{\ominus}$	$pK_a^{\ominus}$
硼酸 H_3BO_3	20	$K_a^{\ominus}=5.7\times10^{-10}$	9.24
氢氰酸 HCN	25	$K_a^{\ominus}=6.2\times10^{-10}$	9.21
碳酸 H_2CO_3	25	$K_{a1}^{\ominus}=4.2\times10^{-7}$	6.38
		$K_{a2}^{\ominus}=5.6\times10^{-11}$	10.25
铬酸 H_2CrO_4	25	$K_{a1}^{\ominus}=1.8\times10^{-1}$	0.74
		$K_{a2}^{\ominus}=3.2\times10^{-7}$	6.49
氢氟酸 HF	25	$K_a^{\ominus}=3.5\times10^{-4}$	3.46
亚硝酸 HNO_2	25	$K_a^{\ominus}=4.6\times10^{-4}$	3.37
磷酸 H_3PO_4	25	$K_{a1}^{\ominus}=7.6\times10^{-3}$	2.12
		$K_{a2}^{\ominus}=6.3\times10^{-8}$	7.20
		$K_{a3}^{\ominus}=4.4\times10^{-13}$	12.36
硫化氢 H_2S	25	$K_{a1}^{\ominus}=1.3\times10^{-7}$	6.89
		$K_{a2}^{\ominus}=7.1\times10^{-15}$	14.15
亚硫酸 H_2SO_3	18	$K_{a1}^{\ominus}=1.5\times10^{-2}$	1.82
		$K_{a2}^{\ominus}=1.0\times10^{-7}$	7.00
硫酸 H_2SO_4	25	$K_{a2}^{\ominus}=1.0\times10^{-2}$	1.99
甲酸 HCOOH	20	$K_a^{\ominus}=1.8\times10^{-4}$	3.74
醋酸 CH_3COOH	20	$K_a^{\ominus}=1.8\times10^{-5}$	4.74
一氯乙酸 $CH_2ClCOOH$	25	$K_a^{\ominus}=1.4\times10^{-3}$	2.86
二氯乙酸 $CHCl_2COOH$	25	$K_a^{\ominus}=5.0\times10^{-2}$	1.30
三氯乙酸 CCl_3COOH	25	$K_a^{\ominus}=0.23$	0.64
草酸 $H_2C_2O_4$	25	$K_{a1}^{\ominus}=5.9\times10^{-2}$	1.23
		$K_{a2}^{\ominus}=6.4\times10^{-5}$	4.19
琥珀酸 $(CH_2COOH)_2$	25	$K_{a1}^{\ominus}=6.4\times10^{-5}$	4.19
		$K_{a2}^{\ominus}=2.7\times10^{-6}$	5.57
酒石酸 CH(OH)COOH 　　　| 　　　CH(OH)COOH	25	$K_{a1}^{\ominus}=9.1\times10^{-4}$ $K_{a2}^{\ominus}=4.3\times10^{-5}$	3.04 4.37
柠檬酸 CH_2COOH 　　　| 　　　C(OH)COOH 　　　| 　　　CH_2COOH	18	$K_{a1}^{\ominus}=7.4\times10^{-4}$ $K_{a2}^{\ominus}=1.7\times10^{-5}$ $K_{a3}^{\ominus}=4.0\times10^{-7}$	3.13 4.76 6.40
苯酚 C_6H_5OH	20	$K_a^{\ominus}=1.1\times10^{-10}$	9.95
苯甲酸 C_6H_5COOH	25	$K_a^{\ominus}=6.2\times10^{-5}$	4.21
水杨酸 $C_6H_4(OH)COOH$	18	$K_{a1}^{\ominus}=1.07\times10^{-3}$	2.97
		$K_{a2}^{\ominus}=4\times10^{-14}$	13.40
邻苯二甲酸 $C_6H_4(COOH)_2$	25	$K_{a1}^{\ominus}=1.3\times10^{-3}$	2.89
		$K_{a2}^{\ominus}=2.9\times10^{-6}$	5.54

二、碱

名称	温度/℃	离解常数 $K_b^{\ominus}$	$pK_b^{\ominus}$
氨水 $NH_3 \cdot H_2O$	25	$K_b^{\ominus}=1.8\times 10^{-5}$	4.74
羟胺 NH_2OH	20	$K_b^{\ominus}=9.1\times 10^{-9}$	8.04
苯胺 $C_6H_5NH_2$	25	$K_b^{\ominus}=4.6\times 10^{-10}$	9.34
乙二胺 $H_2NCH_2CH_2NH_2$	25	$K_{b1}^{\ominus}=8.5\times 10^{-5}$	4.07
		$K_{b2}^{\ominus}=7.1\times 10^{-8}$	7.15
六亚甲基四胺 $(CH_2)_6N_4$	25	$K_b^{\ominus}=1.4\times 10^{-9}$	8.85
吡啶	25	$K_b^{\ominus}=1.7\times 10^{-9}$	8.77

附录4　微溶化合物的溶度积（18~25℃，$I=0$）

微溶化合物	$K_{sp}^{\ominus}$	$pK_{sp}^{\ominus}$	微溶化合物	$K_{sp}^{\ominus}$	$pK_{sp}^{\ominus}$
Ag_3AsO_4	1×10^{-22}	22.0	Bi_2S_3	1×10^{-97}	97.0
$AgBr$	5.0×10^{-13}	12.30	$CaCO_3$	2.9×10^{-9}	8.54
Ag_2CO_3	8.1×10^{-12}	11.09	CaF_2	2.7×10^{-11}	10.57
$AgCl$	1.8×10^{-10}	9.75	$CaC_2O_4 \cdot H_2O$	2.0×10^{-9}	8.70
Ag_2CrO_4	2.0×10^{-12}	11.71	$Ca_3(PO_4)_2$	2.0×10^{-29}	28.70
$AgCN$	1.2×10^{-16}	15.92	$CaSO_4$	9.1×10^{-6}	5.04
$AgOH$	2.0×10^{-8}	7.71	$CaWO_4$	8.7×10^{-9}	8.06
AgI	9.3×10^{-17}	16.03	$CdCO_3$	5.2×10^{-12}	11.28
$Ag_2C_2O_4$	3.5×10^{-11}	10.46	$Cd_2[Fe(CN)_6]$	3.2×10^{-17}	16.49
Ag_3PO_4	1.4×10^{-16}	15.84	$Cd(OH)_2$ 新析出	2.5×10^{-14}	13.60
Ag_2SO_4	1.4×10^{-5}	4.84	$CdC_2O_4 \cdot 3H_2O$	9.1×10^{-8}	7.04
Ag_2S	2×10^{-49}	48.7	CdS	8×10^{-27}	26.1
$AgSCN$	1.0×10^{-12}	12.00	$CoCO_3$	1.4×10^{-13}	12.84
$Al(OH)_3$ 无定形	1.3×10^{-33}	32.9	$Co_2[Fe(ON)_6]$	1.8×10^{-15}	14.74
$As_2S_3$①	2.1×10^{-22}	21.68	$Co(OH)_2$ 新析出	2×10^{-15}	14.7
$BaCO_3$	5.1×10^{-9}	8.29	$Co(OH)_3$	2×10^{-44}	43.7
$BaCrO_4$	1.2×10^{-10}	9.93	$Co[Hg(SCN)_4]$	1.5×10^{-6}	5.82
BaF_2	1×10^{-6}	6.0	$\alpha\text{-}CoS$	4×10^{-21}	20.4
$BaC_2O_4 \cdot H_2O$	2.3×10^{-8}	7.64	$\beta\text{-}CoS$	2×10^{-25}	24.7
$BaSO_4$	1.1×10^{-10}	9.96	$Co_3(PO_4)_2$	2×10^{-35}	34.7
$Bi(OH)_3$	4×10^{-31}	30.4	$Cr(OH)_3$	6×10^{-31}	30.2
$BiOOH$②	4×10^{-10}	9.4	$CuBr$	5.2×10^{-9}	8.28
BiI_3	8.1×10^{-19}	18.09	$CuCl$	1.2×10^{-6}	5.92
$BiOCl$	1.8×10^{-31}	30.75	$CuCN$	3.2×10^{-20}	19.49
$BiPO_4$	1.3×10^{-23}	22.89	CuI	1.1×10^{-12}	11.96

续表

微溶化合物	$K_{sp}^{\ominus}$	$pK_{sp}^{\ominus}$	微溶化合物	$K_{sp}^{\ominus}$	$pK_{sp}^{\ominus}$
CuOH	1×10^{-14}	14.0	β-NiS	1×10^{-24}	24.0
Cu_2S	2×10^{-48}	47.7	γ-NiS	2×10^{-26}	25.7
CuSCN	4.8×10^{-15}	14.32	$PbCO_3$	7.4×10^{-14}	13.13
$CuCO_3$	1.4×10^{-10}	9.86	$PbCl_2$	1.6×10^{-5}	4.79
$Cu(OH)_2$	2.2×10^{-20}	19.66	PbClF	2.4×10^{-9}	8.62
CuS	6×10^{-36}	35.2	$PbCrO_4$	2.8×10^{-13}	12.55
$FeCO_3$	3.2×10^{-11}	10.50	PbF_2	2.7×10^{-8}	7.57
$Fe(OH)_2$	8×10^{-16}	15.1	$Pb(OH)_2$	1.2×10^{-15}	14.93
FeS	6×10^{-18}	17.2	PbI_2	7.1×10^{-9}	8.15
$Fe(OH)_3$	4×10^{-38}	37.4	$PbMoO_4$	1×10^{-13}	13.0
$FePO_4$	1.3×10^{-22}	21.89	$Pb_3(PO_4)_2$	8.0×10^{-43}	42.10
Hg_2Br_2 ③	5.8×10^{-23}	22.24	$PbSO_4$	1.6×10^{-8}	7.79
Hg_2CO_3	8.9×10^{-17}	16.05	PbS	8×10^{-28}	27.09
Hg_2Cl_2	1.3×10^{-18}	17.88	$Pb(OH)_4$	3×10^{-66}	65.5
$Hg_2(OH)_2$	2×10^{-24}	23.7	$Sb(OH)_3$	4×10^{-42}	41.4
Hg_2I_2	4.5×10^{-29}	28.35	Sb_2S_3	2×10^{-93}	92.8
Hg_2SO_4	7.4×10^{-7}	6.13	$Sn(OH)_2$	1.4×10^{-28}	27.85
Hg_2S	1×10^{-47}	47.0	SnS	1×10^{-25}	25.0
$Hg(OH)_2$	3.0×10^{-26}	25.52	$Sn(OH)_4$	1×10^{-56}	56.0
HgS 红色	4×10^{-53}	52.4	SnS_2	2×10^{-27}	26.7
黑色	2×10^{-52}	51.7	$SrCO_3$	1.1×10^{-10}	9.96
$MgNH_4PO_4$	2×10^{-13}	12.7	$SrCrO_4$	2.2×10^{-5}	4.65
$MgCO_3$	3.5×10^{-8}	7.46	SrF_2	2.4×10^{-9}	8.61
MgF_2	6.4×10^{-9}	8.19	$SrC_2O_4 \cdot H_2O$	1.6×10^{-7}	6.80
$Mg(OH)_2$	1.8×10^{-11}	10.74	$Sr_3(PO_4)_2$	4.1×10^{-28}	27.39
$MnCO_3$	1.8×10^{-11}	10.74	Sr_3SO_4	3.2×10^{-7}	6.49
$Mn(OH)_2$	1.9×10^{-13}	12.72	$Ti(OH)_3$	1×10^{-40}	40.0
MnS 无定形	2×10^{-10}	9.7	$TiO(OH)_2$ ④	1×10^{-29}	29.0
MnS 晶形	2×10^{-13}	12.7	$ZnCO_3$	1.4×10^{-11}	10.84
$NiCO_3$	6.6×10^{-9}	8.18	$Zn_2[Fe(CN)_6]$	4.1×10^{-16}	15.39
$Ni(OH)_2$ 新析出	2×10^{-15}	14.7	$Zn(OH)_2$	1.2×10^{-17}	16.92
$Ni_3(PO_4)_2$	5×10^{-31}	30.3	$Zn_3(PO_4)_2$	9.1×10^{-33}	32.04
α-NiS	3×10^{-19}	18.5	ZnS	2×10^{-22}	21.7

① 为下列平衡的平衡常数：$As_2S_3 + 4H_2O \rightleftharpoons 2HAsO_2 + 3H_2S$。
② BiOOH：$K_{sp}^{\ominus} = [BiO^+][OH^-]$。
③ $(Hg_2)_mX_n$：$K_{sp}^{\ominus} = [Hg_2^{2+}]^m[X^{-2m/n}]^n$。
④ $TiO(OH)_2$：$K_{sp}^{\ominus} = [TiO^{2+}][OH^-]^2$。

附录 5 标准电极电势（298.15K）

一、在酸性溶液中

电　对	电极反应	$\varphi_A^{\ominus}/V$
Li^+/Li	$Li^+ + e^- \rightleftharpoons Li$	-3.045
Rb^+/Rb	$Rb^+ + e^- \rightleftharpoons Rb$	-2.93
K^+/K	$K^+ + e^- \rightleftharpoons K$	-2.925
Cs^+/Cs	$Cs^+ + e^- \rightleftharpoons Cs$	-2.92
Ba^{2+}/Ba	$Ba^{2+} + 2e^- \rightleftharpoons Ba$	-2.91
Sr^{2+}/Sr	$Sr^{2+} + 2e^- \rightleftharpoons Sr$	-2.89
Ca^{2+}/Ca	$Ca^{2+} + 2e^- \rightleftharpoons Ca$	-2.87
Na^+/Na	$Na^+ + e^- \rightleftharpoons Na$	-2.714
La^{3+}/La	$La^{3+} + 3e^- \rightleftharpoons La$	-2.52
Y^{3+}/Y	$Y^{3+} + 3e^- \rightleftharpoons Y$	-2.37
Mg^{2+}/Mg	$Mg^{2+} + 2e^- \rightleftharpoons Mg$	-2.37
Ce^{3+}/Ce	$Ce^{3+} + 3e^- \rightleftharpoons Ce$	-2.33
H_2/H^-	$\frac{1}{2}H_2 + e^- \rightleftharpoons H^-$	-2.25
Sc^{3+}/Sc	$Sc^{3+} + 3e^- \rightleftharpoons Sc$	-2.1
Th^{4+}/Th	$Th^{4+} + 4e^- \rightleftharpoons Th$	-1.9
Be^{2+}/Be	$Be^{2+} + 2e^- \rightleftharpoons Be$	-1.85
U^{3+}/U	$U^{3+} + 3e^- \rightleftharpoons U$	-1.80
Al^{3+}/Al	$Al^{3+} + 3e^- \rightleftharpoons Al$	-1.66
Ti^{2+}/Ti	$Ti^{2+} + 2e^- \rightleftharpoons Ti$	-1.63
ZrO_2/Zr	$ZrO_2 + 4H^+ + 4e^- \rightleftharpoons Zr + 2H_2O$	-1.43
V^{2+}/V	$V^{2+} + 2e^- \rightleftharpoons V$	-1.2
Mn^{2+}/Mn	$Mn^{2+} + 2e^- \rightleftharpoons Mn$	-1.17
TiO_2/Ti	$TiO_2 + 4H^+ + 4e^- \rightleftharpoons Ti + 2H_2O$	-0.86
SiO_2/Si	$SiO_2 + 4H^+ + 4e^- \rightleftharpoons Si + 2H_2O$	-0.86
Cr^{2+}/Cr	$Cr^{2+} + 2e^- \rightleftharpoons Cr$	-0.86
Zn^{2+}/Zn	$Zn^{2+} + 2e^- \rightleftharpoons Zn$	-0.763
Cr^{3+}/Cr	$Cr^{3+} + 3e^- \rightleftharpoons Cr$	-0.74
Ag_2S/Ag	$Ag_2S + 2e^- \rightleftharpoons 2Ag + S^{2-}$	-0.71
$CO_2/H_2C_2O_4$	$2CO_2 + 2H^+ + 2e^- \rightleftharpoons H_2C_2O_4$	-0.49
Fe^{2+}/Fe	$Fe^{2+} + 2e^- \rightleftharpoons Fe$	-0.440
Cr^{3+}/Cr^{2+}	$Cr^{3+} + e^- \rightleftharpoons Cr^{2+}$	-0.41
Cd^{2+}/Cd	$Cd^{2+} + 2e^- \rightleftharpoons Cd$	-0.403
Ti^{3+}/Ti^{2+}	$Ti^{3+} + e^- \rightleftharpoons Ti^{2+}$	-0.37
$PbSO_4/Pb$	$PbSO_4 + 2e^- \rightleftharpoons Pb + SO_4^{2-}$	-0.356
Co^{2+}/Co	$Co^{2+} + 2e^- \rightleftharpoons Co$	-0.29
$PbCl_2/Pb$	$PbCl_2 + 2e^- \rightleftharpoons Pb + 2Cl^-$	-0.266
V^{3+}/V^{2+}	$V^{3+} + e^- \rightleftharpoons V^{2+}$	-0.255
Ni^{2+}/Ni	$Ni^{2+} + 2e^- \rightleftharpoons Ni$	-0.25
AgI/Ag	$AgI + e^- \rightleftharpoons Ag + I^-$	-0.152
Sn^{2+}/Sn	$Sn^{2+} + 2e^- \rightleftharpoons Sn$	-0.136
Pb^{2+}/Pb	$Pb^{2+} + 2e^- \rightleftharpoons Pb$	-0.126
$AgCN/Ag$	$AgCN + e^- \rightleftharpoons Ag + CN^-$	-0.017
H^+/H_2	$2H^+ + 2e^- \rightleftharpoons H_2$	0.0000

续表

电对	电极反应	$\varphi_A^\ominus/\mathrm{V}$
AgBr/Ag	$AgBr + e^- \rightleftharpoons Ag + Br^-$	0.071
TiO^{2+}/Ti^{3+}	$TiO^{2+} + 2H^+ + e^- \rightleftharpoons Ti^{3+} + H_2O$	0.10
S/H_2S	$S + 2H^+ + 2e^- \rightleftharpoons H_2S(aq)$	0.14
Sb_2O_3/Sb	$Sb_2O_3 + 6H^+ + 6e^- \rightleftharpoons 2Sb + 3H_2O$	0.15
Sn^{4+}/Sn^{2+}	$Sn^{4+} + 2e^- \rightleftharpoons Sn^{2+}$	0.154
Cu^{2+}/Cu^+	$Cu^{2+} + e^- \rightleftharpoons Cu^+$	0.17
AgCl/Ag	$AgCl + e^- \rightleftharpoons Ag + Cl^-$	0.2223
$HAsO_2/As$	$HAsO_2 + 3H^+ + 3e^- \rightleftharpoons As + 2H_2O$	0.248
Hg_2Cl_2/Hg	$Hg_2Cl_2 + 2e^- \rightleftharpoons 2Hg + 2Cl^-$	0.268
BiO^+/Bi	$BiO^+ + 2H^+ + 3e^- \rightleftharpoons Bi + H_2O$	0.32
UO_2^{2+}/U^{4+}	$UO_2^{2+} + 4H^+ + 2e^- \rightleftharpoons U^{4+} + 2H_2O$	0.33
VO^{2+}/V^{3+}	$VO^{2+} + 2H^+ + e^- \rightleftharpoons V^{3+} + H_2O$	0.34
Cu^{2+}/Cu	$Cu^{2+} + 2e^- \rightleftharpoons Cu$	0.34
$S_2O_3^{2-}/S$	$S_2O_3^{2-} + 6H^+ + 4e^- \rightleftharpoons 2S + 3H_2O$	0.5
Cu^+/Cu	$Cu^+ + e^- \rightleftharpoons Cu$	0.52
I_3^-/I^-	$I_3^- + 2e^- \rightleftharpoons 3I^-$	0.545
I_2/I^-	$I_2 + 2e^- \rightleftharpoons 2I^-$	0.535
MnO_4^-/MnO_4^{2-}	$MnO_4^- + e^- \rightleftharpoons MnO_4^{2-}$	0.57
$H_3AsO_4/HAsO_2$	$H_3AsO_4 + 2H^+ + 2e^- \rightleftharpoons HAsO_2 + 2H_2O$	0.581
$HgCl_2/Hg_2Cl_2$	$2HgCl_2 + 2e^- \rightleftharpoons Hg_2Cl_2(s) + 2Cl^-$	0.63
Ag_2SO_4/Ag	$Ag_2SO_4 + 2e^- \rightleftharpoons 2Ag + SO_4^{2-}$	0.653
O_2/H_2O_2	$O_2 + 2H^+ + 2e^- \rightleftharpoons H_2O_2$	0.69
$[PtCl_4]^{2-}/Pt$	$[PtCl_4]^{2-} + 2e^- \rightleftharpoons Pt + 4Cl^-$	0.73
Fe^{3+}/Fe^{2+}	$Fe^{3+} + e^- \rightleftharpoons Fe^{2+}$	0.771
Hg_2^{2+}/Hg	$Hg_2^{2+} + 2e^- \rightleftharpoons 2Hg$	0.792
Ag^+/Ag	$Ag^+ + e^- \rightleftharpoons Ag$	0.7999
NO_3^-/NO_2	$NO_3^- + 2H^+ + e^- \rightleftharpoons NO_2 + H_2O$	0.80
Hg^{2+}/Hg	$Hg^{2+} + 2e^- \rightleftharpoons Hg$	0.854
Cu^{2+}/CuI	$Cu^{2+} + I^- + e^- \rightleftharpoons CuI$	0.86
Hg^{2+}/Hg_2^{2+}	$2Hg^{2+} + 2e^- \rightleftharpoons Hg_2^{2+}$	0.907
Pd^{2+}/Pd	$Pd^{2+} + 2e^- \rightleftharpoons Pd$	0.92
NO_3^-/HNO_2	$NO_3^- + 3H^+ + 2e^- \rightleftharpoons HNO_2 + H_2O$	0.94
NO_3^-/NO	$NO_3^- + 4H^+ + 3e^- \rightleftharpoons NO + 2H_2O$	0.96
HNO_2/NO	$HNO_2 + H^+ + e^- \rightleftharpoons NO + H_2O$	0.98
HIO/I^-	$HIO + H^+ + 2e^- \rightleftharpoons I^- + H_2O$	0.99
VO_2^+/VO^{2+}	$VO_2^+ + 2H^+ + e^- \rightleftharpoons VO^{2+} + H_2O$	0.999
$[AuCl_4]^-/Au$	$[AuCl_4]^- + 3e^- \rightleftharpoons Au + 4Cl^-$	1.00
NO_2/NO	$NO_2 + 2H^+ + 2e^- \rightleftharpoons NO + H_2O$	1.03
Br_2/Br^-	$Br_2(l) + 2e^- \rightleftharpoons 2Br^-$	1.065
NO_2/HNO_2	$NO_2 + H^+ + e^- \rightleftharpoons HNO_2$	1.07
Br_2/Br^-	$Br_2(aq) + 2e^- \rightleftharpoons 2Br^-$	1.08
$Cu^{2+}/[Cu(CN)_2]^-$	$Cu^{2+} + 2CN^- + e^- \rightleftharpoons [Cu(CN)_2]^-$	1.12
IO_3^-/HIO	$IO_3^- + 5H^+ + 4e^- \rightleftharpoons HIO + 2H_2O$	1.14
ClO_3^-/ClO_2	$ClO_3^- + 2H^+ + e^- \rightleftharpoons ClO_2 + H_2O$	1.15
Ag_2O/Ag	$Ag_2O + 2H^+ + 2e^- \rightleftharpoons 2Ag + H_2O$	1.17
ClO_4^-/ClO_3^-	$ClO_4^- + 2H^+ + 2e^- \rightleftharpoons ClO_3^- + H_2O$	1.19
IO_3^-/I_2	$2IO_3^- + 12H^+ + 10e^- \rightleftharpoons I_2 + 6H_2O$	1.19
$ClO_3^-/HClO_2$	$ClO_3^- + 3H^+ + 2e^- \rightleftharpoons HClO_2 + H_2O$	1.21
O_2/H_2O	$O_2 + 4H^+ + 4e^- \rightleftharpoons 2H_2O$	1.229

续表

电对	电极反应	$\varphi_A^{\ominus}/V$
MnO_2/Mn^{2+}	$MnO_2+4H^++4e^- \rightleftharpoons Mn^{2+}+2H_2O$	1.23
$ClO_2/HClO_2$	$ClO_2(g)+H^++e^- \rightleftharpoons HClO_2$	1.27
$Cr_2O_7^{2-}/Cr^{3+}$	$Cr_2O_7^{2-}+14H^++6e^- \rightleftharpoons 2Cr^{3+}+7H_2O$	1.33
ClO_4^-/Cl_2	$2ClO_4^-+16H^++14e^- \rightleftharpoons Cl_2+8H_2O$	1.34
Cl_2/Cl^-	$Cl_2+2e^- \rightleftharpoons 2Cl^-$	1.36
Au^{3+}/Au^+	$Au^{3+}+2e^- \rightleftharpoons Au^+$	1.41
BrO_3^-/Br^-	$BrO_3^-+6H^++6e^- \rightleftharpoons Br^-+3H_2O$	1.44
HIO/I_2	$2HIO+2H^++2e^- \rightleftharpoons I_2+2H_2O$	1.45
ClO_3^-/Cl^-	$ClO_3^-+6H^++6e^- \rightleftharpoons Cl^-+3H_2O$	1.45
PbO_2/Pb^{2+}	$PbO_2+4H^++2e^- \rightleftharpoons Pb^{2+}+2H_2O$	1.455
ClO_3^-/Cl_2	$2ClO_3^-+12H^++10e^- \rightleftharpoons Cl_2+6H_2O$	1.47
Mn^{3+}/Mn^{2+}	$Mn^{3+}+e^- \rightleftharpoons Mn^{2+}$	1.488
$HClO/Cl^-$	$HClO+H^++2e^- \rightleftharpoons Cl^-+H_2O$	1.49
Au^{3+}/Au	$Au^{3+}+3e^- \rightleftharpoons Au$	1.50
BrO_3^-/Br_2	$2BrO_3^-+12H^++10e^- \rightleftharpoons Br_2+6H_2O$	1.5
MnO_4^-/Mn^{2+}	$MnO_4^-+8H^++5e^- \rightleftharpoons Mn^{2+}+4H_2O$	1.51
$HBrO/Br_2$	$2HBrO+2H^++2e^- \rightleftharpoons Br_2+2H_2O$	1.6
H_5IO_6/IO_3^-	$H_5IO_6+H^++2e^- \rightleftharpoons IO_3^-+3H_2O$	1.6
$HClO/Cl_2$	$2HClO+2H^++2e^- \rightleftharpoons Cl_2+2H_2O$	1.63
$HClO_2/HClO$	$HClO_2+2H^++2e^- \rightleftharpoons HClO+H_2O$	1.64
MnO_4^-/MnO_2	$MnO_4^-+4H^++3e^- \rightleftharpoons MnO_2+2H_2O$	1.68
NiO_2/Ni^{2+}	$NiO_2+4H^++2e^- \rightleftharpoons Ni^{2+}+2H_2O$	1.68
$PbO_2/PbSO_4$	$PbO_2+SO_4^{2-}+4H^++2e^- \rightleftharpoons PbSO_4+2H_2O$	1.69
H_2O_2/H_2O	$H_2O_2+2H^++2e^- \rightleftharpoons 2H_2O$	1.77
Co^{3+}/Co^{2+}	$Co^{3+}+e^- \rightleftharpoons Co^{2+}$	1.80
XeO_3/Xe	$XeO_3+6H^++6e^- \rightleftharpoons Xe+3H_2O$	1.8
$S_2O_8^{2-}/SO_4^{2-}$	$S_2O_8^{2-}+2e^- \rightleftharpoons 2SO_4^{2-}$	2.0
O_3/O_2	$O_3+2H^++2e^- \rightleftharpoons O_2+H_2O$	2.07
XeF_2/Xe	$XeF_2+2e^- \rightleftharpoons Xe+2F^-$	2.2
F_2/F^-	$F_2+2e^- \rightleftharpoons 2F^-$	2.87
H_4XeO_6/XeO_3	$H_4XeO_6+2H^++2e^- \rightleftharpoons XeO_3+3H_2O$	3.0
F_2/HF	$F_2(g)+2H^++2e^- \rightleftharpoons 2HF$	3.06

二、在碱性溶液中

电对	电极反应	$\varphi_B^{\ominus}/V$
$Mg(OH)_2/Mg$	$Mg(OH)_2+2e^- \rightleftharpoons Mg+2OH^-$	−2.69
$H_2AlO_3^-/Al$	$H_2AlO_3^-+H_2O+3e^- \rightleftharpoons Al+4OH^-$	−2.35
$H_2BO_3^-/B$	$H_2BO_3^-+H_2O+3e^- \rightleftharpoons B+4OH^-$	−1.79
$Mn(OH)_2/Mn$	$Mn(OH)_2+2e^- \rightleftharpoons Mn+2OH^-$	−1.55
$[Zn(CN)_4]^{2-}/Zn$	$[Zn(CN)_4]^{2-}+2e^- \rightleftharpoons Zn+4CN^-$	−1.26
ZnO_2^{2-}/Zn	$ZnO_2^{2-}+2H_2O+2e^- \rightleftharpoons Zn+4OH^-$	−1.216
$SO_3^{2-}/S_2O_4^{2-}$	$2SO_3^{2-}+2H_2O+2e^- \rightleftharpoons S_2O_4^{2-}+4OH^-$	−1.12
$[Zn(NH_3)_4]^{2+}/Zn$	$[Zn(NH_3)_4]^{2+}+2e^- \rightleftharpoons Zn+4NH_3$	−1.04
$[Sn(OH)_6]^{2-}/HSnO_2^-$	$[Sn(OH)_6]^{2-}+2e^- \rightleftharpoons HSnO_2^-+3OH^-+H_2O$	−0.93
SO_4^{2-}/SO_3^{2-}	$SO_4^{2-}+H_2O+2e^- \rightleftharpoons SO_3^{2-}+2OH^-$	−0.93

续表

电对	电极反应	$\varphi_B^\ominus/V$
$HSnO_2^-/Sn$	$HSnO_2^- + H_2O + 2e^- \rightleftharpoons Sn + 3OH^-$	-0.91
H_2O/H_2	$2H_2O + 2e^- \rightleftharpoons H_2 + 2OH^-$	-0.828
$Ni(OH)_2/Ni$	$Ni(OH)_2 + 2e^- \rightleftharpoons Ni + 2OH^-$	-0.72
AsO_4^{3-}/AsO_2^-	$AsO_4^{3-} + 2H_2O + 2e^- \rightleftharpoons AsO_2^- + 4OH^-$	-0.67
SO_3^{2-}/S	$SO_3^{2-} + 3H_2O + 4e^- \rightleftharpoons S + 6OH^-$	-0.66
AsO_2^-/As	$AsO_2^- + 2H_2O + 3e^- \rightleftharpoons As + 4OH^-$	-0.66
$SO_3^{2-}/S_2O_3^{2-}$	$2SO_3^{2-} + 3H_2O + 4e^- \rightleftharpoons S_2O_3^{2-} + 6OH^-$	-0.58
S/S^{2-}	$S + 2e^- \rightleftharpoons S^{2-}$	-0.48
$[Ag(CN)_2]^-/Ag$	$[Ag(CN)_2]^- + e^- \rightleftharpoons Ag + 2CN^-$	-0.31
CrO_4^{2-}/CrO_2^-	$CrO_4^{2-} + 2H_2O + 3e^- \rightleftharpoons CrO_2^- + 4OH^-$	-0.12
O_2/HO_2^-	$O_2 + H_2O + 2e^- \rightleftharpoons HO_2^- + OH^-$	-0.076
NO_3^-/NO_2^-	$NO_3^- + H_2O + 2e^- \rightleftharpoons NO_2^- + 2OH^-$	0.01
$S_4O_6^{2-}/S_2O_3^{2-}$	$S_4O_6^{2-} + 2e^- \rightleftharpoons 2S_2O_3^{2-}$	0.09
HgO/Hg	$HgO + H_2O + 2e^- \rightleftharpoons Hg + 2OH^-$	0.098
$Mn(OH)_3/Mn(OH)_2$	$Mn(OH)_3 + e^- \rightleftharpoons Mn(OH)_2 + OH^-$	0.1
$[Co(NH_3)_6]^{3+}/[Co(NH_3)_6]^{2+}$	$[Co(NH_3)_6]^{3+} + e^- \rightleftharpoons [Co(NH_3)_6]^{2+}$	0.1
$Co(OH)_3/Co(OH)_2$	$Co(OH)_3 + e^- \rightleftharpoons Co(OH)_2 + OH^-$	0.17
Ag_2O/Ag	$Ag_2O + H_2O + 2e^- \rightleftharpoons 2Ag + 2OH^-$	0.34
O_2/OH^-	$O_2 + 2H_2O + 4e^- \rightleftharpoons 4OH^-$	0.41
MnO_4^-/MnO_2	$MnO_4^- + 2H_2O + 3e^- \rightleftharpoons MnO_2 + 4OH^-$	0.588
BrO_3^-/Br^-	$BrO_3^- + 3H_2O + 6e^- \rightleftharpoons Br^- + 6OH^-$	0.61
BrO^-/Br^-	$BrO^- + H_2O + 2e^- \rightleftharpoons Br^- + 2OH^-$	0.76
H_2O_2/OH^-	$H_2O_2 + 2e^- \rightleftharpoons 2OH^-$	0.88
ClO^-/Cl^-	$ClO^- + H_2O + 2e^- \rightleftharpoons Cl^- + 2OH^-$	0.89
$HXeO_6^{3-}/HXeO_4^-$	$HXeO_6^{3-} + 2H_2O + e^- \rightleftharpoons HXeO_4^- + 4OH^-$	0.9
$HXeO_4^-/Xe$	$HXeO_4^- + 3H_2O + 7e^- \rightleftharpoons Xe + 7OH^-$	0.9
O_3/OH^-	$O_3 + H_2O + 2e^- \rightleftharpoons O_2 + 2OH^-$	1.24

附录6 条件电极电位 $\varphi^{\ominus\prime}$

半反应	$\varphi^{\ominus\prime}/V$	介质
$Ag(II) + e^- \rightleftharpoons Ag^+$	1.927	$4\ mol \cdot L^{-1}\ HNO_3$
$Ce(IV) + e^- \rightleftharpoons Ce(III)$	1.70	$1\ mol \cdot L^{-1}\ HClO_4$
	1.61	$1\ mol \cdot L^{-1}\ HNO_3$
	1.44	$0.5\ mol \cdot L^{-1}\ H_2SO_4$
	1.28	$1\ mol \cdot L^{-1}\ HCl$
$Co^{3+} + e^- \rightleftharpoons Co^{2+}$	1.85	$4\ mol \cdot L^{-1}\ HNO_3$
$Co(乙二胺)_3^{3+} + e^- \rightleftharpoons Co(乙二胺)_3^{2+}$	-0.2	$0.1\ mol \cdot L^{-1}\ KNO_3 +$ $0.1\ mol \cdot L^{-1}$ (乙二胺)
$Cr(III) + e^- \rightleftharpoons Cr(II)$	-0.40	$5\ mol \cdot L^{-1}\ HCl$

续表

半反应	$\varphi^{\ominus\prime}/V$	介质
$Cr_2O_7^{2-}+14H^++6e^-\rightleftharpoons 2Cr^{3+}+7H_2O$	1.00	$1mol\cdot L^{-1}HCl$
	1.025	$1mol\cdot L^{-1}HClO_4$
	1.08	$3mol\cdot L^{-1}HCl$
	1.05	$2mol\cdot L^{-1}HCl$
	1.15	$4mol\cdot L^{-1}H_2SO_4$
$CrO_4^{2-}+2H_2O+3e^-\rightleftharpoons CrO_2^-+4OH^-$	−0.12	$1mol\cdot L^{-1}NaOH$
$Fe(Ⅲ)+e^-\rightleftharpoons Fe(Ⅱ)$	0.73	$1mol\cdot L^{-1}HClO_4$
	0.71	$0.5mol\cdot L^{-1}HCl$
	0.68	$1mol\cdot L^{-1}H_2SO_4$
	0.68	$1mol\cdot L^{-1}HCl$
	0.46	$2mol\cdot L^{-1}H_3PO_4$
	0.51	$1mol\cdot L^{-1}HCl+$ $0.25mol\cdot L^{-1}H_3PO_4$
$H_3AsO_4+2H^++2e^-\rightleftharpoons H_3AsO_3+H_2O$	0.557	$1mol\cdot L^{-1}HCl$
	0.557	$1mol\cdot L^{-1}HClO_4$
$Fe(EDTA)^-+e^-\rightleftharpoons Fe(EDTA)^{2-}$	0.12	$0.1mol\cdot L^{-1}EDTA$ pH 4~6
$Fe(CN)_6^{3-}+e^-\rightleftharpoons Fe(CN)_6^{4-}$	0.48	$0.01mol\cdot L^{-1}HCl$
	0.56	$0.1mol\cdot L^{-1}HCl$
	0.71	$1mol\cdot L^{-1}HCl$
	0.72	$1mol\cdot L^{-1}HClO_4$
$I_2(水)+2e^-\rightleftharpoons 2I^-$	0.628	$1mol\cdot L^{-1}H^+$
$I_3^-+2e^-\rightleftharpoons 3I^-$	0.545	$1mol\cdot L^{-1}H^+$
$MnO_4^-+8H^++5e^-\rightleftharpoons Mn^{2+}+4H_2O$	1.45	$1mol\cdot L^{-1}HClO_4$
	1.27	$8mol\cdot L^{-1}H_3PO_4$
$Os(Ⅷ)+4e^-\rightleftharpoons Os(Ⅳ)$	0.79	$5mol\cdot L^{-1}HCl$
$SnCl_6^{2-}+2e^-\rightleftharpoons SnCl_4^{2-}+2Cl^-$	0.14	$1mol\cdot L^{-1}HCl$
$Sn^{2+}+2e^-\rightleftharpoons Sn$	−0.16	$1mol\cdot L^{-1}HClO_4$
$Sb(V)+2e^-\rightleftharpoons Sb(Ⅲ)$	0.75	$3.5mol\cdot L^{-1}HCl$
$Sb(OH)_6^-+2e^-\rightleftharpoons SbO_2^-+2OH^-+2H_2O$	−0.428	$3mol\cdot L^{-1}NaOH$
$SbO_2^-+2H_2O+3e^-\rightleftharpoons Sb+4OH^-$	0.675	$10mol\cdot L^{-1}KOH$
$Ti(Ⅳ)+e^-\rightleftharpoons Ti(Ⅲ)$	−0.01	$0.2mol\cdot L^{-1}H_2SO_4$
	0.12	$2mol\cdot L^{-1}H_2SO_4$
	−0.04	$1mol\cdot L^{-1}HCl$
	−0.05	$1mol\cdot L^{-1}H_3PO_4$
$Pb(Ⅱ)+2e^-\rightleftharpoons Pb$	−0.32	$1mol\cdot L^{-1}NaAc$
	−0.14	$1mol\cdot L^{-1}HClO_4$
$UO_2^{2+}+4H^++2e^-\rightleftharpoons U(Ⅳ)+2H_2O$	0.41	$0.5mol\cdot L^{-1}H_2SO_4$

附录 7　配合物的稳定常数

(18～25℃)

金属离子	I	n	$\lg\beta_n$
氨配合物			
Ag^+	0.5	1,2	3.24;7.05
Cd^{2+}	2	1,⋯,6	2.65;4.75;6.19;7.12;6.80;5.14
Co^{2+}	2	1,⋯,6	2.11;3.74;4.79;5.55;5.73;5.11
Co^{3+}	2	1,⋯,6	6.7;14.0;20.1;25.7;30.8;35.2
Cu^+	2	1,2	5.93;10.86
Cu^{2+}	2	1,⋯,5	4.31;7.98;11.02;13.32;12.86
Ni^{2+}	2	1,⋯,6	2.80;5.04;6.77;7.96;8.71;8.74
Zn^{2+}	2	1,⋯,4	2.37;4.81;7.31;9.46
溴配合物			
Ag^+	0	1,⋯,4	4.38;7.33;8.00;8.73
Bi^{3+}	2.3	1,⋯,6	4.30;5.55;5.89;7.82;—;9.70
Cd^{2+}	3	1,⋯,4	1.75;2.34;3.32;3.70
Cu^+	0	2	5.89
Hg^{2+}	0.5	1,⋯,4	9.05;17.32;19.74;21.00
氯配合物			
Ag^+	0	1,⋯,4	3.04;5.04;5.04;5.30
Hg^{2+}	0.5	1,⋯,4	6.74;13.22;14.07;15.07
Sn^{2+}	0	1,⋯,4	1.51;2.24;2.03;1.48
Sb^{3+}	4	1,⋯,6	2.26;3.49;4.18;4.72;4.72;4.11
氰配合物			
Ag^+	0	1,⋯,4	—;21.1;21.7;20.6
Cd^{2+}	3	1,⋯,4	5.48;10.60;15.23;18.78
Co^{2+}		6	19.09
Cu^+	0	1,⋯,4	—;24.0;28.59;30.3
Fe^{2+}	0	6	35
Fe^{3+}	0	6	42
Hg^{2+}	0	4	41.4
Ni^{2+}	0.1	4	31.3
Zn^{2+}	0.1	4	16.7
氟配合物			
Al^{3+}	0.5	1,⋯,6	6.13;11.15;15.00;17.75;19.37;19.84
Fe^{3+}	0.5	1,⋯,6	5.28;9.30;12.06;—;15.77;—
Th^{4+}	0.5	1,⋯,3	7.65;13.46;17.97
TiO_2^{2+}	3	1,⋯,4	5.4;9.8;13.7;18.0
ZrO_2^{2+}	2	1,⋯,3	8.80;16.19;21.94
碘配合物			
Ag^+	0	1,⋯,3	6.58;11.74;13.68
Bi^{3+}	2	1,⋯,6	3.63;—;—;14.95;16.80;18.80
Cd^{2+}	0	1,⋯,4	2.10;3.43;4.49;5.41
Pb^{2+}	0	1,⋯,4	2.00;3.15;3.92;4.47
Hg^{2+}	0.5	1,⋯,4	12.87;23.82;27.60;29.83
磷酸配合物			
Ca^{2+}	0.2	CaHL	1.7

续表

金属离子	I	n	$\lg\beta_n$
Mg^{2+}	0.2	MgHL	1.9
Mn^{2+}	0.2	MnHL	2.6
Fe^{3+}	0.66	FeHL	9.35
硫氰酸配合物			
Ag^+	2.2	1,…,4	—;7.57;9.08;10.08
Au^+	0	1,…,4	—;23;—;42
Co^{2+}	1	1	1.0
Cu^+	5	1,…,4	—;11.00;10.90;10.48
Fe^{3+}	0.5	1,2	2.95;3.36
Hg^{2+}	1	1,…,4	—;17.47;—;21.23
硫代硫酸配合物			
Ag^+	0	1,…,3	8.82;13.46;14.15
Cu^+	0.8	1,2,3	10.35;12.27;13.71
Hg^{2+}	0	1,…,4	—;29.86;32.26;33.61
Pb^{2+}	0	1,3	5.1;6.4
乙酰丙酮配合物			
Al^{3+}	0	1,2,3	8.60;15.5;21.30
Cu^{2+}	0	1,2	8.27;16.34
Fe^{2+}	0	1,2	5.07;8.67
Fe^{3+}	0	1,2,3	11.4;22.1;26.7
Ni^{2+}	0	1,2,3	6.06;10.77;13.09
Zn^{2+}	0	1,2	4.98;8.81
柠檬酸配合物			
Ag^+	0	Ag_2HL	7.1
Al^{3+}	0.5	AlHL	7.0
		AlL	20.0
		AlOHL	30.6
Ca^{2+}	0.5	CaH_3L	10.9
		CaH_2L	8.4
		CaHL	3.5
Cd^{2+}	0.5	CdH_2L	7.9
		CdHL	4.0
		CdL	11.3
Co^{2+}	0.5	CoH_2L	8.9
		CoHL	4.4
		CoL	12.5
Cu^{2+}	0.5	CuH_3L	12.0
	0	CuHL	6.1
	0.5	CuL	18.0
Fe^{2+}	0.5	FeH_2L	7.3
		FeHL	3.1
		FeL	15.5
Fe^{3+}	0.5	FeH_2L	12.2
		FeHL	10.9
		FeL	25.0
Ni^{2+}	0.5	NiH_2L	9.0
		NiHL	4.8
		NiL	14.3
Pb^{2+}	0.5	PbH_2L	11.2

续表

金属离子	I	n	$\lg\beta_n$
		PbHL	5.2
		PbL	12.3
Zn^{2+}	0.5	ZnH_2L	8.7
		ZnHL	4.5
		ZnL	11.4
草酸配合物			
Al^{3+}	0	1,2,3	7.26;13.0;16.3
Cd^{2+}	0.5	1,2	2.9;4.7
Co^{2+}	0.5	CoHL	5.5
		CoH_2L	10.6
	0	1,2,3	4.79;6.7;9.7
Co^{3+}		3	~20
Cu^{2+}	0.5	CuHL	6.25
		1,2	4.5;8.9
Fe^{2+}	0.5~1	1,2,3	2.9;4.52;5.22
Fe^{3+}	0	1,2,3	9.4;16.2;20.2
Mg^{2+}	0.1	1,2	2.76;4.38
Mn^{3+}	2	1,2,3	9.98;16.57;19.42
Ni^{2+}	0.1	1,2,3	5.3;7.64;8.5
Th^{4+}	0.1	4	24.5
TiO^{2+}	2	1,2	6.6;9.9
Zn^{2+}	0.5	ZnH_2L	5.6
		1,2,3	4.89;7.60;8.15
磺基水杨酸配合物			
Al^{3+}	0.1	1,2,3	13.20;22.83;28.89
Cd^{2+}	0.25	1,2	16.68;29.08
Co^{2+}	0.1	1,2	6.13;9.82
Cr^{3+}	0.1	1	9.56
Cu^{2+}	0.1	1,2	9.52;16.45
Fe^{2+}	0.1~0.5	1,2	5.90;9.90
Fe^{3+}	0.25	1,2,3	14.64;25.18;32.12
Mn^{2+}	0.1	1,2	5.24;8.24
Ni^{2+}	0.1	1,2	6.42;10.24
Zn^{2+}	0.1	1,2	6.05;10.65
酒石酸配合物			
Bi^{3+}	0	3	8.30
Ca^{2+}	0.5	CaHL	4.85
	0	1,2	2.98;9.01
Cd^{2+}	0.5	1	2.8
Cu^{2+}	1	1,…,4	3.2;5.11;4.78;6.51
Fe^{3+}	0	3	7.49
Mg^{2+}	0.5	MgHL	4.65

续表

金属离子	I	n	$\lg\beta_n$
		1	1.2
Pb^{2+}	0	1,2,3	3.78；—；4.7
Zn^{2+}	0.5	ZnHL	4.5
		1,2	2.4，8.32
乙二胺配合物			
Ag^+	0.1	1,2	4.70；7.70
Cd^{2+}	0.5	1,2,3	5.47；10.09；12.09
Co^{2+}	1	1,2,3	5.91；10.64；13.94
Co^{3+}	1	1,2,3	18.70；34.90；48.69
Cu^+	0	2	10.8
Cu^{2+}	1	1,2,3	10.67；20.00；21.0
Fe^{2+}	1.4	1,2,3	4.34；7.65；9.70
Hg^{2+}	0.1	1,2	14.30；23.3
Mn^{2+}	1	1,2,3	2.73；4.79；5.67
Ni^{2+}	1	1,2,3	7.52．13.80；18.06
Zn^{2+}	1	1,2,3	5.77；10.83；14.11
硫脲配合物			
Ag^+	0.03	1.2	7.4；13.1
Bi^{3+}		6	11.9
Cu^+	0.1	3,4	13；15.4
Hg^{2+}		2,3,4	22.1；24.7；26.8
羟基配合物			
Al^{3+}	2	4	33.3
		$Al_6(OH)_{15}^{3+}$	163
Bi^{3+}	3	1	12.4
		$Bi_6(OH)_{12}^{6+}$	168.3
Cd^{2+}	3	1,…,4	4.3；7.7；10.3；12.0
Co^{2+}	0.1	1,3	5.1；—；10.2
Cr^{3+}	0.1	1,2	10.2；18.3
Fe^{2+}	1	1	4.5
Fe^{3+}	3	1,2	11.0；21.7
		$Fe_2(OH)_2^{4+}$	25.1
Hg^{2+}	0.5	2	21.7
Mg^{2+}	0	1	2.6
Mn^{2+}	0.1	1	3.4
Ni^{2+}	0.1	1	4.6
Pb^{2+}	0.3	1,2,3	6.2；10.3；13.3
		$Pb_2(OH)^{3+}$	7.6
Sn^{2+}	3	1	10.1
Th^{4+}	1	1	9.7
Ti^{3+}	0.5	1	11.8
TiO^{2+}	1	1	13.7
VO^{2+}	3	1	8.0
Zn^{2+}	0	1,…,4	4.4；10.1；14.2；15.5

注：1. β_n 为配合物的累积稳定常数。
2. 酸式、碱式配合物及多核羟基配合物的化学式标明于 n 栏中。

附录 8 一些金属离子的 $\lg \alpha_{M(OH)}$ 值

金属离子	离子强度	pH													
		1	2	3	4	5	6	7	8	9	10	11	12	13	14
Al^{3+}	2					0.4	1.3	5.3	9.3	13.3	17.3	21.3	25.3	29.3	33.3
Bi^{3+}	3	0.1	0.5	1.4	2.4	3.4	4.4	5.4							
Ca^{2+}	0.1													0.3	1.0
Cd^{2+}	3								0.1	0.5	2.0	4.5		8.1	12.0
Co^{2+}	0.1							0.1	0.4	1.1	2.2	4.2		7.2	10.2
Cu^{2+}	0.1								0.2	0.8	1.7	2.7	3.7	4.7	5.7
Fe^{2+}	1									0.1	0.6	1.5	2.5	3.5	4.5
Fe^{3+}	3				0.4	1.8	3.7	5.7	7.7	9.7	11.7	13.7	15.7	17.7	19.7	21.7
Hg^{2+}	0.1				0.5	1.9	3.9	5.9	7.9	9.9	11.9	13.9	15.9	17.9	19.9	21.9
La^{3+}	3										0.3	1.0	1.9	2.9	3.9
Mg^{2+}	0.1										0.1	0.5	1.3	2.3	
Mn^{2+}	0.1										0.1	0.5	1.4	2.4	3.4
Ni^{2+}	0.1									0.1	0.7	1.6			
Pb^{2+}	0.1							0.1	0.5	1.4	2.7	4.7	7.4	10.4	13.4
Th^{4+}	1					0.2	0.8	1.7	2.7	3.7	4.7	5.7	6.7	7.7	8.7	9.7
Zn^{2+}	0.1								0.2	2.4	5.4	8.5	11.8	15.5	

附录 9 一些化合物的相对分子质量

化合物	相对分子质量	化合物	相对分子质量
AgBr	187.78	$CaCl_2 \cdot H_2O$	129.00
AgCl	143.32	CaF_2	78.08
AgCN	133.84	$Ca(NO_3)_2$	164.09
Ag_2CrO_4	331.73	CaO	56.08
AgI	234.77	$Ca(OH)_2$	74.09
$AgNO_3$	169.87	$Ca_3(PO_4)_2$	310.18
AgSCN	165.95	$CaSO_4$	136.14
Al_2O_3	101.96	CCl_4	153.81
$Al_2(SO_4)_3$	342.15	$Ce(SO_4)_2$	332.24
As_2O_3	197.84	$Ce(SO_4)_2 \cdot 2(NH_4)_2SO_4 \cdot 2H_2O$	632.54
As_2O_5	229.84	CH_3COOH	60.05
$BaCO_3$	197.34	CH_3COCH_3	58.08
BaC_2O_4	225.35	C_6H_5COOH	122.12
$BaCl_2$	208.24	C_6H_5COONa	144.10
$BaCl_2 \cdot 2H_2O$	244.27	$C_6H_4COOHCOOK$（邻苯二甲酸氢钾）	204.23
$BaCrO_4$	253.32	CH_3COONa	82.03
BaO	153.33	CH_3OH	32.04
$Ba(OH)_2$	171.35	C_6H_5OH	94.11
$BaSO_4$	233.39	$(C_9H_7N)_3H_3(PO_4 \cdot 12MoO_3)$（磷钼酸喹啉）	2212.74
$CaCO_3$	100.09	$COOHCH_2COCNa$	126.04
CaC_2O_4	128.10	$COOHCH_2COOH$	104.06
$CaCl_2$	110.99	CO_2	44.01

续表

化合物	相对分子质量	化合物	相对分子质量
Cr_2O_3	151.99	$KHC_2O_4 \cdot H_2C_2O_4 \cdot 2H_2O$	254.19
$Cu(C_2H_3O_3)_2 \cdot 3Cu(AsO_2)_2$	1013.80	$KHC_2O_4 \cdot H_2O$	146.14
CuO	79.54	KI	166.01
Cu_2O	143.09	KIO_3	214.00
$CuSCN$	121.63	$KIO_3 \cdot HIO_3$	389.92
$CuSO_4$	159.61	$KMnO_4$	158.04
$CuSO_4 \cdot 5H_2O$	249.69	KNO_2	85.10
$FeCl_3$	162.21	K_2O	94.20
$FeCl_3 \cdot 6H_2O$	270.30	KOH	56.11
FeO	71.85	$KSCN$	97.18
Fe_2O_3	159.69	K_2SO_4	174.26
Fe_3O_4	231.54	$Na_2B_4O_7$	201.22
$FeSO_4 \cdot H_2O$	169.93	$Na_2B_4O_7 \cdot 10H_2O$	381.37
$FeSO_4 \cdot 7H_2O$	278.02	$NaBiO_3$	279.97
$Fe_2(SO_4)_3$	399.89	$NaBr$	102.90
$FeSO_4 \cdot (NH_4)_2SO_4 \cdot 6H_2O$	392.14	$NaCN$	49.01
H_3BO_3	61.83	Na_2CO_3	105.99
HBr	80.91	$Na_2C_2O_4$	134.00
$H_2C_4H_4O_6$(酒石酸)	150.09	$NaCl$	58.44
HCN	27.03	NaF	41.99
H_2CO_3	62.03	$NaHCO_3$	84.01
$H_2C_2O_4$	90.04	NaH_2PO_4	119.98
$H_2C_2O_4 \cdot 2H_2O$	126.07	Na_2HPO_4	141.96
$HCOOH$	46.03	$Na_2H_2Y \cdot 2H_2O$(EDTA 二钠盐)	372.26
HCl	36.46	NaI	149.89
$HClO_4$	100.46	$NaNO_2$	69.00
HF	20.01	Na_2O	61.98
HI	127.91	$NaOH$	40.01
HNO_2	47.01	Na_3PO_4	163.94
HNO_3	63.01	Na_2S	78.05
H_2O	18.02	$Na_2S \cdot 9H_2O$	240.18
H_2O_2	34.02	Na_2SO_3	126.04
H_3PO_4	98.00	Na_2SO_4	142.04
H_2S	34.08	$Na_2S_2O_3 \cdot 5H_2O$	248.19
H_2SO_3	82.08	$Na_2SO_4 \cdot 10H_2O$	322.20
H_2SO_4	98.08	$Na_2S_2O_3$	158.11
$HgCl_2$	271.50	Na_2SiF_6	188.06
Hg_2Cl_2	472.09	$NH_2OH \cdot HCl$	69.49
$KAl(SO_4)_2 \cdot 12H_2O$	474.39	NH_3	17.03
$KB(C_6H_5)_4$	358.33	NH_4Cl	53.49
KBr	119.01	$(NH_4)_2C_2O_4 \cdot H_2O$	142.11
$KBrO_3$	167.01	$NH_3 \cdot H_2O$	35.05
KCN	65.12	$NH_4Fe(SO_4)_2 \cdot 12H_2O$	482.20
K_2CO_3	138.21	$(NH_4)_2HPO_4$	132.05
KCl	74.56	$(NH_4)_3PO_4 \cdot 12MoO_3$	1876.53
$KClO_2$	122.55	NH_4SCN	76.12
$KClO_4$	138.55	$(NH_4)_2SO_4$	132.14
K_2CrO_4	194.20	$NiO_8H_{14}O_4N_4$(丁二酮肟镍)	288.91
$K_2Cr_2O_7$	294.19		

续表

化合物	相对分子质量	化合物	相对分子质量
P_2O_5	141.95	$SnCl_2$	189.62
$PbCrO_4$	323.18	SnO_3	150.71
PbO	223.19	SO_3	80.06
PbO_2	239.19	SO_2	64.06
Pb_3O_4	685.57	TiO_2	79.88
$PbSO_4$	303.26	WO_3	231.85
Sb_2O_3	291.50	$ZnCl_2$	136.30
Sb_2S_3	339.70	ZnO	81.39
SiF_4	104.08	$Zn_2P_2O_7$	304.72
SiO_2	60.08	$ZnSO_4$	161.45
$SnCO_3$	178.72		

主要参考文献

[1] 华彤文等. 普通化学原理. 第4版. 北京:北京大学出版社, 2013.
[2] 天津大学无机化学教研室编. 无机化学. 第4版. 北京:高等教育出版社, 2010.
[3] 武汉大学等校编. 无机化学. 第3版. 北京:高等教育出版社, 1994.
[4] 武汉大学等校编. 分析化学. 第5版. 北京:高等教育出版社, 2010.
[5] 华东理工大学分析化学教研组等编. 分析化学. 第6版. 北京:高等教育出版社, 2009.
[6] 彭崇慧等. 定量化学分析简明教程. 第3版. 北京:北京大学出版社, 2009.
[7] 倪静安等. 无机及分析化学. 第2版. 北京:化学工业出版社, 2003.
[8] 常文保, 李克安编. 简明分析化学手册. 北京:北京大学出版社, 1981.
[9] 杭州大学化学系分析化学教研室编. 分析化学手册. 北京:化学工业出版社, 1979.
[10] 李宝山. 基础化学. 第2版. 北京:科学出版社, 2009.
[11] 北京大学《大学基础化学》编写组. 大学基础化学. 北京:高等教育出版社, 2003.
[12] 呼世斌, 翟彤宇. 无机及分析化学. 第3版. 北京:高等教育出版社, 2010.
[13] 南京大学《无机及分析化学》编写组. 无机及分析化学. 第4版. 北京:高等教育出版社, 2006.
[14] 曲保中, 朱丙林, 周伟红. 新大学化学. 第2版. 北京:科学出版社, 2007.